Mathematik für Ingenieure, Band 2

R. Ansorge, H. J. Oberle

Rainer Ansorge, Hans Joachim Oberle

Mathematik für Ingenieure

Band 2
Differential- und Integralrechnung mehrerer Variabler, Gewöhnliche Differentialgleichungen, Partielle Differentialgleichungen, Integraltransformationen, Funktionen einer komplexen Variablen

3., durchgesehene Auflage

WILEY-VCH

WILEY-VCH GmbH & Co. KGaA

Autoren
Prof. Dr. Rainer Ansorge, Prof. Dr. Hans Joachim Oberle, Universität Hamburg, Fachbereich Mathematik, Bundesstraße 55, 20145 Hamburg

Mit 120 Abbildungen und 3 Tabellen

3., durchgesehene Auflage

Bibliografische Information Der Deutschen Bibliothek
Die Deutsche Bibliothek verzeichnet diese Publikation in der Deutschen Nationalbibliografie; detaillierte bibliografische Daten sind im Internet über http://dnb.ddb.de abrufbar.

Printed in the Federal Republic of Germany.
Gedruckt auf säurefreiem Papier.

Druck: betz-druck gmbH, Darmstadt
Bindung: Litges & Dopf Buchbinderei GmbH, Heppenheim

ISBN 3-527-40444-9

Vorwort zum zweiten Band

Dieser Band schließt an den ersten Band unserer *Mathematik für Ingenieure* an und widmet sich der Analysis bei mehreren reellen Veränderlichen, den Integralsätzen, gewöhnlichen und partiellen Differentialgleichungen, der Optimierung, den Speziellen Funktionen, Integraltransformationen und der Funktionentheorie einer komplexen Variablen.
Natürlich ermöglichen diese Hilfsmittel zusammen mit den fortgeschrittenen Kenntnissen der Studierenden in ihren jeweiligen technischen Hauptfächern nun auch in stärkerem Maße als im ersten Band motivierende Modellbildungen aus ingenieurwissenschaftlichen Bereichen.

Wiederum werden nahezu alle angesprochenen mathematischen Teilgebiete durch Einführung in zugehörige numerische Methoden und durch Übungsaufgaben ergänzt.

Hinsichtlich des didaktischen Konzepts verweisen wir auf das Vorwort im ersten Band. Der dort ausgesprochene Dank an all jene Damen und Herren, die das Erscheinen des Werkes erst ermöglicht haben, gilt natürlich für diesen zweiten Band unverändert fort.

Hamburg, im Januar 1994 Die Verfasser

Vorwort zur zweiten Auflage

Nach zwei Neuauflagen des ersten Bandes unserer *Mathematik für Ingenieure* erfordert nun auch der zweite Band auf Grund anhaltender Nachfrage eine weitere Auflage. Neben der Beseitigung inzwischen bemerkter Druckfehler haben wir vor allem dankbar zahlreiche Verbesserungsvorschläge der Kritik und unserer Leser verarbeitet. Auch einigen im Vorlesungsgebrauch zu Tage getretenen didaktischen und sprachlichen Ungeschicklichkeiten wurde Rechnung getragen, das Lehrbuchverzeichnis wurde aktualisiert usw. Der inzwischen als Band 3 dieses Werkes entstandene Aufgabenband ergänzt natürlich auch den Aufgabenbestand der einzelnen Abschnitte dieses Bandes durch zahlreiche weitere Problemstellungen (samt Lösungsvorschlägen).

So hoffen wir, dass insgesamt eine auch zukünftig sowohl den Bedürfnissen der Studierenden wie des Praktikers entgegenkommende seriöse Darstellung der für den Ingenieur und Naturwissenschaftler wesentlichen mathematischen Teilgebiete entstanden ist.

Nach der Übernahme des Akademie Verlages durch Wiley-VCH erscheint die Neuauflage nun unter dem Namen dieses Hauses, und wir danken dem Verlag für sein anhaltendes Interesse.

Hamburg, im Juni 2000 Die Verfasser

Vorwort zur dritten Auflage

Die erfreuliche Aufnahme, die unsere 'Mathematik für Ingenieure' bei den Lesern gefunden hat, macht nun auch hinsichtlich des zweiten Bandes eine weitere Neuauflage notwendig.

Das Buch wurde vollständig durchgesehen, bekannt gewordene Fehler wurden beseitigt, das Stichwortverzeichnis wurde überarbeitet.

So hoffen wir, dass beide Bände und der ergänzende Aufgabenband auch weiterhin den Studierenden wie den Praktikern eine deutliche Hilfe sein werden.

Hamburg, im März 2003 Die Verfasser

Inhaltsverzeichnis

17 Differentialrechnung mehrerer Variablen

In Abschnitt 9.2 haben wir den Differentiationsprozess für skalare und vektorwertige Funktionen **einer** reellen Variablen kennengelernt.

Ist $f(x)$ eine skalare Funktion, so gibt die Ableitung

$$f'(x_0) \quad := \quad \lim_{x \to x_0} \frac{f(x) - f(x_0)}{x - x_0}$$

die Steigung der Tangente an den Funktionsgraphen

$$\text{graph}\,(f) := \{(x, f(x))^{\mathrm{T}} : x \in D_f\}$$

im Punkt $(x_0, f(x_0))^{\mathrm{T}}$ an.

Ist $\boldsymbol{f}(x)$, $x \in D \subset \mathbb{R}$, eine vektorwertige Funktion, etwa $\boldsymbol{f} = (f_1, \ldots, f_m)^{\mathrm{T}}$, so lässt sich die Ableitung komponentenweise berechnen:

$$\boldsymbol{f}'(x_0) \quad = \quad \begin{pmatrix} f_1'(x_0) \\ \vdots \\ f_m'(x_0) \end{pmatrix} .$$

Geometrisch beschreibt hierbei $\boldsymbol{f}'(x_0)$ den Geschwindigkeitsvektor der Kurve $x \mapsto \boldsymbol{f}(x)$ im Punkt (zur Zeit) x_0.

Für die Übertragung des Ableitungsbegriffs auf den Fall mehrerer unabhängiger Variablen ist die folgende Interpretation nützlich:

Ist $f(x)$ eine skalare, differenzierbare Funktion, $x \in D \subset \mathbb{R}$, $x_0 \in D^0$, d.h., x_0 ist innerer Punkt der Menge D, vgl. (9.1.1), so ist $f'(x_0)$ die eindeutig bestimmte Zahl $a \in \mathbb{R}$, für die die affin–lineare Funktion

$$\ell(x) \quad := \quad a(x - x_0) + f(x_0)$$

die Funktion $f(x)$ in der Nähe der Stelle x_0 „am besten“ approximiert, d.h., für die

$$\lim_{x \to x_0} \frac{f(x) - \ell(x)}{|x - x_0|} \quad = \quad 0$$

gilt.

Mit Hilfe des Landau-Symbols (vgl. Abschnitt 9.2) lässt sich dies auch folgendermaßen schreiben:

$$f(x) - f(x_0) - a(x - x_0) \quad = \quad o(x - x_0)\,.$$

In diesem Kapitel erweitern wir nun den Ableitungsbegriff für Funktionenen mehrerer Veränderlicher.

17.1 Partielle Ableitungen

Gegeben sei eine Funktion $f(x_1, \ldots, x_n)$ in n Variablen. Halten wir alle Variablen $x_1, \ldots, x_{i-1}$ und $x_{i+1}, \ldots, x_n$ fest und differenzieren nun nach der verbleibenden Variablen x_i, so ergeben sich die so genannten **partiellen Ableitungen** von $f(\boldsymbol{x})$.

Definition (17.1.1)
Sei $D \subset \mathbb{R}^n$ offen, $f : D \to \mathbb{R}$, $\boldsymbol{x}^0 \in D$.

a) $f(\boldsymbol{x})$ heißt in $\boldsymbol{x}^0$ nach der i-ten Koordinate x_i **partiell differenzierbar**, falls der Grenzwert

$$\frac{\partial f}{\partial x_i}(\boldsymbol{x}^0) := \lim_{t \to 0} \frac{f(\boldsymbol{x}^0 + t\boldsymbol{e}_i) - f(\boldsymbol{x}^0)}{t}$$
$$= \lim_{t \to 0} \frac{f(x_1^0, \ldots, x_i^0 + t, \ldots x_n^0) - f(x_1^0, \ldots, x_i^0, \ldots x_n^0)}{t}$$

existiert.
$\boldsymbol{e}_i$ bezeichnet hierbei den i-ten Einheitsvektor, $i = 1, \ldots, n$.
$\dfrac{\partial f}{\partial x_i}(\boldsymbol{x}^0)$ heißt dann die **partielle Ableitung** von $f(\boldsymbol{x})$ nach x_i im Punkt $\boldsymbol{x}^0$.

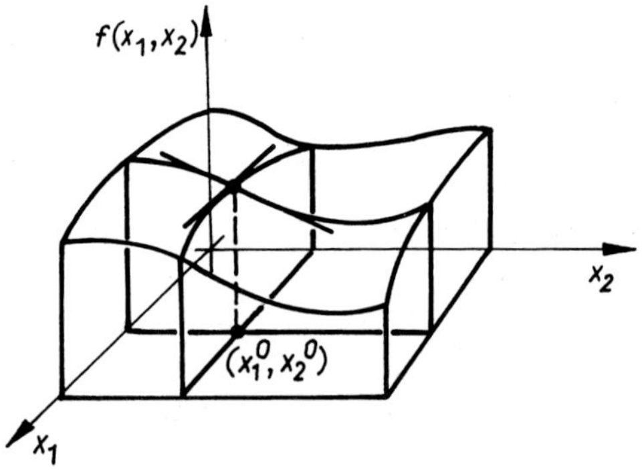

Abb. 17.1. Partielle Ableitungen

b) Ist $f(\boldsymbol{x})$ in allen Punkten $\boldsymbol{x}^0 \in D$ partiell differenzierbar nach x_i, so heißt $f(\boldsymbol{x})$ **partiell differenzierbar nach der Koordinate $\boldsymbol{x_i}$**.

Trifft dies für alle Koordinaten x_i, $i = 1, \ldots, n$, zu, so heißt die Funktion $f(\boldsymbol{x})$ **partiell differenzierbar**.

Sind darüber hinaus sämtliche partiellen Ableitungen $\frac{\partial f}{\partial x_i}(\boldsymbol{x})$, $i = 1, \ldots, n$, stetig auf D, so heißt $f(\boldsymbol{x})$ **stetig partiell differenzierbar**, oder auch eine **C^1–Funktion** auf D.

Bemerkungen (17.1.2)

a) $\frac{\partial f}{\partial x_i}(\boldsymbol{x}^0)$ ist gerade die Ableitung der „partiellen" Funktion

$$x_i \quad \mapsto \quad f(x_1^0, \ldots, x_{i-1}^0, x_i, x_{i+1}^0, \ldots, x_n^0)$$

im Punkt x_i^0.

b) Sind $f(\boldsymbol{x})$ und $g(\boldsymbol{x})$ auf der offenen Menge $D \subset \mathbb{R}^n$ partiell differenzierbar, so gelten die folgenden **Differentiationsregeln**:

$$\frac{\partial}{\partial x_i}(\alpha\, f(\boldsymbol{x}) + \beta\, g(\boldsymbol{x})) \quad = \quad \alpha\, \frac{\partial f}{\partial x_i}(\boldsymbol{x}) + \beta\, \frac{\partial g}{\partial x_i}(\boldsymbol{x})$$

$$\frac{\partial}{\partial x_i}(f(\boldsymbol{x}) \cdot g(\boldsymbol{x})) \quad = \quad \frac{\partial f}{\partial x_i}(\boldsymbol{x}) \cdot g(\boldsymbol{x}) + f(\boldsymbol{x}) \cdot \frac{\partial g}{\partial x_i}(\boldsymbol{x})$$

$$\frac{\partial}{\partial x_i}\left(\frac{f(\boldsymbol{x})}{g(\boldsymbol{x})}\right) \quad = \quad \frac{\frac{\partial f}{\partial x_i}(\boldsymbol{x}) \cdot g(\boldsymbol{x}) - f(\boldsymbol{x}) \cdot \frac{\partial g}{\partial x_i}(\boldsymbol{x})}{(g(\boldsymbol{x}))^2}\,, \qquad g(\boldsymbol{x}) \neq 0.$$

c) Für die partielle Ableitung $\frac{\partial f}{\partial x_i}(\boldsymbol{x})$ sind auch die Bezeichnungen $D_i f(\boldsymbol{x}^0)$ und $f_{x_i}(\boldsymbol{x}^0)$ gebräuchlich.

Beispiel und Aufgabe (17.1.3)

a) Der Schalldruck einer (eindimensionalen) Schallwelle ist gegeben durch

$$p(x, t) \quad = \quad A \sin(\alpha x - \omega t)\,.$$

$\frac{\partial p}{\partial x} = \alpha\, A \cos(\alpha x - \omega t)$ beschreibt zu einem festen Zeitpunkt t die örtliche Änderungsrate des Schalldrucks.

$\frac{\partial p}{\partial t} = -\omega\, A \cos(\alpha x - \omega t)$ beschreibt an einem festen Ort x die zeitliche Änderungsrate des Schalldrucks.

b) Die Zustandsgleichung eines idealen Gases lautet

$$pV = RT\,.$$

Dabei ist p der Druck, V das Volumen und T die (absolute) Temperatur des Gases. R bezeichnet die universelle Gaskonstante.
Jede der drei Größen p, V und T lässt sich als Funktion der beiden anderen Variablen auffassen:

$$\begin{aligned} p &= p(V,T) = \frac{RT}{V} \\ V &= V(p,T) = \frac{RT}{p} \\ T &= T(p,V) = \frac{pV}{R}\,. \end{aligned}$$

Man berechne die zugehörigen partiellen Ableitungen und zeige hiermit

$$\frac{\partial V}{\partial p} \cdot \frac{\partial p}{\partial T} = -\frac{\partial V}{\partial T}\,.$$

Die partiellen Ableitungen einer Funktion $f(\boldsymbol{x})$ lassen sich formal zu einem Vektor zusammenfassen.

Definition (17.1.4)
Sei $f : D \to \mathbb{R}$ ($D \subset \mathbb{R}^n$ offen) im Punkt $\boldsymbol{x}^0$ (nach allen Koordinaten) partiell differenzierbar.

Der Zeilenvektor

$$\operatorname{grad} f(\boldsymbol{x}^0) := \left(\frac{\partial f}{\partial x_1}(\boldsymbol{x}^0), \ldots, \frac{\partial f}{\partial x_n}(\boldsymbol{x}^0)\right)$$

heißt der **Gradient** von $f(\boldsymbol{x})$ in $\boldsymbol{x}^0$.

Gebräuchlich ist auch die Schreibweise

$$\boldsymbol{\nabla} f(\boldsymbol{x}^0) := \left(\frac{\partial f}{\partial x_1}(\boldsymbol{x}^0), \ldots, \frac{\partial f}{\partial x_n}(\boldsymbol{x}^0)\right)^{\mathrm{T}}$$

mit dem symbolischen Vektor:

$$\boldsymbol{\nabla} := \left(\frac{\partial}{\partial x_1}, \ldots, \frac{\partial}{\partial x_n}\right)^{\mathrm{T}},$$

dem so genannten **Nabla-Operator**, benannt nach der Form eines hebräischen Musikinstrumentes.

Man beachte, dass $\boldsymbol{\nabla} f(\boldsymbol{x}^0)$ im Gegensatz zu $\operatorname{grad} f(\boldsymbol{x}^0)$ als Spaltenvektor verstanden wird.

Bemerkung (17.1.5)

Sind $f(\boldsymbol{x})$ und $g(\boldsymbol{x})$ auf D partiell differenzierbar, so gelten die folgenden **Differentiationsregeln**:

$$\begin{aligned}
\operatorname{grad}(\alpha f + \beta g) &= \alpha \operatorname{grad} f + \beta \operatorname{grad} g \\
\operatorname{grad}(f \cdot g) &= g \cdot \operatorname{grad} f + f \cdot \operatorname{grad} g \\
\operatorname{grad}\left(\frac{f}{g}\right) &= \frac{1}{g^2}(g \cdot \operatorname{grad} f - f \cdot \operatorname{grad} g), \qquad g(\boldsymbol{x}) \neq 0 .
\end{aligned}$$

Beispiele (17.1.6)

a) Für $f(x,y) = \mathrm{e}^x \cdot \sin y$ erhält man:

$$\operatorname{grad} f(x,y) = (\mathrm{e}^x \sin y, \mathrm{e}^x \cos y) = \mathrm{e}^x (\sin y, \cos y) .$$

b) Für $r(\boldsymbol{x}) := \|\boldsymbol{x}\|_2 := \sqrt{x_1^2 + x_2^2 + \ldots + x_n^2}$ erhält man:

$$\frac{\partial r}{\partial x_i} = \frac{2x_i}{2\sqrt{x_1^2 + \ldots + x_n^2}} = \frac{x_i}{r}, \qquad \boldsymbol{x} \neq \boldsymbol{0}$$

und somit:

$$\operatorname{grad} r = \frac{\boldsymbol{x}^{\mathrm{T}}}{r}, \qquad \boldsymbol{x} \neq \boldsymbol{0} .$$

Nicht alle Eigenschaften der Differentialrechnung einer Variablen übertragen sich auf die partiellen Ableitungen von Funktionen mehrerer Veränderlichen.

So genügt z.B. die partielle Differenzierbarkeit i. Allg. nicht, um die Stetigkeit einer Funktion $f(x_1, \ldots, x_n)$ zu garantieren.

Beispiel (17.1.7)

Die Funktion $f : \mathbb{R}^2 \to \mathbb{R}$, gegeben durch

$$f(x,y) := \begin{cases} \dfrac{x \cdot y}{(x^2+y^2)^2} &, \text{ für } (x,y) \neq (0,0) \\ 0 &, \text{ für } (x,y) = (0,0), \end{cases}$$

ist auf ganz $\mathbb{R}^2$ partiell differenzierbar mit $f_x(0,0) = f_y(0,0) = 0$ und

$$\begin{aligned}
\frac{\partial f}{\partial x} &= \frac{y}{(x^2+y^2)^2} - 4\frac{x^2 y}{(x^2+y^2)^3}, \\
\frac{\partial f}{\partial y} &= \frac{x}{(x^2+y^2)^2} - 4\frac{x y^2}{(x^2+y^2)^3}
\end{aligned}$$

für $(x,y) \neq (0,0)$.

Andererseits ist die Funktion $f(x,y)$ in $(x,y) = (0,0)$ nicht stetig! Man untersuche dazu etwa den Grenzwert von $f(1/n, 1/n)$ für $n \to \infty$.

Um die Stetigkeit einer partiell differenzierbaren Funktion zu erhalten, benötigt man eine zusätzliche Eigenschaft, z.B. die Beschränktheit aller partiellen Ableitungen dieser Funktion. Diese Bedingung ist gerade in Beispiel (17.1.7) verletzt!

Satz (17.1.8)
Ist $f : D \to \mathbb{R}$, $D \subset \mathbb{R}^n$ offen, in einer Umgebung von $\boldsymbol{x}^0 \in D$ partiell differenzierbar, und sind die partiellen Ableitungen $\dfrac{\partial f}{\partial x_i}$, $i = 1, \ldots, n$, dort beschränkt, so ist $f(\boldsymbol{x})$ stetig in $\boldsymbol{x}^0$.

Beweis
Für $\|\boldsymbol{x} - \boldsymbol{x}^0\|_\infty < \varepsilon$, $\varepsilon > 0$, hinreichend klein, bilden wir:

$$\begin{aligned} f(\boldsymbol{x}) - f(\boldsymbol{x}^0) &= (f(x_1, \ldots, x_n) - f(x_1, \ldots, x_{n-1}, x_n^0)) \\ &+ \left(f(x_1, \ldots, x_{n-1}, x_n^0) - f(x_1, \ldots, x_{n-1}^0, x_n^0)\right) \\ &\vdots \\ &+ (f(x_1, x_2^0, \ldots, x_n^0) - f(x_1^0, x_2^0, \ldots, x_n^0)) . \end{aligned}$$

Für jede der obigen Differenzen betrachten wir f als Funktion nur einer Variablen, nämlich: $f(x_1, \ldots, x_{n-1}, \cdot)$, $f(x_1, \ldots, x_{n-2}, \cdot, x_n^0)$, $\ldots$, $f(\cdot, x_2^0, \ldots, x_n^0)$. Alle diese Funktionen (einer Variablen) sind nach Voraussetzung differenzierbar (und damit auch stetig) in der Nähe von x_j^0, $j = n, n-1, \ldots, 1$. Es lässt sich somit der erste Mittelwertsatz (10.1.9) anwenden, und man erhält mit geeigneten Zwischenstellen $\xi_1, \ldots, \xi_n$:

$$\begin{aligned} f(\boldsymbol{x}) - f(\boldsymbol{x}^0) &= \frac{\partial f}{\partial x_n}(x_1, \ldots, x_{n-1}, \xi_n)\,(x_n - x_n^0) \\ &+ \frac{\partial f}{\partial x_{n-1}}\,(x_1, \ldots, x_{n-2}, \xi_{n-1}, x_n^0)\,(x_{n-1} - x_{n-1}^0) \\ &\vdots \\ &+ \frac{\partial f}{\partial x_1}\,(\xi_1, x_2^0, \ldots, x_n^0)\,(x_1 - x_1^0). \end{aligned}$$

Sind nun die partiellen Ableitungen in der Umgebung $\|\boldsymbol{x} - \boldsymbol{x}^0\|_\infty < \varepsilon$ beschränkt, so erhält man eine Abschätzung der Form:

$$|f(\boldsymbol{x}) - f(\boldsymbol{x}^0)| \leq C_1|x_1 - x_1^0| + \ldots + C_n|x_n - x_n^0|,$$

und daher folgt $f(\boldsymbol{x}) \to f(\boldsymbol{x}^0)$ für $\|\boldsymbol{x} - \boldsymbol{x}^0\|_\infty \to 0$. ■

Bemerkung (17.1.9)

Die Voraussetzungen des Satzes (17.1.8) sind erfüllt, falls $f(\boldsymbol{x})$ **stetig** partiell differenzierbar ist. Die stetigen partiellen Ableitungen $\dfrac{\partial f}{\partial x_i}(\boldsymbol{x})$ sind nämlich dann aufgrund der Minimax–Eigenschaft stetiger Funktionen (9.1.13) auf einem Kompaktum $\|\boldsymbol{x}-\boldsymbol{x}^0\|_\infty \leq \varepsilon$ beschränkt!

Stetig partiell differenzierbare Funktionen sind mithin immer auch stetig.

Höhere Ableitungen

Definition (17.1.10)

Eine skalare Funktion $f(\boldsymbol{x})$ sei auf einer offenen Menge $D \subset \mathbb{R}^n$ partiell differenzierbar. Die partiellen Ableitungen sind dann selbst wieder Funktionen $\dfrac{\partial f}{\partial x_i} : D \to \mathbb{R}$, und wir fragen, ob diese wiederum partiell differenzierbar sind. Ist dies der Fall, so erhalten wir hiermit **die partiellen Ableitungen zweiter Ordnung** der Funktion $f(\boldsymbol{x})$.

Induktiv wird definiert $(i_1, \ldots, i_k \in \{1, \ldots, n\})$:

$$\frac{\partial^2 f}{\partial x_j \partial x_i} := \frac{\partial}{\partial x_j}\left(\frac{\partial f}{\partial x_i}\right)$$

$$\frac{\partial^k f}{\partial x_{i_k} \partial x_{i_{k-1}} \ldots \partial x_{i_1}} := \frac{\partial}{\partial x_{i_k}}\left(\frac{\partial^{k-1} f}{\partial x_{i_{k-1}} \ldots \partial x_{i_1}}\right), \quad k \geq 2 .$$

Die Funktion $f(\boldsymbol{x})$ heißt ***k*–fach partiell differenzierbar**, falls alle partiellen Ableitungen der Ordnung k :

$$\frac{\partial^k f}{\partial x_{i_k} \partial x_{i_{k-1}} \ldots \partial x_{i_1}} = D_{i_k} D_{i_{k-1}} \ldots D_{i_1} f = f_{x_{i_1} \ldots x_{i_k}}$$

gemäß der obigen Definition auf D existieren.

Sind diese partiellen Ableitungen zudem alle stetig, so heißt die Funktion $f(\boldsymbol{x})$ ***k*–fach stetig partiell differenzierbar** oder auch eine **C^k–Funktion** auf D, $k = 1, 2, 3 \ldots$

Darüber hinaus werden üblicherweise stetige Funktionen $f(\boldsymbol{x})$ auch als **C^0–Funktionen** bezeichnet.

Die Reihenfolge, in der die partiellen Differentiationen durchzuführen sind, ist i. Allg. nicht beliebig vertauschbar.

So findet man für die Funktion

$$f(x,y) := \begin{cases} x\,y\,\dfrac{x^2-y^2}{x^2+y^2} & , \quad \text{für} \quad (x,y) \neq (0,0) \\ 0 & , \quad \text{für} \quad (x,y) = (0,0) \end{cases}$$

durch einfache Rechnung:

$$\begin{aligned} f_{xy}(0,0) &= \frac{\partial^2 f}{\partial y \partial x}(0,0) = -1 \\ f_{yx}(0,0) &= \frac{\partial^2 f}{\partial x \partial y}(0,0) = +1\,. \end{aligned}$$

Aufgabe: Man führe diese Rechnung durch!

Satz (17.1.11) (Vertauschbarkeitssatz von Schwarz)
Ist $f : D \to \mathbb{R}$, $D \subset \mathbb{R}^n$ offen, eine C^2–Funktion, so gilt für alle $i, j \in \{1, \ldots, n\}$:

$$\frac{\partial^2 f}{\partial x_j \partial x_i} = \frac{\partial^2 f}{\partial x_i \partial x_j}\,.$$

Beweis

Da für die Aussage des Satzes offenbar nur die Koordinaten x_i und x_j eine Rolle spielen, genügt es, o.B.d.A. den Fall $n = 2$, $i = 1$ und $j = 2$ zu betrachten.

Sei also $(x^0, y^0) \in D$ und $\varepsilon > 0$ so gewählt, dass gilt:

$$Q := \{(x,y) \mid |x - x^0| \leq \varepsilon \wedge |y - y^0| \leq \varepsilon\} \subset D.$$

Für $(x,y) \in Q$ $(x \neq x^0$ und $y \neq y^0)$ berechnen wir den Ausdruck

$$A(x,y) := f(x,y) - f(x^0,y) - f(x,y^0) + f(x^0,y^0)\,.$$

Unter zweifacher Anwendung des Mittelwertsatzes finden wir:

$$\begin{aligned} A(x,y) &= (f(x,y) - f(x^0,y)) - (f(x,y^0) - f(x^0,y^0)) \\ &=: Z_1(y) - Z_1(y^0) \\ &= Z_1'(\eta_1)\,(y - y^0) \end{aligned}$$

$$= \left(\frac{\partial f}{\partial y}(x, \eta_1) - \frac{\partial f}{\partial y}(x^0, \eta_1)\right)(y - y^0)$$
$$= \frac{\partial^2 f}{\partial x \partial y}(\xi_1, \eta_1)(x - x^0)(y - y^0)$$

mit Zwischenwerten $\xi_1 = x^0 + \vartheta_1(x - x^0)$ und $\eta_1 = y^0 + \tilde{\vartheta}_1(y - y^0)$, $0 < \vartheta_1, \tilde{\vartheta}_1 < 1$.

Eine andere Zusammenfassung der Terme ergibt analog:

$$\begin{aligned} A(x,y) &= (f(x,y) - f(x,y^0)) - (f(x^0,y) - f(x^0,y^0)) \\ &=: Z_2(x) - Z_2(x^0) \\ &= Z_2'(\xi_2)(x - x^0) \\ &= (\frac{\partial f}{\partial x}(\xi_2, y) - \frac{\partial f}{\partial x}(\xi_2, y^0))(x - x^0) \\ &= \frac{\partial^2 f}{\partial y \partial x}(\xi_2, \eta_2)(x - x^0)(y - y^0) \end{aligned}$$

mit Zwischenwerten $\xi_2 = x^0 + \vartheta_2(x - x^0)$ und $\eta_2 = y^0 + \tilde{\vartheta}_2(y - y^0)$, $0 < \vartheta_2, \tilde{\vartheta}_2 < 1$.

Wegen $x \neq x^0$ und $y \neq y^0$ folgt also:

$$\frac{\partial^2 f}{\partial x \partial y}(\xi_1, \eta_1) = \frac{\partial^2 f}{\partial y \partial x}(\xi_2, \eta_2).$$

Bilden wir nun den Grenzwert dieser Ausdrücke für $(x, y) \to (x^0, y^0)$, so erhält man aufgrund der Stetigkeit der zweiten partiellen Ableitungen:

$$\frac{\partial^2 f}{\partial x \partial y}(x^0, y^0) = \frac{\partial^2 f}{\partial y \partial x}(x^0, y^0).$$

■

Folgerung (17.1.12)

Ist $f(\boldsymbol{x})$ eine C^k–Funktion, so kann man die Reihenfolge der Differentiationen zur Berechnung der partiellen Ableitungen von $f(\boldsymbol{x})$ bis zur k–ten Ordnung beliebig vertauschen!

Beispiel (17.1.13)

Für die Funktion

$$f(x, y, z) = y^2 z \sin(x^3) + (\cosh y + 17 \, e^{x^2}) z^2$$

sei f_{xyz} zu berechnen.

Es ist hier sinnvoll, zunächst nach z zu differenzieren:

$$f_{xyz} = \frac{\partial^2}{\partial x \partial y}[y^2 \sin(x^3)] + 2z \cdot \frac{\partial^2}{\partial x \partial y}[\cosh y + 17\,e^{x^2}] = 6\,y\,x^2 \cos(x^3)\,.$$

Viele physikalische und ingenieurwissenschaftliche Probleme führen auf so genannte **partielle Differentialgleichungen zweiter Ordnung**. Dies sind Gleichungen, in denen neben der gesuchten Funktion (Druck, Temperatur, ...) auch deren partielle Ableitungen – meist eben bis zur zweiten Ordnung – auftreten. Eine besondere Bedeutung kommt hierbei dem so genannten **Laplace–Operator** (in den Variablen $x_1, \ldots, x_n$) zu:

$$\Delta := \sum_{i=1}^{n} \frac{\partial^2}{\partial x_i^2}\,. \tag{17.1.14}$$

Für eine skalare Funktion $u(\boldsymbol{x}) = u(x_1, \ldots, x_n)$ ist also

$$\Delta u = \sum_{i=1}^{n} \frac{\partial^2 u}{\partial x_i^2} = u_{x_1 x_1} + \ldots + u_{x_n x_n}\,. \tag{17.1.15}$$

So lassen sich beispielsweise Transversalschwingungen einer Membran oder die Ausbreitung von Schallwellen und andere Schwingungsprobleme durch eine skalare Funktion $u = u(\boldsymbol{x}, t)$, $\boldsymbol{x}$: Ort, t: Zeit, beschreiben, die der so genannten **Wellengleichung**

$$\Delta u - \frac{1}{c^2}\,u_{tt} = 0 \tag{17.1.16}$$

genügt. Die Konstante c beschreibt hierbei die Wellengeschwindigkeit. Die Ableitungen des Laplace-Operators wirken dabei (wie in (17.1.15)) nur auf die Ortsvariablen $\boldsymbol{x}$.

Die Temperaturverteilung in einem isotropen, starren Körper wird durch die so genannte **Wärmeleitungsgleichung**

$$\Delta u - \frac{1}{k}\,u_t = \varphi(\boldsymbol{x}, t) \tag{17.1.17}$$

beschrieben. Dabei bezeichnet $u(\boldsymbol{x}, t)$ die (normierte) Temperatur am Ort $\boldsymbol{x}$ und zur Zeit t, $\varphi(\boldsymbol{x}, t)$ entspricht der Dichte zusätzlicher Wärmequellen, und k bezeichnet die innere Temperaturleitfähigkeit, genauer $k = \lambda/(\rho c)$ mit λ : Wärmeleitfähigkeit, ρ : Dichte und c : spezifische Wärme. Wiederum wirken die Ableitungen des Laplace–Operators nur auf die Ortsvariablen.

Im homogenen und stationären Fall gehen beide Gleichungen (17.1.16) und (17.1.17) in die so genannte **Laplace–Gleichung** oder **Potentialgleichung**

$$\Delta u \quad = \quad 0 \tag{17.1.18}$$

für $u = u(\boldsymbol{x})$ über. Die Lösungen dieser partiellen Differentialgleichung heißen **harmonische Funktionen**.

Beispiel (17.1.19)

Wir berechnen Δu für eine Funktion $u = u(r)$, die nur vom Abstand r des Punktes $\boldsymbol{x}$ vom Ursprung abhängt: $r = \|\boldsymbol{x}\|_2 = \sqrt{\sum_{i=1}^{n} x_i^2}$. Wir finden:

$$\begin{aligned}
\Delta u &= \sum_{i=1}^{n} \frac{\partial^2}{\partial x_i^2}\, u(r) \\
&= \sum_{i=1}^{n} \frac{\partial}{\partial x_i} \left[u'(r)\, \frac{x_i}{r}\right] \\
&= \sum_{i=1}^{n} \left\{u''(r)\, \frac{x_i^2}{r^2} \;+\; u'(r)\, \frac{r - x_i^2/r}{r^2}\right\} \\
&= \frac{u''(r)}{r^2} \left(\sum_{i=1}^{n} x_i^2\right) \;+\; \frac{u'(r)}{r^3} \sum_{i=1}^{n} (r^2 - x_i^2) \\
&= u''(r) \;+\; \frac{n-1}{r}\, u'(r)\,.
\end{aligned}$$

Aufgabe (17.1.20)

a) Man zeige mit Hilfe von (17.1.19), dass

$$u(r) \quad = \quad \begin{cases} \ln r & , \quad \text{für} \quad n = 2 \\ r^{2-n} & , \quad \text{für} \quad n > 2 \end{cases}$$

eine Lösung der Laplace–Gleichung $\Delta u = 0$, $r = \|\boldsymbol{x}\|_2$ bildet.

b) Man zeige, dass die Funktion

$$u(\boldsymbol{x}, t) \quad = \quad \frac{1}{r} \cos(r - ct)\,, \quad r \quad = \quad \|\boldsymbol{x}\|_2\,, \quad \boldsymbol{x} \in \mathbb{R}^3 \backslash \{\boldsymbol{0}\}\,,$$

die Wellengleichung $\Delta u - \frac{1}{c^2}\, u_{tt} = 0$ löst.

Vektorwertige Funktionen

Im Folgenden betrachten wir vektorwertige Funktionen $\boldsymbol{f} : D \to \mathbb{R}^m, \ D \subset \mathbb{R}^n$ offen.

Die Funktion $\boldsymbol{f}(\boldsymbol{x})$ heißt **partiell differenzierbar** in $\boldsymbol{x}^0 \in D$, falls für alle $i = 1, \ldots, n$ die Grenzwerte

$$\frac{\partial \boldsymbol{f}}{\partial x_i}(\boldsymbol{x}^0) = \lim_{t \to 0} \frac{\boldsymbol{f}(\boldsymbol{x}^0 + t\boldsymbol{e}_i) - \boldsymbol{f}(\boldsymbol{x}^0)}{t} \tag{17.1.21}$$

existieren. Die partiellen Ableitungen lassen sich demnach komponentenweise berechnen:

$$\frac{\partial \boldsymbol{f}}{\partial x_i}(\boldsymbol{x}^0) = \begin{pmatrix} \dfrac{\partial f_1}{\partial x_i}(\boldsymbol{x}^0) \\ \vdots \\ \dfrac{\partial f_m}{\partial x_i}(\boldsymbol{x}^0) \end{pmatrix}. \tag{17.1.22}$$

Definition (17.1.23)

Im Fall $m = n$ heißt die Funktion $\boldsymbol{f} : D \to \mathbb{R}^n$ ein **Vektorfeld** auf D. Ist jede Koordinatenfunktion $f_i(\boldsymbol{x})$ von $\boldsymbol{f} = (f_1, \ldots, f_n)^{\mathrm{T}}$ eine C^k–Funktion, so heißt $\boldsymbol{f}(\boldsymbol{x})$ ein $\boldsymbol{C^k}$**–Vektorfeld**.

Beispiele für Vektorfelder sind etwa die Geschwindigkeits– und Beschleunigungsfelder strömender Flüssigkeiten oder Gase, elektromagnetische Felder oder der Temperaturgradient eines bestimmten Volumens (Körpers).

Definition (17.1.24)

Für ein partiell differenzierbares Vektorfeld $\boldsymbol{f} : D \to \mathbb{R}^n$ definiert man die **Divergenz** durch

$$\operatorname{div} \boldsymbol{f}(\boldsymbol{x}^0) := \sum_{i=1}^{n} \frac{\partial f_i}{\partial x_i}(\boldsymbol{x}^0).$$

Formale Schreibweise: $\operatorname{div} \boldsymbol{f}(\boldsymbol{x}) = \boldsymbol{\nabla}^{\mathrm{T}} \boldsymbol{f}(\boldsymbol{x}) = \langle \boldsymbol{\nabla}, \boldsymbol{f}(\boldsymbol{x}) \rangle$.

Bemerkungen (17.1.25)

a) Für partiell differenzierbare Funktionen $\boldsymbol{f}, \boldsymbol{g} : D \to \mathbb{R}^n$ und $\varphi : D \to \mathbb{R}$ zeigt man unmittelbar die folgenden **Rechenregeln**:

Linearität: $\operatorname{div}(\alpha \boldsymbol{f} + \beta \boldsymbol{g}) = \alpha \operatorname{div} \boldsymbol{f} + \beta \operatorname{div} \boldsymbol{g}$,

Produktregel: $\operatorname{div}(\varphi \cdot \boldsymbol{f}) = \langle \boldsymbol{\nabla} \varphi, \boldsymbol{f} \rangle + \varphi \operatorname{div} \boldsymbol{f}$.

b) Ist $f : D \to \mathbb{R}$ eine C^2–Funktion, so findet man für den Laplaceoperator von $f(\boldsymbol{x})$:

$$\Delta f \quad = \quad \text{div } (\boldsymbol{\nabla} f).$$

Hierbei ist $\boldsymbol{\nabla} f$ der Gradient von f (als Spaltenvektor).

Beispiele (17.1.26)

a) Für $\boldsymbol{x} \in \mathbb{R}^n$, $r = \|\boldsymbol{x}\|_2 = \left(\sum\limits_{j=1}^{n} x_j^2\right)^{1/2}$ und $k \in \mathbb{N}$ gilt:

$$\text{div } \left(\frac{\boldsymbol{x}}{r^k}\right) \quad = \quad \left\langle \boldsymbol{\nabla} \frac{1}{r^k}, \boldsymbol{x} \right\rangle + \frac{1}{r^k} \text{div } \boldsymbol{x} \quad = \quad (n-k)\,\frac{1}{r^k}\,.$$

Speziell für $k = n = 3$ folgt, dass Vektorfelder der Form

$$\boldsymbol{K}(\boldsymbol{x}) \quad = \quad c\,\frac{\boldsymbol{x}}{\|\boldsymbol{x}\|^3}, \qquad \boldsymbol{x} \in \mathbb{R}^3, \qquad c = \text{const.}$$

(so genannte **zentrale Kraftfelder**) divergenzfrei sind.

b) Mit Hilfe der Produktregel und des obigen Beispiels lässt sich $\Delta u(r)$ auch folgendermaßen berechnen (vgl. auch (17.1.19)):

$$\begin{aligned}
\Delta u(r) \quad &= \quad \text{div } (\boldsymbol{\nabla}\, u(r)) \\
&= \quad \text{div } \left(u'(r)\,\frac{\boldsymbol{x}}{r}\right) \\
&= \quad \left\langle \boldsymbol{\nabla}\, u'(r)\,, \frac{\boldsymbol{x}}{r} \right\rangle + u'(r) \,\text{div } \left(\frac{\boldsymbol{x}}{r}\right) \\
&= \quad \left\langle u''(r)\,\frac{\boldsymbol{x}}{r}\,, \frac{\boldsymbol{x}}{r} \right\rangle + u'(r) \cdot (n-1)\,\frac{1}{r} \\
&= \quad u''(r) + \frac{n-1}{r}\, u'(r)\,.
\end{aligned}$$

Definition (17.1.27)
Für ein partiell differenzierbares Vektorfeld $\boldsymbol{f}$ im $\mathbb{R}^3$, $\boldsymbol{f} : D \to \mathbb{R}^3$, $D \subset \mathbb{R}^3$ offen, definiert man die **Rotation** durch:

$$\text{rot } \boldsymbol{f}(\boldsymbol{x}^0) \quad := \quad \left(\frac{\partial f_3}{\partial x_2} - \frac{\partial f_2}{\partial x_3}, \frac{\partial f_1}{\partial x_3} - \frac{\partial f_3}{\partial x_1}, \frac{\partial f_2}{\partial x_1} - \frac{\partial f_1}{\partial x_2}\right)^{\mathrm{T}}\Bigg|_{\boldsymbol{x}^0}.$$

Formale Schreibweise:

$$\operatorname{rot} \boldsymbol{f} \;=\; \boldsymbol{\nabla} \times \boldsymbol{f} \;=\; \begin{vmatrix} \boldsymbol{e}_1 & \boldsymbol{e}_2 & \boldsymbol{e}_3 \\ \dfrac{\partial}{\partial x_1} & \dfrac{\partial}{\partial x_2} & \dfrac{\partial}{\partial x_3} \\ f_1 & f_2 & f_3 \end{vmatrix} .$$

Bemerkungen (17.1.28)

a) Für partiell differenzierbare Funktionen $\boldsymbol{f}, \boldsymbol{g} : D \to \mathbb{R}^3$ und $\varphi : D \to \mathbb{R}$ zeigt man die folgenden **Rechenregeln:**

Linearität: $\operatorname{rot}(\alpha \boldsymbol{f} + \beta \boldsymbol{g}) \;=\; \alpha \operatorname{rot} \boldsymbol{f} \;+\; \beta \operatorname{rot} \boldsymbol{g}$

Produktregel: $\operatorname{rot}(\varphi \cdot \boldsymbol{f}) \;=\; (\boldsymbol{\nabla} \varphi) \times \boldsymbol{f} \;+\; \varphi \operatorname{rot} \boldsymbol{f}$.

b) Für eine C^2–Funktion $\varphi : D \to \mathbb{R}$, $D \subset \mathbb{R}^3$, folgt aufgrund des Vertauschbarkeitssatzes von Schwarz:

$$\operatorname{rot}(\boldsymbol{\nabla} \varphi) \;=\; \boldsymbol{0} .$$

Gradientenfelder sind also stets rotationsfrei !

Beispiel (17.1.29)

a) Für $\boldsymbol{x} \in \mathbb{R}^3$, $r = \|\boldsymbol{x}\|_2$ und $k \in \mathbb{N}$ findet man wiederum mit Hilfe der Produktregel:

$$\begin{aligned} \operatorname{rot}\left(\frac{\boldsymbol{x}}{r^k}\right) &= \boldsymbol{\nabla}\left(\frac{1}{r^k}\right) \times \boldsymbol{x} \;+\; \frac{1}{r^k} \operatorname{rot} \boldsymbol{x} \\ &= -k \, \frac{1}{r^{k+2}} \, \boldsymbol{x} \times \boldsymbol{x} \;+\; \frac{1}{r^k} \, \boldsymbol{0} \\ &= \boldsymbol{0} . \end{aligned}$$

Insbesondere sind also zentrale Kraftfelder rotationsfrei !

b) Für einen festen Vektor $\boldsymbol{a} \in \mathbb{R}^3$, $\boldsymbol{a} \neq \boldsymbol{0}$, beschreibt $\boldsymbol{v}(\boldsymbol{x}) := \boldsymbol{a} \times \boldsymbol{x}$ das Geschwindigkeitsfeld der Drehung des $\mathbb{R}^3$ um die Achse $\boldsymbol{a}$ mit konstanter Winkelgeschwindigkeit $\omega = \|\boldsymbol{a}\|$.

Explizite Berechnung der Rotation liefert:

$$\operatorname{rot} \boldsymbol{v} \;=\; 2\, \boldsymbol{a} .$$

17.2 Das vollständige Differential

Für die Anwendungen der Differentialrechnung ist insbesondere die eingangs erwähnte Approximationseigenschaft

$$f(x) \quad = \quad f(x_0) \; + \; f'(x_0)\,(x - x_0) \; + \; o(x - x_0)$$

wesentlich. Sie gestattet es, $f(x)$ in der Nähe von x_0 durch eine affin–lineare Funktion (eine Gerade) anzunähern. Diese Eigenschaft lässt sich nun unmittelbar auf den Fall mehrerer unabhängiger Variabler übertragen:

Definition (17.2.1)

Sei $D \subset \mathbb{R}^n$ offen, $\boldsymbol{x}^0 \in D$ und $\boldsymbol{f} : D \to \mathbb{R}^m$. $\boldsymbol{f}(\boldsymbol{x})$ heißt in $\boldsymbol{x}^0$ **differenzierbar** (auch **vollständig** oder **total differenzierbar**), falls es eine lineare Abbildung

$$\boldsymbol{\ell}(\boldsymbol{x}, \boldsymbol{x}^0) \quad = \quad \boldsymbol{A}\,(\boldsymbol{x} - \boldsymbol{x}^0)$$

mit einer Matrix $\boldsymbol{A} \in \mathbb{R}^{(m,n)}$ gibt, für die die Approximationseigenschaft

$$\boldsymbol{f}(\boldsymbol{x}) \quad = \quad \boldsymbol{f}(\boldsymbol{x}^0) \; + \; \boldsymbol{A}(\boldsymbol{x} - \boldsymbol{x}^0) \; + \; \boldsymbol{o}(\|\boldsymbol{x} - \boldsymbol{x}^0\|),$$

d.h.

$$\lim_{\boldsymbol{x} \to \boldsymbol{x}^0} \frac{\boldsymbol{f}(\boldsymbol{x}) - \boldsymbol{f}(\boldsymbol{x}^0) - \boldsymbol{A}(\boldsymbol{x} - \boldsymbol{x}^0)}{\|\boldsymbol{x} - \boldsymbol{x}^0\|} \quad = \quad \boldsymbol{0}\,,$$

erfüllt ist.

Die lineare Abbildung $\boldsymbol{\ell}$ heißt dann **das** (**vollständige** oder **totale**) **Differential** von $\boldsymbol{f}(\boldsymbol{x})$ im Punkte $\boldsymbol{x}^0$ und wird mit $\boldsymbol{df}(\boldsymbol{x}^0)$ bezeichnet.

Die zugehörige Matrix $\boldsymbol{A}$ heißt **Jacobi–Matrix** oder **Funktionalmatrix** von $\boldsymbol{f}(\boldsymbol{x})$ im Punkt $\boldsymbol{x}^0$ und wird mit $\boldsymbol{Jf}(\boldsymbol{x}^0)$ (manchmal auch mit $\boldsymbol{Df}(\boldsymbol{x}^0)$ oder $\boldsymbol{f}'(\boldsymbol{x}^0)$) bezeichnet.

Bemerkung (17.2.2)

Im Fall einer skalaren Funktion $(m = 1)$ ist $\boldsymbol{A} = \boldsymbol{a}$ ein Zeilenvektor und $\boldsymbol{a}(\boldsymbol{x} - \boldsymbol{x}^0)$ ein Skalarprodukt: $\left\langle \boldsymbol{a}^{\mathrm{T}}, \boldsymbol{x} - \boldsymbol{x}^0 \right\rangle$.

Der folgende Satz zeigt, dass das Differential und damit die Jacobi–Matrix eindeutig bestimmt ist, und gibt den Zusammenhang zu den partiellen Ableitungen von $\boldsymbol{f}(\boldsymbol{x})$ wieder.

Satz (17.2.3)

Sei $\boldsymbol{f} : D \to \mathbb{R}^m$, $\boldsymbol{x}^0 \in D \subset \mathbb{R}^n$, D offen .

a) Ist $\boldsymbol{f}(\boldsymbol{x})$ in $\boldsymbol{x}^0$ differenzierbar, so ist $\boldsymbol{f}(\boldsymbol{x})$ auch stetig in $\boldsymbol{x}^0$.

b) Ist $\boldsymbol{f}(\boldsymbol{x})$ in $\boldsymbol{x}^0$ differenzierbar, so ist das Differential und damit auch die Jacobi–Matrix eindeutig bestimmt.

Ferner gilt:

$$\boldsymbol{J}\boldsymbol{f}(\boldsymbol{x}^0) = \begin{pmatrix} \frac{\partial f_1}{\partial x_1}(\boldsymbol{x}^0), & \ldots, & \frac{\partial f_1}{\partial x_n}(\boldsymbol{x}^0) \\ \vdots & & \vdots \\ \frac{\partial f_m}{\partial x_1}(\boldsymbol{x}^0), & \ldots, & \frac{\partial f_m}{\partial x_n}(\boldsymbol{x}^0) \end{pmatrix} = \begin{pmatrix} \operatorname{grad} f_1(\boldsymbol{x}^0) \\ \vdots \\ \operatorname{grad} f_m(\boldsymbol{x}^0) \end{pmatrix}.$$

c) Ist $\boldsymbol{f}(\boldsymbol{x})$ eine C^1–Funktion auf D, so ist $\boldsymbol{f}(\boldsymbol{x})$ auf D (vollständig) differenzierbar.

Beweis

zu a): Ist $\boldsymbol{f}(\boldsymbol{x})$ in $\boldsymbol{x}^0$ differenzierbar, so folgt

$$\lim_{\boldsymbol{x}\to\boldsymbol{x}^0} \|\boldsymbol{f}(\boldsymbol{x}) - \boldsymbol{f}(\boldsymbol{x}^0) - \boldsymbol{A}(\boldsymbol{x}-\boldsymbol{x}^0)\| = 0$$

und damit auch

$$\begin{aligned} \|\boldsymbol{f}(\boldsymbol{x}) - \boldsymbol{f}(\boldsymbol{x}^0)\| &\leq \|\boldsymbol{f}(\boldsymbol{x}) - \boldsymbol{f}(\boldsymbol{x}^0) - \boldsymbol{A}(\boldsymbol{x}-\boldsymbol{x}^0)\| + \|\boldsymbol{A}(\boldsymbol{x}-\boldsymbol{x}^0)\| \\ &\to 0 \quad (\boldsymbol{x} \to \boldsymbol{x}^0), \end{aligned}$$

also $\lim_{\boldsymbol{x}\to\boldsymbol{x}^0} \boldsymbol{f}(\boldsymbol{x}) = \boldsymbol{f}(\boldsymbol{x}^0)$.

zu b): Mit $\boldsymbol{x} = \boldsymbol{x}^0 + t\,\boldsymbol{e}_i$, $|t| < \varepsilon$, $i \in \{1, \ldots, n\}$ folgt

$$\begin{aligned} \frac{\boldsymbol{f}(\boldsymbol{x}) - \boldsymbol{f}(\boldsymbol{x}^0) - \boldsymbol{A}(\boldsymbol{x}-\boldsymbol{x}^0)}{\|\boldsymbol{x}-\boldsymbol{x}^0\|_\infty} &= \frac{\boldsymbol{f}(\boldsymbol{x}^0 + t\boldsymbol{e}_i) - \boldsymbol{f}(\boldsymbol{x}^0)}{|t|} - \frac{t\boldsymbol{A}\boldsymbol{e}_i}{|t|} \\ &= \frac{t}{|t|} \cdot \left(\frac{\boldsymbol{f}(\boldsymbol{x}^0 + t\boldsymbol{e}_i) - \boldsymbol{f}(\boldsymbol{x}^0)}{t} - \boldsymbol{A}\boldsymbol{e}_i \right) \\ &\to \boldsymbol{0} \quad (t \to 0), \end{aligned}$$

damit folgt aber auch

$$\lim_{t\to 0} \frac{\boldsymbol{f}(\boldsymbol{x}^0 + t\boldsymbol{e}_i) - \boldsymbol{f}(\boldsymbol{x}^0)}{t} = \boldsymbol{A}\boldsymbol{e}_i, \qquad i = 1, \ldots, n.$$

Somit ist $\boldsymbol{f}(\boldsymbol{x})$ also partiell differenzierbar, und für die partiellen Ableitungen gilt:

$$\frac{\partial f_k}{\partial x_i}(\boldsymbol{x}^0) = a_{ki}\,, \qquad i = 1, \ldots, n, \quad k = 1, \ldots, m\,.$$

zu c): Da $\boldsymbol{f}(\boldsymbol{x})$ offensichtlich genau dann differenzierbar ist, falls jede Komponentenfunktion $f_k(\boldsymbol{x})$ differenzierbar ist, genügt es o.B.d.A., die Behauptung für eine skalare Funktion $f : D \to \mathbb{R}$ zu zeigen.

Analog zum Beweis von (17.1.8) findet man mit Hilfe des Mittelwertsatzes:

$$\begin{aligned}
f(\boldsymbol{x}) - f(\boldsymbol{x}^0) &= f(x_1, \ldots, x_n) - f(x_1, \ldots, x_{n-1}, x_n^0) \\
&\quad + f(x_1, \ldots, x_{n-1}, x_n^0) - f(x_1, \ldots, x_{n-1}^0, x_n^0) \\
&\quad \vdots \\
&\quad + f(x_1, x_2^0, \ldots, x_n^0) - f(x_1^0, x_2^0, \ldots, x_n^0) \\
&= \sum_{k=1}^{n} \frac{\partial f}{\partial x_k}(\boldsymbol{\xi}_k)\,(x_k - x_k^0)
\end{aligned}$$

mit $\boldsymbol{\xi}_k := (x_1, \ldots, x_{k-1}, x_k^0 + \theta_k(x_k - x_k^0), x_{k+1}^0, \ldots, x_n^0)^{\mathrm{T}}\,, \quad 0 < \theta_k < 1.$

Damit wird:

$$f(\boldsymbol{x}) - f(\boldsymbol{x}^0) - \operatorname{grad} f(\boldsymbol{x}^0)\,(\boldsymbol{x} - \boldsymbol{x}^0) = \sum_{k=1}^{n} \left(\frac{\partial f}{\partial x_k}(\boldsymbol{\xi}_k) - \frac{\partial f}{\partial x_k}(\boldsymbol{x}^0) \right) (x_k - x_k^0)$$

und

$$\begin{aligned}
\frac{|f(\boldsymbol{x}) - f(\boldsymbol{x}^0) - \operatorname{grad} f(\boldsymbol{x}^0)(\boldsymbol{x} - \boldsymbol{x}^0)|}{\|\boldsymbol{x} - \boldsymbol{x}^0\|_\infty} &= \left| \sum_{k=1}^{n} \left(\frac{\partial f}{\partial x_k}(\boldsymbol{\xi}_k) - \frac{\partial f}{\partial x_k}(\boldsymbol{x}^0) \right) \frac{x_k - x_k^0}{\|\boldsymbol{x} - \boldsymbol{x}^0\|_\infty} \right| \\
&\leq \sum_{k=1}^{n} \left| \frac{\partial f}{\partial x_k}(\boldsymbol{\xi}_k) - \frac{\partial f}{\partial x_k}(\boldsymbol{x}^0) \right| \\
&\to 0\,, \quad \text{für } \boldsymbol{x} \to \boldsymbol{x}^0\,.
\end{aligned}$$

Somit ist $f(\boldsymbol{x})$ also (vollständig) differenzierbar, und für die Jacobi–Matrix gilt

$$\boldsymbol{J} f(\boldsymbol{x}^0) = \operatorname{grad} f(\boldsymbol{x}^0).$$

■

Beispiele (17.2.4)

a) Für $f(x_1, x_2) = x_1\, \mathrm{e}^{2x_2}$ erhält man die Jacobi–Matrix:

$$\boldsymbol{J}f(x_1, x_2) \;=\; \operatorname{grad} f(x_1, x_2) \;=\; \mathrm{e}^{2x_2}\,(1\,,\,2\,x_1)\,.$$

b) Für $\boldsymbol{f}(x_1, x_2, x_3) = \begin{pmatrix} x_1x_2x_3 \\ \sin(x_1 + 2x_2 + 3x_3) \end{pmatrix}$ erhält man die Jacobi–Matrix:

$$\boldsymbol{J}\boldsymbol{f}(x_1, x_2, x_3) \;=\; \begin{pmatrix} x_2x_3 & x_1x_3 & x_1x_2 \\ \cos s & 2\cos s & 3\cos s \end{pmatrix}.$$

Dabei bezeichnet $s := x_1 + 2x_2 + 3x_3$.

c) Sei $\boldsymbol{f}(\boldsymbol{x}) = \boldsymbol{A}\,\boldsymbol{x}$, mit $\boldsymbol{A} \in \mathbb{R}^{(m,n)}$, $\boldsymbol{x} \in \mathbb{R}^n$. Wegen $\dfrac{\partial \boldsymbol{f}}{\partial x_i} = \boldsymbol{A}\,\boldsymbol{e}_i \quad (i = 1, \ldots, n)$ folgt:

$$\boldsymbol{J}\boldsymbol{f}(\boldsymbol{x}^0) \;=\; \boldsymbol{A} \qquad (\forall \boldsymbol{x}^0 \in \mathbb{R}^n\,)\,.$$

d) Sei $f(\boldsymbol{x}) \;=\; \boldsymbol{x}^{\mathrm{T}}\boldsymbol{A}\,\boldsymbol{x} \;=\; \langle\, \boldsymbol{x}, \boldsymbol{A}\,\boldsymbol{x}\,\rangle$ mit $\boldsymbol{A} \in \mathbb{R}^{(n,n)}$, $\boldsymbol{x} \in \mathbb{R}^n$.

Mit der allgemeinen Produktregel folgt dann

$$\begin{aligned} \frac{\partial f}{\partial x_i} &= \langle\, \boldsymbol{e}_i, \boldsymbol{A}\boldsymbol{x}\,\rangle \;+\; \langle\, \boldsymbol{x}, \boldsymbol{A}\boldsymbol{e}_i\,\rangle \\ &= \boldsymbol{e}_i^{\mathrm{T}}\boldsymbol{A}\boldsymbol{x} \;+\; \boldsymbol{x}^{\mathrm{T}}\boldsymbol{A}\boldsymbol{e}_i \\ &= \boldsymbol{x}^{\mathrm{T}}(\boldsymbol{A}^{\mathrm{T}} + \boldsymbol{A})\boldsymbol{e}_i\,. \end{aligned}$$

Damit erhält man für die Jacobi–Matrix

$$\boldsymbol{J}f(\boldsymbol{x}) \;=\; \operatorname{grad} f(\boldsymbol{x}) \;=\; \boldsymbol{x}^{\mathrm{T}}(\boldsymbol{A}^{\mathrm{T}} + \boldsymbol{A})\,.$$

Bemerkung (17.2.5)

Für eine differenzierbare Funktion $\boldsymbol{f}(\boldsymbol{x})$ gilt nach (17.2.1)

$$\begin{aligned} \boldsymbol{f}(\boldsymbol{x} + \boldsymbol{\Delta x}) &= \boldsymbol{f}(\boldsymbol{x}) \;+\; \boldsymbol{J}\boldsymbol{f}(\boldsymbol{x})\cdot\boldsymbol{\Delta x} \;+\; \boldsymbol{o}(\|\boldsymbol{\Delta x}\|) \\ &= \boldsymbol{f}(\boldsymbol{x}) + \sum_{k=1}^{n} \frac{\partial \boldsymbol{f}}{\partial x_k}\,(\boldsymbol{x})\;\Delta x_k \;+\; \boldsymbol{o}(\|\boldsymbol{\Delta x}\|)\,. \end{aligned}$$

Vernachlässigt man für kleine $\|\Delta \boldsymbol{x}\|$ den Fehler $\boldsymbol{o}(\|\boldsymbol{\Delta x}\|)$, so ergibt sich „in erster Näherung" für die Änderung in $\boldsymbol{y} = \boldsymbol{f}(\boldsymbol{x})$:

$$\boldsymbol{\Delta y} \;=\; \boldsymbol{f}(\boldsymbol{x} + \Delta\boldsymbol{x}) - \boldsymbol{f}(\boldsymbol{x}) \;\approx\; \sum_{k=1}^{n} \frac{\partial \boldsymbol{f}}{\partial x_k}\,(\boldsymbol{x})\;\Delta x_k\,. \qquad (17.2.6)$$

Man vergleiche hierzu auch Abschnitt 10.4, insbesondere (10.4.12).

Beispiel (17.2.7)

Die Oberfläche eines quaderförmigen Werkstücks mit der Länge x, der Breite y und der Höhe z ist gegeben durch

$$S = 2(xy + xz + yz)\,.$$

Es werde gemessen: $x = 10$ cm, $y = 12$ cm, $z = 20$ cm. Die Messgenauigkeit betrage hierbei: $|\Delta x|$, $|\Delta y|$, $|\Delta z| \leq 0.1$ cm.

Mit diesen Daten erhält man für die Oberfläche $S = 1120\ \text{cm}^2$ und für den (absoluten) Fehler in S ergibt sich nach (17.2.6) in erster Näherung

$$\begin{aligned} \Delta S &\approx 2\,(y+z)\,\Delta x \,+\, 2\,(x+z)\,\Delta y \,+\, 2\,(x+y)\,\Delta z \\ \Rightarrow \quad |\Delta S| &\leq (64+60+44)\cdot 0.1\ \text{cm}^2 \\ &= 16.8\ \text{cm}^2\,. \end{aligned}$$

Damit hat man $S = 1120 \pm 17\ \text{cm}^2$.

Bemerkung (17.2.8)

Ausgehend von der Näherung (17.2.6)

$$\boldsymbol{\Delta y} \approx \sum_{k=1}^{n} \frac{\partial \boldsymbol{f}}{\partial x_k}(\boldsymbol{x})\Delta x_k$$

schreibt man für die Ableitung einer Funktion $\boldsymbol{f} : D \to \mathbb{R}^m$, $D \subset \mathbb{R}^m$ (offen) im Punkt $\boldsymbol{x}^0 \in D$ auch:

$$\boldsymbol{df}(\boldsymbol{x}^0) = \frac{\partial \boldsymbol{f}}{\partial x_1}(\boldsymbol{x}^0)\,dx_1 + \ldots + \frac{\partial \boldsymbol{f}}{\partial x_n}(\boldsymbol{x}^0)\,dx_n\,. \tag{17.2.9}$$

Die $dx_1, \ldots, dx_n$ heißen die **Differentiale** der Koordinaten $x_1, \ldots, x_n$, $\boldsymbol{df}(\boldsymbol{x}^0)$ ist **das (vollständige) Differential** der Funktion $\boldsymbol{f}(\boldsymbol{x})$ in $\boldsymbol{x}^0$.

Interpretiert man die Differentiale dx_i als **Projektionen**

$$dx_i(\boldsymbol{a}) := a_i \qquad (i\text{–te Koordinate}),$$

so wird aus der rechten Seite von (17.2.9) eine lineare Abbildung mit

$$\begin{aligned} \boldsymbol{df}(\boldsymbol{x}^0)\,(\boldsymbol{x}-\boldsymbol{x}^0) &= \sum_{i=1}^{n} \frac{\partial \boldsymbol{f}}{\partial x_i}(\boldsymbol{x}^0)\,(x_i - x_i^0) \\ &= \boldsymbol{Jf}(\boldsymbol{x}^0)\cdot(\boldsymbol{x}-\boldsymbol{x}^0)\,. \end{aligned}$$

Nach dieser Interpretation stimmt (17.2.9) also mit der Definition (17.2.1) überein.

Im folgenden Satz fassen wir die wichtigsten Differentiationsregeln zusammen.

Satz (17.2.10) (Differentiationsregeln)

a) **Linearität**

Sind $\boldsymbol{f}, \boldsymbol{g} : D \to \mathbb{R}^m$, $D \subset \mathbb{R}^n$ (offen), in $\boldsymbol{x}^0 \in D$ differenzierbare Funktionen, so ist auch $\alpha \boldsymbol{f}(\boldsymbol{x}) + \beta \boldsymbol{g}(x)$ in $\boldsymbol{x}^0$ differenzierbar (α, β reell), und es gilt

$$\boldsymbol{d}(\alpha \boldsymbol{f} + \beta \boldsymbol{g})(\boldsymbol{x}^0) = \alpha\, \boldsymbol{df}(\boldsymbol{x}^0) + \beta\, \boldsymbol{dg}(\boldsymbol{x}^0)$$

bzw.

$$\boldsymbol{J}(\alpha \boldsymbol{f} + \beta \boldsymbol{g})(\boldsymbol{x}^0) = \alpha\, \boldsymbol{Jf}(\boldsymbol{x}^0) + \beta\, \boldsymbol{Jg}(\boldsymbol{x}^0)\,.$$

b) **Kettenregel**

Ist $\boldsymbol{f} : D \to \mathbb{R}^m$ differenzierbar in $\boldsymbol{x}^0 \in D$ (offen), und ist $\boldsymbol{g} : E \to \mathbb{R}^k$ differenzierbar in $\boldsymbol{y}^0 = \boldsymbol{f}(\boldsymbol{x}^0) \in E \subset \mathbb{R}^m$ (offen), so ist die Hintereinanderausführung $\boldsymbol{g} \circ \boldsymbol{f}$ ebenfalls in $\boldsymbol{x}^0$ differenzierbar.

Für die Differentiale gilt

$$\boldsymbol{d}(\boldsymbol{g} \circ \boldsymbol{f})(\boldsymbol{x}^0) = \boldsymbol{dg}(\boldsymbol{y}^0) \circ \boldsymbol{df}(\boldsymbol{x}^0)\,,$$

und für die Jacobi–Matrizen gilt analog

$$\boldsymbol{J}(\boldsymbol{g} \circ \boldsymbol{f})(\boldsymbol{x}^0) = \boldsymbol{Jg}(\boldsymbol{f}(\boldsymbol{x}^0)) \cdot \boldsymbol{Jf}(\boldsymbol{x}^0)\,.$$

Beweis

zu a): Mit den Grenzwertsätzen folgt dies unmittelbar aus der Definition (17.2.1).

zu b): Aufgrund der Voraussetzungen gelten:

$$\begin{aligned} \boldsymbol{y} &= \boldsymbol{f}(\boldsymbol{x}) = \boldsymbol{f}(\boldsymbol{x}^0) + \boldsymbol{Jf}(\boldsymbol{x}^0)(\boldsymbol{x} - \boldsymbol{x}^0) + \boldsymbol{r}_1(\boldsymbol{x}) \\ \boldsymbol{z} &= \boldsymbol{g}(\boldsymbol{y}) = \boldsymbol{g}(\boldsymbol{y}^0) + \boldsymbol{Jg}(\boldsymbol{y}^0)(\boldsymbol{y} - \boldsymbol{y}^0) + \boldsymbol{r}_2(\boldsymbol{y})\,, \end{aligned} \qquad (17.2.11)$$

mit

$$\lim_{\boldsymbol{x} \to \boldsymbol{x}^0} \frac{\boldsymbol{r}_1(\boldsymbol{x})}{\|\boldsymbol{x} - \boldsymbol{x}^0\|} = \boldsymbol{0}\,, \qquad \lim_{\boldsymbol{y} \to \boldsymbol{y}^0} \frac{\boldsymbol{r}_2(\boldsymbol{y})}{\|\boldsymbol{y} - \boldsymbol{y}^0\|} = \boldsymbol{0}\,.$$

Insbesondere folgt aus der ersten Beziehung

$$\begin{aligned}\|\boldsymbol{y}-\boldsymbol{y}^0\| &= \|\boldsymbol{Jf}(\boldsymbol{x}^0)\,(\boldsymbol{x}-\boldsymbol{x}^0) + \boldsymbol{r}_1(\boldsymbol{x})\| \\ &\leq \|\boldsymbol{Jf}(\boldsymbol{x}^0)\|\,\|\boldsymbol{x}-\boldsymbol{x}^0\| + \|\boldsymbol{r}_1(\boldsymbol{x})\| \\ \Rightarrow \qquad \frac{\|\boldsymbol{y}-\boldsymbol{y}^0\|}{\|\boldsymbol{x}-\boldsymbol{x}^0\|} &\leq \|\boldsymbol{Jf}(\boldsymbol{x}^0)\| + \frac{\|\boldsymbol{r}_1(\boldsymbol{x})\|}{\|\boldsymbol{x}-\boldsymbol{x}^0\|}\,.\end{aligned}$$

Hiermit sieht man, dass

$$\frac{\|\boldsymbol{y}-\boldsymbol{y}^0\|}{\|\boldsymbol{x}-\boldsymbol{x}^0\|} = \frac{\|\boldsymbol{f}(\boldsymbol{x})-\boldsymbol{f}(\boldsymbol{x}^0)\|}{\|\boldsymbol{x}-\boldsymbol{x}^0\|}$$

für $\boldsymbol{x} \to \boldsymbol{x}^0$ beschränkt ist.

Setzt man nun die erste der obigen Beziehungen (17.2.11) in die zweite ein, so erhält man

$$\begin{aligned}\boldsymbol{g}(\boldsymbol{f}(\boldsymbol{x})) &= \boldsymbol{g}(\boldsymbol{f}(\boldsymbol{x}^0)) + \boldsymbol{Jg}(\boldsymbol{y}^0)\cdot\boldsymbol{Jf}(\boldsymbol{x}^0)\cdot(\boldsymbol{x}-\boldsymbol{x}^0) \\ &\quad + \underbrace{\boldsymbol{Jg}(\boldsymbol{y}^0)\cdot\boldsymbol{r}_1(\boldsymbol{x}) + \boldsymbol{r}_2(\boldsymbol{y})}_{=:\ \boldsymbol{r}(\boldsymbol{x})}\end{aligned}$$

und hiermit für $\boldsymbol{x} \neq \boldsymbol{x}^0$:

$$\begin{aligned}\frac{\boldsymbol{r}(\boldsymbol{x})}{\|\boldsymbol{x}-\boldsymbol{x}^0\|} &= \boldsymbol{Jg}(\boldsymbol{y}^0)\,\frac{\boldsymbol{r}_1(\boldsymbol{x})}{\|\boldsymbol{x}-\boldsymbol{x}^0\|} + \frac{\boldsymbol{r}_2(\boldsymbol{y})}{\|\boldsymbol{x}-\boldsymbol{x}^0\|} \\ &= \begin{cases} \boldsymbol{Jg}(\boldsymbol{y}^0)\,\dfrac{\boldsymbol{r}_1(\boldsymbol{x})}{\|\boldsymbol{x}-\boldsymbol{x}^0\|}, & \text{falls } \boldsymbol{y} = \boldsymbol{f}(\boldsymbol{x}) = \boldsymbol{y}^0 \\ \boldsymbol{Jg}(\boldsymbol{y}^0)\,\dfrac{\boldsymbol{r}_1(\boldsymbol{x})}{\|\boldsymbol{x}-\boldsymbol{x}^0\|} + \dfrac{\boldsymbol{r}_2(\boldsymbol{y})}{\|\boldsymbol{y}-\boldsymbol{y}^0\|}\cdot\dfrac{\|\boldsymbol{y}-\boldsymbol{y}^0\|}{\|\boldsymbol{x}-\boldsymbol{x}^0\|}, & \text{sonst.}\end{cases}\end{aligned}$$

Wegen der Stetigkeit von $\boldsymbol{f}(\boldsymbol{x})$ in $\boldsymbol{x}^0$ geht auch $\boldsymbol{y} \to \boldsymbol{y}^0$ für $\boldsymbol{x} \to \boldsymbol{x}^0$, und damit folgt

$$\lim_{\boldsymbol{x}\to\boldsymbol{x}^0} \frac{\boldsymbol{r}(\boldsymbol{x})}{\|\boldsymbol{x}-\boldsymbol{x}^0\|} = \mathbf{0}.$$

■

Bemerkung (17.2.12)

Häufig wird die Kettenregel auf den folgenden Spezialfall angewendet:

Sei $\boldsymbol{h} : I \to \mathbb{R}^n$, $I \subset \mathbb{R}$ (Intervall), eine in $t_0 \in I$ differenzierbare Kurve mit Werten in $D \subset \mathbb{R}^n$ (offen) und $f : D \to \mathbb{R}$ eine in $\boldsymbol{x}^0 = \boldsymbol{h}(t_0)$ differenzierbare skalare Funktion.

Dann ist auch die Hintereinanderausführung

$$(f \circ \boldsymbol{h})(t) \quad = \quad f(h_1(t), \ldots, h_n(t))$$

in t_0 differenzierbar, und für die Ableitung gilt

$$\begin{aligned} (f \circ \boldsymbol{h})'(t_0) &= \boldsymbol{J}f(\boldsymbol{h}(t_0)) \cdot \boldsymbol{J}\boldsymbol{h}(t_0) \\ &= \operatorname{grad} f(\boldsymbol{h}(t_0)) \cdot \boldsymbol{h}'(t_0) \\ &= \sum_{k=1}^{n} \frac{\partial f}{\partial x_k}(\boldsymbol{h}(t_0)) \cdot h_k'(t_0)\,. \end{aligned}$$

Beispiel (17.2.13)

Ein Massenpunkt bewege sich mit der Masse $m(t) = m_0 - \alpha\, t$ und der Geschwindigkeit $v(t) = v_0 + \beta\, t^3$.

Wir fragen nach der zeitlichen Änderung der kinetischen Energie $T = \dfrac{1}{2} m v^2$.

Natürlich könnte man die obigen Funktionen einsetzen und die resultierende Funktion $T(t)$ dann mittels Produktregel differenzieren. Man kann aber auch die Kettenregel direkt verwenden:

$$\begin{aligned} \frac{dT}{dt} &= \operatorname{grad} T(m, v) \cdot \begin{pmatrix} m'(t) \\ v'(t) \end{pmatrix} \\ &= \left(\tfrac{1}{2}v^2, mv\right) \begin{pmatrix} -\alpha \\ 3\beta t^2 \end{pmatrix} \\ &= 3\beta m v t^2 - \tfrac{1}{2}\alpha v^2 \end{aligned}$$

und hierin dann m und v ersetzen:

$$\frac{dT}{dt} = 3\beta(m_0 - \alpha t)\,(v_0 + \beta t^3)t^2 - \frac{\alpha}{2}\,(v_0 + \beta t^3)^2\,.$$

Richtungsableitungen

Bei der Definition der partiellen Ableitungen in (17.1.1) haben wir eine Funktion $f(\boldsymbol{x})$ mehrerer Variabler "längs einer Koordinatenrichtung" betrachtet und diese Funktion einer Variablen $t \mapsto f(\boldsymbol{x}^0 + t\boldsymbol{e}_i)$ in $t = 0$ differenziert. Es macht Sinn, bei der Einschränkung auf eindimensionale Teilbereiche des Definitionsbereichs nicht nur die Koordinatenrichtungen $\boldsymbol{e}_1, \ldots, \boldsymbol{e}_n$ zuzulassen und allgemeiner eine Funktion mehrerer Variabler „längs beliebiger Richtungen“ zu differenzieren.

Definition (17.2.14)

Sei $f : D \to \mathbb{R}$, $D \subset \mathbb{R}^n$ offen, $\boldsymbol{x}^0 \in D$. Für einen Vektor $\boldsymbol{v} \in \mathbb{R}^n \backslash \{\boldsymbol{0}\}$ heißt

$$D_{\boldsymbol{v}} f(\boldsymbol{x}^0) \quad := \quad \lim_{t \to 0} \frac{f(\boldsymbol{x}^0 + t\boldsymbol{v}) - f(\boldsymbol{x}^0)}{t}$$

die **Richtungsableitung** (**auch Găteaux–Ableitung**) von $f(\boldsymbol{x})$ in Richtung $\boldsymbol{v}$.

Bemerkungen (17.2.15)

a) Für $\boldsymbol{v} = \boldsymbol{e}_i$ liefert die Richtungsableitung gerade die i–te partielle Ableitung:

$$D_{\boldsymbol{e}_i} f(\boldsymbol{x}^0) \quad = \quad \frac{\partial f}{\partial x_i}(\boldsymbol{x}^0) \, .$$

b) Ist $\boldsymbol{v}$ ein Einheitsvektor, d.h. $\|\boldsymbol{v}\| = 1$, so beschreibt die Richtungsableitung $D_{\boldsymbol{v}} f(\boldsymbol{x}^0)$ den Anstieg (die Steigung) von $f(\boldsymbol{x})$ in der Richtung $\boldsymbol{v}$.

c) Ist $f(\boldsymbol{x})$ in $\boldsymbol{x}^0$ differenzierbar, so gilt offenbar

$$D_{\boldsymbol{v}} f(\boldsymbol{x}^0) \quad = \quad \frac{d}{dt}(f \circ \boldsymbol{h})\bigg|_{t=0}$$

mit $\boldsymbol{h}(t) := \boldsymbol{x}^0 + t\,\boldsymbol{v}$. Da $\boldsymbol{h}(t)$ aber in $t = 0$ differenzierbar ist, existieren insbesondere sämtliche Richtungsableitungen von $f(\boldsymbol{x})$ in $\boldsymbol{x}^0$ und mit der Kettenregel (vgl. (17.2.12)) folgt

$$D_{\boldsymbol{v}} f(\boldsymbol{x}^0) \quad = \quad \operatorname{grad} f(\boldsymbol{x}^0) \cdot \boldsymbol{h}'(0) \quad = \quad \operatorname{grad} f(\boldsymbol{x}^0) \cdot \boldsymbol{v} \, . \qquad (17.2.16)$$

Satz (17.2.17) (Eigenschaften des Gradienten)

Sei $f : D \to \mathbb{R}$, $D \subset \mathbb{R}^n$ offen, in $\boldsymbol{x}^0 \in D$ differenzierbar.

a) Der Gradientenvektor $\operatorname{grad} f(\boldsymbol{x}^0) \in \mathbb{R}^n$ steht senkrecht auf der **Niveaumenge**

$$N_{\boldsymbol{x}^0} \quad := \quad \{\boldsymbol{x} \in D : f(\boldsymbol{x}) = f(\boldsymbol{x}^0)\} \, .$$

Im Fall $n = 2$ nennt man die Niveaumengen auch **Höhenlinien**, im Fall $n = 3$ heißen die Niveaumengen auch **Äquipotentialflächen**.

b) $\operatorname{grad} f(\boldsymbol{x}^0)$ gibt die Richtung des steilsten Anstiegs von $f(\boldsymbol{x})$ im Punkt $\boldsymbol{x}^0$ an.

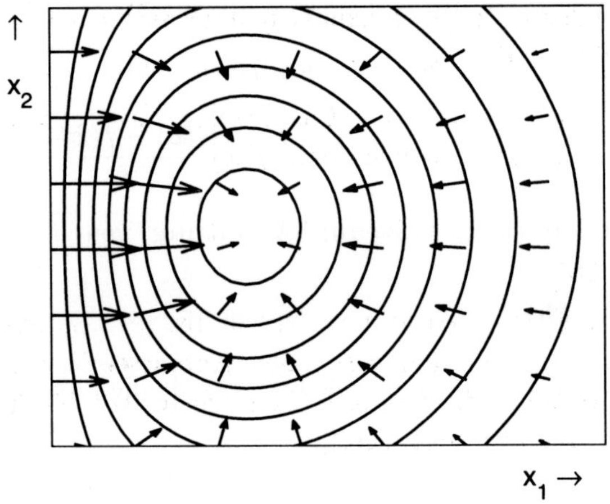

Abb. 17.2. Höhenlinien und Gradienten

Beweis

zu a): Sei $\boldsymbol{x}(t)$, $-\varepsilon < t < \varepsilon$, eine differenzierbare Kurve mit dem Anfangswert $\boldsymbol{x}(0) = \boldsymbol{x}^0$, die ganz in $N_{\boldsymbol{x}^0}$ verläuft. Die Existenz solcher Kurven wird später für differenzierbare und in $\boldsymbol{x}^0$ reguläre Funktionen mit Hilfe des Satzes über implizite Funktionen sichergestellt.

Nach Definition der Niveaumenge $N_{\boldsymbol{x}^0}$ gilt dann

$$f(\boldsymbol{x}(t)) \equiv f(\boldsymbol{x}^0) = \text{const.} \qquad (\forall t \in]-\varepsilon, \varepsilon[)\,.$$

Differentiation dieser Identität liefert (Kettenregel !)

$$\text{grad} f(\boldsymbol{x}^0) \cdot \dot{\boldsymbol{x}}(0) = 0\,.$$

Damit steht $\text{grad} f(\boldsymbol{x}^0)$ auf allen Tangentialvektoren an die Niveaumenge $N_{\boldsymbol{x}^0}$ im Punkte $\boldsymbol{x}^0$ senkrecht.

zu b): Die Steigung von $f(\boldsymbol{x})$ in Richtung eines Vektors $\boldsymbol{v}$ $(\|\boldsymbol{v}\| = 1)$ ist durch die Richtungsableitung

$$D_{\boldsymbol{v}} f(\boldsymbol{x}^0) = \text{grad} f(\boldsymbol{x}^0) \cdot \boldsymbol{v} = \left\langle \nabla f(\boldsymbol{x}^0), \boldsymbol{v} \right\rangle$$

gegeben. Die Cauchy–Schwarzsche Ungleichung liefert die Abschätzung

$$|D_{\boldsymbol{v}} f(\boldsymbol{x}^0)| \le \|\text{grad} f(\boldsymbol{x}^0)\|_2\,.$$

Ist $\text{grad} f(\boldsymbol{x}^0) = \boldsymbol{0}$, so verschwinden folglich auch alle Steigungen $D_{\boldsymbol{v}} f(\boldsymbol{x}^0)$, d.h., $\boldsymbol{x}^0$ ist ein **stationärer Punkt** von $f(\boldsymbol{x})$.

Im Fall $\text{grad} f(\boldsymbol{x}^0) \neq \boldsymbol{0}$ werden die Schranken $\pm\|\text{grad}\, f(\boldsymbol{x}^0)\|_2$ auch angenommen, und zwar wird für

$$\boldsymbol{v}^{(1)} := \frac{\text{grad} f(\boldsymbol{x}^0)}{\|\text{grad} f(\boldsymbol{x}^0)\|_2}$$

$D_{\boldsymbol{v}^{(1)}} f(\boldsymbol{x}^0) = +\|\text{grad} f(\boldsymbol{x}^0)\|_2$ maximal und für $\boldsymbol{v}^{(2)} := -\boldsymbol{v}^{(1)}$ analog $D_{\boldsymbol{v}^{(2)}} f(\boldsymbol{x}^0) = -\|\text{grad} f(\boldsymbol{x}^0)\|_2$ minimal.

$\text{grad} f(\boldsymbol{x}^0)$ weist also in Richtung des stärksten Anstiegs von $f(\boldsymbol{x})$, $-\text{grad} f(\boldsymbol{x}^0)$ in Richtung des stärksten Abstiegs von $f(\boldsymbol{x})$. ■

Bemerkung (17.2.18)

Die Eigenschaft (17.2.17) b) lässt sich vorteilhaft für die numerische Berechnung der lokalen Minima einer Funktion $f(\boldsymbol{x})$ verwenden. Auf dieser Eigenschaft beruhen im wesentlichen die **Gradientenverfahren** bzw. die so genannten **Verfahren des steilsten Abstiegs (steepest descent methods).**

Krummlinige Koordinaten

Die Kettenregel ist ein wichtiges Hilfsmittel, um Ableitungsausdrücke einer Funktion $f(\boldsymbol{x})$ auf neue, krummlinige Koordinaten umzurechnen.

Dazu sei $\boldsymbol{x} = \boldsymbol{\Phi}(\boldsymbol{u})$ eine C^1–Abbildung $\boldsymbol{\Phi} : U \to V$ zweier offener Bereiche $U, V \subset \mathbb{R}^n$. Wir nehmen an, dass die Jacobi–Matrix $\boldsymbol{J\Phi}(\boldsymbol{u}^0)$ an jeder Stelle $\boldsymbol{u}^0 \in U$ regulär sei. Wie wir später sehen werden, ist $\boldsymbol{\Phi}$ dann lokal bei $\boldsymbol{u}^0$ bijektiv.

Durch eventuelle Einschränkung von U und V lässt sich also erreichen, dass $\boldsymbol{\Phi} : U \to V$ bijektiv ist; ferner sei auch die Umkehrabbildung $\boldsymbol{\Phi}^{-1} : V \to U$ eine C^1–Abbildung.

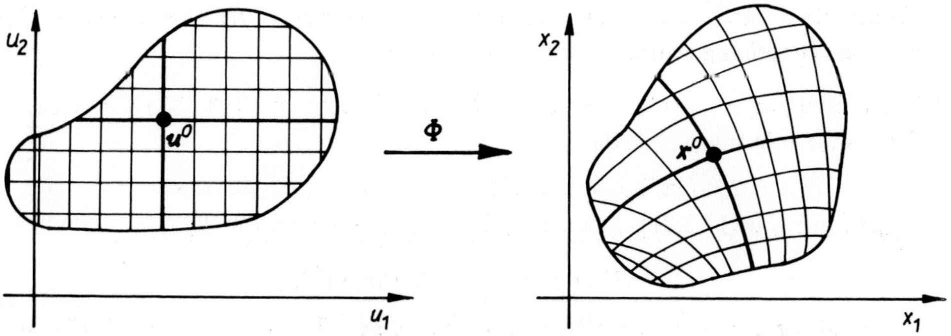

Abb. 17.3. Nichtlineare Koordinatentransformation

Wie in der obigen Abbildung lässt sich die Wirkung der Koordinatentransformation $\boldsymbol{x} = \boldsymbol{\Phi}(\boldsymbol{u})$ (für $n = 2$) dadurch veranschaulichen, dass man die Bilder der Koordinatenlinien $u_i = \text{const}$ $(i = 1, 2)$ betrachtet. Man führe dies für den Fall der Polarkoordinaten

$$x_1 = r \cos\varphi, \qquad r > 0$$
$$x_2 = r \sin\varphi, \qquad -\pi < \varphi < \pi$$

durch.

Allgemein gilt nun für alle $\boldsymbol{u} \in U$ die Identität

$$\boldsymbol{\Phi}^{-1}(\boldsymbol{\Phi}(\boldsymbol{u})) = \boldsymbol{u}.$$

Diese Identität, mit der Kettenregel differenziert, liefert

$$\boldsymbol{J\Phi}^{-1}(\boldsymbol{x}) \cdot \boldsymbol{J\Phi}(\boldsymbol{u}) = \boldsymbol{I}_n, \qquad \boldsymbol{x} = \boldsymbol{\Phi}(\boldsymbol{u})$$

und damit

$$\boldsymbol{J\Phi}^{-1}(\boldsymbol{x}) = (\boldsymbol{J\Phi}(\boldsymbol{u}))^{-1}, \qquad \boldsymbol{x} = \boldsymbol{\Phi}(\boldsymbol{u}). \tag{17.2.19}$$

Sei nun $\tilde{f}(\boldsymbol{x})$ eine Funktion $\tilde{f} : V \to \mathbb{R}$, und bezeichne $f(\boldsymbol{u}) := \tilde{f}(\boldsymbol{\Phi}(\boldsymbol{u}))$ die „gleiche" Funktion, allerdings ausgedrückt in den neuen Koordinaten $\boldsymbol{u}$.

Die Differentiation dieser Funktion mittels Kettenregel liefert:

$$\frac{\partial f}{\partial u_i} = \sum_{j=1}^{n} \frac{\partial \tilde{f}}{\partial x_j} \frac{\partial \Phi_j}{\partial u_i} = \sum_{j=1}^{n} g^{ij} \frac{\partial \tilde{f}}{\partial x_j},$$

dabei ist die Matrix $\boldsymbol{G}(\boldsymbol{u}) := (g^{ij})$ definiert durch

$$g^{ij} := \frac{\partial \Phi_j}{\partial u_i}, \qquad \boldsymbol{G}(\boldsymbol{u}) := (g^{ij}) = (\boldsymbol{J\Phi}(\boldsymbol{u}))^{\mathrm{T}}. \tag{17.2.20}$$

Für die obige Beziehung schreiben wir dann abkürzend:

$$\frac{\partial}{\partial u_i} = \sum_{j=1}^{n} g^{ij} \frac{\partial}{\partial x_j}. \tag{17.2.21}$$

Die Umkehrung von (17.2.21) bzw. die analoge Untersuchung für $\boldsymbol{\Phi}^{-1}$ anstelle von $\boldsymbol{\Phi}$ liefert

$$\frac{\partial}{\partial x_i} = \sum_{j=1}^{n} g_{ij} \frac{\partial}{\partial u_j} \tag{17.2.22}$$

mit

$$(g_{ij}) := (g^{ij})^{-1} = (\boldsymbol{J\Phi})^{-T} = (\boldsymbol{J\Phi}^{-1})^{\mathrm{T}}. \tag{17.2.23}$$

Beispiel (17.2.24) (Polarkoordinaten)

Für die Polarkoordinaten

$$\boldsymbol{x} = \boldsymbol{\Phi}(\boldsymbol{u}) = \begin{pmatrix} r\cos\varphi \\ r\sin\varphi \end{pmatrix}, \qquad \boldsymbol{u} = (r,\varphi)\ , \quad r > 0,\ -\pi < \varphi < \pi$$

findet man

$$\boldsymbol{J\Phi}(\boldsymbol{u}) = \begin{pmatrix} \cos\varphi & -r\sin\varphi \\ \sin\varphi & r\cos\varphi \end{pmatrix}$$

und somit

$$(g^{ij}) = \begin{pmatrix} \cos\varphi & \sin\varphi \\ -r\sin\varphi & r\cos\varphi \end{pmatrix}, \quad (g_{ij}) = \begin{pmatrix} \cos\varphi & -\frac{1}{r}\sin\varphi \\ \sin\varphi & \frac{1}{r}\cos\varphi \end{pmatrix}.$$

Nach (17.2.22) gilt also für die Umrechnung der partiellen Ableitungen:

$$\begin{aligned} \frac{\partial}{\partial x_1} &= \cos\varphi\frac{\partial}{\partial r} - \frac{1}{r}\sin\varphi\frac{\partial}{\partial\varphi} \\ \frac{\partial}{\partial x_2} &= \sin\varphi\frac{\partial}{\partial r} + \frac{1}{r}\cos\varphi\frac{\partial}{\partial\varphi}. \end{aligned} \tag{17.2.25}$$

Diese Beziehungen kann man beispielsweise verwenden, um auch andere Differentialoperatoren des $\mathbb{R}^2$ auf Polarkoordinaten umzurechnen.

So erhält man etwa für den Laplace-Operator:

$$\frac{\partial^2}{\partial x_1^2} = \cos^2\varphi\frac{\partial^2}{\partial r^2} - \frac{\sin(2\varphi)}{r}\frac{\partial^2}{\partial r\partial\varphi} + \frac{\sin^2\varphi}{r^2}\frac{\partial^2}{\partial\varphi^2} + \frac{\sin(2\varphi)}{r^2}\frac{\partial}{\partial\varphi} + \frac{\sin^2\varphi}{r}\frac{\partial}{\partial r}$$

$$\frac{\partial^2}{\partial x_2^2} = \sin^2\varphi\frac{\partial^2}{\partial r^2} + \frac{\sin(2\varphi)}{r}\frac{\partial^2}{\partial r\partial\varphi} + \frac{\cos^2\varphi}{r^2}\frac{\partial^2}{\partial\varphi^2} - \frac{\sin(2\varphi)}{r^2}\frac{\partial}{\partial\varphi} + \frac{\cos^2\varphi}{r}\frac{\partial}{\partial r}$$

$$\Delta = \frac{\partial^2}{\partial x_1^2} + \frac{\partial^2}{\partial x_2^2} = \frac{\partial^2}{\partial r^2} + \frac{1}{r^2}\frac{\partial^2}{\partial\varphi^2} + \frac{1}{r}\frac{\partial}{\partial r}. \tag{17.2.26}$$

Man vergleiche hierzu auch das Beispiel (17.1.19).

Beispiel (17.2.27) (Kugelkoordinaten)

Für die Kugelkoordinaten

$$\boldsymbol{x} \;=\; \boldsymbol{\Phi}(\boldsymbol{u}) \;=\; \begin{pmatrix} r\cos\varphi\cos\theta \\ r\sin\varphi\cos\theta \\ r\sin\theta \end{pmatrix}, \qquad \begin{array}{l} \boldsymbol{u} \;=\; (r,\varphi,\theta)\,, \\ r > 0\,,\quad -\pi < \varphi < \pi\,, \\ -\pi/2 < \theta < \pi/2\,, \end{array}$$

findet man

$$\boldsymbol{J\Phi}(\boldsymbol{u}) \;=\; \begin{pmatrix} \cos\varphi\cos\theta & -r\sin\varphi\cos\theta & -r\cos\varphi\sin\theta \\ \sin\varphi\cos\theta & r\cos\varphi\cos\theta & -r\sin\varphi\sin\theta \\ \sin\theta & 0 & r\cos\theta \end{pmatrix},$$

$$(g^{ij}) \;=\; (\boldsymbol{J\Phi}(\boldsymbol{u}))^{\mathrm{T}}\,,$$

$$(g_{ij}) \;=\; \begin{pmatrix} \cos\varphi\cos\theta & -\dfrac{\sin\varphi}{r\cos\theta} & -\dfrac{1}{r}\cos\varphi\sin\theta \\ \sin\varphi\cos\theta & \dfrac{\cos\varphi}{r\cos\theta} & -\dfrac{1}{r}\sin\varphi\sin\theta \\ \sin\theta & 0 & \dfrac{1}{r}\cos\theta \end{pmatrix},$$

und damit für die partiellen Ableitungen:

$$\begin{aligned} \frac{\partial}{\partial x_1} &= \cos\varphi\cos\theta\,\frac{\partial}{\partial r} - \frac{\sin\varphi}{r\cos\theta}\,\frac{\partial}{\partial\varphi} - \frac{1}{r}\cos\varphi\sin\theta\,\frac{\partial}{\partial\theta} \\ \frac{\partial}{\partial x_2} &= \sin\varphi\cos\theta\,\frac{\partial}{\partial r} + \frac{\cos\varphi}{r\cos\theta}\,\frac{\partial}{\partial\varphi} - \frac{1}{r}\sin\varphi\sin\theta\,\frac{\partial}{\partial\theta} \\ \frac{\partial}{\partial x_3} &= \sin\theta\,\frac{\partial}{\partial r} + \frac{1}{r}\cos\theta\,\frac{\partial}{\partial\theta}\,. \end{aligned} \tag{17.2.28}$$

Mit etwas aufwendigerer Rechnung findet man mit obigen Beziehungen ebenso die Umrechnung des dreidimensionalen Laplace–Operators in Kugelkoordinaten:

$$\Delta \;=\; \frac{\partial^2}{\partial r^2} + \frac{1}{r^2\cos^2\theta}\,\frac{\partial^2}{\partial\varphi^2} + \frac{1}{r^2}\,\frac{\partial^2}{\partial\theta^2} + \frac{2}{r}\,\frac{\partial}{\partial r} - \frac{\tan\theta}{r^2}\,\frac{\partial}{\partial\theta}\,. \tag{17.2.29}$$

17.3 Mittelwertsätze und Taylorscher Satz

Wir betrachten zunächst die Verallgemeinerung des ersten Mittelwertsatzes (vgl. (10.1.8)) auf skalare Funktionen von mehreren unabhängigen Variablen.

Satz (17.3.1) (Mittelwertsatz)

Sei $f : D \to \mathbb{R}$ eine auf einer offenen Menge $D \subset \mathbb{R}^n$ differenzierbare, skalare Funktion. Ferner seien $\boldsymbol{a}, \boldsymbol{b} \in D$ Punkte in D, so dass die Verbindungsstrecke

$$[\boldsymbol{a}, \boldsymbol{b}] \quad := \quad \{\boldsymbol{a} + t\,(\boldsymbol{b} - \boldsymbol{a}) \mid t \in [0,1]\}$$

ganz in D liegt.
Dann gibt es eine Zahl $\theta \in]0,1[$ mit

$$f(\boldsymbol{b}) - f(\boldsymbol{a}) \quad = \quad \operatorname{grad} f\,(\boldsymbol{a} + \theta\,(\boldsymbol{b} - \boldsymbol{a})) \cdot (\boldsymbol{b} - \boldsymbol{a})\,.$$

Beweis

Mit einer geeigneten Parametrisierung der Verbindungsstrecke $[\boldsymbol{a}, \boldsymbol{b}]$ lässt sich der Satz auf den Fall einer unabhängigen Veränderlichen zurückführen.

Man setze

$$h(t) \quad := \quad f(\boldsymbol{a} + t\,(\boldsymbol{b} - \boldsymbol{a})), \quad 0 \le t \le 1\,.$$

$h(t)$ ist offensichtlich stetig auf $[0,1]$ und nach der Kettenregel auch differenzierbar auf dem offenen Intervall $]0,1[$. Damit sind die Voraussetzungen des ersten Mittelwertsatzes (10.1.8) erfüllt, und wir haben

$$\begin{aligned} f(\boldsymbol{b}) - f(\boldsymbol{a}) &= h(1) - h(0) \\ &= h'(\theta) \cdot (1 - 0), \quad 0 < \theta < 1 \\ &= \operatorname{grad} f\,(\boldsymbol{a} + \theta(\boldsymbol{b} - \boldsymbol{a})) \cdot (\boldsymbol{b} - \boldsymbol{a})\;. \end{aligned}$$

■

Bemerkung (17.3.2)

Gilt die Bedingung $[\boldsymbol{a}, \boldsymbol{b}] \subset D$ für **alle** Punkte $\boldsymbol{a}, \boldsymbol{b} \in D$, so heißt die Menge D **konvex**.

Konvexe Mengen und konvexe Funktionen (vgl. auch (10.1.24)) spielen innerhalb der angewandten Analysis, insbesondere in der Optimierungstheorie, eine wichtige Rolle. Bei konvexen Definitionsbereichen gilt der Mittelwertsatz (17.3.1) also für beliebige Punkte $\boldsymbol{a}, \boldsymbol{b} \in D$.

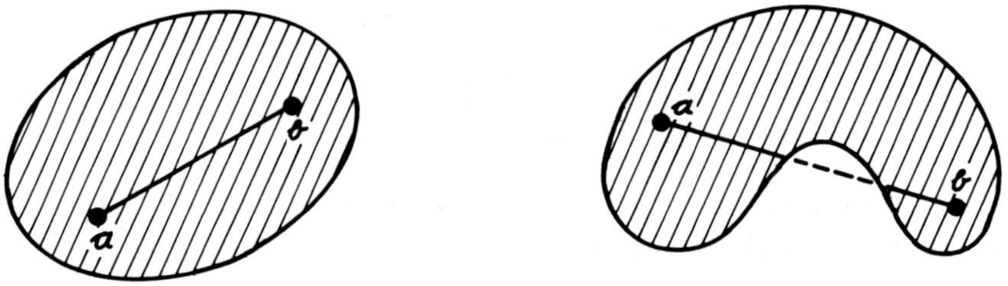

Abb. 17.4. Konvexe und nichtkonvexe Menge

Beispiel (17.3.3)

Sei $f(x_1, x_2) := \cos x_1 + \sin x_2$.

Es gilt $f(0,0) = f(\pi/2, \pi/2) = 1$. Nach dem Mittelwertsatz muss es daher ein $\theta \in]0,1[$ geben mit der Eigenschaft

$$
\begin{aligned}
0 &= \operatorname{grad} f\left(\theta\begin{pmatrix}\pi/2\\ \pi/2\end{pmatrix}\right) \cdot \begin{pmatrix}\pi/2\\ \pi/2\end{pmatrix}\\
&= \left(-\sin\left(\theta\frac{\pi}{2}\right)\ ,\ \cos\left(\theta\frac{\pi}{2}\right)\right)\begin{pmatrix}\pi/2\\ \pi/2\end{pmatrix}\\
&= \frac{\pi}{2}\left[\cos\left(\theta\frac{\pi}{2}\right) - \sin\left(\theta\frac{\pi}{2}\right)\right].
\end{aligned}
$$

In der Tat ist diese Gleichung für $\theta = \dfrac{1}{2}$ erfüllt.

Leider lässt sich der Mittelwertsatz in obiger Gleichungsform **nicht** auf den Fall vektorwertiger Funktionen übertragen. Dies liegt im wesentlichen daran, dass der Mittelwertsatz für jede skalare Funktion die Existenz eines entsprechenden θ garantiert, man jedoch nicht erwarten kann, für mehrere skalare Funktionen **ein** universelles θ zu finden.

Genauer belegt dies etwa folgendes Beispiel:

Beispiel (17.3.4)

Für $\boldsymbol{f}(t) := \begin{pmatrix}\cos t\\ \sin t\end{pmatrix}$, $0 \le t \le \dfrac{\pi}{2}$, findet man

$$\boldsymbol{f}\left(\tfrac{\pi}{2}\right) - \boldsymbol{f}(0) = \begin{pmatrix}0\\1\end{pmatrix} - \begin{pmatrix}1\\0\end{pmatrix} = \begin{pmatrix}-1\\1\end{pmatrix},$$

$$\boldsymbol{f}'(\theta\frac{\pi}{2}) \cdot (\frac{\pi}{2} - 0) \quad = \quad \frac{\pi}{2}\begin{pmatrix} -\sin(\theta\,\pi/2) \\ \cos(\theta\,\pi/2) \end{pmatrix}.$$

Die Gleichheit dieser beiden Vektoren ist für kein θ erfüllt, da der erste Vektor die Länge $\sqrt{2}$, der zweite die Länge $\pi/2$ besitzt.

Anstelle des Mittelwertsatzes gilt für vektorwertige Funktionen eine schwächere Variante, der so genannte Mittelwert–Abschätzungssatz.

Satz (17.3.5) (Mittelwert-Abschätzungssatz)

Die Funktion $\boldsymbol{f} : D \to \mathbb{R}^m$ sei differenzierbar auf der offenen Menge $D \subset \mathbb{R}^n$. Ferner seien $\boldsymbol{a}, \boldsymbol{b}$ Punkte in D mit $[\boldsymbol{a}, \boldsymbol{b}] \subset D$.
Dann existiert ein $\theta \in\,]0,1[$ mit

$$||\boldsymbol{f}(\boldsymbol{b}) - \boldsymbol{f}(\boldsymbol{a})||_2 \leq ||\boldsymbol{J}\boldsymbol{f}(\boldsymbol{a} + \theta(\boldsymbol{b} - \boldsymbol{a})) \cdot (\boldsymbol{b} - \boldsymbol{a})||_2\,.$$

Beweis

Zu einem festen Vektor $\boldsymbol{v} \in \mathbb{R}^m \backslash \{\boldsymbol{0}\}$ betrachten wir die Hilfsfunktion $g(\boldsymbol{x}) := \boldsymbol{v}^{\mathrm{T}}\boldsymbol{f}(\boldsymbol{x})$. Die Funktion $g(\boldsymbol{x})$ ist differenzierbar auf D mit

$$\operatorname{grad} g(\boldsymbol{x}) \quad = \quad \boldsymbol{v}^{\mathrm{T}}\,\boldsymbol{J}\boldsymbol{f}(\boldsymbol{x})\,.$$

Die Anwendung des Mittelwertsatzes (17.3.1) liefert

$$\exists\,\theta \in\,]0,1[\, : \quad g(\boldsymbol{b}) - g(\boldsymbol{a}) \quad = \quad \operatorname{grad} g(\boldsymbol{a} + \theta(\boldsymbol{b} - \boldsymbol{a})) \cdot (\boldsymbol{b} - \boldsymbol{a})\,,$$

also:

$$\boldsymbol{v}^{\mathrm{T}}(\boldsymbol{f}(\boldsymbol{b}) - \boldsymbol{f}(\boldsymbol{a})) \quad = \quad \boldsymbol{v}^{\mathrm{T}}\,\boldsymbol{J}\boldsymbol{f}(\boldsymbol{a} + \theta(\boldsymbol{b} - \boldsymbol{a})) \cdot (\boldsymbol{b} - \boldsymbol{a})\,.$$

Mit Hilfe der Cauchy-Schwarzschen Ungleichung folgt hieraus

$$|\,\boldsymbol{v}^{\mathrm{T}}(\boldsymbol{f}(\boldsymbol{b}) - \boldsymbol{f}(\boldsymbol{a}))\,| \quad \leq \quad ||\boldsymbol{v}||\;||\,\boldsymbol{J}\boldsymbol{f}(\boldsymbol{a} + \theta(\boldsymbol{b} - \boldsymbol{a})) \cdot (\boldsymbol{b} - \boldsymbol{a})\,||\,.$$

Speziell für $\boldsymbol{v} := (\boldsymbol{f}(\boldsymbol{b}) - \boldsymbol{f}(\boldsymbol{a}))$ ergibt sich hieraus die Behauptung. ■

Bemerkung (17.3.6)

Die Abschätzung in (17.3.5) lässt sich noch abschwächen zu

$$||\boldsymbol{f}(\boldsymbol{b}) - \boldsymbol{f}(\boldsymbol{a})||_2 \leq \sup_{\boldsymbol{\xi} \in [\boldsymbol{a}, \boldsymbol{b}]} ||\boldsymbol{J}\boldsymbol{f}(\boldsymbol{\xi})||_2 \cdot ||\boldsymbol{b} - \boldsymbol{a}||_2\,.$$

Zumeist wird der Mittelwert–Abschätzungssatz in dieser Form zitiert.

Bemerkung (17.3.7)

Der Mittelwert–Abschätzungssatz in der abgeschwächten Form (17.3.6) gilt auch für beliebige Vektornormen und der jeweils zugehörigen Matrixnorm, vgl. (7.3.1)

$$||\boldsymbol{f}(\boldsymbol{b}) - \boldsymbol{f}(\boldsymbol{a})|| \;\leq\; \sup_{\boldsymbol{\xi}\in[\boldsymbol{a},\boldsymbol{b}]} ||\boldsymbol{J}\boldsymbol{f}(\boldsymbol{\xi})|| \cdot ||\boldsymbol{b}-\boldsymbol{a}||\,.$$

Man beweist dies etwa mit Hilfe der Integraldarstellung

$$\boldsymbol{f}(\boldsymbol{b}) - \boldsymbol{f}(\boldsymbol{a}) \;=\; \Big(\int_0^1 \boldsymbol{J}\boldsymbol{f}(\boldsymbol{a}+t(\boldsymbol{b}-\boldsymbol{a}))\,dt\Big)\cdot(\boldsymbol{b}-\boldsymbol{a})$$

sowie der Abschätzung $||\int_0^1 \boldsymbol{A}(t)\,dt|| \;\leq\; \int_0^1 ||\boldsymbol{A}(t)||\,dt.$

Satz (17.3.8) (Satz von Taylor)

Sei $f : D \to \mathbb{R}$ eine (skalare) C^{m+1}–Funktion auf der offenen und konvexen Menge $D \subset \mathbb{R}^n$, und sei $\boldsymbol{x}^0 \in D$.
Dann gilt für alle $\boldsymbol{x} \in D$ die folgende Entwicklung nach Taylor

$$f(\boldsymbol{x}) \;=\; T_m(\boldsymbol{x};\boldsymbol{x}^0) \;+\; R_m(\boldsymbol{x};\boldsymbol{x}^0)$$

$$T_m(\boldsymbol{x};\boldsymbol{x}^0) \;=\; \sum_{j=0}^{m} \frac{1}{j!}\,[(\boldsymbol{x}-\boldsymbol{x}^0)^{\mathrm{T}}\boldsymbol{\nabla}]^j\, f\,|_{\boldsymbol{x}^0}$$

(Taylor–Polynom m–ten Grades)

$$R_m(\boldsymbol{x},\boldsymbol{x}^0) \;=\; \frac{1}{(m+1)!}\,[(\boldsymbol{x}-\boldsymbol{x}^0)^{\mathrm{T}}\boldsymbol{\nabla}]^{m+1}\, f\,|_{\boldsymbol{x}^0+\theta(\boldsymbol{x}-\boldsymbol{x}^0)}$$

(Restgliedformel nach Lagrange)

mit einem geeignetem $\theta \in \,]0,1[$.

Erläuterung

Die Differentialoperatoren $[(\boldsymbol{x}-\boldsymbol{x})^{\mathrm{T}}\boldsymbol{\nabla}]^j$ mit $\boldsymbol{\nabla} \;=\; \left(\frac{\partial}{\partial x_1},\ldots,\frac{\partial}{\partial x_n}\right)^{\mathrm{T}}$ sind hierbei folgendermaßen zu bilden:

$$[(\boldsymbol{x}-\boldsymbol{x}^0)^{\mathrm{T}}\boldsymbol{\nabla}]^j \;=\; \left(\sum_{i=1}^{n}(x_i - x_i^0)\frac{\partial}{\partial x_i}\right)^j .$$

Die rechte Seite ist hierbei formal auszumultiplizieren; dabei sind die entstehenden Ausdrücke nach den partiellen Ableitungen (Differentialoperatoren) zu sortieren. Die resultierende Linearkombination der partiellen Ableitungen ist anschließend auf $f(\boldsymbol{x})$ anzuwenden, und die partiellen Ableitungen sind dabei in $\boldsymbol{x}^0$ bzw. $\boldsymbol{x}^0 + \theta(\boldsymbol{x}-\boldsymbol{x}^0)$

auszuwerten.
Für $n = 2$ ergeben sich z.B. die folgenden Ausdrücke

$$\begin{aligned}
[(\boldsymbol{x} - \boldsymbol{x}^0)^{\mathrm{T}} \boldsymbol{\nabla}]^0 f |_{\boldsymbol{x}^0} &= f(\boldsymbol{x}^0) \\
[(\boldsymbol{x} - \boldsymbol{x}^0)^{\mathrm{T}} \boldsymbol{\nabla}]^1 f |_{\boldsymbol{x}^0} &= (x_1 - x_1^0) \frac{\partial f}{\partial x_1} (\boldsymbol{x}^0) + (x_2 - x_2^0) \frac{\partial f}{\partial x_2} (\boldsymbol{x}^0) \\
[(\boldsymbol{x} - \boldsymbol{x}^0)^{\mathrm{T}} \boldsymbol{\nabla}]^2 f |_{\boldsymbol{x}^0} &= \left((x_1 - x_1^0) \frac{\partial}{\partial x_1} + (x_2 - x_2^0) \frac{\partial}{\partial x_2} \right)^2 f \Bigg|_{\boldsymbol{x}^0} \\
&= (x_1 - x_1^0)^2 \frac{\partial^2 f}{\partial x_1^2} (\boldsymbol{x}^0) + 2(x_1 - x_1^0)(x_2 - x_2^0) \frac{\partial^2 f}{\partial x_1 \partial x_2} (\boldsymbol{x}^0) \\
&\quad + (x_2 - x_2^0)^2 \frac{\partial^2 f}{\partial x_2^2} (\boldsymbol{x}^0) \,.
\end{aligned}$$

Beweis von (17.3.8)

Mit $\boldsymbol{x} \in D$ gehört nach Voraussetzung auch die gesamte Verbindungsstrecke $[\boldsymbol{x}^0, \boldsymbol{x}]$ zu D. Da D ferner offen ist, gibt es also $\varepsilon_1 > 0$ und $\varepsilon_2 > 1$ mit

$$\boldsymbol{x}^0 + t\,(\boldsymbol{x} - \boldsymbol{x}^0) \in D\,, \quad \forall t: \; -\varepsilon_1 < t < \varepsilon_2.$$

Die Taylor-Entwicklung für die Funktion $\varphi(t) := f(\boldsymbol{x}^0 + t\,(\boldsymbol{x} - \boldsymbol{x}^0))$, $-\varepsilon_1 < t < \varepsilon_2$, zum Entwicklungspunkt $t_0 = 0$ liefert nun

$$\varphi(1) = \sum_{j=0}^{m} \frac{1}{j!} \varphi^{(j)}(0) + \frac{1}{(m+1)!} \varphi^{(m+1)}(\theta)\,.$$

Wir drücken hierin nun die Ableitungen von φ durch die partiellen Ableitungen von f aus:

$$\begin{aligned}
\varphi(1) &= f(\boldsymbol{x}) \\
\varphi(t) &= f(\boldsymbol{x}^0 + t(\boldsymbol{x} - \boldsymbol{x}^0)) = [(\boldsymbol{x} - \boldsymbol{x}^0)^{\mathrm{T}} \boldsymbol{\nabla}]^0 f |_{\boldsymbol{x}^0 + t(\boldsymbol{x} - \boldsymbol{x}^0)} \\
\varphi'(t) &= \sum_{i=1}^{n} \frac{\partial f}{\partial x_i} (\boldsymbol{x}^0 + t(\boldsymbol{x} - \boldsymbol{x}^0))\,(x_i - x_i^0) \\
&= \sum_{i_1=1}^{n} (x_{i_1} - x_{i_1}^0) \frac{\partial f}{\partial x_{i_1}} (\boldsymbol{x}^0 + t(\boldsymbol{x} - \boldsymbol{x}^0)) \\
&= [(\boldsymbol{x} - \boldsymbol{x}^0)^{\mathrm{T}} \boldsymbol{\nabla}]^1 f |_{\boldsymbol{x}^0 + t(\boldsymbol{x} - \boldsymbol{x}^0)} \\
\varphi''(t) &= \sum_{i_1=1}^{n} \left[(x_{i_1} - x_{i_1}^0) \sum_{i_2=1}^{n} (x_{i_2} - x_{i_2}^0) \frac{\partial^2 f}{\partial x_{i_1} \partial x_{i_2}} (\boldsymbol{x}^0 + t\,(\boldsymbol{x} - \boldsymbol{x}^0)) \right]
\end{aligned}$$

$$= \left(\sum_{i_1=1}^{n}(x_{i_1}-x_{i_1}^0)\frac{\partial}{\partial x_{i_1}}\right)\left(\sum_{i_2=1}^{n}(x_{i_2}-x_{i_2^0})\frac{\partial}{\partial x_{i_2}}\right) f\,|_{\boldsymbol{x}^0+t(\boldsymbol{x}-\boldsymbol{x}^0)}$$

$$= [(\boldsymbol{x}-\boldsymbol{x}^0)^{\mathrm{T}}\boldsymbol{\nabla}]^2 f\,|_{\boldsymbol{x}^0+t(\boldsymbol{x}-\boldsymbol{x}^0)}$$

Man erkennt, dass auch allgemein gilt:

$$\varphi^{(j)}(t) = [(\boldsymbol{x}-\boldsymbol{x}^0)^{\mathrm{T}}\boldsymbol{\nabla}]^j f\,|_{\boldsymbol{x}^0+t(\boldsymbol{x}-\boldsymbol{x}^0)}\,, \quad j = 1, 2, \ldots, m+1\,.$$

Setzt man diese Ausdrücke nun in die obige Taylor-Entwicklung von φ ein, so folgt gerade die Behauptung des Taylorschen Satzes. ■

Beispiel (17.3.9)

Gesucht sei das Taylor–Polynom $T_2(\boldsymbol{x}, \boldsymbol{x}^0)$ zweiten Grades der Funktion

$$f(x, y, z) = x\,y^2\,\sin z$$

zum Entwicklungspunkt $\boldsymbol{x}^0 = (1, 2, 0)^{\mathrm{T}}$.

Wir stellen die benötigten partiellen Ableitungen in einer Tabelle zusammen:

Ableitungen	Auswertung in $\boldsymbol{x}^0$
$f = x\,y^2\,\sin z$	0
$f_x = y^2\,\sin z$	0
$f_y = 2\,x\,y\,\sin z$	0
$f_z = x\,y^2\,\cos z$	4
$f_{xx} = 0$	0
$f_{xy} = 2\,y\,\sin z$	0
$f_{xz} = y^2\,\cos z$	4
$f_{yy} = 2\,x\,\sin z$	0
$f_{yz} = 2\,x\,y\,\cos z$	4
$f_{zz} = -x\,y^2\,\sin z$	0

Weiter ist mit den Abkürzungen $\partial_x := \dfrac{\partial}{\partial x}$, $\partial_y := \dfrac{\partial}{\partial y}$ usw.

$$\begin{aligned}
[(\boldsymbol{x}-\boldsymbol{x}^0)^{\mathrm{T}}\boldsymbol{\nabla}] &= (x-1)\,\partial_x + (y-2)\,\partial_y + z\,\partial_z \\
[(\boldsymbol{x}-\boldsymbol{x}^0)^{\mathrm{T}}\boldsymbol{\nabla}]^2 &= (x-1)^2\,\partial_{xx} + (y-2)^2\,\partial_{yy} + z^2\,\partial_{zz} \\
&\quad + 2(x-1)\,(y-2)\,\partial_{xy} + 2(x-1)\,z\,\partial_{xz} + 2(y-2)\,z\,\partial_{yz}\,.
\end{aligned}$$

Damit folgt:

$$\begin{aligned}
T_2(\boldsymbol{x};\boldsymbol{x}^0) &= 0 + \frac{1}{1!}\,[(x-1)\cdot 0 + (y-2)\cdot 0 + z\cdot 4] \\
&\quad + \frac{1}{2!}\,[(x-1)^2\cdot 0 + (y-2)^2\cdot 0 + z^2\cdot 0 \\
&\quad + 2\,(x-1)\,(y-2)\cdot 0 + 2\,(x-1)\,z\cdot 4 + 2\,(y-2)\,z\cdot 4] \\
&= 4\,z + \frac{1}{2}\,(8\,(x-1)\,z + 8\,(y-2)\,z) \\
&= 4\,z\,(x+y-2).
\end{aligned}$$

Aufgabe (17.3.10)

Man berechne das Taylor–Polynom $T_3(\boldsymbol{x};\boldsymbol{x}^0)$ dritten Grades für die Funktion

$$f(x,y) = (\cos x)\,e^y$$

zum Entwicklungspunkt $\boldsymbol{x}^0 = (0,0)^{\mathrm{T}}$:

a) unter Verwendung des Taylorschen Satzes,

b) unter Verwendung bekannter Reihenentwicklungen.

Bemerkungen (17.3.11)

a) Setzt man $\boldsymbol{v} := \boldsymbol{x} - \boldsymbol{x}^0$, so lässt sich der Differentialoperator

$$[(\boldsymbol{x}-\boldsymbol{x}^0)^{\mathrm{T}}\,\boldsymbol{\nabla}] = \sum_{i=1}^{n} v_i\,\frac{\partial}{\partial x_i}$$

als Richtungsableitung $D_{\boldsymbol{v}}$ interpretieren. $D_{\boldsymbol{v}}^j$ entspricht dann der j-fachen Anwendung des Differentialoperators $D_{\boldsymbol{v}}$. Mit dieser Abkürzung lässt sich die Taylor-Formel auch folgendermaßen schreiben:

$$f(\boldsymbol{x}^0+\boldsymbol{v}) = \sum_{j=0}^{m}\frac{1}{j!}\,D_{\boldsymbol{v}}^j f(\boldsymbol{x}^0) + \frac{1}{(m+1)!}\,D_{\boldsymbol{v}}^{m+1} f(\boldsymbol{x}^0+\theta\boldsymbol{v}) \qquad (17.3.12)$$

mit $0<\theta<1$.

b) Das Restglied der Taylor-Formel lautet explizit geschrieben:

$$R_m(\boldsymbol{x},\boldsymbol{x}^0) = \frac{1}{(m+1)!}\sum_{i_1=1}^{n}\cdots\sum_{i_{m+1}=1}^{n} f_{x_{i_1}\ldots x_{i_{m+1}}}(\boldsymbol{x}^0+\theta\boldsymbol{v})\,v_{i_1}\ldots v_{i_{m+1}}\,. \qquad (17.3.13)$$

Ist daher C eine gemeinsame Schranke für alle partiellen Ableitungen der Ordnung $(m+1)$ in der Nähe von $\boldsymbol{x}^0$, so gilt

$$|R_m(\boldsymbol{x};\boldsymbol{x}^0)| \quad \leq \quad \frac{n^{m+1}}{(m+1)!}\cdot C\cdot(\|\boldsymbol{x}-\boldsymbol{x}^0\|_\infty)^{m+1}\,. \tag{17.3.14}$$

Insbesondere folgt für die **Approximationsgüte des Taylor-Polynoms** einer C^{m+1}–Funktion

$$f(\boldsymbol{x}) \quad = \quad T_m(\boldsymbol{x};\boldsymbol{x}^0) \quad + \quad O\left(\|\boldsymbol{x}-\boldsymbol{x}^0\|^{m+1}\right). \tag{17.3.15}$$

c) Es ist sinnvoll, die zweiten partiellen Ableitungen $f_{x_i x_j}(\boldsymbol{x}^0)$ einer Funktion $f(\boldsymbol{x})$ zu einer (n,n)-Matrix zusammenzufassen. Die Matrix

$$\boldsymbol{H}f(\boldsymbol{x}^0) \quad := \quad \begin{pmatrix} f_{x_1x_1}(\boldsymbol{x}^0) & \dots & f_{x_1x_n}(\boldsymbol{x}^0) \\ \vdots & & \vdots \\ f_{x_nx_1}(\boldsymbol{x}^0) & \dots & f_{x_nx_n}(\boldsymbol{x}^0) \end{pmatrix} \tag{17.3.16}$$

heißt die **Hesse–Matrix** der Funktion $f(x)$ im Punkt $\boldsymbol{x}^0$. Sie ist die Jacobi–Matrix des Gradienten $\boldsymbol{\nabla} f(\boldsymbol{x})$ von $f(\boldsymbol{x})$ und wird daher auch mit $\boldsymbol{\nabla}^2 f(\boldsymbol{x}^0)$ oder $D^2 f(\boldsymbol{x}^0)$ bezeichnet.

Aufgrund des Schwarzschen Vertauschungssatzes ist die Hesse–Matrix einer C^2-Funktion **symmetrisch** .

Die ersten drei Summanden der Taylor–Entwicklung einer C^3-Funktion $f(\boldsymbol{x})$ lauten damit:

$$\begin{aligned} f(\boldsymbol{x}) \quad &= \quad f(\boldsymbol{x}^0) \; + \; \operatorname{grad} f(\boldsymbol{x}^0)\,(\boldsymbol{x}-\boldsymbol{x}^0) \\ &\quad + \; \frac{1}{2!}\,(\boldsymbol{x}-\boldsymbol{x}^0)^{\mathrm{T}}\,\boldsymbol{H}f(\boldsymbol{x}^0)\,(\boldsymbol{x}-\boldsymbol{x}^0) \; + \; O\left(\|\boldsymbol{x}-\boldsymbol{x}^0\|^3\right). \end{aligned} \tag{17.3.17}$$

18 Anwendungen der Differentialrechnung mehrerer Variablen

Eine wichtige Aufgabe der Analysis mehrerer Variablen ist es, notwendige und hinreichende Kriterien für die Lösung von **Optimierungsaufgaben** zur Verfügung zu stellen. Bei diesen Aufgaben sind die lokalen (evtl. auch globalen) Extrema einer Funktion $f(x_1, \ldots, x_n)$ mehrerer Variablen zu bestimmen.

Der Definitionsbereich von $f(\boldsymbol{x})$ kann dabei eine offene Teilmenge des $\mathbb{R}^n$ sein. Solche Probleme werden im Abschnitt 18.1 betrachtet. Der Definitionsbereich von $f(\boldsymbol{x})$ kann aber auch durch weitere Nebenbedingungen (wir betrachten hier lediglich Nebenbedingungen in Gleichungsform $\boldsymbol{g}(\boldsymbol{x}) = \boldsymbol{0}$) eingeschränkt sein. Derartige **Optimierungsaufgaben mit Nebenbedingungen** werden wir in Abschnitt 18.3. untersuchen.

Zuvor beschäftigen wir uns in Abschnitt 18.2 noch mit den (geometrischen) Eigenschaften der durch ein Gleichungssystem $\boldsymbol{g}(\boldsymbol{x}) = \boldsymbol{0}$ festgelegten Bereiche (sogenannte Untermannigfaltigkeiten des $\mathbb{R}^n$). Insbesondere interessiert uns die Frage, ob solche Bereiche lokal als Graphen von (implizit definierten) Funktionen dargestellt werden können und somit also auch eine gewisse Glattheit besitzen. Kernstück dieses Abschnittes ist der Satz über implizite Funktionen.

Die praktische Behandlung der oben beschriebenen Optimierungsprobleme führt immer wieder auf die Teilaufgabe, ein gewisses Gleichungssystem zu lösen. Diese Gleichungssysteme sind in aller Regel nichtlinear und meist so komplex, dass eine analytische Lösung dieser Aufgaben nicht möglich ist. Wir werden daher in Abschnitt 18.4 auch kurz auf numerische Verfahren zur Lösung dieser Probleme eingehen, wobei das Newton-Verfahren im Vordergrund stehen wird.

18.1 Extrema von Funktionen mehrerer Variablen

Im Folgenden sei $f(\boldsymbol{x})$ eine stetige, skalare Funktion mehrerer Variablen $\boldsymbol{x} \in D \subset \mathbb{R}^n$. Der Definitionsbereich D braucht nicht offen zu sein, soll jedoch ein nichtleeres Inneres D^0 besitzen. Wir setzen ferner voraus, dass $f(\boldsymbol{x})$ auf D^0 hinreichend oft stetig partiell differenzierbar ist. Meist genügt es, hierzu $f(\boldsymbol{x}) \in C^2$ vorauszusetzen.

Wir interessieren uns für die Extrema (Maxima und Minima) der Funktion $f(\boldsymbol{x})$. Zunächst erinnern wir an die schon bekannte Existenzaussage (Min–Max–Eigenschaft; vgl. (9.1.13)). Ist der Definitionsbereich D kompakt, d.h., D ist beschränkt und abgeschlossen, so nimmt $f(\boldsymbol{x})$ auf D ein globales Maximum und ein globales Minimum an.

Zur Ermittlung der Stellen, an denen $f(\boldsymbol{x})$ maximal oder minimal wird, stellen wir die notwendigen Bedingungen auf, wobei wir uns (wie im Eindimensionalen) zunächst auf die Bestimmung der **lokalen** Extrema im Innern D^0 des Definitionsbereichs beschränken.

Satz(18.1.1) (Notwendige Bedingung I)
Besitzt $f(\boldsymbol{x})$ in einem Punkt $\boldsymbol{x}^0 \in D^0$ ein lokales Extremum (Minimum oder Maximum), so gilt $\operatorname{grad} f(\boldsymbol{x}^0) = \boldsymbol{0}^{\mathrm{T}}$.

Beweis

Für beliebiges $\boldsymbol{v} \in \mathbb{R}^n$, $\boldsymbol{v} \neq \boldsymbol{0}$, ist $\varphi(t) := f(\boldsymbol{x}^0 + t\,\boldsymbol{v})$ in einer Umgebung von $t^0 = 0$ erklärt und dort stetig differenzierbar. Ferner hat $\varphi(t)$ in $t^0 = 0$ ein lokales Extremum. Damit folgt:

$$\varphi'(0) = \operatorname{grad} f(\boldsymbol{x}^0)\,\boldsymbol{v} = 0.$$

Da dies für alle $\boldsymbol{v} \neq \boldsymbol{0}$ gilt, muss $\operatorname{grad} f(\boldsymbol{x}^0) = \boldsymbol{0}^{\mathrm{T}}$ sein. ■

Bemerkungen (18.1.2)

a) $\operatorname{grad} f(\boldsymbol{x}) = \boldsymbol{0}^{\mathrm{T}}$ ist ein i. Allg.nichtlineares Gleichungssystem (n Gleichungen für n Unbekannte) zur Berechnung von $\boldsymbol{x} = \boldsymbol{x}^0$.

b) Die Punkte $\boldsymbol{x}^0 \in D^0$ mit $\operatorname{grad} f(\boldsymbol{x}^0) = \boldsymbol{0}^{\mathrm{T}}$ heißen **stationäre Punkte** von $f(\boldsymbol{x})$ (vgl. auch (17.2.17) b)).

Stationäre Punkte sind nicht notwendig lokale Extrema; so hat z.B. die Funktion

$$f(x, y) := x^2 - y^2, \qquad (x, y) \in \mathbb{R}^2$$

nur einen stationären Punkt in $\boldsymbol{x}^0 = (0, 0)$, dieser ist jedoch ein **Sattelpunkt** von $f(\boldsymbol{x})$.

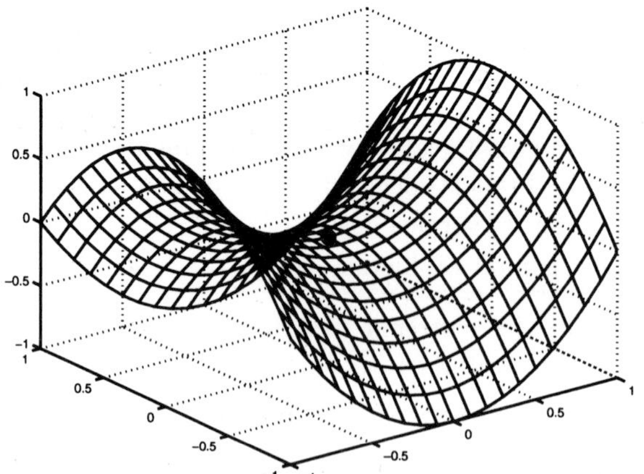

Abb. 18.1. Sattelpunkt einer Funktion $z = f(x, y)$

Satz (18.1.3) (Klassifikation stationärer Punkte)

Sei $f(\boldsymbol{x})$ eine C^2-Funktion auf D^0 und $\boldsymbol{x}^0 \in D^0$ ein stationärer Punkt von $f(\boldsymbol{x})$, d.h. $\operatorname{grad} f(\boldsymbol{x}^0) = \mathbf{0}^{\mathrm{T}}$.

a) **Notwendige Bedingung II**
Ist $\boldsymbol{x}^0$ ein lokales Extremum von $f(\boldsymbol{x})$, so gilt:
$\boldsymbol{x}^0$ lokales Minimum $\Rightarrow$ $\boldsymbol{H}f(\boldsymbol{x}^0)$ positiv semidefinit
$\boldsymbol{x}^0$ lokales Maximum $\Rightarrow$ $\boldsymbol{H}f(\boldsymbol{x}^0)$ negativ semidefinit .

b) **Hinreichende Bedingung**
Ist $\boldsymbol{H}f(\boldsymbol{x}^0)$ positiv definit (bzw. negativ definit), so ist $\boldsymbol{x}^0$ ein strenges lokales Minimum (bzw. Maximum) von $f(\boldsymbol{x})$.
Ist $\boldsymbol{H}f(\boldsymbol{x}^0)$ indefinit, so ist $\boldsymbol{x}^0$ ein Sattelpunkt, d.h., es gibt in jeder Umgebung von $\boldsymbol{x}^0$ Punkte $\boldsymbol{x}^1$ und $\boldsymbol{x}^2$ mit $f(\boldsymbol{x}^1) < f(\boldsymbol{x}^0) < f(\boldsymbol{x}^2)$.

Beweis

zu a) Sei $\boldsymbol{x}^0$ ein lokales Minimum. Für $\boldsymbol{v} \neq \mathbf{0}$ und hinreichend kleines $\varepsilon > 0$ gilt dann aufgrund des Taylorschen Satzes

$$f(\boldsymbol{x}^0 + \varepsilon \boldsymbol{v}) - f(\boldsymbol{x}^0) \quad = \quad \frac{1}{2}(\varepsilon \boldsymbol{v})^{\mathrm{T}}\, \boldsymbol{H}f(\boldsymbol{x}^0 + \theta\,\varepsilon\,\boldsymbol{v})\ (\varepsilon \boldsymbol{v}) \ \geq \ 0$$

mit $\theta = \theta(\varepsilon, \boldsymbol{v}) \in\,]0,1[$. (Man beachte: $\operatorname{grad} f(\boldsymbol{x}^0) = \mathbf{0}^{\mathrm{T}}$.)

Daher ist auch

$$\boldsymbol{v}^{\mathrm{T}}\, \boldsymbol{H}f(\boldsymbol{x}^0 + \theta\,\varepsilon\,\boldsymbol{v})\,\boldsymbol{v} \ \geq \ 0\,.$$

Für $\varepsilon \to 0$ folgt wegen der Stetigkeit der zweiten partiellen Ableitung somit auch $\boldsymbol{v}^{\mathrm{T}}\, \boldsymbol{H}f(\boldsymbol{x}^0)\,\boldsymbol{v} \geq 0$, d.h., $\boldsymbol{H}f(\boldsymbol{x}^0)$ ist positiv semidefinit.

zu b) Ist umgekehrt $\boldsymbol{H}f(\boldsymbol{x}^0)$ positiv definit, so ist (wegen der Stetigkeit der zweiten partiellen Ableitungen) die Hesse–Matrix $\boldsymbol{H}f(\boldsymbol{x})$ auch in einer hinreichend kleinen Umgebung $\boldsymbol{x} \in K_\varepsilon(\boldsymbol{x}^0) \subset D$ positiv definit. (Man beachte hierzu (7.2.19) und die Stetigkeit der Determinante.)

Für $\boldsymbol{x} \in K_\varepsilon(\boldsymbol{x}^0)$, $\boldsymbol{x} \neq \boldsymbol{x}^0$, ist damit:

$$\begin{aligned} f(\boldsymbol{x}) - f(\boldsymbol{x}^0) &= \frac{1}{2}\,(\boldsymbol{x} - \boldsymbol{x}^0)^{\mathrm{T}}\, \boldsymbol{H}f(\boldsymbol{x}^0 + \theta\,(\boldsymbol{x} - \boldsymbol{x}^0))\,(\boldsymbol{x} - \boldsymbol{x}^0) \\ &> 0, \qquad \theta \in\,]0,1[\ , \end{aligned}$$

d.h., $f(\boldsymbol{x})$ hat in $\boldsymbol{x}^0$ ein strenges lokales Minimum.

Ist $\boldsymbol{H}f(\boldsymbol{x}^0)$ nun indefinit, so existieren zu Eigenwerten von $\boldsymbol{H}f(\boldsymbol{x}^0)$ mit verschiedenem Vorzeichen gewisse Eigenvektoren $\boldsymbol{v}, \boldsymbol{w}$. Es gilt also etwa $\boldsymbol{v}^{\mathrm{T}}\boldsymbol{H}f(\boldsymbol{x}^0)\boldsymbol{v} > 0$ und $\boldsymbol{w}^{\mathrm{T}}\, \boldsymbol{H}f(\boldsymbol{x}^0)\,\boldsymbol{w} < 0$.

Analog zu a) sieht man dann, dass es $\varepsilon_1,\ \varepsilon_2 > 0$ gibt mit

$$f(\boldsymbol{x}^0 + \varepsilon \boldsymbol{v}) - f(\boldsymbol{x}^0) \;=\; \frac{1}{2}(\varepsilon \boldsymbol{v})^{\mathrm{T}}\, \boldsymbol{H} f(\boldsymbol{x}^0 + \theta_1\, \varepsilon\, \boldsymbol{v})\, (\varepsilon \boldsymbol{v}) \;>\; 0$$

für alle $\varepsilon\ \in]0, \varepsilon_1[$ und

$$f(\boldsymbol{x}^0 + \varepsilon \boldsymbol{w}) - f(\boldsymbol{x}^0) \;=\; \frac{1}{2}(\varepsilon \boldsymbol{w})^{\mathrm{T}}\, \boldsymbol{H} f(\boldsymbol{x}^0 + \theta_2\, \varepsilon\, \boldsymbol{w})\, (\varepsilon \boldsymbol{w}) \;<\; 0$$

für alle $\varepsilon\ \in]0, \varepsilon_2[$. Damit ist gezeigt, dass $\boldsymbol{x}^0$ ein Sattelpunkt von $f(\boldsymbol{x})$ ist. ■

Bemerkungen (18.1.4)

a) Der Beweis zu vorstehendem Satz zeigt: In einem stationären Punkt sind durch die Eigenvektoren zu positiven (bzw. negativen) Eigenwerten der Hesse–Matrix Richtungen gegeben, in denen $f(\boldsymbol{x})$ wächst (bzw. fällt).

Ein stationärer Punkt $\boldsymbol{x}^0$ mit $\det \boldsymbol{H} f(\boldsymbol{x}^0) = 0$ (d.h. $\lambda = 0$ ist ein Eigenwert von $\boldsymbol{H} f(\boldsymbol{x}^0)$) heißt **ausgeartet**. Ist $\boldsymbol{x}^0$ nicht ausgeartet, so trifft genau einer der drei folgenden Fälle zu:

(i) Alle Eigenwerte $> 0 \quad \Rightarrow \quad \boldsymbol{x}^0$ ist strenges lokales Minimum

(ii) Alle Eigenwerte $< 0 \quad \Rightarrow \quad \boldsymbol{x}^0$ ist strenges lokales Maximum

(iii) $\exists$ Eigenwerte $\lambda_1, \lambda_2 \ :\ \lambda_1 \cdot \lambda_2 < 0 \quad \Rightarrow \quad \boldsymbol{x}^0$ ist Sattelpunkt.

b) Nach Satz (18.1.3) gelten die folgenden Implikationen:

$$\begin{array}{ccc} \boldsymbol{x}^0 \ \text{lokales Minimum} & \Longleftarrow & \boldsymbol{x}^0 \ \text{strenges lokales Minimum} \\ \Downarrow & & \Uparrow \\ \boldsymbol{H} f(\boldsymbol{x}^0) \ \text{positiv semidefinit} & \Longleftarrow & \boldsymbol{H} f(\boldsymbol{x}^0) \ \text{positiv definit} \end{array}$$

Man beachte, dass hierbei in keinem Fall die Umkehrung der Implikation gilt!

c) Ist $f(\boldsymbol{x})$ eine C^3-Funktion, $\boldsymbol{x}^0$ ein stationärer Punkt von $f(\boldsymbol{x})$ und $\boldsymbol{H} f(\boldsymbol{x}^0)$ positiv definit, so lässt sich abschätzen:

$$(\boldsymbol{x} - \boldsymbol{x}^0)^{\mathrm{T}}\, \boldsymbol{H} f(\boldsymbol{x}^0)\, (\boldsymbol{x} - \boldsymbol{x}^0) \;\geq\; \lambda_{\min} \cdot \parallel \boldsymbol{x} - \boldsymbol{x}^0 \parallel^2 .$$

Hierbei bezeichnet $\lambda_{\min} > 0$ den kleinsten Eigenwert der Hesse–Matrix $\boldsymbol{H} f(\boldsymbol{x}^0)$, man vergleiche (7.3.15).

Mit dem Taylorschen Satz folgt daher:

$$
\begin{aligned}
f(\boldsymbol{x}) - f(\boldsymbol{x}^0) &\geq \frac{1}{2}\lambda_{\min} \parallel \boldsymbol{x} - \boldsymbol{x}^0 \parallel^2 + R_3(\boldsymbol{x}; \boldsymbol{x}^0) \\
&\geq \|\boldsymbol{x} - \boldsymbol{x}^0\|^2 \left(\frac{\lambda_{\min}}{2} - C\,\|\boldsymbol{x} - \boldsymbol{x}^0\|\right)
\end{aligned}
$$

mit einer geeigneten Konstanten $C > 0$.

In der Nähe von $\boldsymbol{x}^0$ wächst $f(\boldsymbol{x})$ also mindestens quadratisch mit dem Abstand von $\boldsymbol{x}^0$.

Beispiel (18.1.5)

Die Funktion

$$z = f(x,y) := y^2\,(x-1) + x^2\,(x+1)$$

ist auf ihre stationären Punkte hin zu untersuchen.

Zunächst findet man

$$
\begin{aligned}
\operatorname{grad} f(x,y) &= (f_x, f_y) \\
&= (y^2 + 3x^2 + 2x\ ,\ 2\,y\,(x-1)).
\end{aligned}
$$

$\operatorname{grad} f(\boldsymbol{x}) = \mathbf{0}^{\mathrm{T}}$ hat damit genau die beiden folgenden Lösungen:

$$\boldsymbol{x}^0 = \begin{pmatrix} 0 \\ 0 \end{pmatrix}, \qquad \boldsymbol{x}^1 = \begin{pmatrix} -2/3 \\ 0 \end{pmatrix}$$

mit den zugehörigen Funktionswerten $z_0 = f(\boldsymbol{x}^0) = 0,\ z_1 = f(\boldsymbol{x}^1) = \frac{4}{27}$.

Für die Hesse–Matrizen findet man mit

$$f_{xx} = 6\,x + 2, \quad f_{xy} = 2\,y, \quad f_{yy} = 2\,(x-1):$$

$\boldsymbol{H}f(\boldsymbol{x}^0) = \begin{pmatrix} 2 & 0 \\ 0 & -2 \end{pmatrix}$ ist indefinit; $\boldsymbol{x}^0$ ist also ein Sattelpunkt.

$\boldsymbol{H}f(\boldsymbol{x}^1) = \begin{pmatrix} -2 & 0 \\ 0 & -10/3 \end{pmatrix}$ ist negativ definit; $\boldsymbol{x}^1$ ist also ein strenges lokales Maximum von $f(\boldsymbol{x})$.

18.2 Implizit definierte Funktionen

Wir beschäftigen uns in diesem Abschnitt mit Teilmengen G des $\mathbb{R}^n$, die als Lösungsmengen von Gleichungssystemen der Form

$$\boldsymbol{g}(\boldsymbol{x}) = \mathbf{0}, \tag{18.2.1}$$

mit $\boldsymbol{g} : D \to \mathbb{R}^m$, $D \subset \mathbb{R}^n$, auftreten.

(18.2.1) ist ein Gleichungssystem mit m Gleichungen und n Unbekannten $x_1, \ldots, x_n$. Es gelte: $m < n$, d.h., das Gleichungssystem sei „unterbestimmt".

Wir fragen, ob sich das Gleichungssystem $\boldsymbol{g}(\boldsymbol{x}) = \mathbf{0}$ nach gewissen Unbekannten, etwa den letzten m Variablen $x_{n-m+1}, \ldots, x_n$, auflösen lässt. Genauer fragen wir, ob es eine Funktion $\boldsymbol{f}(x_1, \ldots, x_{n-m})$ gibt, so dass (zumindest für gewisse $\boldsymbol{x} \in G$) gilt

$$\boldsymbol{g}(\boldsymbol{x}) = \mathbf{0} \iff \begin{pmatrix} x_{n-m+1} \\ \vdots \\ x_n \end{pmatrix} = \boldsymbol{f}(x_1, \ldots, x_{n-m}) \,. \tag{18.2.2}$$

Wir sagen in diesem Fall, die Funktion $\boldsymbol{f}(x_1, \ldots, x_{n-m})$ werde durch das Gleichungssystem $\boldsymbol{g}(\boldsymbol{x}) = \mathbf{0}$ **implizit definiert**.

Es ist zu beachten, dass i. Allg. nicht a priori gesagt werden kann, nach welchen Variablen das Gleichungssystem auflösbar ist. Ferner ist eine implizit definierte Funktion $\boldsymbol{f}(x_1, \ldots, x_{n-m})$ mit (18.2.2) i. Allg. nicht eindeutig bestimmt, und schließlich gilt die Beziehung (18.2.2) i. Allg. auch nicht für alle $\boldsymbol{x} \in D$, sondern nur für einen gewissen Teilbereich $\tilde{D} \subset D$. Man spricht daher von der **lokalen Auflösbarkeit** des nichtlinearen Gleichungssystems.

Geometrisch bedeutet die Beziehung (18.2.2), dass die Lösungsmenge G (lokal) als Graph einer Funktion $\boldsymbol{f}$ dargestellt wird.

Beispiele (18.2.3)

a) Die Kreisgleichung

$$g(x,y) = x^2 + y^2 - r^2 = 0 \,, \quad r > 0$$

definiert implizit die folgenden vier Funktionen

$$y = \pm\sqrt{r^2 - x^2} \,, \quad -r \le x \le r$$

$$x = \pm\sqrt{r^2 - y^2} \,, \quad -r \le y \le r.$$

b) Sei $\boldsymbol{g}(\boldsymbol{x})$ eine affin-lineare Funktion, also

$$\boldsymbol{g}(\boldsymbol{x}) \quad = \quad \boldsymbol{C}\,\boldsymbol{x} + \boldsymbol{b}, \quad \boldsymbol{C} \in \mathbb{R}^{(m,n)}, \quad \boldsymbol{b} \in \mathbb{R}^{m}.$$

Wir spalten die Variablen $\boldsymbol{x}$ in zwei Vektoren auf:

$$\begin{aligned} \boldsymbol{x}^{(1)} &:= (x_1, \ldots, x_{n-m})^{\mathrm{T}} \in \mathbb{R}^{n-m} \\ \boldsymbol{x}^{(2)} &:= (x_{n-m+1}, \ldots, x_n)^{\mathrm{T}} \in \mathbb{R}^{m}. \end{aligned}$$

Bei entsprechender Aufspaltung der Matrix $\boldsymbol{C}$ hat man dann die Darstellung:

$$\boldsymbol{g}(\boldsymbol{x}) \quad = \quad \boldsymbol{B}\,\boldsymbol{x}^{(1)} + \boldsymbol{A}\,\boldsymbol{x}^{(2)} + \boldsymbol{b}$$

mit $\boldsymbol{B} \in \mathbb{R}^{(m,n-m)}$, $\boldsymbol{A} \in \mathbb{R}^{(m,m)}$.

Damit erkennt man:
Das Gleichungssystem $\boldsymbol{g}(\boldsymbol{x}) = \boldsymbol{0}$ ist genau dann nach den Variablen $\boldsymbol{x}^{(2)}$ (eindeutig) auflösbar, falls die Matrix $\boldsymbol{A}$ regulär ist. In diesem Fall gilt

$$\begin{aligned} \boldsymbol{g}(\boldsymbol{x}) = \boldsymbol{0} \iff \boldsymbol{x}^{(2)} &= -\boldsymbol{A}^{-1}\,(\boldsymbol{B}\,\boldsymbol{x}^{(1)} + \boldsymbol{b}) \\ &=: \boldsymbol{f}(\boldsymbol{x}^{(1)}). \end{aligned}$$

Es sei angemerkt, dass die Matrix $\boldsymbol{A}$ formal als die Matrix der partiellen Ableitungen von $\boldsymbol{g}(\boldsymbol{x})$ nach den Variablen $\boldsymbol{x}^{(2)}$ geschrieben werden kann:

$$\boldsymbol{A} \quad = \quad \frac{\partial \boldsymbol{g}}{\partial \boldsymbol{x}^{(2)}}\,(\boldsymbol{x}^{(1)}, \boldsymbol{x}^{(2)}).$$

In Verallgemeinerung der in (17.1.22) eingeführten Schreibweise bezeichnet also $\dfrac{\partial \boldsymbol{g}}{\partial \boldsymbol{x}^{(2)}}$ die Jacobi–Matrix der Abbildung $\boldsymbol{x}^{(2)} \mapsto \boldsymbol{g}(\boldsymbol{x}^{(1)}, \boldsymbol{x}^{(2)})$ bei festgehaltenen Variablen $\boldsymbol{x}^{(1)}$.

Die Regularität dieser Matrix wird sich gerade als wichtige Voraussetzung für die Auflösbarkeit auch im Fall nichtlinearer Funktionen $\boldsymbol{g}(\boldsymbol{x})$ erweisen.

Wir gehen zurück zur allgemeinen Situation und schreiben anstelle von (18.2.1)

$$\boldsymbol{g}(\boldsymbol{x}, \boldsymbol{y}) \quad = \quad \boldsymbol{0} \quad \in \mathbb{R}^{m}, \quad \boldsymbol{x} \in \mathbb{R}^{n-m}, \quad \boldsymbol{y} \in \mathbb{R}^{m}. \tag{18.2.4}$$

Wir untersuchen die Auflösbarkeit dieses Gleichungssystems nach den Variablen $\boldsymbol{y}$.

Hierzu werden wir den Fixpunktsatz (10.5.8) auf die folgende Funktion anwenden

$$\boldsymbol{h}(\boldsymbol{x}, \boldsymbol{y}) \quad = \quad \boldsymbol{y} \quad - \quad \boldsymbol{A}^{-1}\,\boldsymbol{g}(\boldsymbol{x}, \boldsymbol{y})\,. \tag{18.2.5}$$

Dabei sei $\boldsymbol{A} \in \mathbb{R}^{(m,m)}$ eine geeignet gewählte reguläre Matrix. Für die zu (18.2.5) gehörige Fixpunktiteration ist $\boldsymbol{x}$ als Parametervektor anzusehen. In einem ersten Schritt werden wir die stetige Abhängigkeit der Lösung $\boldsymbol{y}$ von $\boldsymbol{h}(\boldsymbol{x},\boldsymbol{y}) = \boldsymbol{y}$ von diesen Parametern zeigen.

Satz (18.2.6) (Parameterabhängiger Fixpunksatz)
Seien $U := \overline{K}_{\varepsilon_1}(\boldsymbol{x}^0)$ und $V := \overline{K}_{\varepsilon_2}(\boldsymbol{y}^0)$ abgeschlossene ε-Kugeln (Radien $\varepsilon_1, \varepsilon_2 > 0$) um die Mittelpunkte $\boldsymbol{x}^0 \in \mathbb{R}^{n-m}$, $\boldsymbol{y}^0 \in \mathbb{R}^m$.
Die Funktion $\boldsymbol{h} : U \times V \to \mathbb{R}^m$ sei stetig, und es mögen die folgenden Voraussetzungen erfüllt sein

a) $\boldsymbol{h}(\boldsymbol{x}^0,\boldsymbol{y}^0) = \boldsymbol{y}^0$,

b) $\|\boldsymbol{h}(\boldsymbol{x},\boldsymbol{y}_1) - \boldsymbol{h}(\boldsymbol{x},\boldsymbol{y}_2)\| \leq L\,\|\boldsymbol{y}_1 - \boldsymbol{y}_2\|$ mit $L \in]0,1[$
für alle $\boldsymbol{x} \in U$, $\boldsymbol{y}_1$, $\boldsymbol{y}_2 \in V$,

c) $\|\boldsymbol{h}(\boldsymbol{x},\boldsymbol{y}^0) - \boldsymbol{y}^0\| \leq \varepsilon_2\,(1-L)$ für alle $\boldsymbol{x} \in U$.

Dann existiert eine **stetige** Funktion $\boldsymbol{f} : U \to V$ mit $\boldsymbol{h}(\boldsymbol{x},\boldsymbol{f}(\boldsymbol{x})) = \boldsymbol{f}(\boldsymbol{x})$ für alle $\boldsymbol{x} \in U$.

Beweis
Wir verwenden für $\boldsymbol{x} \in U$ die Fixpunktiteration

$$\boldsymbol{y}^{(k+1)} := \boldsymbol{h}(\boldsymbol{x},\boldsymbol{y}^{(k)}), \quad k = 0,1,\ldots$$

mit Startwert $\boldsymbol{y}^0$ (Mittelpunkt von V, konstant).

Die Iterierten $\boldsymbol{y}^{(k)}$ werden damit Funktionen von $\boldsymbol{x} \in U$: $\boldsymbol{y}^{(k)} = \boldsymbol{y}^{(k)}(\boldsymbol{x})$ mit $\boldsymbol{y}^{(0)}(\boldsymbol{x}) = \boldsymbol{y}^0 = \text{const.}$

Mit b) und c) sind die Voraussetzungen des Fixpunktsatzes erfüllt. Man vergleiche hierzu die Bemerkung (10.5.11) und setze darin $\boldsymbol{\Phi}(\boldsymbol{y}) := \boldsymbol{h}(\boldsymbol{x},\boldsymbol{y})$ und $r := \varepsilon_2 > 0$. Damit folgt, dass das Gleichungssystem $\boldsymbol{y} = \boldsymbol{h}(\boldsymbol{x},\boldsymbol{y})$ für jedes $\boldsymbol{x} \in U$ genau eine Lösung $\boldsymbol{y} = \boldsymbol{f}(\boldsymbol{x}) \in V$ besitzt und

$$\boldsymbol{f}(\boldsymbol{x}) = \lim_{k\to\infty} \boldsymbol{y}^{(k)}(\boldsymbol{x})$$

gilt.

Da $\boldsymbol{h}(\boldsymbol{x},\boldsymbol{y})$ stetig ist und ebenso $\boldsymbol{y}^{(0)}(\boldsymbol{x})$ als konstante Funktion stetig ist, sind damit auch alle Iterierten $\boldsymbol{y}^{(k)}(\boldsymbol{x})$ stetige Funktionen. Schließlich ist die Konvergenz $\boldsymbol{y}^{(k)}(\boldsymbol{x}) \to \boldsymbol{f}(\boldsymbol{x})$ $(k \to \infty)$ aufgrund der Fehlerabschätzung des Fixpunktsatzes auch gleichmäßig:

$$\begin{aligned} \|\boldsymbol{y}^{(k)}(\boldsymbol{x}) - \boldsymbol{f}(\boldsymbol{x})\| &\le \frac{L^k}{1-L}\, \|\boldsymbol{y}^{(1)}(\boldsymbol{x}) - \boldsymbol{y}^0\| \\ &\le C \cdot L^k \to 0 \ (k \to \infty)\,. \end{aligned}$$

Nach (11.1.3) ist daher auch die Grenzfunktion $\boldsymbol{f}(\boldsymbol{x})$ stetig auf U. ■

Mit diesem technischen Hilfsmittel lässt sich nun relativ leicht der folgende **Satz über implizite Funktionen** beweisen:

Satz (18.2.7) (Satz über implizite Funktionen)

Sei $\boldsymbol{g} : D \to \mathbb{R}^m$ eine C^1-Funktion, $D \subset \mathbb{R}^n$ offen.
Die Variablen in D seien wie oben separiert: $(\boldsymbol{x}, \boldsymbol{y})$, $\boldsymbol{x} \in \mathbb{R}^{n-m}$, $\boldsymbol{y} \in \mathbb{R}^m$.
$(\boldsymbol{x}^0, \boldsymbol{y}^0) \in D$ sei ein Lösungspunkt, also $\boldsymbol{g}(\boldsymbol{x}^0, \boldsymbol{y}^0) = \boldsymbol{0}$; ferner sei die folgende Jacobi–Matrix **regulär**

$$\frac{\partial \boldsymbol{g}}{\partial \boldsymbol{y}}(\boldsymbol{x}^0, \boldsymbol{y}^0) \ := \ \begin{pmatrix} \frac{\partial g_1}{\partial y_1}(\boldsymbol{x}^0, \boldsymbol{y}^0) & \dots & \frac{\partial g_1}{\partial y_m}(\boldsymbol{x}^0, \boldsymbol{y}^0) \\ \vdots & & \vdots \\ \frac{\partial g_m}{\partial y_1}(\boldsymbol{x}^0, \boldsymbol{y}^0) & \dots & \frac{\partial g_m}{\partial y_m}(\boldsymbol{x}^0, \boldsymbol{y}^0) \end{pmatrix}.$$

Dann gibt es Umgebungen U von $\boldsymbol{x}^0$ und V von $\boldsymbol{y}^0$, $U \times V \subset D$, sowie eine eindeutig bestimmte stetige Funktion $\boldsymbol{f} : U \to V$ mit

$$\boldsymbol{f}(\boldsymbol{x}^0) \ = \ \boldsymbol{y}^0 \quad \text{und} \quad \boldsymbol{g}(\boldsymbol{x}, \boldsymbol{f}(\boldsymbol{x})) \ = \ \boldsymbol{0} \quad (\forall\, \boldsymbol{x} \in U).$$

Die Funktion $\boldsymbol{f}(\boldsymbol{x})$ ist sogar stetig differenzierbar auf U, und es gilt für alle $\boldsymbol{x} \in U$

$$\boldsymbol{J}\boldsymbol{f}(\boldsymbol{x}) \ = \ -\left(\frac{\partial \boldsymbol{g}}{\partial \boldsymbol{y}}(\boldsymbol{x}, \boldsymbol{f}(\boldsymbol{x}))\right)^{-1} \left(\frac{\partial \boldsymbol{g}}{\partial \boldsymbol{x}}(\boldsymbol{x}, \boldsymbol{f}(\boldsymbol{x}))\right).$$

Beweis

Das Gleichungssystem $\boldsymbol{g}(\boldsymbol{x}, \boldsymbol{y}) = \boldsymbol{0}$ lässt sich umschreiben zu:

$$\boldsymbol{h}(\boldsymbol{x}, \boldsymbol{y}) \ := \ \boldsymbol{y} - \boldsymbol{A}^{-1}\, \boldsymbol{g}(\boldsymbol{x}, \boldsymbol{y}) \ = \ \boldsymbol{y}$$

mit einer regulären (m, m)–Matrix $\boldsymbol{A}$.

$\boldsymbol{h}(\boldsymbol{x}, \boldsymbol{y})$ ist eine C^1-Funktion mit $\boldsymbol{h}(\boldsymbol{x}^0, \boldsymbol{y}^0) = \boldsymbol{y}^0$. Ferner gilt

$$\begin{aligned}\boldsymbol{h}(\boldsymbol{x},\boldsymbol{y}_1)-\boldsymbol{h}(\boldsymbol{x},\boldsymbol{y}_2) &= \boldsymbol{y}_1-\boldsymbol{y}_2-\boldsymbol{A}^{-1}\left(\boldsymbol{g}(\boldsymbol{x},\boldsymbol{y}_1)-\boldsymbol{g}(\boldsymbol{x},\boldsymbol{y}_2)\right)\\ &= -\boldsymbol{A}^{-1}\left[\,\boldsymbol{g}(\boldsymbol{x},\boldsymbol{y}_1)-\boldsymbol{g}(\boldsymbol{x},\boldsymbol{y}_2)-\boldsymbol{A}\,(\boldsymbol{y}_1-\boldsymbol{y}_2)\,\right].\end{aligned}$$

Dies legt die Wahl $\boldsymbol{A} := \dfrac{\partial \boldsymbol{g}}{\partial \boldsymbol{y}}(\boldsymbol{x}^0,\boldsymbol{y}^0)$ nahe.

Wendet man den Mittelwert-Abschätzungssatz (17.3.5) auf die differenzierbare Funktion

$$\boldsymbol{r}(\boldsymbol{y}) \quad := \quad \boldsymbol{g}(\boldsymbol{x},\boldsymbol{y})-\boldsymbol{A}\,\boldsymbol{y}$$

an, so folgt für die obige eckige Klammer [ ]:

$$\begin{aligned}\|\,\boldsymbol{g}(\boldsymbol{x},\boldsymbol{y}_1)-\boldsymbol{g}(\boldsymbol{x},\boldsymbol{y}_2)-\boldsymbol{A}\,(\boldsymbol{y}_1-\boldsymbol{y}_2)\,\| &= \|\,\boldsymbol{r}(\boldsymbol{y}_1)-\boldsymbol{r}(\boldsymbol{y}_2)\,\|\\ &\le \|\,\boldsymbol{J}\boldsymbol{r}(\tilde{\boldsymbol{y}})\;(\boldsymbol{y}_1-\boldsymbol{y}_2)\,\|\\ &\le \|\,\frac{\partial \boldsymbol{g}}{\partial \boldsymbol{y}}(\boldsymbol{x},\tilde{\boldsymbol{y}})-\boldsymbol{A}\,\|\;\|\boldsymbol{y}_1-\boldsymbol{y}_2\|\\ &= \|\,\frac{\partial \boldsymbol{g}}{\partial \boldsymbol{y}}(\boldsymbol{x},\tilde{\boldsymbol{y}})-\frac{\partial \boldsymbol{g}}{\partial \boldsymbol{y}}(\boldsymbol{x}^0,\boldsymbol{y}^0)\,\|\;\|\boldsymbol{y}_1-\boldsymbol{y}_2\|\end{aligned}$$

mit $\tilde{\boldsymbol{y}} = \boldsymbol{y}_1+\theta\,(\boldsymbol{y}_2-\boldsymbol{y}_1),\ 0<\theta<1\,.$

Aufgrund der Stetigkeit von $\dfrac{\partial \boldsymbol{g}}{\partial \boldsymbol{y}}$ im Punkt $(\boldsymbol{x}^0,\boldsymbol{y}^0)$ konvergiert der erste Faktor gegen Null, falls $(\boldsymbol{x},\boldsymbol{y}_1)$ und $(\boldsymbol{x},\boldsymbol{y}_2)$ gegen $(\boldsymbol{x}^0,\boldsymbol{y}^0)$ gehen.

Es gibt daher abgeschlossene Kugeln $U = \overline{K}_{\varepsilon_1}(\boldsymbol{x}^0)$ und $V = \overline{K}_{\varepsilon_2}(\boldsymbol{y}^0)$ sowie eine Kontraktionskonstante $L,\ 0<L<1,$ mit:

$$\|\,\boldsymbol{h}(\boldsymbol{x},\boldsymbol{y}_1)-\boldsymbol{h}(\boldsymbol{x},\boldsymbol{y}_2)\,\| \quad \le \quad L\quad \|\boldsymbol{y}_1-\boldsymbol{y}_2\|,$$

für alle $\boldsymbol{x}\in U$ und $\boldsymbol{y}_1,\boldsymbol{y}_2\in V$.

Durch eventuelle Verkleinerung von ε_1 lässt sich ferner erreichen, dass

$$\|\,\boldsymbol{h}(\boldsymbol{x},\boldsymbol{y}^0)-\boldsymbol{y}^0\,\| \quad = \quad \|\,\boldsymbol{A}^{-1}\boldsymbol{g}(\boldsymbol{x},\boldsymbol{y}^0)\,\| \quad \le \quad \varepsilon_2\ (1-L)$$

für alle $\boldsymbol{x}\in U$ gilt.

Damit sind aber gerade die Voraussetzungen des parameterabhängigen Fixpunktsatzes (18.2.6) erfüllt. Es folgt daher die Existenz, Eindeutigkeit und Stetigkeit einer Lösung $\boldsymbol{f}: U\to V$ mit $\boldsymbol{g}(\boldsymbol{x},\boldsymbol{f}(\boldsymbol{x}))=\boldsymbol{0}$ für alle $\boldsymbol{x}\in U$.

Unter der Voraussetzung der Differenzierbarkeit von $\boldsymbol{f}(\boldsymbol{x})$ lässt sich unmittelbar die behauptete Darstellung der Jacobi–Matrix von $\boldsymbol{f}(\boldsymbol{x})$ herleiten. Hierzu hat man lediglich die Identität $\boldsymbol{g}(\boldsymbol{x}, \boldsymbol{f}(\boldsymbol{x})) = \boldsymbol{0}$ partiell nach $\boldsymbol{x}$ zu differenzieren. Man erhält

$$\frac{\partial \boldsymbol{g}}{\partial \boldsymbol{x}}(\boldsymbol{x}, \boldsymbol{f}(\boldsymbol{x})) \quad + \quad \frac{\partial \boldsymbol{g}}{\partial \boldsymbol{y}}(\boldsymbol{x}, \boldsymbol{f}(\boldsymbol{x})) \cdot \boldsymbol{J}\boldsymbol{f}(\boldsymbol{x}) \quad = \quad \boldsymbol{0}$$

und somit

$$\boldsymbol{J}\boldsymbol{f}(\boldsymbol{x}) \quad = \quad - \left(\frac{\partial \boldsymbol{g}}{\partial \boldsymbol{y}}(\boldsymbol{x}, \boldsymbol{f}(\boldsymbol{x}))\right)^{-1} \frac{\partial \boldsymbol{g}}{\partial \boldsymbol{x}}(\boldsymbol{x}, \boldsymbol{f}(\boldsymbol{x})). \tag{18.2.8}$$

Letzteres setzt natürlich voraus, dass $\dfrac{\partial \boldsymbol{g}}{\partial \boldsymbol{y}}(\boldsymbol{x}, \boldsymbol{f}(\boldsymbol{x}))$ auf ganz U regulär ist.

Dies lässt sich jedoch stets nach evtl. weiterer Verkleinerung von U und V erreichen.

Es bleibt nun, den Nachweis der Differenzierbarkeit von $\boldsymbol{f}(\boldsymbol{x})$ zu führen. Dieser Teil des Beweises ist recht technisch und aufwendig. Wir deuten die wesentlichen Beweisschritte daher nur an.

Ausgangspunkt ist die Differenzierbarkeit von $\boldsymbol{g}(\boldsymbol{x}, \boldsymbol{y})$. Hiernach gilt für beliebige $\varepsilon > 0$:

$$\| \boldsymbol{g}(\boldsymbol{x} + \Delta \boldsymbol{x}, \boldsymbol{y} + \Delta \boldsymbol{y}) - \boldsymbol{g}(\boldsymbol{x}, \boldsymbol{y}) - \frac{\partial \boldsymbol{g}}{\partial \boldsymbol{x}}(\boldsymbol{x}, \boldsymbol{y})\Delta \boldsymbol{x} - \frac{\partial \boldsymbol{g}}{\partial \boldsymbol{y}}(\boldsymbol{x}, \boldsymbol{y})\Delta \boldsymbol{y} \| \quad \leq \quad \varepsilon(\|\Delta \boldsymbol{x}\| + \|\Delta \boldsymbol{y}\|)$$

für alle $\|\Delta \boldsymbol{x}\|$, $\|\Delta \boldsymbol{y}\| < \delta = \delta(\varepsilon)$.

Sind nun $\boldsymbol{x}$, $\boldsymbol{x} + \Delta \boldsymbol{x} \in U$, $\boldsymbol{y} := \boldsymbol{f}(\boldsymbol{x})$ und $\Delta \boldsymbol{y} := \boldsymbol{f}(\boldsymbol{x} + \Delta \boldsymbol{x}) - \boldsymbol{f}(\boldsymbol{x})$, so verschwinden nach Definition von $\boldsymbol{f}(\boldsymbol{x})$ die ersten beiden Summanden in obiger Ungleichung, und man erhält

$$\left\| \frac{\partial \boldsymbol{g}}{\partial \boldsymbol{x}}(\boldsymbol{x}, \boldsymbol{y})\, \Delta \boldsymbol{x} \quad + \quad \frac{\partial \boldsymbol{g}}{\partial \boldsymbol{y}}(\boldsymbol{x}, \boldsymbol{y})\, \Delta \boldsymbol{y} \right\| \quad \leq \quad \varepsilon\, (\|\Delta \boldsymbol{x}\| + \|\Delta \boldsymbol{y}\|)$$

oder

$$\| \Delta \boldsymbol{y} + \boldsymbol{A}^{-1}\boldsymbol{B}\Delta \boldsymbol{x} \| \quad \leq \quad \varepsilon\, \|\boldsymbol{A}^{-1}\|\, (\|\Delta \boldsymbol{x}\| + \|\Delta \boldsymbol{y}\|) \tag{18.2.9}$$

mit $\boldsymbol{A} := \dfrac{\partial \boldsymbol{g}}{\partial \boldsymbol{y}}(\boldsymbol{x}, \boldsymbol{y})$, $\boldsymbol{B} := \dfrac{\partial \boldsymbol{g}}{\partial \boldsymbol{x}}(\boldsymbol{x}, \boldsymbol{y})$.

Die Dreiecksungleichung liefert

$$\|\Delta \boldsymbol{y}\| \quad - \quad \| \boldsymbol{A}^{-1}\boldsymbol{B}\, \Delta \boldsymbol{x} \| \quad \leq \quad \varepsilon\, \|\boldsymbol{A}^{-1}\|\, (\|\Delta \boldsymbol{x}\| + \|\Delta \boldsymbol{y}\|)$$

oder

$$(1 - \varepsilon\, \|\boldsymbol{A}^{-1}\|\,)\, \|\Delta \boldsymbol{y}\| \quad \leq \quad \varepsilon\, \|\boldsymbol{A}^{-1}\|\, \|\Delta \boldsymbol{x}\| \; + \; \|\boldsymbol{A}^{-1}\boldsymbol{B}\, \Delta \boldsymbol{x}\|.$$

Für hinreichend kleine $\varepsilon > 0$ folgt hieraus eine Abschätzung der Form

$$\|\Delta \boldsymbol{y}\| \quad \leq \quad C \cdot \|\Delta \boldsymbol{x}\|$$

mit einer geeigneten Konstanten $C > 0$.

Dies in (18.2.9) eingesetzt, liefert:

$$\| \boldsymbol{f}(\boldsymbol{x} + \Delta\boldsymbol{x}) - \boldsymbol{f}(\boldsymbol{x}) - \boldsymbol{A}^{-1}\boldsymbol{B}\,\Delta\boldsymbol{x} \| \quad \leq \quad \varepsilon\,(1 + C)\,\|\boldsymbol{A}^{-1}\|\,\|\Delta\boldsymbol{x}\|$$

für alle $\Delta\boldsymbol{x}$ mit $\|\Delta\boldsymbol{x}\| \leq \delta(\varepsilon)$.

Dies zeigt aber gerade, dass

$$\boldsymbol{f}(\boldsymbol{x} + \Delta\boldsymbol{x}) - \boldsymbol{f}(\boldsymbol{x}) - \boldsymbol{A}^{-1}\boldsymbol{B}\,\Delta\boldsymbol{x} \quad = \quad \boldsymbol{o}(\|\Delta\boldsymbol{x}\|)$$

gilt, $\boldsymbol{f}$ also im Punkt $\boldsymbol{x}$ differenzierbar ist mit $\boldsymbol{J}\boldsymbol{f}(\boldsymbol{x}) = \boldsymbol{A}^{-1}\boldsymbol{B}$.

Die Stetigkeit der partiellen Ableitungen von $\boldsymbol{f}(\boldsymbol{x})$ folgt direkt aus der Darstellung (18.2.8). ■

Beispiele (18.2.10)

a) Für die Kreisgleichung

$$g(x,y) \;=\; x^2 + y^2 - r^2 \;=\; 0\,, \quad r > 0$$

findet man im Punkt $(x^0, y^0) = (0, r)$

$$\frac{\partial g}{\partial x}(0,r) \;=\; 0, \qquad \frac{\partial g}{\partial y}(0,r) \;=\; 2\,r \neq 0\,.$$

Nach dem Satz über implizite Funktionen ist also die Auflösbarkeit der Gleichung nach y möglich in der Form $y = f(x)$, und $f(x)$ ist in einer Umgebung von $(x^0, y^0) = (0, r)$ eindeutig bestimmt und auf der entsprechenden Umgebung von $x^0 = 0$ differenzierbar. Wie groß diese Umgebung ist, lässt sich i. Allg. nur numerisch bestimmen. Im vorliegenden Fall ist $f(x) = \sqrt{r^2 - x^2}$, also kann $U =]-r, r[$ (ohne Randpunkte!) gewählt werden.

Die Ableitung $f'(x)$ findet man durch **implizite Differentiation** der Gleichung $g(x,y) = 0$:

$$2\,x \;+\; 2\,y\,y' \;=\; 0$$

$$\Longrightarrow \quad y' \;=\; f'(x) \;=\; -\frac{x}{y} \quad \left(= -\frac{x}{\sqrt{r^2 - x^2}}\right).$$

b) Die Gleichung

$$g(x,y) \;=\; e^{y-x} \;+\; 3\,y \;+\; x^2 \;-\; 1 \;=\; 0$$

ist für jedes $x \in \mathbb{R}$ eindeutig nach $y =: f(x)$ auflösbar. Dies folgt aus der strengen Monotonie und der Surjektivität von $\varphi(y) = e^{y-x} + 3\,y$ für festes x.

Wegen $\dfrac{\partial g}{\partial y} = e^{y-x} + 3 > 0$ ist auch der Satz über implizite Funktionen anwendbar, und wir erhalten die stetige Differenzierbarkeit der Funktion $y = f(x)$ auf $\mathbb{R}$. Implizite Differentiation der vorgegebenen Gleichung liefert:

$$e^{y-x}\,(y' - 1) \;+\; 3\,y' \;+\; 2\,x \;=\; 0, \quad \text{also:}$$

$$y' = -\,\frac{e^{y-x} \;-\; 2\,x}{e^{y-x} + 3}.$$

Die obige Relation lässt sich nochmals implizit differenzieren. (Man zeige, dass $f(x)$ sogar eine C^2-Funktion ist.)
Es ergibt sich:

$$e^{y-x}\,y'' \;+\; e^{y-x}\,(y' - 1)^2 \;+\; 3\,y'' \;+\; 2 \;=\; 0, \quad \text{also:}$$

$$y'' = -\,\frac{2 \;+\; e^{y-x}\,(y' - 1)^2}{e^{y-x} \;+\; 3}.$$

Man beachte, dass in diesem Beispiel eine **explizite** Auflösung nach y nicht möglich ist. Die Funktion $f(x)$ kann also nur numerisch ausgewertet werden.

Bemerkung (18.2.11)

Allgemein erhält man durch implizites Differenzieren einer durch die Gleichung

$$g(x, y) \;=\; 0, \quad \frac{\partial g}{\partial y} \neq 0$$

implizit erklärten Funktion $y = f(x),\ x, y \in \mathbb{R}$:

$$f'(x) \;=\; -\,\frac{g_x}{g_y}$$

$$f''(x) \;=\; -\,\frac{g_{xx}\,g_y^2 \;-\; 2\,g_{xy}\,g_x\,g_y \;+\; g_{yy}\,g_x^2}{g_y^3}\,.$$

Insbesondere folgt daher, dass $f(x)$ in x^0, $y^0 := f(x_0)$, einen stationären Punkt besitzt, falls

$$g(x^0, y^0) \;=\; g_x(x^0, y^0) \;=\; 0 \quad \text{und} \quad g_y(x^0, y^0) \neq 0\,.$$

Die Funktion $f(x)$ besitzt in x^0 ein strenges lokales Maximum (bzw. Minimum), falls zusätzlich gilt

$$\frac{g_{xx}(x^0, y^0)}{g_y(x^0, y^0)} \;>\; 0 \quad \text{bzw.} \quad \frac{g_{xx}(x^0, y^0)}{g_y(x^0, y^0)} \;<\; 0\,.$$

Implizite Darstellung ebener Kurven

Die Lösungsmenge einer (skalaren) Gleichung $g(x, y) = 0$ stellt nach dem Satz über implizite Funktionen im Fall

$$\operatorname{grad} g = (g_x, g_y) \neq \mathbf{0}^{\mathrm{T}}$$

lokal eine Funktion $y = f(x)$ oder $x = f(y)$ dar.

Lösungspunkte (x^0, y^0) der Gleichung mit $\operatorname{grad} g(x^0, y^0) \neq \mathbf{0}^{\mathrm{T}}$ heißen **reguläre**, solche mit

$$g_x(x^0, y^0) = g_y(x^0, y^0) = 0$$

heißen **singuläre Punkte**.

Gilt für einen regulären Lösungspunkt $\boldsymbol{x}^0 = (x^0, y^0)$

$$g_x(\boldsymbol{x}^0) = 0, \qquad g_y(\boldsymbol{x}^0) \neq 0,$$

so besitzt die Lösungskurve eine **horizontale Tangente** in $\boldsymbol{x}^0$; gilt analog

$$g_x(\boldsymbol{x}^0) \neq 0, \qquad g_y(\boldsymbol{x}^0) = 0,$$

so besitzt die Lösungskurve eine **vertikale Tangente** in $\boldsymbol{x}^0$.

Im Fall eines singulären Punktes $\boldsymbol{x}^0$ lässt sich die Lösungsmenge bei $\boldsymbol{x}^0$ in „zweiter Näherung" durch die quadratische Gleichung

$$g_{xx}(\boldsymbol{x}^0)\,(x - x^0)^2 + 2\,g_{xy}(\boldsymbol{x}^0)\,(x - x^0)\,(y - y^0) + g_{yy}(\boldsymbol{x}^0)\,(y - y^0)^2 = 0$$

approximieren.

Unter Verwendung von (18.1.4) erhält man hieraus für $(g_{xx}, g_{xy}, g_{yy}) \neq \mathbf{0}^{\mathrm{T}}$:

det $\boldsymbol{H}g(\boldsymbol{x}^0)$ > 0 : $\boldsymbol{x}^0$ ist **isolierter Punkt** der Lösungsmenge

det $\boldsymbol{H}g(\boldsymbol{x}^0)$ < 0 : $\boldsymbol{x}^0$ **Doppelpunkt**

det $\boldsymbol{H}g(\boldsymbol{x}^0)$ $= 0$: $\boldsymbol{x}^0$ ist **Rückkehrpunkt (Spitze)**

Beispiel (18.2.12)

In folgenden Beispielen wird jeweils der singuläre Punkt $\boldsymbol{x}^0 = \mathbf{0}$ betrachtet:

a)

$$\begin{aligned} g(x,y) &= y^2(x-1)+x^2(x-2) = 0 \\ g_x &= y^2+3x^2-4x \\ g_y &= 2y(x-1) \\ g_{xx} &= 6x-4 \\ g_{xy} &= 2y \\ g_{yy} &= 2(x-1) \\ \boldsymbol{H}g(\mathbf{0}) &= \begin{pmatrix} -4 & 0 \\ 0 & -2 \end{pmatrix}, \end{aligned}$$

$\boldsymbol{x}^0 = \mathbf{0}$ ist also ein isolierter Punkt.

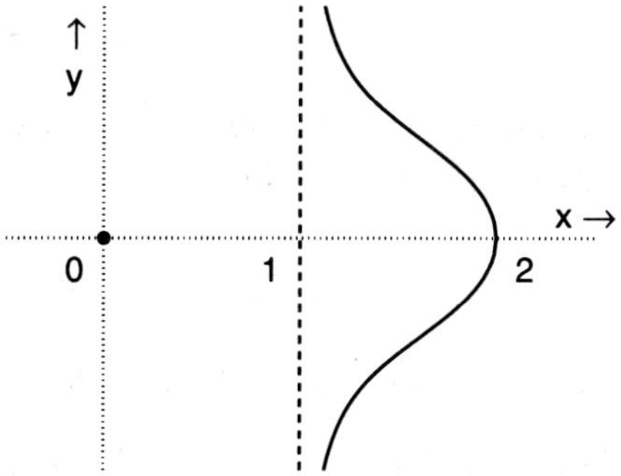

Abb. 18.2. Isolierter Punkt

b)

$$\begin{aligned} g(x,y) &= y^2(x-1)+x^2(x+q^2) = 0 \\ g_x &= y^2+3x^2+2xq^2 \\ g_y &= 2y(x-1) \\ g_{xx} &= 6x+2q^2 \\ g_{xy} &= 2y \\ g_{yy} &= 2(x-1) \\ \boldsymbol{H}g(\mathbf{0}) &= \begin{pmatrix} 2q^2 & 0 \\ 0 & -2 \end{pmatrix}, \end{aligned}$$

$\boldsymbol{x}^0 = \mathbf{0}$ ist also für $q \neq 0$ ein Doppelpunkt.

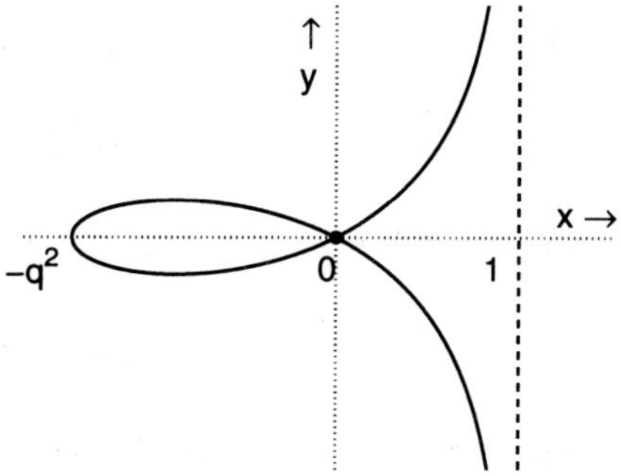

Abb. 18.3. Doppelpunkt

c)

$$\begin{aligned} g(x,y) &= y^2(x-1)+x^3 = 0 \\ g_x &= y^2+3x^2 \\ g_y &= 2y(x-1) \\ g_{xx} &= 6x \\ g_{xy} &= 2y \\ g_{yy} &= 2(x-1) \\ \boldsymbol{H}g(\mathbf{0}) &= \begin{pmatrix} 0 & 0 \\ 0 & -2 \end{pmatrix}, \end{aligned}$$

$\boldsymbol{x}^0 = \mathbf{0}$ ist also ein Rückkehrpunkt.

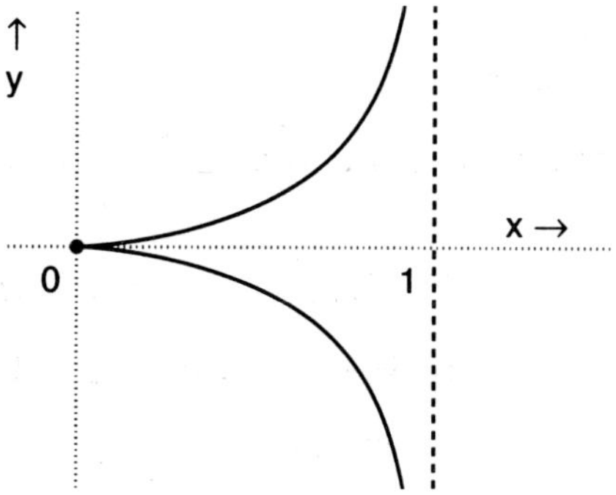

Abb. 18.4. Rückkehrpunkt

Implizite Darstellung von Flächen

Die Lösungsmenge einer (skalaren) Gleichung $g(x, y, z) = 0$ stellt im Fall $\operatorname{grad} g \neq \mathbf{0}^T$ lokal eine Fläche im $\mathbb{R}^3$ dar. Wir betrachten nur reguläre Lösungspunkte $\boldsymbol{x}^0$, d.h., es gelte $\operatorname{grad} g(\boldsymbol{x}^0) \neq \mathbf{0}^T$.

Die **Tangentialebene** an die Fläche in einem Lösungspunkt $\boldsymbol{x}^0$ lautet nach dem Taylorschen Satz:

$$g_x(\boldsymbol{x}^0)\,(x - x^0) \;+\; g_y(\boldsymbol{x}^0)\,(y - y^0) \;+\; g_z(\boldsymbol{x}^0)\,(z - z^0) \;=\; 0$$

oder:

$$\langle\, \boldsymbol{\nabla}\, g(\boldsymbol{x}^0)\,,\ \boldsymbol{x} - \boldsymbol{x}^0 \,\rangle \;=\; 0. \tag{18.2.13}$$

Insbesondere sieht man, dass der Gradient $\operatorname{grad} g(\boldsymbol{x}^0)$ senkrecht auf der Fläche $g(x, y, z) = 0$ steht; vgl. auch (17.2.17).

Ist $g_z(\boldsymbol{x}^0) \neq 0$, so lässt sich die Lösungsfläche lokal bei $\boldsymbol{x}^0$ als Graph der implizit definierten Funktion $z = f(x, y)$ darstellen. Für die partiellen Ableitungen von $f(x, y)$ erhält man nach dem Satz über implizite Funktionen:

$$\operatorname{grad} f(x, y) \;=\; (f_x, f_y) \;=\; -\frac{1}{g_z}\,(g_x, g_y) \;=\; \left(-\frac{g_x}{g_z},\, -\frac{g_y}{g_z}\right).$$

Das Umkehrproblem

Mit Hilfe des Satzes über implizite Funktionen lässt sich auch sehr einfach die Frage beantworten, ob man ein vorgegebenes Gleichungssystem

$$\boldsymbol{y} \;=\; \boldsymbol{f}(\boldsymbol{x})$$

invertieren, d.h. nach den Variablen $\boldsymbol{x}$ auflösen kann. Hierbei sei $\boldsymbol{f} : D \to \mathbb{R}^n$, $D \subset \mathbb{R}^n$ offen, eine vorgegebene C^1-Funktion. Wir fragen also nach der (zumindest lokalen) Invertierbarkeit der Funktion $\boldsymbol{f}(\boldsymbol{x})$.

Satz (18.2.14) (Umkehrsatz)

Sei $\boldsymbol{f} : D \to \mathbb{R}^n$ eine C^1-Funktion, $D \subset \mathbb{R}^n$ offen.
Ist für ein $\boldsymbol{x}^0 \in D$ die Jacobi-Matrix $\boldsymbol{J}\boldsymbol{f}(\boldsymbol{x}^0)$ regulär, so gibt es Umgebungen U von $\boldsymbol{x}^0$ und V von $\boldsymbol{y}^0 := \boldsymbol{f}(\boldsymbol{x}^0)$, so dass die Funktion $\boldsymbol{f}(\boldsymbol{x})$ den Bereich U **bijektiv** auf V abbildet.
Ferner ist die Umkehrabbildung $\boldsymbol{f}^{-1} : V \to U$ ebenfalls eine C^1-Funktion, und es gilt für alle $\boldsymbol{x} \in U$:

$$\boldsymbol{J}\boldsymbol{f}^{-1}(\boldsymbol{y}) \;=\; (\boldsymbol{J}\boldsymbol{f}(\boldsymbol{x}))^{-1}\,, \qquad \boldsymbol{y} \;=\; \boldsymbol{f}(\boldsymbol{x}).$$

Bemerkung (18.2.15)

Bijektive C^1-Funktionen, deren Umkehrungen ebenfalls C^1-Abbildungen sind, werden auch **C^1-Diffeomorphismen** genannt.

Der Umkehrsatz besagt also, dass C^1-Funktionen mit regulärer Jacobi–Matrix lokal auch C^1-Diffeomorphismen sind. Derartige Abbildungen werden in den Anwendungen als Koordinatentransformationen verwendet.

Beweis zu (18.2.14)

Das Gleichungssystem $\boldsymbol{y} = \boldsymbol{f}(\boldsymbol{x})$ ist offensichtlich äquivalent zu

$$\boldsymbol{g}(\boldsymbol{x}, \boldsymbol{y}) := \boldsymbol{y} - \boldsymbol{f}(\boldsymbol{x}) = \boldsymbol{0}.$$

$\boldsymbol{g} : D \times \mathbb{R}^n \to \mathbb{R}^n$ ist eine C^1-Funktion.

Es gilt $\boldsymbol{g}(\boldsymbol{x}^0, \boldsymbol{y}^0) = \boldsymbol{0}$, und die Jacobi–Matrix $\dfrac{\partial \boldsymbol{g}}{\partial \boldsymbol{x}}(\boldsymbol{x}^0, \boldsymbol{y}^0) = -\boldsymbol{J}\boldsymbol{f}(\boldsymbol{x}^0)$ ist regulär.

Nach dem Satz über implizite Funktionen lässt sich daher die Gleichung $\boldsymbol{y} - \boldsymbol{f}(\boldsymbol{x}) = \boldsymbol{0}$ lokal bei $(\boldsymbol{x}^0, \boldsymbol{y}^0)$ nach $\boldsymbol{x}$ auflösen. Die implizit definierte Funktion – diese ist gerade $\boldsymbol{f}^{-1}(\boldsymbol{y})$ – ist ferner eine C^1-Funktion, und für deren Jacobi–Matrix gilt

$$\boldsymbol{J}\boldsymbol{f}^{-1}(\boldsymbol{y}) \cdot \boldsymbol{J}\boldsymbol{f}(\boldsymbol{x}) = \boldsymbol{I}_n .$$

■

Transformation von Volumina

Sei $\boldsymbol{f} : D \to \mathbb{R}^n$, $D \subset \mathbb{R}^n$ offen, ein auf Umgebungen U_1 von $\boldsymbol{x}^0 \in D$ und U_2 von $\boldsymbol{y}^0 = \boldsymbol{f}(\boldsymbol{x}^0)$ definierter C^1-Diffeomorphismus.

Ein „kleines“ Volumen V bei $\boldsymbol{x}^0$ wird dann auf ein „kleines“ Volumen $\tilde{V}$ bei $\boldsymbol{y}^0$ abgebildet. Für die Volumina gilt dann näherungsweise

$$\operatorname{vol}(\tilde{V}) \approx \det(\boldsymbol{J}\boldsymbol{f}(\boldsymbol{x}^0)) \cdot \operatorname{vol}(V) .$$

Genauer ist diese Beziehung als ein Grenzprozess zu verstehen:

$$\lim_{\operatorname{vol}(V) \to 0} \frac{\operatorname{vol}(\tilde{V})}{\operatorname{vol}(V)} = \det(\boldsymbol{J}\boldsymbol{f}(\boldsymbol{x}^0)) . \tag{18.2.16}$$

Zur Erläuterung von (18.2.16) betrachten wir einen Quader Q mit Ecke $\boldsymbol{x}^0$ und Kanten parallel zu den Koordinatenachsen. Die Kantenlängen seien $q_1, \ldots, q_n$. Das Bild $\tilde{Q}$ von Q unter der Abbildung $\boldsymbol{f}$ hat dann „in erster Näherung“ die Kanten

$$q_1 \frac{\partial \boldsymbol{f}}{\partial x_1}(\boldsymbol{x}^0) , \ \ldots \ , q_n \frac{\partial \boldsymbol{f}}{\partial x_n}(\boldsymbol{x}^0) .$$

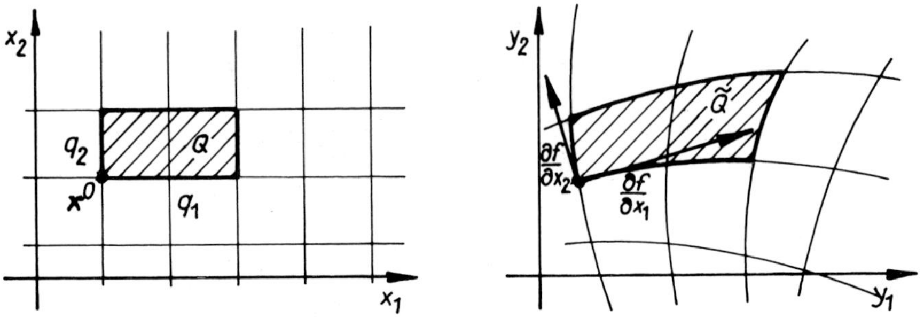

Abb. 18.5. Transformation eines Quaders unter Diffeomorphismen

Nach Abschnitt 4.5 über das Volumen eines Parallelotops gilt dann

$$\mathrm{vol}\,(Q) \;=\; \det(q_1\,\boldsymbol{e}_1\,,\,\dots\,,\,q_n\,\boldsymbol{e}_n) \;=\; \prod_{i=1}^{n} q_i$$

$$\mathrm{vol}\,(\tilde{Q}) \;\approx\; \det\left(q_1\,\frac{\partial \boldsymbol{f}}{\partial x_1}\,,\,\dots\,,\,q_n\,\frac{\partial \boldsymbol{f}}{\partial x_n}\right) \;=\; \left(\prod_{i=1}^{n} q_i\right)\cdot\det\left(\boldsymbol{J}\boldsymbol{f}(\boldsymbol{x}^0)\right)\,,$$

also $$\frac{\mathrm{vol}(\tilde{Q})}{\mathrm{vol}(Q)} \;\approx\; \det\left(\boldsymbol{J}\boldsymbol{f}(\boldsymbol{x}^0)\right)\,.$$

Kontinuitätsgleichung

Als eine Anwendung der obigen Beziehung (18.2.16) betrachten wir eine **quellen- und senkenfreie** Strömung mit der **Dichte** $\rho(\boldsymbol{x},t)$ ($\boldsymbol{x} \in \mathbb{R}^3$: Ort, $t \in \mathbb{R}$: Zeit) und der Strömungsgeschwindigkeit $\boldsymbol{u}(\boldsymbol{x},t)$.

$V(t)$ bezeichne ein „kleines“ Volumen zur Zeit t. Wir betrachten die räumliche und zeitliche Änderung von $V(t)$ in einem Zeitintervall $[t, t + \Delta t]$, wobei das Zeitintervall Δt ebenfalls „klein“ sein möge.

Zunächst ist die Ortsänderung gegeben durch einen Diffeomorphismus

$$\boldsymbol{y} \;=\; \boldsymbol{f}(\boldsymbol{x}) \;=\; \boldsymbol{x} \;+\; \Delta t\cdot\boldsymbol{u}(\boldsymbol{x},t) \;+\; \boldsymbol{o}(\Delta t).$$

Der Fehlerterm $\boldsymbol{o}(\Delta t)$ hängt dabei natürlich auch vom Ort $\boldsymbol{x}$ ab, er behält jedoch auch bei Differentiation nach einer der Ortsvariablen die Eigenschaft bei, für $\Delta t \to 0$ schneller als Δt zu verschwinden, sofern diese Ortsableitungen beschränkt sind.

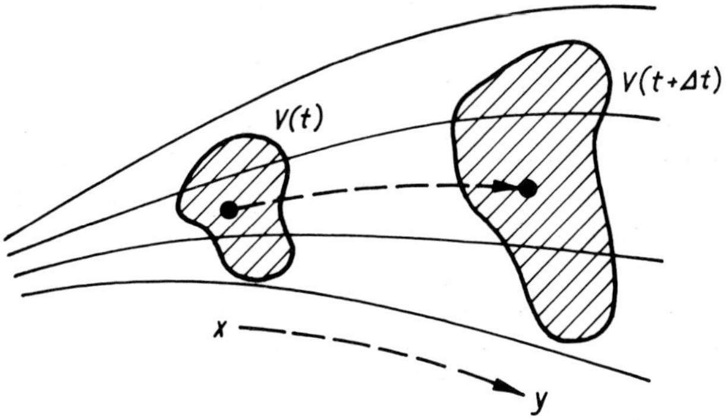

Abb. 18.6. Volumenänderung im Zeitintervall Δt

Für die Volumenänderung folgt somit aus (18.2.16)

$$\begin{aligned}
\frac{V(t+\Delta t)}{V(t)} &= \det(\boldsymbol{J}\boldsymbol{f}(\boldsymbol{x})) \; + \; o(\Delta t) \\
&= \begin{vmatrix} \left(1+\Delta t\,\dfrac{\partial u_1}{\partial x_1}\right) & \Delta t\,\dfrac{\partial u_1}{\partial x_2} & \Delta t\,\dfrac{\partial u_1}{\partial x_3} \\ \Delta t\,\dfrac{\partial u_2}{\partial x_1} & \left(1+\Delta t\,\dfrac{\partial u_2}{\partial x_2}\right) & \Delta t\,\dfrac{\partial u_2}{\partial x_3} \\ \Delta t\,\dfrac{\partial u_3}{\partial x_1} & \Delta t\,\dfrac{\partial u_3}{\partial x_2} & \left(1+\Delta t\,\dfrac{\partial u_3}{\partial x_3}\right) \end{vmatrix} \; + \; o(\Delta t) \\
&= 1 \; + \; \Delta t \cdot \left(\frac{\partial u_1}{\partial x_1} + \frac{\partial u_2}{\partial x_2} + \frac{\partial u_3}{\partial x_3}\right) \; + \; o(\Delta t) \\
&= 1 \; + \; \Delta t \cdot \operatorname{div} \boldsymbol{u}(\boldsymbol{x},t) \; + \; o(\Delta t)\,.
\end{aligned}$$

Für die Masse des Volumens $V(t+\Delta t)$ ergibt sich damit:

$$\begin{aligned}
m(t+\Delta t) &= \rho(\boldsymbol{x}+\Delta t\,\boldsymbol{u}\,,\, t+\Delta t)\cdot V(t+\Delta t) \; + \; o(\Delta t) \\
&= \left(\rho(\boldsymbol{x},t) \; + \; \left\{\langle \boldsymbol{\nabla}\,\rho, \boldsymbol{u}\rangle + \frac{\partial \rho}{\partial t}\right\}\,\Delta t\right) \\
&\qquad * \; (1 \; + \; \Delta t \cdot \operatorname{div} \boldsymbol{u}(\boldsymbol{x},t))\cdot V(t) \; + \; o(\Delta t) \\
&= \rho(\boldsymbol{x},t)\cdot V(t) \; + \; \left(\frac{\partial \rho}{\partial t} + \langle \boldsymbol{\nabla}\,\rho, \boldsymbol{u}\rangle + \rho \operatorname{div} \boldsymbol{u}\right) V(t)\,\Delta t \; + \; o(\Delta t) \\
&= m(t) \; + \; \left(\frac{\partial \rho}{\partial t} + \operatorname{div}(\rho \boldsymbol{u})\right) V(t)\,\Delta t \; + \; o(\Delta t)\,.
\end{aligned}$$

Da wir angenommen haben, dass die Strömung quellen- und senkenfrei ist, bleibt die Masse erhalten: $m(t+\Delta t) = m(t)$. Damit ist auch

$$\lim_{\Delta t \to 0} \frac{m(t+\Delta t) - m(t)}{\Delta t} = 0 .$$

Mit obiger Beziehung für $m(t+\Delta t)$ folgt hieraus die **Kontinuitätsgleichung** (Erhaltung der Masse):

$$\frac{\partial \rho}{\partial t}(\boldsymbol{x}, t) + \operatorname{div}(\rho(\boldsymbol{x}, t)\, \boldsymbol{u}(\boldsymbol{x}, t)) = 0 . \qquad (18.2.17)$$

Für stationäre, inkompressible Strömungen (d.h. $\boldsymbol{u} = \boldsymbol{u}(\boldsymbol{x})$, $\rho = \text{const.}$) vereinfacht sich die Kontinuitätsgleichung zu $\operatorname{div} \boldsymbol{u} = 0$.
Besitzt die Strömung ferner ein sogenanntes **Geschwindigkeitspotential**, d.h., existiert eine skalare Funktion $\varphi(\boldsymbol{x})$ mit $\operatorname{grad} \varphi(\boldsymbol{x}) = \boldsymbol{u}^{\mathrm{T}}(\boldsymbol{x})$, so folgt aus der Kontinuitätsgleichung $\Delta\varphi(\boldsymbol{x}) = 0$, d.h., das Geschwindigkeitspotential $\varphi(\boldsymbol{x})$ ist eine Lösung der Potentialgleichung.

Bemerkung (18.2.18)

Auch bei nicht konstanter Dichte ρ wird eine Strömung gelegentlich als inkompressibel bezeichnet, wenn $\operatorname{div} \boldsymbol{u} = 0$ gilt. Mit (18.2.17) und (17.1.25) tritt dies genau im Fall

$$\frac{\partial \rho}{\partial t} + \langle \boldsymbol{\nabla} \rho, \boldsymbol{u} \rangle = 0 \qquad (\rho \neq 0)$$

ein.

18.3 Extremalprobleme mit Gleichungsnebenbedingungen

Gegeben sei eine skalare Funktion $f : D \to \mathbb{R}$ mit $D \subset \mathbb{R}^n$ offen. Wir betrachten die Aufgabe, die lokalen (oder globalen) Extrema der Funktion $f(\boldsymbol{x})$ zu ermitteln, wobei allerdings nur solche $\boldsymbol{x}$ zugelassen werden sollen, die ein gewisses Gleichungssystem

$$\begin{aligned} g_1(x_1, \ldots, x_n) &= 0 \\ &\vdots \\ g_m(x_1, \ldots, x_n) &= 0 \end{aligned} \qquad (18.3.1)$$

erfüllen. Mit anderen Worten: Wir suchen die Extrema von $f(\boldsymbol{x})$ nicht auf ganz D, sondern auf der kleineren Menge

$$G := \{\, \boldsymbol{x} \in D \mid \ \boldsymbol{g}(\boldsymbol{x}) = \boldsymbol{0} \,\}. \qquad (18.3.2)$$

Hierbei sei $\boldsymbol{g} = (g_1, \ldots, g_n)^{\mathrm{T}}$ eine C^1–Abbildung $\boldsymbol{g} : D \to \mathbb{R}^m$, $m < n$. Man spricht bei dieser Problemstellung von einer **Optimierungsaufgabe mit Gleichungsrestriktionen**.

Beispiele (18.3.3.)

a) Gesucht sei ein Quader maximalen Volumens bei einer vorgegebener Oberfläche.

Bezeichnen x, y und z die Kantenlängen des gesuchten Quaders, so ist also die Funktion (Volumen)

$$f(x, y, z) := x \cdot y \cdot z$$

zu maximieren (über $D = (\,]0, \infty[\,)^3$) unter der Nebenbedingung

$$g(x, y, z) := 2\,(x\,y + x\,z + y\,z) - a = 0\,.$$

a bezeichnet dabei die vorgegebene Oberfläche des Quaders.

b) Gesucht seien die Punkte auf der Parabel $y = x^2 + a$, die vom Ursprung den kürzesten Abstand d haben.

Zu minimieren ist also die Funktion

$f(x, y) = d^2 = x^2 + y^2$

unter der Nebenbedingung

$g(x, y) = y - x^2 - a = 0.$

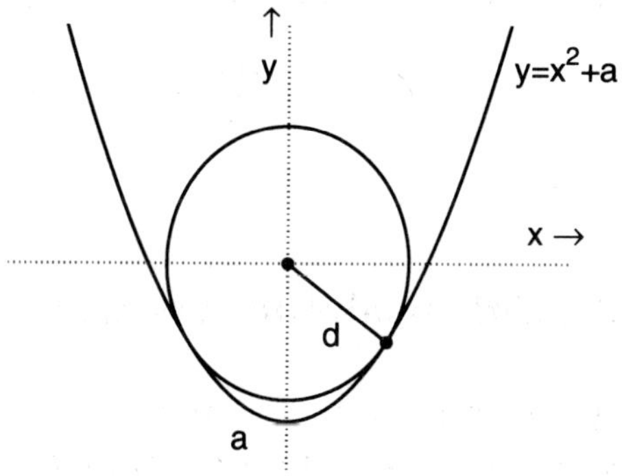

Abb. 18.7. Abstand vom Ursprung

Bemerkung (18.3.4)

Durch die Nebenbedingung $\boldsymbol{g}(\boldsymbol{x}) = \boldsymbol{0}$ reduziert sich der **„Freiheitsgrad"** der Optimierungsaufgabe i. Allg. von n auf $n - m$.

Dem könnte man dadurch Rechnung tragen, dass man versucht, das Gleichungssystem $\boldsymbol{g}(\boldsymbol{x}) = \boldsymbol{0}$ nach m Variablen, etwa nach $x_{n-m+1}, \ldots, x_n$ aufzulösen (Satz über implizite Funktionen!) und diese dann in die Funktion $f(x_1, \ldots, x_n)$ einzusetzen. Man würde so eine unrestringierte Optimierungsaufgabe in den Variablen $x_1, \ldots, x_{n-m}$ erhalten.

Gegen dieses Vorgehen spricht jedoch, dass die Auflösung von $\boldsymbol{g}(\boldsymbol{x}) = \mathbf{0}$ häufig gar nicht explizit analytisch durchzuführen ist und i. Allg. auch nicht eindeutig zu sein braucht.

Aufgabe (18.3.5)

Man löse das Beispiel (18.3.3b) durch Auflösung der Nebenbedingung nach x^2.

Die folgende, nach Lagrange benannte Methode ist von fundamentaler Bedeutung in der Optimierungstheorie und in sehr viel allgemeineren Situationen anwendbar. Auch mit diesen Verfahren wird die restringierte Optimierungsaufgabe in eine unrestringierte transformiert. Die Grundidee ist, die Nebenbedingungen $g_i(\boldsymbol{x}) = 0,\ i = 1, \ldots, m,$ mit (unbekannten) **Lagrange–Multiplikatoren** $\lambda_i \in \mathbb{R}$ an die zu maximierende (bzw. minimierende) Funktion $f(\boldsymbol{x})$ „anzukoppeln". Man betrachtet also anstelle von $f(\boldsymbol{x})$ die so genannte **erweiterte Funktion**

$$F(\boldsymbol{x}) := f(\boldsymbol{x}) + \sum_{i=1}^{m} \lambda_i\, g_i(\boldsymbol{x}) \tag{18.3.6}$$

und maximiert (bzw. minimiert) diese für festes $\boldsymbol{\lambda} = (\lambda_1, \ldots, \lambda_m)^{\mathrm{T}}$ über dem gesamten Bereich D (nicht restringiert !). Die erweiterte Funktion $F(\boldsymbol{x})$ wird auch **Lagrange–Funktion** genannt.

Zunächst stellt man sehr einfach fest:

Satz (18.3.7) (Lagrange–Lemma)

Minimiert (bzw. maximiert) $\boldsymbol{x}^0$ die Lagrange–Funktion $F(\boldsymbol{x})$ (für ein festes $\boldsymbol{\lambda}$) über D und gilt $\boldsymbol{g}(\boldsymbol{x}^0) = \mathbf{0}$, so liefert $\boldsymbol{x}^0$ zugleich das Minimum (bzw. Maximum) von $f(\boldsymbol{x})$ über $G := \{\boldsymbol{x} \in D : \boldsymbol{g}(\boldsymbol{x}) = \mathbf{0}\}$.

Beweis

Für beliebiges $\boldsymbol{x} \in D$ gilt nach Voraussetzung

$$f(\boldsymbol{x}^0) + \boldsymbol{\lambda}^{\mathrm{T}}\boldsymbol{g}(\boldsymbol{x}^0) \le f(\boldsymbol{x}) + \boldsymbol{\lambda}^{\mathrm{T}}\boldsymbol{g}(\boldsymbol{x}).$$

Wählt man nun speziell $\boldsymbol{x} \in G$, so ist $\boldsymbol{g}(\boldsymbol{x}^0) = \boldsymbol{g}(\boldsymbol{x}) = \mathbf{0}$, also auch $f(\boldsymbol{x}^0) \le f(\boldsymbol{x})$. ■

Bemerkung (18.3.8)

Sind $f(\boldsymbol{x})$ und die $g_i(\boldsymbol{x}),\ i = 1, \ldots, m,$ C^1-Funktionen, so ist eine notwendige Bedingung für eine Extremalstelle $\boldsymbol{x}^0$ von $F(\boldsymbol{x})$ nach (18.1.1) gegeben durch

$$\operatorname{grad} f(\boldsymbol{x}) + \sum_{i=1}^{m} \lambda_i \operatorname{grad} g_i(\boldsymbol{x}) = \mathbf{0}^{\mathrm{T}}. \tag{18.3.9}$$

Die Beziehung (18.3.9) bildet zusammen mit $\boldsymbol{g}(\boldsymbol{x}) = \mathbf{0}$ ein (i. Allg. nichtlineares) Gleichungssystem mit $(n+m)$ Gleichungen für die $(n+m)$ Variablen $\boldsymbol{x}$ und $\boldsymbol{\lambda}$. Die Lösungen $(\boldsymbol{x}^0, \boldsymbol{\lambda}^0)$ dieses Gleichungssystems sind gerade die Kandidaten für die gesuchten Extremalstellen **(notwendige Bedingung)**.

Sind die Funktionen $f(\boldsymbol{x})$ und $\boldsymbol{g}(\boldsymbol{x})$ darüber hinaus C^2–Funktionen und ist die Hesse–Matrix $\boldsymbol{H}F(\boldsymbol{x}^0)$ der Lagrange–Funktion positiv (bzw. negativ) definit, so ist $\boldsymbol{x}^0$ nach (18.1.3) tatsächlich ein strenges lokales Minimum (bzw. Maximum) von $f(\boldsymbol{x})$ auf G **(hinreichende Bedingung)**.

Es sei jedoch ausdrücklich angemerkt, dass diese Form der hinreichenden Bedingung in den meisten Anwendungen eine zu strenge Forderung darstellt, d.h., die Bedingung ist nicht erfüllt, obgleich $\boldsymbol{x}^0$ ein strenges lokales Extremum der Optimierungsaufgabe ist; vgl. (18.3.13). Insbesondere kann man aus der Indefinitheit der Hesse–Matrix $\boldsymbol{H}F(\boldsymbol{x}^0)$ **nicht** schließen, dass $\boldsymbol{x}^0$ keine Extremalstelle ist!

Beispiel (18.3.10)

Gesucht seien die Extrema von $f(x,y) := x\,y$ auf der Kreisscheibe

$$K := \left\{(x,y)^{\mathrm{T}} : x^2 + y^2 \le 1\right\}.$$

Zunächst folgt aus der Min–Max–Eigenschaft, dass $f(x,y)$ über der kompakten Menge K globale Maxima und Minima besitzen muss.

Im Innern $K^0 = \left\{(x,y,)^{\mathrm{T}} : x^2 + y^2 < 1\right\}$ hat man die notwendige Bedingung

$$\operatorname{grad} f \;=\; (y,x) \;=\; \mathbf{0}^{\mathrm{T}},$$

die nur von $\boldsymbol{x}^0 = \mathbf{0}$ erfüllt wird. Da jedoch

$$\boldsymbol{H}f(\mathbf{0}) \;=\; \begin{pmatrix} 0 & 1 \\ 1 & 0 \end{pmatrix}$$

indefinit ist, ist $\boldsymbol{x}^0$ lediglich ein Sattelpunkt von $f(x,y)$.

Für den Rand $g(x,y) = x^2 + y^2 - 1 = 0$ bilden wir die Lagrange-Funktion

$$F(x,y) \;=\; x\,y + \lambda\,(x^2 + y^2 - 1).$$

Die notwendige Bedingung (18.3.9) liefert das Gleichungssystem

$$\begin{aligned} y + 2\lambda x &= 0 \\ x + 2\lambda y &= 0 \\ x^2 + y^2 &= 1 \end{aligned}$$

mit den vier Lösungen:

$$\begin{aligned} \lambda = \frac{1}{2} \quad &: \ \boldsymbol{x}^{(1)} = \left(\sqrt{0.5}, -\sqrt{0.5}\right), \quad \boldsymbol{x}^{(2)} = \left(-\sqrt{0.5}, \sqrt{0.5}\right) \\ \lambda = -\frac{1}{2} \quad &: \ \boldsymbol{x}^{(3)} = \left(\sqrt{0.5}, \sqrt{0.5}\right), \quad \boldsymbol{x}^{(4)} = \left(-\sqrt{0.5}, -\sqrt{0.5}\right). \end{aligned}$$

Aufgrund der Funktionswerte $f(\boldsymbol{x}^{(1)}) = f(\boldsymbol{x}^{(2)}) = -0.5$ und $f(\boldsymbol{x}^{(3)}) = f(\boldsymbol{x}^{(4)}) = 0.5$ sind folglich $\boldsymbol{x}^{(1)}$ und $\boldsymbol{x}^{(2)}$ globale Minima und $\boldsymbol{x}^{(3)}$ und $\boldsymbol{x}^{(4)}$ globale Maxima von $f(x,y)$ auf K .

Man rechnet leicht nach, dass die oben genannte hinreichende Bedingung in beiden Fällen nicht erfüllt ist!

Aufgabe (18.3.11)

Man löse die in (18.3.3) angegebenen Optimierungsaufgaben mit der Methode nach Lagrange.

Nach dem bisher festgestellten ist noch nicht klar, ob die offenbar nützliche Methode nach Lagrange auch immer anwendbar ist, wenn $f(\boldsymbol{x})$ auf G ein Extremum besitzt. Hierüber gibt der folgende Satz Auskunft, mit dem im wesentlichen die Existenz der Lagrange–Multiplikatoren bewiesen wird.

(Satz 18.3.12) (Lagrange–Multiplikatoren–Regel)

Seien $f,\, g_1, \ldots, g_m : D \to \mathbb{R}$ C^1-Funktionen, und sei $\boldsymbol{x}^0 \in D$ ein lokales Extremum von $f(\boldsymbol{x})$ unter der Nebenbedingung $\boldsymbol{g}(\boldsymbol{x}) = \boldsymbol{0}$.
Ferner gelte die **Regularitätsbedingung**

$$\operatorname{Rang}\Big(\boldsymbol{Jg}(\boldsymbol{x}^0)\Big) = m.$$

Dann existieren Lagrange-Multiplikatoren $\lambda_1, \ldots, \lambda_m,$ so dass für die Lagrange–Funktion $F := f + \sum_{i=1}^{m} \lambda_i\, g_i$ die folgende **notwendige Bedingung erster Ordnung** gilt:

$$\operatorname{grad} F(\boldsymbol{x}^0) = \boldsymbol{0}^{\mathrm{T}}.$$

Beweis

Aufgrund der Regularitätsbedingung besitzt die Jacobi–Matrix $\boldsymbol{Jg}(\boldsymbol{x}^0)$ m linear unabhängige Spaltenvektoren. Die Variablen $\boldsymbol{x} \in \mathbb{R}^n$ lassen sich daher entsprechend aufteilen: $\boldsymbol{x} = (\boldsymbol{\xi}, \boldsymbol{\eta})$ mit $\boldsymbol{\xi} \in \mathbb{R}^{n-m}$, $\boldsymbol{\eta} \in \mathbb{R}^m$ und

$$\frac{\partial \boldsymbol{g}}{\partial \boldsymbol{\eta}}(\boldsymbol{x}^0) \quad \text{regulär} \quad .$$

Zur Bedeutung der Teilmatrizen $\dfrac{\partial \boldsymbol{g}}{\partial \boldsymbol{\eta}}$ und $\dfrac{\partial \boldsymbol{g}}{\partial \boldsymbol{\xi}}$ von $\boldsymbol{Jg}$ vergleiche man auch (18.2.3)b).

Nach dem Satz über implizite Funktionen lässt sich das Gleichungssystem $\boldsymbol{g}(\boldsymbol{x}) = \boldsymbol{0}$ daher lokal bei $\boldsymbol{x}^0$ nach $\boldsymbol{\eta}$ auflösen:

$$\boldsymbol{g}(\boldsymbol{x}) = \boldsymbol{0} \iff \boldsymbol{\eta} = \boldsymbol{\varphi}(\boldsymbol{\xi}), \quad \boldsymbol{\xi} \in K_{\varepsilon_1}(\boldsymbol{\xi}^0), \quad \boldsymbol{\eta} \in K_{\varepsilon_2}(\boldsymbol{\eta}^0).$$

Die Funktion $f_R(\boldsymbol{\xi}) := f(\boldsymbol{\xi}, \boldsymbol{\varphi}(\boldsymbol{\xi}))$, $\boldsymbol{\xi} \in K_{\varepsilon_1}(\boldsymbol{\xi}^0)$ besitzt folglich in $\boldsymbol{\xi} = \boldsymbol{\xi}^0$ ein lokales Extremum (über der offenen Menge $K_{\varepsilon_1}(\boldsymbol{\xi}^0)$).

Somit folgt

$$\operatorname{grad} f_R(\boldsymbol{\xi}^0) = \frac{\partial f}{\partial \boldsymbol{\xi}}(\boldsymbol{x}^0) + \frac{\partial f}{\partial \boldsymbol{\eta}}(\boldsymbol{x}^0) \cdot \boldsymbol{J}\boldsymbol{\varphi}(\boldsymbol{\xi}^0) = \boldsymbol{0}$$

bzw. mit dem Satz über implizite Funktionen:

$$\frac{\partial f}{\partial \boldsymbol{\xi}}(\boldsymbol{x}^0) - \frac{\partial f}{\partial \boldsymbol{\eta}}(\boldsymbol{x}^0)\left(\frac{\partial \boldsymbol{g}}{\partial \boldsymbol{\eta}}(\boldsymbol{x}^0)\right)^{-1}\frac{\partial \boldsymbol{g}}{\partial \boldsymbol{\xi}}(\boldsymbol{x}^0) = \boldsymbol{0}.$$

Setzt man nun $\boldsymbol{\lambda}^{\mathrm{T}} := -\dfrac{\partial f}{\partial \boldsymbol{\eta}}(\boldsymbol{x}^0)\left(\dfrac{\partial g}{\partial \boldsymbol{\eta}}(\boldsymbol{x}^0)\right)^{-1}$, so hat man:

$$\frac{\partial f}{\partial \boldsymbol{\xi}}(\boldsymbol{x}^0) + \boldsymbol{\lambda}^{\mathrm{T}}\frac{\partial \boldsymbol{g}}{\partial \boldsymbol{\xi}}(\boldsymbol{x}^0) = \boldsymbol{0}$$

$$\frac{\partial f}{\partial \boldsymbol{\eta}}(\boldsymbol{x}^0) + \boldsymbol{\lambda}^{\mathrm{T}}\frac{\partial \boldsymbol{g}}{\partial \boldsymbol{\eta}}(\boldsymbol{x}^0) = \boldsymbol{0},$$

also: $\operatorname{grad} f(\boldsymbol{x}^0) + \sum\limits_{i=1}^{m} \lambda_i \operatorname{grad} g_i(\boldsymbol{x}^0) = \boldsymbol{0}$. ■

Bemerkung (18.3.13)

Die soeben bewiesene Beziehung (18.3.9) stellt die wesentliche notwendige Bedingung „erster Ordnung" dar. Analog zu (18.1.3) lassen sich auch für Optimierungsaufgaben mit Nebenbedingungen in Gleichungsform notwendige und hinreichende Bedingungen „zweiter Ordnung" formulieren. Für die Beweise sei auf die Lehrbücher zur Optimierung verwiesen.

Dazu seien $f, g_1, \ldots, g_m : D \to \mathbb{R}$ C^2-Funktionen.

a) **Notwendige Bedingung zweiter Ordnung**

Ist $\boldsymbol{x}^0 \in D$ ein lokales Minimum von $f(\boldsymbol{x})$ unter der Nebenbedingung $\boldsymbol{g}(\boldsymbol{x}) = \boldsymbol{0}$, ist die Regularitätsbedingung erfüllt und sind $\lambda_1, \ldots, \lambda_m$ zugehörige Lagrange-Multiplikatoren nach (18.3.12), so ist die Hesse-Matrix $\boldsymbol{H}F(\boldsymbol{x}^0)$ der Lagrange-Funktion positiv semidefinit auf dem Tangentialraum

$$TG(\boldsymbol{x}^0) := \left\{\boldsymbol{y} \in \mathbb{R}^n : \operatorname{grad} g_i(\boldsymbol{x}^0) \cdot \boldsymbol{y} = 0,\ i = 1, \ldots, m\right\},$$

d.h., es gilt

$$\boldsymbol{y}^{\mathrm{T}}\boldsymbol{H}F(\boldsymbol{x}^0)\,\boldsymbol{y} \geq 0 \qquad \text{für alle } \boldsymbol{y} \in TG(\boldsymbol{x}^0).$$

b) **Hinreichende Bedingung**

Ist für einen Punkt $\boldsymbol{x}^0 \in G$ die Regularitätsbedingung erfüllt, existieren Lagrange–Parameter $\lambda_1, \ldots, \lambda_m$, so dass $\boldsymbol{x}^0$ stationärer Punkt der zugehörigen Lagrange–Funktion (18.3.6) ist, und ist die zugehörige Hesse–Matrix $\boldsymbol{H}F(\boldsymbol{x}^0)$ positiv definit auf dem Tangentialraum $TG(\boldsymbol{x}^0)$, d.h., gilt

$$\boldsymbol{y}^{\mathrm{T}}\, \boldsymbol{H}F(\boldsymbol{x}^0)\, \boldsymbol{y} > 0 \qquad \text{für alle } \boldsymbol{y} \in TG(\boldsymbol{x}^0)\,,\ \boldsymbol{y} \neq \boldsymbol{0}\,,$$

so ist $\boldsymbol{x}^0$ ein strenges lokales Minimum von $f(\boldsymbol{x})$ unter der Nebenbedingung $\boldsymbol{g}(\boldsymbol{x}) = \boldsymbol{0}$.

Wir gehen abschließend noch auf zwei Anwendungsbeispiele ein.

Beispiel (18.3.14)

Eine elektrische Leitung bestehe aus n Teilstrecken der Längen $\ell_1, \ldots, \ell_n$. Zu einem vorgegebenen Gesamtspannungsabfall U seien ebenfalls die Stromstärken $I_1, \ldots, I_n$ innerhalb der Teilstrecken vorgeschrieben. Gesucht sind die Querschnitte $q_1, \ldots, q_n$, so dass das Gesamtvolumen $V = \sum\limits_i \ell_i\, q_i$ minimal wird.

Aus praktischen Gründen können wir annehmen, dass die Existenz des gesuchten Minimums gesichert ist. Jedenfalls wollen wir hier nur die notwendigen Bedingungen betrachten.

In mathematischer Formulierung lautet die Aufgabe wie folgt.

Man minimiere

$$V(q_1, \ldots, q_n) \ := \ \sum_{i=1}^{n} \ell_i\, q_i\,, \ q_i \ > \ 0\,,$$

unter der Nebenbedingung:

$$c\left(\frac{\ell_1}{q_1} I_1 + \ldots + \frac{\ell_n}{q_n} I_n\right) - U = 0$$

(c: spezifischer Widerstand).

Mit der Lagrange-Funktion

$$F(q_1, \ldots, q_n) \ = \ \sum_{i=1}^{n} \ell_i\, q_i + \lambda \left(c \sum_{i=1}^{n} \frac{\ell_i\, I_i}{q_i} - U\right)$$

lauten die notwendigen Bedingungen:

$$\frac{\partial F}{\partial q_j} \ = \ \ell_j - \lambda\, c\, \frac{\ell_j\, I_j}{q_j^2} \ = \ 0, \quad j = 1, \ldots, n\ ,$$

also: $q_j = \sqrt{\lambda c I_j}, \quad j = 1, \ldots, n$.

Dies in die Nebenbedingung eingesetzt, liefert

$$U = c \sum_{j=1}^{n} \frac{\ell_j I_j}{\sqrt{\lambda c I_j}},$$

also
$$\sqrt{\lambda c} = \frac{c}{U} \sum_{j=1}^{n} \ell_j \sqrt{I_j},$$

und damit
$$q_j = \frac{c\sqrt{I_j}}{U} \sum_{i=1}^{n} \ell_i \sqrt{I_i}, \quad j = 1, \ldots, n.$$

Beispiel (18.3.15) (Kettenlinie)

Wir fragen, in welcher Form ein an den Enden befestigtes homogenes Seil durchhängt. Das Seil möge die Länge ℓ und die Masse μ besitzen. Es befinde sich ganz in der (x, z)–Ebene, sei in den Punkten $(0, z_0)$ und (b, z_b) befestigt und unterliege lediglich der Schwerkraft G.

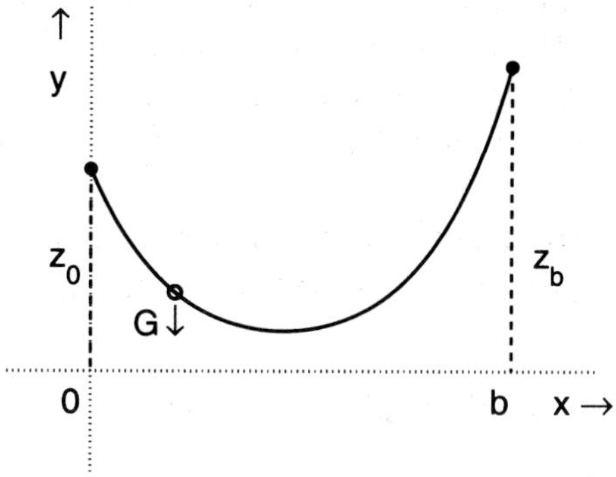

Abb. 18.8. Kettenlinie

In der beschriebenen Form ist die Aufgabe ein so genanntes **Variationsproblem** mit einer **isoperimetrischen Nebenbedingung** (Längen–Nebenbedingung). Wir ersetzen diese Aufgabe durch ein finites Optimierungsproblem, das wir mit Hilfe des Lagrange–Formalismus lösen können. Hierzu denken wir uns das Seil ersetzt durch n gleichlange, masselose Stangen, in deren Enden (x_i, z_i), $i = 0, 1, \ldots, n$, jeweils Massenpunkte der Masse μ/n (in den Enden x_0 und x_n : $\mu/(2n)$) angebracht sind.

Aufgabe ist es dann, die (x_i, z_i), $i = 1, \ldots, n-1$ so zu bestimmen, dass die potentielle Energie der inneren Massenpunkte

$$U = \frac{\mu}{n} \sum_{i=1}^{n-1} z_i$$

minimiert wird unter den Nebenbedingungen

$$g_i := (x_i - x_{i-1})^2 + (z_i - z_{i-1})^2 - \left(\frac{\ell}{n}\right)^2 = 0, \quad i = 1, \ldots, n.$$

Mit der Lagrange-Funktion $F := U + \sum_{i=1}^{n} \lambda_i \, g_i$ erhalten wir die folgenden notwendigen Bedingungen:

$$\frac{\partial F}{\partial x_i} = 2\,(\lambda_i \, \Delta x_i - \lambda_{i+1} \, \Delta x_{i+1}) = 0$$

$$\frac{\partial F}{\partial z_i} = \frac{\mu}{n} + 2\,(\lambda_i \, \Delta z_i - \lambda_{i+1} \, \Delta z_{i+1}) = 0$$

$$\frac{\partial F}{\partial \lambda_i} = (\Delta x_i)^2 + (\Delta z_i)^2 - \frac{\ell^2}{n^2} = 0,$$

Dabei bezeichne man: $\Delta x_i := x_i - x_{i-1}, \; \Delta z_i := z_i - z_{i-1}$.

Aus der ersten Gleichung folgt, dass $\lambda_i \, \Delta x_i$ unabhängig vom Index i ist. Wir setzen $\lambda_i \, \Delta x_i =: \alpha(n)$ und nehmen an, dass $\alpha(n) \longrightarrow \alpha \neq 0 \quad (n \to \infty)$. Aus den beiden weiteren Gleichungen folgt dann durch Elimination von n:

$$\frac{\lambda_{i+1} \, \Delta z_{i+1} - \lambda_i \, \Delta z_i}{\sqrt{(\Delta x_i)^2 + (\Delta z_i)^2}} = \frac{\mu}{2\,\ell}$$

oder

$$\frac{\dfrac{\Delta z_{i+1}}{\Delta x_i \cdot \Delta x_{i+1}} - \dfrac{\Delta z_i}{(\Delta x_i)^2}}{\sqrt{1 + \left(\dfrac{\Delta z_i}{\Delta x_i}\right)^2}} = \frac{\mu}{2\,\ell\,\alpha(n)} \,. \tag{18.3.16}$$

Setzen wir hierin für große n : $\Delta x_{i+1} \approx \Delta x_i$ und führen dann den Grenzübergang $n \to \infty$ aus, so ergibt sich aus (18.3.16) eine **gewöhnliche Differentialgleichung zweiter Ordnung** zur Bestimmung von $z(x)$

$$\frac{z''(x)}{\sqrt{1 + (z'(x))^2}} = \frac{\mu}{2\,\ell\,\alpha} = C. \tag{18.3.17}$$

(18.3.17) wird auch als die Differentialgleichung der Kettenlinie bezeichnet. Ihre Lösung lautet

$$z(x) = A + \frac{1}{C} \cosh\,(Cx + B). \tag{18.3.18}$$

Hierbei sind A, B und C Konstante; sie sind so zu bestimmen, dass die Längenbedingung

$$\int_0^b \sqrt{1 + (z'(x))^2} \, dx = \ell$$

und die Randbedingungen $z(0) = z_0$, $z(b) = z_b$ erfüllt werden.

Bemerkung (18.3.19)

Es sei abschließend angemerkt, dass sich auf ganz ähnliche Weise mit der Lagrange–Methode auch Optimierungsaufgaben mit **Ungleichungsnebenbedingungen** der Form $h_j(\boldsymbol{x}) \leq 0, \quad j = 1, \ldots, p$ behandeln lassen.

Als Lagrange-Funktion hat man dann

$$F(\boldsymbol{x}) \ := \ f(\boldsymbol{x}) + \sum_{i=1}^{m} \lambda_i \, g_i(\boldsymbol{x}) + \sum_{j=1}^{p} \mu_j \, h_j(\boldsymbol{x}) \tag{18.3.20}$$

zu bilden.

Es lässt sich ein Lagrange-Lemma analog zu (18.3.7) beweisen, ferner hat man auch eine Existenzaussage für die Lagrange-Multiplikatoren analog zu (18.3.12). Für die obige Problemstellung heißt diese Aussage der **Satz von Kuhn–Tucker** und die entsprechenden notwendigen Bedingungen erster Ordnung heißen **Kuhn-Tucker-Bedingungen**. Im Unterschied zu den Gleichungsnebenbedingungen müssen die Lagrange–Multiplikatoren μ_j zusätzlich nichtpositiv sein (für die Minimierung von f) und die so genannten **komplementären Schlupfbedingungen**

$$\mu_j \cdot h_j(\boldsymbol{x}^0) \ = \ 0 \tag{18.3.21}$$

erfüllen.

Für genauere Informationen zu diesen Aufgabenstellungen und insbesondere auch für die numerischen Verfahren zur deren Lösung sei auf die Lehrbücher über Optimierung verwiesen.

18.4 Das Newton–Verfahren zur Lösung nichtlinearer Gleichungssysteme

In den Abschnitten 18.1–18.3 sind wir des öfteren auf das Problem gestoßen, die Lösung eines nichtlinearen Gleichungssystems zu bestimmen. Es ist schon erwähnt worden, dass man nur in den seltensten Fällen eine solche Lösung explizit analytisch berechnen kann. In aller Regel ist man auf numerische Näherungsverfahren angewiesen.

Eine Möglichkeit, solche numerischen Verfahren zur Nullstellen–Bestimmung zu konstruieren, haben wir bereits in Abschnitt 10.5 kennengelernt. Hierbei wurde versucht, das nichtlineare Gleichungssystem $\boldsymbol{f}(\boldsymbol{x}) = \boldsymbol{0}$ in eine äquivalente Fixpunktgleichung $\boldsymbol{x} = \boldsymbol{\Phi}(\boldsymbol{x})$ umzuformen und sodann mit Hilfe des Banachschen Fixpunktsatzes die Konvergenz der Fixpunktiteration $\boldsymbol{x}^{k+1} := \boldsymbol{\Phi}(\boldsymbol{x}^k)$ nachzuweisen.

Ein Vorteil dieser Vorgehensweise ist, dass sie i. Allg. auf relativ einfache (ableitungsfreie) numerische Verfahren führt. Andererseits ist jedoch der Konvergenzbeweis (Abschätzung der Kontraktionskonstanten) in konkreten Fällen nicht leicht zu führen, und häufig sind dann auch die numerischen Verfahren nur recht langsam (linear) konvergent.

Es ist nun naheliegend, eine besonders geeignete Verfahrensfunktion $\boldsymbol{\Phi}(\boldsymbol{x})$ mit Hilfe des Taylorschen Satzes für die Funktion $\boldsymbol{f}(\boldsymbol{x})$ zu konstruieren. Diese Idee führt auf eine Verallgemeinerung des Newton–Verfahrens (vgl. auch die Abschnitte 7.3, 8.1 und 10.1) auf den Fall vektorwertiger Funktionen.

Gegeben sei eine C^1–Funktion $\boldsymbol{f} : D \to \mathbb{R}^n$ mit $D \subset \mathbb{R}^n$ offen. Gesucht ist eine Nullstelle von $\boldsymbol{f}(\boldsymbol{x})$, also eine Lösung $\boldsymbol{x}^* \in D$ des Gleichungssystems

$$\boldsymbol{f}(\boldsymbol{x}) \quad = \quad \boldsymbol{0}\,. \tag{18.4.1}$$

Die Taylor–Entwicklung von $\boldsymbol{f}(\boldsymbol{x})$ um einen Startwert $\boldsymbol{x}^0$ lautet

$$\boldsymbol{f}(\boldsymbol{x}) \quad = \quad \boldsymbol{f}(\boldsymbol{x}^0) \;+\; \boldsymbol{Jf}(\boldsymbol{x}^0)\,(\boldsymbol{x}-\boldsymbol{x}^0) \;+\; \boldsymbol{o}(\|\boldsymbol{x}-\boldsymbol{x}^0\|)\,.$$

Setzt man für $\boldsymbol{x}$ die gesuchte Nullstelle $\boldsymbol{x}^*$ ein und vernachlässigt dann den Fehlerterm $\boldsymbol{o}(\|\boldsymbol{x}^* - \boldsymbol{x}^0\|)$, so erhält man

$$\boldsymbol{Jf}(\boldsymbol{x}^0)\,(\boldsymbol{x}^* - \boldsymbol{x}^0) \quad \approx \quad -\,\boldsymbol{f}(\boldsymbol{x}^0)\,.$$

Als neue Näherung für $\boldsymbol{x}^*$ wählt man daher die Lösung $\boldsymbol{x}^1$ des **linearen** Gleichungssystems

$$\boldsymbol{Jf}(\boldsymbol{x}^0)\,(\boldsymbol{x}^1 - \boldsymbol{x}^0) \quad = \quad -\,\boldsymbol{f}(\boldsymbol{x}^0)\,, \tag{18.4.2}$$

welches man beispielsweise mit dem Gaußschen Eliminationsverfahren lösen kann (sofern die Jacobi–Matrix $\boldsymbol{Jf}(\boldsymbol{x}^0)$ regulär ist).

Ist $\boldsymbol{x}^0$ eine brauchbare Näherung für $\boldsymbol{x}^*$, d.h., ist der weggelassene Fehlerterm $\boldsymbol{o}(\|\boldsymbol{x}^* - \boldsymbol{x}^0\|)$ klein, so ist zu erwarten, dass $\boldsymbol{x}^1$ eine deutlich bessere Näherung für $\boldsymbol{x}^*$ liefert als $\boldsymbol{x}^0$.

Diese Vorgehensweise wird iteriert. Das **Newton–Verfahren** lautet somit

$$\begin{aligned} &\text{für} \quad k = 0,1,2,\ldots \\ &\qquad \boldsymbol{Jf}(\boldsymbol{x}^k)\cdot \boldsymbol{\Delta x}^k \quad = \quad -\,\boldsymbol{f}(\boldsymbol{x}^k) \\ &\qquad \boldsymbol{x}^{k+1} \quad = \quad \boldsymbol{x}^k \;+\; \boldsymbol{\Delta x}^k\,. \end{aligned} \tag{18.4.3}$$

In jedem Iterationsschritt des Verfahrens ist also ein lineares Gleichungssystem zur Bestimmung der so genannten **Newton–Korrektur** $\boldsymbol{\Delta x}^k$ zu lösen.

Eine wichtige Eigenschaft des Newton–Verfahrens ist seine **Skalierungsinvarianz**.

Satz (18.4.4)

Das Newton–Verfahren ist invariant unter allen Transformationen (Skalierungen) der Form

$$\boldsymbol{f}(\boldsymbol{x}) \quad \rightarrow \quad \boldsymbol{g}(\boldsymbol{x}) \quad = \quad \boldsymbol{A}\,\boldsymbol{f}(\boldsymbol{x})$$

mit einer regulären Matrix $\boldsymbol{A} \in \mathbb{R}^{(n,n)}$.

Beweis

Bildet man das Newton–Verfahren für die Funktion $\boldsymbol{g}(\boldsymbol{x})$, so lautet die Newton–Korrektur:

$$\begin{aligned} \boldsymbol{\Delta x}^k &= -(\boldsymbol{J g}(\boldsymbol{x}^k))^{-1} \cdot \boldsymbol{g}(\boldsymbol{x}^k) \\ &= -(\boldsymbol{A}\,\boldsymbol{J f}(\boldsymbol{x}^k))^{-1} \cdot \boldsymbol{A}\,\boldsymbol{f}(x^k) \\ &= -\boldsymbol{J f}(\boldsymbol{x}^k)^{-1} \cdot \boldsymbol{f}(\boldsymbol{x}^k)\,, \end{aligned}$$

d.h., die Newton–Korrektur für $\boldsymbol{g}(\boldsymbol{x})$ stimmt mit der für $\boldsymbol{f}(\boldsymbol{x})$ überein. Damit sind aber auch alle Iterierten $\boldsymbol{x}^k$ (bei gleichem Startwert $\boldsymbol{x}^0$) unabhängig davon, ob $\boldsymbol{f}(\boldsymbol{x})$ oder $\boldsymbol{g}(\boldsymbol{x})$ für die Berechnung der Newton–Iterierten benutzt wird. ■

Analog zum eindimensionalen Fall (vgl. (10.1.18)) lässt sich auch für vektorwertige Funktionen die (lokale) quadratische Konvergenz des Newton–Verfahrens zeigen. Die folgende Form dieses Konvergenzsatzes ist Deuflhard und Hohmann [60] entnommen:

Satz (18.4.5) (Konvergenzsatz)

Sei $\boldsymbol{f} : D \rightarrow \mathbb{R}^n$ eine C^1–Funktion, $D \subset \mathbb{R}^n$ offen und konvex, und sei $\boldsymbol{x}^* \in D$ eine Nullstelle von $\boldsymbol{f}(\boldsymbol{x})$. Die Jacobi–Matrix $\boldsymbol{J f}(\boldsymbol{x})$ sei regulär für $\boldsymbol{x} \in D$, und es gelte eine Lipschitz–Bedingung

$$\left\| (\boldsymbol{J f}(\boldsymbol{x}))^{-1} (\boldsymbol{J f}(\boldsymbol{y}) - \boldsymbol{J f}(\boldsymbol{x})) \right\| \quad \leq \quad L \,\|\boldsymbol{y} - \boldsymbol{x}\|$$

für alle $\boldsymbol{x}, \boldsymbol{y} \in D$ mit $L > 0$.
Für alle Startwerte $\boldsymbol{x}^0 \in D$ mit

$$\|\boldsymbol{x}^0 - \boldsymbol{x}^*\| \;<\; \frac{2}{L} \;=:\; r \qquad \text{und} \qquad K_r(\boldsymbol{x}^*) \subset D$$

ist dann das Newton–Verfahren (18.4.3) wohldefiniert mit $\boldsymbol{x}^k \in K_r(\boldsymbol{x}^*)$, $k = 0, 1, 2, \ldots$, und die Newton–Iterierten $\boldsymbol{x}^k$ konvergieren **quadratisch** gegen $\boldsymbol{x}^*$:

$$\|\boldsymbol{x}^{k+1} - \boldsymbol{x}^*\| \quad \leq \quad \frac{L}{2}\,\|\boldsymbol{x}^k - \boldsymbol{x}^*\|^2\,.$$

Ferner ist $\boldsymbol{x}^*$ die einzige Nullstelle von $\boldsymbol{f}(\boldsymbol{x})$ innerhalb $K_r(\boldsymbol{x}^*)$.

Beweis

Für $\boldsymbol{x}, \boldsymbol{y} \in D$ betrachten wir die Hilfsfunktion

$$\varphi(t) := (\boldsymbol{J}\boldsymbol{f}(\boldsymbol{x}))^{-1} \cdot \boldsymbol{f}(\boldsymbol{x} + t\,(\boldsymbol{y} - \boldsymbol{x})), \qquad t \in [0,1].$$

$\varphi(t)$ ist stetig differenzierbar mit

$$\varphi'(t) = (\boldsymbol{J}\boldsymbol{f}(\boldsymbol{x}))^{-1} \cdot \boldsymbol{J}\boldsymbol{f}(\boldsymbol{x} + t(\boldsymbol{y} - \boldsymbol{x})) \cdot (\boldsymbol{y} - \boldsymbol{x}).$$

Somit folgt für $t \in [0,1]$:

$$\begin{aligned} \|\varphi'(t) - \varphi'(0)\| &= \|\,(\boldsymbol{J}\boldsymbol{f}(\boldsymbol{x}))^{-1}\,(\boldsymbol{J}\boldsymbol{f}(\boldsymbol{x} + t(\boldsymbol{y} - \boldsymbol{x})) - \boldsymbol{J}\boldsymbol{f}(\boldsymbol{x}))\,(\boldsymbol{y} - \boldsymbol{x})\,\| \\ &\le \|\,(\boldsymbol{J}\boldsymbol{f}(\boldsymbol{x}))^{-1}\,(\boldsymbol{J}\boldsymbol{f}(\boldsymbol{x} + t(\boldsymbol{y} - \boldsymbol{x})) - \boldsymbol{J}\boldsymbol{f}(\boldsymbol{x}))\,\|\;\|\boldsymbol{y} - \boldsymbol{x}\| \\ &\le L \cdot t \cdot \|\boldsymbol{y} - \boldsymbol{x}\|^2. \end{aligned}$$

Weiter erhält man hieraus die Abschätzung:

$$\begin{aligned} \|(\boldsymbol{J}\boldsymbol{f}(\boldsymbol{x}))^{-1}\,(\boldsymbol{f}(\boldsymbol{y}) - \boldsymbol{f}(\boldsymbol{x}) - \boldsymbol{J}\boldsymbol{f}(\boldsymbol{x})\,(\boldsymbol{y} - \boldsymbol{x}))\,\| &= \|\,\varphi(1) - \varphi(0) - \varphi'(0)\,\| \\ &= \|\int_0^1 (\varphi'(t) - \varphi'(0))\,dt\,\| \\ &\le \int_0^1 \|\varphi'(t) - \varphi'(0)\,\|\,dt \\ &\le \int_0^1 L \cdot t \cdot \|\boldsymbol{y} - \boldsymbol{x}\|^2\,dt \\ &= \frac{L}{2}\,\|\boldsymbol{y} - \boldsymbol{x}\|^2. \end{aligned} \qquad (18.4.6)$$

Hiermit lässt sich nun schließlich auch der Fehler $\|\boldsymbol{x}^{k+1} - \boldsymbol{x}^*\|$ der Newton–Iterierten abschätzen:

$$\begin{aligned} \boldsymbol{x}^{k+1} - \boldsymbol{x}^* &= \boldsymbol{x}^k - (\boldsymbol{J}\boldsymbol{f}(\boldsymbol{x}^k))^{-1}\,\boldsymbol{f}(\boldsymbol{x}^k) - \boldsymbol{x}^* \\ &= -(\boldsymbol{J}\boldsymbol{f}(\boldsymbol{x}^k))^{-1}(\boldsymbol{f}(\boldsymbol{x}^k) - \boldsymbol{f}(\boldsymbol{x}^*)) + (\boldsymbol{x}^k - \boldsymbol{x}^*) \\ &= (\boldsymbol{J}\boldsymbol{f}(x^k))^{-1}\,\big(\boldsymbol{f}(\boldsymbol{x}^*) - \boldsymbol{f}(\boldsymbol{x}^k) - \boldsymbol{J}\boldsymbol{f}(\boldsymbol{x}^k)\,(\boldsymbol{x}^* - \boldsymbol{x}^k)\big). \end{aligned}$$

Für $0 < \|\boldsymbol{x}^k - \boldsymbol{x}^*\| < r = \dfrac{2}{L}$ folgt somit aus (18.4.6)

$$\|\boldsymbol{x}^{k+1} - \boldsymbol{x}^*\| \le \frac{L}{2}\,\|\boldsymbol{x}^k - \boldsymbol{x}^*\|^2 < \|\boldsymbol{x}^k - \boldsymbol{x}^*\|. \qquad (18.4.7)$$

Die Folge $\|\boldsymbol{x}^k - \boldsymbol{x}^*\|$ ist somit streng monoton fallend und nichtnegativ, also insbesondere konvergent gegen eine reelle Zahl $d \geq 0$. Mit (18.4.7) folgt

$$0 \leq d < r = \frac{2}{L} \qquad \text{und} \qquad d \leq \frac{L}{2} \cdot d^2 .$$

Dies impliziert jedoch $d = 0$, also mit (18.4.7) die behauptete quadratische Konvergenz.

Wäre $\boldsymbol{x}^{**} \in K_r(\boldsymbol{x}^*)$ eine weitere Nullstelle von $\boldsymbol{f}(\boldsymbol{x})$, so würde mit (18.4.6)

$$\begin{aligned} \|\boldsymbol{x}^{**} - \boldsymbol{x}^*\| &= \|(\boldsymbol{J}\boldsymbol{f}(\boldsymbol{x}^*))^{-1}(\boldsymbol{f}(\boldsymbol{x}^{**}) - \boldsymbol{f}(\boldsymbol{x}^*) - \boldsymbol{J}\boldsymbol{f}(\boldsymbol{x}^*)\,(\boldsymbol{x}^{**} - \boldsymbol{x}^*))\| \\ &\leq \frac{L}{2}\,\|\boldsymbol{x}^{**} - \boldsymbol{x}^*\|^2 \\ &< \|\boldsymbol{x}^{**} - \boldsymbol{x}^*\| \end{aligned}$$

folgen und damit ein Widerspruch. $\boldsymbol{x}^*$ ist also einzige Nullstelle in $K_r(\boldsymbol{x}^*)$. ■

Bemerkung (18.4.8)

Unter etwas stärkeren Voraussetzungen lässt sich sogar die Existenz einer Nullstelle von $\boldsymbol{f}(\boldsymbol{x})$ beweisen, die ja in (18.4.5) vorausgesetzt wurde (**Satz von Newton–Kantorovich**). Hierzu sei auf die Lehrbücher zur Numerischen Mathematik verwiesen.

Das gedämpfte Newton–Verfahren

Der obige Satz liefert nur die **lokale** Konvergenz des Newton–Verfahrens in der Nähe einer Nullstelle mit regulärer Jacobi–Matrix. In der Tat zeigen viele numerische Untersuchungen, dass der Einzugsbereich des Newton–Verfahrens, insbesondere für Gleichungssytemen höherer Dimension n, sehr klein sein kann. Für solche Beispiele lässt sich also die Konvergenz des Verfahrens nur bei Vorliegen von außerordentlich guten Startdaten garantieren.

Eine deutliche Verbesserung der (globalen) Konvergenzeigenschaften des Newton–Verfahrens lässt sich dadurch erreichen, dass man "weit weg" von der Lösung $\boldsymbol{x}^*$ die Länge der Newton–Korrektur $\boldsymbol{\Delta x}^k$ reduziert, also anstelle von (18.4.3) rechnet:

$$\begin{aligned} \boldsymbol{J}\boldsymbol{f}(\boldsymbol{x}^k)\,\boldsymbol{\Delta x}^k &= -\boldsymbol{f}(\boldsymbol{x}^k) \\ \boldsymbol{x}^{k+1} &= \boldsymbol{x}^k + \lambda_k\,\boldsymbol{\Delta x}^k \end{aligned} \qquad (18.4.9)$$

Der **Dämpfungsparameter** $\lambda_k \in]0,1]$ wird hierbei so gewählt, dass eine so genannte

Testfunktion $T(\boldsymbol{x})$ mit

$$\begin{aligned} T(\boldsymbol{x}) &\geq 0 \quad , \quad \forall \boldsymbol{x} \in D\,, \\ T(\boldsymbol{x}) &= 0 \quad \Longleftrightarrow \quad \boldsymbol{f}(\boldsymbol{x}) \;=\; \mathbf{0} \end{aligned} \qquad (18.4.10)$$

in jedem Iterationsschritt fällt. Man fordert also eine bezüglich der Testfunktion monotone Konvergenz der Folge $\boldsymbol{x}^k$.

Bei der Festlegung einer **Dämpfungsstrategie** hat man darauf zu achten, dass in der Nähe einer Lösung $\boldsymbol{x}^*$ stets $\lambda_k = 1$ gewählt wird, da nur hierfür die quadratische Konvergenz des Verfahrens vorliegt.

Für die Testfunktion lässt sich etwa

$$T(\boldsymbol{x}) \;:=\; \|\boldsymbol{f}(\boldsymbol{x})\|_2^2 \qquad (18.4.11)$$

wählen. Die Existenz eines Dämpfungsparameters wird dann (zumindest in der Theorie) durch folgenden Satz sichergestellt:

Satz (18.4.12)
Sei $\boldsymbol{f}$ eine C^1–Funktion auf der offenen und konvexen Menge $D \subset \mathbb{R}^n$.
Für $\boldsymbol{x}^k \in D$ mit $\boldsymbol{f}(\boldsymbol{x}^k) \neq \mathbf{0}$ gilt dann

$$\exists\, \mu_k > 0 \;:\; \forall\, \lambda \in]0, \mu_k[\;:\; \|\boldsymbol{f}(\boldsymbol{x}^k + \lambda\, \boldsymbol{\Delta x}^k)\|_2^2 \;<\; \|\boldsymbol{f}(\boldsymbol{x}^k)\|_2^2\,.$$

Beweis
Sei $\varphi(\lambda) := \|\boldsymbol{f}(\boldsymbol{x}^k + \lambda \boldsymbol{\Delta x}^k)\|_2^2$ für $-\varepsilon < \lambda < \varepsilon$.

φ ist eine C^1–Funktion mit

$$\begin{aligned} \varphi(0) &= \|\boldsymbol{f}(\boldsymbol{x}^k)\|_2^2 \;>\; 0 \\ \varphi'(0) &= 2\,(\boldsymbol{f}(\boldsymbol{x}^k))^{\mathrm{T}}\, \boldsymbol{J f}(\boldsymbol{x}^k)\, \boldsymbol{\Delta x}^k \\ &= -\,2\,(\boldsymbol{f}(\boldsymbol{x}^k))^{\mathrm{T}}\, \boldsymbol{f}(\boldsymbol{x}^k) \\ &< 0\,. \end{aligned}$$

Hieraus folgt, dass $\varphi(\lambda)$ in einem Intervall $[0, \mu]$, $\mu > 0$, streng monoton fällt. ■

Für die **Dämpfungsstrategie** lässt sich etwa folgendes relativ einfache Verfahren anwenden:

$\boldsymbol{k} = \mathbf{0}$: Man wähle $\lambda_0 \in \{1, \frac{1}{2}, \frac{1}{4}, \ldots, \lambda_{\min}\}$ möglichst groß, so dass gilt:

$$T(\boldsymbol{x}^0 + \lambda_0 \boldsymbol{\Delta x}^0) \;<\; T(\boldsymbol{x}^0)\,.$$

$\boldsymbol{k > 0} \quad : \quad \lambda_k \quad := \quad \lambda_{k-1}$

falls $T(\boldsymbol{x}^k + \lambda_k \boldsymbol{\Delta x}^k) < T(\boldsymbol{x}^k)$:

$$\boldsymbol{x}^{k+1} \quad := \quad \boldsymbol{x}^k + \lambda_k \boldsymbol{\Delta x}^k$$

$$\lambda_k \quad := \quad \begin{cases} \lambda_k\,, & \text{falls} \quad \lambda_k = 1 \\ 2\lambda_k\,, & \text{sonst} \end{cases}$$

andernfalls:

$$\mu \quad = \quad \max\left\{\frac{\lambda_k}{2}, \frac{\lambda_k}{4}, \ldots, \lambda_{\min}\right\},$$

$$\text{so dass} \quad T(\boldsymbol{x}^k + \mu\boldsymbol{\Delta x}^k) \quad < \quad T(\boldsymbol{x}^k)$$

$$\lambda_k \quad := \quad \mu\,.$$

Mit dieser Strategie ist sichergestellt, dass die Testfunktion $T(\boldsymbol{x})$ in jedem Schritt fällt (sofern $\lambda_{\min}$ nicht unterschritten und das Iterationsverfahren deshalb abgebrochen wird), und ferner, dass in einer Umgebung von $\boldsymbol{x}^*$ stets $\lambda_k = 1$ gewählt wird.

Bemerkung (18.4.13)

Die Testfunktion nach (18.4.11) ist nicht skalierungsinvariant. Es ist daher zu empfehlen, eine skalierungsinvariante Form des Monotonietestes zu verwenden, etwa

$$\| \boldsymbol{Jf}(\boldsymbol{x}^k)^{-1}\, \boldsymbol{f}(\boldsymbol{x}^{k+1}) \| \quad < \quad \| \boldsymbol{Jf}(\boldsymbol{x}^k)^{-1}\, \boldsymbol{f}(\boldsymbol{x}^k) \| \tag{18.4.14}$$

Man bezeichnet (18.4.14) auch als **natürlichen Monotonietest**.

Die rechte Seite von (18.4.14) ist gerade die Länge der Newton–Korrektur $\|\boldsymbol{\Delta x}^k\|$.

Die linke Seite ist die Länge der so genannten **vereinfachten Newton–Korrektur** $\overline{\boldsymbol{\Delta}}\boldsymbol{x}^{k+1}$, die man sehr einfach als Lösung des linearen Gleichungssystems

$$\boldsymbol{Jf}(\boldsymbol{x}^k)\, \overline{\boldsymbol{\Delta}}\boldsymbol{x}^{k+1} \quad = \quad -\boldsymbol{f}(\boldsymbol{x}^{k+1})$$

erhält. Man hat dazu lediglich eine weitere Vorwärts–Rückwärts–Substitution durchzuführen, nachdem man das Gleichungssystem in (18.4.9) bereits mittels einer Dreieckszerlegung der Jacobi–Matrix gelöst hat.

Bemerkung (18.4.15)

Anstelle der exakten Jacobi–Matrix genügt es i. Allg., eine relativ grobe Näherung der Jacobi–Matrix zu verwenden, wie man sie etwa durch numerische Differenzenbildung (**numerische Differentiation**) erhält.

Mitunter genügt es auch, die Jacobi–Matrix nicht in jedem Iterationsschritt neu zu berechnen. Behält man die Jacobi–Matrix für eine Reihe von Iterationsschritten bei, so spricht man vom **vereinfachten Newton–Verfahren**.

Korrigiert man die Jacobi–Matrix in den Zwischenschritten aufgrund der vorliegenden Informationen über $\boldsymbol{f}(\boldsymbol{x})$ geeignet (dies kann auf unterschiedliche Weisen geschehen), so spricht man von **Quasi–Newton–Verfahren**. Häufig werden hierbei für die Korrektur der Jacobi–Matrix Ansätze verwendet, bei denen man Matrizen vom Rang 1 oder vom Rang 2 zur jeweils letzten Approximation der Jacobi–Matrix addiert.

Nichtlineare Ausgleichsprobleme

Die grundlegende Idee des Newton–Verfahrens ist es, ein nichtlineares Gleichungssystem $\boldsymbol{f}(\boldsymbol{x}) = \boldsymbol{0}$ in der Nähe einer Näherung $\boldsymbol{x}^k$ durch ein lineares Gleichungssystem zu approximieren (Linearisierung mittels des Taylorschen Satzes).

Die gleiche Idee lässt sich verwenden, um nichtlineare Ausgleichsprobleme im Sinn der Methode der kleinsten Quadrate (vgl. Abschnitt 6.1) numerisch zu lösen. Dieses Verfahren geht ebenso wie die Methode der kleinsten Quadrate für lineare Ausgleichsprobleme auf Gauß zurück und wird **Gauß–Newton–Verfahren** genannt.

Aufgabe sei es, eine Funktion

$$g(\boldsymbol{x}) \quad := \quad \| \boldsymbol{F}(\boldsymbol{x}) - \boldsymbol{y} \|_2^2, \qquad \boldsymbol{x} \in \mathbb{R}^n \tag{18.4.16}$$

zu minimieren.

Hierbei ist $\boldsymbol{y} := (y_1, \ldots, y_m)^{\mathrm{T}} \in \mathbb{R}^m$ ein Vektor von Messdaten $(m >> n)$,

$$\boldsymbol{F}(\boldsymbol{x}) \quad := \quad \begin{pmatrix} f(t_1; x_1, \ldots, x_n) \\ \vdots \\ f(t_m, x_1, \ldots, x_n) \end{pmatrix} \tag{18.4.17}$$

enthält die Werte der **Ansatzfunktion** $y = f(t; x_1, \ldots, x_n)$ zu den Messzeiten $t_1, \ldots, t_m$. $\boldsymbol{x} := (x_1, \ldots, x_n)^{\mathrm{T}}$ bezeichne die gesuchten Parameter in der Ansatzfunktion.

Sei nun $\boldsymbol{x}^0 \in \mathbb{R}^n$ eine Näherung für eine Lösung $\boldsymbol{x}^*$ von (18.4.16). Wie verwenden die Taylor–Entwicklung von $\boldsymbol{F}(\boldsymbol{x})$ zum Entwicklungspunkt $\boldsymbol{x}^0$ und brechen diese nach dem linearen Term ab. Damit wird

$$g(\boldsymbol{x}) \quad \approx \quad \| \boldsymbol{F}(\boldsymbol{x}^0) + \boldsymbol{JF}(\boldsymbol{x}^0)\,(\boldsymbol{x} - \boldsymbol{x}^0) \; - \; \boldsymbol{y} \|_2^2 \,,$$

und wir erhalten die folgende **Gauß–Newton–Iteration**:

für $\mathbf{k = 0, 1, 2, \ldots}$

Zur Näherung $\boldsymbol{x}^k$ löse man das lineare Ausgleichsproblem:

Minimiere bezüglich $\boldsymbol{\Delta x}^k$:

$$\tilde{g}(\boldsymbol{\Delta x}^k) \quad := \quad \| \boldsymbol{JF}(\boldsymbol{x}^k)\, \boldsymbol{\Delta x}^k - (\boldsymbol{y} - \boldsymbol{F}(\boldsymbol{x}^k)) \|_2^2 \tag{18.4.18}$$

und setze

$$\boldsymbol{x}^{k+1} \quad = \quad \boldsymbol{x}^k + \boldsymbol{\Delta x}^k .$$

Bemerkung (18.4.19)

Für das Gauß–Newton–Verfahren lässt sich analog zu Satz (18.4.5) ein lokaler Konvergenzsatz beweisen. Die in (18.4.5) vorausgesetzte Regularität der Jacobi–Matrix ist hierbei zu ersetzen durch die Bedingung, dass $\boldsymbol{JF}(\boldsymbol{x})$ (keine quadratische Matrix!) vollen Rang ($= n$) besitzt. Man vergleiche hierzu auch den Satz (6.1.10) für lineare Ausgleichsprobleme. Ferner wird eine zusätzliche Bedingung benötigt, die im wesentlichen fordert, dass Daten und Ansatzfunktion „adäquat“ sind. Leider ist auch in diesem Fall das Gauß–Newton–Verfahren i. Allg. lediglich **linear** konvergent. Quadratische Konvergenz ist nur für so genannte kompatible Modelle, d.h. für $\boldsymbol{F}(\boldsymbol{x}^*) = \boldsymbol{y}$, gewährleistet.

Bemerkung (18.4.20)

Analog zum gewöhnlichen Newton–Verfahren ist auch für das Gauß–Newton–Verfahren die Verwendung einer **Dämpfungsstrategie** zu empfehlen. Als Testfunktion lässt sich hierbei die zu minimierende Funktion

$$T(\boldsymbol{x}) \quad = \quad g(\boldsymbol{x}) \quad := \quad \|\boldsymbol{F}(\boldsymbol{x}) - \boldsymbol{y}\|_2^2$$

wählen.

Beispiel (18.4.21)

Die Funktion

$$y \quad = \quad f(t, \boldsymbol{x}) \quad = \quad x_1 + x_2 \cdot \exp(t\, x_3)$$

ist an die Messdaten

t_i	-5	-3	-1	1	3	5
y_i	127	151	379	421	460	426

anzupassen.

Mit den Startdaten $x_1^0 = 300$, $x_2^0 = -1$ und $x_3^0 = -0.3$ liefert das gedämpfte Gauß–Newton–Verfahren (es wurde die oben angegebene Dämpfungsstrategie gewählt) das folgende Konvergenzverhalten:

Iteration	$g(\boldsymbol{x}^k)$	$\|\boldsymbol{\Delta x}^k\|$	λ_k
0	1.13 E 5	2.75 E 2	0.78 E − 2
1	1.12 E 5	2.67 E 2	0.78 E − 2
2	1.11 E 5	2.68 E 2	0.78 E − 2
3	1.08 E 5	2.64 E 2	0.16 E − 1
4	1.02 E 5	2.56 E 2	0.31 E − 1
5	9.11 E 4	2.40 E 2	0.63 E − 1
6	7.29 E 4	2.10 E 2	0.125
7	4.69 E 4	1.57 E 2	0.25
8	2.18 E 4	7.87 E 1	0.5
9	1.34 E 4	2.81 E − 4	1.0
10	1.34 E 4	2.00 E − 4	1.0
11	1.34 E 4	8.52 E − 5	1.0
12	1.34 E 4	3.63 E − 5	1.0

Für die Lösung erhält man die Näherungen:

$$\begin{aligned} x_1^* &= 523.306 \\ x_2^* &= -156.948 \\ x_3^* &= -0.199665 \end{aligned}$$

mit dem Residuum $g(\boldsymbol{x}^*) = 1.34\,\mathrm{E}\,4$.

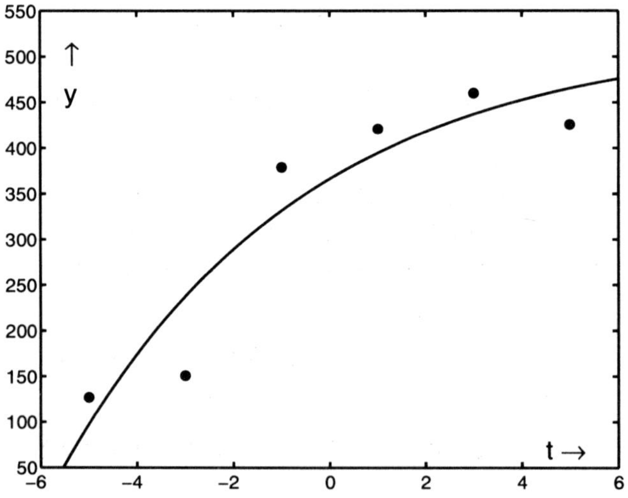

Abb. 18.9. Nichtlineare Ausgleichsfunktion

19 Integralrechnung mehrerer Variablen

19.1 Bereichsintegrale

Gegeben sei eine Funktion $f : D \to \mathbb{R}$ mit Definitionsbereich $D \subset \mathbb{R}^n$. Unser Ziel ist die Berechnung des Volumens „unterhalb" des Graphen von $f(\boldsymbol{x})$, genauer zwischen dem Graphen von $f(\boldsymbol{x})$ und der „$\boldsymbol{x}$–Ebene". Wie bei der Integralrechnung einer Veränderlichen bezeichnen wir dieses Volumen als Integral

$$V = \int_D f(\boldsymbol{x})\, d\boldsymbol{x}$$

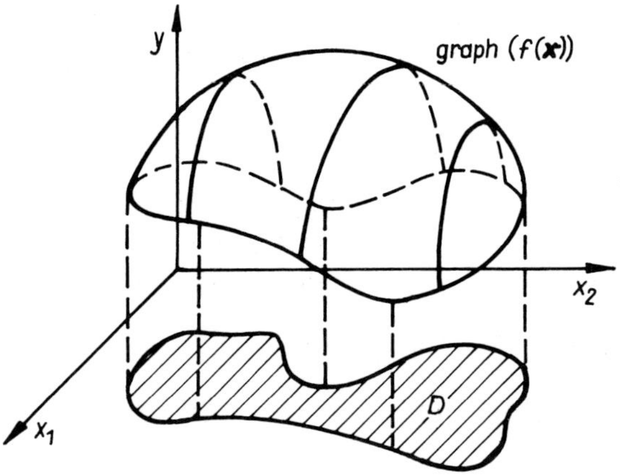

Abb. 19.1. Volumen „unterhalb" von $f(\boldsymbol{x})$

Die Konstruktion des Integrals erfolgt im Wesentlichen wie im Fall einer Variablen. Wichtiger Unterschied ist, dass der Definitionsbereich i. Allg. eine kompliziertere Menge sein kann als im Eindimensionalen, wo wir als Definitionsbereiche lediglich Intervalle zugelassen haben.

Der Einfachheit halber beschränken wir uns zunächst auf den Fall $n = 2$ und auf einen kompakten Quader (Rechteck) als Definitionsbereich.

Sei also $D = [a_1, b_1] \times [a_2, b_2]$ und $f : D \to \mathbb{R}$ eine beschränkte Funktion.

Definition (19.1.1)

a) $Z = \{(x_0, x_1, \ldots, x_n),\ (y_0, y_1, \ldots, y_m)\}$ heißt eine **Zerlegung** des Quaders

$D = [a_1, b_1] \times [a_2, b_2]$, falls gelten

$$\begin{aligned} a_1 &= x_0 < x_1 < \ldots < x_n = b_1 \\ a_2 &= y_0 < y_1 < \ldots < y_m = b_2 . \end{aligned}$$

Mit $\boldsymbol{Z}(D)$ wird die **Menge der Zerlegungen** von D bezeichnet.

$$\|Z\| \quad := \quad \max_{i,j} \{|x_{i+1} - x_i|, \, |y_{j+1} - y_j|\}$$

heißt die **Feinheit** der Zerlegung $Z \in \boldsymbol{Z}(D)$.

b) Zu einer Zerlegung Z heißen die Mengen

$$Q_{ij} \quad := \quad [x_i, x_{i+1}] \times [y_j, y_{j+1}]$$

die **Teilquader** dieser Zerlegung Z,

$$\operatorname{vol}(Q_{ij}) \quad := \quad (x_{i+1} - x_i)\,(y_{j+1} - y_j)$$

bezeichnet das **Volumen** (Flächeninhalt) des Teilquaders Q_{ij}.

c) Schließlich heißen

$$\begin{aligned} U_f(Z) &:= \sum_{i,j} \inf_{\boldsymbol{x} \in Q_{ij}} (f(\boldsymbol{x})) \cdot \operatorname{vol}(Q_{ij}) , \\ O_f(Z) &:= \sum_{i,j} \sup_{\boldsymbol{x} \in Q_{ij}} (f(\boldsymbol{x})) \cdot \operatorname{vol}(Q_{ij}) \end{aligned}$$

die **Riemannsche Untersumme bzw. Obersumme** der Funktion $f(\boldsymbol{x})$ zur Zerlegung Z.

Für beliebige Punkte $\boldsymbol{x}_{ij} \in Q_{ij}$ $(i = 0, \ldots, n-1,\ j = 0, \ldots, m-1)$ der jeweiligen Teilquader heißt

$$R_f(Z) \quad := \quad \sum_{i,j} f(\boldsymbol{x}_{ij}) \cdot \operatorname{vol}(Q_{ij})$$

eine **Riemannsche Summe** zur Zerlegung Z.

Bemerkung (19.1.2)

Analog zum eindimensionalen Fall gelten die folgenden Eigenschaften:

a) Eine Riemannsche Summe zur Zerlegung Z liegt stets zwischen der Unter– und der Obersumme dieser Zerlegung

$$U_f(Z) \quad \le \quad R_f(Z) \quad \le \quad O_f(Z) .$$

b) Entsteht eine Zerlegung Z_2 aus der Zerlegung Z_1 durch Hinzunahme weiterer Zwischenpunkte x_i und/oder y_j, so gilt

$$U_f(Z_2) \geq U_f(Z_1), \qquad O_f(Z_2) \leq O_f(Z_1).$$

c) Für beliebige Zerlegungen $Z_1, Z_2 \in \boldsymbol{Z}(D)$ gilt

$$U_f(Z_1) \leq O_f(Z_2).$$

Definition (19.1.3)

a) Aufgrund der in (19.1.2) festgestellten Eigenschaften existieren die Grenzwerte

$$\underline{\int_D} f(\boldsymbol{x})\, d\boldsymbol{x} := \sup\{U_f(Z) : Z \in \boldsymbol{Z}(D)\}$$

$$\overline{\int_D} f(\boldsymbol{x})\, d\boldsymbol{x} := \inf\{O_f(Z) : Z \in \boldsymbol{Z}(D)\}.$$

Sie heißen das **Riemannsches Unter– bzw. Oberintegral** der Funktion $f(\boldsymbol{x})$ über D.

b) Die Funktion $f(\boldsymbol{x})$ heißt **Riemann–integrierbar** über D, falls Unter– und Oberintegral übereinstimmen.

In diesem Fall heißt

$$\int_D f(\boldsymbol{x})\, d\boldsymbol{x} := \underline{\int_D} f(\boldsymbol{x})\, d\boldsymbol{x} = \overline{\int_D} f(\boldsymbol{x})\, d\boldsymbol{x}$$

das **(Riemann–) Integral** von $f(\boldsymbol{x})$ über D.

Bemerkung (19.1.4)

Es ist unmittelbar klar, wie sich die obigen Definitionen auf den Fall größerer Dimensionen $n > 2$ übertragen lassen.

Für das Integral $\int_D f(\boldsymbol{x})\, d\boldsymbol{x}$ schreibt man im Fall $n = 2$, $n = 3$ auch

$$\iint_D f(x,y)\, dx\, dy \quad \text{bzw.} \quad \iiint_D f(x,y,z)\, dx\, dy\, dz$$

Die folgenden elementaren Eigenschaften des Riemann–Integrals beweist man wie im Fall einer Variablen.

Satz (19.1.5)

a) **Linearität:**

$$\int_D (\alpha f(\boldsymbol{x}) + \beta g(\boldsymbol{x}))\, d\boldsymbol{x} \quad = \quad \alpha \int_D f(\boldsymbol{x})\, d\boldsymbol{x} + \beta \int_D g(\boldsymbol{x})\, d\boldsymbol{x}$$

b) **Monotonie:**
Gilt $f(\boldsymbol{x}) \leq g(\boldsymbol{x})$ für alle $\boldsymbol{x} \in D$, so folgt:

$$\int_D f(\boldsymbol{x})\, d\boldsymbol{x} \quad \leq \quad \int_D g(\boldsymbol{x})\, d\boldsymbol{x}\,.$$

c) **Positivität:**

$$(\,\forall\, \boldsymbol{x} \in D \;:\; f(\boldsymbol{x}) \geq 0\,) \quad \Rightarrow \quad \int_D f(\boldsymbol{x})\, d\boldsymbol{x} \geq 0$$

d) Sind D_1, D_2 und D Quader, $D = D_1 \cup D_2$, und gilt $\operatorname{vol}(D_1 \cap D_2) = 0$, so ist $f(\boldsymbol{x})$ genau dann über D integrierbar, falls $f(\boldsymbol{x})$ über D_1 und über D_2 integrierbar ist. In diesem Fall gilt:

$$\int_D f(\boldsymbol{x})\, d\boldsymbol{x} \quad = \quad \int_{D_1} f(\boldsymbol{x})\, d\boldsymbol{x} + \int_{D_2} f(\boldsymbol{x})\, d\boldsymbol{x}\,.$$

e) **Abschätzung:**

$$\left| \int_D f(\boldsymbol{x})\, d\boldsymbol{x} \right| \quad \leq \quad \sup_{\boldsymbol{x} \in D} |f(\boldsymbol{x})| \cdot \operatorname{vol}(D)$$

f) **Riemannsches Kriterium:**
$f(\boldsymbol{x})$ ist genau dann über D integrierbar, falls gilt:

$$\forall\, \varepsilon > 0 \quad \exists\, Z \in \boldsymbol{Z}(D) \;:\; O_f(Z) - U_f(Z) < \varepsilon\,.$$

In den meisten Fällen lässt sich die Berechnung von mehrdimensionalen Integralen auf die iterierte Berechnung eindimensionaler Integrale zurückführen. Ein wichtiges Hilfsmittel hierzu ist der folgende Satz von Fubini[1] :

[1]Guido Fubini (1879–1943); Catania, Genua, Turin, New York

Satz (19.1.6) (Satz von Fubini)
Ist $f : D \to \mathbb{R}$ integrierbar, $D = [a_1, b_1] \times [a_2, b_2]$ ein Quader, und existieren die Integrale

$$F(x) = \int_{a_2}^{b_2} f(x, y)\, dy \quad \text{bzw.} \quad G(y) = \int_{a_1}^{b_1} f(x, y)\, dx$$

für alle $x \in [a_1, b_1]$ bzw. $y \in [a_2, b_2]$, so gilt

$$\int_D f(\boldsymbol{x})\, d\boldsymbol{x} = \int_{a_1}^{b_1} \int_{a_2}^{b_2} f(x, y)\, dy\, dx \qquad \text{bzw.}$$

$$\int_D f(\boldsymbol{x})\, d\boldsymbol{x} = \int_{a_2}^{b_2} \int_{a_1}^{b_1} f(x, y)\, dx\, dy\,.$$

Beweis
Sei $Z = \{(x_0, \ldots, x_n), (y_0, \ldots, y_m)\}$ eine beliebige Zerlegung von D.

Für beliebige $y \in [y_j, y_{j+1}]$, $\xi_i \in [x_i, x_{i+1}]$ gilt dann

$$\inf_{\boldsymbol{x} \in Q_{ij}} f(\boldsymbol{x}) \leq f(\xi_i, y) \leq \sup_{\boldsymbol{x} \in Q_{ij}} f(\boldsymbol{x})$$

Die Integration dieser Ungleichung bezüglich y liefert

$$\inf_{\boldsymbol{x} \in Q_{ij}} (f(\boldsymbol{x}))\, (y_{j+1} - y_j) \leq \int_{y_j}^{y_{j+1}} f(\xi_i, y)\, dy \leq \sup_{\boldsymbol{x} \in Q_{ij}} (f(\boldsymbol{x}))\, (y_{j+1} - y_j)\,.$$

Multipliziert man diese Ungleichung mit $(x_{i+1} - x_i)$ und summiert anschließend über i, j, so folgt

$$U_f(Z) \leq \sum_{i=0}^{n-1} \left(\int_{a_2}^{b_2} f(\xi_i, y)\, dy \right) (x_{i+1} - x_i) \leq O_f(Z)\,.$$

Dies ist aber gerade eine Abschätzung für eine beliebige Riemannsche Summe von $F(x)$ zur Zerlegung $Z_x := \{x_0, \ldots, x_n\}$ von $[a_1, b_1]$.

Insbesondere folgt also hieraus

$$U_f(Z) \leq U_F(Z_x) \leq O_F(Z_x) \leq O_f(Z)\,,$$

und für $\|Z\| \to 0$ erhält man die Behauptung. ∎

Beispiel (19.1.7)

Sei $D = [0,1] \times [0,2]$ und $f(x,y) = 2 - x\,y$.

Da stetige Funktionen, wie wir sogleich sehen werden, über Quadern integrierbar sind, ist die Voraussetzung des Satzes von Fubini erfüllt und es gilt

$$\int_D f(\boldsymbol{x})\,d\boldsymbol{x} = \int_0^2 \int_0^1 (2 - x\,y)\,dx\,dy = \int_0^2 \left[2x - \frac{x^2\,y}{2}\right]_{x=0}^{x=1} dy$$

$$= \int_0^2 \left(2 - \frac{y}{2}\right) dy = \left[2\,y - \frac{y^2}{4}\right]_{y=0}^{y=2} = 3\,.$$

Bemerkung (19.1.8)

Die Voraussetzung der Integrierbarkeit von $f(\boldsymbol{x})$ ist wesentlich für die Gültigkeit des Satzes von Fubini. Die Existenz der iterierten Integrale alleine genügt **nicht**, um die Integrierbarkeit von $f(\boldsymbol{x})$ zu garantieren.

Aufgabe (19.1.9)

Man zeige, dass das iterierte Integral $\int_0^1 \int_0^1 f(x,y)\,dx\,dy$ für die Funktion

$$f(x,y) = \begin{cases} 1\,, & \text{falls } y \in \mathbb{Q} \\ 2x\,, & \text{falls } y \notin \mathbb{Q} \end{cases}$$

existiert, $f(x,y)$ jedoch nicht über dem Quader $[0,1] \times [0,1]$ integrierbar ist.

Wir erweitern nun den Integralbegriff auf den Fall beliebiger, kompakter Definitionsbereiche D von $f(\boldsymbol{x})$.

Definition (19.1.10)

Sei $D \subset \mathbb{R}^n$ eine kompakte Menge und $f : D \to \mathbb{R}$ beschränkt.

Wir setzen:

$$f^*(\boldsymbol{x}) := \begin{cases} f(\boldsymbol{x})\,, & \text{falls } \boldsymbol{x} \in D \\ 0\,, & \text{falls } \boldsymbol{x} \in \mathbb{R}^n \backslash D\,. \end{cases}$$

Speziell für $f(\boldsymbol{x}) \equiv 1$ heißt $f^*(\boldsymbol{x})$ die **charakteristische Funktion** von D. Diese wird mit $\chi_D(\boldsymbol{x})$ bezeichnet.

Sei Q nun der kleinste Quader mit $D \subset Q$ (dieser ist eindeutig bestimmt). Dann wird definiert:

a) $f(\boldsymbol{x})$ heißt **integrierbar** über D, falls $f^*(\boldsymbol{x})$ über Q integrierbar ist.

In diesem Fall setzen wir:

$$\int_D f(\boldsymbol{x})\, d\boldsymbol{x} \quad := \quad \int_Q f^*(\boldsymbol{x})\, d\boldsymbol{x}\,.$$

b) Die kompakte Menge D heißt **messbar**, falls das Integral

$$\text{vol}\,(D) \quad := \quad \int_D 1\, d\boldsymbol{x} \quad = \quad \int_Q \chi_D(\boldsymbol{x})\, d\boldsymbol{x}$$

existiert. vol (D) heißt dann das **Volumen** von D.

D heißt eine **Nullmenge**, falls D messbar ist und vol $(D) = 0$ gilt.

Bemerkung (19.1.11)

Ist die Menge D selbst ein Quader, so folgt $Q = D$, d.h., der Integrierbarkeitsbegriff im Sinn von (19.1.10) stimmt mit dem früheren Begriff von (19.1.3) überein.

Ferner sind Quader messbare Mengen, und der Volumenbegriff stimmt hierfür mit dem früheren (vgl. (19.1.1)) überein.

Bemerkung (19.1.12)

Für eine beschränkte (nicht notwendig kompakte) Menge $D \subset \mathbb{R}^n$ bezeichne $\overline{\text{vol}}\,(D)$ bzw. $\underline{\text{vol}}\,(D)$ das Ober– bzw. Unterintegral der charakteristischen Funktion von D.

Dann gelten die folgenden Eigenschaften:

a) Sind $D_1,\ D_2 \subset \mathbb{R}^n$ beschränkt und disjunkt, d.h. $D_1 \cap D_2 = \emptyset$, so gilt

$$\underline{\text{vol}}\,(D_1 \cup D_2) \;\leq\; \underline{\text{vol}}\,(D_1) + \overline{\text{vol}}\,(D_2) \;\leq\; \overline{\text{vol}}\,(D_1 \cup D_2)\,.$$

b) Sind $D_1,\ D_2$ kompakt und messbar, so gilt für $D_1 \subset D \subset D_2$:

$$\text{vol}\,(D_1) \;\leq\; \underline{\text{vol}}\,(D) \;\leq\; \overline{\text{vol}}\,(D) \;\leq\; \text{vol}\,(D_2)\,.$$

c) Für eine beliebige, beschränkte Menge $D \subset \mathbb{R}^n$ gilt:

$$\overline{\text{vol}}\,(D) \;=\; \overline{\text{vol}}\,(\overline{D})\,, \qquad \underline{\text{vol}}\,(D) \;=\; \underline{\text{vol}}\,(D^0)\,.$$

Hierbei bezeichnet D^0 den offenen Kern und $\overline{D}$ die abgeschlossene Hülle der Menge D, vgl. auch (9.1.1).

Wir verzichten auf den Beweis dieser technischen Aussagen und verweisen hierzu auf die Lehrbücher zur Analysis.

Satz (19.1.13)

Sei $D \subset \mathbb{R}^n$ kompakt. D ist genau dann messbar, falls der Rand ∂D von D eine Nullmenge ist.

Beweis

Sei Q wieder der kleinste, D umfassende Quader, Z sei eine Zerlegung von Q, und sei $f(\boldsymbol{x}) = \chi_D(\boldsymbol{x})$ bzw. $g(\boldsymbol{x}) = \chi_{\partial D}(\boldsymbol{x})$ die charakteristische Funktion von D bzw. ∂D, also:

$$f(\boldsymbol{x}) \quad := \quad \begin{cases} 1, & \text{falls} \quad \boldsymbol{x} \in D \\ 0, & \text{falls} \quad \boldsymbol{x} \in \mathbb{R}^n \backslash D \end{cases}$$

$$g(\boldsymbol{x}) \quad := \quad \begin{cases} 1, & \text{falls} \quad \boldsymbol{x} \in \partial D \\ 0, & \text{falls} \quad \boldsymbol{x} \in \mathbb{R}^n \backslash \partial D . \end{cases}$$

Damit wird

$$O_f(Z) - U_f(Z) \quad = \sum_{Q_{ij} \cap D \neq \emptyset,\, Q_{ij} \not\subset D} \text{vol}\,(Q_{ij}) \quad \leq \sum_{Q_{ij} \cap \partial D \neq \emptyset} \text{vol}\,(Q_{ij}) \quad = \quad O_g(Z) .$$

Ist ∂D also eine Nullmenge, so ist D nach dem Riemannschen Kriterium messbar.

Umgekehrt gilt wegen $\overline{D} = D^0 \cup \partial D$ nach (19.1.12):

$$\begin{aligned} \overline{\text{vol}}\,(D) &= \overline{\text{vol}}\,(\overline{D}) = \overline{\text{vol}}\,(D^0 \cup \partial D) \\ &\geq \underline{\text{vol}}\,(D^0) + \overline{\text{vol}}\,(\partial D) = \underline{\text{vol}}\,(D) + \overline{\text{vol}}\,(\partial D) . \end{aligned}$$

Ist D also messbar, d.h. gilt $\overline{\text{vol}}\,(D) = \underline{\text{vol}}\,(D)$, so ist demnach ∂D eine Nullmenge. ■

Mit Hilfe dieses Satzes lässt sich nun sofort die Integrierbarkeit stetiger Funktionen über kompakten und messbaren Mengen beweisen.

Satz (19.1.14)

Sei $D \subset \mathbb{R}^n$ kompakt und messbar und sei die Funktion $f : D \to \mathbb{R}$ stetig. Dann ist $f(\boldsymbol{x})$ integrierbar über D.

Beweis

Aufgrund der Kompaktheit von D ist $f(\boldsymbol{x})$ auf D gleichmäßig stetig. Daher existiert zu $\varepsilon > 0$ ein $\delta > 0$ mit:

$$\|\boldsymbol{x} - \boldsymbol{y}\|_\infty < \delta \quad \Rightarrow \quad |f(\boldsymbol{x}) - f(\boldsymbol{y})| < \varepsilon .$$

Sei nun Q ein D umfassender Quader und Z eine Zerlegung von Q mit $\|Z\| < \delta$.

Dann folgt mit (19.1.10):

$$\begin{aligned} O_{f^*}(Z) - U_{f^*}(Z) &= \sum_{i,j} \left(\sup_{Q_{ij}} f^*(\boldsymbol{x}) - \inf_{Q_{ij}} f^*(\boldsymbol{x}) \right) \text{vol}\,(Q_{ij}) \\ &= \sum_{Q_{ij} \subset D^0} \ldots + \sum_{Q_{ij} \cap \partial D \neq \emptyset} \ldots \\ &\leq \varepsilon \cdot \text{vol}\,(D) + C \sum_{Q_{ij} \cap \partial D \neq \emptyset} \text{vol}\,(Q_{ij}) \end{aligned}$$

mit einer geeigneten Konstanten $C \geq 2\,\|f\|_\infty$.

Wegen

$$\sum_{Q_{ij} \cap \partial D \neq \emptyset} \text{vol}\,(Q_{ij}) = O_{1|\partial D}(Z) \to \text{vol}\,(\partial D) = 0 \quad (\|Z\| \to 0)$$

lässt sich die rechte Seite der obigen Ungleichung durch Wahl einer geeigneten Zerlegung Z unter jede positive Schranke drücken.

Damit folgt die Integrierbarkeit nach dem Riemannschen Kriterium. ■

Wie im Fall einer Variablen (vgl. (13.3.10)) lässt sich für die Integration stetiger Funktionen die folgende Mittelwert–Eigenschaft zeigen.

Satz (19.1.15) (Mittelwertsatz)

Ist $D \subset \mathbb{R}^n$ kompakt, zusammenhängend und messbar und ist $f : D \to \mathbb{R}$ stetig, so gibt es einen Punkt $\boldsymbol{\xi} \in D$ mit:

$$\int_D f(\boldsymbol{x})d\boldsymbol{x} = f(\boldsymbol{\xi}) \cdot \text{vol}\,(D)\,.$$

Für die praktische Anwendung der Integralrechnung ist es wiederum wichtig, dass sich auch die Integration von Funktionen über krummlinig berandeten Bereichen auf die iterierte eindimensionale Integralberechnung zurückführen lässt. Hierzu werden relativ einfach gestaltete Bereiche betrachtet, wie sie meist in Anwendungen auftreten.

Definition (19.1.16)

a) Eine Teilmenge $D \subset \mathbb{R}^2$ heißt ein **Normalbereich**, falls sich D in der Form

$$D = \{(x, y) \mid a \leq x \leq b \ \wedge \ g(x) \leq y \leq h(x)\}$$

bzw.

$$D = \{(x, y) \mid \tilde{a} \leq y \leq \tilde{b} \ \wedge \ \tilde{g}(y) \leq x \leq \tilde{h}(y)\}$$

mit stetigen Funktionen g, h bzw. $\tilde{g}, \tilde{h}$ darstellen lässt.

b) Analog heißt eine Teilmenge $D \subset \mathbb{R}^3$ ein **Normalbereich**, falls es eine Darstellung

$$D = \{(x_1, x_2, x_3) \mid a \le x_i \le b \wedge g(x_i) \le x_j \le h(x_i) \wedge \varphi(x_i, x_j) \le x_k \le \psi(x_i, x_j)\}$$

gibt mit einer Permutation (i, j, k) von $(1, 2, 3)$ und stetigen Funktionen g, h, φ und ψ.

c) Eine Teilmenge $D \subset \mathbb{R}^n$ heißt **projizierbar** in Richtung x_i, $i \in \{1, \ldots, n\}$, falls es eine messbare Menge $B \subset \mathbb{R}^{n-1}$ gibt, so dass

$$D = \{\boldsymbol{x} \in \mathbb{R}^n \mid \tilde{\boldsymbol{x}} = (x_1, \ldots, x_{i-1}, x_{i+1}, \ldots, x_n)^{\mathrm{T}} \in B \wedge \varphi(\tilde{\boldsymbol{x}}) \le x_i \le \psi(\tilde{\boldsymbol{x}})\}$$

mit stetigen Funktionen φ, ψ gilt.

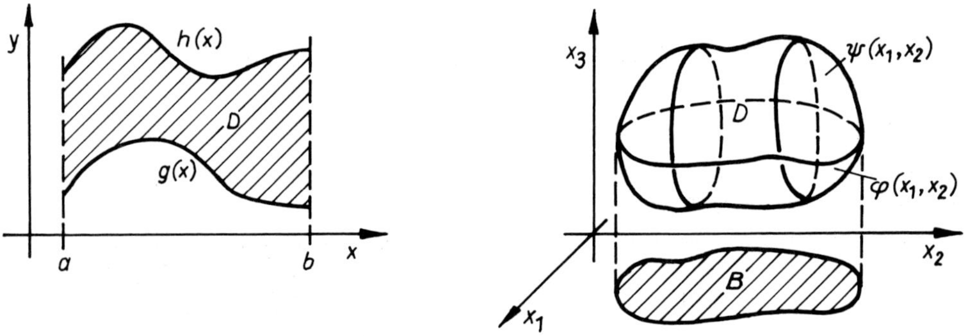

Abb. 19.2. Normalbereich und projizierbare Menge

Bemerkung (19.1.17)

a) Projizierbare Mengen sind messbar.

Es lässt sich nämlich mit Hilfe der gleichmäßigen Stetigkeit der Funktionen φ und ψ (B ist kompakt!) zeigen, dass der Rand von D eine Nullmenge ist.

Damit sind aber auch alle Normalbereiche (diese sind ja projizierbar) messbar.

b) In den meisten Anwendungen lässt sich der Bereich D als Vereinigung endlich vieler Normalbereiche darstellen. Solche Mengen sind also nach obigem messbar.

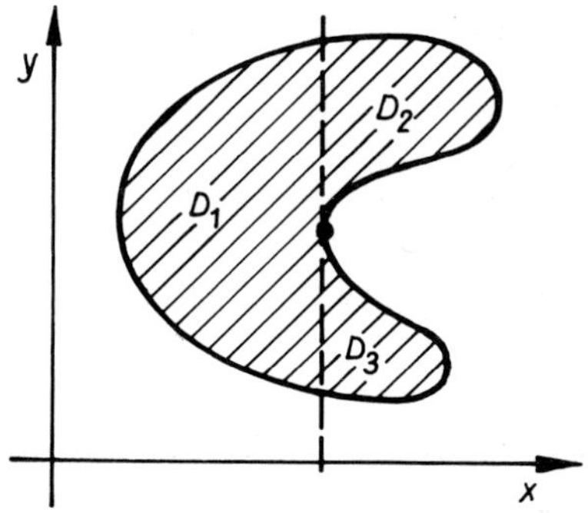

$$D = D_1 \cup D_2 \cup D_3$$

$$\int_D \ldots = \int_{D_1} + \int_{D_2} + \int_{D_3}$$

$$\mathrm{vol}\,(D_i \cap D_j) = 0 \quad \text{für } i \neq j$$

Abb. 19.3. Zerlegung in Normalbereiche

Folgerung (19.1.18)

Ist $f(\boldsymbol{x})$ stetig auf einem Normalbereich

$$D = \{(x,y) \in \mathbb{R}^2 : a \leq x \leq b \wedge g(x) \leq y \leq h(x)\},$$

so gilt

$$\int_D f(\boldsymbol{x})\, d\boldsymbol{x} = \int_a^b \int_{g(x)}^{h(x)} f(x,y)\, dy\, dx .$$

Beweis

Sei $Q = [a,b] \times [c,d]$ das kleinste Rechteck, welches D umfasst, also:

$$c = \inf_{x \in [a,b]} g(x)$$

$$d = \sup_{x \in [a,b]} h(x)$$

und sei $f^*(x,y)$ wie in (19.1.10) definiert.

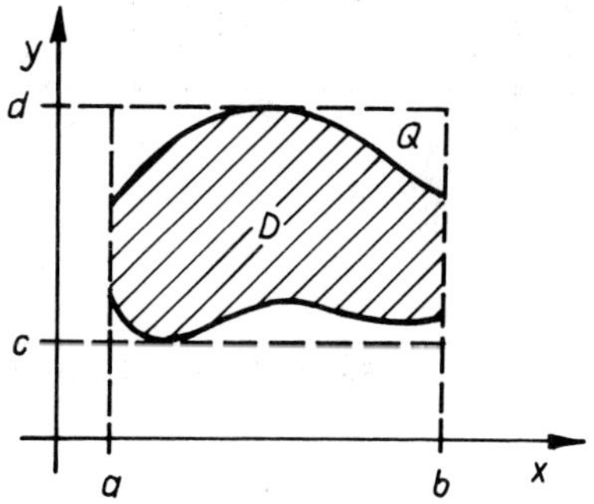

Abb. 19.4. Normalbereich D

Dann folgt:

$$\begin{aligned}\int_D f(\boldsymbol{x})\, d\boldsymbol{x} &= \int_Q f^*(\boldsymbol{x})\, d\boldsymbol{x} \\ &= \int_a^b \int_c^d f^*(x,y)\, dy\, dx \\ &= \int_a^b \int_{g(x)}^{h(x)} f(x,y)\, dy\, dx .\end{aligned}$$

■

Bemerkung (19.1.19)

Analoge Beziehungen gelten für höheren Dimensionen. Ist $D \subset \mathbb{R}^n$ eine projizierbare Menge, so gilt mit den Bezeichnungen von (19.1.16)

$$\int_D f(\boldsymbol{x})\,d\boldsymbol{x} \;=\; \int_B \left(\int_{\varphi(\tilde{\boldsymbol{x}})}^{\psi(\tilde{\boldsymbol{x}})} f(\boldsymbol{x}) dx_i \right) d\tilde{\boldsymbol{x}}\,.$$

Ist B nun wieder projizierbar und so fort, so lässt sich das Integral über D sukzessive auf die Berechnung eindimensionaler Integrale zurückführen.

Beispiele (19.1.20)

a) Die Funktion $f(x,y) := x + 2\,y$ sei über der durch zwei Parabeln begrenzten Fläche

$$D \;=\; \{(x,y) \,:\, -1 \le x \le 1 \;\wedge\; x^2 \le y \le 2 - x^2\}$$

zu integrieren.

D ist ein Normalbereich, also messbar; $f(x,y)$ ist daher als stetige Funktion über D integrierbar. Nach (19.1.18) gilt:

$$\begin{aligned}
\int_D f(x,y)\,d(x,y) &= \int_{-1}^{1} \int_{x^2}^{2-x^2} (x + 2\,y)\,dy\,dx \\
&= \int_{-1}^{1} (x\,y + y^2)\Big|_{y=x^2}^{y=2-x^2}\,dx \\
&= \int_{-1}^{1} \left(x(2-2x^2) + (2-x^2)^2 - x^4\right)\,dx \\
&= \int_{-1}^{1} \left(-2x^3 - 4x^2 + 2x + 4\right)\,dx \\
&= \left[-\frac{1}{2}\,x^4 - \frac{4}{3}\,x^3 + x^2 + 4\,x\right]_{-1}^{1} \\
&= \frac{16}{3}\,.
\end{aligned}$$

b) Zu berechnen sei das innere Volumen des Rotationsparaboloids:

$$V \;=\; \{(x,y,z)^{\mathrm{T}} \,:\, x^2 + y^2 \le 1 \;\wedge\; x^2 + y^2 \le z \le 1\}\,.$$

Man erhält:

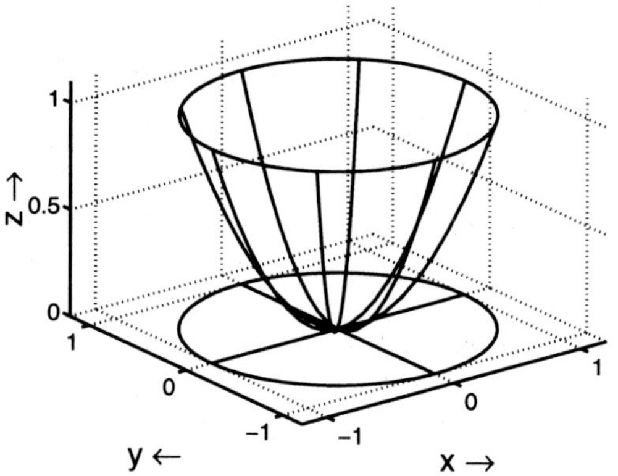

Abb. 19.5. Rotationsparaboloid

$$\begin{aligned}
\mathrm{vol}\,(V) &= \int_V 1\, d(x,y,z) = \int_{-1}^{1} \int_{-\sqrt{1-x^2}}^{\sqrt{1-x^2}} \int_{x^2+y^2}^{1} dz\, dy\, dx \\
&= \int_{-1}^{1} \int_{-\sqrt{1-x^2}}^{\sqrt{1-x^2}} (1 - x^2 - y^2)\, dy\, dx \\
&= \int_{-1}^{1} \left[(1-x^2)\, y - \frac{y^3}{3} \right]_{y=-\sqrt{1-x^2}}^{y=\sqrt{1-x^2}} dx = \frac{4}{3} \int_{-1}^{1} (1-x^2)^{3/2}\, dx \\
&= \frac{1}{3} \left[x \left(\sqrt{1-x^2}\right)^3 + \frac{3}{2}\, x \sqrt{1-x^2} + \frac{3}{2} \arcsin x \right]_{-1}^{1} = \frac{\pi}{2}\,.
\end{aligned}$$

Aufgabe (19.1.21)

Man berechne das Volumen des Durchschnitts der beiden Zylinder $(a > 0)$:

$$Z_1 = \{(x,y,z)^{\mathrm{T}} : x^2 + y^2 \le a^2\}, \quad Z_2 = \{(x,y,z)^{\mathrm{T}} : x^2 + z^2 \le a^2\}\,.$$

Ohne auf die Details der Beweise einzugehen, geben wir noch die Möglichkeit an, Integrale durch allgemeine Zerlegungen des Integrationsbereiches zu approximieren.

Sei $D \subset \mathbb{R}^n$ eine kompakte und messbare Menge. $Z = \{D_1, \dots, D_m\}$ heißt eine **allgemeine Zerlegung** von D, falls die Mengen D_k kompakt, messbar und zusammenhängend sind und

$$\bigcup_{j=1}^{m} D_j = D \quad \text{und} \quad \forall\, i \ne j : D_i^0 \cap D_j^0 = \emptyset$$

gelten.

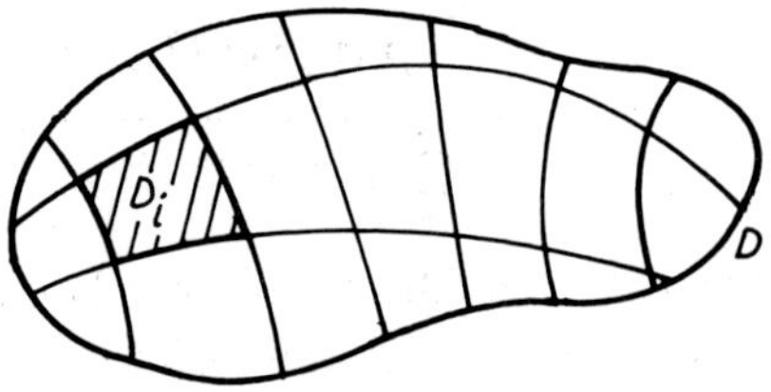

Abb. 19.6. Allgemeine Zerlegungen

Ferner heißt

$$\text{diam}\,(D_j) \quad := \quad \sup\{\, \|\boldsymbol{x} - \boldsymbol{y}\| \;:\; \boldsymbol{x}, \boldsymbol{y} \in D_j \,\} \tag{19.1.22}$$

der **Durchmesser** der Menge D_j und

$$\|Z\| \quad := \quad \max\{\,\text{diam}\, D_j : \; j = 1, \ldots, m\,\} \tag{19.1.23}$$

die **Feinheit** der allgemeinen Zerlegung Z.

In Verallgemeinerung von (19.1.1) bilden wir nun für eine stetige Funktion $f : D \to \mathbb{R}$ Summen der Form

$$R_f(Z) \quad = \quad \sum_{j=1}^{m} f(\boldsymbol{x}^j)\,\text{vol}\,(D_j) \tag{19.1.24}$$

mit (irgendwelchen) $\boldsymbol{x}^j \in D_j, \; j = 1, \ldots, m$.
Die Summen $R_f(Z)$ heißen **Riemannsche Summen** von $f(\boldsymbol{x})$ zur allgemeinen Zerlegung Z. Hierfür gilt die folgende Konvergenzaussage:

Bemerkung (19.1.25)

Für jede Folge $(Z_k)_{k\in\mathbb{N}}$ allgemeiner Zerlegungen von D mit $\|Z_k\| \to 0 \; (k \to \infty)$ und für jede Folge zugehöriger Riemannscher Summen $R_f(Z_k)$ gilt:

$$\lim_{k\to\infty} R_f(Z_k) \quad = \quad \int_D f(\boldsymbol{x})\,d\boldsymbol{x}\,.$$

Die obigen allgemeinen Zerlegungen einer messbaren Menge D lassen sich dazu verwenden, um die in Abschnitt 14.3 für Kurven („massebelegte Drähte“) eingeführten Begriffe „Schwerpunkt und Trägheitsmoment“ auch auf Flächen ($D \subset \mathbb{R}^2$) und Körper ($D \subset \mathbb{R}^3$) zu übertragen.

Bezeichnet $\rho(\boldsymbol{x})$ die Massendichte einer Fläche ($D \subset \mathbb{R}^2$) oder eines Körpers ($D \subset \mathbb{R}^3$), und ist $Z = \{D_1, \ldots, D_m\}$ eine allgemeine Zerlegung von D und $\boldsymbol{x}^j \in D_j, j = 1, \ldots, m$, so denken wir uns D ersetzt (approximiert) durch ein System von Massenpunkten mit den Massen $m_j = \rho(\boldsymbol{x}^j) \cdot \text{vol}\,(D_j)$ und den Ortsvektoren $\boldsymbol{x}^j$.

Für den Schwerpunkt dieses Systems gilt dann

$$\boldsymbol{x}_s = \frac{\sum_{j=1}^{m} \rho(\boldsymbol{x}^j) \operatorname{vol}(D_j)\, \boldsymbol{x}^j}{\sum_{j=1}^{m} \rho(\boldsymbol{x}^j) \operatorname{vol}(D_j)} .$$

Zähler (koordinatenweise) und Nenner dieses Bruches lassen sich jeweils als allgemeine Riemannsche Summen interpretieren, die für $\|Z\| \to 0$ gegen die entsprechenden Bereichsintegrale konvergieren. Man erhält somit:

Definition (19.1.26) (Schwerpunkt)

Sei $D \subset \mathbb{R}^2$ (bzw. $\mathbb{R}^3$) eine messbare Menge, $\rho(\boldsymbol{x})$, $\boldsymbol{x} \in D$, eine vorgegebene Massendichte. Dann ist der Schwerpunkt der Fläche (bzw. des Körpers) D gegeben durch

$$\boldsymbol{x}_s := \frac{\int_D \rho(\boldsymbol{x})\, \boldsymbol{x}\, d\boldsymbol{x}}{\int_D \rho(\boldsymbol{x})\, d\boldsymbol{x}} .$$

Das Zählerintegral (über eine vektorwertige Funktion) ist hierbei koordinatenweise zu berechnen.

Beispiel (19.1.27)

Wir berechnen den Schwerpunkt der folgenden Pyramide P, die eine konstante Dichte besitzen möge.

$$P = \left\{ (x, y, z)^{\mathrm{T}} : \max(|y|, |z|) \le \frac{a\,x}{2\,h}, \quad 0 \le x \le h \right\} .$$

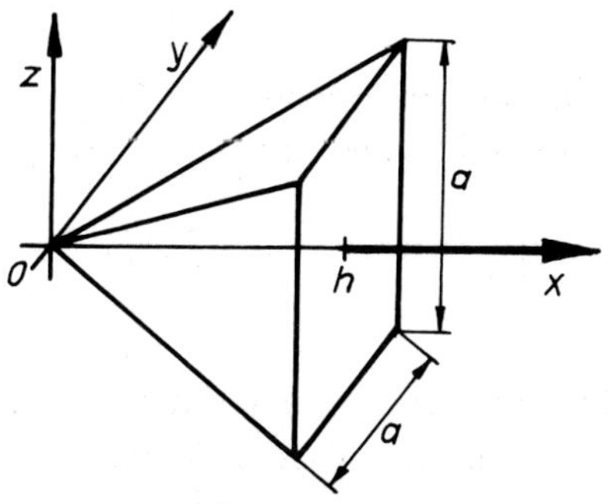

Abb. 19.7. Pyramide

Man erhält:

$$\operatorname{vol}(P) = \int_0^h \int_{-\frac{ax}{2h}}^{\frac{ax}{2h}} \int_{-\frac{ax}{2h}}^{\frac{ax}{2h}} dz\, dy\, dx = \frac{1}{3}\, a^2\, h$$

$$\operatorname{vol}(P)\,\boldsymbol{x}_s = \int\limits_0^h \int\limits_{-\frac{ax}{2h}}^{\frac{ax}{2h}} \int\limits_{-\frac{ax}{2h}}^{\frac{ax}{2h}} \begin{pmatrix} x \\ y \\ z \end{pmatrix} dz\,dy\,dx = \begin{pmatrix} \frac{1}{4}a^2h^2 \\ 0 \\ 0 \end{pmatrix}$$

$$\Rightarrow \quad \boldsymbol{x}_s = \begin{pmatrix} \frac{3}{4}h \\ 0 \\ 0 \end{pmatrix}.$$

Der Schwerpunkt liegt also im Abstand $h/4$ von der Grundfläche (h: Höhe).

Auf ähnliche Weise lassen sich Trägheitsmomente für massenbelegte Flächen oder Körper definieren. Wie in (14.3.6) wird definiert:

Definition (19.1.28) (Trägheitsmoment bezüglich einer Achse)

Sei $D \subset \mathbb{R}^2$ (bzw. $\mathbb{R}^3$) eine messbare Menge, $\rho(\boldsymbol{x})$ bezeichne für $\boldsymbol{x} \in D$ eine Massendichte und $r(\boldsymbol{x})$ den Abstand des Punktes $\boldsymbol{x} \in D$ von einer vorgegebenen Drehachse.

Dann besitzt D bezüglich dieser Achse das Trägheitsmoment

$$\Theta_{\text{Achse}} := \int\limits_D \rho(\boldsymbol{x})\, r^2(\boldsymbol{x})\, d\boldsymbol{x}\,.$$

Beispiel (19.1.29)

Wir berechnen das Trägheitsmoment Θ eines homogenen Zylinders

$$Z = \left\{(x,y,z)^{\mathrm{T}} : x^2 + y^2 \le r^2,\ -\ell/2 \le z \le \ell/2\right\}$$

mit (konstanter) Dichte ρ bezüglich der x–Achse.

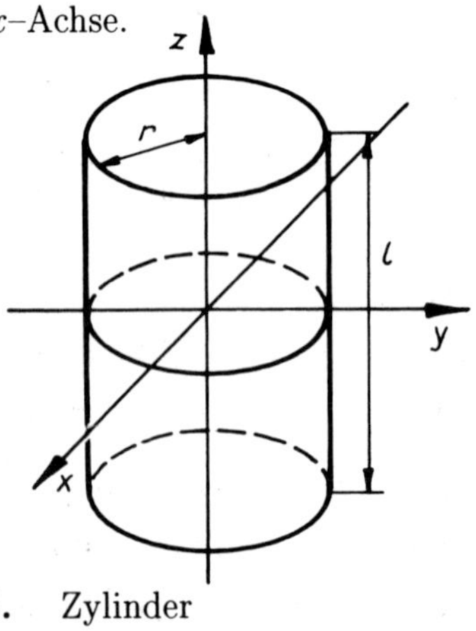

Abb. 19.8. Zylinder

Mit (19.1.28) erhält man

$$\begin{aligned}\Theta_{x-\text{Achse}} &= \int\limits_Z \rho \cdot (y^2+z^2)\, d(x,y,z) \\ &= \rho \int\limits_{-r}^{r} \int\limits_{-\sqrt{r^2-x^2}}^{\sqrt{r^2-x^2}} \int\limits_{-\ell/2}^{\ell/2} (y^2+z^2)\, dz\, dy\, dx \\ &= \rho \frac{\pi\,\ell\, r^2}{12}\,(3\,r^2+\ell^2)\,.\end{aligned}$$

Man führe die oben weggelassenen Zwischenschritte zur Berechnung des Integrals sorgfältig aus!

Für die praktische Berechnung mehrdimensionaler Integrale ist der folgende **Transformationssatz** von besonderer Bedeutung. Er bildet die direkte Verallgemeinerung der Substitutionsregel (13.3.6) und gestattet es, die Berechnung mehrdimensionaler Integrale in geeigneten Koordinatensystemen durchzuführen.

Satz (19.1.30) (Transformationssatz)

Sei $\boldsymbol{\Phi} : U \to \mathbb{R}^n$, $U \subset \mathbb{R}^n$ offen, eine C^1-Abbildung. $D \subset U$ sei eine kompakte, messbare Menge, so dass $\boldsymbol{\Phi}$ auf D^0 : $\boldsymbol{\Phi}|_{D^0} : D^0 \to \boldsymbol{\Phi}(D^0)$ einen C^1-Diffeomorphismus bildet.

Dann ist auch $\boldsymbol{\Phi}(D)$ kompakt und messbar, und für jede stetige Funktion $f : \boldsymbol{\Phi}(D) \to \mathbb{R}$ gilt

$$\int\limits_{\boldsymbol{\Phi}(D)} f(\boldsymbol{x})\, d\boldsymbol{x} = \int\limits_D f(\boldsymbol{\Phi}(\boldsymbol{u}))\; |\det \boldsymbol{J\Phi}(\boldsymbol{u})|\; d\boldsymbol{u}\;.$$

Bemerkung (19.1.31)

Man beachte, dass im Transformationssatz die Bijektivität von $\boldsymbol{\Phi}$ nur auf dem inneren Bereich D^0 gefordert wird – nicht jedoch auf dem Rand!

Beweis zu (19.1.30)

Wir verzichten hier auf einen strengen Beweis und begnügen uns mit Angabe der wesentlichen Beweisideen und einer heuristischen Herleitung mittels (18.2.16).

a) In einem ersten Schritt zeigt man die Existenz der Integrale. Für die rechte Seite ist dies klar, da der Integrand stetig und der Integrationsbereich D messbar ist.

   Für das linke Integral hat man die Messbarkeit von $\boldsymbol{\Phi}(D)$ zu zeigen.

Zunächst ist $\mathbf{\Phi}(D)$ kompakt (da D kompakt und $\mathbf{\Phi}$ stetig ist). Da $\mathbf{\Phi}$ auf D^0 ein C^1–Diffeomorphismus ist, folgt, dass $\mathbf{\Phi}(D^0)$ offen im $\mathbb{R}^n$ ist. Hieraus lässt sich folgern, dass $\partial(\mathbf{\Phi}(D)) \subset \mathbf{\Phi}(\partial D)$ gilt.

Nun ist ∂D eine Nullmenge und $\mathbf{\Phi}$ Lipschitz–stetig auf D. Damit folgt, dass auch $\mathbf{\Phi}(\partial D)$ eine Nullmenge ist und damit nach obigem auch $\partial(\mathbf{\Phi}(D))$. Nach (19.1.13) ist daher $\mathbf{\Phi}(D)$ messbar.

b) Sei $Z = \{Q_j\}$ eine Überdeckung von D durch Quader $Q_j \subset U$, $j = 1, \ldots, m$, mit Feinheit $\|Z\| = \max(\text{vol}\,(Q_j))$.

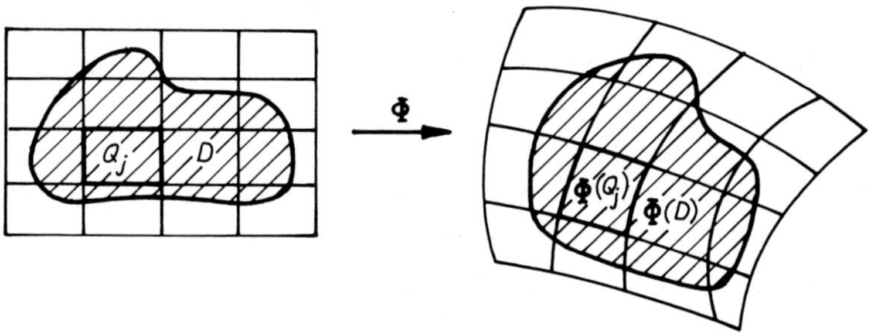

Abb. 19.9. Transformation einer Quaderzerlegung

Vermöge $\mathbf{\Phi}$ wird hierdurch eine allgemeine Zerlegung

$$\tilde{Z} = \{\tilde{Q}_j : j = 1, \ldots, m\}$$

von $\mathbf{\Phi}(D)$ induziert mit $\tilde{Q}_j := \mathbf{\Phi}(D) \cap \mathbf{\Phi}(Q_j)$ und $\|\tilde{Z}\| \to 0$ für $\|Z\| \to 0$.

Mit $\boldsymbol{u}_j \in Q_j$, $\boldsymbol{x}_j := \mathbf{\Phi}(\boldsymbol{u}_j)$ und

$$f^*(\boldsymbol{x}) := \begin{cases} f(\boldsymbol{x}), & \text{falls } \boldsymbol{x} \in \mathbf{\Phi}(D) \\ 0, & \text{sonst} \end{cases}$$

folgt dann für $\|Z\| \to 0$:

$$\sum_j f^*(\boldsymbol{x}_j)\,\text{vol}\,(\mathbf{\Phi}(Q_j)) \quad \to \quad \int\limits_{\mathbf{\Phi}(D)} f(\boldsymbol{x})\,d\boldsymbol{x}\,.$$

Andererseits folgt nun mit (18.2.16):

$$\sum_j f^*(\boldsymbol{x}_j)\,\text{vol}\,(\mathbf{\Phi}(Q_j)) \quad \approx \quad \sum_j f^*(\mathbf{\Phi}(\boldsymbol{u}_j)) \cdot |\det(\boldsymbol{J}\mathbf{\Phi}(\boldsymbol{u}_j))| \cdot \text{vol}\,(Q_j)\,,$$

wobei der Fehler dieser Näherung (wegen der Beschränktheit von $\Sigma f^*(\boldsymbol{\Phi}(\boldsymbol{u}_j))\,\mathrm{vol}\,(Q_j)$) für $\|Z\| \to 0$ verschwindet.

Gleichzeitig konvergiert aber die rechte Seite für $\|Z\| \to 0$ gegen das Integral

$$\int_D f(\boldsymbol{\Phi}(\boldsymbol{u}))\ |\det \boldsymbol{J\Phi}(\boldsymbol{u})|\ d\boldsymbol{u}\,.$$

Insgesamt folgt hiermit die Aussage des Transformationssatzes. ■

Beispiel (19.1.32)

Wir berechnen den Schwerpunkt eines (homogenen) Kugeloktanten:

$$V \quad = \quad \{(x,y,z) \in \mathbb{R}^3 \mid x^2+y^2+z^2 \le 1 \ \wedge\ x,y,z \ge 0\}$$

unter Verwendung von Kugelkoordinaten

$$\begin{pmatrix} x \\ y \\ z \end{pmatrix} \quad = \quad \begin{pmatrix} r\,\cos\varphi\,\cos\psi \\ r\,\sin\varphi\,\cos\psi \\ r\,\sin\psi \end{pmatrix} \quad = \quad \boldsymbol{\Phi}(r,\varphi,\psi)\,.$$

Die Transformation $\boldsymbol{\Phi}$ ist auf ganz $\mathbb{R}^3$ erklärt. Mit

$$D \quad = \quad [0,1] \times \left[0, \frac{\pi}{2}\right] \times \left[0, \frac{\pi}{2}\right]$$

gilt $\boldsymbol{\Phi}(D) = V$. Auf der offenen Menge D^0 ist $\boldsymbol{\Phi}$ in der Tat ein C^1–Diffeomorphismus (nicht aber auf D) mit

$$\det(\boldsymbol{J\Phi}(r,\varphi,\psi)) \quad = \quad r^2\,\cos\psi\,. \tag{19.1.33}$$

Mit dem Transformationssatz folgt somit

$$\mathrm{vol}\,(V) \;=\; \int_V d\boldsymbol{x} \;=\; \int_0^1 \int_0^{\pi/2} \int_0^{\pi/2} r^2\,\cos\psi\ d\psi\ d\varphi\ dr \;=\; \frac{\pi}{6}$$

und

$$\begin{aligned} \mathrm{vol}\,(V)\cdot x_s \;&=\; \int_V x\,d\boldsymbol{x} \;=\; \int_0^1 \int_0^{\pi/2} \int_0^{\pi/2} (r\cos\varphi\,\cos\psi)\ r^2\cos\psi\ d\psi\ d\varphi\ dr \\ &=\; \int_0^1 r^3\,dr \cdot \int_0^{\pi/2} \cos\varphi\ d\varphi \cdot \int_0^{\pi/2} \cos^2\psi\ d\psi \;=\; \frac{\pi}{16}\,. \end{aligned}$$

Damit folgt $x_s = \dfrac{3}{8}$. Analog findet man $y_s = z_s = \dfrac{3}{8}$.

Beispiel (19.1.34)

Für das Trägheitsmoment eines homogenen Körpers (messbare Menge) $K \subset \mathbb{R}^3$ mit der konstanten Dichte ρ und der Gesamtmasse $m = \rho \int_K d\boldsymbol{x}$ gilt bezüglich einer vorgegebenen Drehachse A der so genannte **Steinersche Satz** [2]:

$$\Theta_A = m\,d^2 + \Theta_S\,.$$

Hierbei ist S die zu A parallele Achse durch den Schwerpunkt $\boldsymbol{x}_s$ des Körpers, d ist der Abstand des Schwerpunktes $\boldsymbol{x}_s$ von der Achse A.

Der Beweis hierzu lässt sich sehr leicht mit Hilfe der Transformation (Verschiebung) $\boldsymbol{x} := \boldsymbol{\Phi}(\boldsymbol{u}) = \boldsymbol{x}_s + \boldsymbol{u}$ führen.

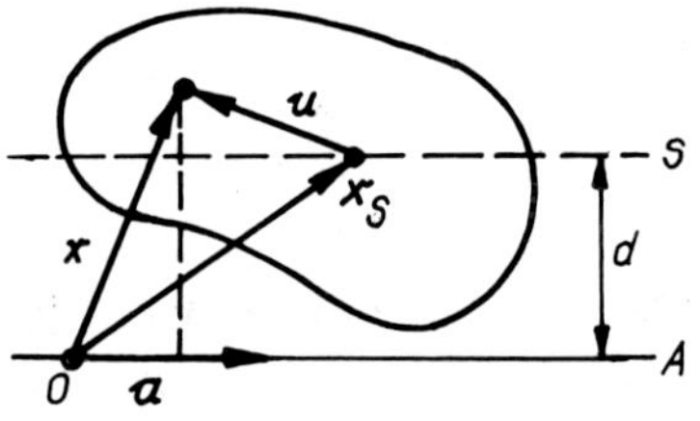

Abb. 19.10. Steinerscher Satz

Die verschobene Menge $D := \{\,\boldsymbol{x} - \boldsymbol{x}_s : \boldsymbol{x} \in K\,\}$ hat offenbar den Schwerpunkt $\boldsymbol{0}$, also gilt:

$$\int_D \boldsymbol{u}\,d\boldsymbol{u} = \boldsymbol{0}\,.$$

Wie in Abb. 19.10 angedeutet, bezeichne $\boldsymbol{a}$ einen Einheitsvektor in Richtung der Achse. Es folgt:

$$\begin{aligned}\Theta_A &= \rho \int_K \left(\langle\,\boldsymbol{x},\boldsymbol{x}\,\rangle - \langle\,\boldsymbol{x},\boldsymbol{a}\,\rangle^2\right) d\boldsymbol{x}\\ &= \rho \int_D \left(\langle\,\boldsymbol{x}_s+\boldsymbol{u},\boldsymbol{x}_s+\boldsymbol{u}\,\rangle - \langle\,\boldsymbol{x}_s+\boldsymbol{u},\boldsymbol{a}\,\rangle^2\right) d\boldsymbol{u}\end{aligned}$$

[2] Jakob Steiner (1796–1863); Berlin

$$= \rho \int_D \big(\langle \boldsymbol{x}_s, \boldsymbol{x}_s \rangle + 2 \langle \boldsymbol{x}_s, \boldsymbol{u} \rangle + \langle \boldsymbol{u}, \boldsymbol{u} \rangle$$

$$- \langle \boldsymbol{x}_s, \boldsymbol{a} \rangle^2 - 2 \langle \boldsymbol{x}_s, a \rangle \langle \boldsymbol{u}, \boldsymbol{a} \rangle - \langle \boldsymbol{u}, \boldsymbol{a} \rangle^2 \big) \, d\boldsymbol{u}$$

$$= \rho \Big\{ \int_D \big(\langle \boldsymbol{x}_s, \boldsymbol{x}_s \rangle - \langle \boldsymbol{x}_s, \boldsymbol{a} \rangle^2 \big) \, d\boldsymbol{u} + \int_D \big(\langle \boldsymbol{u}, \boldsymbol{u} \rangle - \langle \boldsymbol{u}, \boldsymbol{a} \rangle^2 \big) \, d\boldsymbol{u}$$

$$+ \int_D 2 \langle \boldsymbol{x}_s - \langle \boldsymbol{x}_s, \boldsymbol{a} \rangle \boldsymbol{a}, \boldsymbol{u} \rangle \, d\boldsymbol{u} \Big\}$$

Der Integrand des ersten Integrals ist gerade d^2, das zweite Integral liefert das Trägheitsmoment des Körpers bezüglich der Schwerpunktsachse S, und das dritte Integral verschwindet wegen $\int_D \boldsymbol{u} \, d\boldsymbol{u} = \boldsymbol{0}$.

Beispiel (19.1.35)

Bekanntlich lässt sich das Fehlerintegral

$$I = \int_0^\infty \mathrm{e}^{-x^2} \, dx$$

nicht durch analytische Berechnung einer Stammfunktion bestimmen. Durch einen Kunstgriff lässt sich die Berechnung jedoch auf die Berechnung eines Flächenintegrals zurückführen. Zunächst ist

$$I^2 = \left(\int_0^\infty \mathrm{e}^{-x^2} dx \right)^2 = \lim_{R \to \infty} \left(\int_0^R \mathrm{e}^{-x^2} dx \right) \left(\int_0^R \mathrm{e}^{-y^2} dy \right) = \lim_{R \to \infty} I_R \,,$$

$$I_R := \int_{[0,R] \times [0,R]} \mathrm{e}^{-(x^2+y^2)} \, d(x, y) \, .$$

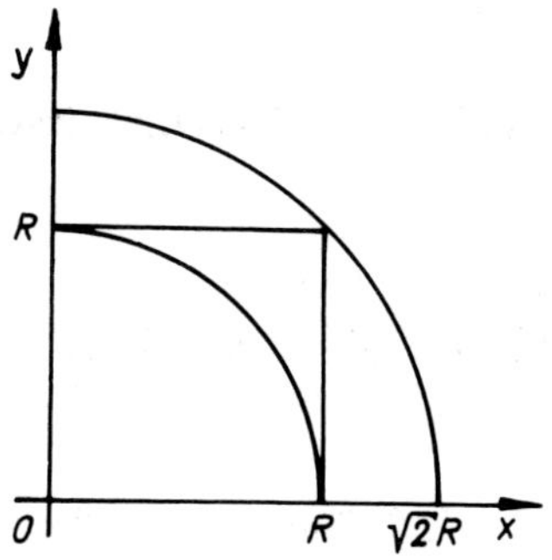

Abb. 19.11. Zur Abschätzung des Fehlerintegrals

Nun lässt sich natürlich das Integral I_R über dem Quadrat $[0,R]^2$ ebensowenig analytisch bestimmen wie zuvor eine Stammfunktion zu e^{-x^2}. Allerdings lässt sich das Integral recht einfach abschätzen:

Bezeichnet K_ρ den Viertelkreis (1. Quadrant) mit Radius ρ, so gilt

$$\int\limits_{K_R} \mathrm{e}^{-(x^2+y^2)}\, d(x,y) \quad\le\quad I_R \quad\le\quad \int\limits_{K_{\sqrt{2}R}} \mathrm{e}^{-(x^2+y^2)}\, d(x,y)\,.$$

Für die Integrale über K_ρ findet man nun mittels Polarkoordinaten:

$$\int\limits_{K_\rho} \mathrm{e}^{-(x^2+y^2)}\, d(x,y) \;=\; \int\limits_0^\rho \int\limits_0^{\pi/2} \mathrm{e}^{-r^2} r\, d\varphi\, dr \;=\; \frac{\pi}{4}\,(1-\mathrm{e}^{-\rho^2})\,.$$

Damit hat man die Abschätzung:

$$\frac{\pi}{4}\left(1-\mathrm{e}^{-R^2}\right) \quad\le\quad I_R \quad\le\quad \frac{\pi}{4}\left(1-\mathrm{e}^{-2R^2}\right)$$

und hiermit $\lim\limits_{R\to\infty} I_R = \dfrac{\pi}{4}$, d.h. $\displaystyle\int\limits_0^\infty \mathrm{e}^{-x^2}\,dx \;=\; \frac{\sqrt{\pi}}{2}$.

19.2 Kurvenintegrale

Wir knüpfen an die Abschnitte 14.2 und 14.3 an.

Für eine stückweise C^1–Kurve $\boldsymbol{c} : [a,b] \to D,\quad D \subset \mathbb{R}^n$, und eine stetige, skalare Funktion $f : D \to \mathbb{R}$ hatten wir das **Kurvenintegral 1. Art** definiert durch

$$\int\limits_{\boldsymbol{c}} f(\boldsymbol{x})\, ds \quad:=\quad \int\limits_a^b f(\boldsymbol{c}(t))\, \|\dot{\boldsymbol{c}}(t)\|\, dt\;. \tag{19.2.1}$$

$ds := \|\dot{\boldsymbol{c}}(t)\|\, dt$ heißt auch das **Bogenelement** der Kurve $\boldsymbol{c}(t)$. Mit $\|.\|$ ist in diesem Abschnitt stets die euklidische Norm $\|.\|_2$ gemeint.

Ein physikalischer Hintergrund für obige Definition ist beispielsweise die Aufgabe, die Gesamtmasse eines massebelegten Drahtes zu bestimmen. Bezeichnet $\rho(\boldsymbol{x})$ die Massendichte des Drahtes, so ergibt sich für die Gesamtmasse gerade das Kurvenintegral $\int_{\boldsymbol{c}} \rho(\boldsymbol{x})\, ds$. Auch weitere physikalische Größen, wie Schwerpunkt und Trägheitsmoment eines massebelegten Drahtes, lassen sich durch Kurvenintegrale erster Art ausdrücken.

Neben (19.2.1) ist jedoch auch das Integral eines Vektorfeldes „längs einer Kurve“ von physikalischem Interesse. Wir betrachten etwa die folgende Situation:

Ein Massenpunkt bewege sich längs einer Kurve $\boldsymbol{c}(t)$ in einem Kraftfeld $\boldsymbol{K}(\boldsymbol{x})$. Wir fragen nach der physikalischen Arbeit, die hierbei geleistet wird.

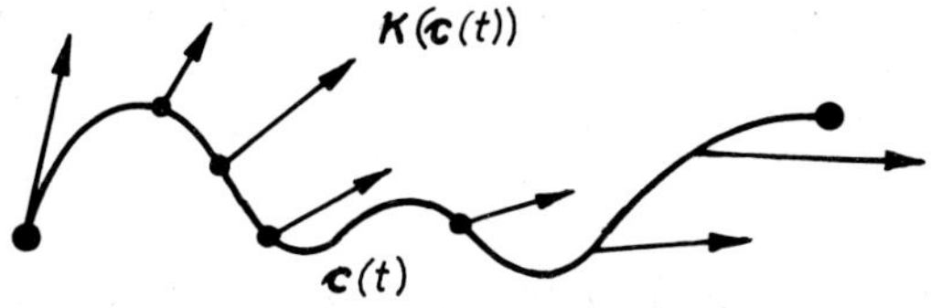

Abb. 19.12. Bewegung eines Massenpunktes im Kraftfeld

Approximieren wir die Kurve $\boldsymbol{c}(t)$ wieder durch einen Streckenzug mit Ecken $\boldsymbol{c}(t_i)$, wobei

$$Z \;=\; \{a = t_0 < t_1 < \ldots < t_m = b\}$$

die zugehörige Zerlegung von $[a, b]$ sei, und ersetzen wir das Kraftfeld $\boldsymbol{K}(\boldsymbol{x})$ längs einer Teilstrecke $\boldsymbol{c}(t_i)$, $\boldsymbol{c}(t_{i+1})$ durch die konstante Kraft $\boldsymbol{K}(\boldsymbol{c}(t_i))$, so erhalten wir für die Gesamtarbeit näherungsweise eine Summe von Skalarprodukten:

$$A \;\approx\; \sum_{i=0}^{m-1} \langle\; \boldsymbol{K}(\boldsymbol{c}(t_i))\,,\; \boldsymbol{c}(t_{i+1}) - \boldsymbol{c}(t_i)\;\rangle\,,$$

bzw. in Koordinaten (Dimensionen $n = 2, 3$):

$$\begin{aligned} A \;&\approx\; \sum_{j=1}^{n}\sum_{i=0}^{m-1} K_j(\boldsymbol{c}(t_i))\,(c_j(t_{i+1}) - c_j(t_i)) \\ &=\; \sum_{j=1}^{n}\sum_{i=0}^{m-1} K_j(\boldsymbol{c}(t_i))\,\dot{c}_j(\tau_{ij})\,(t_{i+1} - t_i)\,. \end{aligned}$$

Für eine Folge von Zerlegungen Z mit $\|Z\| \to 0$ konvergiert dieser Ausdruck gegen das Integral:

$$\int_a^b \langle\; \boldsymbol{K}(\boldsymbol{c}(t))\,,\; \dot{\boldsymbol{c}}(t)\;\rangle\; dt.$$

Definition (19.2.2)

Für ein stetiges Vektorfeld $\boldsymbol{f} : D \to \mathbb{R}^n$, $D \subset \mathbb{R}^n$ offen, und eine stückweise C^1–Kurve $\boldsymbol{c} : [a, b] \to D$ wird das **Kurvenintegral 2. Art** definiert durch

$$\int_{\boldsymbol{c}} \boldsymbol{f}(\boldsymbol{x})\, d\boldsymbol{x} \;:=\; \int_a^b \langle\; \boldsymbol{f}(\boldsymbol{c}(t))\,,\; \dot{\boldsymbol{c}}(t)\;\rangle\; dt.$$

Für eine **geschlossene** Kurve $\boldsymbol{c}(t)$, d.h., $\boldsymbol{c}(a) = \boldsymbol{c}(b)$, bezeichnet man das Kurvenintegral auch mit

$$\oint_{\boldsymbol{c}} \boldsymbol{f}(\boldsymbol{x})\, d\boldsymbol{x}.$$

Bemerkung (19.2.3)

a) Das Kurvenintegral 2. Art ist **linear** :

$$\int_{\boldsymbol{c}} (\alpha\, \boldsymbol{f}(\boldsymbol{x}) + \beta\, \boldsymbol{g}(\boldsymbol{x}))\, d\boldsymbol{x} \quad = \quad \alpha \int_{\boldsymbol{c}} \boldsymbol{f}(\boldsymbol{x})\, d\boldsymbol{x} \; + \; \beta \int_{\boldsymbol{c}} \boldsymbol{g}(\boldsymbol{x})\, d\boldsymbol{x}\,.$$

b) Es gilt :

$$\int_{-\boldsymbol{c}} \boldsymbol{f}(\boldsymbol{x})\, d\boldsymbol{x} \quad = \quad - \int_{\boldsymbol{c}} \boldsymbol{f}(\boldsymbol{x})\, d\boldsymbol{x}\,;$$

hierbei bezeichne $(-\boldsymbol{c})$ den „rückwärts“ durchlaufenen Weg : $(-\boldsymbol{c})(t) \;:=\; \boldsymbol{c}(b + a - t)\,,\;\; a \le t \le b.$

c)

$$\int_{\boldsymbol{c}_1 + \boldsymbol{c}_2} \boldsymbol{f}(\boldsymbol{x})\, d\boldsymbol{x} \quad = \quad \int_{\boldsymbol{c}_1} \boldsymbol{f}(\boldsymbol{x})\, d\boldsymbol{x} \; + \; \int_{\boldsymbol{c}_2} \boldsymbol{f}(\boldsymbol{x})\, d\boldsymbol{x}\,;$$

hierbei bezeichnet $(\boldsymbol{c}_1 + \boldsymbol{c}_2)$ den durch „Aneinandersetzen“ von $\boldsymbol{c}_1$ und $\boldsymbol{c}_2$ entstehende Weg (Endpunkt von $\boldsymbol{c}_1$ gleich Anfangspunkt von $\boldsymbol{c}_2$ vorausgesetzt).

d) Wie in (14.3.2) zeigt man, dass auch die Kurvenintegrale 2. Art **parametrisierungsinvariant** sind.

e) Im Fall einer glatten C^1–Kurve $\boldsymbol{c}(t)$ (d.h. $\dot{\boldsymbol{c}}(t) \neq \boldsymbol{0}$, $\forall\, t$) lässt sich das Kurvenintegral auch im Sinn von (19.2.1) interpretieren.

Es gilt nämlich:

$$\int_{\boldsymbol{c}} \boldsymbol{f}(\boldsymbol{x})\, d\boldsymbol{x} \;=\; \int_a^b \langle\, \boldsymbol{f}(\boldsymbol{c}(t))\,, \boldsymbol{T}(t)\,\rangle\, \|\dot{\boldsymbol{c}}(t)\|\, dt \;=\; \int_{\boldsymbol{C}} \langle\, \boldsymbol{f}\,, \boldsymbol{T}\,\rangle\, ds$$

mit dem **Tangenten-Einheitsvektor**

$$\boldsymbol{T}(t) \quad := \quad \frac{\dot{\boldsymbol{c}}(t)}{\|\dot{\boldsymbol{c}}(t)\|}\,.$$

f) Für die praktische Berechnung von Kurvenintegralen ist die folgende formale Schreibweise nützlich:

$$\int_{\boldsymbol{c}} \boldsymbol{f}(\boldsymbol{x})\, d\boldsymbol{x} \quad = \quad \int_{\boldsymbol{c}} \sum_{i=1}^{n} f_i(\boldsymbol{x})\, dx_i \quad = \quad \sum_{i=1}^{n} \int_{\boldsymbol{c}} f_i(\boldsymbol{x})\, dx_i \qquad (19.2.4)$$

mit

$$\int_{\boldsymbol{c}} f_i(\boldsymbol{x})\, dx_i \quad := \quad \int_a^b f_i(\boldsymbol{c}(t))\, \dot{c}_i(t)\, dt\,. \qquad (19.2.5)$$

Beispiel (19.2.6)

Für $\boldsymbol{x} \in \mathbb{R}^3$ sei

$$\boldsymbol{f}(\boldsymbol{x}) := (-y\,,\, x\,,\, z^2)^{\mathrm{T}} \quad \text{und} \quad \boldsymbol{c}(t) := (\cos t, \sin t, at)^{\mathrm{T}}, \quad 0 \le t \le 2\pi\,.$$

Hierfür ergibt sich das Kurvenintegral:

$$\begin{aligned}
\int_{\boldsymbol{c}} \boldsymbol{f}(\boldsymbol{x})d\boldsymbol{x} &= \int_{\boldsymbol{c}} \Big(-y\,dx + x\,dy + z^2\,dz\Big) \\
&= \int_0^{2\pi} \Big[(-\sin t)\,(-\sin t) + \cos t\,\cos t + a^2\,t^2\,a\Big]\,dt \\
&= \int_0^{2\pi} (1 + a^3\,t^2)\,dt \;=\; 2\,\pi + \frac{a^3}{3}\,(2\,\pi)^3.
\end{aligned}$$

In der Strömungslehre heißt das Kurvenintegral $\oint_{\boldsymbol{c}} \boldsymbol{u}(\boldsymbol{x})d\boldsymbol{x}$ eines Geschwindigkeitsfeldes $\boldsymbol{u}(t)$ längs einer geschlossenen Kurve auch die **Zirkulation** des Feldes $\boldsymbol{u}(\boldsymbol{x})$ längs $\boldsymbol{c}$. Es wird hierdurch eine Bilanz der tangentialen Komponenten des Geschwindigkeitsfeldes längs der gesamten Kurve $\boldsymbol{c}$ gebildet.

Beispiel (19.2.7)

Für das Geschwindigkeitsfeld $\boldsymbol{u}(x,y) = \begin{pmatrix} y \\ 0 \end{pmatrix} \in \mathbb{R}^2$ erhält man längs des Kreises

$$\boldsymbol{c}(t) = \begin{pmatrix} r\cos t \\ 1 + r\sin t \end{pmatrix}, \quad 0 \le t \le 2\pi$$

den folgenden Wert für die Zirkulation:

$$\begin{aligned}
\oint_{\boldsymbol{c}} \boldsymbol{u}(\boldsymbol{x})\,d\boldsymbol{x} &= \int_0^{2\pi} \left\langle \begin{pmatrix} 1 + r\sin t \\ 0 \end{pmatrix}, \begin{pmatrix} -r\sin t \\ r\cos t \end{pmatrix} \right\rangle dt \\
&= \int_0^{2\pi} (-r\sin t - r^2\sin^2 t)\,dt \\
&= \left[r\cos t - \frac{r^2}{2}(t - \sin t\cos t) \right]_0^{2\pi} \;=\; -\pi\,r^2.
\end{aligned}$$

Definition (19.2.8)

Ein stetiges Vektorfeld $\boldsymbol{f}(\boldsymbol{x})$, $\boldsymbol{x} \in D \subset \mathbb{R}^n$, heißt **wirbelfrei**, falls dessen Kurvenintegral längs **aller** geschlossenen, stückweise C^1–Kurven $\boldsymbol{c}(t)$ in D verschwindet, d.h.

$$\forall\, \boldsymbol{c} : \oint_{\boldsymbol{c}} \boldsymbol{f}(\boldsymbol{x})d\boldsymbol{x} = 0\,.$$

Bemerkung (19.2.9)

Ein Vektorfeld $\boldsymbol{f}(\boldsymbol{x})$ ist offensichtlich genau dann wirbelfrei, wenn der Wert eines Kurvenintegrals $\int_{\boldsymbol{c}} \boldsymbol{f}(\boldsymbol{x}) d\boldsymbol{x}$ nur vom Anfangs– und Endpunkt des Weges, jedoch nicht vom Verlauf des Weges $\boldsymbol{c}$ abhängt. Man sagt, das Kurvenintegral ist **wegunabhängig**.

Im Folgenden beschäftigen wir uns mit Kriterien für das Vektorfeld $\boldsymbol{f}(\boldsymbol{x})$, die die Wegunabhängigkeit der Kurvenintegrale über $\boldsymbol{f}(\boldsymbol{x})$ garantieren. Zugleich erhalten wir dabei ein praktisches Verfahren (Hauptsatz), um Kurvenintegrale zu berechnen. Zunächst werden wir hierzu den zulässigen Bereich $D \subset \mathbb{R}^n$ einschränken.

Definition (19.2.10)

Eine Teilmenge $D \subset \mathbb{R}^n$ heißt **zusammenhängend**, falls je zwei Punkte in D durch eine stückweise C^1–Kurve verbunden werden können:

$$\forall\, \boldsymbol{x}^0, \boldsymbol{y}^0 \in D : \exists\, \boldsymbol{c} : [a,b] \to D \ (\text{stückweise} C^1) : \quad \boldsymbol{c}(a) = \boldsymbol{x}^0 \quad \wedge \quad \boldsymbol{c}(b) = \boldsymbol{y}^0 \,.$$

Eine offene und zusammenhängende Menge $D \subset \mathbb{R}^n$ heißt auch ein **Gebiet** in $\mathbb{R}^n$.

Bemerkung (19.2.11)

Man kann zeigen, dass eine **offene** Menge $D \subset \mathbb{R}^n$ genau dann **nicht** zusammenhängend ist, wenn es **disjunkte**, offene Mengen U_1, $U_2 \subset \mathbb{R}^n$ gibt mit

$$U_1 \cap D \neq \emptyset, \qquad U_2 \cap D \neq \emptyset, \qquad D \subset U_1 \cup U_2 \,.$$

Nicht zusammenhängende offene Mengen sind also in (zumindest) zwei disjunkte offene Bereiche trennbar. Zusammenhängende Mengen sind dies nicht!

Definition (19.2.12)

Sei $\boldsymbol{f} : D \to \mathbb{R}^n$ ein Vektorfeld auf einem Gebiet $D \subset \mathbb{R}^n$. Wir sagen, $\boldsymbol{f}(\boldsymbol{x})$ ist ein **Gradientenfeld**, falls es eine skalare C^1–Funktion $\varphi : D \to \mathbb{R}$ gibt mit $\boldsymbol{\nabla}\varphi(\boldsymbol{x}) = \boldsymbol{f}(\boldsymbol{x})$.

$\varphi(\boldsymbol{x})$ heißt dann auch eine **Stammfunktion** oder ein **Potential** von $\boldsymbol{f}(\boldsymbol{x})$.

Bemerkung (19.2.13)

Kraftfelder $\boldsymbol{K}(\boldsymbol{x})$, die ein Potential besitzen, $\boldsymbol{K}(\boldsymbol{x}) = \boldsymbol{\nabla}\varphi(\boldsymbol{x})$, heißen auch **konservativ** (im Sinne von „energieerhaltend“). Die Funktion $U(\boldsymbol{x}) := -\varphi(\boldsymbol{x})$ (Vorzeichen !) ist dann die **potentielle Energie**.

Aus dem Newtonschen Kraftgesetz

$$\boldsymbol{K}(\boldsymbol{x}) \quad = \quad m\,\ddot{\boldsymbol{x}} \quad = \quad -\boldsymbol{\nabla} U(\boldsymbol{x})$$

folgt nämlich durch Multiplikation mit $\dot{\boldsymbol{x}}$:

$$0 \quad = \quad m\,\ddot{\boldsymbol{x}}^{\mathrm{T}}\dot{\boldsymbol{x}} + \operatorname{grad}(U(\boldsymbol{x}))\,\dot{\boldsymbol{x}} \quad = \quad \frac{d}{dt}\left(\frac{1}{2}\,m\,\|\dot{\boldsymbol{x}}\|^2 + U(\boldsymbol{x})\right).$$

Hieraus folgt, dass die Gesamtenergie $E(t) := \frac{1}{2}m\|\dot{\boldsymbol{x}}\|^2 + U(\boldsymbol{x})$ längs aller Lösungen der Newtonschen Bewegungsgleichung konstant ist (E = kinetische + potentielle Energie).

Der folgende Satz gibt nun eine wichtige Verallgemeinerung des Hauptsatzes (vgl. Abschnitt 13.3) für Kurvenintegrale.

Satz (19.2.14) (Hauptsatz für Kurvenintegrale)

Sei $D \subset \mathbb{R}^n$ ein Gebiet und $\boldsymbol{f}(\boldsymbol{x})$ ein stetiges Vektorfeld auf D.

a) Besitzt $\boldsymbol{f}(\boldsymbol{x})$ ein Potential $\varphi(\boldsymbol{x})$, so gilt für alle stückweisen C^1–Kurven $\boldsymbol{c} : [a,b] \to D$:

$$\int_{\boldsymbol{c}} \boldsymbol{f}(\boldsymbol{x})d\boldsymbol{x} = \varphi(\boldsymbol{c}(b)) - \varphi(\boldsymbol{c}(a)),$$

insbesondere ist das Kurvenintegral wegunabhängig und $\boldsymbol{f}(\boldsymbol{x})$ ist wirbelfrei.

b) Umgekehrt gilt: Ist $\boldsymbol{f}(\boldsymbol{x})$ wirbelfrei, so besitzt $\boldsymbol{f}(\boldsymbol{x})$ ein Potential $\varphi(\boldsymbol{x})$. Ist $\boldsymbol{x}^0 \in D$ ein fester Punkt, und bezeichnet $\boldsymbol{c}_{\boldsymbol{x}}$ (für $\boldsymbol{x} \in D$) eine beliebige, die Punkte $\boldsymbol{x}^0$ und $\boldsymbol{x}$ verbindende stückweise C^1–Kurve in D, so ist $\varphi(\boldsymbol{x})$ gegeben durch:

$$\varphi(\boldsymbol{x}) = \int_{\boldsymbol{c}_{\boldsymbol{x}}} \boldsymbol{f}(\boldsymbol{x})d\boldsymbol{x} + C, \quad C = \text{const.}.$$

Beweis

zu a): Der Einfachheit halber nehmen wir an, dass $\boldsymbol{c}(t)$, $a \le t \le b$, eine C^1–Kurve ist. Dann folgt mit der Kettenregel

$$\int_{\boldsymbol{c}} \boldsymbol{f}(\boldsymbol{x})d\boldsymbol{x} = \int_{\boldsymbol{c}} \nabla\varphi(\boldsymbol{x})\,d\boldsymbol{x} = \int_a^b \sum_{i=1}^n \frac{\partial\varphi}{\partial x_i}(\boldsymbol{c}(t))\;\dot{c}_i(t)\;dt$$

$$= \int_a^b \frac{d}{dt}(\varphi(\boldsymbol{c}(t))\;dt = \varphi(\boldsymbol{c}(b)) - \varphi(\boldsymbol{c}(a)).$$

zu b): Es genügt zu zeigen, dass durch

$$\varphi(\boldsymbol{x}) := \int_{\boldsymbol{c}_{\boldsymbol{x}}} \boldsymbol{f}(\boldsymbol{x})\,d\boldsymbol{x}$$

tatsächlich ein Potential für $\boldsymbol{f}(\boldsymbol{x})$ definiert wird. O.B.d.A. führen wir den Beweis für $n = 2$.

Sei $\boldsymbol{x} \in D$ und $\|\Delta\boldsymbol{x}\|$ hinreichend klein. Die Kurvenstücke $\boldsymbol{c}_1(t)$, $\boldsymbol{c}_2(t)$ (vgl. Abb. 19.13) seien gegeben durch

$$\boldsymbol{c}_1(t) := \begin{pmatrix} x_1 + t\,\Delta x_1 \\ x_2 \end{pmatrix}, \qquad \boldsymbol{c}_2(t) := \begin{pmatrix} x_1 + \Delta x_1 \\ x_2 + t\,\Delta x_2 \end{pmatrix}, \qquad 0 \le t \le 1\,.$$

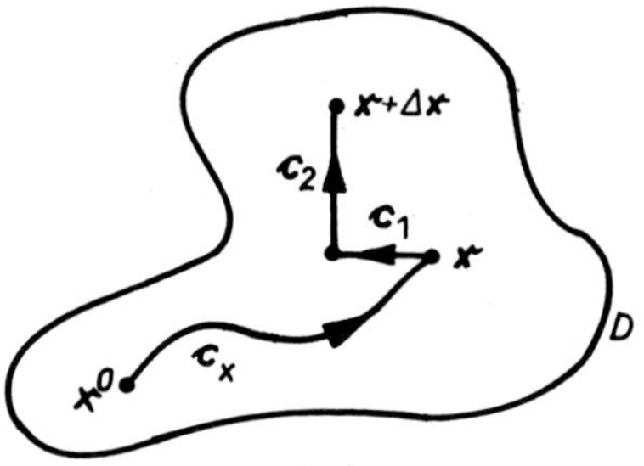

Abb. 19.13. Integrationsweg

Damit folgt:

$$\begin{aligned} \varphi(\boldsymbol{x} + \Delta\boldsymbol{x}) - \varphi(\boldsymbol{x}) &= \int\limits_{\boldsymbol{c}_1} \boldsymbol{f}(\boldsymbol{x})\,d\boldsymbol{x} + \int\limits_{\boldsymbol{c}_2} \boldsymbol{f}(\boldsymbol{x})\,d\boldsymbol{x} \\ &= \int\limits_0^1 f_1(\boldsymbol{c}_1(t))\,\Delta x_1\,dt \;+\; \int\limits_0^1 f_2(\boldsymbol{c}_2(t))\,\Delta x_2\,dt \\ &= f_1(\boldsymbol{x} + \boldsymbol{\xi}_1)\,\Delta x_1 \;+\; f_2(\boldsymbol{x} + \boldsymbol{\xi}_2)\,\Delta x_2\,. \end{aligned}$$

Letzteres ergibt sich aus dem Mittelwertsatz (13.3.9) mit:

$$\boldsymbol{\xi}_1 = \begin{pmatrix} \tau_1\,\Delta x_1 \\ 0 \end{pmatrix}, \qquad \boldsymbol{\xi}_2 = \begin{pmatrix} \Delta x_1 \\ \tau_2\,\Delta x_2 \end{pmatrix}, \qquad 0 \le \tau_1,\ \tau_2 \le 1\,.$$

Für $\Delta x_1,\ \Delta x_2 \to 0$ ergibt sich hieraus:

$$f_1(\boldsymbol{x}) = \frac{\partial\varphi}{\partial x_1}(\boldsymbol{x}), \quad f_2(\boldsymbol{x}) = \frac{\partial\varphi}{\partial x_2}(\boldsymbol{x})\,,$$

also $\boldsymbol{f}(\boldsymbol{x}) = \boldsymbol{\nabla}\varphi(\boldsymbol{x})$. ■

Beispiele (19.2.15)

a) Das zentrale Kraftfeld

$$\boldsymbol{K}(\boldsymbol{x}) = c_0\,\frac{\boldsymbol{x}}{\|\boldsymbol{x}\|^3}\,, \qquad \boldsymbol{x} \in \mathbb{R}^3\backslash\{\boldsymbol{0}\}$$

besitzt ein Potential $\varphi(\boldsymbol{x}) = -c_0\,\dfrac{1}{\|\boldsymbol{x}\|}$.

Für die längs einer stückweisen C^1–Kurve $\boldsymbol{c} : [a,b] \to \mathbb{R}^3 \backslash \{\boldsymbol{0}\}$ geleistete Arbeit gilt also:

$$A = \int_{\boldsymbol{c}} \boldsymbol{K}(\boldsymbol{x})\, d\boldsymbol{x} = c_0 \left(\frac{1}{\|\boldsymbol{c}(a)\|} - \frac{1}{\|\boldsymbol{c}(b)\|} \right).$$

b) Das Vektorfeld

$$\boldsymbol{f}(x,y,z) = \begin{pmatrix} 2\,x\,y + z^3 \\ x^2 + 3\,z \\ 3\,x\,z^2 + 3\,y \end{pmatrix}, \qquad (x,y,z)^{\mathrm{T}} \in \mathbb{R}^3$$

besitzt das Potential $\varphi(x,y,z) = x^2\,y + x\,z^3 + 3\,y\,z$.

Für eine beliebige, die Punkte $P = (1,1,2)$ und $Q = (3,5,-2)$ verbindende C^1–Kurve $\boldsymbol{c}(t)$ gilt also:

$$\int_{\boldsymbol{c}} \boldsymbol{f}(\boldsymbol{x})\, d\boldsymbol{x} = \varphi(Q) - \varphi(P) = -9 - 15 = -24.$$

Interpretiert man $\boldsymbol{f}(\boldsymbol{x})$ als elektrisches Feld, so gibt $\int_{\boldsymbol{c}} \boldsymbol{f}(\boldsymbol{x})\, d\boldsymbol{x}$ die Spannung zwischen den Punkten P und Q an.

c) Wir betrachten das Vektorfeld

$$\boldsymbol{f}(x,y) = \frac{1}{x^2+y^2} \begin{pmatrix} -y \\ x \end{pmatrix}, \qquad (x,y)^{\mathrm{T}} \in D = \mathbb{R}^2 \backslash \{\boldsymbol{0}\}.$$

Für den Einheitskreis $\boldsymbol{c}(t) := (\cos t, \sin t)^{\mathrm{T}}$, $0 \le t \le 2\pi$ findet man:

$$\oint_{\boldsymbol{c}} \boldsymbol{f}(\boldsymbol{x})\, d\boldsymbol{x} = \int_0^{2\pi} \left\langle \begin{pmatrix} -\sin t \\ \cos t \end{pmatrix}, \begin{pmatrix} -\sin t \\ \cos t \end{pmatrix} \right\rangle dt$$

$$= \int_0^{2\pi} 1\, dt = 2\,\pi \neq 0.$$

Das Vektorfeld $\boldsymbol{f}(x,y)$ ist also nicht wirbelfrei, es besitzt folglich auf D auch kein Potential!

Bemerkung (19.2.16)

Ist $\boldsymbol{f}(\boldsymbol{x})$, $\boldsymbol{x} \in D \subset \mathbb{R}^3$, ein C^1–Gradientenfeld, also $\boldsymbol{f}(\boldsymbol{x}) = \boldsymbol{\nabla}\varphi(\boldsymbol{x})$, so folgt (vgl. auch (17.1.28)):

$$\operatorname{rot} \boldsymbol{f}(\boldsymbol{x}) = \operatorname{rot}\,(\boldsymbol{\nabla}\varphi(\boldsymbol{x})) = \boldsymbol{0} \qquad (\forall\, \boldsymbol{x}).$$

Damit haben wir gesehen, dass $\operatorname{rot} \boldsymbol{f}(\boldsymbol{x}) = \boldsymbol{0}$ eine **notwendige Bedingung** für die Existenz eines Potential ist (die stetige Differenzierbarkeit von $\boldsymbol{f}(\boldsymbol{x})$ vorausgesetzt).

Diese Bedingung lässt sich auch im Fall $n = 2$ (d.h., $\boldsymbol{f} : D \to \mathbb{R}^2$ C^1–Vektorfeld, $D \subset \mathbb{R}^2$) erhalten. Hierzu definiert man

$$\operatorname{rot} \boldsymbol{f}(x,y) \quad := \quad \frac{\partial f_2}{\partial x}(x,y) - \frac{\partial f_1}{\partial y}(x,y) \,. \tag{19.2.17}$$

Man beachte, dass rot $\boldsymbol{f}$ hier ein **Skalar** ist!

In vielen Fällen ist die Bedingung $\operatorname{rot} \boldsymbol{f} = 0$ sogar **hinreichend** für die Existenz eines Potentials. Allerdings darf das Gebiet D (im $\mathbb{R}^2$) dann keine „Löcher" enthalten!

So rechnet man für das Vektorfeld $\boldsymbol{f}(x,y)$ von Beispiel (19.2.15c) explizit nach

$$\operatorname{rot}\left[\frac{1}{r^2}\begin{pmatrix} -y \\ x \end{pmatrix}\right] \quad = \quad \frac{\partial}{\partial x}\left(\frac{x}{x^2+y^2}\right) - \frac{\partial}{\partial y}\left(-\frac{y}{x^2+y^2}\right) \quad = \quad 0 \,.$$

Trotzdem besitzt $\boldsymbol{f}(x,y)$, wie wir ja gesehen haben, auf dem Gebiet $D = \mathbb{R}^2 \backslash \{\boldsymbol{0}\}$ kein Potential. Das Gebiet D ist, wie man sagt, nicht **einfach zusammenhängend** (vgl. Definition (19.2.23)). Schränkt man sich auf Teilgebiete von D „ohne Löcher" ein, so besitzt $\boldsymbol{f}$ sehr wohl ein Potential: So ist z.B. $\varphi(x,y) := \arctan(y/x)$ eine Stammfunktion auf den „beiden Gebieten" $x \neq 0$.

Man rechne dies nach!

Der genauere Zusammenhang für den zweidimensionalen Fall wird durch den folgenden Integralsatz von Green [3] wiedergegeben.

Satz (19.2.18) (Integralsatz von Green)

Sei $\boldsymbol{f}(\boldsymbol{x})$ ein C^1–Vektorfeld auf dem Gebiet $D \subset \mathbb{R}^2$. $K \subset D$ sei kompakt und bezüglich beider Koordinatenrichtungen projizierbar. K wird dann von einer geschlossenen, stückweisen C^1–Kurve $\boldsymbol{c}(t)$ berandet. Die Parametrisierung sei so gewählt, dass K stets links zur Durchlaufrichtung liegt (positiver Umlauf).
Dann gilt:

$$\oint_{\boldsymbol{c}} \boldsymbol{f}(\boldsymbol{x})\, d\boldsymbol{x} \quad = \quad \int_K \operatorname{rot} \boldsymbol{f}(\boldsymbol{x})\, d\boldsymbol{x}$$

Beweis

Mit den Bezeichnungen der nachfolgenden Abb. 19.14 folgt:

[3] George Green (1793–1841); Cambridge

$$\int\limits_K \frac{\partial f_2}{\partial x}\, d\boldsymbol{x} = \int\limits_c^d \int\limits_{g(y)}^{h(y)} \frac{\partial f_2}{\partial x}(\boldsymbol{x})\, dx\, dy = \int\limits_c^d [\, f_2(h(y), y) - f_2(g(y), y)\,]\, dy$$

$$= \oint\limits_{\boldsymbol{c}} f_2(x, y)\, dy\,.$$

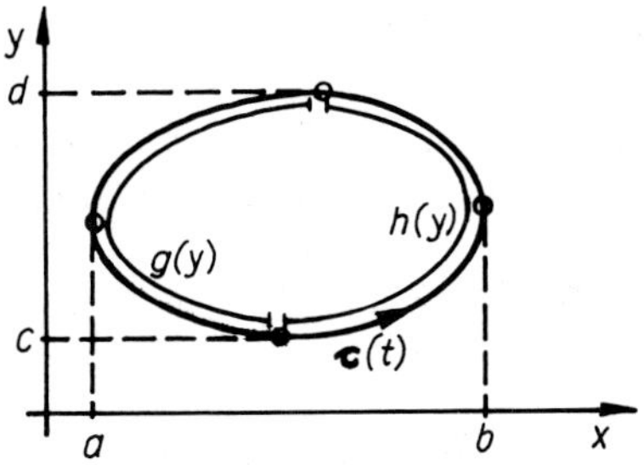

Abb. 19.14. Zum Integralsatz von Green

Analog erhält man $\displaystyle \int\limits_K \frac{\partial f_1}{\partial y}\, d\boldsymbol{x} = -\oint\limits_{\boldsymbol{c}} f_1(x, y)\, dx\,,$

und damit $\displaystyle \int\limits_K \operatorname{rot} \boldsymbol{f}(x, y) d\boldsymbol{x} = \oint\limits_{\boldsymbol{c}} \boldsymbol{f}(\boldsymbol{x}) d\boldsymbol{x}\,.$ ■

Bemerkungen (19.2.19)

a) Der Greensche Integralsatz gilt auch für kompakte Bereiche, die sich in endlich viele, bezüglich beider Koordinatenrichtungen projizierbare Bereiche zerlegen lassen (so genannte **Greensche Bereiche**).

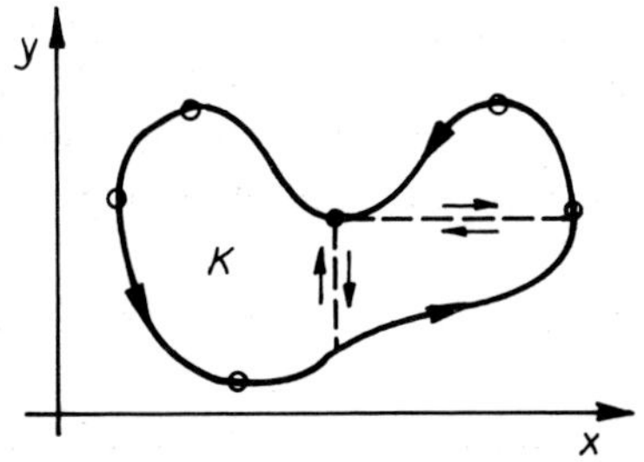

Abb. 19.15. Greenscher Bereich

b) Mit Hilfe des Tangenteneinheitsvektors $\boldsymbol{T}(t) = \dfrac{\dot{\boldsymbol{c}}(t)}{\|\dot{\boldsymbol{c}}(t)\|}$ lässt sich der Greensche Satz auch folgendermaßen schreiben (man beachte die Parametrisierungsinvarianz des Kurvenintegrals):

$$\int_K \operatorname{rot} \boldsymbol{f}\, d\boldsymbol{x} \quad = \quad \oint_{\partial K} \langle\, \boldsymbol{f}, \boldsymbol{T}\,\rangle\, ds\,. \tag{19.2.20}$$

Bezeichnet $\boldsymbol{f}(\boldsymbol{x})$ hier das Geschwindigkeitsfeld einer Strömung, so beschreibt die rechte Seite die **Zirkulation** der Strömung. Gilt also $\operatorname{rot} \boldsymbol{f}(\boldsymbol{x}) = 0$ für $\boldsymbol{x} \in D$, so ist die Strömung zirkulations–, d.h. wirbelfrei.

c) Ersetzt man in (19.2.20) $\boldsymbol{T}$ durch den äußeren Normaleneinheitsvektor

$$\boldsymbol{n} \quad = \quad \begin{pmatrix} T_2 \\ -T_1 \end{pmatrix},$$

so folgt

$$\begin{aligned} \oint_{\partial K} \langle\, \boldsymbol{f}, \boldsymbol{n}\,\rangle\, ds \quad &= \quad \oint_{\partial K} (f_1\, T_2 - f_2\, T_1)\, ds \\ &= \quad \oint_{\partial K} \left\langle \begin{pmatrix} -f_2 \\ f_1 \end{pmatrix}, \boldsymbol{T} \right\rangle ds \\ &\underset{(19.2.20)}{=} \quad \int_K \operatorname{rot} \begin{pmatrix} -f_2 \\ f_1 \end{pmatrix} d\boldsymbol{x} \\ &= \quad \int_K \operatorname{div} \boldsymbol{f}\;\; d\boldsymbol{x}\,. \end{aligned}$$

Man hat also neben (19.2.20) die Beziehung

$$\int_K \operatorname{div} \boldsymbol{f}\;\; d\boldsymbol{x} \quad = \quad \oint_{\partial K} \langle\, \boldsymbol{f}, \boldsymbol{n}\,\rangle\, ds\,. \tag{19.2.21}$$

Ist $\boldsymbol{f}(\boldsymbol{x})$ wiederum das Geschwindigkeitsfeld einer Strömung, so beschreibt die rechte Seite den **Gesamtfluss** der Strömung durch den Rand von K.

Gilt also $\operatorname{div} \boldsymbol{f}(\boldsymbol{x}) = 0$ für alle $\boldsymbol{x} \in D$, so ist die Strömung **quellen– und senkenfrei**.

Wir kommen nochmals auf die Frage der Existenz eines Potentials für ein vorgegebenes Vektorfeld $\boldsymbol{f}(\boldsymbol{x})$ im $\mathbb{R}^2$ zurück. Aufgrund des Greenschen Integralsatzes gilt:

Folgerung (19.2.22)

Ist $\operatorname{rot} \boldsymbol{f}(\boldsymbol{x}) = 0$ für alle $\boldsymbol{x} \in D \subset \mathbb{R}^2$ (Gebiet), so folgt $\oint\limits_{\boldsymbol{c}} \boldsymbol{f}(\boldsymbol{x}) d\boldsymbol{x} = 0$ für jede geschlossene stückweise C^1–Kurve, die einen Greenschen Bereich $B \subset D$ (vollständig) berandet.

Diese Bedingung beinhaltet insbesondere, dass B keine „Löcher“ enthalten darf, da deren Ränder ja zu ∂B gehören.

Definition (19.2.23)

Ein Gebiet $D \subset \mathbb{R}^n$ heißt **einfach zusammenhängend**, falls sich jede geschlossene Kurve $\boldsymbol{c} : [a,b] \to D$ stetig innerhalb D auf einen Punkt in D zusammenziehen lässt, d.h. genauer:

Es gibt eine stetige Abbildung

$$\boldsymbol{\Phi} \; : \; [a,b] \; \times \; [0,1] \; \to \; D$$

mit $\boldsymbol{\Phi}(t,0) = \boldsymbol{c}(t), \;\; \forall\, t \in [a,b]$ und $\boldsymbol{\Phi}(t,1) = \boldsymbol{x}^0 \in D, \;\; \forall\, t \in [a,b]$.

Die Abbildung $\boldsymbol{\Phi}(t,s)$ heißt auch **Homotopie**.

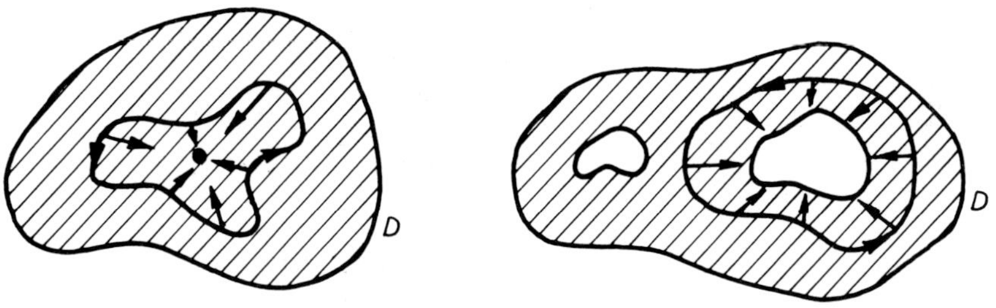

Abb. 19.16. Einfacher Zusammenhang einer Menge

In Verallgemeinerung von (19.2.22) gilt nun:

Satz (19.2.24)
Sei $D \subset \mathbb{R}^n$ ein einfach zusammenhängendes Gebiet. Ein C^1–Vektorfeld $\boldsymbol{f} : D \to \mathbb{R}^n$ besitzt genau dann ein Potential auf D, falls die **Integrabilitätsbedingung**

$$\forall\, \boldsymbol{x} \in D \; : \; \boldsymbol{Jf}(\boldsymbol{x}) \;=\; (\boldsymbol{Jf}(\boldsymbol{x}))^{\mathrm{T}}$$

(d.h. $\dfrac{\partial f_k}{\partial x_j}(\boldsymbol{x}) \;=\; \dfrac{\partial f_j}{\partial x_k}(\boldsymbol{x})\,, \;\; \forall\, j,k\,)$ erfüllt ist.

Beweis

Die Notwendigkeit der Integrabilitätsbedingung folgt unmittelbar aus dem Vertauschbarkeitssatz von Schwarz.

Gelte umgekehrt die Integrabilitätsbedingung. Wir wählen $\boldsymbol{x}^0 \in D$ fest. Für $\boldsymbol{x} \in D$ sei $\boldsymbol{c}_{\boldsymbol{x}}(t), \;\; 0 \le t \le 1,$ ein die Punkte $\boldsymbol{x}^0$ und $\boldsymbol{x}$ verbindender Streckenzug in D.

Die Funktion

$$\varphi(\boldsymbol{x}) \;:=\; \int\limits_{\boldsymbol{c_x}} \boldsymbol{f}(\boldsymbol{y})\, d\boldsymbol{y}\,, \qquad \boldsymbol{x} \in D$$

ist dann ein Potential für $\boldsymbol{f}(\boldsymbol{x})$.

Wir zeigen dies o.B.d.A. für den Fall einer direkten Verbindungsstrecke, also $\boldsymbol{c_x}(t) \;=\; \boldsymbol{x}^0 + t\,(\boldsymbol{x} - \boldsymbol{x}^0),\;\; 0 \le t \le 1$.

Man rechnet nach:

$$\begin{aligned}
\boldsymbol{\nabla}\varphi(\boldsymbol{x}) \;&=\; \frac{\partial}{\partial \boldsymbol{x}} \int\limits_0^1 \Big(\boldsymbol{f}(\boldsymbol{x}^0 + t(\boldsymbol{x} - \boldsymbol{x}^0))\Big)^{\mathrm{T}} (\boldsymbol{x} - \boldsymbol{x}^0)\, dt \\
&=\; \int\limits_0^1 \Big[\, t\, \boldsymbol{J}\boldsymbol{f}(\boldsymbol{c_x}(t))^{\mathrm{T}}\, (\boldsymbol{x} - \boldsymbol{x}^0) \;+\; \boldsymbol{f}(\boldsymbol{c_x}(t)) \Big]\, dt \\
&=\; \int\limits_0^1 \Big[\, t\, \boldsymbol{J}\boldsymbol{f}(\boldsymbol{c_x}(t))\, (\boldsymbol{x} - \boldsymbol{x}^0) \;+\; \boldsymbol{f}(\boldsymbol{c_x}(t)) \Big]\, dt \\
&=\; \int\limits_0^1 \frac{d}{dt}\, [\, t \cdot \boldsymbol{f}(\boldsymbol{c_x}(t))\,]\, dt \\
&=\; \boldsymbol{f}(\boldsymbol{c_x}(1)) \\
&=\; \boldsymbol{f}(\boldsymbol{x})\,.
\end{aligned}$$

Es bleibt zu zeigen, dass die Funktion $\varphi(\boldsymbol{x})$ durch obige Vorschrift wohldefiniert ist, d.h., dass der Wert $\varphi(\boldsymbol{x})$ von der Wahl des speziellen Streckenzuges unabhängig ist.

Man kann nun zeigen, dass der Wert des Kurvenintegrals $\int\limits_{\boldsymbol{c}} \boldsymbol{f}(\boldsymbol{x})\, d\boldsymbol{x}$ sich bei stetiger Deformierung (Homotopie) des Weges (im Sinne von (19.2.23)), aber festen Anfangs- und Endpunkten nicht ändert. Wir verzichten hier auf die Einzelheiten dieses Beweises.

Da D einfach zusammenhängend ist, lassen sich aber je zwei Wege mit gleichen Anfangs- und Endpunkten durch eine Homotopie ineinander überführen. Daher sind auch die Kurvenintegrale über je zwei die Punkte $\boldsymbol{x}^0$ und $\boldsymbol{x}$ verbindende Streckenzüge gleich. ■

Bemerkung (19.2.25)

In den Fällen $n = 2, 3$ stimmt die Integrabilitätsbedingung mit der Bedingung

$$\operatorname{rot} \boldsymbol{f}(\boldsymbol{x}) \;=\; \boldsymbol{0}$$

überein.

Beispiel (19.2.26)

Gegeben sei das Vektorfeld

$$\boldsymbol{f}(\boldsymbol{x}) = \begin{pmatrix} \dfrac{2xy}{r^2} & + & \sin z & & \\ \ln(r^2) & + & \dfrac{2y^2}{r^2} & + & z\mathrm{e}^y \\ \dfrac{2yz}{r^2} & + & \mathrm{e}^y & + & x\cos z \end{pmatrix}$$

für $\boldsymbol{x} \in \mathbb{R}^3 \backslash \{\mathbf{0}\}$, $r^2 := x^2 + y^2 + z^2$.

Es ist festzustellen, ob $\boldsymbol{f}(\boldsymbol{x})$ ein Potential besitzt, und dieses ist gegebenenfalls zu bestimmen.

Zunächst ist $D := \mathbb{R}^3 \backslash \{\mathbf{0}\}$ einfach zusammenhängend. Ferner findet man

$$\operatorname{rot} \boldsymbol{f} = \begin{vmatrix} \boldsymbol{e}_1 & \boldsymbol{e}_2 & \boldsymbol{e}_3 \\ \dfrac{\partial}{\partial x} & \dfrac{\partial}{\partial y} & \dfrac{\partial}{\partial z} \\ f_1 & f_2 & f_3 \end{vmatrix} = \begin{pmatrix} 0 \\ 0 \\ 0 \end{pmatrix}.$$

Nach (19.2.24) besitzt $\boldsymbol{f}$ daher ein Potential $\varphi(\boldsymbol{x})$.

Aus $\dfrac{\partial \varphi}{\partial x} = f_1 = \dfrac{2\,x\,y}{r^2} + \sin z$ folgt durch Integration bezüglich der Variablen x:

$$\varphi(\boldsymbol{x}) = y\,\ln(r^2) + x\,\sin z + c(y,z)$$

mit einer unbekannten Funktion $c(y,z)$.

Setzt man dies in $\dfrac{\partial \varphi}{\partial y} = f_2 = \ln(r^2) + \dfrac{2\,y^2}{r^2} + z\,\mathrm{e}^y$ ein, so folgt:

$$\ln(r^2) + \frac{2\,y^2}{r^2} + \frac{\partial c}{\partial y} = \ln(r^2) + \frac{2\,y^2}{r^2} + z\,\mathrm{e}^y\,,$$

und somit $c(y,z) = z\,\mathrm{e}^y + d(z)$.

Dies wiederum in die dritte Bedingung eingesetzt, liefert:

$$\frac{\partial \varphi}{\partial z} = \frac{2\,y\,z}{r^2} + x\,\cos z + \mathrm{e}^y + d'(z) = \frac{2\,y\,z}{r^2} + \mathrm{e}^y + x\,\cos z\,.$$

Damit ist $d'(z) = 0$, also $d(z) = C = \text{const.}$

Das gesuchte Potential lautet nunmehr

$$\varphi(\boldsymbol{x}) = y\,\ln(r^2) + x\,\sin z + z\,\mathrm{e}^y + C\,.$$

19.3 Oberflächenintegrale

Definition (19.3.1)
Sei $D \subset \mathbb{R}^2$ ein Gebiet und $\boldsymbol{p} : D \to \mathbb{R}^3$ eine C^1–Abbildung:

$$\boldsymbol{x} = \boldsymbol{p}(\boldsymbol{u}), \ \boldsymbol{x} \in \mathbb{R}^3, \ \boldsymbol{u} = (u_1, u_2)^{\mathrm{T}} \in D \subset \mathbb{R}^2 .$$

Sind für alle $\boldsymbol{u} \in D$ die Vektoren

$$\frac{\partial \boldsymbol{p}}{\partial u_1}(\boldsymbol{u}) \quad \text{und} \quad \frac{\partial \boldsymbol{p}}{\partial u_2}(\boldsymbol{u}) \qquad \text{linear unabhängig},$$

so heißt $F := \{\boldsymbol{p}(\boldsymbol{u}) : \boldsymbol{u} \in D\}$ eine **Fläche** (genauer: ein **Flächenstück**). Die Abbildung $\boldsymbol{x} = \boldsymbol{p}(\boldsymbol{u})$ heißt eine **Parametrisierung** (**Parameterdarstellung**) der Fläche F.

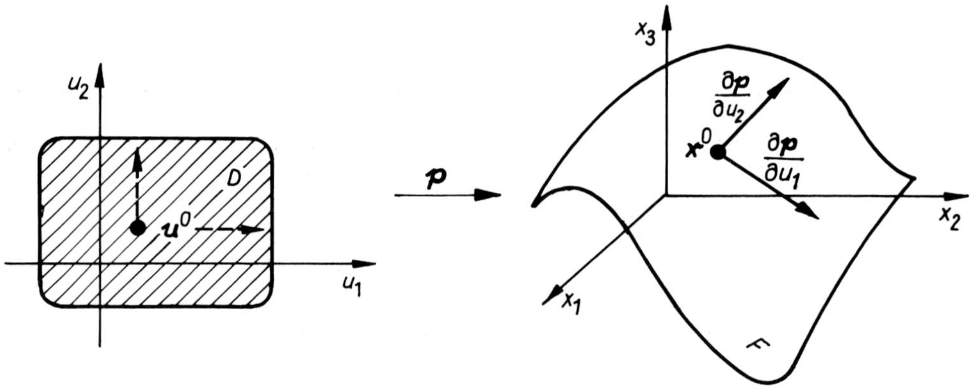

Abb. 19.17. Parametrisierung einer Fläche

Beispiele, Bemerkungen (19.3.2)

a) Für konstantes $r > 0$ beschreibt die Abbildung

$$\boldsymbol{p}(\varphi, z) := \begin{pmatrix} r\cos\varphi \\ r\sin\varphi \\ z \end{pmatrix}, \qquad (\varphi, z) \in \mathbb{R}^2 =: D$$

einen unbeschränkten Zylinder im $\mathbb{R}^3$.

Zur Darstellung eines beschränkten Zylinder schränkt man den Definitionsbereich weiter ein, etwa

$$(\varphi, z) \in K := [0, 2\pi] \times [0, H] \subset D .$$

Die Voraussetzung, dass die partiellen Ableitungen

$$\frac{\partial \boldsymbol{p}}{\partial \varphi} = \begin{pmatrix} -r \sin \varphi \\ r \cos \varphi \\ 0 \end{pmatrix}, \qquad \frac{\partial \boldsymbol{p}}{\partial z} = \begin{pmatrix} 0 \\ 0 \\ 1 \end{pmatrix}$$

linear unabhängig sind, ist für $r > 0$ auf ganz D erfüllt.

b) Der Graph einer skalaren C^1–Funktion $\varphi : D \to \mathbb{R}$, $D \subset \mathbb{R}^2$ Gebiet, ist eine Fläche. Eine Parametrisierung ist z.B. gegeben durch

$$\boldsymbol{p}(u_1, u_2) := \begin{pmatrix} u_1 \\ u_2 \\ \varphi(u_1, u_2) \end{pmatrix}, \qquad \boldsymbol{u} \in D .$$

Die partiellen Ableitungen

$$\frac{\partial \boldsymbol{p}}{\partial u_1} = \begin{pmatrix} 1 \\ 0 \\ \varphi_{u_1} \end{pmatrix}, \qquad \frac{\partial \boldsymbol{p}}{\partial u_2} = \begin{pmatrix} 0 \\ 1 \\ \varphi_{u_2} \end{pmatrix}$$

sind in der Tat linear unabhängig.

c) Die Vektoren $\dfrac{\partial \boldsymbol{p}}{\partial u_1}(\boldsymbol{u}^0)$, $\dfrac{\partial \boldsymbol{p}}{\partial u_2}(\boldsymbol{u}^0)$ liegen tangential an die Fläche F. Sie spannen die **Tangentialebene** $T_{\boldsymbol{x}^0}F$ an die Fläche F im Punkte $\boldsymbol{x}^0 = \boldsymbol{p}(\boldsymbol{u}^0)$ auf. Genauer gilt für die Gleichung der Tangentialebene (Parameterdarstellung):

$$T_{\boldsymbol{x}^0}F \; : \; \boldsymbol{x} - \boldsymbol{x}^0 = \lambda \frac{\partial \boldsymbol{p}}{\partial u_1}(\boldsymbol{u}^0) + \mu \frac{\partial \boldsymbol{p}}{\partial u_2}(\boldsymbol{u}^0), \qquad \lambda, \mu \in \mathbb{R} . \tag{19.3.3}$$

Wir wollen nun den Flächeninhalt der Fläche F messen. Genauer betrachten wir eine kompakte, messbare und zusammenhängende Teilmenge $K \subset D$ und bestimmen den Flächeninhalt von $\boldsymbol{p}(K)$.

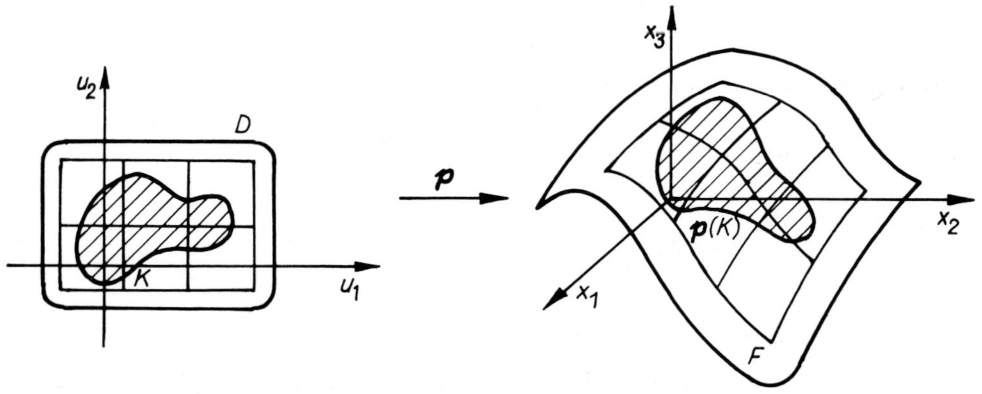

Abb. 19.18. Quaderüberdeckung einer Fläche

Dazu sei $Z = \{Q_{ij}\}$ eine Überdeckung von K durch Quader.

Das Bild eines Teilquaders Q_{ij} mit den Kanten Δu_1^i, Δu_2^j lässt sich in erster Näherung durch ein Parallelogramm approximieren, welches von den Vektoren $\Delta u_1^i \dfrac{\partial \boldsymbol{p}}{\partial u_1}(\boldsymbol{u}^{ij})$, $\Delta u_2^j \dfrac{\partial \boldsymbol{p}}{\partial u_2}(\boldsymbol{u}^{ij})$ aufgespannt wird ($\boldsymbol{u}^{ij}$ sei dabei eine Ecke von Q_{ij}).

Nach früherem (vgl. (3.1.21)) hat $\boldsymbol{p}(Q_{ij})$ daher in erster Näherung den Flächeninhalt

$$\Delta u_1^i \cdot \Delta u_2^j \cdot \left\| \frac{\partial \boldsymbol{p}}{\partial u_1} \times \frac{\partial \boldsymbol{p}}{\partial u_2} \right\| .$$

Summiert man diese Flächenteile auf, so erhält man die Riemannsche Summe

$$\sum_{i,j} \left\| \frac{\partial \boldsymbol{p}}{\partial u_1}(\boldsymbol{u}^{ij}) \times \frac{\partial \boldsymbol{p}}{\partial u_2}(\boldsymbol{u}^{ij}) \right\| \cdot \operatorname{vol}(Q_{ij}) ,$$

die für $\|Z\| \to 0$ gegen das Integral

$$\int_K \left\| \frac{\partial \boldsymbol{p}}{\partial u_1} \times \frac{\partial \boldsymbol{p}}{\partial u_2} \right\| d\boldsymbol{u} .$$

konvergiert. Dies gibt Anlass zu folgender Definition:

Definition (19.3.4)

Sei $\boldsymbol{p} : D \to \mathbb{R}^3$ die Parameterdarstellung einer Fläche, und sei $K \subset D$ kompakt, messbar und zusammenhängend.

Dann wird der Flächeninhalt von $\boldsymbol{p}(K)$ definiert durch das **Oberflächenintegral**

$$\int_{\boldsymbol{p}(K)} do := \int_K \left\| \frac{\partial \boldsymbol{p}}{\partial u_1}(\boldsymbol{u}) \times \frac{\partial \boldsymbol{p}}{\partial u_2}(\boldsymbol{u}) \right\| d\boldsymbol{u} .$$

$do := \left\| \dfrac{\partial \boldsymbol{p}}{\partial u_1} \times \dfrac{\partial \boldsymbol{p}}{\partial u_2} \right\| d\boldsymbol{u}$ heißt auch das **Oberflächenelement** der Fläche $\boldsymbol{x} = \boldsymbol{p}(\boldsymbol{u})$.

Beispiel (19.3.5)

Für die Mantelfläche des Zylinders (vgl. Beispiel (19.3.2a)) $Z = \boldsymbol{p}(K)$ mit

$$K := [0, 2\pi] \times [0, H] \subset D = \mathbb{R}^2 ,$$

$$\boldsymbol{x} = \boldsymbol{p}(\varphi, z) := \begin{pmatrix} r\cos\varphi \\ r\sin\varphi \\ z \end{pmatrix} , \qquad (\varphi, z) \in D ,$$

erhält man mit $\left\| \frac{\partial \boldsymbol{p}}{\partial \varphi} \times \frac{\partial \boldsymbol{p}}{\partial z} \right\| = r$:

$$O(Z) = \int_Z do = \int_K r \, d(\varphi, z) = \int_0^{2\pi} \int_0^H r \, dz \, d\varphi = 2\,\pi\, r\, H\,.$$

> **Satz (19.3.6)**
> Das in (19.3.4) definierte Oberflächenintegral ist unabhängig von der speziellen Parametrisierung der Fläche.

Beweis

Sei $\boldsymbol{p} : D \to \mathbb{R}^3$ eine C^1–Parametrisierung einer Fläche, $D \subset \mathbb{R}^2$ ein Gebiet, $K \subset D$ sei eine kompakte, messbare und zusammenhängende Teilmenge.

Durch $\boldsymbol{\Phi} : \tilde{D} \to D$, $\tilde{D} \subset \mathbb{R}^2$ Gebiet, werde ein C^1–Umparametrisierung gegeben, d.h., $(u_1, u_2) = \boldsymbol{\Phi}(v_1, v_2)$ sei ein C^1–Diffeomorphismus auf $\tilde{D}$.

Dann ist auch $\tilde{K} := \boldsymbol{\Phi}^{-1}(K)$ kompakt, messbar und zusammenhängend, und $\tilde{\boldsymbol{p}} := \boldsymbol{p} \circ \boldsymbol{\Phi}$ ist eine weitere Parameterdarstellung der Fläche $F = \boldsymbol{p}(K) = \tilde{\boldsymbol{p}}(\tilde{K})$.

Aufgrund der Kettenregel gilt dann $\boldsymbol{J}\tilde{\boldsymbol{p}}(\boldsymbol{v}) = \boldsymbol{J}\boldsymbol{p}(\boldsymbol{u}) \cdot \boldsymbol{J}\boldsymbol{\Phi}(\boldsymbol{v})$, also :

$$\left(\frac{\partial \tilde{\boldsymbol{p}}}{\partial v_1}, \frac{\partial \tilde{\boldsymbol{p}}}{\partial v_2} \right) = \left(\frac{\partial \boldsymbol{p}}{\partial u_1}, \frac{\partial \boldsymbol{p}}{\partial u_2} \right) \begin{pmatrix} \frac{\partial \Phi_1}{\partial v_1} & \frac{\partial \Phi_1}{\partial v_2} \\ \frac{\partial \Phi_2}{\partial v_1} & \frac{\partial \Phi_2}{\partial v_2} \end{pmatrix} = \left(\sum_j \frac{\partial \boldsymbol{p}}{\partial u_j} \frac{\partial \Phi_j}{\partial v_1}, \sum_j \frac{\partial \boldsymbol{p}}{\partial u_j} \frac{\partial \Phi_j}{\partial v_2} \right)$$

und damit auch

$$\left(\frac{\partial \tilde{\boldsymbol{p}}}{\partial v_1} \times \frac{\partial \tilde{\boldsymbol{p}}}{\partial v_2} \right) = \left(\frac{\partial \Phi_1}{\partial v_1} \frac{\partial \Phi_2}{\partial v_2} - \frac{\partial \Phi_2}{\partial v_1} \frac{\partial \Phi_1}{\partial v_2} \right) \left(\frac{\partial \boldsymbol{p}}{\partial u_1} \times \frac{\partial \boldsymbol{p}}{\partial u_2} \right)$$

$$= \det\left(\boldsymbol{J}\boldsymbol{\Phi}\right) \cdot \left(\frac{\partial \boldsymbol{p}}{\partial u_1} \times \frac{\partial \boldsymbol{p}}{\partial u_2} \right).$$

Mit dem Transformationssatz (19.1.30) folgt

$$\int_K \left\| \frac{\partial \boldsymbol{p}}{\partial u_1} \times \frac{\partial \boldsymbol{p}}{\partial u_2} \right\| d\boldsymbol{u} = \int_{\boldsymbol{\Phi}(\tilde{K})} \left\| \frac{\partial \boldsymbol{p}}{\partial u_1} \times \frac{\partial \boldsymbol{p}}{\partial u_2} \right\| d\boldsymbol{u} = \int_{\tilde{K}} \left\| \frac{\partial \boldsymbol{p}}{\partial u_1} \times \frac{\partial \boldsymbol{p}}{\partial u_2} \right\| \cdot \left|\det \boldsymbol{J}\boldsymbol{\Phi}\right| d\boldsymbol{v}$$

$$= \int_{\tilde{K}} \left\| \frac{\partial \tilde{\boldsymbol{p}}}{\partial v_1} \times \frac{\partial \tilde{\boldsymbol{p}}}{\partial v_2} \right\| d\boldsymbol{v}\,. \qquad \blacksquare$$

Bemerkung (19.3.7)

Ist die Fläche als Graph einer skalaren Funktion gegeben: $x_3 = \varphi(x_1, x_2)$ – vgl. Beispiel (19.3.2b) –, so erhält man:

$$\frac{\partial \boldsymbol{p}}{\partial x_1} \times \frac{\partial \boldsymbol{p}}{\partial x_2} = \begin{vmatrix} \boldsymbol{e}_1 & \boldsymbol{e}_2 & \boldsymbol{e}_3 \\ 1 & 0 & \varphi_{x_1} \\ 0 & 1 & \varphi_{x_2} \end{vmatrix} = \begin{pmatrix} -\varphi_{x_1} \\ -\varphi_{x_2} \\ 1 \end{pmatrix}.$$

Damit wird

$$\left\| \frac{\partial \boldsymbol{p}}{\partial x_1} \times \frac{\partial \boldsymbol{p}}{\partial x_2} \right\| = \sqrt{1 + \varphi_{x_1}^2 + \varphi_{x_2}^2}$$

und

$$O(\boldsymbol{p}(K)) = \int\limits_{\boldsymbol{p}(K)} do = \int\limits_K \sqrt{1 + \varphi_{x_1}^2 + \varphi_{x_2}^2}\; d(x_1, x_2)\,.$$

Beispiel (19.3.8)

Die obere Kugelkappe: $x_1^2 + x_2^2 + x_3^2 = R^2,\ x_3 \geq 0,$ sei parametrisiert durch:

$$x_3 = \varphi(x_1, x_2) = \sqrt{R^2 - x_1^2 - x_2^2}\,.$$

Damit ergibt sich für die Oberfläche der Kugelkappe:

$$\begin{aligned} O &= \int\limits_{x_1^2+x_2^2 \leq R^2} \sqrt{1 + \left(\frac{-x_1}{\sqrt{R^2 - x_1^2 - x_2^2}}\right)^2 + \left(\frac{-x_2}{\sqrt{R^2 - x_1^2 - x_2^2}}\right)^2}\; d(x_1, x_2) \\ &= \int\limits_{x_1^2+x_2^2 \leq R^2} \frac{R}{\sqrt{R^2 - x_1^2 - x_2^2}}\; d(x_1, x_2) \\ &= \int\limits_0^R \int\limits_0^{2\pi} \frac{R}{\sqrt{R^2 - r^2}}\; r\; d\varphi\, dr = \pi R \int\limits_0^R \frac{2r}{\sqrt{R^2 - r^2}}\; dr \\ &= -\pi\, R \int\limits_{R^2}^0 \frac{dz}{\sqrt{z}} = 2\,\pi\, R \sqrt{z}\,\Big|_{z=0}^{z=R^2} = 2\,\pi\, R^2\,. \end{aligned}$$

Für die gesamte Kugeloberfläche gilt daher $O = 4\,\pi\, R^2$.

Man beachte, dass die für (19.3.4) benötigten Voraussetzungen in diesem Beispiel **nicht** erfüllt sind.

φ ist keine C^1–Funktion auf einer $K = \{(x_1, x_2)^{\mathrm{T}} \,|\, x_1^2 + x_2^2 \leq R^2\}$ umfassenden **offenen** Menge – φ ist ja auf ∂K nicht einmal differenzierbar.
Die obige Rechnung lässt sich jedoch im Sinn eines Grenzwertes $\tilde{R} \to R;\ \tilde{R} < R$ rechtfertigen; vgl. auch Beispiel (19.3.14).

Aufgabe (19.3.9)

Analog bestimme man die Oberfläche des Paraboloids

$$P : x_3 = 2 - x_1^2 - x_2^2, \qquad x_1^2 + x_2^2 \leq 2\,.$$

Lösung: $O(P) = \frac{13}{3}\pi.$

Bemerkung (19.3.10)

Für das Oberflächenelement *do* einer Fläche hat man auch die folgenden Darstellungen:

a)

$$\begin{aligned} \left\| \frac{\partial \boldsymbol{p}}{\partial u_1} \times \frac{\partial \boldsymbol{p}}{\partial u_2} \right\|^2 &= (x_{u_1} y_{u_2} - x_{u_2} y_{u_1})^2 \\ &+ (y_{u_1} z_{u_2} - y_{u_2} z_{u_1})^2 \\ &+ (z_{u_1} x_{u_2} - z_{u_2} x_{u_1})^2 \\ &= \left(\frac{\partial(x,y)}{\partial(u_1,u_2)} \right)^2 + \left(\frac{\partial(y,z)}{\partial(u_1,u_2)} \right)^2 + \left(\frac{\partial(z,x)}{\partial(u_1,u_2)} \right)^2 , \end{aligned}$$

dabei bezeichnen $\frac{\partial(x,y)}{\partial(u_1,u_2)}$ usw. die Funktionaldeterminanten

$$\frac{\partial(x,y)}{\partial(u_1,u_2)} := \det \begin{pmatrix} x_{u_1} & x_{u_2} \\ y_{u_1} & y_{u_2} \end{pmatrix}. \tag{19.3.11}$$

b) Wegen

$$\begin{aligned} \|\boldsymbol{a} \times \boldsymbol{b}\|^2 &= \|\boldsymbol{a}\|^2 \, \|\boldsymbol{b}\|^2 \sin^2 (\sphericalangle (\boldsymbol{a}, \boldsymbol{b})) \\ &= \|\boldsymbol{a}\|^2 \, \|\boldsymbol{b}\|^2 - \langle \boldsymbol{a}, \boldsymbol{b} \rangle^2 \end{aligned}$$

(vgl. auch (3.1.12), (3.1.23)) gilt:

$$\left\| \frac{\partial \boldsymbol{p}}{\partial u_1} \times \frac{\partial \boldsymbol{p}}{\partial u_2} \right\|^2 = \left\| \frac{\partial \boldsymbol{p}}{\partial u_1} \right\|^2 \left\| \frac{\partial \boldsymbol{p}}{\partial u_2} \right\|^2 - \left\langle \frac{\partial \boldsymbol{p}}{\partial u_1}, \frac{\partial \boldsymbol{p}}{\partial u_2} \right\rangle^2 .$$

Nach Gauß führt man nun die folgenden Bezeichnungen ein:

$$\begin{aligned} E &:= \left\| \frac{\partial \boldsymbol{p}}{\partial u_1} \right\|^2 \\ F &:= \left\langle \frac{\partial \boldsymbol{p}}{\partial u_1}, \frac{\partial \boldsymbol{p}}{\partial u_2} \right\rangle \\ G &:= \left\| \frac{\partial \boldsymbol{p}}{\partial u_2} \right\|^2 . \end{aligned} \tag{19.3.12}$$

Die Funktionen E, F und G bilden die Koeffizienten der so genannten **ersten Fundamentalform**

$$q(du_1, du_2) \;=\; E\,du_1^2 + 2\,F\,du_1 du_2 + G\,du_2^2$$

der Fläche. Die zugehörige Matrix $\begin{pmatrix} E & F \\ F & G \end{pmatrix}$ ist nach Voraussetzung positiv definit.

Mit dieser Bezeichnung erhält man für das Oberflächenelement:

$$do \;=\; \sqrt{EG - F^2}\; d(u_1, u_2)\,. \tag{19.3.13}$$

Beispiel (19.3.14)

Für das Oberflächenelement der Sphäre

$$S_R^2 \;=\; \{(x_1, x_2, x_3)^{\mathrm{T}} \mid x_1^2 + x_2^2 + x_3^2 - R^2 = 0\}$$

ergibt sich mit der Parametrisierung (Kugelkoordinaten):

$$\begin{pmatrix} x_1 \\ x_2 \\ x_3 \end{pmatrix} \;=\; R \begin{pmatrix} \cos\varphi\,\cos\psi \\ \sin\varphi\,\cos\psi \\ \sin\psi \end{pmatrix}, \qquad (\varphi, \psi) \in [0, 2\pi] \times \left[-\frac{\pi}{2}, \frac{\pi}{2}\right]$$

$$\frac{\partial \boldsymbol{p}}{\partial \varphi} \;=\; R \begin{pmatrix} -\sin\varphi\,\cos\psi \\ \cos\varphi\,\cos\psi \\ 0 \end{pmatrix}, \qquad \frac{\partial \boldsymbol{p}}{\partial \psi} \;=\; R \begin{pmatrix} -\cos\varphi\,\sin\psi \\ -\sin\varphi\,\sin\psi \\ \cos\psi \end{pmatrix},$$

also:

$$E \;=\; R^2 \cos^2\psi, \;\; F \;=\; 0, \;\; G \;=\; R^2;$$

$$\Rightarrow \;\; do \;=\; R^2 \cos\psi\; d(\varphi, \psi), \;\; 0 \le \varphi \le 2\pi, \;\; -\frac{\pi}{2} \le \psi \le \frac{\pi}{2}\,.$$

Damit folgt für die Oberfläche der Sphäre:

$$\begin{aligned} O \;&=\; \int_{S_R^2} do \;&&=\; \int_{-\pi/2}^{\pi/2} \int_0^{2\pi} R^2 \cos\psi\; d\varphi\, d\psi \\ &=\; 2\,\pi\, R^2 \sin\psi\Big|_{-\pi/2}^{\pi/2} \;&&=\; 4\,\pi\, R^2\,. \end{aligned}$$

In Analogie zu den Kurvenintegralen lassen sich mittels des Oberflächenelements *do* auch Oberflächenintegrale von skalaren bzw. vektorwertigen Funktionen definieren. Diese werden **Oberflächenintegrale 1. und 2. Art** genannt.

Definition (19.3.15)

Sei $\boldsymbol{x} = \boldsymbol{p}(\boldsymbol{u})$ eine C^1–Parameter–Darstellung einer Fläche $F = \boldsymbol{p}(K)$, $K \subset D$ sei kompakt, messbar und zusammenhängend.

a) Für eine stetige Funktion $f : F \to \mathbb{R}$ definiert man das **Oberflächenintegral 1. Art** durch

$$\int_F f(\boldsymbol{x})\, do \;:=\; \int_K f(\boldsymbol{p}(\boldsymbol{u})) \left\| \frac{\partial \boldsymbol{p}}{\partial u_1} \times \frac{\partial \boldsymbol{p}}{\partial u_2} \right\| d\boldsymbol{u}\,.$$

b) Für ein stetiges Vektorfeld $\boldsymbol{f} : F \to \mathbb{R}^3$ definiert man das **Oberflächenintegral 2. Art** durch

$$\int_F \boldsymbol{f}(\boldsymbol{x})\, do \;:=\; \int_F \langle\, \boldsymbol{f}(\boldsymbol{x}), \boldsymbol{n}(\boldsymbol{x})\,\rangle\, do \;=\; \int_K \left\langle\, \boldsymbol{f}(\boldsymbol{p}(\boldsymbol{u})), \frac{\partial \boldsymbol{p}}{\partial u_1} \times \frac{\partial \boldsymbol{p}}{\partial u_2} \,\right\rangle d\boldsymbol{u}$$

$$=\; \int_K \langle\, \boldsymbol{f}(\boldsymbol{p}(\boldsymbol{u})), \boldsymbol{n}(\boldsymbol{p}(\boldsymbol{u}))\,\rangle \left\| \frac{\partial \boldsymbol{p}}{\partial u_1} \times \frac{\partial \boldsymbol{p}}{\partial u_2} \right\| d\boldsymbol{u}\,.$$

Hierbei bezeichnet $\boldsymbol{n}(\boldsymbol{x})$ „den“ Einheitsnormalenvektor auf der Fläche F. In der Parameter–Darstellung $\boldsymbol{x} = \boldsymbol{p}(\boldsymbol{u})$ ist dieser gegeben durch:

$$\boldsymbol{n}(\boldsymbol{p}(\boldsymbol{u})) \;:=\; \frac{\dfrac{\partial \boldsymbol{p}}{\partial u_1} \times \dfrac{\partial \boldsymbol{p}}{\partial u_2}}{\left\| \dfrac{\partial \boldsymbol{p}}{\partial u_1} \times \dfrac{\partial \boldsymbol{p}}{\partial u_2} \right\|}\,.$$

Bemerkungen (19.3.16)

a) Die Oberflächenintegrale lassen sich wiederum physikalisch deuten:

Ist $\rho(\boldsymbol{x})$ die Dichte (= Masse/Flächeneinheit) einer massebelegten Fläche $F = \boldsymbol{p}(K)$, so ist die Gesamtmasse der Fläche gegeben durch das Oberflächenintegral:

$$\int_F \rho(\boldsymbol{x})\, do\,.$$

Bezeichnet $\boldsymbol{f}(\boldsymbol{x})$ das Geschwindigkeitsfeld einer stationären Strömung, so gibt das Oberflächenintegral

$$\int_F \boldsymbol{f}(\boldsymbol{x})\, do$$

die Flüssigkeitsmenge (Volumen) an, die pro Zeiteinheit durch die Fläche F hindurchtritt. Man nennt $\int_F \boldsymbol{f}(\boldsymbol{x})\, do$ daher auch den **Fluss** des Vektorfeldes $\boldsymbol{f}(\boldsymbol{x})$ durch die Fläche F.

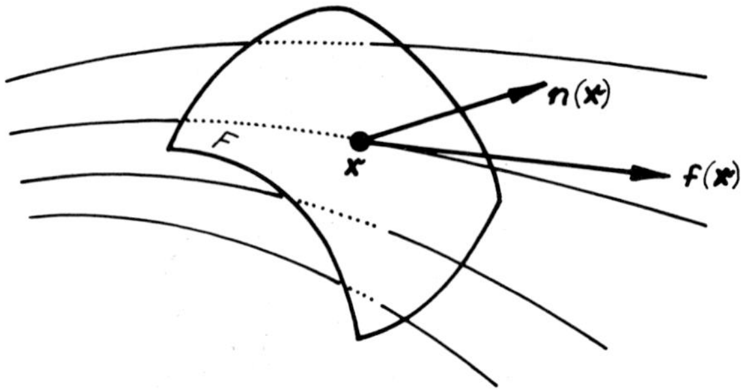

Abb. 19.19. Fluss durch eine Fläche

b) Im Fall einer geschlossenen Fläche (= „glatte" Oberfläche eines kompakten, einfach zusammenhängenden Körpers im $\mathbb{R}^3$) werden die Oberflächenintegrale wieder mit

$$\oint_F f(\boldsymbol{x})\, do \qquad \text{bzw.} \qquad \oint_F \boldsymbol{f}(\boldsymbol{x})\, do$$

bezeichnet.
Die Parametrisierung der Fläche wird dabei so gewählt, dass der Einheits–Normalenvektor $\boldsymbol{n}(\boldsymbol{x})$ nach außen weist (äußere Normale).

In Analogie zum Integralsatz von Green (Version (19.2.21)) ergibt sich der Gesamtfluss eines Vektorfeldes $f(\boldsymbol{x})$ durch die Oberfläche eines Körpers als Summe aller inneren Quellen und Senken der Strömung. Dies wird beschrieben durch den folgenden Integralsatz von Gauß:

Satz (19.3.17) (Integralsatz von Gauß)
Es sei $G \subset \mathbb{R}^3$ ein kompakter und messbarer Standardbereich (d.h., G sei bezüglich jeder Koordinate projizierbar). Der Rand ∂G bestehe aus endlich vielen glatten Flächenstücken mit äußerer Normalen $\boldsymbol{n}(\boldsymbol{x})$.
Ist $\boldsymbol{f} : D \to \mathbb{R}^3$ dann ein C^1–Vektorfeld mit $G \subset D$, so gilt

$$\int_G \operatorname{div} \boldsymbol{f}(\boldsymbol{x})\, d\boldsymbol{x} \;=\; \oint_{\partial G} \boldsymbol{f}(\boldsymbol{x})\, do \;.$$

Beweis
Wir betrachten die Projektion von G bezüglich der z–Achse. Mit den Bezeichnungen der nachfolgenden Abb. 19.20 gilt dann:

$$\int_G \frac{\partial f_3}{\partial z}\, d\boldsymbol{x} = \int_{G_z} \int_{z_1}^{z_2} \frac{\partial f_3}{\partial z}\, dz\, d(x,y) = \int_{G_z} [f_3(x,y,z_2) - f_3(x,y,z_1)]\; d(x,y)$$

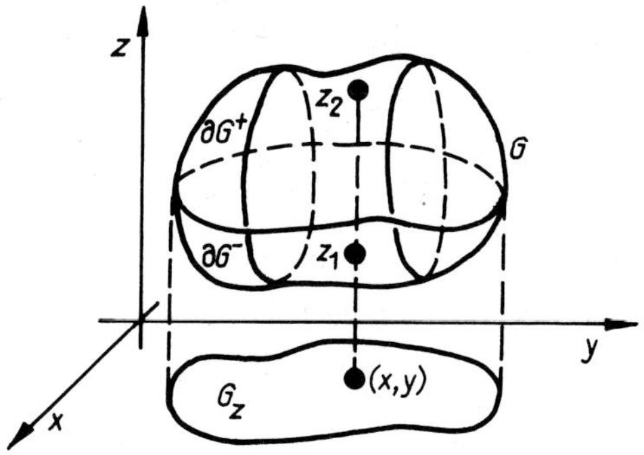

Abb. 19.20. z–Projektion

Die rechte Seite lässt sich als Oberflächenintegral über ∂G deuten.

Für den „oberen" Teil des Randes ∂G^+ hat man die Parameterdarstellung:

$$\boldsymbol{p}(x,y) := \begin{pmatrix} x \\ y \\ z_2(x,y) \end{pmatrix}, \qquad (x,y) \in G_z\,.$$

Mit $\quad \boldsymbol{p}_x = \left(1, 0, \frac{\partial z_2}{\partial x}\right)^{\mathrm{T}}, \quad \boldsymbol{p}_y = \left(0, 1, \frac{\partial z_2}{\partial y}\right)^{\mathrm{T}} \quad$ wird

$$\boldsymbol{n} = \frac{1}{\sqrt{1 + \left(\frac{\partial z_2}{\partial x}\right)^2 + \left(\frac{\partial z_2}{\partial y}\right)^2}} \begin{pmatrix} -\frac{\partial z_2}{\partial x} \\ -\frac{\partial z_2}{\partial y} \\ 1 \end{pmatrix}$$

und

$$\begin{aligned} \int_{G_z} f_3(x,y,z_2)\, d(x,y) &= \int_{\partial G^+} \frac{f_3(x,y,z_2)}{\sqrt{1 + \left(\frac{\partial z_2}{\partial x}\right)^2 + \left(\frac{\partial z_2}{\partial y}\right)^2}}\, do \\ &= \int_{\partial G^+} f_3(\boldsymbol{x})\, \langle\, \boldsymbol{e}_3, \boldsymbol{n}\, \rangle\, do\,. \end{aligned}$$

Analog ergibt sich für den „unteren" Teil des Randes ∂G^-:

$$\int_{G_z} f_3(x,y,z_1)\, d(x,y) = -\int_{\partial G^-} f_3(\boldsymbol{x})\, \langle\, \boldsymbol{e}_3, \boldsymbol{n}\, \rangle\, do\,,$$

so dass man insgesamt erhält:

$$\int_G \frac{\partial f_3}{\partial z}\, d\boldsymbol{x} \;=\; \oint_{\partial G} f_3(\boldsymbol{x})\ \langle\, \boldsymbol{e}_3, \boldsymbol{n}\,\rangle\ do\,.$$

Analoge Beziehungen ergeben sich aus den Projektionen von G bezüglich der x– und der y–Achse, also:

$$\int_G \frac{\partial f_j}{\partial x_j}\, d\boldsymbol{x} \;=\; \oint_{\partial G} f_j(\boldsymbol{x})\ \langle\, \boldsymbol{e}_j, \boldsymbol{n}\,\rangle\ do\,, \qquad j = 1, 2, 3\,.$$

Die Summation dieser drei Beziehungen liefert die Behauptung des Gaußschen Integralsatzes. ■

Beispiel (19.3.18)

Wir betrachten das Vektorfeld $f(\boldsymbol{x}) = \boldsymbol{x}$ und als „Testkörper" die Kugel $K = \{\boldsymbol{x} \in \mathbb{R}^3 \mid \|\boldsymbol{x}\|_2 \le 1\}$.

Wegen $\operatorname{div}\ \boldsymbol{x} = 3$ folgt unmittelbar

$$\int_K \operatorname{div} f(\boldsymbol{x})\, d\boldsymbol{x} \;=\; 3 \cdot \operatorname{vol}\,(K) \;=\; 4\,\pi\,.$$

Das Oberflächenintegral wird mit Hilfe der Parametrisierung (Kugelkoordinaten)

$$\boldsymbol{p}(\varphi, \psi) \;=\; \begin{pmatrix} \cos\varphi\, \cos\psi \\ \sin\varphi\, \cos\psi \\ \sin\psi \end{pmatrix}, \qquad \begin{matrix} 0 & \le & \varphi & \le & 2\pi \\ -\frac{\pi}{2} & \le & \psi & \le & \frac{\pi}{2} \end{matrix}$$

berechnet. Man findet:

$$\frac{\partial \boldsymbol{p}}{\partial \varphi} \times \frac{\partial \boldsymbol{p}}{\partial \psi} \;=\; \cos\psi \cdot \boldsymbol{p}(\varphi, \psi), \qquad \text{also}$$

$$\boldsymbol{n} = \boldsymbol{p}(\varphi, \psi), \qquad do = \cos\psi\ d(\varphi, \psi)\,.$$

Damit folgt:

$$\oint_{\partial K} \boldsymbol{f}(\boldsymbol{x})\, do \;=\; \oint_{\partial K} \langle\, \boldsymbol{x}, \boldsymbol{n}\,\rangle\ do \;=\; \int_{-\pi/2}^{\pi/2} \int_0^{2\pi} \|\boldsymbol{p}(\varphi, \psi)\|^2\ \cos\psi\ d\varphi\, d\psi \;=\; 4\,\pi\,.$$

Als Folgerung des Gaußschen Integralsatzes ergeben sich die so genannten Greenschen Formeln:

Satz (19.3.19) (Formeln von Green)
$G \subset \mathbb{R}^3$ erfülle die Voraussetzungen des Gaußschen Integralsatzes.
Für C^2–Funktionen $f, g : D \to \mathbb{R}$, $G \subset D$, gelten dann die Relationen:

$$\int_G (f\,\Delta g + \langle\, \nabla f, \nabla g\,\rangle)\, d\boldsymbol{x} = \oint_{\partial G} f\,\frac{\partial g}{\partial \boldsymbol{n}}\, do$$

$$\int_G (f\,\Delta g - g\,\Delta f)\, d\boldsymbol{x} = \oint_{\partial G} \left(f\,\frac{\partial g}{\partial \boldsymbol{n}} - g\,\frac{\partial f}{\partial \boldsymbol{n}}\right) do$$

Hierbei bezeichne $\dfrac{\partial f}{\partial \boldsymbol{n}}(\boldsymbol{x}) := D_{\boldsymbol{n}} f(\boldsymbol{x})$, $\boldsymbol{x} \in \partial G$, die Richtungsableitung von $f(\boldsymbol{x})$ in Richtung des äußeren Einheits–Normalenvektors $\boldsymbol{n}(\boldsymbol{x})$; vgl. (17.2.14).

Beweis
Mit $\boldsymbol{F}(\boldsymbol{x}) := f(\boldsymbol{x}) \cdot \nabla g(\boldsymbol{x})$ folgt

$$\begin{aligned} \operatorname{div} \boldsymbol{F} &= \frac{\partial}{\partial x_1}\left(f \cdot \frac{\partial g}{\partial x_1}\right) + \frac{\partial}{\partial x_2}\left(f \cdot \frac{\partial g}{\partial x_2}\right) + \frac{\partial}{\partial x_3}\left(f \cdot \frac{\partial g}{\partial x_3}\right) \\ &= f \cdot \Delta g + \langle\, \nabla f, \nabla g\,\rangle\,. \end{aligned}$$

Die Anwendung des Integralsatzes von Gauß ergibt nun

$$\begin{aligned} \int_G (f \cdot \Delta g + \langle\, \nabla f, \nabla g\,\rangle)\, d\boldsymbol{x} &= \int_G \operatorname{div}\, \boldsymbol{F}\, d\boldsymbol{x} = \oint_{\partial G} \langle\, \boldsymbol{F}, \boldsymbol{n}\,\rangle\, do \\ &= \oint_{\partial G} f\,\langle\, \nabla g, \boldsymbol{n}\,\rangle\, do \underset{(17.2.16)}{=} \oint_{\partial G} f\,\frac{\partial g}{\partial \boldsymbol{n}}\, do\,. \end{aligned}$$

Vertauscht man in der ersten Greenschen Formel die Rollen von f und g und subtrahiert diese Relation von der ersten Greenschen Formel, so erhält man die zweite Formel. ■

Folgerung (19.3.20)
$G \subset \mathbb{R}^3$ erfülle wieder die Voraussetzungen des Gaußschen Integralsatzes. Wir betrachten die folgenden **Randwertaufgaben**:

1. Randwertaufgabe (Dirichletsches Problem) :

Gesucht ist eine auf G (einschließlich Rand) stetige Funktion $u(\boldsymbol{x})$ mit

$$\begin{aligned} \Delta u &= 0 && (\forall\, \boldsymbol{x} \in G^0) \\ u(\boldsymbol{x}) &= h(\boldsymbol{x}) && (\forall\, \boldsymbol{x} \in \partial G)\,. \end{aligned} \tag{19.3.21}$$

Dabei ist $h(\boldsymbol{x})$ eine vorgegebene stetige Funktion auf dem Rand ∂G.

2. Randwertaufgabe (Neumannsches [4] Problem) :

Gesucht ist eine auf G (einschließlich Rand) stetige Funktion $u(\boldsymbol{x})$ mit

$$\begin{aligned} \Delta u &= 0 && (\forall\, \boldsymbol{x} \in G^0) \\ \frac{\partial u}{\partial \boldsymbol{n}}(\boldsymbol{x}) &= g(\boldsymbol{x}) && (\forall\, \boldsymbol{x} \in \partial G)\,. \end{aligned} \tag{19.3.22}$$

$g(\boldsymbol{x})$ ist eine vorgegebene stetige Funktion auf ∂G.

Beide Randwertaufgaben haben vielfältige Anwendungen in Physik und Ingenieurwissenschaften.

Mit Hilfe der Greenschen Formeln erhalten wir nun sehr einfach eine Eindeutigkeitsaussage für die beiden Arten von Randwertaufgaben. Sind nämlich $u(\boldsymbol{x})$ und $v(\boldsymbol{x})$ Lösungen der ersten bzw. der zweiten Randwertaufgabe, so folgt mit

$$f(\boldsymbol{x}) \;:=\; g(\boldsymbol{x}) \;:=\; u(\boldsymbol{x}) - v(\boldsymbol{x})$$

aus der ersten Greenschen Formel:

$$\int\limits_G \|\boldsymbol{\nabla} f\|^2 \, d\boldsymbol{x} \;=\; \oint\limits_{\partial G} f \cdot \frac{\partial f}{\partial \boldsymbol{n}}\, do \;=\; 0\,.$$

Letzteres gilt, da $f = 0$ auf ∂G für die erste Randwertaufgabe bzw. $\dfrac{\partial \boldsymbol{f}}{\partial \boldsymbol{n}} = 0$ auf ∂G für die zweite Randwertaufgabe erfüllt ist.

Daraus folgt, dass $\boldsymbol{\nabla} f$ auf G^0 verschwindet. Aus Stetigkeitsgründen ist daher $f(\boldsymbol{x})$ auf ganz G konstant.

Für die erste Randwertaufgabe verschwindet $f(\boldsymbol{x})$ auf ∂G, somit gilt $f(\boldsymbol{x}) \equiv 0$ für alle $\boldsymbol{x} \in G$. Die beiden Lösungen $u(\boldsymbol{x})$ und $v(\boldsymbol{x})$ stimmen also auf G überein. Für die zweite Randwertaufgabe lässt sich lediglich $u(\boldsymbol{x}) = v(\boldsymbol{x}) + C$, $C = \text{const.}$ folgern, d.h., eine Lösung dieser Randwertaufgabe ist nur bis auf eine additive Konstante eindeutig bestimmt.

Zum Abschluss gehen wir noch auf eine Verallgemeinerung des Greenschen Integralsatzes der Ebene (vgl. (19.2.18)) ein. Die Aussage dieses Satzes gilt nämlich analog für glatte Flächenstücke im $\mathbb{R}^3$:

---

[4] Franz Ernst Neumann (1798–1895); Königsberg

Satz (19.3.23) (Integralsatz von Stokes[5])

Sei $\boldsymbol{f} : D \to \mathbb{R}^3$ ein C^1–Vektorfeld auf einem Gebiet $D \subset \mathbb{R}^3$.
$F = \boldsymbol{p}(K)$ sei eine Fläche in D, $F \subset D$, mit der Parameterdarstellung $\boldsymbol{x} = \boldsymbol{p}(\boldsymbol{u})$, $\boldsymbol{u} \in \mathbb{R}^2$.
$K \subset \mathbb{R}^2$ sei ein Greenscher Bereich. Der Rand ∂K werde durch eine stückweise glatte C^1–Kurve $\boldsymbol{c}$ parametrisiert, derer Bild $\tilde{\boldsymbol{c}}(t) := \boldsymbol{p}(\boldsymbol{c}(t))$ dann den „Rand" ∂F der Fläche F parametrisiert.
Die Orientierung der Randkurve $\tilde{\boldsymbol{c}}(t)$ sei hierbei so gewählt, dass $\boldsymbol{n}(\tilde{\boldsymbol{c}}(t)) \times \dot{\tilde{\boldsymbol{c}}}(t)$ in Richtung der Fläche weist, vgl. Abb. 19.21.
Dann gilt:

$$\int_F \operatorname{rot} \boldsymbol{f}(\boldsymbol{x})\, do = \oint_{\partial F} \boldsymbol{f}(\boldsymbol{x})\, d\boldsymbol{x}$$

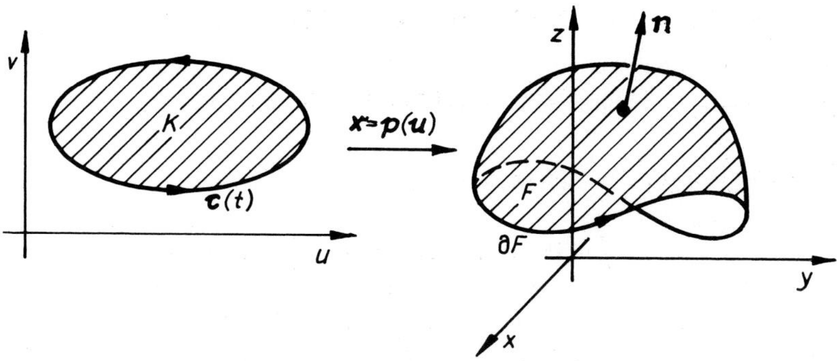

Abb. 19.21. Zum Integralsatz von Stokes

Beweis

Zunächst ist

$$\begin{aligned}\int_F \operatorname{rot} \boldsymbol{f}(\boldsymbol{x})\, do &= \int_F \langle \operatorname{rot} \boldsymbol{f}, \boldsymbol{n} \rangle\, do \\ &= \int_F \left[\left(\frac{\partial f_3}{\partial y} - \frac{\partial f_2}{\partial z} \right) n_1 + \left(\frac{\partial f_1}{\partial z} - \frac{\partial f_3}{\partial x} \right) n_2 + \left(\frac{\partial f_2}{\partial x} - \frac{\partial f_1}{\partial y} \right) n_3 \right] do\end{aligned}$$

[5]George Gabriel Stokes (1819–1903); Cambridge

$$
\begin{aligned}
&= \int\limits_F \left(\frac{\partial f_1}{\partial z} n_2 - \frac{\partial f_1}{\partial y} n_3\right) do + \int\limits_F \left(\frac{\partial f_2}{\partial x} n_3 - \frac{\partial f_2}{\partial z} n_1\right) do \\
&\quad + \int\limits_F \left(\frac{\partial f_3}{\partial y} n_1 - \frac{\partial f_3}{\partial x} n_2\right) do \\
&=: I_1 + I_2 + I_3 .
\end{aligned}
$$

Mit Hilfe von

$$
\frac{\partial \boldsymbol{p}}{\partial u} \times \frac{\partial \boldsymbol{p}}{\partial v} = \begin{pmatrix} y_u\, z_v & - & y_v\, z_u \\ -x_u\, z_v & + & x_v\, z_u \\ x_u\, y_v & - & x_u\, y_v \end{pmatrix}
$$

lassen sich die Einzelintegrale weiter umformen.

Für I_1 ergibt sich:

$$
I_1 = \int\limits_K \left[\frac{\partial f_1}{\partial z} (-x_u z_v + x_v z_u) - \frac{\partial f_1}{\partial y} (x_u y_v - x_v y_u) \right] d(u,v) .
$$

Vereinfachend nehmen wir an, dass die Parametrisierung $\boldsymbol{x} = \boldsymbol{p}(u,v)$ sogar eine C^2–Funktion sei. Dann lässt sich obiges Integral umformen zu:

$$
I_1 = \int\limits_K \left(\frac{\partial}{\partial u} \left[f_1(\boldsymbol{p}(u,v)) x_v \right] - \frac{\partial}{\partial v} \left[f_1(\boldsymbol{p}(u,v) x_u \right] \right) d(u,v) .
$$

Beide Teilintegrale hiervon lassen sich nun nach dem Beweis des Greenschen Integralsatzes (vgl. (19.2.18)) in ein Kurvenintegral über ∂K umwandeln. Der Rand ∂K sei parametrisiert in Form einer stückweisen C^1–Funktion $\boldsymbol{c}(t)$, $a \le t \le b$. $\tilde{\boldsymbol{c}}(t) := \boldsymbol{p}(\boldsymbol{c}(t))$ ist dann eine Parametrisierung von ∂F.

Zunächst folgt für I_1:

$$
\begin{aligned}
I_1 &= \oint\limits_{\boldsymbol{c}} f_1(\boldsymbol{p}(u,v))\, x_v\, dv + \oint\limits_{\boldsymbol{c}} f_1(\boldsymbol{p}(u,v))\, x_u\, du \\
&= \oint\limits_{\tilde{\boldsymbol{c}}} f_1(\boldsymbol{x})\, dx .
\end{aligned}
$$

Analog erhält man:

$$
I_2 = \oint\limits_{\tilde{\boldsymbol{c}}} f_2(\boldsymbol{x})\, dy , \qquad I_3 = \oint\limits_{\tilde{\boldsymbol{c}}} f_3(\boldsymbol{x})\, dz .
$$

Die Summation der drei Integrale liefert schließlich die Behauptung:

$$
\int\limits_F \operatorname{rot} \boldsymbol{f}(\boldsymbol{x})\, do = \oint\limits_{\tilde{\boldsymbol{c}}} \boldsymbol{f}(\boldsymbol{x})\, d\boldsymbol{x} = \oint\limits_{\partial F} \boldsymbol{f}(\boldsymbol{x})\, d\boldsymbol{x} .
$$

■

Beispiel (19.3.24)

Für die Zirkulation des Vektorfeldes $\boldsymbol{f}(x,y,z) = \begin{pmatrix} -y \\ x \\ -z \end{pmatrix}$ längs des Kreises

$\tilde{\boldsymbol{c}}(t) = \begin{pmatrix} \cos t \\ \sin t \\ 0 \end{pmatrix}$, $0 \le t \le 2\pi$, findet man

$$\oint_{\tilde{\boldsymbol{c}}} \boldsymbol{f}(\boldsymbol{x})\, d\boldsymbol{x} = \int_0^{2\pi} (-\sin t, \cos t, 0) \begin{pmatrix} -\sin t \\ \cos t \\ 0 \end{pmatrix} dt = 2\pi .$$

Andererseits ist rot $\boldsymbol{f} = \begin{pmatrix} 0 \\ 0 \\ 2 \end{pmatrix}$.

Als von der Kurve $\tilde{\boldsymbol{c}}(t)$ berandete Fläche wählen wir die obere Kugelhälfte mit der Parametrisierung

$$\begin{pmatrix} x \\ y \\ z \end{pmatrix} = \begin{pmatrix} \cos\varphi\, \cos\psi \\ \sin\varphi\, \cos\psi \\ \sin\psi \end{pmatrix}, \qquad 0 \le \varphi \le 2\pi,\ 0 \le \psi \le \frac{\pi}{2} .$$

Analog zu (19.3.18) ergibt sich damit für das Oberflächenintegral:

$$\begin{aligned} \int_F \operatorname{rot} \boldsymbol{f}(\boldsymbol{x})\, do &= \int_0^{\pi/2} \int_0^{2\pi} (0,0,2) \begin{pmatrix} \cos\varphi\, \cos\psi \\ \sin\varphi\, \cos\psi \\ \sin\psi \end{pmatrix} \cos\psi\, d\varphi\, d\psi \\ &= 2\pi \int_0^{\pi/2} 2 \sin\psi\, \cos\psi\, d\psi \\ &= 2\pi . \end{aligned}$$

Eine wichtige Anwendung des Stokessches und des Gaußschen Integralsatzes findet man in den Grundgesetzen der Elektrodynamik. Die so genannten **Maxwellschen** [6] **Gleichungen** lauten in integraler Form:

$$\begin{aligned} \oint_{\boldsymbol{c}} \boldsymbol{H}\, d\boldsymbol{x} &= \frac{1}{c} \int_F \left(4\pi \boldsymbol{J} + \frac{\partial \boldsymbol{D}}{\partial t} \right) do \\ \oint_{\boldsymbol{c}} \boldsymbol{E}\, d\boldsymbol{x} &= -\frac{1}{c} \frac{\partial}{\partial t} \int_F \boldsymbol{B}\, do \end{aligned} \qquad (19.3.25)$$

[6] James Clerk Maxwell (1831–1879); Aberdeen, London, Cambridge

$$\begin{aligned}\oint_{\partial V} \boldsymbol{D}\, do &= 4\,\pi \int_V \rho\, d\boldsymbol{x} \\ \oint_{\partial V} \boldsymbol{B}\, do &= 0\,.\end{aligned} \tag{19.3.26}$$

Hierbei bezeichnen $\boldsymbol{H} = \boldsymbol{H}(\boldsymbol{x}, t)$ die magnetische Feldstärke, $\boldsymbol{E} = \boldsymbol{E}(\boldsymbol{x}, t)$ die elektrische Feldstärke, $\boldsymbol{B}$ die magnetische Induktion ($\boldsymbol{B} = \mu \boldsymbol{H}$), $\boldsymbol{D}$ die dielektrische Verschiebung ($\boldsymbol{D} = \varepsilon \boldsymbol{E}$), ρ die Ladungsdichte und $\boldsymbol{J}$ den Leitungsstrom. Schließlich sind ε die Dielektrizitätskonstante, μ die magnetische Permeabilität und c die Lichtgeschwindigkeit.

In (19.3.25) werden $\boldsymbol{H}$ und $\boldsymbol{E}$ über einen geschlossenen Weg $\boldsymbol{c}$ integriert, der eine Fläche F im $\mathbb{R}^3$ berandet; in (19.3.26) werden die Oberflächenintegrale von $\boldsymbol{D}$ und $\boldsymbol{B}$ über den Rand eines Standardbereichs V gebildet.

Mittels des Stokesschen Satzes lassen sich die linken Seiten von (19.3.25) ebenfalls in Flächenintegrale umwandeln, und man hat:

$$\begin{aligned}\int_F \left(\operatorname{rot} \boldsymbol{H} - \frac{4\pi}{c} \boldsymbol{J} - \frac{1}{c} \frac{\partial \boldsymbol{D}}{\partial t}\right) do &= 0 \\ \int_F \left(\operatorname{rot} \boldsymbol{E} + \frac{1}{c} \frac{\partial}{\partial t} \boldsymbol{B}\right) do &= 0\,.\end{aligned}$$

Da diese Beziehung nun für **jedes** Flächenstück gelten muss, kann dies nur erfüllt sein, falls die Beziehungen

$$\begin{aligned}\operatorname{rot} \boldsymbol{H} &= \frac{4\pi}{c} \boldsymbol{J} + \frac{1}{c} \frac{\partial \boldsymbol{D}}{\partial t} \\ \operatorname{rot} \boldsymbol{E} &= -\frac{1}{c} \frac{\partial \boldsymbol{B}}{\partial t}\end{aligned} \tag{19.3.27}$$

gelten.

Auf analogem Weg erhält man durch Anwendung des Gaußschen Integralsatzes aus (19.3.26) die Beziehungen

$$\begin{aligned}\operatorname{div} \boldsymbol{D} &= 4\,\pi\,\rho \\ \operatorname{div} \boldsymbol{B} &= 0\,.\end{aligned} \tag{19.3.28}$$

Dies sind gerade die Maxwellschen Gleichungen in differentieller Form. Für weitere Untersuchungen der Maxwellschen Gleichungen sei auf (25.6.22) verwiesen.

20 Gewöhnliche Differentialgleichungen

20.1 Einführung und Beispiele

Viele Gesetze der Physik, der Ingenieurwissenschaften oder anderer Anwendungsbereiche der Mathematik lassen sich als Gleichungen formulieren, in denen neben den gesuchten Funktionen auch deren Ableitungen auftreten. Sind die gesuchten Größen hierbei Funktionen **einer** reellen Variablen – diese wird z.B. oftmals die Zeit sein –, so spricht man von einer **gewöhnlichen Differentialgleichung**. Sind dagegen die gesuchten Größen Funktionen **mehrerer** reeller Variablen (etwa des Ortes $\boldsymbol{x} \in \mathbb{R}^3$ oder von Ort und Zeit $(\boldsymbol{x}, t) \in \mathbb{R}^4$), so sind die auftretenden Ableitungen partielle Ableitungen, und man spricht in diesem Fall von **partiellen Differentialgleichungen**.

In den folgenden Abschnitten wollen wir grundlegende analytische und numerische Methoden zur Lösung gewöhnlicher Differentialgleichungen betrachten.

Definition (20.1.1)

a) Ein Gleichungssystem der Form

$$\boldsymbol{F}(t, \boldsymbol{y}(t), \boldsymbol{y}'(t), \ldots, \boldsymbol{y}^{(m)}(t)) = \boldsymbol{0} \tag{20.1.2}$$

mit

$$\boldsymbol{F} : [a, b] \times \underbrace{\mathbb{R}^n \times \ldots \times \mathbb{R}^n}_{(m+1)-\text{fach}} \longrightarrow \mathbb{R}^n$$

heißt ein **implizites Differentialgleichungssystem der Ordnung** m. Die Funktion $\boldsymbol{F}$ sei hierbei hinreichend oft stetig differenzierbar. Wir suchen eine C^m-Funktion $\boldsymbol{y}(t) \in \mathbb{R}^n$, $a \le t \le b$, die (20.1.2) identisch erfüllt.

Lässt sich (20.1.2) nach $\boldsymbol{y}^{(m)}(t)$ auflösen, so erhält man ein **explizites Differentialgleichungssystem m-ter Ordnung** :

$$\boldsymbol{y}^{(m)}(t) = \boldsymbol{f}\left(t, \boldsymbol{y}(t), \boldsymbol{y}'(t), \ldots \boldsymbol{y}^{(m-1)}(t)\right). \tag{20.1.3}$$

b) Ein Differentialgleichungssystem (20.1.2) bzw. (20.1.3) heißt **autonom**, falls $\boldsymbol{F}$ bzw. $\boldsymbol{f}$ nicht explizit von der Zeit abhängt, falls also gilt:

$$\boldsymbol{F}\left(\boldsymbol{y}(t), \boldsymbol{y}'(t), \ldots, \boldsymbol{y}^{(m)}(t)\right) = \boldsymbol{0} \tag{20.1.4}$$

bzw.

$$\boldsymbol{y}^{(m)}(t) = \boldsymbol{f}\left(\boldsymbol{y}(t), \ldots, \boldsymbol{y}^{(m-1)}(t)\right). \tag{20.1.5}$$

Die Lösungskurven eines autonomen Differentialgleichungssystems heißen auch die **Trajektorien** der Differentialgleichung.

In aller Regel besitzt ein Differentialgleichungssystem unendlich viele Lösungen. Eine spezielle Lösung erhält man, wenn man zusätzliche Bedingungen (Anfangsbedingungen, bzw. Randbedingungen) an die Lösung stellt. Im Falle eines expliziten Systems erster Ordnung lauten die Standardprobleme dann:

Problem (20.1.6) (Anfangswertaufgabe)

$$\begin{aligned} \boldsymbol{y}'(t) &= \boldsymbol{f}(t, \boldsymbol{y}(t)), \ a \le t \le b, \ \boldsymbol{y}(t) \in \mathbb{R}^n \\ \boldsymbol{y}(a) &= \boldsymbol{y}_a \ (n \text{ Anfangsbedingungen}) \end{aligned}$$

Problem (20.1.7) (Randwertaufgabe)

$$\begin{aligned} &\boldsymbol{y}'(t) = \boldsymbol{f}(t, \boldsymbol{y}(t)), \ a \le t \le b, \ \boldsymbol{y}(t) \in \mathbb{R}^n \\ &\boldsymbol{r}(\boldsymbol{y}(a), \boldsymbol{y}(b)) = \boldsymbol{0} \\ &\text{mit } \boldsymbol{r} : \mathbb{R}^n \times \mathbb{R}^n \to \mathbb{R}^n \ (n \text{ Randbedingungen}). \end{aligned}$$

Sehen wir uns zunächst einige Beispiele an.

Beispiel (20.1.8) (Bevölkerungsmodell I)

Es bezeichnet $N(t)$ die Größe einer Population (etwa einer Bakterienpopulation auf ausreichend großem Nährboden). Dann gilt für die Änderung in einem kleinen Zeitintervall:

$$\frac{\Delta N}{\Delta t} \approx (b - d) \cdot N(t),$$

b : Geburtenrate, d : Sterberate.

Für $\Delta t \to 0$ geht die obige Beziehung in Gleichheit über, und man erhält die Differentialgleichung

$$N'(t) = \alpha \cdot N(t) \ , \ \alpha = b - d$$

mit der bei vorgegebener Anfangssituation $N(t_0) = N_0$ eindeutigen Lösung

$$N(t) = N_0 \, \mathrm{e}^{\alpha(t-t_0)}.$$

Das Verhalten von $N(t)$ bezeichnet man daher als **exponentielles Wachstum**.

Beispiel (20.1.9) (Bevölkerungsmodell II)

Es ist klar, dass exponentielles Wachstum nur so lange realistisch sein kann, wie Geburten- bzw. Sterberate nicht durch äußere Einflüsse (Nahrungsmangel, Seuchen, ...) beeinflusst werden. Nach einem Vorschlag von Verhulst wird die Wachstumsrate als eine mit $N(t)$ linear fallende Funktion angesetzt. Man erhält dann die Differentialgleichung

$$N'(t) = \lambda \cdot N(t)\,(K - N(t)\,).$$

Die Lösung der zugehörigen Anfangswertaufgabe lautet

$$N(t) = \frac{K \cdot N_0}{N_0 + (K - N_0)\, \mathrm{e}^{-\lambda K(t-t_0)}}.$$

Man spricht hierbei auch von **logistischem Wachstum**.

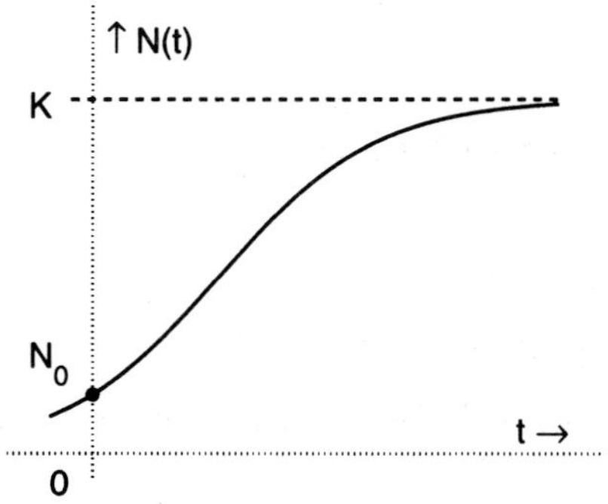

Abb. 20.1. Logistisches Wachstum

Bei einigen einfach strukturierten Lebewesen konnte tatsächlich logistisches Wachstumsverhalten nachgewiesen werden.

Beispiel (20.1.10) (Regelkreisglied)

Bei dem folgenden mechanischen System

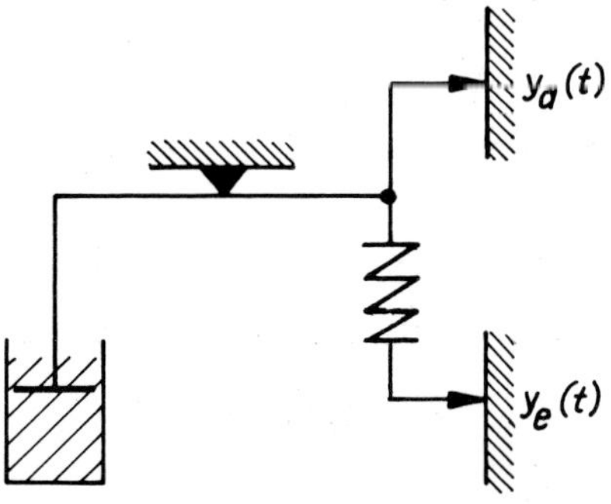

Abb. 20.2. Regelkreisglied

wird die Eingangsgröße $y_e(t)$ (vorgegeben) über eine Feder $K_F = k(y_e - y_a)$ und ein Dämpfungsglied $K_D = r\,\dot{y}_a$ zur gesuchten Ausgangsgröße $y_a(t)$ transformiert.

Die Bedingung des Kräftegleichgewichts liefert nun die folgende Differentialgleichung für $y_a(t)$:

$$\dot{y}_a(t) \;=\; -\,\lambda\, y_a(t) \,+\, \lambda\, y_e(t), \;\lambda \,:=\, \frac{k}{r}\,.$$

Bei vorgegebener Eingangsgröße $y_e(t)$ und vorgegebenem Anfangswert $y_a(t_0)$ liegt die Lösung $y_a(t)$ der Anfangswertaufgabe für $t \geq t_0$ fest.

Man prüfe nach:

$$y_a(t) \;=\; y_a(t_0)\; \mathrm{e}^{-\lambda(t-t_0)} + \lambda \int_{t_0}^{t} y_e(\tau)\; \mathrm{e}^{\lambda(\tau-t)} d\tau.$$

Beispiel (20.1.11) (Newtonsche Abkühlung)

Die (räumlich gemittelte) Temperatur $T(t)$ eines homogenen Körpers lässt sich vereinfacht beschreiben durch die folgende lineare Differentialgleichung:

$$\frac{dT}{dt} \;=\; \frac{k \cdot F}{c \cdot m}\; (T_a(t) - T(t))$$

mit $T(t)$ Temperatur des Körpers zur Zeit t; $T_a(t)$ Außentemperatur; m Masse des Körpers; F Oberfläche; c spezifische Wärme; k Proportionalitätsfaktor.

Man beachte, dass diese Differentialgleichung (trotz unterschiedlicher physikalischer Bedeutung) mit der des Beispiels (20.1.10) übereinstimmt.

Beispiel (20.1.12) (Schwingkreis)

Für einen elektrischen Schwingkreis mit Ohmschem Widerstand R, Induktivität L und Kapazität C – die Spannungsabfälle seien entsprechend mit U_R, U_L und U_C bezeichnet – gelten die Beziehungen

$$U_R = I \cdot R,\; U_L = L \,\cdot\, \dot{I},\; I = C \,\cdot\, \dot{U}_C\,,$$
$$U_R + U_L + U_C = U(t)\,.$$

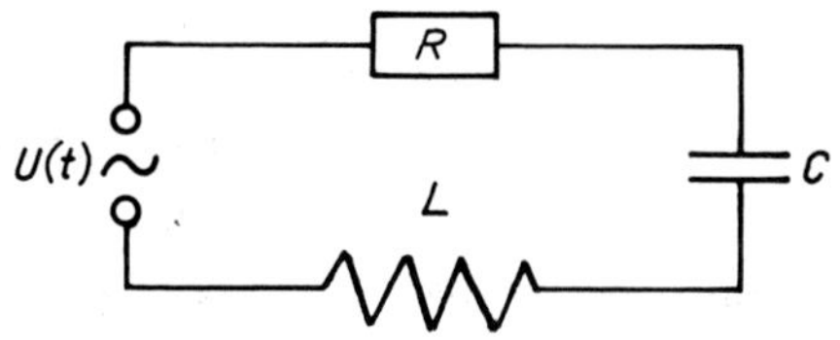

Abb. 20.3. Schwingkreis

Eliminiert man aus diesen Gleichungen $I(t)$, so erhält man die folgende lineare Differentialgleichung zweiter Ordnung für den Spannungsabfall U_C

$$LC\,\ddot{U}_C(t) + RC\,\dot{U}_C(t) + U_C(t) = U(t)\,. \qquad (20.1.13)$$

$U(t)$ bezeichne die vorgegebene Wechselspannung $U(t) = U_0 \cos(\omega t)$. Ferner hat man hier zur Anfangszeit $t = 0$ die Anfangswerte $U_C(0)$ und $\dot{U}_C(0)$ vorzugeben.

Beispiel (20.1.14) (Restringiertes Dreikörperproblem)

Es seien die periodischen Bewegungen eines Satelliten im Kraftfeld von Erde und Mond zu berechnen.

Nimmt man vereinfachend an, dass die Bewegung der drei Körper (Satellit, Erde und Mond) in einer Ebene erfolgt und Erde und Mond mit konstanter Winkelgeschwindigkeit und konstantem Abstand um den gemeinsamen Schwerpunkt rotieren, so lässt sich die Bewegung des Satelliten in einem mitrotierenden Koordinatensystem (siehe nachfolgende Abb. 20.4) durch das folgende Differentialgleichungssystem beschreiben

$$\begin{aligned} \ddot{x} &= x + 2\,\dot{y} - \mu'\,\frac{x+\mu}{A} - \mu\,\frac{x-\mu'}{B}\,, \\ \ddot{y} &= y - 2\,\dot{x} - \mu'\,\frac{y}{A} - \mu\,\frac{y}{B}\,, \\ A &:= \left((x+\mu)^2 + y^2\right)^{3/2}\,, \\ B &:= \left((x-\mu')^2 + y^2\right)^{3/2}\,. \end{aligned} \qquad (20.1.15)$$

Die Konstanten μ bzw. μ' bezeichnen das Verhältnis von Mond- bzw. Erdmasse zur Gesamtmasse von Erde und Mond:

$$\mu = \frac{1}{82.45}\,,\quad \mu' = 1 - \mu.$$

Für die Anfangswerte

$$\begin{aligned} x(0) &= 1.2\,, & \dot{x}(0) &= 0 \\ y(0) &= 0\,, & \dot{y}(0) &\doteq -1.0493\,57510 \end{aligned} \qquad (20.1.16)$$

erhält man eine periodische Bahn des Satelliten mit der Periode $T \doteq 6.1921\,69331$. Die (numerisch berechnete) Lösung zu diesen Anfangsdaten ist in folgender Figur wiedergegeben.

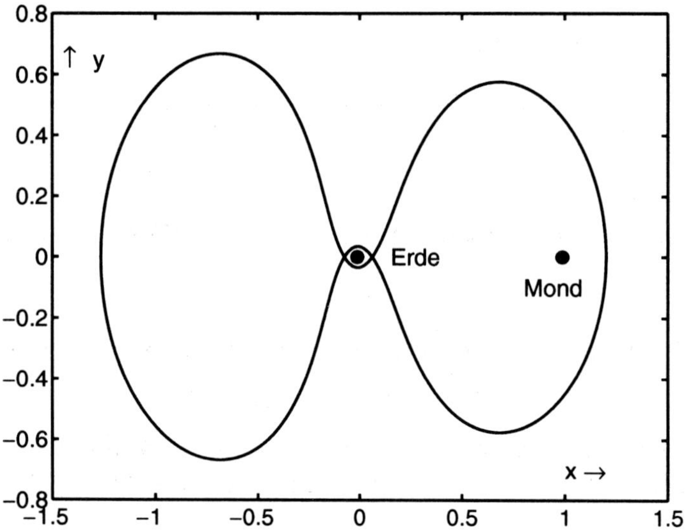

Abb. 20.4. Restringiertes Dreikörperproblem

Bemerkung (20.1.17)

Ist die Anfangsgeschwindigkeit $\dot{y}(0)$, die gerade auf eine periodische Bahn führt, unbekannt, und kennt man damit auch nicht die Periode T, so kann man zur Berechnung einer periodischen Lösung anstelle einer Anfangswertaufgabe eine **Randwertaufgabe** formulieren. An Randbedingungen kann man dabei etwa fordern:

$$\begin{aligned} x(0) &= 1.2 \;, \quad \dot{x}(0) = 0 \quad, \quad \dot{x}(T) = 0 \;, \\ y(0) &= 0 \quad, \quad x(T) = 1.2 \;. \end{aligned} \tag{20.1.18}$$

Man beachte, dass in diesem Fall die Länge des Integrationsintervalls T selbst unbekannt ist; es liegt daher eine so genannte **Randwertaufgabe mit freier Endzeit** vor.

Bemerkung (20.1.20)

Im Folgenden werden wir fast ausschließlich Differentialgleichungssysteme erster Ordnung untersuchen. Dies ist keine wesentliche Einschränkung, da sich zumindest explizite Differentialgleichungen höherer Ordnung stets recht einfach in äquivalente Systeme erster Ordnung transformieren lassen.

Für das Beispiel (20.1.12) setzt man etwa:

$$\begin{aligned} y_1(t) &:= U_C(t) \\ y_2(t) &:= \dot{U}_C(t). \end{aligned}$$

Damit ist die Differentialgleichung (20.1.13) äquivalent zu dem System:

$$\begin{aligned} \dot{y}_1 &= y_2 \\ \dot{y}_2 &= -\frac{R}{L}\, y_2 - \frac{1}{LC}\, y_1 + \frac{1}{LC}\, U(t). \end{aligned} \tag{20.1.21}$$

Aufgabe (20.1.22)
Man transformiere das Differentialgleichungssystem (20.1.15) in ein System erster Ordnung.

Für den einfachsten Fall einer (skalaren) Differentialgleichung erster Ordnung

$$y'(t) = f(t, y(t)), \; y(t) \in \mathbb{R}^1 \tag{20.1.23}$$

hat man eine geometrische Darstellung durch das so genannte **Richtungsfeld** der Differentialgleichung: Jedem Punkt (t, y) wird die Tangentenrichtung y' zugeordnet:

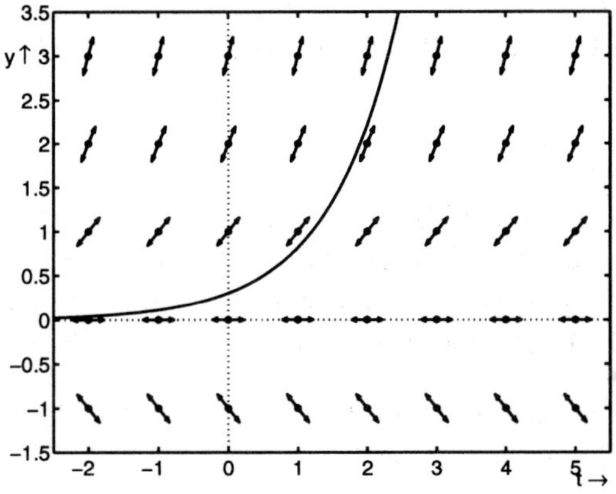

Abb. 20.5. Richtungsfeld der Differentialgleichung $y' = y$

Lösungen $y(t)$ der Differentialgleichung sind dann Kurven, die in dieses Richtungsfeld „passen".

Ein Tripel $(t, y, y') \in \mathbb{R}^3$, welches die vorgegebene Differentialgleichung $y' = f(t, y)$ erfüllt, heißt ein **Linienelement** der Differentialgleichung.

Mitunter lassen sich Lösungen schon anhand einer Skizze des Richtungsfeldes erraten.

Für die Differentialgleichung $y' = -\dfrac{t}{y}$ liegt beispielsweise das Linienelement stets senkrecht zum Ortsvektor (t, y). Es ist daher zu vermuten, dass die "Kreise"

$$y(t) = \pm\sqrt{r^2 - t^2}\,, \quad -r < t < r$$

Lösungen der Differentialgleichung sind. Man prüfe dies nach.

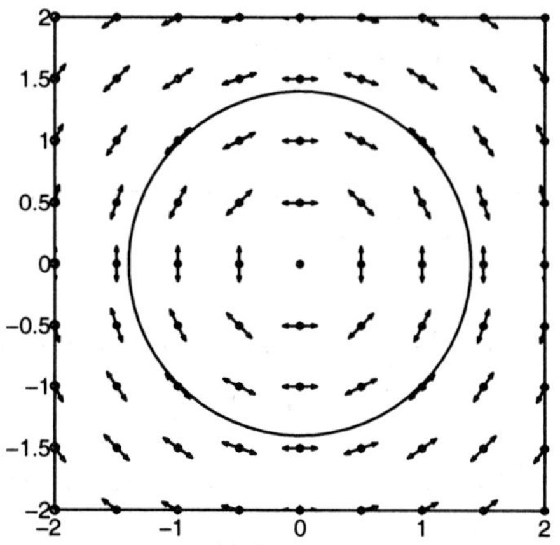

Abb. 20.6. Richtungsfeld der Differentialgleichung $y' = -t/y$

20.2 Elementare Lösungsmethoden

Wir beschreiben einige analytische Methoden, mit deren Hilfe man die Lösung einer gewöhnlichen Differentialgleichung erster Ordnung auf die Berechnung bestimmter bzw. unbestimmter Integrale (so genannte Quadraturen) zurückführen kann. Im allgemeinen lassen sich Differentialgleichungen erster (und höherer) Ordnung allerdings nicht elementar (analytisch) lösen.

Separierbare Differentialgleichungen

Gilt für eine Differentialgleichung der Form

$$y'(t) = f(t) \cdot g(y) \tag{20.2.1}$$

in einem gewissen Bereich D der (t, y)–Ebene $g(y) \neq 0$, so lassen sich die Variablen trennen:

$$\frac{y'(t)}{g(y)} = f(t) .$$

Die Integration diese Gleichung mittels der Substitutionsregel liefert:

$$\int_{y_0}^{y} \frac{d\eta}{g(\eta)} = \int_{t_0}^{t} f(\tau)\, d\tau .$$

Mit der Definition $H(y) := \int \frac{dy}{g(y)}$ (Stammfunktion) ist damit

$$H(y) = H(y_0) + \int_{t_0}^{t} f(\tau)\, d\tau.$$

Nun ist $g(y) \neq 0$. Die Funktion $H(y)$ ist also injektiv und daher auch invertierbar. Somit erhält man also die Lösungsformel:

$$y(t) = H^{-1}\left(H(y_0) + \int_{t_0}^{t} f(\tau)\, d\tau\right), \quad H(y) := \int \frac{dy}{g(y)}. \tag{20.2.2}$$

Durch (20.2.2) sind alle Lösungen $y(t)$ gegeben, für die $g(y(t)) \neq 0\ (\forall\, t)$ gilt.

Ist dagegen $g(y_0) = 0$, so ist $y(t) \equiv y_0$ eine weitere, so genannte **singuläre** Lösung.

Beispiel (20.2.3)
Für die Differentialgleichung

$$y' = -\frac{t}{y}$$

erhält man mittels Trennung der Variablen :

$$\begin{aligned}
& & y\, y' &= -t \\
&\Longrightarrow & \int_{y_0}^{y} \eta\, d\eta &= -\int_{t_0}^{t} \tau\, d\tau \\
&\Longrightarrow & \frac{y^2}{2} - \frac{y_0^2}{2} &= -\frac{1}{2}\left(t^2 - t_0^2\right) \\
&\Longrightarrow & y^2 + t^2 &= y_0^2 + t_0^2 =: r^2 .
\end{aligned}$$

Ähnlichkeitsdifferentialgleichungen

Hierunter versteht man Differentialgleichungen der Form

$$y'(t) = f\left(\frac{y}{t}\right). \tag{20.2.4}$$

Die **Substitution** $u(t) := \frac{y}{t}$ führt auf

$$f(u) = y' = (t \cdot u)' = t \cdot u' + u$$

$$\Longrightarrow \qquad u' = \frac{f(u) - u}{t} \; .$$

Dies ist aber gerade eine separierbare Differentialgleichung, die man mittels Trennung der Variablen lösen kann.

Beispiel (20.2.5)

Gesucht sei die Ortslinie aller Punkte, für die der Tangentenabschnitt auf der y-Achse gleich dem Abstand des Punktes vom Ursprung ist.

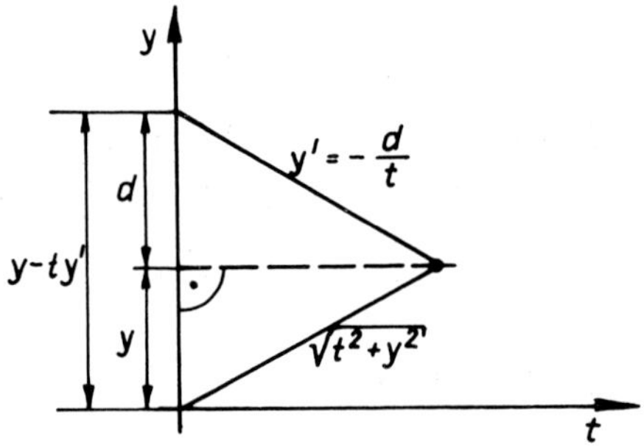

Abb. 20.7. Zu Beispiel (20.2.5)

Für die gesuchten Ortslinien erhält man die Differentialgleichung

$$y - t\,y' = \sqrt{t^2 + y^2}$$

$$\Longrightarrow \qquad y' = \frac{y}{t} - \sqrt{1 + \left(\frac{y}{t}\right)^2} \; .$$

Dies ist eine Ähnlichkeitsdifferentialgleichung. Die Substitution $u := \dfrac{y}{t}$ liefert dann

$$u' = -\,\frac{\sqrt{1 + u^2}}{t} \; .$$

Die Trennung der Variablen führt auf

$$\ln\left(u + \sqrt{1 + u^2}\right) = -\ln|t| + C_1 \, ,$$

und mittel Rücksubstitution erhält man hieraus schließlich für die Lösung des Problems die Parabelschar

$$t^2 = C^2 - 2\,C\,y \, , \quad C = e^{C_1} .$$

Lineare Differentialgleichungen erster Ordnung

Eine Differentialgleichung der Form

$$y'(t) + a(t)\, y(t) = h(t) \tag{20.2.6}$$

heißt eine **lineare Differentialgleichung** erster Ordnung. Die Funktion $h(t)$ heißt die **Inhomogenität** der Differentialgleichung. Die Differentialgleichung heißt **homogen**, falls $h(t) \equiv 0$, andernfalls **inhomogen**.

Analog zur Lösungsdarstellung für lineare Gleichungssystemen hat man für die (allgemeine) Lösung einer linearen Differentialgleichung (20.2.6) die Darstellung

$$y(t) = y_p(t) + y_h(t). \tag{20.2.7}$$

Hierbei ist $y_p(t)$ eine **spezielle (partikuläre) Lösung** von (20.2.6) und $y_h(t)$ die **allgemeine Lösung der zugehörigen homogenen Differentialgleichung**

$$y_h'(t) + a(t)\, y_h(t) = 0\,.$$

Für die einzelnen Lösungen y_h und y_p gilt nun:

a) Die homogene lineare Differentialgleichung lässt sich durch Trennung der Variablen lösen. Man erhält

$$y_h(t) = C \cdot \exp\left(-\int_{t_0}^{t} a(\tau)\, d\tau\right). \tag{20.2.8}$$

C ist dabei eine Integrationskonstante.

b) Eine partikuläre Lösung y_p erhält man durch einen auf Lagrange zurückgehenden Ansatz (**Variation der Konstanten**):

$$y_p(t) = C(t) \cdot \exp\left(-\int_{t_0}^{t} a(\tau)\, d\tau\right). \tag{20.2.9}$$

Setzt man (20.2.9) in die Differentialgleichung (20.2.6) ein, so folgt

$$C'(t) \cdot \exp\left(-\int_{t_0}^{t} a(\tau)\, d\tau\right) - a(t)\, y_p(t) + a(t)\, y_p(t) = h(t)\,.$$

Hieraus erhält man durch Integration:

$$C(t) = \int_{t_0}^{t} h(\tau) \cdot \exp\left(\int_{t_0}^{\tau} a(\xi)\, d\xi\right) d\tau. \tag{20.2.10}$$

Bei festem t_0 ist somit durch (20.2.9) und (20.2.10) eine spezielle Lösung der inhomogenen Differentialgleichung gegeben.

Im Fall eines konstanten Koeffizienten $a(t) = \text{const.}$ und spezieller Inhomogenität $h(t)$ kann mitunter ein **spezieller Ansatz** für die partikuläre Lösung schneller zum Ziel führen als die Integration von (20.2.10). In der folgenden Tabelle sind einige Ansätze angegeben.

$h(t)$	$y_p(t)$
$\sum_{k=0}^{m} b_k\, t^k$	$\sum_{k=0}^{m} C_k\, t^k$
$b_1\, \cos(\omega t) + b_2 \sin(\omega t)$	$C\, \sin(\omega t - \gamma)$
$b\, e^{\lambda t}$	$C\, e^{\lambda t}$, falls $\lambda \neq -a$ $C\, t\, e^{\lambda t}$, falls $\lambda = -a$

Beispiel (20.2.11)

Die Stromstärke $I(t)$ in einem Wechselstromkreis mit Ohmschem Widerstand R und Induktivität L genügt der Anfangswertaufgabe

$$\dot{I}(t) \;=\; -\frac{R}{L} I \;+\; \frac{U_0}{L}\, \sin(\omega t)\,,\;\; I(0) \;=\; 0.$$

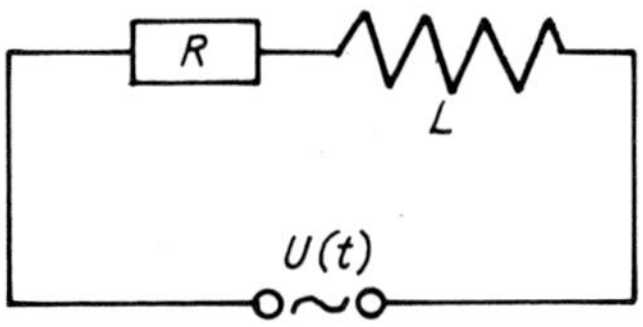

$$U(t) \;=\; U_0\, \sin(\omega t)$$
$$U_R \;=\; R\, I$$
$$U_L \;=\; L\, \dot{I}$$

Abb. 20.8. Wechselstromkreis

Mit der obigen Vorgehensweise erhält man für die allgemeine Lösung der zugehörigen homogenen Differentialgleichung :

$$I_h(t) \;=\; C_1\, e^{-\frac{R}{L} t}.$$

Eine partikuläre Lösung findet man mit dem Ansatz

$$I_p(t) \;=\; C_2\, \sin(\omega\, t - \gamma).$$

Es ergibt sich damit die allgemeine Lösung der inhomogenen Differentialgleichung

$$I(t) = \frac{U_0}{\sqrt{R^2 + \omega^2 L^2}} \left(\sin(\omega t - \gamma) + C\,e^{-\frac{R}{L}t} \right) . \qquad (20.2.12)$$

Hierbei ist γ gegeben durch:

$$\cos\gamma = \frac{R}{\sqrt{R^2 + \omega^2 L^2}}, \quad \sin\gamma = \frac{\omega L}{\sqrt{R^2 + \omega^2 L^2}} .$$

Durch Anpassung an die Anfangsbedingung findet man schließlich $C = \sin\gamma$.

Die Stromstärke $I(t)$ ist demnach für größere t–Werte eine gegenüber der Erreger-Spannung $U(t)$ verschobene Sinuskurve. Der zweite Summand in (20.2.12) beschreibt die Einschwingphase auf diese Kurve.

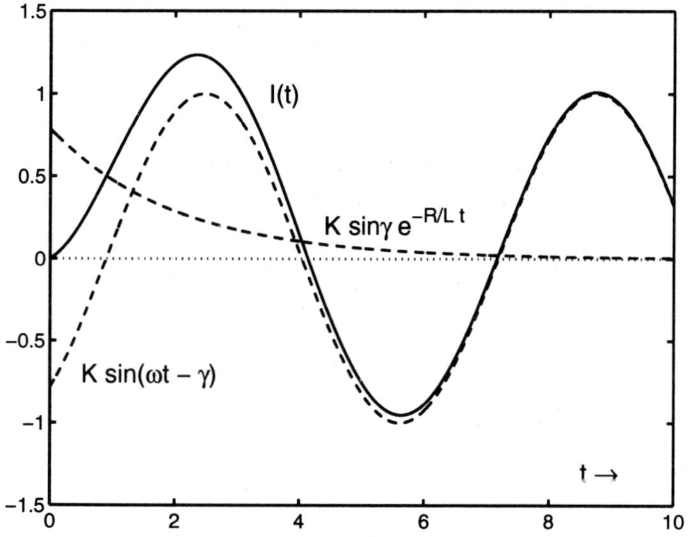

Abb. 20.9. Einschwingvorgang der Stromstärke

Bernoullische Differentialgleichungen

Eine Differentialgleichung der Form

$$y'(t) + a(t)\,y(t) + b(t)\,(y(t))^\alpha = 0, \ \alpha \neq 0,\ 1 \qquad (20.2.13)$$

heißt **Bernoullische Differentialgleichung**.

Bernoullische Differentialgleichungen lassen sich stets auf Quadraturen zurückführen. Die Substitution $u(t) := (y(t))^{1-\alpha}$ führt nämlich auf eine lineare Differentialgleichung für $u(t)$:

$$u'(t) + (1-\alpha)\,a(t)\,u(t) = (\alpha-1)\,b(t). \tag{20.2.14}$$

Diese Differentialgleichung lässt sich mit der oben angegebenen Technik (Variation der Konstanten) lösen. Man beachte jedoch, dass durch die Rücktransformation $y = u^{\frac{1}{1-\alpha}}$ eventuell Singularitäten der Lösung auftreten können.

Die Lösungen einer Bernoullischen Differentialgleichung existieren also (im Gegensatz zu denen einer linearen Differentialgleichung) i. Allg. nicht für alle $t \in \mathbb{R}$.

Beispiel (20.2.15)

Für die Bernoullische Differentialgleichung

$$y' = y + t\,y^2$$

erhält man die Lösungen

$$y(t) \equiv 0 \quad \text{und} \quad y(t) = \frac{1}{1-t+C\,\mathrm{e}^{-t}}, \quad C = \text{const.}$$

Je nach Anfangswert, d.h. je nach Größe und Vorzeichen der Integrationskonstanten C, besitzt die zweite Lösung also keine, eine oder zwei Singularitäten. So findet man beispielsweise, dass die Lösung zum Anfangswert $y(0) = 2$ nur in folgendem Intervall existiert (numerisch berechnete Grenzen)

$$-\,1.6783\ldots < t < 0.7680\ldots$$

Riccatische Differentialgleichungen [7]

Eine Differentialgleichung der Form

$$y'(t) + a(t)\,y(t) + b(t)\,y^2(t) = c(t) \tag{20.2.16}$$

heißt **Riccatische Differentialgleichung**. Riccatische Differentialgleichungen lassen sich nur in speziellen Fällen in geschlossener Form lösen.

Ist jedoch eine partikuläre Lösung $y_p(t)$ bekannt, so lassen sich auch die übrigen Lösungen ermitteln. Dazu führe man die folgende Substitution aus:

$$u(t) := \frac{1}{y(t)-y_p(t)}.$$

[7] Jacopo Francesco Riccati (1676–1754), Padua

Man rechnet nun nach, dass die Riccati–Gleichung hiermit auf die folgende lineare Differentialgleichung für $u(t)$ transformiert wird:

$$u'(t) \; - \; [\,a(t) \; + \; 2\,b(t)\,y_p(t)\,]\; u(t) \; = \; b(t)\,.$$

Beispiel (20.2.17)

Gegeben sei die Riccatische Differentialgleichung

$$y'(t) \; = \; -\,2t \; + \; 3\,t\,y \; - \; t\,y^2\,.$$

Eine partikuläre Lösung dieser Differentialgleichung ist offensichtlich $y_p(t) \equiv 1$.

Die Substitution $u = \dfrac{1}{y-1}$ liefert damit:

$$\begin{aligned} u' &= -u^2\,y' \\ &= -u^2\,(-2\,t \,+\, 3\,t\,y \,-\, t\,y^2) \\ &= -u^2\left(-2\,t \,+\, 3\,t \,+\, 3\,\frac{t}{u} \,-\, t \,-\, \frac{2\,t}{u} \,-\, \frac{t}{u^2}\right) \\ &= t\,(1-u) \end{aligned}$$

$$\Longrightarrow \quad u \; = \; 1 \; + \; C\,\mathrm{e}^{-t^2/2}$$

$$\Longrightarrow \quad y \; = \; 1 \; + \; \frac{1}{1 + C\,\mathrm{e}^{-t^2/2}}\,.$$

Exakte Differentialgleichungen

Eine Differentialgleichung der Form

$$g(t,y) \; + \; h(t,y)\,y' \; = \; 0 \tag{20.2.18}$$

heißt **exakt**, falls das zugehörige Vektorfeld

$$\boldsymbol{F}(t,y) \; := \; (g(t,y),\; h(t,y))^T$$

ein Potential besitzt.

Es gibt demnach eine C^1-Funktion $\Phi(t,y)$ mit

$$g(t,y) \; = \; \Phi_t(t,y)\,, \quad h(t,y) \; = \; \Phi_y(t,y)\,.$$

Unter Verwendung des Potentials Φ lässt sich eine exakte Differentialgleichung wie folgt umformen

$$g(t,y) + h(t,y)\,y' = \frac{\partial\Phi}{\partial t} + \frac{\partial\Phi}{\partial y}\,y' = \frac{d}{dt}\,(\Phi(t,y(t))) = 0 .$$

Die Lösungen der Differentialgleichung (20.2.18) sind also durch die folgende implizite Gleichung festgelegt:

$$\Phi(t,y(t)) = C = \text{const} . \tag{20.2.19}$$

Sind die Funktionen $g(t,y)$ und $h(t,y)$ stetig differenzierbar und ist der betrachtete (t,y)–Bereich D einfach zusammenhängend, so hat man nach dem Satz (19.2.24) für die Exaktheit der Differentialgleichung das folgende notwendige und hinreichende Kriterium (**Integrabilitätsbedingung**):

$$\frac{\partial h}{\partial t}\,(t,y) = \frac{\partial g}{\partial y}\,(t,y) . \tag{20.2.20}$$

Eine Potentialfunktion $\Phi(t,y)$ lässt sich dann nach dem Hauptsatz für Kurvenintegrale, vgl. (19.2.13), mit Hilfe eines Kurvenintegrals berechnen:

$$\Phi(t,y) = \int\limits_{\boldsymbol{c}_{(t,y)}} \boldsymbol{F}(\tau,\eta)\,d(\tau,\eta) .$$

Hierbei bezeichnet $\boldsymbol{c}_{(t,y)}$ eine die Punkte (t_0,y_0) (fest) und (t,y) (variabel) verbindende stückweise C^1-Kurve.

Ist der (t,y)–Bereich $D = \mathbb{R}^2$, so kann man für die verbindende Kurve $\boldsymbol{c}_{(t,y)}$ den „Hakenweg“

$$(t_0,y_0) \longrightarrow (t,y_0) \longrightarrow (t,y)$$

wählen. Damit erhält man die folgende Darstellung für das Potential:

$$\Phi(t,y) = \int\limits_{t_0}^{t} g(\tau,y_0)\,d\tau + \int\limits_{y_0}^{y} h(t,\eta)\,d\eta . \tag{20.2.21}$$

Beispiel (20.2.22)
Die Differentialgleichung

$$(1 + 2\,t\,y + y^2) + (t^2 + 2\,t\,y)\,y' = 0$$

erfüllt die Integrabilitätsbedingung auf $D = \mathbb{R}^2$, sie ist also exakt.

Aus den Bedingungen für ein Potential folgt:

$$\frac{\partial \Phi}{\partial t} = g = 1 + 2ty + y^2$$
$$\Longrightarrow \quad \Phi = (1+y^2)\,t + t^2\,y + C(y)$$

$$\frac{\partial \Phi}{\partial y} = h = t^2 + 2ty$$
$$\Longrightarrow \quad 2yt + t^2 + C'(y) = t^2 + 2ty$$
$$\Longrightarrow \quad C(y) = \text{const} .$$

Damit sind die Lösungen der Differentialgleichung bestimmt durch die implizite Gleichung

$$(1 + y^2)\,t + y\,t^2 = C .$$

Die Methode des integrierenden Faktors

Wir betrachten wiederum die Differentialgleichung (20.2.18)

$$g(t,y) + h(t,y)\,y' = 0$$

und nehmen an, dass diese **nicht exakt** sei.

Wir versuchen nun, eine Funktion $m(t,y) \neq 0$ so zu bestimmen, dass die mit $m(t,y)$ multiplizierte Gleichung

$$m(t,y) \cdot g(t,y) + m(t,y) \cdot h(t,y) \cdot y' = 0 \qquad (20.2.23)$$

exakt wird.

Gelingt dies, so heißt $m(t,y)$ ein **integrierender Faktor** der Differentialgleichung (20.2.18).

Wir untersuchen die Integrabilitätsbedingung für (20.2.23):

$$\frac{\partial}{\partial t}(m \cdot h) - \frac{\partial}{\partial y}(m \cdot g) = 0$$
$$\Longleftrightarrow \quad \left(h\,\frac{\partial m}{\partial t} - g\,\frac{\partial m}{\partial y}\right) + m\left(\frac{\partial h}{\partial t} - \frac{\partial g}{\partial y}\right) = 0 . \qquad (20.2.24)$$

In den folgenden beiden Fällen lässt sich diese partielle Differentialgleichung für $m(t,y)$ auf eine gewöhnliche Differentialgleichung reduzieren.

1. Fall :

Die Funktion $\left(\dfrac{\partial h}{\partial t} - \dfrac{\partial g}{\partial y}\right) \Big/ h$ hänge nur von t ab. In diesem Fall setzen wir $m = m(t)$ und lösen die aus (20.2.24) resultierende lineare Differentialgleichung

$$\frac{dm}{dt} = -\left\{\left(\frac{\partial h}{\partial t} - \frac{\partial g}{\partial y}\right) \Big/ h\right\} \cdot m(t) \,. \tag{20.2.25}$$

Eine Lösung $m(t)$ hiervon ist dann ein integrierender Faktor.

2. Fall :

Die Funktion $\left(\dfrac{\partial h}{\partial t} - \dfrac{\partial g}{\partial y}\right) \Big/ g$ hänge nur von y ab. In diesem Fall setzen wir $m = m(y)$ und lösen die aus (20.2.24) resultierende lineare Differentialgleichung

$$\frac{dm}{dy} = \left\{\left(\frac{\partial h}{\partial t} - \frac{\partial g}{\partial y}\right) \Big/ g\right\} \cdot m(y) \,. \tag{20.2.26}$$

Eine Lösung $m(y)$ ist dann wiederum ein integrierender Faktor.

Beispiel (20.2.27)

Die Differentialgleichung

$$(1 - t\,y) + (t\,y - t^2)\,y' = 0$$

ist nicht exakt, da

$$\frac{\partial h}{\partial t} - \frac{\partial g}{\partial y} = (y - 2\,t) - (-t) = y - t \not\equiv 0 \,.$$

Man erkennt aber, dass

$$\left(\frac{\partial h}{\partial t} - \frac{\partial g}{\partial y}\right) \Big/ h = \frac{1}{t}$$

nur von t abhängt. Nach (20.2.25) hat man also die folgende lineare Differentialgleichung für $m(t)$

$$\frac{dm}{dt} = -\frac{1}{t} \cdot m(t)$$

zu lösen. Eine Lösung ist $m(t) = \dfrac{1}{t}$, und in der Tat ist die damit multiplizierte Differentialgleichung

$$\left(\frac{1}{t} - y\right) + (y - t)\,y' = 0 \,, \quad t \neq 0$$

exakt.

Für die Lösungen dieser Differentialgleichung findet man die implizite Gleichung

$$\ln|t| - t\,y + \frac{1}{2}\,y^2 = \text{const} \,.$$

20.3 Elementare Lösungsmethoden für Differentialgleichungen zweiter Ordnung

Wir gehen kurz auf elementare Lösungsverfahren für Differentialgleichungen zweiter Ordnung ein. Gleichungen zweiter Ordnung treten gerade besonders häufig in physikalisch–ingenieurwissenschaftlichen Anwendungen auf. Natürlich gilt auch hierfür: Im allgemeinen lassen sich Differentialgleichungen zweiter Ordnung nicht elementar (analytisch) integrieren. Es gibt jedoch einige Kniffe, mit denen es wenigstens in gewissen Fällen gelingt, zu einer analytischen Lösung zu gelangen.

Situation 1

Die rechte Seite der Differentialgleichung zweiter Ordnung hänge nicht explizit von y ab. Man hat eine Differentialgleichung der Form

$$y''(t) \;=\; f(t, y'(t)). \tag{20.3.1}$$

Setzt man hierfür $z(t) := y'(t)$, so genügt $z(t)$ offenbar einer Differentialgleichung erster Ordnung: $z'(t) = f(t, z(t))$.

Kann man diese Differentialgleichung lösen, so gilt

$$y(t) \;=\; y(t_0) \;+\; \int_{t_0}^{t} z(\tau)\, d\tau.$$

Beispiel (20.3.2)

Nach (17.1.19) lautet die Laplace–Gleichung für eine punktsymmetrische Funktion $u(r)$, $r = \|\boldsymbol{x}\|_2$, $\boldsymbol{x} \in \mathbb{R}^3$:

$$u''(r) \;+\; \frac{2}{r}\, u'(r) \;=\; 0.$$

Mit $z(r) := u'(r)$ erhält man hieraus die lineare Differentialgleichung $z' = -\frac{2}{r}\, z$ mit der Lösung

$$z(r) \;=\; -C_1 \cdot \frac{1}{r^2}, \qquad r > 0.$$

Die Integration dieser Lösung liefert:

$$u(r) \;=\; C_0 \;+\; C_1\, \frac{1}{r}, \qquad C_0,\, C_1 \;=\; \text{const}.$$

Beispiel (20.3.3)

Die Differentialgleichung der Kettenlinie (vgl. (18.3.14)) lautet:

$$y''(t) = k\sqrt{1+(y'(t))^2}\,.$$

Mit der Substitution $z := y'$ erhält man die folgende Gleichung erster Ordnung

$$z' = k\sqrt{1+z^2}\,,$$

die man recht einfach mit Separation der Variablen lösen kann. Man findet:

$$z = \sinh(k\,t + C_1).$$

Nochmalige Integration führt dann auf

$$y(t) = \frac{1}{k}\cosh(k\,t + C_1) + C_2.$$

Man vergleiche hierzu auch (18.3.17).

Situation 2

Wir betrachten eine autonome Differentialgleichung zweiter Ordnung

$$y''(t) = f(y(t), y'(t)) \tag{20.3.4}$$

und nehmen an, dass eine Lösung $y = y(t)$ auf einem gewissen Bereich streng monoton ist. Dann existiert die Umkehrabbildung $t = t(y)$, und für diese gilt

$$\frac{dt}{dy} = \frac{1}{y'(t(y))}.$$

Setzt man nun $v(y) := y'(t(y))$, so folgt

$$\frac{dv}{dy} = y''(t(y)) \cdot \frac{dt}{dy} = \frac{1}{v}\, f(y, v). \tag{20.3.5}$$

Dies ist eine Differentialgleichung erster Ordnung für $v(y)$, die so genannte Differentialgleichung der **Phasenkurve** $v = v(y)$. Man spricht daher bei dieser Methode auch von der **Reduktion der Ordnung**.

Hat man eine Lösung $v(y)$ dieser Differentialgleichung gefunden, so folgt mittels Integration

$$\frac{dt}{dy} = \frac{1}{v(y)} \quad\Rightarrow\quad t - t_0 = \int\limits_{y_0}^{y} \frac{dy}{v(y)}\,.$$

Diese Beziehung ist sodann nach y aufzulösen.

Situation 3

Für eine autonome Differentialgleichung der Form

$$y''(t) = f(y(t)) \tag{20.3.6}$$

lässt sich der obige Lösungsweg vereinfachen.

Die Multiplikation der Gleichung mit $y'(t)$ und die anschließende Integration liefert:

$$\begin{aligned} y'\,y'' &= f(y)\cdot y' \\ \Rightarrow\quad \frac{1}{2}\,(y')^2 &= \int f(y)\,dy \;=:\; F(y) + C \\ \Rightarrow\quad y' &= \pm\sqrt{2\,(F(y) + C)}. \end{aligned}$$

Wir nehmen wiederum an, dass $y(t)$ auf einem gewissen Bereich invertierbar ist, und erhalten

$$\frac{dt}{dy} = \pm\frac{1}{\sqrt{2\,(F(y) + C)}}$$

$$\Rightarrow\quad t = t(y) = \pm\int \frac{dy}{\sqrt{2\,(F(y) + C)}}. \tag{20.3.7}$$

Die Durchführung der Integration und die Invertierung der resultierenden Beziehung, d.h. die Auflösung nach y, liefert sodann die Lösungen der Differentialgleichung (20.3.6).

Beispiel (20.3.8) (Fluchtgeschwindigkeit einer Rakete)

Die Bewegung einer (antriebslosen) Rakete außerhalb der Erdatmosphäre ist durch das Gravitationsgesetz bestimmt. Vernachlässigt man den Einfluss anderer Himmelskörper, und nimmt man eine geradlinige, eindimensionale Bewegung an, so gilt für den Abstand Erde – Rakete die Differentialgleichung

$$\ddot{r}(t) = -\,\gamma\,M_E\cdot\frac{1}{r^2}, \quad r(0) = r_0, \quad \dot{r}(0) = v_0. \tag{20.3.9}$$

Dabei bezeichnet γ die Gravitationskonstante ($\gamma \doteq 6.67\cdot 10^{-11}\mathrm{Nm^2kg^{-2}}$) und M_E die Masse der Erde ($M_E \doteq 5.95\cdot 10^{24}\mathrm{kg}$) .

Wir fragen, welche Anfangsgeschwindigkeit v_0 die Rakete besitzen muss, um den Anziehungsbereich der Erde verlassen zu können.

Multipliziert man die Differentialgleichung mit $\dot{r}$ und integriert, so folgt:

$$\ddot{r}\,\dot{r} \;=\; -\,\gamma\, M_E\, \frac{\dot{r}}{r^2}$$

$$\Rightarrow \qquad \dot{r}^2 \;=\; \frac{2\,\gamma\, M_E}{r} + C, \quad C \;=\; \text{const.} \tag{20.3.10}$$

Setzt man hierin die Anfangswerte $r(0) = r_0$ und $v(0) = v_0$ ein, so findet man:

$$\dot{r}^2 \;=\; 2\,\gamma\, M_E \left(\frac{1}{r} - \frac{1}{r_0}\right) \;+\; v_0^2.$$

Die gesuchte Fluchtgeschwindigkeit v_0 ist nun die kleinste Anfangsgeschwindigkeit, für die $\dot{r}(t) > 0$ $(\forall t)$ gilt. Hieraus folgt unmittelbar

$$v_0 \;=\; \sqrt{\frac{2\,\gamma\, M_E}{r_0}}.$$

Setzt man für r_0 den Erdradius $(r_0 \doteq 6.36 \cdot 10^6\ \text{m})$ ein, so erhält man

$$v_0 \;\approx\; 11.2\ \text{km/s}.$$

Die Integration von (20.3.10) lässt sich in Abhängigkeit von v_0 explizit ausführen, jedoch ist die explizite analytische Umkehrung in der Form $r = r(t)$ nicht möglich.

21 Theorie der Anfangswertaufgaben

Wir beschäftigen uns in diesem Abschnitt mit theoretischen Aussagen für Anfangswertaufgaben der folgenden Form

$$\begin{aligned} \boldsymbol{y}'(t) &= \boldsymbol{f}(t, \boldsymbol{y}(t)), \\ \boldsymbol{y}(t_0) &= \boldsymbol{y}_0 . \end{aligned} \qquad (21.1.1)$$

Hierbei ist $\boldsymbol{f} : D \to \mathbb{R}^n$, $D \subset \mathbb{R} \times \mathbb{R}^n$, eine vorgegebene Funktion, die so genannte **rechte Seite** der Differentialgleichung. D sei offen und enthalte den Anfangspunkt $(t_0, \boldsymbol{y}_0) \in D$.

Schon in sehr einfachen Fällen lässt sich eine Lösung $\boldsymbol{y}(t)$ von (21.1.1) nicht explizit angeben. Es sind daher Aussagen von Interesse, die unter möglichst allgemeinen Voraussetzungen an die rechte Seite Existenz, Eindeutigkeit und Stabilität einer Lösung garantieren.

Im einzelnen interessieren hierbei die folgenden Fragen:

- Existiert eine Lösung $\boldsymbol{y}(t)$ in einer Umgebung $|t - t_0| < \varepsilon$ der Anfangszeit?
- Ist diese eindeutig bestimmt?
- Wie weit lässt sich eine solche Lösung fortsetzen?
- Wie verändert sich die Lösung bei Störung der Anfangsdaten $(t_0, \boldsymbol{y}_0)$ oder der rechten Seite $\boldsymbol{f}(t, \boldsymbol{y})$?

21.1 Existenz und Eindeutigkeit für Anfangswertaufgaben

Wir beginnen mit den Fragen zur Existenz und Eindeutigkeit einer Lösung der Anfangswertaufgabe.

Zunächst sei ein historischer Rückblick gegeben:

Auf **Cauchy** (1826) geht ein Satz zurück, der die lokale Existenz und Eindeutigkeit garantiert unter der Voraussetzung, dass die rechte Seite $\boldsymbol{f}(t, \boldsymbol{y})$ in einem Gebiet $D \subset \mathbb{R} \times \mathbb{R}^n$ stetig und beschränkt ist und sämtliche partiellen Ableitungen $\dfrac{\partial \boldsymbol{f}}{\partial y_i}$, $i = 1, \ldots, n$, dort existieren und beschränkt sind.

Lipschitz ersetzte 1876 die Voraussetzung an die partiellen Ableitungen durch die schwächere Bedingung (die so genannte **Lipschitz–Bedingung**) :

$$\|\boldsymbol{f}(t, \tilde{\boldsymbol{y}}) - \boldsymbol{f}(t, \boldsymbol{y})\| \quad \leq \quad L \ \|\tilde{\boldsymbol{y}} - \boldsymbol{y}\| \, . \qquad (21.1.2)$$

Picard [8] und **Lindelöf** [9] gaben 1890/94 einen konstruktiven Beweis des Satzes von Lipschitz, bei dem sie das **Verfahren der sukzessiven Approximation** (vgl. (21.1.11)) anwendeten.

Auf **Peano** (1890) geht schließlich ein Existenzsatz zurück, der die Existenz einer Lösung der Anfangswertaufgabe bereits garantiert, wenn die rechte Seite lediglich stetig und beschränkt ist. Die Eindeutigkeit der Lösung ist allerdings unter diesen schwachen Voraussetzungen nicht mehr gesichert.

Beispiel (21.1.3)

Wir betrachten die Anfangswertaufgabe

$$y'(t) \;=\; \sqrt{|y(t)|}\,, \qquad y(0) \;=\; 0\,.$$

Die rechte Seite $f(t,y) = \sqrt{|y|}$ ist stetig und beschränkt auf $D = \mathbb{R} \times [-a,a]$, $a > 0$, erfüllt jedoch dort **keine** Lipschitz–Bedingung.

In der Tat ist für beliebige $\alpha, \beta > 0$

$$y(t) \;=\; \begin{cases} -\frac{1}{4}(t+\alpha)^2\,, & -\infty < t \le -\alpha \\ 0\,, & -\alpha \le t \le \beta \\ \frac{1}{4}(t-\beta)^2\,, & \beta \le t < \infty \end{cases}$$

eine Lösung der Anfangswertaufgabe.

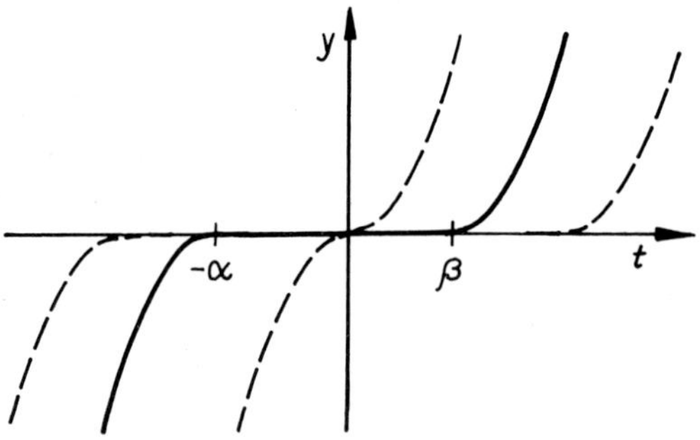

Abb. 21.1. Mehrdeutigkeit der Lösung einer Anfangswertaufgabe

[8] Émile Picard (1856–1941); Toulouse, Paris

[9] Ernst Lindelöf (1870–1946); Helsingfors

Satz (21.1.4) (Existenzsatz von Peano)
Sei $\boldsymbol{f}(t, \boldsymbol{y})$ stetig auf einem Gebiet $D \subset \mathbb{R}^{n+1}$, und sei $(t_0, \boldsymbol{y}_0) \in D$.
Dann gibt es ein $\varepsilon > 0$, so dass die Anfangswertaufgabe (21.1.1) im Intervall $|t - t_0| < \varepsilon$ eine Lösung besitzt.

Für einen Beweis des Satzes von Peano sei auf die Standard–Lehrbücher über gewöhnliche Differentialgleichungen verwiesen.

Es sei jedoch angemerkt, dass sich der Beweis des Satzes konstruktiv führen lässt. Als Näherung für eine Lösung konstruiert man Polygonzüge mit dem so genannten **Eulerschen Polygonzug–Verfahren**, d.h., ausgehend vom Anfangswert $(t_0, \boldsymbol{y}_0)$ werden die Ecken des Polygonzuges bestimmt gemäß:

$$t_{i+1} := t_i + h_i\,, \qquad \boldsymbol{y}_{i+1} := \boldsymbol{y}_i + h_i\,\boldsymbol{f}(t_i, \boldsymbol{y}_i)\;. \tag{21.1.5}$$

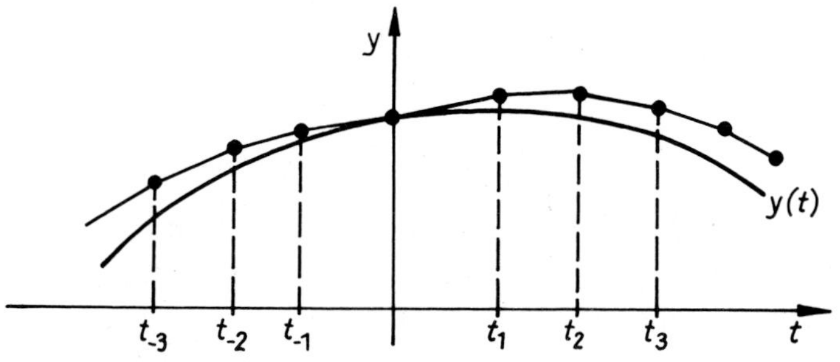

Abb. 21.2. Eulersches Polygonzug–Verfahren

Es lässt sich unter den genannten Voraussetzungen zeigen, dass jede Folge solcher Polygonzüge, für die die (maximale) Schrittweite h_i gegen Null konvergiert, eine Teilfolge besitzt, die gegen eine Lösung der Anfangswertaufgabe konvergiert.

Bemerkungen (21.1.6)

a) Ist ein Quader

$$Q = \{(t, \boldsymbol{y}) \mid |t - t_0| \le a,\; \|\boldsymbol{y} - \boldsymbol{y}_0\|_\infty \le b\}$$

in D enthalten, und ist $\boldsymbol{f}(t, \boldsymbol{y})$ auf Q beschränkt

$$\|\boldsymbol{f}(t, \boldsymbol{y})\|_\infty \le M \qquad (\forall (t, \boldsymbol{y}) \in Q)\,,$$

so liegen alle Eulerschen Polygonzüge in dem Doppelkegel

$$K := \{(t, \boldsymbol{y}) \in Q \mid |t - t_0| \leq \varepsilon \ \wedge \ \|\boldsymbol{y} - \boldsymbol{y}_0\|_\infty \leq M\,|t - t_0|\}$$

mit

$$\varepsilon := \min\left(a, \frac{b}{M}\right) . \tag{21.1.7}$$

Insbesondere existiert daher die Lösung der Anfangswertaufgabe zumindest in dem Intervall $|t - t_0| \leq \varepsilon$.

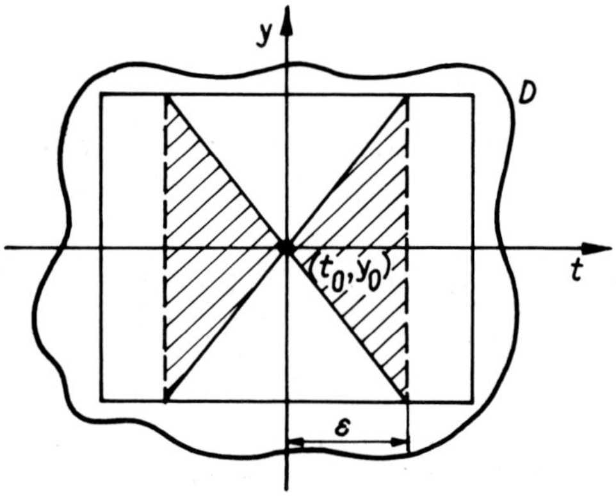

Abb. 21.3. Existenzkegel

b) Unter den Voraussetzungen des Peanoschen Satzes lässt sich jede Lösung der Anfangswertaufgabe auf ein maximales Existenzintervall $-\infty \leq t_{\min} < t < t_{\max} \leq \infty$ fortsetzen. Der Graph $(t, \boldsymbol{y}(t))$ der Lösung kommt dabei für $t \to t_{\min}$ bzw. $t \to t_{\max}$ dem Rand von D beliebig nahe, d.h., jeder Häufungspunkt von $(t, \boldsymbol{y}(t))$ für $t \to t_{\min}$ oder $t \to t_{\max}$ liegt auf ∂D.

Beispiele (21.1.8)

a) $$y' = y, \quad y(0) = 1 .$$

Die Lösung $y(t) = \exp(t)$ ist auf ganz $\mathbb{R}$ definiert. Es ist also $t_{\min} = -\infty$, $t_{\max} = +\infty$.

b) $$y' = -\frac{t}{y}, \quad y(0) = r > 0, \quad D = \mathbb{R} \times]0, \infty[.$$

Die Lösung der Anfangswertaufgabe lautet $y(t) = \sqrt{r^2 - t^2}$.

Dabei ist $t_{\min} = -r$, $t_{\max} = +r$ und

$$\lim_{t \to t_{\min}} (t, y(t)) = (-r, 0) \in \partial D .$$

c) Für die Anfangswertaufgabe

$$y' = y^2, \qquad y(0) = 1, \qquad D = \mathbb{R} \times \mathbb{R}$$

findet man mittels Trennung der Variablen:

$$y(t) = \frac{1}{1-t}, \qquad -\infty = t_{\min} < t < t_{\max} = 1.$$

d) Die Lösung der Anfangswertaufgabe

$$y' = -\frac{\sqrt{1-y^2}}{t^2}, \qquad y(1) = 0, \qquad D =]0,\infty[\times]-1,1[$$

lautet $y(t) = \sin\left(\frac{1}{t} - 1\right)$.

Sie ist auf $0 = t_{\min} < t < t_{\max} = \infty$ definiert. Für $t \to 0^+$ besitzt die Lösung Häufungspunkte $(0, \lambda) \in \partial D$, $-1 \le \lambda \le 1$.

Wir kommen nun zum Satz von Picard, Lindelöf, der unter der zusätzlichen Voraussetzung der Lipschitz–Bedingung (21.1.2) auch die Eindeutigkeit der Lösung einer Anfangswertaufgabe garantiert.

Satz (21.1.9) (Satz von Picard, Lindelöf)

$\boldsymbol{f}(t, \boldsymbol{y})$ sei stetig auf dem Quader

$$Q = \left\{(t, \boldsymbol{y}) \in \mathbb{R}^{n+1} \mid |t - t_0| \le a \;\wedge\; \|\boldsymbol{y} - \boldsymbol{y}_0\|_\infty \le b\right\}.$$

Ferner gelte mit Konstanten $M,\ L > 0$:

$$\|\boldsymbol{f}(t, \boldsymbol{y})\| \le M \qquad (\forall\, (t, \boldsymbol{y}) \in Q)$$

$$\|\boldsymbol{f}(t, \tilde{\boldsymbol{y}}) - \boldsymbol{f}(t, \boldsymbol{y})\| \le L\|\tilde{\boldsymbol{y}} - \boldsymbol{y}\| \qquad (\forall\, (t, \tilde{\boldsymbol{y}}), (t, \boldsymbol{y}) \in Q).$$

Dann gilt:

Die Anfangswertaufgabe (21.1.1) besitzt eine eindeutig bestimmte Lösung $\boldsymbol{y}(t)$, die mindestens im Intervall $[t_0 - \varepsilon, t_0 + \varepsilon]$, $\varepsilon := \min\left(a, \frac{b}{M}\right)$ definiert ist.

Beweis

Durch Integration (komponentenweise) lässt sich die Anfangswertaufgabe (21.1.1) in eine äquivalente Integralgleichung

$$\boldsymbol{y}(t) = \boldsymbol{y}_0 + \int_{t_0}^{t} \boldsymbol{f}(\tau, \boldsymbol{y}(\tau))\, d\tau \tag{21.1.10}$$

umwandeln. (21.1.10) ist eine Fixpunktgleichung für $\boldsymbol{y}(t)$, und es ist naheliegend, zur Lösung der Gleichung die Fixpunktiteration zu verwenden:

$$\begin{aligned} \boldsymbol{y}^{[0]}(t) &:= \boldsymbol{y}_0 \\ \boldsymbol{y}^{[k+1]}(t) &:= \boldsymbol{y}_0 + \int_{t_0}^{t} \boldsymbol{f}(\tau, \boldsymbol{y}^{[k]}(\tau))\, d\tau \ . \end{aligned} \tag{21.1.11}$$

Der obere Index ist dabei der Iterationsindex des Verfahrens. Die Methode heißt auch das **Verfahren der sukzessiven Approximation**.

Man führt den Konvergenzbeweis nun analog zum Beweis des Fixpunktsatzes.

Zunächst sieht man, dass alle Iterierten $\boldsymbol{y}^{[k]}(t)$ auf dem Intervall $|t - t_0| \leq \varepsilon$ erklärt sind und ganz im Quader Q verlaufen:

$$\left\| \boldsymbol{y}^{[k+1]}(t) - \boldsymbol{y}_0 \right\| = \left\| \int_{t_0}^{t} \boldsymbol{f}(\tau, \boldsymbol{y}^{[k]}(\tau))\, d\tau \right\| \leq M \cdot |t - t_0| \leq b\,.$$

Die Lipschitz–Bedingung liefert

$$\begin{aligned} \left\| \boldsymbol{y}^{[k+1]}(t) - \boldsymbol{y}^{[k]}(t) \right\| &= \left\| \int_{t_0}^{t} \Big(\boldsymbol{f}(\tau, \boldsymbol{y}^{[k]}(\tau)) - \boldsymbol{f}(\tau, \boldsymbol{y}^{[k-1]}(\tau)) \Big)\, d\tau \right\| \\ &\leq L \int_{t_0}^{t} \left\| \boldsymbol{y}^{[k]}(\tau) - \boldsymbol{y}^{[k-1]}(\tau) \right\| d\tau\,, \end{aligned}$$

woraus mittels vollständiger Induktion folgt:

$$\left\| \boldsymbol{y}^{[k]}(t) - \boldsymbol{y}^{[k-1]}(t) \right\| \leq M \cdot L^{k-1} \frac{|t - t_0|^k}{k!}\,.$$

Hiermit folgt die gleichmäßige Konvergenz der Reihe $\sum\limits_{j=1}^{\infty} \Big(\boldsymbol{y}^{[j]}(t) - \boldsymbol{y}^{[j-1]}(t) \Big)$ und damit auch die gleichmäßige Konvergenz von $\boldsymbol{y}^{[k]}(t)$ (für $k \to \infty$) gegen eine stetige Lösung $\boldsymbol{y}(t)$ der Fixpunktgleichung (21.1.10).

Zur Eindeutigkeit: Sind $\boldsymbol{y}(t)$, $\tilde{\boldsymbol{y}}(t)$ stetige Lösungen von (21.1.10), so folgt:

$$\begin{aligned} \|\boldsymbol{y}(t) - \tilde{\boldsymbol{y}}(t)\| &= \left\| \int_{t_0}^{t} (\boldsymbol{f}(\tau, \boldsymbol{y}(\tau)) - \boldsymbol{f}(\tau, \tilde{\boldsymbol{y}}(\tau)))\, d\tau \right\| \\ &\leq L \int_{t_0}^{t} \|\boldsymbol{y}(\tau) - \tilde{\boldsymbol{y}}(\tau)\|\, d\tau \\ &\leq L\ \|\boldsymbol{y} - \tilde{\boldsymbol{y}}\|_\infty \cdot |t - t_0|\,. \end{aligned}$$

Setzt man diese Abschätzung wieder in das Integral ein und iteriert dies, so folgt

$$\|\boldsymbol{y}(t) - \tilde{\boldsymbol{y}}(t)\| \quad \leq \quad L^k \cdot \|\boldsymbol{y} - \tilde{\boldsymbol{y}}\|_\infty \cdot \frac{|t-t_0|^k}{k!} \quad \to \quad 0 \qquad (k \to \infty)\,.$$

Somit folgt $\boldsymbol{y}(t) = \tilde{\boldsymbol{y}}(t), \quad \forall t : |t - t_0| \leq \varepsilon.$ ∎

Bemerkungen (21.1.12)

a) Der obige Satz von Picard und Lindelöf lässt sich folgendermaßen modifizieren:

Erfüllt $\boldsymbol{f}(t, \boldsymbol{y})$ auf $[a, b] \times \mathbb{R}^n$ eine Lipschitz–Bedingung (21.1.2), so besitzt die Anfangswertaufgabe (21.1.1) mit $t_0 \in [a, b]$ eine eindeutig bestimmte Lösung, die auf ganz $[a, b]$ erklärt ist **(globale Existenz)**.

b) Eine lineare Anfangswertaufgabe

$$\begin{aligned} \boldsymbol{y}'(t) &= \boldsymbol{A}(t)\,\boldsymbol{y}(t) + \boldsymbol{h}(t)\,, \\ \boldsymbol{y}(t_0) &= \boldsymbol{y}_0 \end{aligned} \tag{21.1.13}$$

mit stetigen Funktionen $\boldsymbol{A} : \mathbb{R} \to \mathbb{R}^{(n,n)}$, $\boldsymbol{h} : \mathbb{R} \to \mathbb{R}^n$ besitzt eine eindeutig bestimmte Lösung, die auf ganz $\mathbb{R}$ definiert ist.

Beweis

Die Aussage folgt aus a) wegen

$$\|\boldsymbol{f}(t, \tilde{\boldsymbol{y}}) - \boldsymbol{f}(t, \boldsymbol{y})\| \quad \leq \quad \|\boldsymbol{A}(t)\| \; \|\tilde{\boldsymbol{y}} - \boldsymbol{y}\|\,.$$

Die globale Lipschitz–Bedingung ist also auf **jedem** Streifen $[a, b] \times \mathbb{R}^n$ erfüllt. ∎

c) Zum Nachweis der Lipschitz–Bedingung ist der folgende Sachverhalt hilfreich:

Ist $\boldsymbol{f}(t, \boldsymbol{y})$ auf Q eine C^1–Funktion, so erfüllt $\boldsymbol{f}(t, \boldsymbol{y})$ dort eine Lipschitz–Bedingung.

Beweis

Die partiellen Ableitungen $\dfrac{\partial f_i}{\partial y_j}(t, \boldsymbol{y})$ sind auf Q beschränkt. Mit

$$L_i \quad := \quad \sup_{(t,\boldsymbol{y}) \in Q} \sum_{j=1}^{n} \left| \frac{\partial f_i}{\partial y_j}(t, \boldsymbol{y}) \right| \quad < \quad \infty$$

und dem Mittelwertsatz:

$$f_i(t, \tilde{\boldsymbol{y}}) - f_i(t, \boldsymbol{y}) \quad = \quad \frac{\partial f_i}{\partial \boldsymbol{y}}\,(\boldsymbol{y} + \theta\,(\tilde{\boldsymbol{y}} - \boldsymbol{y}))\;(\tilde{\boldsymbol{y}} - \boldsymbol{y})$$

folgt unmittelbar

$$|f_i(t, \tilde{\boldsymbol{y}}) - f_i(t, \boldsymbol{y})| \quad \leq \quad L_i \;\|\tilde{\boldsymbol{y}} - \boldsymbol{y}\|_\infty$$

und somit auch

$$\|\boldsymbol{f}(t,\tilde{\boldsymbol{y}}) - \boldsymbol{f}(t,\boldsymbol{y})\|_\infty \;\le\; \max(L_i)\cdot\|\tilde{\boldsymbol{y}} - \boldsymbol{y}\|_\infty\,. \qquad \blacksquare$$

Beispiel (21.1.14)
Für die Anfangswertaufgabe $y' = y,\quad y(0) = 1$ liefert das Verfahren der sukzessiven Approximation die Näherungen (Beweis per Induktion):

$$y^{[k]}(t) \;=\; \sum_{j=0}^{k} \frac{1}{j!}\,t^j\,.$$

Für $k \to \infty$ hat man folglich:

$$y(t) \;=\; \lim_{k\to\infty} y^{[k]}(t) \;=\; \sum_{j=0}^{\infty} \frac{1}{j!}\,t^j \;=\; \exp(t)\,.$$

21.2 Abhängigkeit von Parametern, Stabilität

Wir betrachten wieder eine Anfangswertaufgabe

$$\boldsymbol{y}'(t) \;=\; \boldsymbol{f}(t,\boldsymbol{y}(t)), \qquad \boldsymbol{y}(t_0) \;=\; \boldsymbol{y}_0 \in \mathbb{R}^n\,, \tag{21.2.1}$$

und wir setzen voraus, dass $\boldsymbol{f}(t,\boldsymbol{y})$ auf einem Gebiet $D \subset \mathbb{R}\times\mathbb{R}^n$ stetig differenzierbar ist.

Die Lösung der Anfangswertaufgabe ist damit für $(t_0,\boldsymbol{y}_0) \in D$ nach (21.1.9) (lokal) eindeutig bestimmt. Wir denken uns die Lösung in D maximal fortgesetzt und bezeichnen diese Fortsetzung mit $\boldsymbol{y}(t;t_0,\boldsymbol{y}_0)$.

In Anwendungen sind die Anfangsdaten $(t_0,\boldsymbol{y}_0)$ häufig nur mit einer gewissen Genauigkeit gegeben. Wir fragen, wie sich Fehler in diesen Daten auf die Lösung auswirken.

Als technisches Hilfsmittel verwenden wir das folgende Gronwall–Lemma:

Satz (21.2.2) (Lemma von Gronwall)
Gilt für eine auf $|t-t_0| \le \varepsilon$ stetige Funktion $r(t)$ eine Abschätzung der Form

$$r(t) \;\le\; \alpha + \beta\int_{t_0}^{t} r(\tau)\,d\tau, \qquad \alpha \ge 0,\;\; \beta > 0\,,$$

so folgt für alle $|t-t_0| \le \varepsilon$: $\quad r(t) \le \alpha\,\mathrm{e}^{\beta\,|t-t_0|}$.

Beweis

Multipliziert man die obige Ungleichung mit $e^{-\beta t}$ und setzt $u(t) := e^{-\beta t} \int_{t_0}^{t} r(\tau)\, d\tau$, so folgt

$$u'(t) \quad = \quad -\beta\, u(t) + e^{-\beta t}\, r(t) \quad \leq \quad \alpha\, e^{-\beta t},$$

also $\alpha\, e^{-\beta t} \;-\; u'(t) \geq 0$. Integration liefert:

$$-\frac{\alpha}{\beta}\, e^{-\beta t} - u(t) \quad \geq \quad -\frac{\alpha}{\beta}\, e^{-\beta t_0} \quad (\forall\, t_0 \leq t \leq t_0 + \varepsilon)\,.$$

Es folgt also

$$u(t) \quad \leq \quad \frac{\alpha}{\beta}\left(e^{-\beta t_0} - e^{-\beta t}\right)$$

und somit (Ausgangsungleichung):

$$r(t) \quad \leq \quad \alpha + \beta\, e^{\beta t}\, u(t) \quad \leq \quad \alpha\, e^{\beta(t-t_0)}\,.$$

Für $t \leq t_0$ kann die Aussage vermöge der Transformation

$$\tilde{r}(t) \quad := \quad r(2t_0 - t), \qquad t \geq t_0$$

auf den obigen Fall zurückgeführt werden. ■

Mit dem Gronwall–Lemma lässt sich nun leicht die folgende Fehlerabschätzung für die Lösung der Anfangswertaufgabe beweisen:

Satz (21.2.3)

Für Anfangswerte $\boldsymbol{y}_0, \boldsymbol{z}_0 \in \mathbb{R}^n$ seien die Lösungen $\boldsymbol{y}(t; t_0, \boldsymbol{y}_0)$ und $\boldsymbol{y}(t; t_0, \boldsymbol{z}_0)$ auf dem Intervall $|t - t_0| \leq \varepsilon$ definiert.
$L > 0$ bezeichne eine Lipschitz–Konstante von $\boldsymbol{f}(t, \boldsymbol{y})$ auf einem Quader $Q = [t_0 - \varepsilon, t_0 + \varepsilon] \times \tilde{Q}$, welcher die Lösungen enthält, vgl. (21.1.9).
Dann gilt für $|t - t_0| \leq \varepsilon$:

$$\|\boldsymbol{y}(t; t_0, \boldsymbol{y}_0) - \boldsymbol{y}(t; t_0, \boldsymbol{z}_0)\| \quad \leq \quad e^{L|t-t_0|} \cdot \|\boldsymbol{y}_0 - \boldsymbol{z}_0\|\,.$$

Beweis

Die integrale Form der Anfangswertaufgabe

$$\boldsymbol{y}(t; t_0, \boldsymbol{y}_0) \quad = \quad \boldsymbol{y}_0 + \int_{t_0}^{t} \boldsymbol{f}\,(\tau, \boldsymbol{y}(\tau; t_0, \boldsymbol{y}_0))\, d\tau$$

liefert die Abschätzung (Dreiecksungleichung):

$$\begin{aligned}\|\boldsymbol{y}(t;t_0,\boldsymbol{y}_0)-\boldsymbol{y}(t;t_0,\boldsymbol{z}_0)\| &\le \|\boldsymbol{y}_0-\boldsymbol{z}_0\|+\int_{t_0}^{t}\|\boldsymbol{f}(\tau,\boldsymbol{y}(\tau;t_0,\boldsymbol{y}_0))-\boldsymbol{f}(\tau;\boldsymbol{y}(\tau;t_0,\boldsymbol{z}_0))\|\,d\tau\\ &\le \|\boldsymbol{y}_0-\boldsymbol{z}_0\|+L\cdot\int_{t_0}^{t}\|\boldsymbol{y}(\tau;t_0,\boldsymbol{y}_0))-\boldsymbol{y}(\tau;t_0,\boldsymbol{z}_0))\|\,d\tau\,.\end{aligned}$$

Dies ist aber gerade eine Abschätzung der Form

$$\begin{aligned} r(t) &\le \alpha+\beta\int_{t_0}^{t} r(\tau)\,d\tau \qquad \text{mit}\\ r(t) &:= \|\boldsymbol{y}(t;t_0,\boldsymbol{y}_0)-\boldsymbol{y}(t;t_0,\boldsymbol{z}_0)\|\,,\\ \alpha &:= \|\boldsymbol{y}_0-\boldsymbol{z}_0\| \ge 0, \qquad \beta := L > 0\,.\end{aligned}$$

Nach dem Lemma von Gronwall folgt also:

$$\|\boldsymbol{y}(t;t_0,\boldsymbol{y}_0)-\boldsymbol{y}(t;t_0,\boldsymbol{z}_0)\| \le \|\boldsymbol{y}_0-\boldsymbol{z}_0\|\,\mathrm{e}^{L|t-t_0|}\,.$$ ■

Bemerkungen (21.2.4)

a) Die in obigem Satz gezeigte Abschätzung bedeutet gerade die Lipschitz–stetige Abhängigkeit der Lösung einer Anfangswertaufgabe von den Anfangswerten $\boldsymbol{y}_0 \in \mathbb{R}^n$.

b) Die obige Abschätzung ist auch (in gewissem Sinne) nicht zu verbessern, da beispielsweise für die lineare Anfangswertaufgabe

$$y' = L\,y, \qquad y(t_0) = y_0, \qquad L > 0, \qquad t \ge t_0$$

die Gleichheit gilt.

Für $t < t_0$ wird hierbei jedoch der tatsächliche Fehler erheblich überschätzt.

c) In Verallgemeinerung des Satzes (21.2.3) lassen sich auch Fehler in der rechten Seite $\boldsymbol{f}(t,\boldsymbol{y})$ und in der Anfangszeit t_0 berücksichtigen.

Ohne Beweis vermerken wir hierzu:

Sind $\boldsymbol{f}(t,\boldsymbol{y})$, $\boldsymbol{g}(t,\boldsymbol{y})$ stetig differenzierbare Funktionen auf einem Quader Q, und gelten dort die folgenden Abschätzungen :

$$\begin{aligned}\|\boldsymbol{f}(t,\boldsymbol{y})-\boldsymbol{g}(t,\boldsymbol{y})\| &\le \delta\,,\\ \|\boldsymbol{g}(t,\boldsymbol{y})\| &\le M\,,\\ \|\boldsymbol{f}(t,\tilde{\boldsymbol{y}})-\boldsymbol{f}(t,\boldsymbol{y})\| &\le L\,\|\tilde{\boldsymbol{y}}-\boldsymbol{y}\|\,,\end{aligned}$$

so folgt für die Lösungen $\boldsymbol{y}(t)$ und $\boldsymbol{z}(t)$ der Anfangswertaufgaben

$$\begin{aligned} \boldsymbol{y}' &= \boldsymbol{f}(t,\boldsymbol{y}), & \boldsymbol{y}(t_0) &= \boldsymbol{y}_0 \\ \boldsymbol{z}' &= \boldsymbol{g}(t,\boldsymbol{z}), & \boldsymbol{z}(t_1) &= \boldsymbol{z}_0 \end{aligned}$$

mit $(t_0,\boldsymbol{y}_0)$, $(t_0,\boldsymbol{z}_0) \in Q^0$ die Abschätzung:

$$\begin{aligned} \|\boldsymbol{y}(t)-\boldsymbol{z}(t)\| &\le \|\boldsymbol{y}_0-\boldsymbol{z}_0\|\ \mathrm{e}^{L\,|t-t_0|} \\ &+ M\ |t_1-t_0|\ \mathrm{e}^{L\,|t-t_0|} \\ &+ \frac{\delta}{L}\left(\mathrm{e}^{L\,|t-t_0|}-1\right). \end{aligned} \tag{21.2.5}$$

Der erste Summand beschreibt hierbei den Fehler, der in $\boldsymbol{y}(t)$ aufgrund der Änderung der Anfangswerte auftritt, der zweite Summand den Fehler, der durch die Veränderung der Anfangszeit auftritt, und der dritte Summand beschreibt schließlich den Fehler, der durch die veränderte rechte Seite des Differentialgleichungssytems hervorgerufen wird.

Ebenfalls von Interesse ist natürlich die Frage, wie sich die Lösung einer **parameter–abhängigen Anfangswertaufgabe**

$$\boldsymbol{y}'(t) = \boldsymbol{f}(t,\boldsymbol{y},\boldsymbol{\lambda}), \qquad \boldsymbol{y}(t_0) = \boldsymbol{y}_0\,, \tag{21.2.6}$$

in Abhängigkeit von den Parametern $\boldsymbol{\lambda} \in \mathbb{R}^m$ verhält.

Vermöge der Transformation von (21.2.6) in die äquivalente Anfangswertaufgabe

$$\begin{aligned} \boldsymbol{y}' &= f(t,\boldsymbol{y},\boldsymbol{z}) &, \ \boldsymbol{y}(t_0) &= \boldsymbol{y}_0 \\ \boldsymbol{z}' &= \boldsymbol{0} &, \ \boldsymbol{z}(t_0) &= \boldsymbol{\lambda} \end{aligned} \tag{21.2.7}$$

lässt sich dieses Problem jedoch sofort auf den zuvor betrachteten Fall der Variation der Anfangswerte zurückführen.

Mitunter interessiert man sich über die recht groben Abschätzungen (21.2.5) hinaus für die konkrete Auswertung der Größen $\dfrac{\partial}{\partial t_0}\boldsymbol{y}(t;t_0,\boldsymbol{y}_0)$ und $\dfrac{\partial}{\partial \boldsymbol{y}_0}\boldsymbol{y}(t;t_0,\boldsymbol{y}_0)$.

Diese Daten sind als die (absoluten) Konditionszahlen für die Abbildung

$$(t_0,\boldsymbol{y}_0) \longmapsto \boldsymbol{y}(t;t_0,\boldsymbol{y}_0)$$

zu interpretieren, vgl. Abschnitt 10.4.

Um die Existenz der hierbei auftretenden partiellen Ableitungen sicherzustellen, sei der folgende Satz zitiert. Für einen Beweis wird wiederum auf die Standard–Literatur verwiesen.

Satz (21.2.8)

Die rechte Seite $\boldsymbol{f}(t,\boldsymbol{y})$ sei eine C^1–Funktion auf einem Gebiet $D \subset \mathbb{R}^{n+1}$. $\overline{\boldsymbol{y}}(t)$ sei eine auf einem kompakten Intervall $I \subset \mathbb{R}$ erklärte Lösung der Differentialgleichung $\boldsymbol{y}' = \boldsymbol{f}(t,\boldsymbol{y})$.

a) Es gibt einen Streifen um $\overline{\boldsymbol{y}}(t)$

$$S_\alpha := \left\{(t,\boldsymbol{y})^T : t \in I \wedge \|\boldsymbol{y} - \overline{\boldsymbol{y}}(t)\| \le \alpha\right\} \subset D, \ \alpha > 0,$$

so dass die Lösung $\boldsymbol{y}(t;t_0,\boldsymbol{y}_0)$ der Anfangswertaufgabe für alle Anfangswerte $(t_0,\boldsymbol{y}_0) \in S_\alpha$ auf ganz I erklärt ist, vgl. Abb. 21.4.

b) Die Lösung $\boldsymbol{y}(t;t_0,\boldsymbol{y}_0)$ ist eine C^1–Funktion (bezüglich aller Variablen) auf $I \times S_\alpha$.

c) Die so genannten **Variationen**

$$\begin{aligned} \boldsymbol{Y}(t) &:= \frac{\partial}{\partial \boldsymbol{y}_0} \boldsymbol{y}(t;t_0,\boldsymbol{y}_0) \in \mathbb{R}^{n\times n} \\ \boldsymbol{w}(t) &:= \frac{\partial}{\partial t_0} \boldsymbol{y}(t;t_0,\boldsymbol{y}_0) \in \mathbb{R}^{n} \end{aligned}$$

lassen sich als Lösungen der folgenden linearen Anfangswertaufgaben erhalten

$$\begin{aligned} \boldsymbol{Y}'(t) &= \boldsymbol{f}_{\boldsymbol{y}}(t,\boldsymbol{y}(t;t_0,\boldsymbol{y}_0)) \cdot \boldsymbol{Y}(t), & \boldsymbol{Y}(t_0) &= \boldsymbol{I}_n \\ \boldsymbol{w}'(t) &= \boldsymbol{f}_{\boldsymbol{y}}(t,\boldsymbol{y}(t;t_0,\boldsymbol{y}_0)) \cdot \boldsymbol{w}(t) & \boldsymbol{w}(t_0) &= -\boldsymbol{f}(t_0,\boldsymbol{y}_0). \end{aligned} \qquad (21.2.9)$$

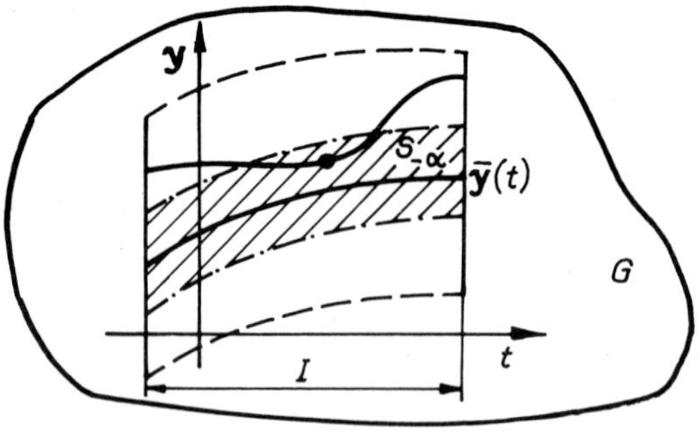

Abb. 21.4. Variation der Anfangsdaten

Die linearen Differentialgleichungen in (21.2.9) heißen auch **Variationsgleichungen** von $\boldsymbol{y}' = \boldsymbol{f}(t,\boldsymbol{y})$.

Eine einfache Herleitung der Variationsgleichungen erhält man, wenn man voraussetzt, dass $\boldsymbol{y}(t; t_0, \boldsymbol{y}_0)$ sogar eine C^2–Funktion auf $I \times S_\alpha$ ist.

Aus der Differentialgleichung

$$\frac{\partial}{\partial t}\,\boldsymbol{y}(t; t_0, \boldsymbol{y}_0) \;=\; \boldsymbol{f}(t, \boldsymbol{y}(t; t_0, \boldsymbol{y}_0))$$

folgt dann nämlich durch partielle Differentiation nach $\boldsymbol{y}_0$ mit Hilfe der Kettenregel:

$$\frac{\partial}{\partial \boldsymbol{y}_0}\frac{\partial}{\partial t}\,\boldsymbol{y}(t; t_0, \boldsymbol{y}_0) \;=\; \boldsymbol{f}_{\boldsymbol{y}}(t; t_0, \boldsymbol{y}_0) \cdot \frac{\partial}{\partial \boldsymbol{y}_0}\,\boldsymbol{y}(t; t_0, \boldsymbol{y}_0)\,. \tag{21.2.10}$$

Vertauscht man nach dem Satz von Schwarz (17.1.11) die partiellen Ableitungen auf der linken Seite, so erhält man gerade die erste Variationsgleichung für $\boldsymbol{Y}(t)$.

Die zugehörige Anfangsbedingung ergibt sich ebenso durch Differentiation der Identität (in $\boldsymbol{y}_0$): $\boldsymbol{y}(t_0; t_0, \boldsymbol{y}_0) \;=\; \boldsymbol{y}_0\,.$

Aufgabe (21.2.11)

Unter der Voraussetzung $\boldsymbol{y}(t; t_0, \boldsymbol{y}_0) \in C^2$ leite man die Anfangswertaufgabe für $\boldsymbol{w}(t) := \dfrac{\partial}{\partial t_0}\,\boldsymbol{y}(t; t_0, \boldsymbol{y}_0)$ her.

22 Lineare Differentialgleichungen

22.1 Systeme erster Ordnung

Wir betrachten ein explizites lineares Differentialgleichungssystem erster Ordnung:

$$\boldsymbol{y}'(t) \quad = \quad \boldsymbol{A}(t)\,\boldsymbol{y}(t) \;+\; \boldsymbol{h}(t)\,. \tag{22.1.1}$$

Wir setzen voraus, dass die Koeffizientenmatrix $\boldsymbol{A}(t) \in \mathbb{R}^{(n,n)}$ und die Inhomogenität $\boldsymbol{h}(t) \in \mathbb{R}^n$ stetige Funktionen der Zeit $t \in \mathbb{R}$ sind.

Die zugehörige Anfangswertaufgabe mit Anfangswerten $(t_0, \boldsymbol{y}_0) \in \mathbb{R}^{n+1}$ hat , wie wir bereits wissen, stets eine eindeutig bestimmte Lösung $\boldsymbol{y}(t; t_0, \boldsymbol{y}_0)$, die für alle $t \in \mathbb{R}$ erklärt ist, vgl. Bemerkung (21.1.12).

Aufgrund der Linearität hat man bei Systemen analog zum Fall einer einzelnen linearen Differentialgleichung (vgl. (20.2.7)) den folgenden Satz über die Struktur der allgemeinen Lösung von (22.1.1). Der Begriff „allgemeine Lösung“ bedeutet dabei (wie in Abschnitt 20.2), dass **jede** C^1–Lösung $\boldsymbol{y}(t)$ der Differentialgleichung (22.1.1) die im folgenden angegebene Darstellung besitzt.

Satz (22.1.2)
Die allgemeine Lösung der Differentialgleichung (22.1.1) besitzt die Darstellung

$$\boldsymbol{y}(t) \quad = \quad \boldsymbol{y}_p(t) \;+\; \boldsymbol{y}_h(t)\,.$$

Dabei bezeichne $\boldsymbol{y}_p$ eine spezielle (partikuläre) Lösung der inhomogenen Gleichung (22.1.1) und $\boldsymbol{y}_h$ eine beliebige Lösung der zugehörigen homogenen Differentialgleichung $\boldsymbol{y}' = \boldsymbol{A}\,\boldsymbol{y}$.

Beweis
Sind $\boldsymbol{y}_p(t)$ und $\boldsymbol{y}_h(t)$ wie oben gegeben, so ist $\boldsymbol{y}(t) := \boldsymbol{y}_p(t) + \boldsymbol{y}_h(t)$ offenbar eine Lösung der Differentialgleichung (22.1.1).

Umgekehrt: Sind $\boldsymbol{y}(t)$ und $\boldsymbol{y}_p(t)$ Lösungen der inhomogenen Differentialgleichung, so erfüllt $\boldsymbol{y}(t) - \boldsymbol{y}_p(t)$ offensichtlich die homogene Gleichung. ■

Die homogene Differentialgleichung

Die Lösungen der homogenen linearen Differentialgleichung

$$\boldsymbol{y}'(t) \quad = \quad \boldsymbol{A}(t)\,\boldsymbol{y}(t) \tag{22.1.3}$$

bilden einen (reellen) Vektorraum, genauer: sie bilden einen endlichdimensionalen Teilraum des Vektorraums $C^1(\mathbb{R}, \mathbb{R}^n)$ aller stetig differenzierbaren Funktionen $\mathbb{R} \to \mathbb{R}^n$.

Zur Aufstellung der allgemeinen Lösung $\boldsymbol{y}_h(t)$ der homogenen Differentialgleichung genügt es daher, eine Basis des Lösungsraumes zu ermitteln. Eine solche Basis lässt sich folgendermaßen konstruieren:

a) Man wähle $t_0 \in \mathbb{R}$ und eine Basis $(\boldsymbol{v}^1, \ldots, \boldsymbol{v}^n)$ des $\mathbb{R}^n$.

b) Man löse die folgenden n Anfangswertaufgaben ($k = 1, \ldots, n$):

$$\frac{d}{dt}\boldsymbol{y}^k(t) \;=\; \boldsymbol{A}(t)\,\boldsymbol{y}^k(t), \qquad \boldsymbol{y}^k(t_0) \;=\; \boldsymbol{v}^k . \tag{22.1.4}$$

Die Lösungen $\boldsymbol{y}^k(t)$, $k = 1, \ldots, n$, werden zu einer Matrix

$$\boldsymbol{Y}(t) \;:=\; (\boldsymbol{y}^1(t), \ldots, \boldsymbol{y}^n(t)) \;\in\; \mathbb{R}^{(n,n)} \tag{22.1.5}$$

zusammengefasst. Diese heißt eine **Fundamentalmatrix** oder ein **Fundamentalsystem** der Differentialgleichung (22.1.1) bzw. (22.1.3).

Nach (22.1.4) ist $\boldsymbol{Y}(t)$ zugleich Lösung der Matrix–Anfangswertaufgabe:

$$\boldsymbol{Y}'(t) \;=\; \boldsymbol{A}(t)\,\boldsymbol{Y}(t), \qquad \boldsymbol{Y}(t_0) \;=\; (\boldsymbol{v}^1, \ldots, \boldsymbol{v}^n) . \tag{22.1.6}$$

Der folgende Satz zeigt, dass $\boldsymbol{Y}(t)$ eine Basis des Lösungsraums bildet.

Satz (22.1.7)

$\boldsymbol{Y}(t) \in \mathbb{R}^{(n,n)}$ sei ein (beliebiges) Fundamentalsystem. Dann gilt:

a) Die allgemeine Lösung der homogenen Differntialgleichung lautet

$$\boldsymbol{y}_h(t) \;=\; \boldsymbol{Y}(t) \cdot \boldsymbol{c} \;=\; \sum_{k=1}^{n} c_k\, \boldsymbol{y}^k(t), \qquad \boldsymbol{c} \in \mathbb{R}^n .$$

b) Die Fundamentalmatrix $\boldsymbol{Y}(t)$ ist für alle $t \in \mathbb{R}$ regulär.

Beweis

Nach Konstruktion ist $\boldsymbol{Y}(t_0)$ regulär; ferner ist klar, dass $\boldsymbol{y}(t) = \boldsymbol{Y}(t) \cdot \boldsymbol{c}$ für jedes $\boldsymbol{c} \in \mathbb{R}^n$ eine Lösung der homogenen Differentialgleichung (22.1.3) ist.

Ist umgekehrt $\boldsymbol{y}^*(t)$ eine Lösung der Differentialgleichung, so setze man

$$\boldsymbol{c}^* := \boldsymbol{Y}(t_0)^{-1}\boldsymbol{y}^*(t_0) .$$

Damit sind sowohl $\boldsymbol{y}^*(t)$ als auch $\boldsymbol{y}(t) := \boldsymbol{Y}(t)\, \boldsymbol{c}^*$ Lösungen der Anfangswertaufgabe

$$\boldsymbol{y}'(t) = \boldsymbol{A}(t)\, \boldsymbol{y}(t), \qquad \boldsymbol{y}(t_0) = \boldsymbol{y}^*(t_0)\,.$$

Andererseits ist die Anfangswertaufgabe **eindeutig** lösbar; daher folgt: $\boldsymbol{y}^*(t) = \boldsymbol{Y}(t)\, \boldsymbol{c}^*$.

Somit ist a) gezeigt.

Es bleibt zu zeigen, dass $\boldsymbol{Y}(t)$ auch für $t = t_1 \neq t_0$ regulär ist.

Dazu zeigen wir:

$$\forall\ \boldsymbol{y}^1 \in \mathbb{R}^n \ :\ \exists\, \boldsymbol{c} \in \mathbb{R}^n \ :\ \boldsymbol{Y}(t_1)\ \boldsymbol{c} = \boldsymbol{y}^1\,.$$

Für vorgegebenes $t_1 \neq t_0$ und $\boldsymbol{y}^1 \in \mathbb{R}^n$ besitzt die Anfangswertaufgabe

$$\boldsymbol{y}'(t) = \boldsymbol{A}(t)\, \boldsymbol{y}(t), \qquad \boldsymbol{y}(t_1) = \boldsymbol{y}^1$$

eine eindeutig bestimmte Lösung $\boldsymbol{y}(t)$. Nach a) existiert daher ein $\boldsymbol{c} \in \mathbb{R}^n$ mit $\boldsymbol{y}(t) = \boldsymbol{Y}(t)\, \boldsymbol{c}$. Speziell für $t = t_1$ ergibt sich nun die Behauptung. ■

Bemerkung (22.1.8)

Die C^1–Funktion $W(t) := \det(\boldsymbol{Y}(t))$ heißt auch die **Wronski–Determinante** [10] der linearen Differentialgleichung (22.1.3) zum Fundamentalsystem $\boldsymbol{Y}(t)$.

Die Wronski–Determinante genügt selbst der folgenden linearen homogenen Differentialgleichung:

$$W'(t) = \text{Spur}\,(\boldsymbol{A}(t)) \cdot W(t) \tag{22.1.9}$$

und hat damit die Lösungsdarstellung:

$$W(t) = W(t_0)\, \exp\left(\int_{t_0}^{t} \text{Spur}\,(\boldsymbol{A}(\tau))\, d\tau \right). \tag{22.1.10}$$

Beweis

Man berechnet die Ableitung der Funktion $W(t) = \det(\boldsymbol{Y}(t))$ mit Hilfe der Kettenregel und des Laplaceschen Entwicklungssatzes.

$\boldsymbol{Y}_{jk}(t)$ bezeichne dabei die $(n-1, n-1)$–Matrix, die aus $\boldsymbol{Y}(t)$ durch Streichen der j–ten Zeile und k–ten Spalte entsteht. Damit erhält man

$$W(t) = \det(\boldsymbol{Y}(t)) = \begin{vmatrix} y_1^1 & y_1^2 & \cdots & y_1^n \\ \vdots & \vdots & & \vdots \\ y_n^1 & y_n^2 & \cdots & y_n^n \end{vmatrix}$$

[10] Josef–Maria Hoene–Wronski (1778–1853); Paris

$$
\begin{aligned}
W'(t) &= \sum_{i,j=1}^{n} \frac{\partial}{\partial y_j^i} \left(\sum_{k=1}^{n} (-1)^{j+k}\, y_j^k \,\det(\boldsymbol{Y}_{jk}) \right) \cdot \frac{d}{dt}\, y_j^i(t) \\
&= \sum_{i,j=1}^{n} (-1)^{i+j} \det\,(\boldsymbol{Y}_{ji}) \cdot \left(\sum_{k=1}^{n} a_{jk}(t)\, y_k^i(t) \right) \\
&= \sum_{j,k=1}^{n} a_{jk}(t) \left(\sum_{i=1}^{n} (-1)^{i+j}\, y_k^i \,\det\,(\boldsymbol{Y}_{ji}) \right) \\
&= \sum_{j,k=1}^{n} a_{jk}(t) \cdot W(t) \cdot \delta_{kj} \\
&= \text{Spur}\,(\boldsymbol{A}(t)) \cdot W(t)\,.
\end{aligned}
$$

■

Das Reduktionsverfahren

Es ist i. Allg. keine leichte Aufgabe, zu einem vorgegebenen linearen Differentialgleichungssystem eine Fundamentalmatrix zu ermitteln. Mit dem folgenden Verfahren lässt sich mitunter die Dimension des Problems reduzieren, sofern zumindest eine Lösung $\boldsymbol{y}^n(t) \neq \boldsymbol{0}$ des vorgegebenen homogenen Differentialgleichungssystems bekannt ist.

O.B.d.A. nehmen wir an, dass $y_n^n(t) \neq 0$ ist und verwenden den **Ansatz**

$$\boldsymbol{y}(t) \;=\; w_n(t)\, \boldsymbol{y}^n(t) + \boldsymbol{z}(t), \qquad w_n(t) \in \mathbb{R}^1\,.$$

Damit folgt für die Ableitung

$$
\begin{aligned}
\boldsymbol{y}'(t) &= w_n'\, \boldsymbol{y}^n + w_n \frac{d}{dt} \boldsymbol{y}^n + \boldsymbol{z}' \\
&= w_n'\, \boldsymbol{y}^n + w_n\, \boldsymbol{A}\, \boldsymbol{y}^n + \boldsymbol{z}'\,,
\end{aligned}
$$

also:

$$
\begin{aligned}
\boldsymbol{y}' = \boldsymbol{A}\,\boldsymbol{y} \quad &\Longleftrightarrow \quad \boldsymbol{z}' = \boldsymbol{A}\,\boldsymbol{z} - w_n'\, \boldsymbol{y}^n \\
&\Longleftrightarrow \quad z_i' = \sum_{k=1}^{n} a_{ik}\, z_k - w_n'\, y_i^n\,, \qquad i = 1, \ldots, n\,.
\end{aligned}
$$

Die Idee ist nun, die Funktion $w_n(t)$ so zu wählen, dass die rechte Seite von z_n' nur von z_n abhängt.

Dann lässt sich in obigem Differentialgleichungssystem $z_n = 0$ wählen, und die rechten Seiten von $z_1', \ldots, z_{n-1}'$ hängen nur noch von $z_1, \ldots, z_{n-1}$ ab.

Die Bedingung hierfür ist gerade:

$$w_n' = \left(\sum_{k=1}^{n-1} a_{nk}\, z_k\right) \Big/ y_n^n .$$

Mit $z_n := 0$ lauten nunmehr die restlichen Gleichungen

$$\begin{aligned} z_i' &= \sum_{k=1}^{n-1} a_{ik}\, z_k - \left(\sum_{k=1}^{n-1} a_{nk}\, z_k\right) \frac{y_i^n}{y_n^n} \\ &= \sum_{k=1}^{n-1} \left(a_{ik} - a_{nk}\, \frac{y_i^n}{y_n^n}\right) z_k \\ &=: \sum_{k=1}^{n-1} b_{ik}\, z_k . \end{aligned}$$

Das Reduktionsverfahren lässt sich somit folgendermaßen zusammenfassen:

Reduktionsverfahren (22.1.11)

a) Man setze $\quad b_{ik} := a_{ik} - a_{nk}\, \dfrac{y_i^n}{y_n^n}; \qquad i, k = 1, \ldots, n-1 .$

b) Man bestimme die (allgemeine) Lösung des Differentialgleichungssystems

$$\boldsymbol{z}'(t) = \boldsymbol{B}(t) \cdot \boldsymbol{z}(t), \qquad \boldsymbol{z}(t) \in \mathbb{R}^{n-1} .$$

c) Zu jeder Lösung $\boldsymbol{z}(t) \not\equiv \boldsymbol{0}$ ist dann

$$\boldsymbol{y}(t) := w_n(t)\, \boldsymbol{y}^n(t) + \begin{pmatrix} \boldsymbol{z}(t) \\ 0 \end{pmatrix} \qquad \text{mit}$$

$$w_n(t) := \int_{t_0}^{t} \left(\sum_{k=1}^{n-1} a_{nk}(\tau)\, z_k(\tau) \Big/ y_n^n(\tau)\right) d\tau$$

eine von $\boldsymbol{y}^n(t)$ linear unabhängige Lösung.

Beispiel (22.1.12)

Eine Lösung des linearen Differentialgleichungssystems

$$\frac{d}{dt} \begin{pmatrix} y_1 \\ y_2 \end{pmatrix} = \begin{pmatrix} 0 & 1 \\ -1 & t \end{pmatrix} \begin{pmatrix} y_1 \\ y_2 \end{pmatrix}$$

lautet $\boldsymbol{y}^2(t) = (t, 1)^{\mathrm{T}}$.

Das Reduktionsverfahren (22.1.11) liefert damit:

$$\begin{aligned} b_{11} &= a_{11} - a_{21}\,\frac{y_1}{y_2} &= 0-(-1)\,\frac{t}{1} &= t \\ \Rightarrow \quad z' &= t\,z\,. \end{aligned}$$

Eine Lösung dieser Differentialgleichung ist $z = \mathrm{e}^{t^2/2}$. Damit wird:

$$\begin{aligned} w(t) &= \int_0^t a_{21}\,\frac{z}{y_2}\,d\tau = -\int_0^t \mathrm{e}^{\tau^2/2}\,d\tau \\ \boldsymbol{y}^1(t) &= -\int_0^t \mathrm{e}^{\tau^2/2}\,d\tau \cdot \begin{pmatrix} t \\ 1 \end{pmatrix} + \begin{pmatrix} \mathrm{e}^{t^2/2} \\ 0 \end{pmatrix} \\ &= \left(\mathrm{e}^{t^2/2} - t\int_0^t \mathrm{e}^{\tau^2/2}\,d\tau,\; -\int_0^t \mathrm{e}^{\tau^2/2}\,d\tau\right)^{\mathrm{T}}. \end{aligned}$$

Die inhomogene Differentialgleichung

Es sei $\boldsymbol{Y}(t)$ ein Fundamentalsystem der zugehörigen homogenen Differentialgleichung, also

$$\boldsymbol{y}_h(t) = \boldsymbol{Y}(t)\,\boldsymbol{c}, \qquad \boldsymbol{c} \in \mathbb{R}^n\,.$$

Zur Lösung des inhomogenen Differentialgleichungssystems verwenden wir, wie im Fall einer Einzelgleichung, den Ansatz (**Variation der Konstanten**):

$$\boldsymbol{y}(t) = \boldsymbol{Y}(t)\cdot\boldsymbol{c}(t)\,. \tag{22.1.13}$$

Die Differentiation dieses Ansatzes ergibt

$$\begin{aligned} \boldsymbol{y}'(t) &= \boldsymbol{Y}'(t)\,\boldsymbol{c}(t) + \boldsymbol{Y}(t)\,\boldsymbol{c}'(t) \\ &= \boldsymbol{A}(t)\,\boldsymbol{Y}(t)\,\boldsymbol{c}(t) + \boldsymbol{Y}(t)\,\boldsymbol{c}'(t) \\ &= \boldsymbol{A}(t)\,\boldsymbol{y}(t) + \boldsymbol{Y}(t)\,\boldsymbol{c}'(t)\,. \end{aligned}$$

Die Funktion $\boldsymbol{y}(t)$ löst daher genau dann die inhomogene Differentialgleichung (22.1.1), falls gilt:

$$\boldsymbol{Y}(t)\,\boldsymbol{c}'(t) = \boldsymbol{h}(t) \qquad \text{oder}$$

$$\boldsymbol{c}(t) = \boldsymbol{c}_0 + \int_{t_0}^t \boldsymbol{Y}(\tau)^{-1}\,\boldsymbol{h}(\tau)\,d\tau\,.$$

Insgesamt haben wir damit gezeigt:

Satz (22.1.14)

Vorgegeben sei die inhomogene Differentialgleichung (22.1.1).
$\boldsymbol{Y}(t)$ bezeichne ein beliebiges zugehöriges Fundamentalsystem.

a) Die allgemeine Lösung von (22.1.1) ist gegeben durch

$$\boldsymbol{y}(t) = \boldsymbol{Y}(t)\left[\boldsymbol{c}_0 + \int_{t_0}^{t} \boldsymbol{Y}(\tau)^{-1}\,\boldsymbol{h}(\tau)\,d\tau\right], \qquad \boldsymbol{c}_0 \in \mathbb{R}^n .$$

b) Für $\boldsymbol{c}_0 := \boldsymbol{Y}(t_0)^{-1}\boldsymbol{y}_0$ erfüllt $\boldsymbol{y}(t)$ die Anfangsbedingung $\boldsymbol{y}(t_0) = \boldsymbol{y}_0$.

22.2 Systeme erster Ordnung mit konstanten Koeffizienten

Wir betrachten ein homogenes Differentialgleichungssystem mit konstanter Koeffizientenmatrix:

$$\boldsymbol{y}'(t) = \boldsymbol{A}\,\boldsymbol{y}(t), \qquad \boldsymbol{A} \in \mathbb{R}^{(n,n)} . \tag{22.2.1}$$

Zur Bestimmung eines Fundamentalsystems verwenden wir wiederum in Analogie zum eindimensionalen Fall (vgl. die Lösungsdarstellung (20.2.8)) den **Ansatz**

$$\boldsymbol{y}(t) = e^{\lambda t}\,\boldsymbol{v}, \qquad \lambda \in \mathbb{R}/\mathbb{C}, \qquad \boldsymbol{v} \in \mathbb{R}^n/\mathbb{C}^n . \tag{22.2.2}$$

Setzt man diesen Ansatz in die Differentialgleichung ein, so folgt

$$\boldsymbol{y}' = \boldsymbol{A}\,\boldsymbol{y} \quad \Longleftrightarrow \quad \boldsymbol{A}\boldsymbol{v} = \lambda\,\boldsymbol{v}, \tag{22.2.3}$$

d.h., durch (22.2.2) ist genau dann eine nichttriviale Lösung der Differentialgleichung gegeben, falls λ ein Eigenwert von $\boldsymbol{A}$ und $\boldsymbol{v}$ ein zugehöriger Eigenvektor ist.

Fall 1: Alle Eigenwerte von $\boldsymbol{A}$ reell, Basis aus Eigenvektoren existiert

Alle Eigenwerte $\lambda_1, \ldots, \lambda_n$ von $\boldsymbol{A}$ seien reell (nicht notwendig einfach!), und es gebe eine Basis aus (reellen) Eigenvektoren $(\boldsymbol{v}^1, \ldots, \boldsymbol{v}^n)$.

Nach (22.1.4) ist dann

$$\boldsymbol{Y}(t) = \left(e^{\lambda_1 t}\,\boldsymbol{v}^1, \ldots, e^{\lambda_n t}\,\boldsymbol{v}^n\right)$$

ein (reelles) Fundamentalsystem der Differentialgleichung.

Die allgemeine Lösung der homogenen Differentialgleichung lautet somit:

$$\boldsymbol{y}_h(t) \quad = \quad \sum_{k=1}^{n} C_k \, \mathrm{e}^{\lambda_k t} \, \boldsymbol{v}^k, \qquad C_k \in \mathbb{R}\,. \tag{22.2.4}$$

Fall 2: *A* diagonalisierbar

Die Matrix $\boldsymbol{A}$ sei diagonalisierbar, d.h., es gibt eine Basis von $\mathbb{C}^n$ aus Eigenvektoren $\boldsymbol{v}^1, \ldots, \boldsymbol{v}^n$. Die zugehörigen Eigenwerte $\lambda_1, \ldots, \lambda_n$ müssen dabei weder einfach noch reell sein.

Die obige Voraussetzung ist für alle normalen, insbesondere also auch für alle symmetrischen Matrizen erfüllt; vgl. (7.2.4), (7.2.5).

Wie im ersten Fall (allerdings mit Rechnung in $\mathbb{C}$ statt in $\mathbb{R}$) lautet die allgemeine Lösung der homogenen Differentialgleichung

$$\boldsymbol{y}_h(t) \quad = \quad \sum_{k=1}^{n} C_k \, \mathrm{e}^{\lambda_k t} \, \boldsymbol{v}^k, \qquad C_k \in \mathbb{C}\,. \tag{22.2.5}$$

Meist ist man jedoch daran interessiert, ein **reelles** Fundamentalsystem zu finden. Hierzu hat man zu beachten, dass mit $\lambda \in \mathbb{C} \setminus \mathbb{R}$ auch stets der konjugiert komplexe Wert $\overline{\lambda}$ ein Eigenwert der reellen Matrix $\boldsymbol{A}$ ist und ferner mit $\boldsymbol{v}$ (Eigenvektor zum Eigenwert λ) auch $\overline{\boldsymbol{v}}$ ein Eigenvektor (zum Eigenwert $\overline{\lambda}$) ist.

Nichtreelle Eigenwerte und Eigenvektoren treten also stets paarweise auf, und man erhält die zugehörigen reellen Lösungen gemäß

$$\begin{aligned} \boldsymbol{y}^1(t) \quad &= \quad \mathrm{Re}\left(\mathrm{e}^{\lambda t}\, \boldsymbol{v}\right) \quad = \quad \frac{1}{2}\left(\mathrm{e}^{\lambda t}\, \boldsymbol{v} + \mathrm{e}^{\overline{\lambda} t}\, \overline{\boldsymbol{v}}\right) \\ \boldsymbol{y}^2(t) \quad &= \quad \mathrm{Im}\left(\mathrm{e}^{\lambda t}\, \boldsymbol{v}\right) \quad = \quad \frac{1}{2i}\left(\mathrm{e}^{\lambda t}\, \boldsymbol{v} - \mathrm{e}^{\overline{\lambda} t}\, \overline{\boldsymbol{v}}\right). \end{aligned} \tag{22.2.6}$$

Beispiel (22.2.7)

Für das Differentialgleichungssystem

$$\begin{pmatrix} y_1' \\ y_2' \end{pmatrix} \quad = \quad \begin{pmatrix} 1 & -1 \\ 4 & 1 \end{pmatrix} \begin{pmatrix} y_1 \\ y_2 \end{pmatrix}$$

erhält man die folgenden Eigenwerte und Eigenvektoren von $\boldsymbol{A}$:

$$\begin{aligned} \lambda_1 \quad &= \quad 1 + 2i\,, \qquad & \boldsymbol{v}^1 \quad &= \quad \begin{pmatrix} 1 \\ -2i \end{pmatrix}, \\ \lambda_2 \quad &= \quad 1 - 2i\,, \qquad & \boldsymbol{v}^2 \quad &= \quad \begin{pmatrix} 1 \\ 2i \end{pmatrix}. \end{aligned}$$

Ein komplexes Fundamentalsystem ist daher gegeben durch:

$$z^1(t) = e^{(1+2i)t} \begin{pmatrix} 1 \\ -2i \end{pmatrix}, \qquad z^2(t) = e^{(1-2i)t} \begin{pmatrix} 1 \\ 2i \end{pmatrix}.$$

Die Umrechnung in ein reelles Fundamentalsystem gemäß (22.2.6) liefert:

$$y^1(t) = e^t \begin{pmatrix} \cos(2t) \\ 2\sin(2t) \end{pmatrix}, \qquad y^2(t) = e^t \begin{pmatrix} \sin(2t) \\ -2\cos(2t) \end{pmatrix}.$$

Damit lautet die allgemeine (reelle) Lösung:

$$y_h(t) = e^t \cdot \begin{pmatrix} C_1\cos(2t) + C_2\sin(2t) \\ 2C_1\sin(2t) - 2C_2\cos(2t) \end{pmatrix}, \qquad C_1, C_2 \in \mathbb{R}.$$

Fall 3: *A* nicht diagonalisierbar

Wir betrachten nun den Fall, dass die Koeffizientenmatrix $\boldsymbol{A}$ nicht diagonalisierbar ist, es also keine Basis aus Eigenvektoren der Matrix $\boldsymbol{A}$ gibt (weder in $\mathbb{R}$ noch in $\mathbb{C}$).

In diesem Fall ermittelt man die Jordansche Normalform $\boldsymbol{J}$ der Matrix $\boldsymbol{A}$ einschließlich einer zugehörigen Transformationsmatrix $\boldsymbol{S}$, die $\boldsymbol{A}$ auf Jordansche Normalform transformiert, vgl. auch den Abschitt 7.1. Es gelte also:

$$\begin{aligned}
\boldsymbol{J} &= \boldsymbol{S}^{-1}\boldsymbol{A}\boldsymbol{S} \\
\boldsymbol{J} &= \begin{pmatrix} \boldsymbol{J}_1 & & \boldsymbol{0} \\ & \ddots & \\ \boldsymbol{0} & & \boldsymbol{J}_m \end{pmatrix}; \qquad \boldsymbol{J}_j : \text{Jordan–Kästchen} \\
\boldsymbol{S} &= (\boldsymbol{v}^{11}, \ldots, \boldsymbol{v}^{1r_1} | \boldsymbol{v}^{21}, \ldots, \boldsymbol{v}^{2r_2} | \ldots | \boldsymbol{v}^{m1}, \ldots, \boldsymbol{v}^{mr_m}) \qquad (22.2.8) \\
\boldsymbol{v}^{j1} &: \text{Eigenvektor zum Eigenwert } \lambda_j, \; j = 1, \ldots, m \\
\boldsymbol{v}^{jk} &: \text{Hauptvektor der Stufe } (k-1), \quad k = 2, \ldots, r_j \\
(\boldsymbol{A} - \lambda_j \boldsymbol{I}_n)\, \boldsymbol{v}^{j,k} &= \boldsymbol{v}^{j,k-1}, \qquad k = 2, \ldots, r_j.
\end{aligned}$$

Setzt man nun $\boldsymbol{z}(t) := \boldsymbol{S}^{-1}\boldsymbol{y}(t) \in \mathbb{R}^n$, so folgt für $\boldsymbol{z}(t)$ die Differentialgleichung:

$$\begin{aligned}
\boldsymbol{z}'(t) &= \boldsymbol{S}^{-1}\boldsymbol{y}'(t) = \boldsymbol{S}^{-1}\boldsymbol{A}\boldsymbol{y}(t) = \boldsymbol{S}^{-1}\boldsymbol{A}\boldsymbol{S} \cdot \boldsymbol{z}(t) \\
\Rightarrow \quad \boldsymbol{z}'(t) &= \boldsymbol{J} \cdot \boldsymbol{z}(t).
\end{aligned} \qquad (22.2.9)$$

Kennt man also ein Fundamentalsystem $\boldsymbol{Z}(t)$ der Differentialgleichung $\boldsymbol{z}' = \boldsymbol{J}\,\boldsymbol{z}$, so erhält man ein Fundamentalsystem für die vorgegebene Differentialgleichung $\boldsymbol{y}' = \boldsymbol{A}\,\boldsymbol{y}$ durch die Rücktransformation $\boldsymbol{Y}(t) = \boldsymbol{S} \cdot \boldsymbol{Z}(t)$.

Das Differentialgleichungssystem $\boldsymbol{z}' = \boldsymbol{J}\,\boldsymbol{z}$ zerfällt nun in die einzelnen Jordan–Blöcke. Es genügt daher o.B.d.A., lediglich die zu einem Jordan–Kästchen (etwa dem ersten) gehörigen Differentialgleichungen zu betrachten:

$$\frac{d}{dt}\begin{pmatrix} z_1 \\ z_2 \\ \vdots \\ z_r \end{pmatrix} = \begin{pmatrix} \lambda_1 & 1 & & 0 \\ & \lambda_1 & \ddots & \\ & & \ddots & 1 \\ 0 & & & \lambda_1 \end{pmatrix} \begin{pmatrix} z_1 \\ z_2 \\ \vdots \\ z_r \end{pmatrix}. \tag{22.2.10}$$

Unter Verwendung der Lösungsformel für eine einzelne homogene bzw. inhomogene lineare Differentialgleichung (20.2.8-10) lässt sich die allgemeine Lösung dieses Systems durch Lösung der einzelnen Gleichungen (beginnend bei der Gleichung für z_r) gewinnen. Man erhält so das folgende Fundamentalsystem (in $\mathbb{C}^r$) für (22.2.10); hierbei sind nur die zu diesem Jordan–Kästchen gehörigen Koordinaten $z_1, \ldots, z_r$ angegeben:

$$\mathrm{e}^{\lambda_1 t}\begin{pmatrix} 1 \\ 0 \\ \vdots \\ \vdots \\ \vdots \\ 0 \end{pmatrix}, \; \mathrm{e}^{\lambda_1 t}\begin{pmatrix} t/1! \\ 1 \\ 0 \\ \vdots \\ \vdots \\ 0 \end{pmatrix}, \; \mathrm{e}^{\lambda_1 t}\begin{pmatrix} t^2/2! \\ t/1! \\ 1 \\ 0 \\ \vdots \\ 0 \end{pmatrix}, \; \ldots, \; \mathrm{e}^{\lambda_1 t}\begin{pmatrix} t^{r-1}/(r-1)! \\ \vdots \\ \vdots \\ \vdots \\ t/1! \\ 1 \end{pmatrix}. \tag{22.2.11}$$

Ist nun $(\boldsymbol{v}^{11}, \ldots, \boldsymbol{v}^{1r})$ ein zugehöriges System aus Eigenvektor $\boldsymbol{v}^{11}$ und Hauptvektoren $\boldsymbol{v}^{12}, \ldots, \boldsymbol{v}^{1r}$, so liefert die Rücktransformation den folgenden Anteil für das Fundamentalsystem von $\boldsymbol{y}' = \boldsymbol{A}\,\boldsymbol{y}$:

$$\begin{aligned} \boldsymbol{y}^{11}(t) &= \mathrm{e}^{\lambda_1 t}\,\boldsymbol{v}^{11} \\ \boldsymbol{y}^{12}(t) &= \mathrm{e}^{\lambda_1 t}\left[\frac{t}{1!}\,\boldsymbol{v}^{11} + \boldsymbol{v}^{12}\right] \\ &\vdots \\ \boldsymbol{y}^{1r}(t) &= \mathrm{e}^{\lambda_1 t}\left[\frac{t^{r-1}}{(r-1)!}\,\boldsymbol{v}^{11} + \ldots + \frac{t}{1!}\,\boldsymbol{v}^{1,r-1} + \boldsymbol{v}^{1r}\right]. \end{aligned} \tag{22.2.12}$$

Behandelt man schließlich alle Jordan–Kästchen auf diese Weise, so erhält man insgesamt ein Fundamentalsystem für $\boldsymbol{y}' = \boldsymbol{A}\,\boldsymbol{y}$.

Beispiel (22.2.13)

$$\begin{pmatrix} y_1' \\ y_2' \\ y_3' \end{pmatrix} = \begin{pmatrix} 1 & -2 & 1 \\ 0 & -1 & -1 \\ 0 & 4 & 3 \end{pmatrix} \begin{pmatrix} y_1 \\ y_2 \\ y_3 \end{pmatrix}$$

Für das charakteristische Polynom der Koeffizientenmatrix ergibt sich:

$$p_{\boldsymbol{A}}(\lambda) = \det(\boldsymbol{A} - \lambda \boldsymbol{I}_3) = (1-\lambda)^3,$$

$\lambda = 1$ ist also dreifacher Eigenwert.

Eigenvektoren:
$$\left(\begin{array}{ccc|c} 0 & -2 & 1 & 0 \\ 0 & -2 & -1 & 0 \\ 0 & 4 & 2 & 0 \end{array}\right) \Rightarrow \boldsymbol{v}^1 = \begin{pmatrix} 16 \\ 0 \\ 0 \end{pmatrix}.$$

Der zu $\lambda = 1$ gehörige Eigenraum ist eindimensional, die geometrische Vielfachheit des Eigenwerts also $g(\lambda) = 1$, vgl. (7.1.15).

Hauptvektoren:

$$\left(\begin{array}{ccc|c} 0 & -2 & 1 & 16 \\ 0 & -2 & -1 & 0 \\ 0 & 4 & 2 & 0 \end{array}\right) \to \left(\begin{array}{ccc|c} 0 & 0 & 2 & 16 \\ 0 & -2 & -1 & 0 \\ 0 & 0 & 0 & 0 \end{array}\right) \Rightarrow \boldsymbol{v}^2 = \begin{pmatrix} 0 \\ -4 \\ 8 \end{pmatrix}$$

$$\left(\begin{array}{ccc|c} 0 & -2 & 1 & 0 \\ 0 & -2 & -1 & -4 \\ 0 & 4 & 2 & 8 \end{array}\right) \to \left(\begin{array}{ccc|c} 0 & 0 & 2 & 4 \\ 0 & -2 & -1 & -4 \\ 0 & 0 & 0 & 0 \end{array}\right) \Rightarrow \boldsymbol{v}^3 = \begin{pmatrix} 0 \\ 1 \\ 2 \end{pmatrix}.$$

Damit erhält man das folgende Fundamentalsystem:

$$\boldsymbol{y}^1(t) = \mathrm{e}^t \begin{pmatrix} 16 \\ 0 \\ 0 \end{pmatrix}, \quad \boldsymbol{y}^2(t) = \mathrm{e}^t \begin{pmatrix} 16t \\ -4 \\ 8 \end{pmatrix}, \quad \boldsymbol{y}^3(t) = \mathrm{e}^t \begin{pmatrix} 8t^2 \\ -4t+1 \\ 8t+2 \end{pmatrix},$$

und die allgemeine Lösung lautet:

$$\boldsymbol{y}_h(t) = C_1\, \boldsymbol{y}^1(t) + C_2\, \boldsymbol{y}^2(t) + C_2\, \boldsymbol{y}^3(t), \qquad C_k \in \mathbb{R}.$$

Beispiel (22.2.14)

$$\begin{pmatrix} y_1' \\ y_2' \\ y_3' \end{pmatrix} = \begin{pmatrix} 1 & 0 & 1 \\ 0 & 1 & 1 \\ 0 & 0 & 1 \end{pmatrix} \begin{pmatrix} y_1 \\ y_2 \\ y_3 \end{pmatrix}$$

Wieder ist $\lambda = 1$ offenbar dreifacher Eigenwert der Koeffizientenmatrix $\boldsymbol{A}$, allerdings mit der geometrischen Vielfachheit $g(\lambda) = 2$.

Eigenvektoren:

$$\left(\begin{array}{ccc|c} 0 & 0 & 1 & 0 \\ 0 & 0 & 1 & 0 \\ 0 & 0 & 0 & 0 \end{array}\right) \quad \Rightarrow \quad \boldsymbol{v}^1 = \begin{pmatrix} 1 \\ 0 \\ 0 \end{pmatrix}, \quad \boldsymbol{v}^2 = \begin{pmatrix} 0 \\ 1 \\ 0 \end{pmatrix}$$

Hauptvektor:

Es gilt: $(\boldsymbol{A} - \lambda\, \boldsymbol{I}_3)^2 = \boldsymbol{0}$. Gesucht ist daher ein von $\boldsymbol{v}^1, \boldsymbol{v}^2$ linear unabhängiger Vektor $\boldsymbol{v}^{22}$. Wählt man etwa $\boldsymbol{v}^{22} = (0,0,1)^{\mathrm{T}}$, so folgt

$$\boldsymbol{v}^{21} = (\boldsymbol{A} - \lambda\, \boldsymbol{I}_3)\, \boldsymbol{v}^{22} = \begin{pmatrix} 1 \\ 1 \\ 0 \end{pmatrix}.$$

Man hat damit das folgende System von Eigen– bzw. Hauptvektoren

$$\boldsymbol{v}^{11} = \begin{pmatrix} 1 \\ 0 \\ 0 \end{pmatrix}, \quad \boldsymbol{v}^{21} = \begin{pmatrix} 1 \\ 1 \\ 0 \end{pmatrix}, \quad \boldsymbol{v}^{22} = \begin{pmatrix} 0 \\ 0 \\ 1 \end{pmatrix}.$$

Hiermit bestätigt man: $\boldsymbol{S}^{-1}\, \boldsymbol{A}\, \boldsymbol{S} = \boldsymbol{J}$ mit

$$\boldsymbol{S} = \begin{pmatrix} 1 & 1 & 0 \\ 0 & 1 & 0 \\ 0 & 0 & 1 \end{pmatrix}, \quad \boldsymbol{J} = \left(\begin{array}{c|cc} 1 & 0 & 0 \\ \hline 0 & 1 & 1 \\ 0 & 0 & 1 \end{array}\right).$$

Ein Fundamentalsystem der Differentialgleichung lautet somit:

$$\boldsymbol{y}^1(t) = \mathrm{e}^t \begin{pmatrix} 1 \\ 0 \\ 0 \end{pmatrix}, \quad \boldsymbol{y}^2(t) = \mathrm{e}^t \begin{pmatrix} 1 \\ 1 \\ 0 \end{pmatrix}, \quad \boldsymbol{y}^3(t) = \mathrm{e}^t \begin{pmatrix} t \\ t \\ 1 \end{pmatrix}.$$

Beispiel (22.2.15)

Betrachtet werden zwei ungedämpft gekoppelte Pendel. Sind x, y die Ausschläge der Pendel aus der Ruhelage (Winkel), so gelten unter vereinfachten Annahmen die folgenden Differentialgleichungen:

$$m\ddot{x} = -\frac{mg}{\ell}\, x - k(x - y)$$

$$m\ddot{y} = -\frac{mg}{\ell}\, y - k(y - x)\,.$$

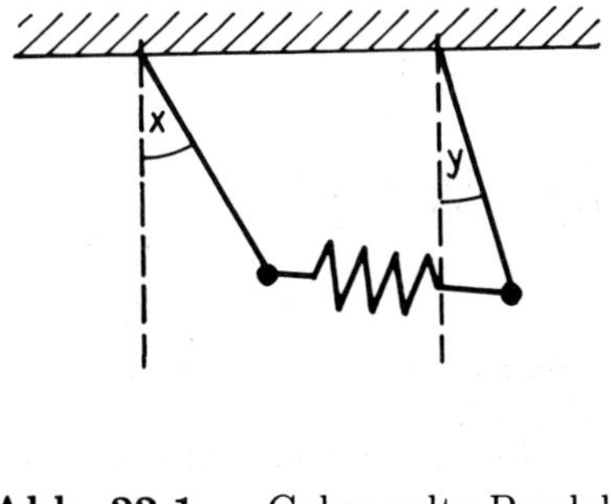

Abb. 22.1. Gekoppelte Pendel

Mit der üblichen Transformation $p := \dot{x},\ q := \dot{y}$ erhält man das folgende homogene Differentialgleichungssystem erster Ordnung:

$$\frac{d}{dt}\begin{pmatrix} x \\ y \\ p \\ q \end{pmatrix} = \begin{pmatrix} 0 & 0 & 1 & 0 \\ 0 & 0 & 0 & 1 \\ -(\omega_0^2 + k_0) & k_0 & 0 & 0 \\ k_0 & -(\omega_0^2 + k_0) & 0 & 0 \end{pmatrix}\begin{pmatrix} x \\ y \\ p \\ q \end{pmatrix}$$

mit $\omega_0 := \sqrt{g/\ell},\ k_0 := k/m$.

Eigenwerte:

$$\lambda_{1,2} = \pm\, i\,\omega_0, \qquad \lambda_{3,4} = \pm\, i\sqrt{\omega_0^2 + 2k_0}$$

Eigenvektoren:

$$\boldsymbol{v}^1 = \begin{pmatrix} 1 \\ 1 \\ i\,\omega_0 \\ i\,\omega_0 \end{pmatrix}, \quad \boldsymbol{v}^2 = \begin{pmatrix} 1 \\ 1 \\ -i\,\omega_0 \\ -i\,\omega_0 \end{pmatrix}, \quad \boldsymbol{v}^3 = \begin{pmatrix} 1 \\ -1 \\ i\,\omega \\ -i\,\omega \end{pmatrix}, \quad \boldsymbol{v}^4 = \begin{pmatrix} 1 \\ -1 \\ -i\,\omega \\ i\,\omega \end{pmatrix}$$

mit $\omega := \sqrt{\omega_0^2 + 2k_0}$.

Hieraus erhält man nun das folgende reelle Fundamentalsystem:

$$\boldsymbol{y}^1(t) = \mathrm{Re}\,(\mathrm{e}^{i\,\omega_0\,t}\,\boldsymbol{v}^1) = \begin{pmatrix} \cos(\omega_0 t) \\ \cos(\omega_0 t) \\ -\omega_0\sin(\omega_0 t) \\ -\omega_0\sin(\omega_0 t) \end{pmatrix}$$

$$\boldsymbol{y}^2(t) = \mathrm{Im}\,(\mathrm{e}^{i\,\omega_0\,t}\,\boldsymbol{v}^1) = \begin{pmatrix} \sin(\omega_0\,t) \\ \sin(\omega_0\,t) \\ \omega_0\cos(\omega_0\,t) \\ \omega_0\cos(\omega_0\,t) \end{pmatrix}$$

$$\boldsymbol{y}^3(t) = \mathrm{Re}\,(\mathrm{e}^{i\,\omega\,t}\,\boldsymbol{v}^3) = \begin{pmatrix} \cos(\omega\,t) \\ -\cos(\omega\,t) \\ -\omega\sin(\omega\,t) \\ \omega\sin(\omega\,t) \end{pmatrix}$$

$$\boldsymbol{y}^4(t) = \mathrm{Im}\,(\mathrm{e}^{i\,\omega\,t}\,\boldsymbol{v}^3) = \begin{pmatrix} \sin(\omega\,t) \\ -\sin(\omega\,t) \\ \omega\cos(\omega\,t) \\ -\omega\cos(\omega\,t) \end{pmatrix}.$$

Die ersten beiden Fundamentallösungen beschreiben parallele Schwingungszustände der Pendel, die letzten beiden Lösungen beschreiben genau entgegengesetzt schwingende Pendel.

22.3 Lineare Differentialgleichungen höherer Ordnung

Wir betrachten eine lineare Differentialgleichung n–ter Ordnung:

$$L[y] \;:=\; y^{(n)}(t) + a_{n-1}(t)\, y^{(n-1)}(t) + \ldots + a_0(t)\, y(t) \;=\; h(t)\,. \tag{22.3.1}$$

Wir sagen auch:

$$L \;:=\; \sum_{k=0}^{n} a_k(t)\, \frac{d^k}{dt^k}\,, \qquad a_n \equiv 1\,, \tag{22.3.2}$$

ist ein **linearer Differentialoperator der Ordnung n.**

Die $a_k(t)$, $k = 0, 1, \ldots, n-1$, seien hierbei stetige Funktionen auf $\mathbb{R}$.

Vermöge der Definition $y_k(t) := y^{(k-1)}(t)$, $k = 1, \ldots, n$, lässt sich die Differentialgleichung (22.3.1) in ein äquivalentes Differentialgleichungssystem erster Ordnung transformieren. Man erhält:

$$\frac{d}{dt}\begin{pmatrix} y_1 \\ y_2 \\ \vdots \\ \vdots \\ y_n \end{pmatrix} = \begin{pmatrix} 0 & 1 & & & 0 \\ & 0 & 1 & & \\ & & \ddots & \ddots & \\ 0 & & & 0 & 1 \\ -a_0 & -a_1 & \ldots & \ldots & -a_{n-1} \end{pmatrix} \begin{pmatrix} y_1 \\ y_2 \\ \vdots \\ \vdots \\ y_n \end{pmatrix} + \begin{pmatrix} 0 \\ 0 \\ \vdots \\ 0 \\ h(t) \end{pmatrix}. \tag{22.3.3}$$

Die Ergebnisse aus den Abschnitten 22.1 und 22.2 lassen sich daher unmittelbar auf den Fall einer linearen Differentialgleichung n–ter Ordnung übertragen.

Nachfolgend geben wir die wesentlichen Resultate nochmals explizit für Differentialgleichungen n–ter Ordnung an, wobei wir jedoch größtenteils auf eigene Beweise verzichten.

Die homogene Differentialgleichung

Definition (22.3.4)

Ein Funktionensystem $(y_1(t), \ldots, y_n(t))$ heißt ein **Fundamentalsystem** der Differentialgleichung $L[y] = h$, falls die folgenden Eigenschaften gelten:

a) $y_k(t)$ löst die homogene Differentialgleichung, also:

$$L[y_k] \;=\; 0, \quad k = 1, \ldots, n\,.$$

b) Für die so genannte **Wronski–Determinante**

$$W(t) := \det \begin{pmatrix} y_1 & \dots & y_n \\ y_1' & \dots & y_n' \\ \vdots & & \vdots \\ y_1^{(n-1)} & \dots & y_n^{(n-1)} \end{pmatrix} \tag{22.3.5}$$

gilt: $W(t_0) \neq 0$ für wenigstens ein $t_0 \in \mathbb{R}$.

Bemerkung (22.3.6)

a) Ist $W(t_0) \neq 0$, so gilt auch für alle $t \in \mathbb{R}$: $W(t) \neq 0$, vgl. (22.1.7).

b) $W(t)$ genügt der Differentialgleichung

$$W'(t) = -a_{n-1}(t) \cdot W(t)$$

(vgl. (22.1.9) und (22.3.3)); damit folgt unmittelbar

$$W(t) = W(t_0) \cdot \exp\left(-\int_{t_0}^{t} a_{n-1}(\tau)\,d\tau\right).$$

c) Ein Fundamentalsystem $(y_1, \dots, y_n)$ lässt sich durch Lösung der folgenden n Anfangswertaufgaben $(k = 1, \dots, n)$ gewinnen:

$$\begin{aligned} L[y_k] &= 0 \\ y_k^{(i)}(t_0) &= \begin{cases} 0, & i \neq k-1 \\ 1, & i = k-1 \end{cases} \qquad (i = 0, 1, \dots, n-1)\,. \end{aligned} \tag{22.3.7}$$

d) Ist $(y_1, \dots, y_n)$ ein Fundamentalsystem, so lautet die allgemeine Lösung der inhomogenen Differentialgleichung (22.3.1):

$$y(t) = y_p(t) + \sum_{k=1}^{n} C_k\, y_k(t), \qquad C_k \in \mathbb{R}\,; \tag{22.3.8}$$

dabei ist $y_p(t)$ eine partikuläre Lösng der inhomogenen Gleichung.

Das Reduktionsverfahren

Es sei $u(t) \not\equiv 0$ eine Lösung der homogenen Differentialgleichung $L[y] = 0$. Zur Bestimmung weiterer (linear unabhängiger) Lösungen verwenden wir den **Produktansatz**

$$y(t) = u(t) \cdot z(t)\,. \tag{22.3.9}$$

Differentiation liefert:

$$y^{(k)}(t) \;=\; \sum_{j=0}^{k} \binom{k}{j} u^{(k-j)}(t)\, z^{(j)}(t)\,.$$

Diesen Ausdruck in $L\,[y]$ eingesetzt und umsortiert ergibt:

$$\begin{aligned} L\,[y] &= \sum_{k=0}^{n} a_k\, y^{(k)} \;=\; \sum_{k=0}^{n} \sum_{j=0}^{k} a_k \binom{k}{j} u^{(k-j)}\, z^{(j)} \\ &= \underbrace{\left[\sum_{k=0}^{n} a_k \binom{k}{0} u^{(k)}\right]}_{=\,0} z + \sum_{k=1}^{n} \sum_{j=1}^{k} a_k \binom{k}{j} u^{(k-j)}\, z^{(j)} \\ &=: \sum_{j=1}^{n} b_j\, z^{(j)} \qquad \text{(durch Umsortieren!)}\,. \end{aligned}$$

Setzt man nun $w(t) := z'(t)$, so wird aus $L\,[y] = 0$:

$$\sum_{j=0}^{n-1} b_{j+1}\, w^{(j)} \;=\; 0\,. \tag{22.3.10}$$

Dies ist eine homogene Differentialgleichung der Ordnung $n-1$. Lässt sich hiervon nun ein Fundamentalsystem $(w_1, \ldots, w_{n-1})$ ermitteln, so erhält man mit

$$z_k(t) \;=\; \int_{t_0}^{t} w_k(\tau)\, d\tau, \qquad k = 1, \ldots, n-1\,,$$

ein Fundamentalsystem $(u, z_1 \cdot u, \ldots, z_{n-1} \cdot u)$ von $L\,[y] = 0$.

Beispiel (22.3.11)

Die Differentialgleichung $y'' + t\,y' + y \;=\; 0$ besitzt die Lösung $u(t) \;=\; \mathrm{e}^{-t^2/2}$.

Ansatz:

$$\begin{aligned} && y &= u \cdot z \\ &\Rightarrow & y' &= u'\,z + u\,z' \\ &\Rightarrow & y'' &= u''\,z + 2\,u'\,z' + u\,z''\,. \end{aligned}$$

Dies in die Differentialgleichung eingesetzt, liefert:

$$\begin{aligned} & y'' + t\,y' + y \;=\; (u'' + t\,u' + u)\,z + (2\,u' + t\,u)\,z' + u\,z'' \;=\; 0 \\ \Rightarrow\quad & u\,w' + (2\,u' + t\,u)\,w \;=\; 0, \qquad w \;=\; z' \\ \Rightarrow\quad & (w' - t\,w)\,\mathrm{e}^{-t^2/2} \;=\; 0 \\ \Rightarrow\quad & w \;=\; \mathrm{e}^{t^2/2}, \qquad z \;=\; \int_0^t \mathrm{e}^{\tau^2/2}\, d\tau\,. \end{aligned}$$

Damit hat man eine zweite Lösung

$$y_2(t) \quad = \quad e^{-t^2/2} \int_0^t e^{\tau^2/2}\, d\tau \, .$$

Die inhomogene Differentialgleichung

Wir geben zwei Möglichkeiten an, eine partikuläre Lösung der inhomogenen Differentialgleichung zu konstruieren.

Das erste, universelle Verfahren ist die **Methode der Variation der Konstanten**. Dazu sei $(y_1, \ldots, y_n)$ ein Fundamentalsystem.

Analog zu (22.1.11) verwenden wir den Ansatz

$$y_p(t) \quad = \quad \sum_{i=1}^{n} C_i(t)\, y_i(t)\, . \tag{22.3.12}$$

Für die unbekannten Funktionen $C_i(t)$ fordern wir:

$$\begin{array}{lclcl} C_1'(t)\, y_1(t) & + \ \ldots \ + & C_n'(t)\, y_n(t) & = & 0 \\ C_1'(t)\, y_1'(t) & + \ \ldots \ + & C_n'(t)\, y_n'(t) & = & 0 \\ \vdots & & \vdots & & \vdots \\ C_1'(t)\, y_1^{(n-2)}(t) & + \ \ldots \ + & C_n'(t)\, y_n^{(n-2)}(t) & = & 0\, . \end{array} \tag{22.3.13}$$

Damit folgt:

$$\begin{aligned} y^{(k)}(t) &= \sum_{i=1}^{n} C_i(t)\, y_i^{(k)}(t), \qquad k = 0, 1, \ldots, n-1 \\ y^{(n)}(t) &= \sum_{i=1}^{n} C_i'(t)\, y_i^{(n-1)}(t) \ + \ \sum_{i=1}^{n} C_i(t)\, y_i^{(n)}(t)\, , \qquad \text{und somit} \\ L\,[y] &= \sum_{k=0}^{n} a_k(t)\, y^{(k)}(t) \\ &= \sum_{i=1}^{n} C_i(t) \underbrace{\left(\sum_{k=0}^{n} a_k(t)\, y_i^{(k)}(t) \right)}_{=\ 0} \ + \ \sum_{i=1}^{n} C_i'(t)\, y^{(n-1)}(t) \quad = \quad h(t)\, . \end{aligned}$$

Zusammen mit (22.3.12) hat man somit das folgende lineare Gleichungssystem für die $C_i' \ = \ C_i'(t)\, ,\ i = 1, \ldots, n$:

$$\begin{pmatrix} y_1^{(0)} & \dots & y_n^{(0)} \\ y_1^{(1)} & \dots & y_n^{(1)} \\ \vdots & & \vdots \\ y_1^{(n-1)} & \dots & y_n^{(n-1)} \end{pmatrix} \begin{pmatrix} C_1' \\ C_2' \\ \vdots \\ C_n' \end{pmatrix} = \begin{pmatrix} 0 \\ 0 \\ \vdots \\ 0 \\ h(t) \end{pmatrix} . \qquad (22.3.14)$$

Die Koeffizientenmatrix ist wegen der Voraussetzung (22.3.5) regulär. Somit ist das Gleichungssystem (22.3.14) also eindeutig lösbar.

Durch Integration dieser Lösung $C_1', \dots, C_n'$ erhält man die $C_1, \dots, C_n$. Hierbei genügt es, eine beliebige Stammfunktion der C_i' zu bestimmen. Schließlich hat man damit eine partikuläre Lösung $y_p(t)$ gemäß (22.3.12) gefunden.

Das folgende zweite Verfahren, **Grundlösungsverfahren** oder **Methode der Greenschen Funktion** genannt, ist im Fall konstanter Koeffizienten $a_0, a_1, \dots, a_{n-1}$ anwendbar.

Satz (22.3.15)

Sei $w(t)$ die Lösung der Anfangswertaufgabe

$$L[w] = 0, \qquad w^{(k)}(t_0) = \begin{cases} 0, & k = 0, 1, \dots, n-2 \\ 1, & k = n-1 \end{cases} .$$

Dann ist eine partikuläre Lösung $y_p(t)$ gegeben durch

$$\begin{aligned} y_p(t) &= \int_{t_0}^{t} G(t, \tau)\, h(\tau)\, d\tau \\ G(t, \tau) &= w(t - \tau + t_0) \qquad \textbf{(Greensche Funktion)} . \end{aligned}$$

Beweis

Mit obiger Darstellung von $y_p(t)$ folgt:

$$\begin{aligned} y_p^{(1)}(t) &= \frac{d}{dt} \left[\int_{t_0}^{t} w(t - \tau + t_0)\, h(\tau)\, d\tau \right] \\ &= \underbrace{w(t - t + t_0)}_{=\ 0}\, h(t) + \int_{t_0}^{t} w^{(1)}(t - \tau + t_0)\, h(\tau)\, d\tau . \end{aligned}$$

Analog findet man:

$$y_p^{(k)}(t) = \int_{t_0}^{t} w^{(k)}(t-\tau+t_0)\,h(\tau)\,d\tau, \qquad k = 0,1,\ldots,n-1$$

und

$$y_p^{(n)}(t) = h(t) + \int_{t_0}^{t} w^{(n)}(t-\tau+t_0)\,h(\tau)\,d\tau\,.$$

Damit folgt:

$$\begin{aligned} L\,[y_p] &= \sum_{k=0}^{n} a_k\, y_p^{(k)}(t) \\ &= \sum_{k=0}^{n} a_k \int_{t_0}^{t} w^{(k)}(t-\tau+t_0)\,h(\tau)\,d\tau \quad + \quad h(t) \\ &= \int_{t_0}^{t} L[w]\Big|_{t-\tau+t_0} \cdot h(\tau)\,d\tau \quad + \quad h(t) \\ &= h(t)\,. \end{aligned}$$

■

Der Fall konstanter Koeffizienten

Wir betrachten die homogene lineare Differentialgleichung

$$L\,[y] = 0$$

mit $a_i \in \mathbb{R}$, $i = 0,1,\ldots,n-1$ und $a_n = 1$.

Analog zu (22.2.2) verwenden wir den Ansatz

$$y(t) = e^{\lambda t}\,. \tag{22.3.16}$$

Es folgt: $\quad L[y] = \left(\sum_{k=0}^{n} a_k\, \lambda^k\right) e^{\lambda t} = 0.$

Damit ist (22.3.16) genau dann eine Lösung der homogenen Differentialgleichung, wenn λ eine Nullstelle der so genannten **charakteristischen Gleichung** ist:

$$p(\lambda) := \sum_{k=0}^{n} a_k\, \lambda^k = 0\,. \tag{22.3.17}$$

Sind $\lambda_1, \ldots, \lambda_m$ die (paarweise verschiedenen) Nullstellen der charakteristischen Gleichung, so gilt der folgende Satz:

Satz (22.3.18)

a) Ist λ_k eine r_k–fache **reelle** Wurzel, so hat man die folgenden Lösungen der homogenen Gleichung:

$$\begin{aligned} y_{k1}(t) &:= e^{\lambda_k t} \\ y_{k2}(t) &:= t \cdot e^{\lambda_k t} \\ &\vdots \\ y_{k,r_k}(t) &:= t^{r_k - 1} \cdot e^{\lambda_k t}\,. \end{aligned}$$

b) Ist λ_k eine r_k–fache **komplexe** Wurzel, $\lambda_k \notin \mathbb{R}$, so ist auch $\overline{\lambda}_k = \lambda_\ell$ eine weitere r_k–fache Wurzel. Reelle Lösungen sind dann:

$$\begin{aligned} y_{kj}(t) &= t^{j-1}\, e^{\alpha_k t} \cos(\beta_k t) \\ y_{\ell j}(t) &= t^{j-1}\, e^{\alpha_k t} \sin(\beta_k t) \\ \text{für} \quad & j = 1, \ldots, r_k, \quad \lambda_k = \alpha_k + i\beta_k\,. \end{aligned}$$

c) Die gemäß a) und b) konstruierten Lösungen bilden ein Fundamentalsystem von $L\,[y] = 0$.

Beweis

Der Beweis ergibt sich unmittelbar aus (22.2.11) nach Transformation der Differentialgleichung $L\,[y] = 0$ in ein Differentialgleichungssystem erster Ordnung gemäß (22.3.3). Man beachte, dass $p(\lambda)$ gerade das charakteristische Polynom der Matrix in (22.3.3) ist. Man erhält so die ersten Komponenten der Vektoren in (22.2.11) als Fundamentalsystem. Im Fall komplexer Wurzeln hat man analog zu (22.2.6) Paare komplexer Lösungen jeweils durch Real– und Imaginärteil zu ersetzen.

Man beachte, dass hier – im Gegensatz zum Vorgehen bei einem System erster Ordnung – lediglich die Eigenwerte und deren algebraische Vielfachheiten benötigt werden. ■

Beispiel (22.3.19)

$$y^{(4)} + 2\,y'' + y = 0\,.$$

Die charakteristische Gleichung $p(\lambda) = \lambda^4 + 2\,\lambda^2 + 1 = 0$ hat die Nullstellen $\lambda_{1,2} = i$, $\lambda_{3,4} = -i$.

Ein Fundamentalsystem lautet damit:

$$\begin{aligned} y_1(t) &= \cos t, & y_3(t) &= t \cdot \cos t \\ y_2(t) &= \sin t, & y_4(t) &= t \cdot \sin t\,. \end{aligned}$$

Beispiel (22.3.20)

$$y'' - 2y' + y = \frac{e^t}{t^2}$$

a) Für die **homogene Gleichung** hat man die charakteristische Gleichung $\lambda^2 - 2\lambda + 1 = 0$ mit der doppelten Wurzel $\lambda_{1,2} = 1$.

Die allgemeine Lösung des homogenen Systems lautet damit:

$$y_h(t) = C_1 e^t + C_2 t e^t .$$

b) Für die inhomogene Differentialgleichung findet man mittels **Variation der Konstanten**:

$$\begin{aligned} C_1' e^t + C_2' t e^t &= 0 \\ C_1' e^t + C_2' (1+t) e^t &= e^t/t^2 \end{aligned}$$

mit der Lösung: $C_1' = -\frac{1}{t}$, $C_2' = \frac{1}{t^2}$, also: $C_1 = -\ln|t|$, $C_2 = -\frac{1}{t}$.

Eine partikuläre Lösung lautet damit

$$y_p(t) = -(\ln|t| + 1) e^t .$$

c) Zur Anwendung des **Grundlösungsverfahrens** (anstelle von b)) hat man zunächst die folgende homogene Anfangswertaufgabe zu lösen:

$$L[w] = 0, \qquad w(1) = 0, \qquad w'(1) = 1 .$$

Mit a) findet man $w(t) = (t-1) e^{t-1}$.

Damit folgt für die Greensche Funktion:

$$G(t,\tau) = w(t - \tau + 1) = (t-\tau) e^{t-\tau}$$

und

$$\begin{aligned} y_p(t) &= \int_1^t e^{t-\tau} (t-\tau) \frac{e^\tau}{\tau^2} \, d\tau \\ &= e^t (-1 + t - \ln|t|) . \end{aligned}$$

Hat die Inhomogenität $h(t)$ der Differentialgleichung eine spezielle Form, so lässt sich mitunter eine partikuläre Lösung $y_p(t)$ durch einen geeigneten **Ansatz** finden.

Für eine Inhomogenität der Form $h(t) = e^{\mu t} \sum_{j=0}^{m} \beta_j t^j$ verwendet man beispielsweise den folgenden Ansatz:

(i) falls μ keine Nullstelle des charakteristischen Polynoms $p(\lambda)$ ist:

$$y_p(t) \quad = \quad e^{\mu t} \sum_{j=0}^{m} \gamma_j \, t^j, \qquad \gamma_j : \text{ Parameter} \, ;$$

(ii) falls μ eine r–fache Nullstelle von $p(\lambda)$ ist:

$$y_p(t) \quad = \quad e^{\mu t} \, t^r \sum_{j=0}^{m} \gamma_j \, t^j \, .$$

Beispiel (22.3.21)

$$y'' - y \quad = \quad t \, e^t \, .$$

Man findet: $\mu = 1$ ist eine einfache Nullstelle des charakteristischen Polynoms $p(\lambda) \;=\; \lambda^2 - 1$.

Wir verwenden daher den Ansatz:

$$y_p(t) \quad = \quad e^t \, (\gamma_0 t + \gamma_1 t^2) \, .$$

Setzt man diesen in die Differentialgleichung ein, so folgt:

$$\gamma_1 \quad = \quad -\gamma_0 \quad = \quad \frac{1}{4}, \qquad \text{also:}$$

$$y_p(t) \quad = \quad \frac{t}{4} \, (t-1) \, e^t \, .$$

Das Superpositionsprinzip (22.3.22)

Gegeben sei eine inhomogene lineare Differentialgleichung der Form

$$L\,[y] \quad = \quad h(t) \quad = \quad h_1(t) \; + \; h_2(t) \, .$$

Sind $y_1(t)$ bzw. $y_2(t)$ partikuläre Lösungen der Differentialgleichungen $L\,[y] = h_1(t)$ bzw. $L[y] = h_2(t)$, so ist $y_p(t) := y_1(t) + y_2(t)$ eine partikuläre Lösung von $L[y] = h$.

Komplexe Differentialgleichungen (22.3.23)

Ist $h(t)$ Real– oder Imaginärteil einer komplexwertigen Funktion, also $h(t) = \mathrm{Re}(w(t))$ bzw. $h(t) = \mathrm{Im}(w(t))$, und ist $z(t)$ (komplexe) Lösung der Differentialgleichung $L[y] = w(t)$, so ist $y(t) := \mathrm{Re}(z(t))$ bzw. $y(t) := \mathrm{Im}(z(t))$ eine (reelle) Lösung der Differentialgleichung $L[y] = h(t)$.

Beispiel (22.3.24)

$$y'' + 2y' + 5y = \mathrm{e}^{-t}\,(\cos t + \sin(2t))\,.$$

Wir wenden das Superpositionsprinzip an und lösen zunächst:

a) $$y'' + 2y' + 5y = \mathrm{e}^{-t}\,\cos t = \mathrm{Re}\,\left\{\mathrm{e}^{(-1+i)t}\right\}.$$

$\mu = -1+i$ löst nicht die charakteristische Gleichung $p(\lambda) = \lambda^2+2\lambda+5 = 0$; daher verwenden wir den Ansatz $z_p(t) = C_0\mathrm{e}^{(-1+i)t}$. Diesen in die Differentialgleichung $z'' + 2z' + 5z = \mathrm{e}^{(-1+i)t}$ eingesetzt, liefert $C_0 = 1/3$.

Man hat also

$$z_p(t) = \frac{1}{3}\,\mathrm{e}^{(-1+i)t}, \qquad y_{p1}(t) = \frac{1}{3}\,\mathrm{e}^{-t}\,\cos t\,.$$

b) $$y'' + 2y' + 5y = \mathrm{e}^{-t}\,\sin(2t) = \mathrm{Im}\,\left\{\mathrm{e}^{(-1+2i)t}\right\}.$$

$\mu = -1 + 2i$ ist hierbei eine einfache Nullstelle von $p(\lambda)$; wir verwenden also den Ansatz $z_p = C_0\,t\,\mathrm{e}^{(-1+2i)t}$.

Diesen in die komplexe Differentialgleichung $z'' + 2z' + 5z = \mathrm{e}^{(-1+2i)t}$ eingesetzt, liefert: $C_0 = -\,i/4$, also $z_p = -\,i/4\;t\,\mathrm{e}^{(-1+2i)t}$. Damit lautet eine partikuläre Lösung der zweiten Differentialgleichung:

$$y_{p2}(t) = -\frac{t}{4}\,\mathrm{e}^{-t}\,\cos(2t)\,.$$

Das Superpositionsprinzip liefert damit für die Ausgangsgleichung die partikuläre Lösung

$$y_p(t) = \mathrm{e}^{-t}\left(\frac{1}{3}\,\cos t - \frac{1}{4}\,t\,\cos(2t)\right)\,.$$

22.4 Stabilität

Wir betrachten wieder ein Differentialgleichungssystem erster Ordnung:

$$\boldsymbol{y}'(t) = \boldsymbol{f}(t, \boldsymbol{y}(t)) \tag{22.4.1}$$

mit $\boldsymbol{y}(t) \in \mathbb{R}^n$ und hinreichend glatter rechter Seite $\boldsymbol{f}(t, \boldsymbol{y})$.

$\boldsymbol{y}^*(t)$ sei eine spezielle Lösung von (22.4.1). Wir fragen nach dem Verhalten „benachbarter“ Lösungen (Trajektorien) $\boldsymbol{y}(t; t_0, \boldsymbol{y}_0)$.

Definition (22.4.2)

a) Die Lösung $\boldsymbol{y}^*(t)$ heißt **stabil** auf einem Intervall $I \subset \mathbb{R}$, falls es zu $t_0 \in I$ und $\varepsilon > 0$ stets ein $\delta > 0$ gibt, so dass

$$\forall\ \boldsymbol{y}_0\ :\ \|\boldsymbol{y}_0 - \boldsymbol{y}^*(t_0)\| < \delta\ \Rightarrow\ \|\boldsymbol{y}(t;t_0,\boldsymbol{y}_0) - \boldsymbol{y}^*(t)\| < \varepsilon \quad (\forall\, t \in I)\,.$$

Kann man δ unabhängig von t_0 wählen, so heißt $\boldsymbol{y}^*(t)$ auch **gleichmäßig stabil** auf I.

b) Ist $\boldsymbol{y}^*(t)$ auf einem Intervall $[a,\infty[$ erklärt, so heißt $\boldsymbol{y}^*(t)$ dort **asymptotisch stabil**, falls $\boldsymbol{y}^*(t)$ dort stabil ist und es zu $t_0 \geq a$ ein $\delta(t_0) > 0$ gibt mit der Eigenschaft

$$\forall\ \boldsymbol{y}_0\ :\ \|\boldsymbol{y}_0 - \boldsymbol{y}^*(t_0)\| < \delta\ \Rightarrow\ \lim_{t\to\infty} \|\boldsymbol{y}(t;t_0,\boldsymbol{y}_0) - \boldsymbol{y}^*(t)\| \ = \ 0\,.$$

$\boldsymbol{y}^*(t)$ heißt **strikt stabil**, falls $\boldsymbol{y}^*(t)$ gleichmäßig und asymptotisch stabil ist.

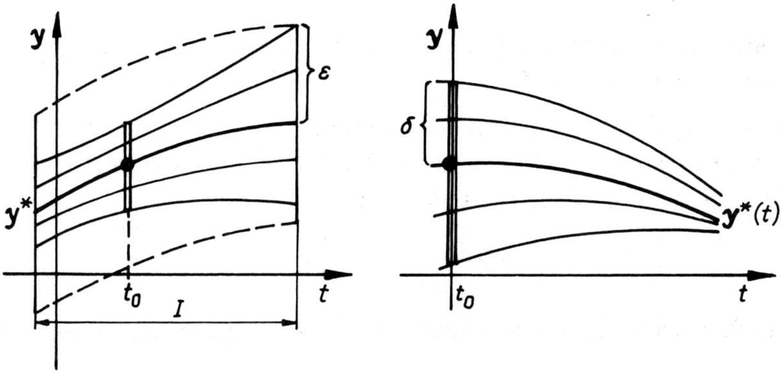

Abb. 22.2. Stabilität und asymptotische Stabilität

Bemerkung (22.4.3)

Mit der Transformation

$$\begin{aligned} \boldsymbol{z}(t) &:= \boldsymbol{y}(t) - \boldsymbol{y}^*(t) \\ \boldsymbol{z}'(t) &= \boldsymbol{f}(t, \boldsymbol{z}(t) + \boldsymbol{y}^*(t)) - \boldsymbol{f}(t, \boldsymbol{y}^*(t)) \\ &=: \boldsymbol{f}^*(t, \boldsymbol{z}(t)) \end{aligned}$$

kann man sich o.B.d.A. auf die Untersuchung der Stabilität der Nulllösung $\boldsymbol{z}^*(t) = \boldsymbol{0}$ zurückziehen. In der Tat ist $\boldsymbol{z}^*(t) = \boldsymbol{0}$ ein **Gleichgewichtspunkt** des Systems $\boldsymbol{f}^*$, d.h., es gilt $\boldsymbol{f}^*(t, \boldsymbol{z}^*(t)) \equiv \boldsymbol{0}$.

Im Phasenraum ((z_1, z_2)–Ebene für $n = 2$) hat man somit das folgende qualitative Verhalten bei Stabilität bzw. asymptotischer Stabilität der Nulllösung eines autonomen Differentialgleichungssystems:

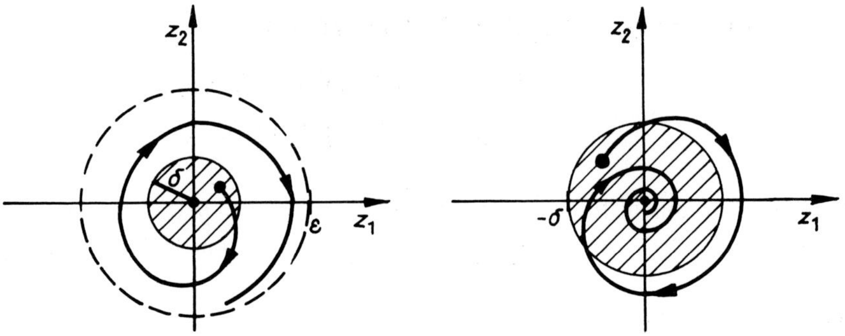

Abb. 22.3. Stabilität und asymptotische Stabiltät

Stabilität bei linearen Differentialgleichungen

Für ein lineares Differentialgleichungssystem

$$\boldsymbol{y}'(t) \quad = \quad \boldsymbol{A}(t)\,\boldsymbol{y}(t), \qquad a \le t < \infty \tag{22.4.4}$$

mit stetiger Matrix $\boldsymbol{A}(t) \in \mathbb{R}^{(n,n)}$ bezeichne $\boldsymbol{Y}(t)$ ein beliebiges Fundamentalsystem.

Satz (22.4.5) (Stabilitätssatz I)

a) $\boldsymbol{y}^* = \boldsymbol{0}$ ist genau dann stabil auf dem Intervall $I = [a, \infty[$, falls das Fundamentalsystem $\boldsymbol{Y}(t)$ auf I beschränkt ist.

b) $\boldsymbol{y}^* = \boldsymbol{0}$ ist genau dann gleichmäßig stabil auf I, falls es eine Konstante $M > 0$ gibt mit

$$\forall\ t \ge t_0 \ge a \ : \quad \left\|\boldsymbol{Y}(t)\,\boldsymbol{Y}(t_0)^{-1}\right\| \le M\,.$$

c) $\boldsymbol{y}^* = \boldsymbol{0}$ ist genau dann asymptotisch stabil, falls gilt:

$$\lim_{t\to\infty} \|\boldsymbol{Y}(t)\| \quad = \quad 0\,.$$

Beweis

Nach (22.1.7) ist die Lösung der Anfangswertaufgabe $\boldsymbol{y}' = \boldsymbol{A}\,\boldsymbol{y}$, $\boldsymbol{y}(t_0) = \boldsymbol{y}_0$ gegeben durch

$$\boldsymbol{y}(t) \quad = \quad \boldsymbol{Y}(t)\,\boldsymbol{Y}(t_0)^{-1}\,\boldsymbol{y}_0\,.$$

zu a): Ist $\boldsymbol{y}^* = \boldsymbol{0}$ stabil, so ist jede Lösung von $\boldsymbol{y}' = \boldsymbol{A}\,\boldsymbol{y}$ beschränkt; damit sind auch die Spalten der Fundamentalmatrix $\boldsymbol{Y}(t)$ beschränkt und somit auch $\|\boldsymbol{Y}(t)\|$.

Umgekehrt ist wegen $\|\boldsymbol{Y}(t)\| \le M \ (\forall t),\ M > 0$:

$$\begin{aligned} \|\boldsymbol{y}(t)\| &\le \|\boldsymbol{Y}(t)\| \ \|\boldsymbol{Y}(t_0)^{-1}\| \ \|\boldsymbol{y}_0\| \\ &\le M \cdot \|\boldsymbol{Y}(t_0)^{-1}\| \cdot \delta = \varepsilon . \end{aligned}$$

zu b): Ist $\boldsymbol{y}^* = \mathbf{0}$ gleichmäßig stabil, so folgt

$$\left\|\boldsymbol{Y}(t)\,\boldsymbol{Y}(t_0)^{-1}\,\boldsymbol{y}_0\right\| \le \varepsilon$$

für alle $t \ge t_0 \ge a$ und $\|\boldsymbol{y}_0\| \le \delta$.

Damit ergibt sich $\|\boldsymbol{Y}(t)\,\boldsymbol{Y}(t_0)^{-1}\| \le \varepsilon/\delta$.

Die Umkehrung erhält man wie in a).

zu c): Dies folgt unmittelbar aus obiger Darstellung der Lösungen. ■

Satz (22.4.6)
Sei $\lambda(t)$ der größte Eigenwert der symmetrischen Matrix $\boldsymbol{A}(t) + \boldsymbol{A}(t)^{\mathrm{T}}$. Gilt

$$\int_{t_0}^{\infty} \lambda(t)\,dt = -\infty ,$$

so folgt $\lim\limits_{t\to\infty} \boldsymbol{y}(t) = \mathbf{0}$ für jede Lösung $\boldsymbol{y}(t)$, d.h., $\boldsymbol{y}^* = \mathbf{0}$ ist asymptotisch stabil.

Beweis

$$\begin{aligned} \frac{d}{dt}\|\boldsymbol{y}\|^2 &= \frac{d}{dt}\left(\boldsymbol{y}^{\mathrm{T}}\boldsymbol{y}\right) \\ &= (\boldsymbol{A}\,\boldsymbol{y})^{\mathrm{T}}\,\boldsymbol{y} + \boldsymbol{y}^{\mathrm{T}}\,(\boldsymbol{A}\,\boldsymbol{y}) \\ &= \boldsymbol{y}^{\mathrm{T}}\left(\boldsymbol{A}^{\mathrm{T}} + \boldsymbol{A}\right)\boldsymbol{y} \\ &\le \lambda(t)\left(\boldsymbol{y}^{\mathrm{T}}\,\boldsymbol{y}\right) \\ &= \lambda(t) \cdot \|\boldsymbol{y}\|^2 . \end{aligned}$$

Für $\|\boldsymbol{y}\| \ne 0$ folgt hieraus durch Integration:

$$\|\boldsymbol{y}\|^2 \le \|\boldsymbol{y}_0\|^2 \cdot \exp\left(\int_{t_0}^{t} \lambda(\tau)\,d\tau\right) .$$

■

Für den Fall einer homogenen linearen Differentialgleichung mit konstanten Koeffizienten erhält man aus der Darstellung des Fundamentalsystems (vgl. (22.2.12)) unmittelbar die folgenden Stabilitätskriterien.

Satz (22.4.7) (Stabilitätssatz II)

Gegeben sei das Differentialgleichungssystem $\boldsymbol{y}' = \boldsymbol{A}\,\boldsymbol{y}$, $\boldsymbol{A} \in \mathbb{R}^{(n,n)}$ konstante Matrix. Die Nulllösung $\boldsymbol{y}^* = \boldsymbol{0}$ ist genau dann

a) **strikt stabil**, falls für alle Eigenwerte λ_j von $\boldsymbol{A}$ gilt: $\operatorname{Re}(\lambda_j) < 0$;

b) **gleichmäßig stabil**, falls für alle Eigenwerte λ_j von $\boldsymbol{A}$ gilt:

$$\operatorname{Re}(\lambda_j) \leq 0 \qquad \text{und} \qquad \operatorname{Re}(\lambda_j) = 0 \;\Rightarrow\; g(\lambda_j) = a(\lambda_j)\,.$$

$g(\lambda)$ bzw. $a(\lambda)$ bezeichnen die geometrische bzw. die algebraische Vielfachheit des Eigenwertes λ, vgl. (7.1.15).

c) In allen anderen Fällen ist $\boldsymbol{y}^* = \boldsymbol{0}$ instabil.

Beispiele (22.4.8)

a) Der Gleichgewichtspunkt $\boldsymbol{y}^* = \boldsymbol{0}$ des Differentialgleichungssystems

$$\boldsymbol{y}' = \boldsymbol{A}\,\boldsymbol{y} = \begin{pmatrix} 4 & 8 & 4 \\ -1 & -2 & 1 \\ -2 & -4 & -6 \end{pmatrix} \boldsymbol{y}$$

ist instabil.

Die Eigenwerte $\lambda_1 = -4$ und $\lambda_2 = 0$ der Koeffizientenmatrix erfüllen zwar $\operatorname{Re}(\lambda_j) \leq 0$, jedoch ist $\lambda_2 = 0$ doppelter Eigenwert mit $g(\lambda_2) = 1 < a(\lambda_2) = 2$.

Man ermittle ein Fundamentalsystem für die obige Differentialgleichung.

b) Das Differentialgleichungssystem

$$\begin{pmatrix} y_1' \\ y_2' \end{pmatrix} = \boldsymbol{A}\,\boldsymbol{y} + \boldsymbol{b} = \begin{pmatrix} -1 & 1 \\ -1 & -1 \end{pmatrix} \begin{pmatrix} y_1 \\ y_2 \end{pmatrix} + \begin{pmatrix} 5 \\ 1 \end{pmatrix}$$

besitzt den Gleichgewichtspunkt $\boldsymbol{y}^* = \begin{pmatrix} 3 \\ -2 \end{pmatrix}$.

Die Transformation $\boldsymbol{z} := \boldsymbol{y} - \boldsymbol{y}^*$ liefert das homogene Differentialgleichungssystem $\boldsymbol{z}' = \boldsymbol{A}\,\boldsymbol{z}$.

Die Eigenwerte von $\boldsymbol{A}$ lauten $\lambda_{1,2} = -1 \pm i$. Damit ist der Gleichgewichtspunkt $\boldsymbol{y}^*$ strikt stabil.

Ohne Beweis zitieren wir noch ein Kriterium für strikte Stabilität, welches mit dem charakteristischen Polynom der Matrix $\boldsymbol{A}$ arbeitet und in der Regelungstheorie vielfach Anwendung findet.

Satz (22.4.9) (Kriterium von Routh und Hurwitz[11])

Gegeben sei das reelle Polynom

$$p(z) \quad = \quad \sum_{k=0}^{n} a_k \, z^k, \qquad a_n > 0\,.$$

Dann sind äquivalent:

a) Alle Nullstellen von $p(z)$ haben negativen Realteil.

b) Es gilt $a_k > 0, \ k = 0, 1, \ldots, n$.
Ferner sind alle Hauptunterdeterminanten der folgenden (n, n)–Matrix positiv:

$$\boldsymbol{H} \quad = \quad \begin{pmatrix} a_1 & a_0 & 0 & 0 & \cdots & 0 \\ a_3 & a_2 & a_1 & a_0 & \cdots & 0 \\ a_5 & a_4 & a_3 & a_2 & \cdots & 0 \\ \vdots & \vdots & & & & \vdots \\ a_{2n-1} & a_{2n-2} & \cdot\cdot & \cdot\cdot & \cdot\cdot & a_n \end{pmatrix}$$

Dabei sei $a_k := 0$ für alle $k > n$.

Beispiel (22.4.10)

Für das Polynom $p(z) = 2z^3 + 4z^2 + 5z + 6$ ergibt sich

$$\boldsymbol{H} \quad = \quad \begin{pmatrix} 5 & 6 & 0 \\ 2 & 4 & 5 \\ 0 & 0 & 2 \end{pmatrix}.$$

Das Routh–Hurwitz–Kriterium ist hiermit erfüllt, d.h., alle Nullstellen von $p(z)$ haben negativen Realteil.

[11] Adolf Hurwitz (1859–1919); Königsberg, Zürich
Edward John Routh (1831–1907); Cambridge

Qualitatives Verhalten für $n = 2$

Wir untersuchen das qualitative Verhalten der Lösungen $\boldsymbol{y}(t)$ in der Nähe des Gleichgewichtspunktes $\boldsymbol{y}^* = \mathbf{0}$ für das homogene Differentialgleichungssystem

$$\boldsymbol{y}' = \boldsymbol{A}\boldsymbol{y}, \qquad \boldsymbol{y}(t) \in \mathbb{R}^2, \qquad \boldsymbol{A} \in \mathbb{R}^{(2,2)}.$$

Es seien λ_1, λ_2 die Eigenwerte von $\boldsymbol{A}$; $\boldsymbol{v}^1, \boldsymbol{v}^2$ seien zugehörige Eigenvektoren bzw. Eigen– und Hauptvektor.

Mit $\boldsymbol{S} := (\boldsymbol{v}^1, \boldsymbol{v}^2)$ und

$$\boldsymbol{J} := \boldsymbol{S}^{-1}\boldsymbol{A}\,\boldsymbol{S} = \begin{cases} \begin{pmatrix} \lambda_1 & 0 \\ 0 & \lambda_2 \end{pmatrix}, & \text{falls } \lambda_1 \neq \lambda_2 \\ & \text{oder } \lambda_1 = \lambda_2,\ g(\lambda_2) = 2 \\ \begin{pmatrix} \lambda_1 & 1 \\ 0 & \lambda_2 \end{pmatrix}, & \text{falls } \lambda_1 = \lambda_2 = \lambda \\ & \text{und } g(\lambda) = 1 \end{cases}$$

$$\boldsymbol{w}(t) := \boldsymbol{S}^{-1}\boldsymbol{y}(t)$$

erhält man für $\boldsymbol{w}(t)$ die Differentialgleichung

$$\boldsymbol{w}'(t) = \boldsymbol{J}\,\boldsymbol{w}(t).$$

Wir klassifizieren die $\boldsymbol{w}$–Trajektorie in der Phasenebene (= (w_1, w_2)–Ebene).

1. $\lambda_1, \lambda_2 > 0, \quad \lambda_1 \neq \lambda_2$

$$w_j(t) = w_{j0}\,\mathrm{e}^{\lambda_j t}$$

0 ist **instabiler Knotenpunkt 2. Art**.

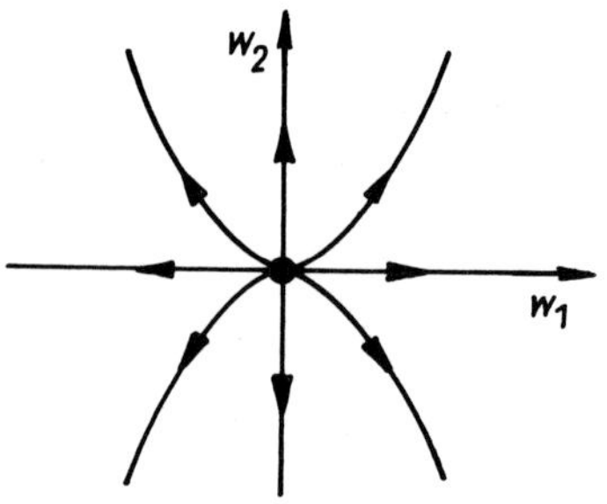

Abb. 22.4. Instabiler Knoten 2. Art

2. $\lambda_1, \lambda_2 < 0, \quad \lambda_1 \neq \lambda_2$

$$w_j(t) \quad = \quad w_{j_0}\,\mathrm{e}^{\lambda_j t}$$

0 ist **asymptotisch stabiler Knotenpunkt 2. Art**.

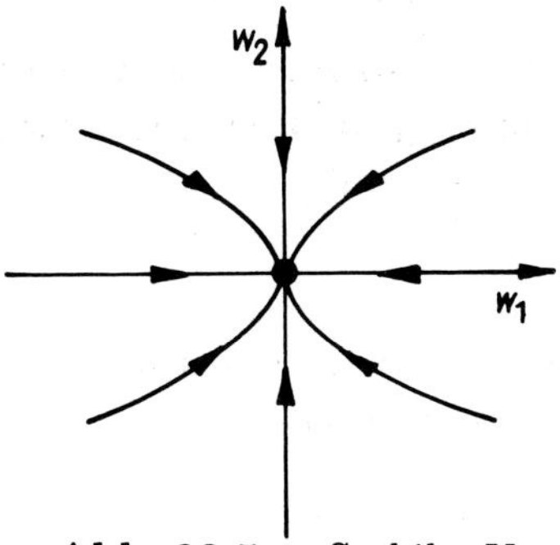

Abb. 22.5. Stabiler Knoten 2. Art

3. $\lambda_1 = \lambda_2 > 0, \quad g(\lambda_1) = 2$
0 ist **instabiler Knotenpunkt 1. Art**.

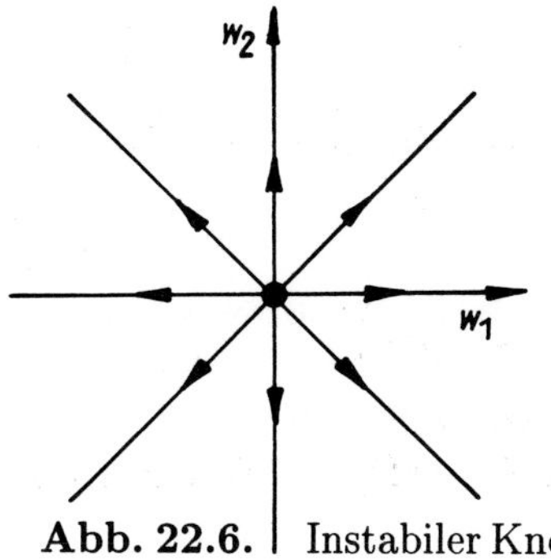

Abb. 22.6. Instabiler Knoten 1. Art

4. $\lambda_1 = \lambda_2 < 0, \quad g(\lambda_1) = 2$
0 ist **asymptotisch stabiler Knotenpunkt 1. Art**.

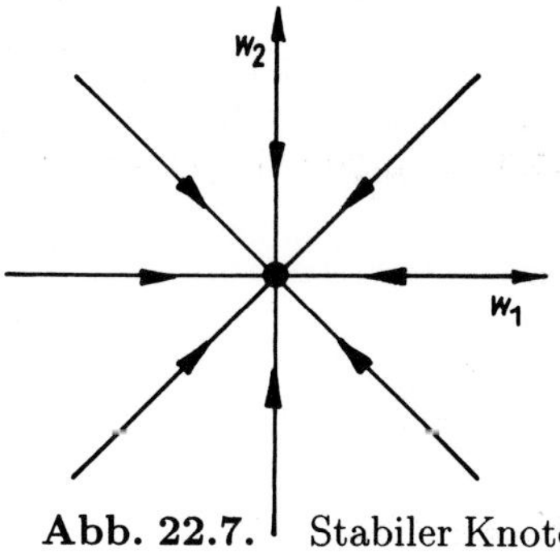

Abb. 22.7. Stabiler Knoten 1. Art

5. $\lambda_1 < 0 < \lambda_2$
0 ist **instabiler Sattelpunkt**.

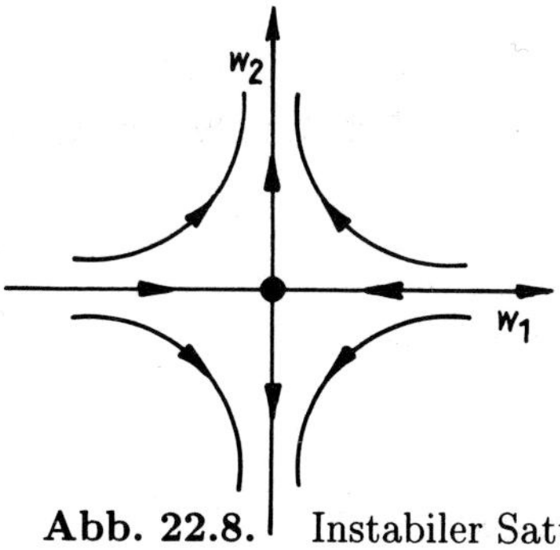

Abb. 22.8. Instabiler Sattelpunkt

6. $\lambda_1 = 0, \quad \lambda_2 \neq 0$
0 ist kein isolierter stationärer Punkt!
0 ist **instabil** für $\lambda_2 > 0$ und **stabil** für $\lambda_2 \leq 0$.

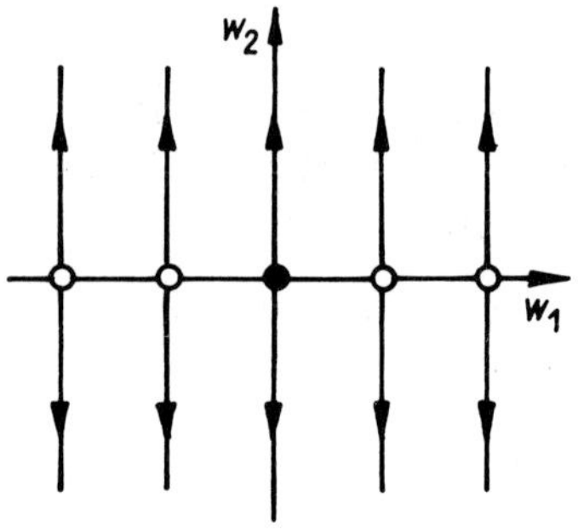

Abb. 22.9. Parallele Geraden

7. $\lambda_1 = \lambda_2 = \lambda, \quad g(\lambda) = 1$

$$\begin{aligned} w_1(t) &= (w_{10} + w_{20}t)\,\mathrm{e}^{\lambda t} \\ w_2(t) &= w_{20}\,\mathrm{e}^{\lambda t} \end{aligned}$$

0 ist **Knotenpunkt 3. Art**,
für $\lambda > 0$ ist **0 instabil**, für $\lambda < 0$ ist **0 asymptotisch stabil**.

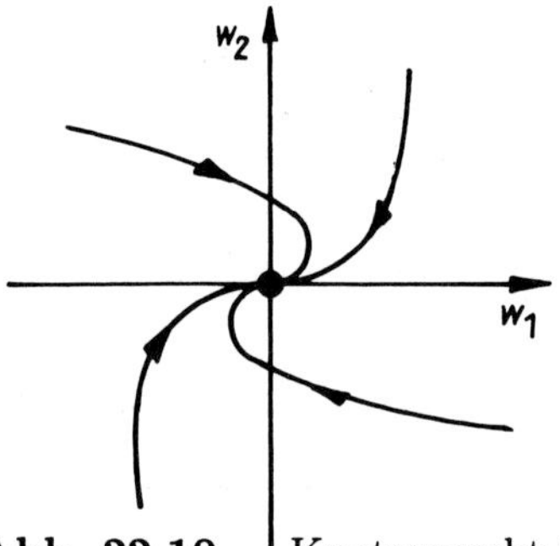

Abb. 22.10. Knotenpunkt 3. Art

8. $\lambda_1 = \overline{\lambda_2} = \lambda = \alpha + i\beta, \beta \neq 0, \quad \alpha < 0$
0 ist **asymptotisch stabiler Strudelpunkt.**

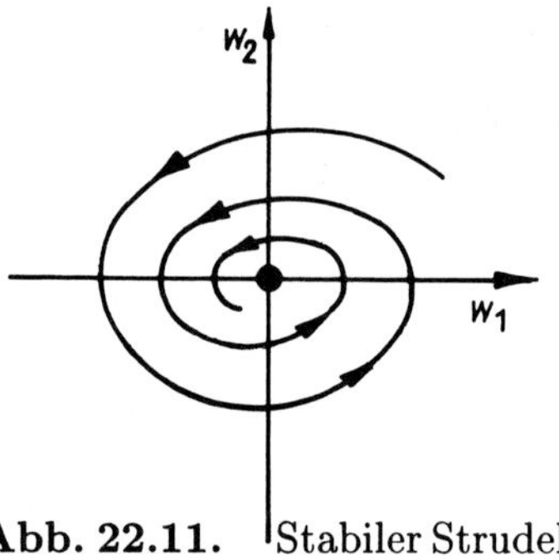

Abb. 22.11. Stabiler Strudelpunkt

9. $\lambda_1 = \overline{\lambda_2} = \lambda = \alpha + i\beta, \beta \neq 0, \quad \alpha > 0$
0 ist **instabiler Strudelpunkt**.

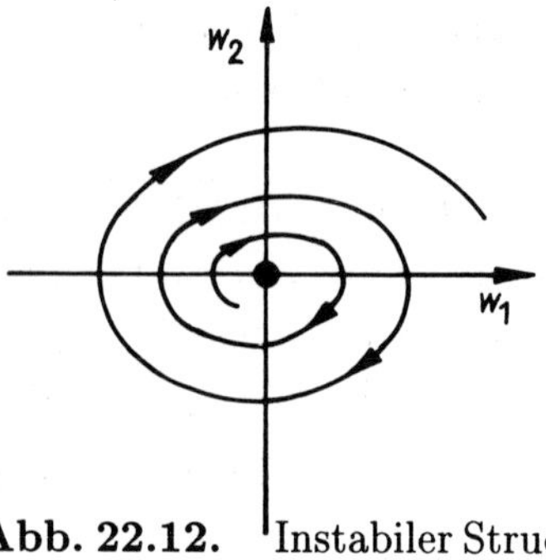

Abb. 22.12. Instabiler Strudelpunkt

10. $\lambda_1 = \overline{\lambda_2} = \lambda = i\beta, \quad \beta \neq 0$
0 ist **stabiler Wirbelpunkt** (Zentrum).

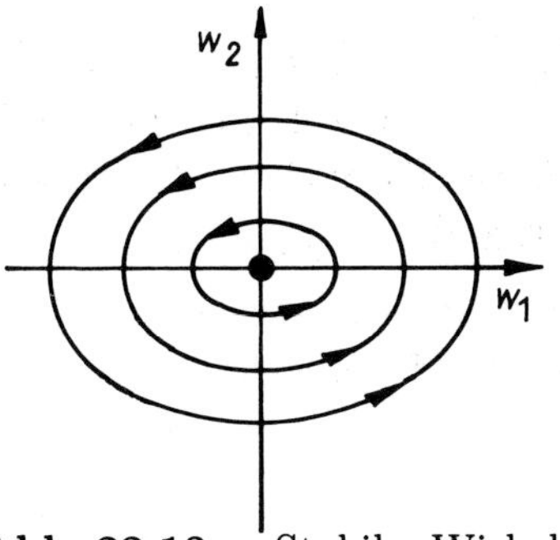

Abb. 22.13. Stabiler Wirbelpunkt

Der nichtlineare Fall

Wir betrachten den Fall eines autonomen Differentialgleichungssystems

$$\boldsymbol{y}'(t) \quad = \quad \boldsymbol{f}(\boldsymbol{y}(t)) \,. \tag{22.4.11}$$

$\boldsymbol{y}^* = \mathbf{0}$ sei ein Gleichgewichtspunkt des Systems, es gelte also $\boldsymbol{f}(\mathbf{0}) = \mathbf{0}$.

Häufig gelingt es, die Stabilität des Differentialgleichungssystems durch **Linearisierung** der rechten Seite von (22.4.11) nachzuweisen.

Ist die rechte Seite $\boldsymbol{f}(\boldsymbol{y})$ hinreichend oft stetig differenzierbar, so findet man mittels Taylor–Entwicklung:

$$\begin{aligned} \boldsymbol{y}'(t) &= \boldsymbol{A}\,\boldsymbol{y}(t) + \boldsymbol{g}(\boldsymbol{y}(t)) \\ \boldsymbol{A} &= \boldsymbol{J}\boldsymbol{f}(\mathbf{0}), \qquad \boldsymbol{g}(\mathbf{0}) = \mathbf{0}, \\ \boldsymbol{g}(\boldsymbol{y}) &= \boldsymbol{o}\left(\|\boldsymbol{y}\|\right) . \end{aligned} \tag{22.4.12}$$

Ist die **„verkürzte“ Differentialgleichung** $\boldsymbol{y}' = \boldsymbol{A}\,\boldsymbol{y}$ nun strikt stabil, bzw. instabil, so überträgt sich dies auch auf das nichtlineare System.

Satz (22.4.13) (Stabilitätssatz III)
Unter den obigen Voraussetzungen (22.4.11) und (22.4.12) gelten:

a) Ist für alle Eigenwerte λ_j von $\boldsymbol{A} = \boldsymbol{J}\boldsymbol{f}(\mathbf{0})$: $\mathrm{Re}\,(\lambda_j) < 0$, so ist $\boldsymbol{y}^* = \mathbf{0}$ ein strikt stabiler Gleichgewichtspunkt von $\boldsymbol{y}' = \boldsymbol{f}(\boldsymbol{y})$.

b) Existiert ein Eigenwert λ_j von $\boldsymbol{A}$ mit $\mathrm{Re}\,(\lambda_j) > 0$, so ist $\boldsymbol{y}^* = \mathbf{0}$ instabil.

Für einen Beweis dieses Satzes wird wieder auf die Standardlehrbüchern über gewöhnliche Differentialgleichungen verwiesen (z.B. Luther et al. [31]).

Bemerkung (22.4.14)

Man beachte, dass sich die Stabilität bzw. Instabilität des linearisierten Systems nicht notwendig auf das nichtlineare System überträgt, falls für alle Eigenwerte $\mathrm{Re}\,(\lambda_j) \leq 0$ gilt, es jedoch zumindest einen Eigenwert λ_k mit $\mathrm{Re}\,(\lambda_k) = 0$ gibt.

Beispiel (22.4.15)

Wir betrachten die Differentialgleichung des mathematischen Pendels

$$\ddot{\phi} \;=\; -\frac{g}{\ell}\,\sin\phi \;=\; -\,\omega^2\,\sin\phi\,.$$

Mit $y_1 := \phi,\ y_2 := \dot{\phi}$ hat man das Differentialgleichungssystem erster Ordnung:

$$\begin{aligned} \dot{y}_1 &= y_2 \\ \dot{y}_2 &= -\omega^2\,\sin y_1\,. \end{aligned}$$

Die Gleichgewichtspunkte sind gegeben durch $\phi_k = k\,\pi,\ k \in \mathbb{Z}$ (dies entspricht $y_{1k} = k\,\pi,\ y_{2k} = 0$).

Die Linearisierung des obigen Systems um (y_{1k}, y_{2k}) ergibt:

$$\frac{d}{dt}\begin{pmatrix} y_1 \\ y_2 \end{pmatrix} = \begin{pmatrix} 0 & 1 \\ -\omega^2(-1)^k & 0 \end{pmatrix}\begin{pmatrix} y_1 - y_{1k} \\ y_2 - y_{2k} \end{pmatrix} + \boldsymbol{o}\left(\|\boldsymbol{y} - \boldsymbol{y}^k\|\right).$$

Die Eigenwerte der Koeffizientenmatrix sind

$$\lambda_{1,2} = \begin{cases} \pm\,i\,\omega\,, & \text{falls } k \text{ gerade} \\ \pm\,\omega\,, & \text{falls } k \text{ ungerade}\,. \end{cases}$$

Für ungerade k ist ϕ_k also ein instabiler Gleichgewichtspunkt (Sattelpunkt). Für gerade k ist ϕ_k ein stabiler, aber nicht asymptotisch stabiler Gleichgewichtspunkt. Man beachte, dass letzteres nicht aus (22.4.13) folgt!

Man erhält das folgende Phasenportrait (vgl. auch Abschnitt 20.3):

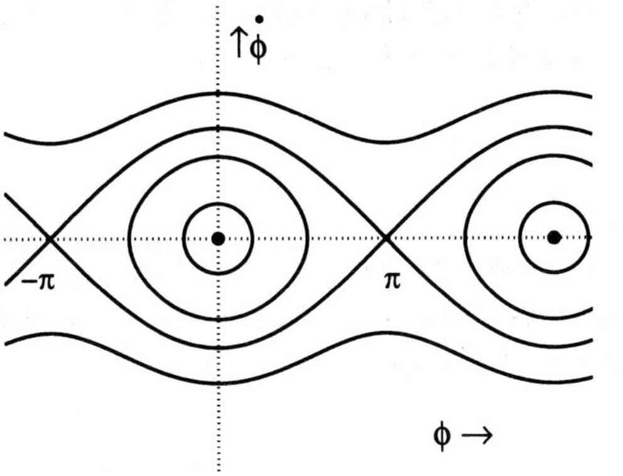

Abb. 22.14. Phasenportrait des mathematischen Pendels

Eine andere Methode, nichtlineare Systeme auf Stabilität zu untersuchen, geht auf Ljapunov [12] zurück. Hierbei arbeitet man mit einem verallgemeinerten Potential.

Definition (22.4.16)

Eine C^1–Funktion $V : D \to \mathbb{R}$ $(D \subset \mathbb{R}^n$ offen) heißt eine **Ljapunov–Funktion** auf $\overline{K}_R(\mathbf{0}) \subset D$ für $\boldsymbol{f}(\boldsymbol{y})$, falls gelten:

a) $V(\mathbf{0}) = 0, \quad V(\boldsymbol{y}) > 0 \quad \text{für} \quad \boldsymbol{y} \neq \mathbf{0},$

b) $\langle \boldsymbol{\nabla} V, \boldsymbol{f}(\boldsymbol{y}) \rangle \leq 0 \quad (\forall \boldsymbol{y},\ \|\boldsymbol{y}\| \leq R)\,.$

Gilt in b) sogar

b′) $\langle \boldsymbol{\nabla} V, \boldsymbol{f}(\boldsymbol{y}) \rangle < 0 \quad (\forall \boldsymbol{y} : 0 < \|\boldsymbol{y}\| \leq R)\,,$

so heißt $V(\boldsymbol{y})$ eine **strenge Ljapunov–Funktion**.

Satz (22.4.17) (Stabilitätssatz IV)

a) Ist $V(\boldsymbol{y})$ eine Ljapunov–Funktion von $\boldsymbol{f}(\boldsymbol{y})$, so ist $\boldsymbol{y}^* = \mathbf{0}$ gleichmäßig stabiler Gleichgewichtspunkt.

b) Ist $V(\boldsymbol{y})$ eine strenge Ljapunov–Funktion, so ist $\boldsymbol{y}^* = \mathbf{0}$ asymptotisch stabiler Gleichgewichtspunkt.

Beweis

zu a): Zu $0 < \varepsilon \leq R$ sei $M_\varepsilon := \min\{V(\boldsymbol{y}) \,:\, \|\boldsymbol{y}\| = \varepsilon\} > 0.$

[12] Alexander Michailovitsch Ljapunov (1857–1918); Charkov, St. Petersburg

Wegen der Stetigkeit von $V(\boldsymbol{y})$ existiert $0 < \delta < \varepsilon$ mit

$$\|\boldsymbol{y}\| \le \delta \quad \Rightarrow \quad V(\boldsymbol{y}) < M_\varepsilon .$$

Sei $\boldsymbol{y}_0 \in K_\delta(\mathbf{0})$ Anfangswert. Für die zugehörige Trajektorie gilt dann:

$$\frac{d}{dt} V(\boldsymbol{y}(t)) = \operatorname{grad} V(\boldsymbol{y}(t)) \cdot \boldsymbol{f}(\boldsymbol{y}(t)) \le 0 ,$$

also $V(\boldsymbol{y}(t)) < M_\varepsilon$ für alle $t \ge t_0$ und somit auch $\|\boldsymbol{y}(t)\| < \varepsilon$ $(\forall t \ge t_0)$.

zu b): Ist $V(\boldsymbol{y})$ eine strenge Ljapunov–Funktion, so fällt $V(\boldsymbol{y}(t))$ für $t \ge t_0$. Daher existiert

$$\lim_{t\to\infty} V(\boldsymbol{y}(t)) =: E .$$

Wäre $E > 0$, so gäbe es ein α, $0 < \alpha < \varepsilon$, mit $V(\boldsymbol{y}) < E$ für alle $\|\boldsymbol{y}\| < \alpha$. Daher verläuft die Trajektorie ganz in $\alpha \le \|\boldsymbol{y}\| \le \varepsilon$.

Es sei nun $M_1 := \max \{\operatorname{grad} V \cdot \boldsymbol{f}(\boldsymbol{y}) \mid \alpha \le \|\boldsymbol{y}\| \le \varepsilon\}$, also nach Voraussetzung $M_1 < 0$. Dann folgt:

$$V(\boldsymbol{y}(t)) - V(\boldsymbol{y}_0) = \int_{t_0}^{t} \frac{dV}{dt}\, dt \le M_1(t - t_0)$$

und damit $\lim\limits_{t\to\infty} V(\boldsymbol{y}(t)) = -\infty$, im Widerspruch zu den Eigenschaften von $V(\boldsymbol{y})$.

Damit ist $E = 0$ und $\lim\limits_{t\to\infty} V(\boldsymbol{y}(t)) = 0$, und hiermit auch $\lim\limits_{r\to\infty} \boldsymbol{y}(t) = \mathbf{0}$. ■

Bemerkung (22.4.18)

Ganz analog zeigt man: Gilt für eine C^1–Funktion $V(\boldsymbol{y})$ die Eigenschaft a) von (22.4.16) und

$$\langle \nabla V , \boldsymbol{f}(\boldsymbol{y}) \rangle > 0 \quad (\forall\, \boldsymbol{y} : 0 < \|\boldsymbol{y}\| \le R) ,$$

so ist $\boldsymbol{y}^* = \mathbf{0}$ ein instabiler Gleichgewichtspunkt.

Beispiel (22.4.19)

$$\begin{aligned} \dot{x} &= -x^3 + y \\ \dot{y} &= -x - y^5 \end{aligned}$$

Der Punkt $(x^0, y^0)^{\mathrm{T}} = \mathbf{0}$ ist ein isolierter Gleichgewichtspunkt.

Setzt man $V := ax^2 + by^2$, so erfüllt $V(x, y)$ für $a, b > 0$ die Eigenschaft a) von (22.4.16). Ferner ist

$$\langle \nabla V, \boldsymbol{f}(x, y) \rangle = -6\,a\,x^4 - 2\,b\,y^6 + 2\,(a-b)\,x\,y .$$

Für $a = b > 0$ ist $V(x,y)$ demnach eine strenge Ljapunov–Funktion, und (x^0, y^0) ist somit ein asymptotisch stabiler Gleichgewichtspunkt.

Beispiel (22.4.20)

Für das Beispiel des mathematischen Pendels, vgl. (22.4.15), setze man

$$V(y_1, y_2) \;:=\; \frac{1}{2}\, y_2^2 \;+\; \omega^2\,(1 - \cos\, y_1)\,.$$

Man sieht dann unmittelbar, dass V eine Ljapunov–Funktion auf $\overline{K}_R(\mathbf{0})$ für $R < \pi$ ist. $\mathbf{0}$ ist also ein stabiler Gleichgewichtspunkt. Natürlich ist V hierfür keine strenge Ljapunov–Funktion.

23 Randwertaufgaben

23.1 Allgemeines

Wir betrachten ein System gewöhnlicher Differentialgleichungen erster Ordnung

$$\boldsymbol{y}'(t) = \boldsymbol{f}(t, \boldsymbol{y}(t)), \qquad \boldsymbol{y}(t) \in \mathbb{R}^n \tag{23.1.1}$$

und setzen voraus, dass die rechte Seite $\boldsymbol{f}(t, \boldsymbol{y})$ auf einem Gebiet $D \subset \mathbb{R}^{n+1}$ hinreichend oft stetig differenzierbar ist.

Sind nun zur Festlegung einer Lösung $\boldsymbol{y}(t)$ nicht alle Koordinaten y_i, $i = 1, \ldots, n$, an **einer** Stelle a vorgegeben, sondern jeweils nur gewisse Koordinaten y_i an verschiedenen Stellen $t = a, b, c, \ldots$, so spricht man von einer **Randwertaufgabe**, je nachdem auch von einem **Zweipunkt–Randwertproblem** oder einem **Mehrpunkt–Randwertproblem**.

Beispiele

a) **Sturmsche Randwertaufgaben**

$$\begin{aligned} y''(t) + a_1(t)\, y'(t) + a_0\, y(t) &= h(t) \\ \alpha_1\, y(a) \quad + \alpha_2\, y'(a) &= d_1 \\ \beta_1\, y(b) \quad + \beta_2\, y'(b) &= d_2\,, \end{aligned} \tag{23.1.2}$$

b) **lineare Randwertaufgaben**

$$\begin{aligned} &\boldsymbol{y}'(t) = \boldsymbol{A}(t)\, \boldsymbol{y}(t) + \boldsymbol{h}(t) \\ &\boldsymbol{B}_a\, \boldsymbol{y}(a) + \boldsymbol{B}_b\, \boldsymbol{y}(b) = \boldsymbol{d} \\ &\text{mit} \quad \boldsymbol{A}(t), \boldsymbol{B}_a, \boldsymbol{B}_b \in \mathbb{R}^{(n,n)}, \quad \boldsymbol{h}(t), \boldsymbol{d} \in \mathbb{R}^n\,, \end{aligned} \tag{23.1.3}$$

c) **allgemeine Zweipunkt–Randwertaufgaben**

$$\begin{aligned} &\boldsymbol{y}'(t) = \boldsymbol{f}(t, \boldsymbol{y}(t)) \\ &\boldsymbol{r}\,(\boldsymbol{y}(a), \boldsymbol{y}(b)) = \boldsymbol{0} \\ &\text{mit} \quad \boldsymbol{y}(t) \in \mathbb{R}^n, \quad \boldsymbol{r} : \mathbb{R}^n \times \mathbb{R}^n \to \mathbb{R}^n\,. \end{aligned} \tag{23.1.4}$$

Im Unterschied zu den Anfangswertaufgaben lassen sich Existenz und Eindeutigkeit einer Lösung der Randwertaufgabe – selbst bei glatten Daten – nicht garantieren. Dies belegt etwa das folgende Beispiel.

Beispiel (23.1.5)

Die Randwertaufgabe

$$y'' = -y$$
$$y(0) = 0, \quad y\left(\frac{\pi}{2}\right) = 1$$

besitzt die eindeutig bestimmte Lösung $y(t) = \sin t$.

Ändert man dagegen die Randbedingungen ab zu:

$$y(0) = 0, \quad y(\pi) = 1\,,$$

so besitzt die Randwertaufgabe keine Lösung, und bei den Randbedingungen

$$y(0) = 0, \quad y(\pi) = 0$$

besitzt sie unendlich viele Lösungen, nämlich $y(t) = C \cdot \sin t$, $C \in \mathbb{R}$ beliebig.

Für lineare Randwertaufgaben (23.1.3) erhält man mit Hilfe eines Fundamentalystems ein Kriterium für die eindeutige Lösbarkeit:

Satz (23.1.6)

Gegeben sei eine lineare Randwertaufgabe (23.1.3) mit stetigen Funktionen $\boldsymbol{A}(t), \boldsymbol{h}(t), t \in \mathbb{R}$. $\boldsymbol{Y}(t)$ bezeichne ein Fundamentalsystem zu $\boldsymbol{y}' = \boldsymbol{A}\,\boldsymbol{y}$. Dann sind die folgenden Aussagen äquivalent:

a) Die Randwertaufgabe (23.1.3) ist für **alle** (stetigen) Inhomogenitäten $\boldsymbol{h}(t)$ und $\boldsymbol{d}$ stets eindeutig lösbar.

b) Die zugehörige homogene Randwertaufgabe

$$\boldsymbol{y}' = \boldsymbol{A}\,\boldsymbol{y}, \qquad \boldsymbol{B}_a\,\boldsymbol{y}(a) + \boldsymbol{B}_b\,\boldsymbol{y}(b) = \boldsymbol{0}$$

hat nur die triviale Lösung $\boldsymbol{y}(t) \equiv \boldsymbol{0}$.

c) Die Matrix

$$\boldsymbol{E} := \boldsymbol{B}_a\,\boldsymbol{Y}(a) + \boldsymbol{B}_b\,\boldsymbol{Y}(b) \in \mathbb{R}^{(n,n)}$$

ist regulär.

Beweis

Die allgemeine Lösung des Differentialgleichungssystems lautet nach (22.1.2), (22.1.7):

$$\boldsymbol{y}(t) = \boldsymbol{y}_p(t) + \boldsymbol{Y}(t)\,\boldsymbol{c}, \qquad \boldsymbol{c} \in \mathbb{R}^n\,.$$

Dabei ist $\boldsymbol{y}_p(t)$ eine partikuläre Lösung. Dies in die Randbedingungen eingesetzt liefert:

$$\begin{aligned} \boldsymbol{B}_a \left(\boldsymbol{y}_p(a) + \boldsymbol{Y}(a)\, \boldsymbol{c} \right) + \boldsymbol{B}_b \left(\boldsymbol{y}_p(b) + \boldsymbol{Y}(b)\, \boldsymbol{c} \right) &= \boldsymbol{d} \\ \Longleftrightarrow \quad \boldsymbol{E} \cdot \boldsymbol{c} &= \boldsymbol{d} - \boldsymbol{B}_a \boldsymbol{y}_p(a) - \boldsymbol{B}_b \boldsymbol{y}_p(b) . \end{aligned}$$

Somit ist die eindeutige Lösbarkeit der Randwertaufgabe äquivalent zur Regularität von $\boldsymbol{E}$. Dies ist unabhängig von den speziellen Inhomogenitäten $\boldsymbol{h}(t)$ und $\boldsymbol{d}$. ■

Beispiel (23.1.7)

Für das Beispiel (23.1.5) – umgeschrieben in ein System erster Ordnung – erhält man eine Fundamentalmatrix

$$\boldsymbol{Y}(t) = \begin{pmatrix} \cos t & \sin t \\ -\sin t & \cos t \end{pmatrix} .$$

Damit folgt:

$$\begin{aligned} \boldsymbol{E} &= \boldsymbol{B}_a \boldsymbol{Y}(0) + \boldsymbol{B}_b \boldsymbol{Y}(b) \\ &= \begin{pmatrix} 1 & 0 \\ 0 & 0 \end{pmatrix} \begin{pmatrix} 1 & 0 \\ 0 & 1 \end{pmatrix} + \begin{pmatrix} 0 & 0 \\ 1 & 0 \end{pmatrix} \begin{pmatrix} \cos b & \sin b \\ -\sin b & \cos b \end{pmatrix} \\ &= \begin{pmatrix} 1 & 0 \\ \cos b & \sin b \end{pmatrix} . \end{aligned}$$

Die Matrix $\boldsymbol{E}$ ist also für $b = \frac{\pi}{2}$ regulär, für $b = \pi$ jedoch singulär.

Eine Reihe anderer Aufgaben lässt sich auf die Standardform (23.1.4) einer Randwertaufgabe transformieren. Zu diesen gehören beispielsweise **Randwertaufgaben mit freier Endzeit**, vgl. (20.1.17):

$$\begin{aligned} \boldsymbol{y}'(t) &= \boldsymbol{f}(t, \boldsymbol{y}(t)), \qquad 0 \le t \le T \\ \boldsymbol{r}(\boldsymbol{y}(0), \boldsymbol{y}(T)) &= \boldsymbol{0} . \end{aligned} \tag{23.1.8}$$

Hierbei ist die Endzeit T frei und $\boldsymbol{r} : \mathbb{R}^n \times \mathbb{R}^n \to \mathbb{R}^{n+1}$ ($n+1$ Randbedingungen).

Man setzt nun:

$$\boldsymbol{z}(\tau) := \boldsymbol{y}(\tau \cdot T), \qquad z_{n+1}(\tau) := T, \qquad 0 \le \tau \le 1$$

und findet die zu (23.1.8) äquivalente Randwertaufgabe:

$$\begin{aligned} \boldsymbol{z}'(\tau) &= z_{n+1} \cdot \boldsymbol{f}\left(z_{n+1} \cdot \tau, \boldsymbol{z}(\tau)\right) , \qquad 0 \le \tau \le 1 \\ z'_{n+1}(\tau) &= 0 \\ \boldsymbol{r}\left(\boldsymbol{z}(0), \boldsymbol{z}(1)\right) &= \boldsymbol{0} . \end{aligned} \tag{23.1.9}$$

Dies ist offensichtlich eine Randwertaufgabe vom Typ (23.1.4) über dem (festen) Integrationsintervall $[0,1]$.

23.2 Grundbegriffe der Variationsrechnung

Randwertaufgaben treten in den technisch–ingenieurwissenschaftlichen Anwendungen recht häufig auf, da sie sich z.B. in natürlicher Weise bei der Lösung so genannter **Aufgaben der optimalen Steuerung** ergeben. Hierbei ist es die Aufgabe, gewisse in einem Differentialgleichungssystem auftretende, frei wählbare Funktionen (Steuerfunktionen) so zu bestimmen, dass der durch das System beschriebene technisch–physikalische Prozess im gewissen Sinn optimal abläuft. Beispiel für diese Anwendungen sind die Steuerungen von Raumfahrzeugen und Flugzeugen, Prozesssteuerungen in der Chemietechnik, die Steuerung der Bewegung eines Roboters und vieles mehr.

Die zur Behandlung solcher zumeist sehr komplexer Probleme benötigte Theorie optimaler Steuerungen hat ihre Wurzeln in der klassischen **Variationsrechnung**, wie sie im 18. Jahrhundert von den Bernoullis, von Euler, Lagrange und anderen entwickelt worden ist. Der erste Anstoß zu dieser Entwicklung ging wohl auf Johann Bernoulli [13] zurück, der 1696 sein berühmtes Problem der Brachistochrone (brachistos = kürzeste, chronos = Zeit) veröffentlichte.

Problem der Brachistochrone

Man bestimme eine differenzierbare Funktion $y = y(t)$ mit Randbedingungen $y(a) = y_a$, $y(b) = y_b$, so dass das Integral

$$I[y] \quad = \quad \int_a^b \sqrt{\frac{1 + (y'(t))^2}{y_a - y(t)}}\, dt \qquad (23.2.1)$$

minimal wird.

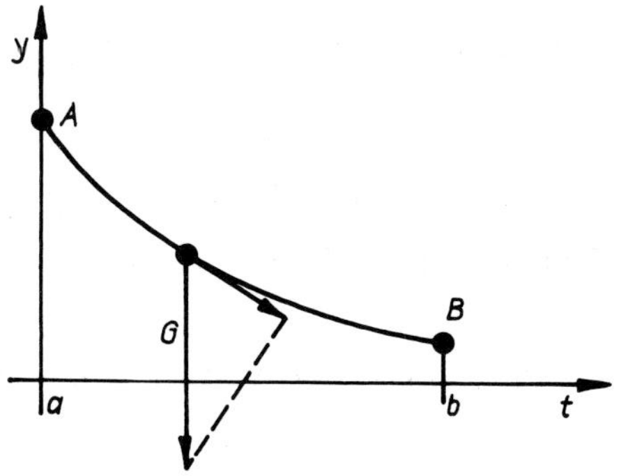

Abb. 23.1. Problem der Brachistochrone

[13] Johann Bernoulli (1667–1748); Groningen, Basel

Das zu minimierende Funktional $I[y]$ beschreibt (bis auf einen Faktor $1/\sqrt{2g}$, g: Erdbeschleunigung) gerade die Zeit, die ein Massenpunkt benötigt, um auf der Kurve $y = y(t)$ unter dem Einfluss der Schwerkraft von $A = (a, y_a)$ nach $B = (b, y_b)$ zu „fallen".

Das geschilderte Beispiel zeigt die Charakteristika einer **Aufgabe der Variationsrechnung**:

Gesucht ist eine (glatte) Funktion $y(t)$, $a \le t \le b$, die gewisse Randbedingungen

$$y(a) \;=\; y_a, \qquad y(b) \;=\; y_b \tag{23.2.2}$$

erfüllt und die ein Funktional der Form

$$I[y] \;=\; \int_a^b f\,(t, y(t), y'(t))\,dt \tag{23.2.3}$$

minimiert.

Wir verfolgen den historischen Lösungsweg nach Lagrange (1755). Hierzu wird angenommen, dass $y_0(t)$ eine Lösung der Variationsaufgabe sei, und dass alle auftretenden Funktionen hinreichend oft differenzierbar sind. Die Grundidee ist nun, die Lösung $y_0(t)$ in eine eindimensionale Schar von Konkurrenzfunktionen $y(t, \varepsilon)$ einzubetten.

Dazu sei $h(t)$, $a \le t \le b$, eine beliebige (glatte) Funktion mit

$$h(a) \;=\; h(b) \;=\; 0\,. \tag{23.2.4}$$

Dann ist $y(t, \varepsilon) := y_0(t) + \varepsilon\, h(t)$ für jedes reelle ε eine für das Problem zulässige Konkurrenzfunktion. Da $y_0(t)$ das Integral $I[y]$ minimieren soll, muss die Funktion

$$J(\varepsilon) \;:=\; I\,[y(\cdot, \varepsilon)] \;=\; I\,[y_0 + \varepsilon\, h] \tag{23.2.5}$$

in $\varepsilon = 0$ ein Minimum besitzen.

$J(\varepsilon)$ ist aber eine gewöhnliche Funktion der reellen Variablen ε, und somit erhalten wir als notwendige Bedingung das Verschwinden der so genannten **ersten Variation**:

$$\delta I \;:=\; \frac{d}{d\varepsilon}\, I\,[y_0 + \varepsilon\, h]\bigg|_{\varepsilon\,=\,0} \;=\; 0\,. \tag{23.2.6}$$

Bemerkungen (23.2.7)

a) Die Funktion $\delta\, y(t) := \dfrac{\partial}{\partial\, \varepsilon}\, y(t, \varepsilon)\bigg|_{\varepsilon\,=\,0} = h(t)$ heißt auch die **1. Variation** der abhängigen Variablen.

b) $\delta\, I$ entspricht der „Richtungsableitung" des Funktionals $I[y]$ in Richtung von $\delta\, y = h$ an der Stelle y_0.

Zur Berechnung von δI führen wir die Differentiation in (23.2.6) aus. Mittels partieller Integration findet man:

$$\begin{aligned} \delta I &= \int_a^b \left(f_y(t, y_0, y_0') \cdot h(t) + f_{y'}(t, y_0, y_0') \cdot h'(t)\right) dt \\ &= f_{y'}(t, y_0, y_0') \cdot h(t)\Big|_a^b + \int_a^b \left(f_y - \frac{d}{dt} f_{y'}\right) h(t)\, dt \,. \end{aligned} \tag{23.2.8}$$

Die ausintegrierten Bestandteile (erster Summand) verschwinden wegen (23.2.4), und man erhält die Aussage: Es gilt

$$\delta I = \int_a^b \left(f_y - \frac{d}{dt} f_{y'}\right) \cdot h(t)\, dt = 0 \tag{23.2.9}$$

für **alle** glatten Funktionen $h(t)$ mit $h(a) = h(b) = 0$.

Dies ist aber nur möglich, falls der erste Faktor $\left(f_y - \frac{d}{dt} f_{y'}\right)$ auf $[a, b]$ identisch verschwindet (**Fundamentallemma der Variationsrechnung**). Der Beweis hierzu sei als Übungsaufgabe empfohlen. Man beachte dazu, dass wir die Funktion $f_y - \frac{d}{dt} f_{y'}$ als stetig vorausgesetzt haben.

Damit haben wir gezeigt:

Satz (23.2.10) (Euler–Lagrange–Gleichung)

Jede Lösung der Variationsaufgabe (23.2.2) / (23.2.3) ist zugleich eine Lösung der Randwertaufgabe

$$\begin{aligned} f_y(t, y_0, y_0') - \frac{d}{dt} f_{y'}(t, y_0, y_0') &= 0 \\ y_0(a) = y_a, \qquad y_0(b) &= y_b \,. \end{aligned}$$

Die obige Differentialgleichung heißt die **Euler–Lagrange–Gleichung** der Variationsaufgabe.

Es handelt sich hierbei um eine Differentialgleichung 2. Ordnung, die sich unter der Annahme (**Regularitätsbedingung**)

$$f_{y'y'}(t, y_0, y_0') \neq 0 \qquad (\forall\, t \in [a, b]) \tag{23.2.11}$$

auf die folgende explizite Form bringen lässt:

$$y_0''(t) = \frac{f_y(t, y_0, y_0') - f_{ty'}(t, y_0, y_0') - f_{yy'}(t, y_0, y_0')\, y_0'}{f_{y'y'}(t, y_0, y_0')} \,. \tag{23.2.12}$$

Spezialfälle

In den folgenden beiden Spezialfällen lässt sich unmittelbar ein so genanntes erstes Integral der Euler–Lagrange–Gleichung angeben.

a) Ist $f = f(t, y')$ unabhängig von y, so folgt aus (23.2.10)

$$f_{y'}(t, y_0') \quad = \quad C \quad = \quad \text{const}\,. \tag{23.2.13}$$

b) Ist das Problem autonom, also $f = f(y, y')$, so folgt aus (23.2.10)

$$H \;:=\; f - f_{y'}\, y' \;=\; C \;=\; \text{const}\,. \tag{23.2.14}$$

Die Funktion H heißt (auch im zeitabhängigen Fall) die **Hamilton–Funktion** der Variationsaufgabe.

Beweis zu b)
$$\begin{aligned}\frac{d}{dt} H &= \frac{d}{dt}\,(f - f_{y'}\, y') \\ &= f_y\, y' + f_{y'}\, y'' - \left(\frac{d}{dt} f_{y'}\right) y' - f_{y'}\, y'' \\ &= \left(f_y - \frac{d}{dt} f_{y'}\right) y' \\ &= 0\,.\end{aligned}$$
■

Beispiel (23.2.15) (Problem der Brachistochrone)

Gesucht ist eine C^1–Funktion $y(t)$, die das folgende Funktional

$$I \quad = \quad \int_a^b \sqrt{\frac{1 + y'^2}{y_a - y}}\, dt$$

minimiert unter den Nebenbedingungen

$$y(a) \;=\; y_a, \quad y(b) \;=\; y_b\,.$$

Für die Hamilton–Funktion erhält man

$$H \quad = \quad \frac{1}{\sqrt{1 + y'^2} \cdot \sqrt{y_a - y}} \quad = \quad C_1 \quad = \quad \text{const}\,.$$

Damit folgt

$$y' \quad = \quad \sqrt{\frac{2C - (y_a - y)}{y_a - y}}\,, \qquad 2C \;:=\; \frac{1}{C_1^2} \;>\; 0\,.$$

Trennung der Variablen liefert sodann

$$\int_{y_a}^{y} \sqrt{\frac{y_a - \eta}{2C - (y_a - \eta)}}\, d\eta \quad = \quad t - a\,.$$

Substituiert man in diesem Integral $y_a - \eta \;=\; 2\,C \cdot \sin^2 \frac{\theta}{2}\,,$ so erhält man für die Lösung $y(t)$ die folgende Parameterdarstellung:

$$\begin{aligned} t - a &= C(\theta - \sin\theta) \\ y - y_a &= -C(1 - \cos\theta)\,. \end{aligned}$$

Dies ist die Parameterdarstellung eine **Zykloidenschar**. Der Schar–Parameter C ist durch die Endbedingung $y(b) = y_b$ festzulegen.

Es sei angemerkt, dass dieser „Lösungsweg“ durchaus problematisch ist, da der Integrand des Funktionals für $t = a,\; y = y_a$ singulär wird, die Voraussetzung für die Herleitung der Euler–Lagrange–Gleichung hier also **nicht** erfüllt sind. Es lässt sich jedoch zeigen, dass die Zykloide tatsächlich die Variationsaufgabe löst.

Beispiel (23.2.16) (Rotationssymmetrische Minimalfläche)

Gesucht ist eine die beiden Punkte (a, y_a), (b, y_b) verbindende Kurve $y(t)$, so dass der durch Rotation um die t–Achse entstehende Rotationskörper eine minimale Mantelfläche besitzt.

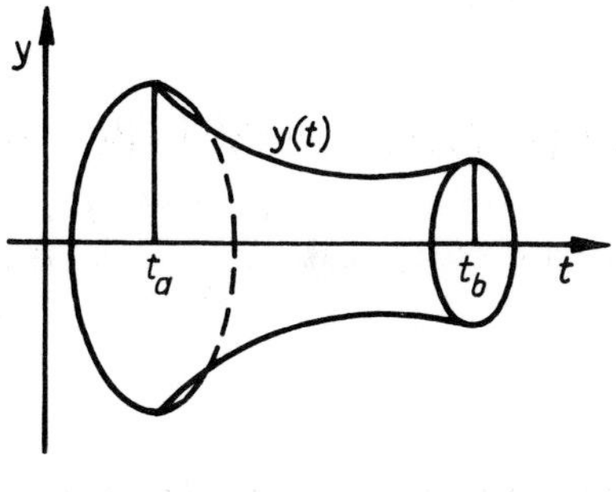

Abb. 23.2. Minimalfläche

Zu minimieren ist also das Integral

$$I[y] \quad = \quad \int_a^b y(t)\,\sqrt{1 + (y'(t))^2}\, dt$$

unter den Nebenbedingungen $y(a) = y_a,\; y(b) = y_b$.

Nach (23.2.14) erhält man für die Hamilton–Funktion

$$H \;=\; f - f_{y'}\, y' \;=\; \frac{y}{\sqrt{1 + y'^2}} \;=\; C_1 \;=\; \text{const}\,.$$

Die Lösung dieser Differentialgleichung mittels Trennung der Variablen liefert

$$y_0(t) \quad = \quad C_1 \cdot \cosh\left(\frac{t}{C_1} + C_2\right).$$

$y_0(t)$ ist also eine **Kettenlinie**; die Parameter C_1 und C_2 werden durch die Randbedingungen festgelegt.

Die Vorgabe von Randbedingungen (23.2.2) ist für Variationsaufgaben nicht zwingend. Sind keine Randbedingungen vorgegeben, so liefert der Minimierungsprozess selber so genannte natürliche Randbedingungen:

Satz (23.2.17) (Natürliche Randbedingungen)

Jede Lösung $y_0(t)$, $a \le t \le b$, der Variationsaufgabe

$$\text{Minimiere} \quad I[y] \quad = \quad \int_a^b f(t, y, y')\, dt$$

über allen C^1–Funktionen $y(t)$ (keine Randbedingungen !) ist zugleich Lösung der folgenden Randwertaufgabe:

$$\begin{aligned} f_y(t, y_0, y_0') - \frac{d}{dt} f_{y'}(t, y_0, y_0') &= 0 \\ f_{y'}(a, y_0(a), y_0'(a)) &= 0 \\ f_{y'}(b, y_0(b), y_0'(b)) &= 0\,. \end{aligned}$$

Die beiden Randbedingungen ergeben sich aus (23.2.8), da die Variationen $\delta y = h(t)$ in $t = a$ und $t = b$ nicht mehr verschwinden müssen. Sie heißen **natürliche Randbedingungen**.

Die betrachteten Typen von Variationsaufgaben lassen in vielfacher Hinsicht verallgemeinern. Ohne Mühen lassen sich etwa mit obiger Beweistechnik auch Variationsaufgaben für vektorwertige Funktionen $\boldsymbol{y}(t)$ behandeln. Aber auch verschiedene Formen von Nebenbedingungen lassen sich mit Methoden analog der Lagrange–Multiplikatorenregel berücksichtigen. Werden beispielsweise nun Differentialgleichungen (Bewegungsgleichungen eines physikalisch–technischen Systems) als Nebenbedingungen betrachtet, so führt dies auf **Aufgaben der optimalen Steuerung**.

23.3 Lineare Randwertprobleme zweiter Ordnung

Wir betrachten eine lineare Randwertaufgabe zweiter Ordnung

$$\begin{aligned} L[y] &:= y''(t) + a_1(t)\, y'(t) + a_0(t)\, y(t) &=& \quad h(t) \\ R_1[y] &:= \alpha_1\, y(a) + \beta_1\, y'(a) + \gamma_1\, y(b) + \delta_1\, y'(b) &=& \quad d_1 \\ R_2[y] &:= \alpha_2\, y(a) + \beta_2\, y'(a) + \gamma_2\, y(b) + \delta_2\, y'(b) &=& \quad d_2\,. \end{aligned} \tag{23.3.1}$$

Wir nehmen an, dass die zugehörige homogene Randwertaufgabe

$$L[y] \equiv 0, \qquad R_1[y] = R_2[y] = 0 \tag{23.3.2}$$

nur die triviale Lösung besitzt. Nach Satz (23.1.6) besitzt dann auch (23.3.1) eine eindeutig bestimmte Lösung $y(t)$.

Wir wollen zunächst die Aufgabe auf den **Fall homogener Randbedingungen**, d.h. $d_1 = d_2 = 0$, reduzieren.

Dazu sei $y_0(t)$ eine beliebige C^2–Funktion, die die Randbedingungen $R_1[y_0] = d_1$ und $R_2[y_0] = d_2$ erfüllt. Wir setzen: $y(t) = y_0(t) + z(t)$. Damit folgt

$$\begin{aligned} & L[y] = L[y_0] + L[z] = h(t) \\ \Longleftrightarrow\quad & L[z] = h(t) - L[y_0] =: \tilde{h}(t) \end{aligned}$$

und $\quad R_k[y] = d_k \iff R_k[z] = 0, \ k = 1, 2$.

Anstelle der ursprünglichen Randwertaufgabe genügt es also, eine Randwertaufgabe (für $z(t)$) mit homogenen Randbedingungen zu lösen.

Im folgenden nehmen wir o.B.d.A. an, dass in (23.3.1) bereits $d_1 = d_2 = 0$ gilt.

Wir versuchen nun analog zum Grundlösungsverfahren (22.3.15) eine Lösungsdarstellung der folgenden Form zu finden

$$y(t) = \int_a^b G(t,\tau)\, h(\tau)\, d\tau\,. \tag{23.3.3}$$

Die Funktion $G(t,\tau)$, $a \le t$, $\tau \le b$ heißt dann, wie in (22.3.15), eine **Greensche Funktion** der Randwertaufgabe (23.3.1).

Diese hängt nur vom Differentialoperator $L[y]$ und den Randbedingungen $R_1[y]$, $R_2[y]$ ab, nicht aber von der Inhomogenität $h(t)$.

Konstruktion von $G(t,\tau)$

Wir nehmen an, dass $G(t,\tau)$ auf jedem der Bereiche

$$D_1 := \{(t,\tau) : a \le \tau \le t \le b\}$$

$$D_2 := \{(t,\tau) : a \le t \le \tau \le b\}$$

glatt ist, d.h. sich als eine C^2–Funktion auf den Rand fortsetzen lässt, dass jedoch für $t=\tau$ Sprünge auftreten können.
Wir bilden nun die Ableitungen von (23.3.3)

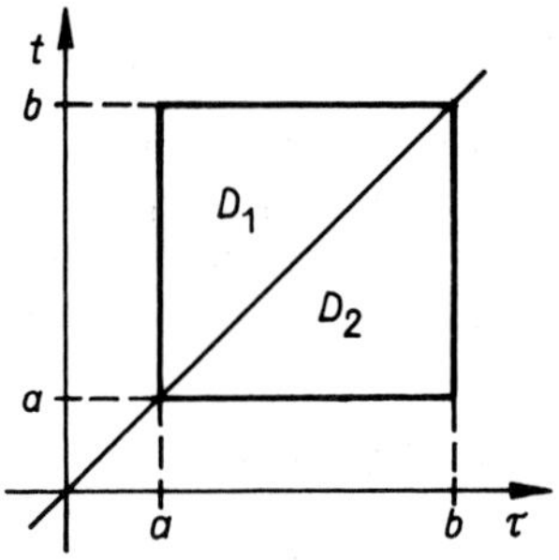

Abb. 23.3. Definitionsbereich

$$y(t) = \int_a^b G(t,\tau)\,h(\tau)\,d\tau$$

$$y'(t) = \frac{d}{dt}\left\{\int_a^t G(t,\tau)\,h(\tau)\,d\tau + \int_t^b G(t,\tau)\,h(\tau)\,d\tau\right\} \qquad (23.3.4)$$

$$= \int_a^b G_t(t,\tau)\,h(\tau)\,d\tau + \left[G(t,t^-) - G(t,t^+)\right]\,h(t)$$

und fordern, dass $G(t,t^-) - G(t,t^+)$ verschwindet, $G(t,\tau)$ also in $t=\tau$ stetig ist.

Dann folgt genauso für die zweite Ableitung

$$y''(t) = \int_a^b G_{tt}(t,\tau)\,h(\tau)\,d\tau + \left[G_t(t,t^-) - G_t(t,t^+)\right]\,h(t) \qquad (23.3.5)$$

und damit:

$$L[y] = \int_a^b L\left[G(\cdot,\tau)\right]\,h(\tau)\,d\tau + \left[G_t(t,t^-) - G_t(t,t^+)\right]\,h(t)\,.$$

Für die Randbedingungen erhält man ferner:

$$R_k[y] = \int_a^b R_k\left[G(\cdot,\tau)\right]\,h(\tau)\,dt \overset{!}{=} 0\,, \quad k=1,2\,. \qquad (23.3.6)$$

Insgesamt haben wir damit den folgenden Satz gezeigt:

Satz (23.3.7)

Erfüllt eine Funktion (Greensche Funktion) $G(t,\tau)$ die folgenden Eigenschaften:

a) $G(t,\tau)$ ist stetig auf $[a,b]^2$ und lässt sich auf D_1 und auf D_2 als C^2–Funktion fortsetzen,

b) $G(t,\tau)$ erfüllt bei festem τ die homogene Differentialgleichung $L[G(\cdot,\tau)]=0$, für $t\in[a,\tau]$ und $t\in[\tau,b]$ und die Randbedingungen

$$R_k[G(\cdot,\tau)] \;=\; 0, \quad k=1,\,2\,,$$

c) $G_t(t,t^-)-G_t(t,t^+)=1$,

so ist die Lösung $y(t)$ der Randwertaufgabe gegeben durch

$$y(t) \;=\; \int\limits_a^b G(t,\tau)\,h(\tau)\,d\tau\,.$$

Wir geben ein **Verfahren zur Konstruktion einer Greenschen Funktion** an:

1.) Man bestimme ein Fundamentalsystem $y_1(t), y_2(t)$ der homogenen Differentialgleichung und setze (einseitige Grenzwerte für $\tau=t$):

$$G(t,\tau) \;=\; \begin{cases} \sum\limits_{i=1}^{2} (a_i(\tau)+b_i(\tau))\;y_i(t) \;:\; \tau\le t \\ \sum\limits_{i=1}^{2} (a_i(\tau)-b_i(\tau))\;y_i(t) \;:\; \tau\ge t \end{cases} \tag{23.3.8}$$

2.) Aufgrund der geforderten Stetigkeit und der Sprungbedingung (23.3.7c) hat man

$$\begin{aligned} \sum_{i=1}^{2} b_i(t)\,y_i(t) \;&=\; 0 \\ \sum_{i=1}^{2} b_i(t)\,y_i'(t) \;&=\; \frac{1}{2}\,. \end{aligned} \tag{23.3.9}$$

Dies ist ein lineares Gleichungssystem zur Bestimmung von $b_1(t), b_2(t)$. Die Koeffizientenmatrix ist die zugehörige Fundamentalmatrix, sie ist also insbesondere regulär.

3.) Man setze (23.3.8) in die Randbedingungen ein. Dies ergibt ein lineares Gleichungssystem für $a_1(t), a_2(t)$, welches ebenfalls eindeutig lösbar ist, da die homogene Randwertaufgabe nach Voraussetzung nur die triviale Lösung besitzt.

Beispiel (23.3.10)

$$\begin{aligned} y''(t) + y(t) &= h(t) \\ y(0) \; - y(\pi) &= 0 \\ y'(0) - y'(\pi) &= 0\,. \end{aligned}$$

Ein Fundamentalsystem ist gegeben durch $y_1(t) = \cos t$ und $y_2(t) = \sin t$. Man hat also den Ansatz:

$$G(t,\tau) \;=\; \begin{cases} [a_1(\tau) + b_1(\tau)] \cos t + [a_2(\tau) + b_2(\tau)] \sin t & : \; \tau \le t \\ [a_1(\tau) - b_1(\tau)] \cos t + [a_2(\tau) - b_2(\tau)] \sin t & : \; \tau \ge t \end{cases}.$$

Die Stetigkeit und die Sprungbedingung liefern das Gleichungssystem

$$\begin{aligned} b_1(t) \cos t + b_2(t) \sin t &= 0 \\ - b_1(t) \sin t + b_2(t) \cos t &= \frac{1}{2} \end{aligned}$$

mit der Lösung: $b_1(t) = -\frac{1}{2} \sin t,\; b_2(t) = \frac{1}{2} \cos t.$

Schließlich erhält man durch Auswerten der Randbedingungen:

$$\begin{aligned} G(0,\tau) - G(\pi,\tau) &= [a_1(\tau) - b_1(\tau)] + [a_1(\tau) + b_1(\tau)] &= 0 \\ G_t(0,\tau) - G_t(\pi,\tau) &= [a_2(\tau) - b_2(\tau)] + [a_2(\tau) + b_2(\tau)] &= 0 \end{aligned}$$

und damit $a_1(\tau) = a_2(\tau) = 0$.

Die Greensche Funktion lautet also

$$G(t,\tau) \;=\; \begin{cases} \frac{1}{2} \sin(t-\tau)\,, & \tau \le t \\ -\frac{1}{2} \sin(t-\tau)\,, & \tau \ge t \end{cases}$$

und die Lösung der Randwertaufgabe ergibt sich zu

$$y(t) \;=\; \frac{1}{2} \int_0^t \sin(t-\tau)\, h(\tau)\, d\tau \;-\; \frac{1}{2} \int_t^\pi \sin(t-\tau)\, h(\tau)\, d\tau\,.$$

Bemerkung (23.3.11)

Es sei abschließend angemerkt, dass sich die Methode der Greenschen Funktion ohne Mühe auf den Fall linearer Randwertaufgaben höherer Ordnung übertragen lässt. Hierzu sei jedoch auf die Standard–Lehrbücher über gewöhnliche Differentialgleichungen verwiesen.

23.4 Eigenwertaufgaben

Wir betrachten ein homogenes lineares Randwertproblem n–ter Ordnung

$$\begin{aligned} L\,[y] \;&=\; y^{(n)}(t) \;+\; a_{n-1}(t,\lambda)\,y^{(n-1)}(t) \;+\; \ldots \;+\; a_0(t,\lambda)\,y(t) \;&=\; 0 \\ R_k[y] \;&=\; \sum_{\ell=0}^{n-1} \left[\alpha_{k,\ell}(\lambda)\,y^{(\ell)}(a) \;+\; \beta_{k,\ell}(\lambda)\,y^{(\ell)}(b)\right] \;&=\; 0\,, \\ & & k = 1, 2, \ldots, n\,. \end{aligned} \tag{23.4.1}$$

Die Koeffizienten der Differentialgleichung und/oder der Randbedingungen mögen dabei Funktionen eines Parameters $\lambda \in \mathbb{R}$ bzw. $\in \mathbb{C}$ sein. Wir fragen nach **nichttrivialen Lösungen** dieser Randwertaufgabe.

Dazu sei $(y_1, \ldots, y_n)$ ein Fundamentalsystem von $L\,[y] = 0$. Die $y_k = y_k(t, \lambda)$ können dabei ebenfalls vom Paramter λ abhängen.

Eine Linearkombination $y(t) = \sum_{k=j}^{n} c_j\, y_j(t, \lambda)$ löst nun genau dann das Randwertproblem, falls

$$\forall\, k \,:\; R_k[y] \;=\; \sum_{j=1}^{n} c_j\, R_k[y_j] \;=\; 0 \tag{23.4.2}$$

gilt. Dies ist ein homogenes lineares Gleichungssystem für die $c_1, \ldots, c_n$ mit der Koeffizientenmatrix

$$\boldsymbol{E}(\lambda) \;:=\; \begin{pmatrix} R_1[y_1] & \ldots & R_1[y_n] \\ \vdots & & \vdots \\ R_n[y_n] & \ldots & R_n[y_n] \end{pmatrix}. \tag{23.4.3}$$

Das Randwertproblem hat also genau dann nichttriviale Lösungen $y(t) \not\equiv 0$, falls

$$D(\lambda) \;:=\; \det\left(\boldsymbol{E}(\lambda)\right) \;=\; 0 \tag{23.4.4}$$

gilt.

Definition (23.4.5)

Zahlen $\lambda \in \mathbb{R}$ bzw. $\in \mathbb{C}$ mit $D(\lambda) = 0$ heißen **Eigenwerte** der Randwertaufgabe (23.4.1). Die zugehörigen nichttrivialen Lösungen (diese sind höchstens bis auf skalare Vielfache eindeutig) heißen die zugehörigen **Eigenfunktionen**.

Die Relation (23.4.4) ist i.allg. ein nichtlineares Nullstellenproblem mit unendlich vielen Lösungen.

Bemerkung (23.4.6)

Zur numerischen Berechnung von Eigenwerten und Eigenfunktionen lässt sich das Eigenwertproblem in eine – allerdings nichtlineare – Standard–Randwertaufgabe transformieren. Dazu setzt man $y_{n+1}(t) := \lambda$ und findet aus (23.4.1):

$$\begin{aligned} y^{(n)}(t) &= -a_{n-1}(t, y_{n+1})\, y^{(n-1)}(t) \;-\; \dots \;-\; a_0(t, y_{n+1})\, y(t) \\ y'_{n+1} &= 0 \\ R_k[y, y_{n+1}] &= 0, \qquad k = 1, 2, \dots, n \\ y'(a) &= 1 \qquad \text{(Normierung)}. \end{aligned} \tag{23.4.7}$$

Wendet man hierauf ein numerisches Verfahren zur Lösung von Randwertaufgaben an, so wird man (abhängig von einer vorzugebenden Anfangsnäherung) natürlich nur jeweils **eine** spezielle Lösung erhalten.

Beispiele (23.4.8)

a) $$y'' + \lambda^2 y = 0, \qquad y(0) = y(1) = 0\,.$$

Die allgemeine Lösung der Differentialgleichung lautet $y(t) = C_1 \cos(\lambda\, t) + C_2 \sin(\lambda\, t)$. Die Randbedingungen ergeben:

$$\begin{aligned} y(0) &= 0 \quad \Rightarrow \quad C_1 = 0 \\ y(1) &= 0 \quad \Rightarrow \quad C_2 \cdot \sin(\lambda) = 0\,. \end{aligned}$$

Für die Eigenwerte ergibt sich also $\lambda_k = k\pi,\ k \in \mathbb{Z}\backslash\{0\}$ mit zugehörigen Eigenfunktionen $y_k(t) = \sin(\lambda_k t)$.

b) $$y'' + \lambda^2 y = 0, \qquad y(0) = 0, \quad y(1) - y'(1) = 0.$$

Wie oben ergibt sich

$$\begin{aligned} y(0) &= 0 \quad &\Rightarrow \quad C_1 &= 0 \\ y(1) &= y'(1) \quad &\Rightarrow \quad C_2(\sin\lambda - \lambda\cos\lambda) &= 0\,. \end{aligned}$$

Die Eigenwerte λ_k sind also die Lösungen der nichtlinearen Gleichung

$$\lambda = \tan\lambda\,,$$

die zugehörigen Eigenfunktionen sind

$$y_k(t) = \begin{cases} \sin(\lambda_k t) & , \quad \text{für } \lambda_k \neq 0 \\ t & , \quad \text{für } \lambda_k = 0\,. \end{cases}$$

Beispiel (23.4.9)

Die Biegelinie (neutrale Faser) eines Balkens genügt bei kleiner Auslenkung $y(t)$ der Differentialgleichung

$$y''(t) = \frac{M(t, y)}{E \cdot I}\,,$$

$M(t,y)$: Biegemoment, E: Elastizitätsmodul, I: axiales Flächenträgheitsmoment.

a) **Kragbalken:**

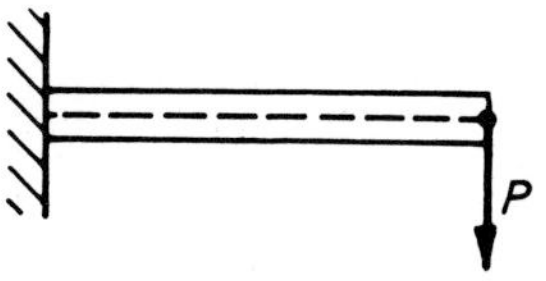

$t = 0$: eingespannt

$t = \ell$: frei

$M = P(\ell - t)$

Abb. 23.4. Kragbalken

Man hat das **Anfangswertproblem**:

$$y''(t) = \frac{P}{EI}(\ell - t), \qquad y(0) = y'(0) = 0\,.$$

b) **gestützter Balken:**

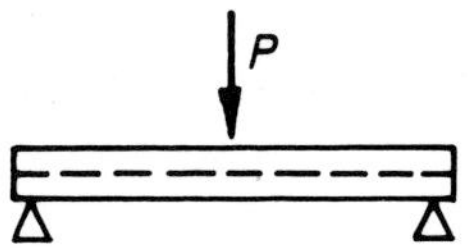

$$M = -\frac{P}{2}\left(\frac{\ell}{2} - |t|\right)$$

Abb. 23.5. Gestützter Balken

Man erhält das **Randwertproblem**:

$$y''(t) = \frac{P}{2EI}\left(|t| - \frac{\ell}{2}\right), \qquad y\left(-\frac{\ell}{2}\right) = y\left(\frac{\ell}{2}\right) = 0\,.$$

c) **Balkenknickung:**

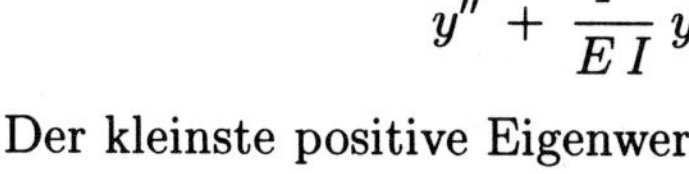

Abb. 23.6. Balkenknickung

Man erhält das **Eigenwertproblem**:

$$y'' + \frac{P}{EI}\,y = 0, \qquad y(0) = y(\ell) = 0\,.$$

Der kleinste positive Eigenwert liefert

$$\lambda_1^2 = \frac{P_1}{EI} = \left(\frac{\pi}{\ell}\right)^2$$

$$\Rightarrow \quad P = P_1 = EI\,\frac{\pi^2}{\ell^2} \quad \textbf{(Eulersche Knicklast)}\,.$$

24 Numerische Verfahren für Anfangswertaufgaben

Im folgenden werden wir in knapper Form auf die grundlegenden Begriffe und Verfahren für die Numerik von Anfangswertaufgaben bei gewöhnlichen Differentialgleichungen eingehen. Dies kann naturgemäß im Rahmen dieser Vorlesung nur eine kurze Einführung in das Gebiet darstellen, und jedem Anwender solcher Verfahren sei angeraten, sich mit der vielfältigen Spezialliteratur über numerische Verfahren bei gewöhnlichen Differentialgleichungen vertraut zu machen.

Am Ende des Abschnitts wird auch kurz auf die Numerik von Randwertaufgaben eingegangen werden. Dabei werden wir uns auf die Darstellung der so genannten Schießverfahren (shooting methods) beschränken, also auf solche Verfahren, die ganz wesentlich Anfangswertmethoden verwenden, um iterativ Randwertaufgaben zu lösen.

24.1 Allgemeines

Wir betrachten wiederum eine Anfangswertaufgabe

$$y'(t) \;=\; f(t, y(t)), \qquad y(a) \;=\; y_a\,. \tag{24.1.1}$$

Aufgabe ist es, zu vorgegebenem $b \neq a$ eine Approximation für die Lösung $y(b)$ zu berechnen. O.B.d.A. sei hierbei $b > a$ und es werde vorausgesetzt, dass $f(t, y)$ auf $I \times \mathbb{R}$ mit $[a, b] \subset I$ hinreichend oft stetig differenzierbar ist. Ferner betrachten wir o.B.d.A. den Fall einer skalaren Differentialgleichung $(n = 1)$. Bei Differentialgleichungssystemen $(n > 1)$ werden die numerischen Verfahren i. Allg. komponentenweise angewendet.

Numerische Integratoren arbeiten mit einer **Diskretisierung**, d.h., anstelle der kontinuierlichen Lösung $y(t), a \le t \le b$ betrachtet man eine Zerlegung des Integrationsintervalls

$$a \;=\; t_0 \;<\; t_1 \;<\; \ldots \;<\; t_m \;=\; b \tag{24.1.2}$$

und Näherungen $Y_j \approx y(t_j), \quad j = 0, 1, \ldots, m.$

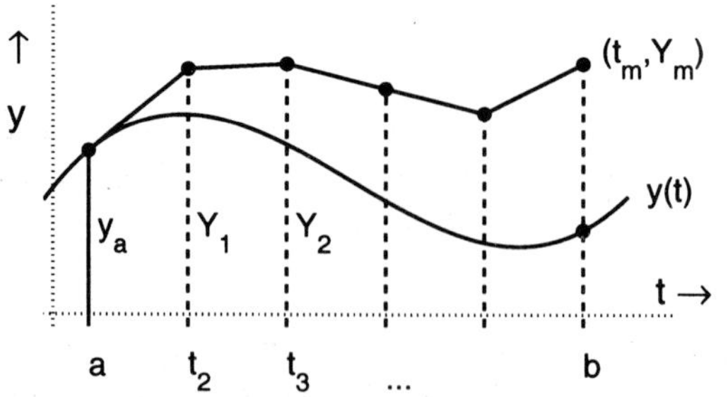

Abb. 24.1. Diskrete Lösung einer Differentialgleichung

Die Differenz $h_j := t_{j+1} - t_j$ heißt **Schrittweite**.

Für die numerischen Verfahren zur Integration gewöhnlicher Differentialgleichungen ist die folgende Klassifizierung üblich:

Einschrittverfahren

Hierbei wird jeweils die zuletzt berechnete Näherung (t_j, Y_j) verwendet, um hieraus eine nächste Näherung (t_{j+1}, Y_{j+1}) zu berechnen. Einschrittverfahren haben die allgemeine Form

$$Y_{j+1} = Y_j + h_j \, \Phi\,(t_j, Y_j, h_j)\,, \tag{24.1.3}$$

dabei heißt $\Phi(t, y, h)$ die **Verfahrensfunktion**. Sie wird i.allg. mit Hilfe mehrerer $f(t, y)$–Auswertungen berechnet.

Mehrschrittverfahren

Es werden **mehrere** bereits berechnete Näherungen (t_i, Y_i), $i < j + s$, verwendet, um eine weitere Näherung Y_{j+s} zu berechnen. Meist schränkt man sich dabei auf lineare Ansätze in den f_i–Daten (Quadraturformeln) und den Y_i–Daten (Differentiationsformeln) ein. Man erhält somit den folgenden allgemeinen Ansatz für ein **lineares Mehrschrittverfahren**:

$$\sum_{i=0}^{s} \alpha_i \, Y_{j+i} = h \sum_{i=0}^{s} \beta_i \, f_{j+i}\,. \tag{24.1.4}$$

Dabei seien:

$$\begin{array}{llll} \alpha_i,\ \beta_i \in \mathbb{R}, & i = 0, \ldots, s, & \alpha_s \neq 0 \\ t_i := a + ih, & h = (b-a)/m & \\ f_i := f(t_i, Y_i), & i = 0, 1, \ldots\,. & \end{array}$$

Ist $\beta_s = 0$, so lässt sich (24.1.4) direkt nach Y_{j+s} auflösen; man spricht von einem **expliziten Verfahren**. Ist $\beta_s \neq 0$, so ist (24.1.4) eine implizite Gleichung zur (numerischen) Berechnung von Y_{j+s} (**implizites Verfahren**).

Extrapolationsverfahren

Mit Hilfe eines (i.allg. sehr einfachen) Ein– oder Mehrschrittverfahren werden Näherungen für $y(b)$ mit **verschiedenen Schrittweiten** berechnet. Diese Näherungen werden durch Extrapolation (vgl. Abschnitt 15.2) verbessert.

Im folgenden geben wir jeweils eine kurze Einführung in die Verfahrensklassen der Einschritt– und der Mehrschrittverfahren. Dabei gehen wir im einzelnen den folgenden Fragen nach:

1. Wie lässt sich der Fehler eines einzelnen Integrationsschrittes abschätzen (lokaler Fehler)?

2. Gelangt man hiermit zu einer Abschätzung des globalen Fehlers (in $t = b$) und damit zu einem Beweis der Konvergenz der Näherungswerte gegen die gesuchte exakte Lösung bei verschwindenden Schrittweiten (Verfahrenskonvergenz) ?

3. Wie wählt man die Integrationsschrittweiten?

24.2 Einschrittverfahren

Das einfachste Einschrittverfahren ist das bereits erwähnte **Eulersche Polygonzug–Verfahren** (vgl. (21.1.5))

$$Y_{j+1} = Y_j + h_j\, f(t_j, Y_j)\,. \tag{24.2.1}$$

Man erhält dieses Verfahren, wenn man in der Differentialgleichung $y'(t_j) = f(t_j, Y_j)$ die Ableitung durch den Differenzenquotienten $\frac{1}{h_j}(Y_{j+1} - Y_j)$ ersetzt.

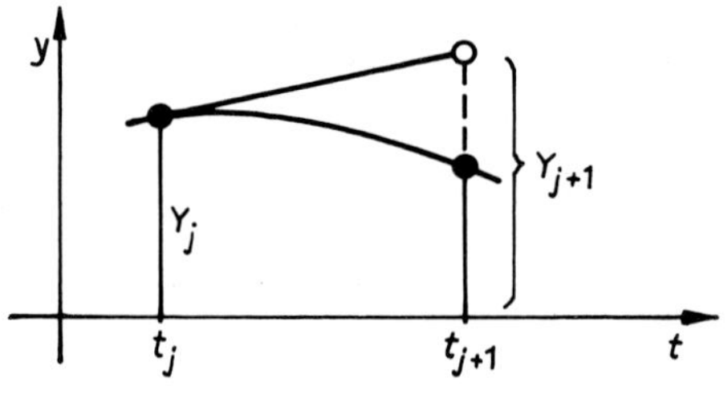

Abb. 24.2. Verfahren von Euler

Aus der geometrischen Bedeutung (die Fortschreiterichtung ist gleich der Tangentenrichtung im linken Punkt) lassen sich sofort „Verbesserungen“ des Euler–Verfahrens finden:

Verfahren von Heun:

Man wähle als Fortschreiterichtung den Mittelwert zweier Steigungen:

$$\begin{aligned} K_1 &:= f(t_j, Y_j)\,, \\ K_2 &:= f(t_j + h_j, Y_j + h_j K_1)\,, \\ Y_{j+1} &:= Y_j + h_j\left(\frac{1}{2}K_1 + \frac{1}{2}K_2\right). \end{aligned} \tag{24.2.2}$$

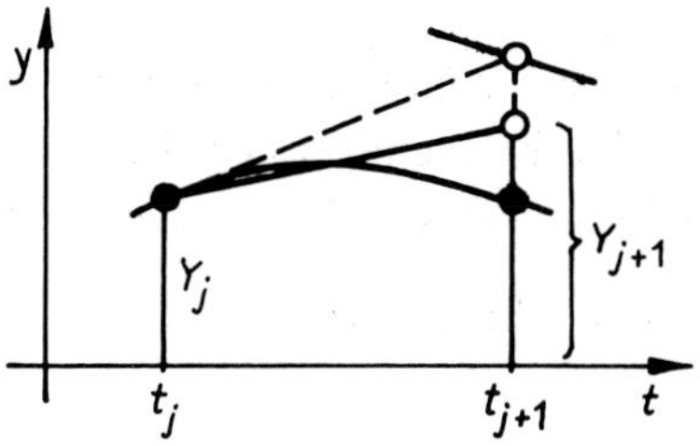

Abb. 24.3. Verfahren von Heun

Modifiziertes Euler–Verfahren (Collatz[14], 1960)

Man wählt als Fortschreiterichtung eine mittlere Steigung:

$$\begin{aligned} K_1 &:= f(t_j, Y_j)\,, \\ K_2 &:= f\left(t_j + \frac{1}{2}h_j, Y_j + h_j\left(\frac{1}{2}K_1\right)\right)\,, \\ Y_{j+1} &:= Y_j + h_j \cdot K_2\,. \end{aligned} \qquad (24.2.3)$$

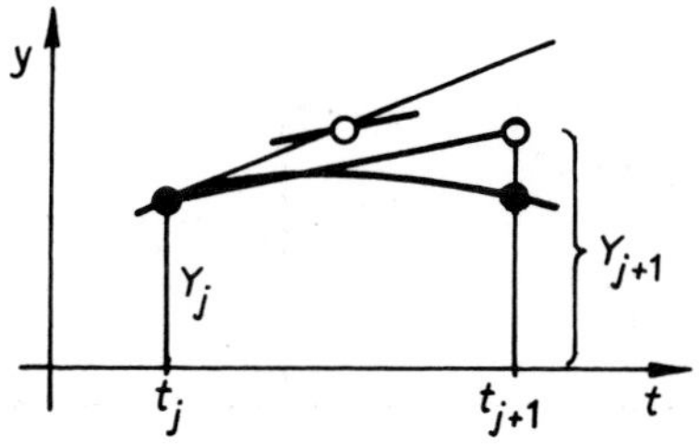

Abb. 24.4. Modifiziertes Euler–Verfahren

Definition (24.2.4)

Gegeben seien die Näherung (t_j, Y_j) und ein Einschrittverfahren (24.1.3). $z(t)$ bezeichne die Lösung der (lokalen) Anfangswertaufgabe

$$z'(t) = f(t, z(t)), \qquad z(t_j) = Y_j\,.$$

a) $$\Delta(t_j, Y_j, h) := \frac{z(t_j + h) - Y_j}{h}$$

heißt das **exakte Inkrement** (die exakte Fortschreiterichtung).

---

[14]Lothar Collatz (1910–1990); Karlsruhe, Darmstadt, Hannover, Hamburg

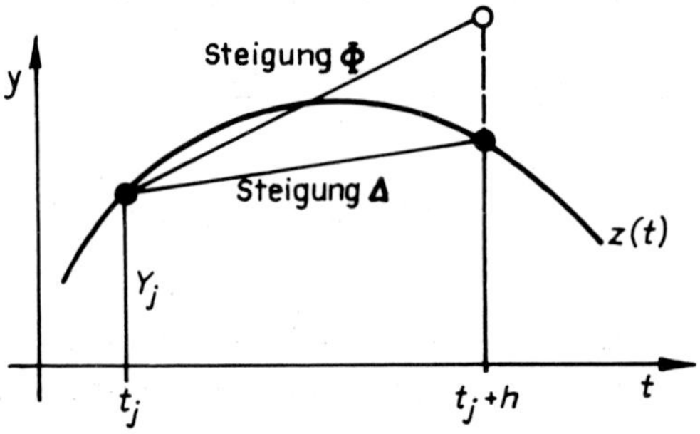

Abb. 24.5. Lokaler Diskretisierungsfehler

b)
$$\tau(t_j, Y_j, h) \quad := \quad \Delta(t_j, Y_j, h) - \Phi(t_j, Y_j, h)$$

heißt der **lokale Diskretisierungsfehler**.

c) Ein Einschrittverfahren heißt **konsistent**, falls für alle hinreichend oft stetig differenzierbaren rechten Seiten $f(t, y)$ gilt:

$$\lim_{h \to 0} \tau(t_j, Y_j, h) \quad = \quad 0\,.$$

Das Einschrittverfahren heißt von der **Ordnung** p, falls gilt:

$$\tau(t_j, Y_j, h) \quad = \quad O(h^p)\,,$$

d.h., $\exists\, C, h_0 > 0 \,:\, \forall\, h \in]0, h_0] \,:\, |\tau(t_j, Y_j, h)| \,\leq\, C\, h^p\,.$

Bemerkung (24.2.5)

a) Für den lokalen Diskretisierungsfehler erhält man durch Umformung der obigen Darstellung

$$\tau(t_j, Y_j, h_j) \quad = \quad \frac{1}{h}\,(z(t_{j+1}) - Y_{j+1})\,,$$

d.h., τ ist der (absolute) **Integrationsfehler pro Schrittweite**.

b) Eine andere Interpretation des lokalen Diskretisierungsfehlers ist die folgende: τ ist das Residuum, welches man erhält, wenn man in der Relation

$$\frac{Y_{j+1} - Y_j}{h} \quad = \quad \Phi(t_j, Y_j, h)$$

Y_{j+1} durch die exakte (lokale) Lösung $z(t_{j+1})$ ersetzt.

Zur Bestimmung der Ordnung eines vorgegebenen Einschrittverfahrens vergleicht man die Taylor–Entwicklungen von $\Phi(t, Y, h)$ bezüglich h (um $h = 0$) mit der entsprechenden Entwicklung von $\Delta(t, Y, h)$.

Für $\Delta(t,Y,h)$ finden wir mittels Taylor–Entwicklung von $z(t+h)$ um $h=0$

$$\begin{aligned}\Delta(t,Y,h) &= \frac{z(t+h)-Y}{h} \\ &= z'(t) + \frac{h}{2!}z''(t) + \frac{h^2}{3!}z'''(t) + \ldots\end{aligned}$$

Hierin verwenden wir nun die vorgegebene Differentialgleichung $z' = f(t,z)$, die wir so oft wie benötigt mittels Kettenregel weiter differenzieren, also

$$z''(t) = f_t(t,z) + f_y(t,z)\cdot f(t,z)\,, \quad z(t)=Y\,,$$

und so fort. Damit finden wir:

$$\Delta = f + \frac{h}{2}(f_t + f_y f) + \frac{h^2}{6}\left(f_{tt} + 2f_{ty}f + f_{yy}f^2 + f_t f_y + f_y^2 f\right) + O(h^3)\,. \quad (24.2.6)$$

Hierbei sind f und die partiellen Ableitungen von f jeweils im aktuellen Integrationspunkt (t,Y) auszuwerten.

Beispiele (24.2.7)

a) Für das Euler–Verfahren hat man $\Phi = f(t,Y) = f$, also:

$$\tau = \Delta - \Phi = \frac{h}{2}(f_t + f_y f) + O(h^2)\,.$$

Das Euler–Verfahren ist also konsistent und hat die Ordnung $p=1$.

b) Für das Heun–Verfahren erhält man durch Taylor–Entwicklung

$$\begin{aligned}\Phi &= \frac{1}{2}f(t,Y) + \frac{1}{2}f\,(t+h, Y+h\,f(t,Y)) \\ &= f + h\left\{\frac{1}{2}(f_t + f_y f)\right\} + \frac{h^2}{2}\left\{\frac{1}{2}\left(f_{tt} + 2f_{ty}f + f_{yy}f^2\right)\right\} + O(h^3)\,.\end{aligned}$$

Der Vergleich mit (24.2.6) zeigt:

$$\tau = \Delta - \Phi = O(h^2)\,;$$

das Heun–Verfahren ist also konsistent und besitzt die Ordnung $p=2$.

Bei Einschrittverfahren überträgt sich die (lokale) Konsistenz und die Ordnungseigenschaft auf die (globale) Konvergenz des Verfahrens. Wir zitieren den folgenden Konvergenzsatz:

Satz (24.2.8)

Die (exakte) Lösung der Anfangswertaufgabe (24.1.1) existiere im Intervall $a \leq t \leq b$.

Das Einschrittverfahren (24.1.3) sei konsistent und besitze die Ordnung p mit $|\tau(t,Y,h)| \leq C\,h^p$.

Ferner sei die Verfahrensfunktion Φ Lipschitz–stetig bezüglich Y:

$$|\Phi(t,\boldsymbol{t}Y,h) - \Phi(t,Y,h)| \quad \leq \quad L_\Phi\,|\boldsymbol{t}Y - Y|\ .$$

Dann gilt für die mit äquidistanter Schrittweite $h = \dfrac{b-a}{m}$, $m \in \mathbb{N}$, berechneten Näherungen $Y_m = Y(b;h)$ von $y(b)$:

$$|Y(b;h) - y(b)| \ \leq \ \frac{1}{L_\Phi}\left(\mathrm{e}^{L_\Phi(b-a)} - 1\right) \cdot C \cdot h^p\ .$$

Folgerungen und Bemerkungen (24.2.9)

a) Nach obigem Satz ist das Einschrittverfahren demnach konvergent (für $h \to 0$ bzw. $m \to \infty$). Der globale Fehler konvergiert wie h^p gegen Null.

b) Der obige Satz lässt sich auch auf nichtäquidistante Schrittweitenfolgen übertragen.

c) Berücksichtigt man den Einfuss der Rundungsfehler bei der Berechnung der Y_j, so erhält man in obiger Fehlerabschätzung zusätzlich einen Term der Form $\boldsymbol{t}C/h$. Es gibt daher eine Grenzgenauigkeit, die durch Verkleinerung der Schrittweite nicht überschritten werden kann.

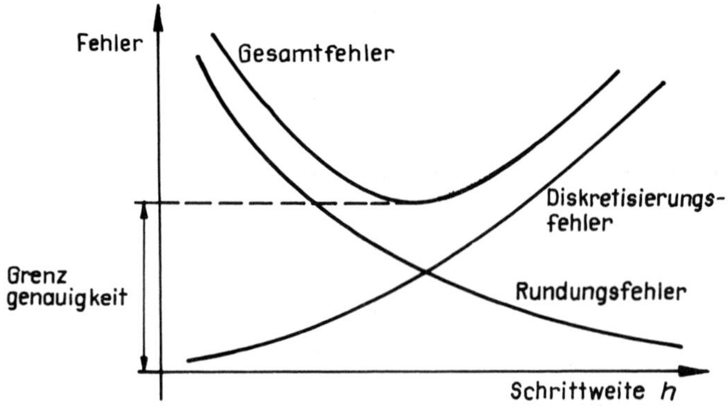

Abb. 24.6. Rundungs– und Diskretisierungsfehler

Die meistgebrauchte Form von Einschrittverfahren stellen die so genannten **Runge–Kutta–Verfahren** dar, die auf Runge [15] (1895), Heun (1900) und Kutta [16] (1901) zurückgehen und direkte Verallgemeinerungen des Heunschen Verfahrens und des modifizierten Euler–Verfahrens darstellen. Ihre allgemeine Form lautet:

$$
\begin{aligned}
Y_{j+1} &= Y_j + h_j \sum_{i=1}^{s} c_i K_i(t_j, Y_j, h_j) \\
K_1(t, Y, h) &= f(t, Y) \\
K_i(t, Y, h) &= f\left(t + a_i h, Y + h \sum_{\ell=1}^{i-1} b_{i\ell} K_\ell\right),
\end{aligned}
\tag{24.2.10}
$$

s heißt dabei die **Stufenzahl** des Runge–Kutta–Verfahrens. Die Koeffizienten c_i, a_i und $b_{i\ell}$, welche das Verfahren charakterisieren, werden in einem Tableau angeordnet.

$$
\begin{array}{c|ccccc}
0 & & & & & \\
a_2 & b_{21} & & & & \\
a_3 & b_{31} & b_{32} & & & \\
\vdots & \vdots & \vdots & \ddots & & \\
a_s & b_{s1} & b_{s2} & \dots & b_{s,s-1} & \\
\hline
 & c_1 & c_2 & \dots & c_{s-1} & c_s
\end{array}
$$

Beispiele für Runge–Kutta–Verfahren sind:

a) **Heun–Verfahren** $(p = 2)$:

$$
\begin{array}{c|cc}
0 & & \\
1 & 1 & \\
\hline
 & \frac{1}{2} & \frac{1}{2}
\end{array}
\tag{24.2.11}
$$

b) **Modifiziertes Euler–Verfahren** $(p = 2)$:

$$
\begin{array}{c|cc}
0 & & \\
\frac{1}{2} & \frac{1}{2} & \\
\hline
 & 0 & 1
\end{array}
\tag{24.2.12}
$$

[15] Carl Runge (1856–1927); Berlin, Hannover, Göttingen

[16] Martin Wilhelm Kutta (1867–1927); Stuttgart

c) **Kutta–Regel** $(p = 3)$:

$$\begin{array}{c|ccc} 0 & & & \\ \frac{1}{2} & \frac{1}{2} & & \\ 1 & -1 & 2 & \\ \hline & \frac{1}{6} & \frac{2}{3} & \frac{1}{6} \end{array} \tag{24.2.13}$$

d) **Klassisches Runge–Kutta–Verfahren** $(p = 4)$:

$$\begin{array}{c|cccc} 0 & & & & \\ \frac{1}{2} & \frac{1}{2} & & & \\ \frac{1}{2} & 0 & \frac{1}{2} & & \\ 1 & 0 & 0 & 1 & \\ \hline & \frac{1}{6} & \frac{1}{3} & \frac{1}{3} & \frac{1}{6} \end{array} \tag{24.2.14}$$

Aufgabe (24.2.15)

Man verwende die obigen Runge–Kutta–Verfahren zur numerischen Lösung der Beispiele aus Abschnitt 20.1. Man variiere hierbei auch die (äquidistante) Schrittweite und bestimme die Integrationsgenauigkeit in Abhängigkeit von der Schrittweite.

Für die praktische Anwendung der Integrationsverfahren ist es wesentlich, Methoden zu verwenden, die die Integrationsschrittweite automatisch steuern. Solche Verfahren legen die Schrittweite (in der Regel nichtäquidistant !) so fest, dass im einzelnen Integrationsschritt eine vorgegebene Genauigkeitsschranke, TOL (tolerance) bezeichnet, eingehalten wird. Hierzu wird neben dem eigentlichen Integrationsverfahren $Y_{j+1} = Y_j + h\,\Phi(t_j, Y_j, h)$ der Ordnung p ein weiteres Verfahren $\hat{Y}_{j+1} = Y_j + h\,\hat{\Phi}(t_j, Y_j, h)$ der Ordnung $(p+1)$ mitgeführt. Mit den beiden Näherungen Y_{j+1} und $\hat{Y}_{j+1}$ lässt sich dann der lokale Diskretisierungsfehler schätzen. Es gilt:

$$\tau \;=\; \frac{z(t_j + h) - Y_{j+1}}{h} \;=\; C \cdot h^p \;+\; O(h^{p+1}),$$

$$\frac{z(t_j + h) - \hat{Y}_{j+1}}{h} \;=\; O(h^{p+1}),$$

und damit

$$\tau(t_j, Y_j, h) \;\approx\; C \cdot h^p \;\approx\; \frac{\left|\hat{Y}_{j+1} - Y_{j+1}\right|}{h} \;=:\; \tau_{\text{est}}\,. \tag{24.2.16}$$

Man geht nun folgendermaßen vor: Mit einer Schrittweite h_{alt} wird ein Integrationsschritt

$$(t_j, Y_j) \;\longrightarrow\; \left(t_j + h_{\text{alt}}, Y_{j+1}, \hat{Y}_{j+1}\right)$$

durchgeführt. Damit hat man eine Schätzung für den lokalen Diskretisierungsfehler:

$$\tau_{\text{est}} \quad := \quad \frac{\left|\hat{Y}_{j+1} - Y_{j+1}\right|}{h_{\text{alt}}} \quad \approx \quad C\, h_{\text{alt}}^p \,. \tag{24.2.17}$$

Diese Schätzung τ_{est} wird mit der vorgegebenen Genauigkeitsschranke

TOL : vorgegebener (maximaler) absoluter
Fehler pro Integrationsschritt

verglichen. Ist $\tau_{\text{est}} \leq \text{TOL}$, so wird der Integrationsschritt akzeptiert, und eine neue Integrationsschrittweite wird so gewählt, dass

$$C\, h_{\text{neu}}^p \quad = \quad \text{TOL}$$

gilt. Mit (24.2.17) führt dies auf die folgende Beziehung für die neue Schrittweite:

$$h_{\text{neu}} \quad = \quad h_{\text{alt}} \cdot \left(\frac{\text{TOL}}{\tau_{\text{est}}}\right)^{1/p} . \tag{24.2.18}$$

Ist dagegen $\tau_{\text{est}} > \text{TOL}$, so wird der letzte Integrationsschritt verworfen und statt dessen nochmals mit h_{neu} (statt h_{alt}) von t_j aus integriert.

Mit kleineren Modifikationen ergibt sich der folgende **Algorithmus für die Schrittweitensteuerung**:

Berechne die Näherungen $Y(t_{j+1}; h_{\text{alt}})$, $\hat{Y}(t_{j+1}; h_{\text{alt}})$

$$\tau_{\text{est}} \quad := \quad \frac{1}{h_{\text{alt}}} \left| \hat{Y}(t_{j+1}, h_{\text{alt}}) - Y(t_{j+1}, h_{\text{alt}}) \right|$$

$$h_{\text{neu}} \quad := \quad 0.9\, h_{\text{alt}} \left(\frac{\text{TOL}}{\tau_{\text{est}}}\right)^{1/p}$$

$$h_{\text{neu}} \quad := \quad \max\left(\min\left(h_{\text{neu}}\,,\ 1.5\, h_{\text{alt}}\right),\ 0.5\, h_{\text{alt}}\right)$$

Falls $(\tau_{\text{est}} \leq \text{TOL})$: (24.2.19)

$$Y_{j+1} \quad := \quad Y(t_{j+1}; h_{\text{alt}})$$

$$t_{j+1} \quad := \quad t_j + h_{\text{alt}}$$

$$j \quad := \quad j + 1$$

$$h_{\text{alt}} \quad := \quad h_{\text{neu}}$$

Führe den nächsten Integrationsschritt aus.

Natürlich hat man zusätzlich dafür Sorge zu tragen, dass h_{neu} nicht zu klein wird (Abbruch der Integration, Fehlausgang) und dass bei Erreichen des Integrationsendes mit $t_{j+1} = b$ abgebrochen wird. Für die Integration eines Differentialgleichungssystems $(n > 1)$ ersetzt man in (24.2.19) den Betrag durch die Maximumsnorm.

Nach einer Idee von Fehlberg lässt sich für die Verfahrensfunktionen Φ und $\hat{\Phi}$ ein Paar „eingebetteter“ Runge–Kutta–Verfahren wählen. Diese so genannten **Runge–Kutta–Fehlberg–Verfahren** (RKF–Verfahren) haben die Form

$$
\begin{aligned}
Y_{j+1} &= Y_j + h_j \sum_{i=1}^{s} c_i K_i \\
\hat{Y}_{j+1} &= Y_j + h_j \sum_{i=1}^{\hat{s}} \hat{c}_i K_i \\
K_i &= f\left(t_j + a_i h_j, Y_j + h_j \sum_{\ell=1}^{i-1} b_{i\ell} K_\ell\right)
\end{aligned}
\tag{24.2.20}
$$

Koeffiziententableau:

$$
\begin{array}{lc|cccccc}
 & 0 & & & & & & \\
 & a_2 & b_{21} & & & & & \\
 & a_3 & b_{31} & b_{32} & & & & \\
 & \vdots & \vdots & \vdots & \ddots & & & \\
 & a_s & b_{s1} & b_{s2} & \ldots & b_{s,s-1} & & \\
 & a_{\hat{s}} & b_{\hat{s}1} & b_{\hat{s}2} & \ldots & b_{\hat{s},s-1} & b_{\hat{s},\hat{s}-1} & \\
\hline
\text{Ordnung} & p & c_1 & c_2 & \ldots & c_{s-1} & c_s & \\
\text{Ordnung} & p+1 & \hat{c}_1 & \hat{c}_2 & \ldots & \hat{c}_{s-1} & \hat{c}_s & \hat{c}_{\hat{s}}
\end{array}
$$

Beispiele (24.2.21)

a) RKF 2(3)–Verfahren nach Fehlberg (1969)

$$
\begin{array}{c|ccc}
0 & & & \\
1 & 1 & & \\
\frac{1}{2} & \frac{1}{4} & \frac{1}{4} & \\
\hline
p = 2 & \frac{1}{2} & \frac{1}{2} & \\
p = 3 & \frac{1}{6} & \frac{1}{6} & \frac{2}{3}
\end{array}
$$

b) RKF 4(5)–Verfahren nach England (1969)

$$
\begin{array}{c|cccccc}
0 & & & & & & \\
\frac{1}{2} & \frac{1}{2} & & & & & \\
\frac{1}{2} & \frac{1}{4} & \frac{1}{4} & & & & \\
1 & 0 & -1 & 2 & & & \\
\frac{2}{3} & \frac{7}{27} & \frac{10}{27} & 0 & \frac{1}{27} & & \\
\frac{1}{5} & \frac{28}{625} & -\frac{1}{5} & \frac{546}{625} & \frac{54}{625} & -\frac{378}{625} & \\
\hline
 & \frac{1}{6} & 0 & \frac{2}{3} & \frac{1}{6} & 0 & \\
 & \frac{14}{336} & 0 & 0 & \frac{35}{336} & \frac{162}{336} & \frac{125}{336}
\end{array}
$$

Aufgabe (24.2.22)

Man verwende die obigen RKF–Verfahren mit der Schrittweitensteuerung nach (24.2.19) zur numerischen Integration des restringierten Dreikörperproblems (20.1.14). Für die Integrationsgenauigkeit wähle man $\mathrm{TOL} = 10^{-3}, 10^{-4}, \ldots, 10^{-8}$.

24.3 Mehrschrittverfahren

Wir betrachten lineare Mehrschrittverfahren der Form

$$\sum_{i=0}^{s} \alpha_i Y_{j+i} \quad = \quad h \sum_{i=0}^{s} \beta_i f_{j+i} \tag{24.3.1}$$

mit (äquidistante Schrittweite!):

$$
\begin{array}{lll}
\alpha_i,\ \beta_i \in \mathbb{R}, & i = 0, 1, \ldots, s\,, & \alpha_s \neq 0 \\
t_i \ := \ a + i\,h, & h \ = \ (b-a)/m & \\
f_i \ := \ f(t_i, Y_i), & i = 0, 1, \ldots\ . &
\end{array}
$$

Im Unterschied zu den Einschrittverfahren ist vor dem Start eines Mehrschrittverfahrens der Schrittzahl s eine Anlaufrechnung durchzuführen um $Y_j = y(t_j) + \varepsilon_j$, $j = 0, 1, \ldots, s-1$, zu berechnen, hierbei bezeichnen $\varepsilon_0, \ldots, \varepsilon_{m-1}$ die Fehler der Anlaufrechnung. In der Regel wird diese mit einem Einschrittverfahren (kleine Schrittweite !) oder einem Mehrschrittverfahren kleinerer Schrittzahl durchgeführt.

Definition (24.3.2)

a) $$\tau(t_j, Y_j, h) \;:=\; \frac{1}{h}\left[\sum_{i=0}^{s} \alpha_i\, z(t_j + ih) - h \sum_{i=0}^{s} \beta_i\, z'(t_j + ih)\right]$$

heißt der **lokale Diskretisierungsfehler** des Mehrschrittverfahrens (24.3.1). Hierbei bezeichnet $z(t)$ wiederum die Lösung der lokalen Anfangswertaufgabe

$$z'(t) \;=\; f(t, z(t)), \qquad z(t_j) \;=\; Y_j\,.$$

b) Das Mehrschrittverfahren heißt **konsistent**, falls

$$\lim_{h\to 0} \tau(t_j, Y_j, h) \;=\; 0$$

gilt, und es heißt von der **Ordnung** p, falls gilt:

$$\tau(t_j, Y_j, h) \;=\; O(h^p)\,.$$

Beispiel (24.3.3)

Für die **Mittelpunktsregel** $Y_{j+2} = Y_j + 2h\, f_{j+1}$ erhält man:

$$\tau \;=\; \frac{1}{h}\,[z(t+2h) - z(t) - 2h\, z'(t+h)]$$

und hiermit mittels Taylor–Entwicklung von $z(t+2h)$ und $z'(t+h)$ um t:

$$\tau \;=\; \frac{1}{3}\, h^2\, z'''(t) \;+\; O(h^3)\,.$$

Damit ist die Mittelpunktsregel konsistent und von der Ordnung $p = 2$.

Bemerkung (24.3.4)

Analog findet man durch Taylor–Entwicklung von $\tau(t_j, Y_j, h)$ um t_j: Ein Einschrittverfahren ist genau dann konsistent, falls die folgenden beiden Gleichungen gelten:

$$\sum_{i=0}^{s} \alpha_i \;=\; 0, \qquad \sum_{i=0}^{s} i\cdot\alpha_i \;-\; \sum_{i=0}^{s} \beta_i \;=\; 0\,.$$

Spezielle Mehrschrittverfahren lassen sich durch formale Integration der Differentialgleichung $y' = f(t, y)$ konstruieren:

$$y(t_{j+\ell}) - y(t_{j-k}) \;=\; \int_{t_{j-k}}^{t_{j+\ell}} f(\tau, y(\tau))\, d\tau\,. \tag{24.3.5}$$

Hierin ersetzt man nun den Integranden durch das Interpolationspolynom s–ten Grades zu den Daten

$$(t_i, Y_i), \qquad i = j,\, j-1,\, \ldots\, ,\, j-s\,.$$

Die Darstellung nach Lagrange (vgl. Abschnitt 12.1) führt dann auf die folgenden Mehrschrittverfahren:

$$\begin{aligned} Y_{j+\ell} &= Y_{j-k} + h \cdot \sum_{i=0}^{s} b_{i,s}\, f_{j-i} \\ b_{i,s} &= \int_{-k}^{\ell} \prod_{\substack{v=0 \\ \nu \neq i}}^{s} \left(\frac{\tau + \nu}{-i + \nu} \right) d\tau, \qquad i = 0,\, 1,\, \ldots\, ,\, s\,. \end{aligned} \tag{24.3.6}$$

Wir notieren einige spezielle Verfahren:

1. **Verfahren nach Adams–Bashforth** ($\ell = 1,\ k = 0$)

$$\begin{aligned} Y_{j+1} &= Y_j + h \sum_{i=0}^{s} b_{i,s}\, f_{j-i} \\ b_{i,s} &= \int_{0}^{1} \prod_{\substack{v=0 \\ \nu \neq i}}^{s} \left(\frac{\nu + \tau}{\nu - i} \right) d\tau \end{aligned} \tag{24.3.7}$$

s	$b_{i,s}$		
0	1		
1	$\frac{3}{2}$	$-\frac{1}{2}$	
2	$\frac{23}{12}$	$-\frac{16}{12}$	$\frac{5}{12}$

Das Verfahren hat jeweils die Ordnung $s + 1$.

2. **Verfahren nach Adams–Moulton** ($\ell = 0,\ k = 1$)

$$\begin{aligned} Y_j &= Y_{j-1} + h \sum_{i=0}^{s} b^*_{i,s}\, f_{j-i} \\ b^*_{i,s} &= \int_{-1}^{0} \prod_{\substack{v=0 \\ \nu \neq i}}^{s} \left(\frac{\nu + \tau}{\nu - i} \right) d\tau \end{aligned} \tag{24.3.8}$$

s	$b^*_{i,s}$		
0	1		
1	$\frac{1}{2}$	$\frac{1}{2}$	
2	$\frac{5}{12}$	$\frac{8}{12}$	$-\frac{1}{12}$

3. **Verfahren nach Nyström** $(\ell = 1,\ k = 1)$

$$\begin{aligned} Y_{j+1} &= Y_{j-1} + h \sum_{i=0}^{s} a_{i,s}\, f_{j-i} \\ a_{i,s} &= \int_{-1}^{1} \prod_{\substack{v=0\\ \nu\neq i}}^{s} \left(\frac{\nu+\tau}{\nu-i}\right) d\tau \end{aligned} \tag{24.3.9}$$

s	$a_{i,s}$		
0	2		
1	2	0	
2	$\frac{7}{3}$	$-\frac{2}{3}$	$\frac{1}{3}$

4. **Verfahren nach Milne–Simpson** $(\ell = 0,\ k = 2)$

$$\begin{aligned} Y_{j} &= Y_{j-2} + h \sum_{i=0}^{s} a^*_{i,s}\, f_{j-i} \\ a^*_{i,s} &= \int_{-2}^{0} \prod_{\substack{v=0\\ \nu\neq i}}^{s} \left(\frac{\nu+\tau}{\nu-i}\right) d\tau \end{aligned} \tag{24.3.10}$$

s	$a^*_{i,s}$		
0	2		
1	0	2	
2	$\frac{1}{3}$	$\frac{4}{3}$	$\frac{1}{3}$

Bemerkungen (24.3.11)

a) Die Verfahren nach Adams–Bashforth und Nyström sind **explizit**, diejenigen nach Adams–Moulton und Milne–Simpson **implizit**.

b) Häufig werden aus Stabilitätsgründen explizite und implizite Mehrschrittverfahren gekoppelt. Dabei wird das implizite Verfahren mittels Fixpunktiteration gelöst, etwa in der Form:

$$Y_{j+1}^{(\nu+1)} = Y_j + h\left[b^*_{0,s+1}\, f\left(t_{j+1}, Y_{j+1}^{(\nu)}\right) + \sum_{i=1}^{s+1} b^*_{i,s+1}\, f_{j+1-i}\right], \qquad \nu = 0, 1, 2, \ldots ,$$

wobei $Y_{j+1}^{(0)}$ mit dem expliziten Verfahren berechnet wird.

Die Iteration konvergiert für kleine Schrittweiten h; in der Regel werden jedoch nur wenige Iterationen durchgeführt.

Eine andere Möglichkeit, Mehrschrittverfahren zu gewinnen, besteht darin, anstelle der Integralapproximation in (24.3.5) eine Approximation der Ableitung $y'(t_{j+1})$ zu verwenden.
Bezeichnet $P_s(t)$ das Interpolationspolynom zu den Stützstellen (t_{j+1-i}, Y_{j+1-i}), $i = 0, 1, \ldots, s$, so approximiert man $y'(t_{j+1}) \approx P_s'(t_{j+1})$. Mittels der Lagrange–Darstellung des Interpolationspolynoms erhält man hieraus die so genannten **BDF–Verfahren (backward differentiation formulae)**:

$$\begin{aligned}\sum_{i=0}^{s} \alpha_{i,s} Y_{j+1-i} &= h\, f(t_{j+1}, Y_{j+1}) \\ \alpha_{i,s} &= -\frac{d}{d\tau}\left[\prod_{\substack{\nu=0\\ \nu\neq i}}^{s}\left(\frac{\tau-\nu}{i-\nu}\right)\right]\Bigg|_{\tau=0}\end{aligned} \qquad (24.3.12)$$

s	$\alpha_{i,s}$			
1	1	-1		
2	$\frac{3}{2}$	-2	$\frac{1}{2}$	
3	$\frac{11}{6}$	$-\frac{18}{6}$	$\frac{9}{6}$	$-\frac{2}{6}$

Das Verfahren (24.3.12) hat die Ordnung s; es ist die Grundlage des **Gearschen Integrationsverfahrens**, welches sich insbesondere für die Intergration so genannter steifer Differentialgleichungen eignet. Dies sind Differentialgleichungen, deren Lösungen Anteile sehr unterschiedlichen Wachstumsverhaltens enthalten und die infolgedessen mit expliziten Verfahren nicht mit vernünftigem Aufwand gelöst werden können.

Definition (24.3.13)

Ein Mehrschrittverfahren der allgemeinen Form (24.3.1) heißt **konvergent**, falls für die mit äquidistanter Schrittweite $h := (t-t_0)/n$ und Anfangsfehlern $\epsilon^{(n)} := \left(\varepsilon_0^{(n)}, \ldots, \varepsilon_{s-1}^{(n)}\right)$ berechneten Näherungen $Y(t, h, \epsilon^{(n)})$ gilt:

$$\lim_{n\to\infty} Y\left(t, h, \epsilon^{(n)}\right) = y(t),$$

wobei $|\varepsilon_j^{(n)}| \to 0 \ (n \to \infty)$ für $j = 0, 1, \ldots, s-1$ vorausgesetzt wird.

Satz (24.3.14) (Wurzelbedingung)

Notwendig für die Konvergenz eines Mehrschrittverfahrens ist das Erfülltsein der **Wurzelbedingung**: Für die Nullstellen $z_1, \ldots, z_s$ des Polynoms

$$\rho(z) \quad := \quad \sum_{i=0}^{s} \alpha_i z^i$$

gilt:

$$|z_i| \;\leq\; 1, \qquad i = 1, \ldots, m$$

$$|z_i| \;=\; 1 \quad \Rightarrow \quad z_i \text{ ist einfache Nullstelle.}$$

Beweis

Man führt den Beweis für das Testbeispiel

$$y' \;=\; 0, \qquad y(0) \;=\; 0$$

mit dem Anfangsfeld $Y_k := h\, w_k$, $k = 0, 1, \ldots, s-1$. Dabei sind die $w_0, \ldots, w_{s-1}$ **beliebig** vorgegebene Werte. Die Bedingung $|\varepsilon_j^{(n)}| \to 0 \;\; (n \to \infty)$ ist dann erfüllt.

Das Mehrschrittverfahren lautet nun

$$\sum_{i=0}^{s} \alpha_i Y_{j+i} \;=\; 0, \qquad j = 0, 1, 2, \ldots$$

Dividiert man dies durch h und setzt $w_i := \frac{1}{h} Y_i$, so folgt

$$\sum_{i=0}^{s} \alpha_i w_{j+i} \;=\; 0, \qquad k = 0, 1, 2, \ldots \tag{24.3.15}$$

Dies ist eine **lineare, homogene Differenzengleichung** zur Berechnung der w_j; Startdaten sind die beliebig(!) vorgegebenen Werte $w_0, \ldots, w_{s-1}$.

Wegen $Y_n = h \cdot w_n = \frac{b-a}{n} \cdot w_n$ lautet die Bedingung für die Konvergenz des Verfahrens:

$$\lim_{n \to \infty} \frac{1}{n} w_n \;=\; 0\,.$$

Man stellt nun fest (Übungsaufgabe):

Ist z eine Wurzel von $\rho(z)$, so ist $w_n := z^n$ eine Lösung von (24.3.15), also

$$\lim_{n \to \infty} \frac{z^n}{n} \;=\; 0\,, \qquad \text{damit: } |z| \leq 1\,.$$

Ferner sieht man: Ist z eine doppelte Nullstelle von $\rho(z)$, so ist auch $w_n := n\, z^n$ eine Lösung von (24.3.15). Damit folgt

$$\lim_{n\to\infty} z^n = 0\,, \qquad \text{also:} \quad |z| < 1\,. \qquad \blacksquare$$

Bemerkung (24.3.16)

Für jedes konsistente Mehrschrittverfahren ist $z = 1$ eine Lösung der **charakteristischen Gleichung** $\rho(z) = 0$.

Definition (24.3.17)

Ein Mehrschrittverfahren heißt **stabil**, wenn es die Wurzelbedingung erfüllt, es heißt **stark stabil**, falls für alle Wurzeln z_i mit Ausnahme von $z_1 = 1$ gilt: $|z_i| < 1$, $i = 2, 3, \ldots, s$, und **schwach stabil**, falls es stabil, aber nicht stark stabil ist.

Beispiel (24.3.18)

a) Für die Verfahren von Adams–Bashforth und Adams–Moulton gilt $\rho(z) = z^s - z^{s-1}$. Damit hat man:

$$z_1 = 1, \qquad z_2 = \ldots = z_2 = 0\,.$$

Die Verfahren sind also stark stabil.

b) Für die Verfahren nach Nyström und Milne–Simpson findet man

$$z_1 = 1, \qquad z_2 = -1, \qquad z_3 = \ldots = z_s = 0\,.$$

Die Verfahren sind also schwach stabil.

Im Unterschied zu den Einschrittverfahren (vgl. (24.2.8)) reicht für Mehrschrittverfahren die Konsistenzbedingung nicht aus, um die Konvergenz des Verfahrens zu garantieren. Nach (24.3.14) wird zusätzlich die Stabilität des Verfahrens benötigt. Nach einem Satz von Dahlquist (1956) sind diese beiden Bedingungen aber auch hinreichend für die Konvergenz.

Satz (24.3.19) (Satz von Dahlquist)

Ein konsistentes lineares Mehrschrittverfahren ist genau dann konvergent, wenn es stabil ist.

Bemerkung (24.3.20)

Aus dem Beweis des Satzes von Dahlquist lässt sich auch ableiten, dass für den globalen Diskretisierungsfehler eines Mehrschrittverfahrens gilt:

$$Y(b, h, \epsilon) - y(b) = O(h^p).$$

Dabei wird vorausgesetzt, dass das Mehrschrittverfahren stabil ist und die Ordnung p besitzt, und dass ferner auch für die Fehler in der Anlaufrechnung

$$|\varepsilon_i(h)| \leq \mu(h), \qquad \mu(h) = O(h^p)$$

gelten.

Das Mehrschrittverfahren hat dann also auch die globale Konvergenzgeschwindigkeit $O(h^p)$.

24.4 Anfangswertmethoden für Randwertaufgaben

Das einfache Schießverfahren (shooting method)

Die Grundidee der so genannten Schießverfahren ist die iterative Verwendung von numerischen Integrationsverfahren für Anfangswertaufgaben. Die bei einer Randwertaufgabe (23.1.2–4) fehlenden Anfangsdaten werden dabei zunächst geschätzt und sodann iterativ verbessert, so dass für den Grenzwert die Randbedingungen erfüllt werden.

Wir beschreiben das Verfahren der Einfachheit halber zunächst für ein Randwertproblem zweiter Ordnung der Form

$$\begin{aligned} y'' &= f(t, y, y'), \qquad y(t) \in \mathbb{R}^1 \\ y(a) &= y_a, \qquad y(b) = y_b. \end{aligned} \tag{24.4.1}$$

Die zugehörige Anfangswertaufgabe lautet dann mit einem Schätzwert z:

$$\begin{aligned} y'' &= f(t, y, y') \\ y(a) &= y_a, \qquad y'(a) = z. \end{aligned} \tag{24.4.2}$$

Wir bezeichnen die Lösung dieser Anfangswertaufgabe mit $y(t; z)$ und nehmen an, dass diese Lösungen (zumindest für alle interessierenden z–Werte) auf dem gesamten Intervall $a \leq t \leq b$ existieren. Aufgabe ist es somit, eine Nullstelle der Funktion

$$F(z) := y(b; z) - y_b \tag{24.4.3}$$

zu bestimmen.

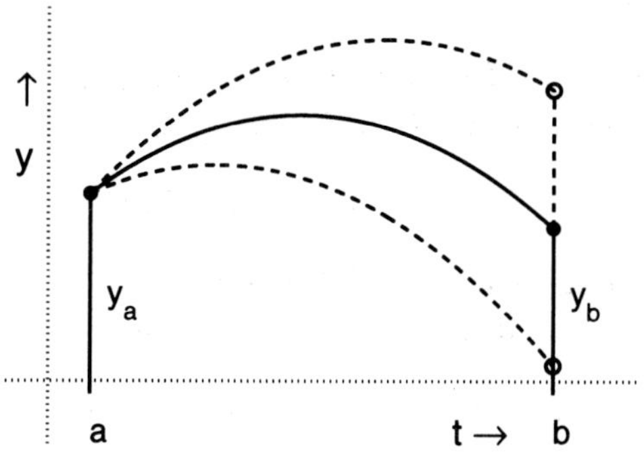

Abb. 24.7. Einfaches Schießverfahren

Beispiel (24.4.4)

Für die Randwertaufgabe

$$y'' = \frac{3}{2}y^2, \quad y(0) = 4, \quad y(1) = 1$$

ergibt sich der folgenden Graph für die Funktion $F(z)$ gemäß (24.4.3):

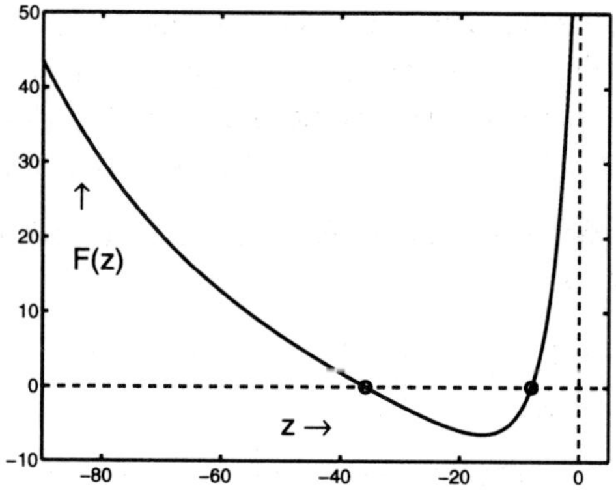

Abb. 24.8. $F(z)$ für das Beispiel (24.4.4)

$F(z)$ hat demnach zwei Nullstellen $z_1^* = -8$, und $z_2^* = -35.8585\ldots$.

Zur numerische Berechnung einer Nullstelle z^* von $F(z)$ lassen sich im Prinzip alle Nullstellenverfahren (vgl. Abschnitte 8.1, 10.5 und18.4) verwenden.

Für das Verfahren der **Bisektion** geht man dabei von zwei Punkten $z_1 < z_2$ mit $F(z_1) \cdot F(z_2) < 0$ aus. Die Iteration lautet (vgl. (8.1.5)):

$$\begin{aligned} z_3 &:= z_1 + 0.5 \cdot (z_2 - z_1)\,; \\ \text{Falls} \quad F(z_1) \cdot F(z_3) < 0 \ &: \ z_1 := z_3\,, \\ \text{anderenfalls} \quad &: \ z_2 := z_1\,. \end{aligned} \tag{24.4.5}$$

Die Iteration wird abgebrochen, falls $|z_2 - z_1|$ hinreichend klein ist.

Das Bisektionsverfahren hat den Vorteil, nur Funktionsauswertungen (keine Ableitungen) zu benötigen. Allerdings ist das Verfahren relativ langsam.

Das **Newton–Verfahren** (vgl. (8.1.6), (10.1.18))

$$z_{k+1} = z_k - \frac{F(z_k)}{F'(z_k)}\,, \qquad k = 1, 2, \ldots \tag{24.4.6}$$

hat dagegen den Vorteil der schnellen (quadratischen) Konvergenz. Allerdings ist in jedem Iterationsschritt die Ableitung $F'(z)$ zu berechnen. Hierfür gibt es im Prinzip zwei Zugänge.

Eine naheliegende Methode ist es, $F'(x)$ durch **numerische Differentiation** zu approximieren. Man setzt also z.B.

$$\begin{aligned} F'(z) &\approx \frac{F(z + \Delta z) - F(z)}{\Delta z}\,, \\ |\Delta z| &\approx |z| \sqrt{\text{eps}} \quad \text{(Faustregel)}\,. \end{aligned} \tag{24.4.7}$$

Hierbei bezeichnet eps die relative Maschinengenauigkeit; vgl. (10.4.4).

Eine andere Möglichkeit zur Berechnung von $F'(x)$ besteht in der **numerischen Integration der Variationsgleichung**; vgl. (21.2.8).

Nach (24.4.3) ist $F'(z) = \frac{\partial}{\partial z} y(b; z)$. Setzt man also $w(t) := \frac{\partial}{\partial z} y(t; z)$, so lässt sich nach (21.2.8) $w(t)$ als Lösung der folgenden Anfangswertaufgabe erhalten:

$$\begin{aligned} w''(t) &= f_y(t, y, y')\, w(t) + f_{y'}(t, y, y')\, w'(t)\,, \\ w(a) &= 0, \qquad w'(a) = 1\,. \end{aligned} \tag{24.4.8}$$

Die Anfangswertaufgaben (24.4.2) und (24.4.8) lassen sich simultan (d.h. als **ein** Differentialgleichungssystem) im Intervall $[a, b]$ lösen. Man hat dann:

$$F(z) = y(b; z) - y_b, \qquad F'(z) = w(b)\,.$$

Wir übertragen das obige Verfahren nun auf **allgemeine Zweipunkt–Randwertprobleme** der Form:

$$\begin{aligned} \boldsymbol{y}'(t) &= \boldsymbol{f}(t, \boldsymbol{y}(t)), \qquad \boldsymbol{y}(t) \in \mathbb{R}^n, \\ \boldsymbol{r}(\boldsymbol{y}(a), \boldsymbol{y}(b)) &= \boldsymbol{0}. \end{aligned} \tag{24.4.9}$$

Die zugehörige Anfangswertaufgabe lautet:

$$\begin{aligned} \boldsymbol{y}'(t) &= \boldsymbol{f}(t, \boldsymbol{y}(t)), \qquad a \le t \le b, \\ \boldsymbol{y}(a) &= \boldsymbol{z} \in \mathbb{R}^n, \end{aligned} \tag{24.4.10}$$

wobei der Vektor $\boldsymbol{z} \in \mathbb{R}^n$ die geschätzten Anfangsdaten bezeichnet.

Die Lösung von (24.4.10) wird wiederum mit $\boldsymbol{y}(t; \boldsymbol{z})$ bezeichnet. Sie sei im gesamten Intervall $a \le t \le b$ definiert.

Damit ist die Randwertaufgabe in ein äquivalentes Nullstellenproblem für die Funktion

$$\boldsymbol{F}(\boldsymbol{z}) := \boldsymbol{r}(\boldsymbol{z}, \boldsymbol{y}(b; \boldsymbol{z})) \tag{24.4.11}$$

übergeführt worden. $\boldsymbol{F} : \mathbb{R}^n \supset D \to \mathbb{R}^n$ ist eine „glatte“ Funktion, sofern die Funktionen $\boldsymbol{r}(\boldsymbol{u}, \boldsymbol{v})$ und $\boldsymbol{f}(t, \boldsymbol{y})$ hinreichend oft stetig differenzierbar sind.

Zur numerischen Berechnung einer Nullstelle lässt sich nun das gedämpfte Newton–Verfahren, vgl. Abschnitt 18.4, verwenden:

$$\begin{aligned} \boldsymbol{JF}(\boldsymbol{z}^k)\, \boldsymbol{\Delta z}^k &= -\boldsymbol{F}(\boldsymbol{z}^k) \\ \boldsymbol{z}^{k+1} &= \boldsymbol{z}^k + \lambda_k\, \boldsymbol{\Delta z}^k, \qquad 0 < \lambda_k \le 1. \end{aligned} \tag{24.4.12}$$

Für die Jacobi–Matrix $\boldsymbol{JF}(\boldsymbol{z})$ gilt nach (24.4.11):

$$\begin{aligned} \boldsymbol{JF}(\boldsymbol{z}) &= \boldsymbol{B}_a + \boldsymbol{B}_b \cdot \boldsymbol{Y}(\boldsymbol{b}) \\ \boldsymbol{B}_a &:= \frac{\partial}{\partial \boldsymbol{u}} \boldsymbol{r}(\boldsymbol{u}, \boldsymbol{v})\Big|_{(\boldsymbol{z}, \boldsymbol{y}(b;\, \boldsymbol{z}))} \\ \boldsymbol{B}_b &:= \frac{\partial}{\partial \boldsymbol{v}} \boldsymbol{r}(\boldsymbol{u}, \boldsymbol{v})\Big|_{(\boldsymbol{z}, \boldsymbol{y}(b;\, \boldsymbol{z}))} \\ \boldsymbol{Y}(b) &:= \frac{\partial}{\partial \boldsymbol{z}} \boldsymbol{y}(b; \boldsymbol{z}). \end{aligned} \tag{24.4.13}$$

Bemerkung (24.4.14)

Die Matrizen $\boldsymbol{B}_a$ und $\boldsymbol{B}_b$ beschreiben die Ableitungen der Randbedingungen. Sie lassen sich i. Allg. ohne Schwierigkeiten analytisch berechnen. Im Fall linearer Randbedingungen (vgl. Abschnitt 23.1) stimmen sie mit den in (23.1.3) vorgegebenen Matrizen überein.

Liegt der Fall einer linearen Randwertaufgabe (23.1.3) vor, so bildet die Matrix

$$\boldsymbol{Y}(t) \quad := \quad \frac{\partial}{\partial \boldsymbol{z}}\, \boldsymbol{y}(t; \boldsymbol{z})$$

ein Fundamentalsystem der Differentialgleichung, vgl. (22.1.6), und die Jacobi–Matrix $\boldsymbol{JF}(\boldsymbol{z})$ stimmt mit der in Satz (23.1.6) angegebenen Matrix $\boldsymbol{E}$ überein. Insbesondere gelten die in (23.1.6) genannten Kriterien für die Regularität der Jacobi–Matrix.

Zur Berechnung der Matrix $\boldsymbol{Y}(b)$ in (24.4.13) bieten sich wiederum zwei Wege an. Zum einen lässt sich $\boldsymbol{Y}(b)$ durch **numerische Differentiation** etwa mit Vorwärtsdifferenzen analog zu (24.4.7) approximieren:

$$\begin{aligned} \boldsymbol{Y}(b) &= (y_{ij}) \\ y_{ij} &\approx \frac{y_i(b; z_1, \ldots, z_j + \Delta z_j, \ldots, z_n) - y_i(b; z_1, \ldots, z_n)}{\Delta z_j} \\ |\Delta z_j| &\approx |z_j| \sqrt{\text{eps}}. \end{aligned} \tag{24.4.15}$$

Zum anderen lässt sich $\boldsymbol{Y}(b)$ analog zu (24.4.8) durch numerische Integration der **Variationsgleichung** berechnen, vgl.(21.2.9). Hierzu hat man die folgende Matrix–Anfangswertaufgabe zu lösen:

$$\begin{aligned} \boldsymbol{Y}'(t) &= \boldsymbol{f}_{\boldsymbol{y}}(t, \boldsymbol{y}(t; \boldsymbol{z}))\, \boldsymbol{Y}(t), \qquad a \le t \le b \\ \boldsymbol{Y}(a) &= \boldsymbol{I}_n\,. \end{aligned} \tag{24.4.16}$$

Da die rechte Seite von (24.4.16) von der Trajektorie $\boldsymbol{y}(t; \boldsymbol{z})$ abhängt, ist wiederum die simultane Integration des Matrix–Differentialgleichungssytems (24.4.16) mit dem Ausgangssystem (24.4.9) zu empfehlen.

Wählt man das Verfahren der numerischen Differentiation zur Approximation der Jacobi–Matrix, so erhält man den folgenden (groben) Algorithmus für das einfache Schießverfahren.

Algorithmus (24.4.17) (Einfaches Schießverfahren)

(i) Wähle einen Startvektor $\boldsymbol{z}^0 \in \mathbb{R}^n$; $k := 0$, $\lambda := 1$.

(ii) Löse die Anfangswertaufgabe (24.4.10) zur Berechnung von $\boldsymbol{y}(b; \boldsymbol{z}^{(k)})$ und setze

$$\begin{aligned} \boldsymbol{F}(\boldsymbol{z}^k) &:= \boldsymbol{r}\left(\boldsymbol{z}^k, \boldsymbol{y}(b; \boldsymbol{z}^k)\right); \\ T^{(k)} &:= \left\|\boldsymbol{F}(\boldsymbol{z}^k)\right\|^2. \end{aligned}$$

Falls $k = 0$: gehe nach (iv).

(iii) Falls $T^{(k)} > T^{(k-1)}$: $\quad \ell := 1, \quad \lambda := \lambda/2;$

$\quad \boldsymbol{z}^k := \boldsymbol{z}^{k-1} + \lambda\,\Delta\,\boldsymbol{z}^{k-1};$

gehe nach (ii).

Falls $\ell = 0$: $\quad \lambda := \min(1, 2\lambda)$.

Falls $T^{(k)}$ hinreichend klein : **Abbruch!**

(iv) **Newton–Korrektur:**

Für $j = 1, 2, \ldots, n$:

$$\Delta\, z_j \;:=\; \sqrt{\text{eps}} \;\cdot\; \max\left(1, \left|z_j^k\right|\right);$$

Berechnung von $\boldsymbol{y}\left(b; z_1^k, \ldots, z_j^k + \Delta\, z_j, \ldots, z_n^k\right)$ nach (24.4.10).

Auswertung der Jacobi–Matrix $\boldsymbol{JF}(\boldsymbol{z}^k)$ nach (24.4.14) und (24.4.13);

Lösung des linearen Gleichungssystems $\boldsymbol{JF}\left(\boldsymbol{z}^k\right)\,\Delta\,\boldsymbol{z}^k \;=\; -\boldsymbol{F}\left(\boldsymbol{z}^k\right)$.

Falls $\left\|\Delta\,\boldsymbol{z}^k\right\|$ hinreichend klein : **Abbruch**;

Setze $k := k + 1; \quad \ell := 0; \quad \boldsymbol{z}^k := \boldsymbol{z}^{k-1} + \lambda\,\Delta\,\boldsymbol{z}^k.$

Gehe nach (ii).

Das einfache Schießverfahren besitzt zwei wesentliche Nachteile, die seine Anwendbarkeit bei komplizierteren Randwertaufgaben häufig stark einschränkt. Beide Schwierigkeiten hängen damit zusammen, dass zur Auswertung von $\boldsymbol{F}(\boldsymbol{z})$ und $\boldsymbol{JF}(\boldsymbol{z})$ Anfangswertaufgaben über den gesamten Zeitbereich $a \le t \le b$ gelöst werden müssen.

Nun können nichtlineare Differentialgleichungen so genannte **bewegliche Singularitäten** besitzen, d.h., die Lösung $\boldsymbol{y}(t, \boldsymbol{z})$ einer Anfangswertaufgabe existiert i. Allg. nur in einer von den Anfangswerten $\boldsymbol{z}$ abhängigen Umgebung $]t_{min}, t_{max}[$ der Anfangszeit $t = a$, vgl. (21.1.8). Liegt die „Singularität" t_{max} nun im inneren Intervall $]a, b[$, so ist die Auswertung von $\boldsymbol{F}(\boldsymbol{z}) = \boldsymbol{r}(\boldsymbol{z}, \boldsymbol{y}(b; \boldsymbol{z}))$ nicht möglich und das Verfahren bricht ab.

Beispiel[17] (24.4.18)

Wir betrachten die folgende Randwertaufgabe

$$y'' \;=\; \lambda \sinh\,(\lambda\, y)$$
$$y(0) \;=\; 0, \qquad y(1) \;=\; 1\,.$$

[17] nach: B.A. Troesch: Intrinsic difficulties in the numerical solution of a boundary value problem. Internal Report NN–142, TRW, Inc. Redondo Beach, California, 1960.

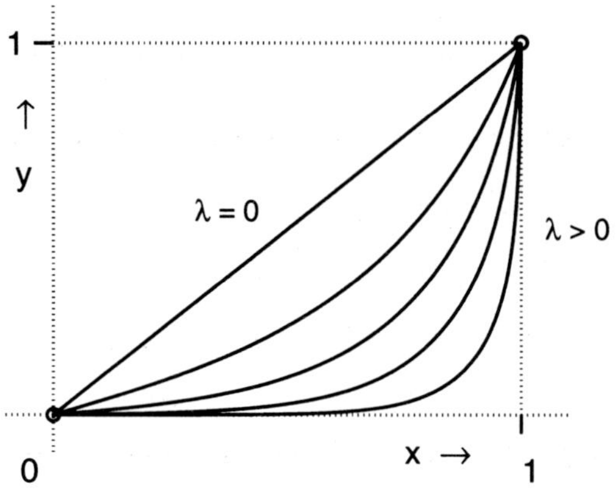

Abb. 24.9. Beispiel von Troesch

Für $\lambda = 5$ besitzt die zugehörige Anfangswertaufgabe

$$\begin{aligned} y'' &= \lambda \sinh(\lambda y) \\ y(0) &= 0, \qquad y'(0) = z \end{aligned}$$

nur für $|z| \leq 0.05$ eine Lösung, die im ganzen Intervall $[0, 1]$ existiert; vgl. auch Stoer, Bulirsch [45] .

Für die tatsächliche Lösung der Randwertaufgabe erhält man: $z^* = 0.0457504\ldots$.

Der zweite Nachteil des einfachen Schießverfahrens hängt mit der möglicherweise empfindlichen Abhängigkeit der Lösung $\boldsymbol{y}(t; \boldsymbol{z})$ von den Anfangsdaten $\boldsymbol{z}$ zusammen. Die entsprechende Fehlerabschätzung lautet nach (21.2.3):

$$\|\boldsymbol{y}(b; \boldsymbol{z}) - \boldsymbol{y}(b, \tilde{\boldsymbol{z}})\| \leq e^{L|b-a|} \cdot \|\boldsymbol{z} - \tilde{\boldsymbol{z}}\| . \tag{24.4.19}$$

Hierbei bezeichnet L eine Lipschitz–Konstante von $\boldsymbol{f}(t, \boldsymbol{y})$ bezüglich $\boldsymbol{y}$. Vernachlässigt man die Abhängigkeit der Lipschitz–Konstanten von dem jeweils betrachteten $(t, \boldsymbol{y})$–Bereich, so hängt die Empfindlichkeit der Anfangswertaufgabe also im wesentlichen von der Integrationslänge $(b - a)$ ab.

Beispiel (24.4.20)

Wir betrachten die folgende Randwertaufgabe

$$\begin{aligned} y'' &= 12y + y' \\ y(0) &= y(10) = 1 . \end{aligned}$$

Die Lösung der zugehörigen Anfangswertaufgabe lautet:

$$y(t; z_1, z_2) \;=\; \frac{4z_1 - z_2}{7}\, e^{-3t} + \frac{3z_1 + z_2}{7}\, e^{4t}.$$

Setzt man diese in die Randbedingungen ein, so erhält man die (eindeutig bestimmten) Anfangsdaten

$$\begin{aligned} z_1^* &= y(0) = 1 \\ z_2^* &= y'(0) = -3 + 2.9\ldots 10^{-17}. \end{aligned}$$

Bei numerischer Rechnung wird man hierfür Approximationen

$$\tilde{z}_1 = 1, \quad \tilde{z}_2 = -3 + \varepsilon, \quad |\varepsilon| \leq \text{eps}$$

erwarten. Die zugehörigen Lösungen $y(t; \tilde{z}_1, \tilde{z}_2)$ der Anfangswertaufgabe hängen jedoch sehr empfindlich von der Approximation für z_2^* ab.

So findet man beispielsweise:

$$\begin{aligned} y(10; 1, -3) = e^{-30} &\approx 9.36E-14, \\ y(10; 1, -3 + 10^{-10}) &\approx \frac{1}{7} e^{30} \approx 1.53E+12. \end{aligned}$$

Der gesuchte Anfangswert z_2^* lässt sich also numerisch gar nicht so genau berechnen, dass der Lösungsverlauf auch nur in etwa qualitativ richtig ist (für Maschinengenauigkeit in der Größenordung 10^{-10}).

Schätzt man die in (24.4.19) auftretenden Größen ab, so findet man für dieses Beispiel:

$$\begin{aligned} &L \approx 12, \quad b - a = 10, \\ &e^{L(b-a)} \approx 10^{52}, \\ &\|z - \tilde{z}\| \approx 10^{-10} \quad \text{(bei 10stelliger Rechnung)}. \end{aligned}$$

Die Mehrzielmethode (multiple shooting method)

Die Mehrzielmethode ist eine Modifikation des einfachen Schießverfahrens, welche die numerische Integration über „große" Bereiche vermeidet und damit (in gewissem Umfang) eine Abhilfe für die genannten Probleme des einfachen Schießverfahrens bietet. Das Verfahren geht auf Keller [18], Osborne [19] und Bulirsch [20] zurück.

[18] H.B. Keller: Numerical Methods for Two-Point Boundary-Value Problems. Blaisdell, London 1968.

[19] M.R. Osborne: On shooting methods for boundary value problems. J. Math. Anal. Appl. **27** (1969), 417–433.

[20] R. Bulirsch: Die Mehrzielmethode zur numerischen Lösung von nichtlinearen Randwertproblemen und Aufgaben der optimalen Steuerung. Report der Carl-Cranz-Gesellschaft, 1971.

Die Grundidee des Verfahrens ist es, mit einer Intervallunterteilung zu arbeiten und Anfangswertaufgaben jeweils nur über Teilintervallen zu lösen. Die Anfangswerte (für alle Teilintervalle) sind dann so zu bestimmen, dass im Grenzwert nicht nur die Randbedingungen erfüllt werden, sondern auch die aus den Teiltrajektorien zusammengesetzte Lösung glatt ist.

Wir betrachten wieder eine Zweipunkt-Randwertaufgabe der Form (24.4.9). Ferner wird eine (feste) **Intervallunterteilung** vorgegeben:

$$a = t_1 < t_2 < \ldots < t_m = b \,. \tag{24.4.21}$$

Die t_j heißen auch **Mehrzielknoten**.

Für jedes Teilintervall werden Anfangswerte

$$\boldsymbol{z}_j \approx \boldsymbol{y}(t_j), \qquad j = 1, \ldots, m-1$$

geschätzt und die jeweiligen Anfangswertaufgaben auf den Teilintervallen

$$\begin{aligned} \boldsymbol{y}' &= \boldsymbol{f}(t, \boldsymbol{y}), \qquad t_j \leq t \leq t_{j+1} \\ \boldsymbol{y}(t_j) &= \boldsymbol{z}_j \end{aligned} \tag{24.4.22}$$

(numerisch) gelöst. Die Lösungen werden wieder mit $\boldsymbol{y}(t; t_j, \boldsymbol{z}_j)$ bezeichnet.

Die zusammengesetzte Trajektorie

$$\boldsymbol{y}(t; \boldsymbol{z}_1, \ldots, \boldsymbol{z}_{m-1}) := \begin{cases} \boldsymbol{y}(t; t_1, \boldsymbol{z}_1) & : \ t_1 \leq t < t_2 \\ \boldsymbol{y}(t; t_2, \boldsymbol{z}_2) & : \ t_2 \leq t < t_3 \\ \quad \vdots & \quad \vdots \\ \boldsymbol{y}(t; t_{m-1}, \boldsymbol{z}_{m-1}) & : \ t_{m-1} \leq t \leq t_m \end{cases} \tag{24.4.23}$$

löst nun die Randwertaufgabe genau dann, falls die folgenden Bedingungen erfüllt sind:

$$\begin{aligned} \boldsymbol{F}_j(\boldsymbol{z}_j, \boldsymbol{z}_{j+1}) &:= \boldsymbol{y}(t_{j+1}; t_j, \boldsymbol{z}_j) - \boldsymbol{z}_{j+1} = \boldsymbol{0}\,, \qquad j = 1, 2, \ldots, m-2 \\ \boldsymbol{F}_{m-1}(\boldsymbol{z}_1, \boldsymbol{z}_{m-1}) &:= \boldsymbol{r}(\boldsymbol{z}_1, \boldsymbol{y}(t_m; t_{m-1}, \boldsymbol{z}_{m-1})) = \boldsymbol{0}\,. \end{aligned} \tag{24.4.24}$$

Damit ist die Randwertaufgabe wieder in ein äquivalentes Nullstellenproblem für die zusammengesetzte Funktion

$$\boldsymbol{F} = (\boldsymbol{F}_1, \ldots, \boldsymbol{F}_{m-1})^{\mathrm{T}} : \mathbb{R}^{(m-1)\cdot n} \supset D \rightarrow \mathbb{R}^{(m-1)\cdot n}$$

zurückgeführt worden.

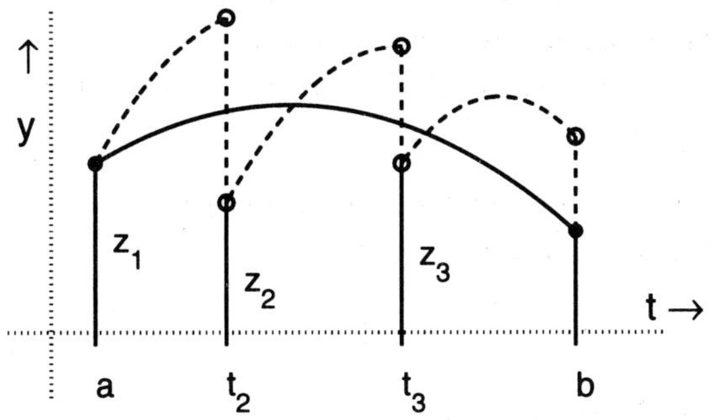

Abb. 24.10 Mehrzielmethode

Zur Nullstellenbestimmung wird nun das gedämpften Newton–Verfahrens verwendet. Für die hierzu benötigte Jacobi–Matrix (**Mehrzielmatrix**) $\boldsymbol{JF}(\boldsymbol{z})$, $\boldsymbol{z} = (\boldsymbol{z}_1, \dots, \boldsymbol{z}_{m-1})^{\mathrm{T}}$ erhält man nach (24.4.24) man die folgende Blockstruktur:

$$\boldsymbol{JF}(\boldsymbol{z}) = \begin{pmatrix} \boldsymbol{Y}_1 & -\boldsymbol{I}_n & & & \boldsymbol{0} \\ & \boldsymbol{Y}_2 & -\boldsymbol{I}_n & & \\ & & \ddots & \ddots & \\ \boldsymbol{0} & & & \boldsymbol{Y}_{m-2} & -\boldsymbol{I}_n \\ \boldsymbol{B}_a & \boldsymbol{0} & \cdots & \boldsymbol{0} & \boldsymbol{B}_b \boldsymbol{Y}_{m-1} \end{pmatrix} \tag{24.4.25}$$

mit

$$\begin{aligned} \boldsymbol{Y}_j &:= \frac{\partial}{\partial \boldsymbol{z}_j} \boldsymbol{y}(t_{j+1}; t_j, \boldsymbol{z}_j) \\ \boldsymbol{B}_a &:= \frac{\partial}{\partial \boldsymbol{z}_1} \boldsymbol{r}(\boldsymbol{z}_1, \boldsymbol{z}_m)\Big|_{\boldsymbol{z}_m - \boldsymbol{y}(t_m; t_{m-1}, \boldsymbol{z}_{m-1})} \\ \boldsymbol{B}_b &:= \frac{\partial}{\partial \boldsymbol{z}_m} \boldsymbol{r}(\boldsymbol{z}_1, \boldsymbol{z}_m)\Big|_{\boldsymbol{z}_m = \boldsymbol{y}(t_m; t_{m-1}, \boldsymbol{z}_{m-1})} . \end{aligned} \tag{24.4.26}$$

Die Berechnung der „Übergangsmatrizen“ $\boldsymbol{Y}_j, j = 1, \dots, m-1$, kann wie beim einfachen Schießverfahren mittels numerischer Differentiation erfolgen. Der folgende Satz belegt die Regularität dieser Matrizen.

Satz (24.4.27)

Ist $\boldsymbol{f}(t, \boldsymbol{y})$ eine C^1–Funktion und ist $\boldsymbol{z}_j \in \mathbb{R}^n$ so gewählt, dass (24.4.22) eine Lösung $\boldsymbol{y}(t; t_j, \boldsymbol{z}_j)$ besitzt, die im gesamten Intervall $t_j \leq t \leq t_{j+1}$ existiert, so ist $\boldsymbol{Y}_j \in \mathbb{R}^{(n,n)}$ regulär.

Beweis

$\boldsymbol{y}(t;t_j,z_j)$ ist zugleich Lösung der AWA $\boldsymbol{y}' = \boldsymbol{f}(t,\boldsymbol{y})$, $\boldsymbol{y}(t_{j+1}) = \boldsymbol{y}(t_{j+1};t_j,\boldsymbol{z}_j)$, also: $\boldsymbol{z}_j = \boldsymbol{y}(t_j;t_{j+1},\boldsymbol{y}(t_{j+1};t_j,\boldsymbol{z}_j))$.

Die Differentiation dieser Identität nach $\boldsymbol{z}_j$ liefert:

$$\boldsymbol{I}_n = \left[\frac{\partial}{\partial \boldsymbol{z}_{j+1}} \boldsymbol{y}\,(t_j;t_{j+1},\boldsymbol{z}_{j+1})\right] \cdot \boldsymbol{Y}_j\,.$$

Hieraus folgt die Regularität von Y_j. ■

Zur Anwendung des Newton–Verfahrens wird die Regularität der Jacobi–Matrix benötigt. Hierzu lässt sich der folgende Zusammenhang aufzeigen.

Satz (24.4.28)

Die Randwertaufgabe (24.4.9) habe eine Lösung $\boldsymbol{y}^*(t)$.

Ferner sei $\boldsymbol{z}_j^* := \boldsymbol{y}^*(t_j)$ und $\boldsymbol{z}^* = (\boldsymbol{z}_1^*,\dots,\boldsymbol{z}_{m-1}^*)^{\mathrm{T}}$.
Die Abbildung $\boldsymbol{\Psi}(\boldsymbol{z}_1) := \boldsymbol{r}(\boldsymbol{z}_1,\boldsymbol{y}(t_m;t_1,\boldsymbol{z}_1))$ ist dann in einer Umgebung von $\boldsymbol{z}_1^*$ wohldefiniert. Die Abbildung sei regulär, d.h., sie besitze eine reguläre Jacobi–Matrix:

$$\boldsymbol{E}^* := \boldsymbol{J\Psi}(\boldsymbol{z}_1^*) \in \mathbb{R}^{(n,n)}\,.$$

Dann folgt: $\boldsymbol{JF}(\boldsymbol{z}^*)$ ist regulär.

Beweis

Wir betrachten das Gleichungssystem $\boldsymbol{JF}(\boldsymbol{z})\,\Delta\,\boldsymbol{z} = -\boldsymbol{F}(\boldsymbol{z})$ und schreiben die Variablen in der Reihenfolge:

$$(\Delta\,\boldsymbol{z}_2,\ \Delta\,\boldsymbol{z}_3,\ \dots,\ \Delta\,\boldsymbol{z}_{m-1},\ \Delta\,\boldsymbol{z}_1).$$

Man erhält dann die folgende Blockstruktur des Gleichungssytems

$$\begin{pmatrix} -\boldsymbol{I} & & & 0 & \boldsymbol{Y}_1 \\ \boldsymbol{Y}_2 & -\boldsymbol{I} & & & \\ & \boldsymbol{Y}_3 & -\boldsymbol{I} & & \\ & & \ddots & \ddots & \\ & & \boldsymbol{Y}_{m-2} & -\boldsymbol{I} & 0 \\ 0 & & & (\boldsymbol{B}_b\boldsymbol{Y}_{m-1}) & \boldsymbol{B}_a \end{pmatrix} \begin{pmatrix} \Delta\,\boldsymbol{z}_2 \\ \Delta\,\boldsymbol{z}_3 \\ \vdots \\ \Delta\,\boldsymbol{z}_{m-1} \\ \Delta\,\boldsymbol{z}_1 \end{pmatrix} = - \begin{pmatrix} \boldsymbol{F}_1 \\ \boldsymbol{F}_2 \\ \vdots \\ \vdots \\ \boldsymbol{F}_{m-1} \end{pmatrix}.$$

Hierauf wenden wir nun Block–Gauß–Elimination an.

Die Pivotelemente sind dabei gerade die $(-\boldsymbol{I})$–Matrizen. Es folgt:

$$\begin{pmatrix} (-\boldsymbol{I}) & & \boldsymbol{0} & \boldsymbol{Y}_1 \\ & (-\boldsymbol{I}) & & [\boldsymbol{Y}_2 \boldsymbol{Y}_1] \\ & & \ddots & \vdots \\ & & (-\boldsymbol{I}) & [\boldsymbol{Y}_{m-2} \dots \boldsymbol{Y}_1] \\ \boldsymbol{0} & & & \{\boldsymbol{B}_a + \boldsymbol{B}_b \boldsymbol{Y}_{m-1} \dots \boldsymbol{Y}_1\} \end{pmatrix} \begin{pmatrix} \Delta \boldsymbol{z}_2 \\ \Delta \boldsymbol{z}_3 \\ \vdots \\ \Delta \boldsymbol{z}_{m-1} \\ \Delta \boldsymbol{z}_1 \end{pmatrix} = - \begin{pmatrix} \widetilde{\boldsymbol{F}}_1 \\ \widetilde{\boldsymbol{F}}_2 \\ \vdots \\ \vdots \\ \widetilde{\boldsymbol{F}}_{m-1} \end{pmatrix}$$

mit

$$\begin{aligned} \widetilde{\boldsymbol{F}}_1 &:= \boldsymbol{F}_1 \\ \widetilde{\boldsymbol{F}}_2 &:= \boldsymbol{F}_2 + \boldsymbol{Y}_2 \boldsymbol{F}_1 \\ \widetilde{\boldsymbol{F}}_3 &:= \boldsymbol{F}_3 + \boldsymbol{Y}_3 \boldsymbol{F}_2 + \boldsymbol{Y}_3 \boldsymbol{Y}_2 \boldsymbol{F}_1 \\ &\ \vdots \\ \widetilde{\boldsymbol{F}}_{m-1} &:= \boldsymbol{F}_{m-1} + \boldsymbol{Y}_{m-1} \boldsymbol{F}_{m-2} + \dots + \boldsymbol{Y}_{m-1} \dots \boldsymbol{Y}_2 \boldsymbol{F}_1 \,. \end{aligned}$$

Da die Gauß–Elimination den (absoluten) Wert der Determinante erhält, vgl. (4.5.13), folgt hiermit:

$$\det(\boldsymbol{JF}(\boldsymbol{z})) = \pm \det \Big(\underbrace{\boldsymbol{B}_a + \boldsymbol{B}_b \boldsymbol{Y}_{m-1} \cdot \boldsymbol{Y}_{m-2} \cdot \ldots \cdot \boldsymbol{Y}_1}_{=:\ \boldsymbol{E}} \Big) .$$

Setzt man hierin $\boldsymbol{z}_j = \boldsymbol{z}_j^*$ ein, so folgt schließlich:

$$\begin{aligned} \boldsymbol{E} &= \frac{\partial \boldsymbol{r}}{\partial \boldsymbol{z}_1} + \frac{\partial \boldsymbol{r}}{\partial \boldsymbol{z}_m} \cdot \left(\frac{\partial \boldsymbol{y}^*(t_m)}{\partial \boldsymbol{z}_{m-1}} \right) \cdot \left(\frac{\partial \boldsymbol{y}^*(t_{m-1})}{\partial \boldsymbol{z}_{m-2}} \right) \cdot \ldots \cdot \left(\frac{\partial \boldsymbol{y}^*(t_2)}{\partial \boldsymbol{z}_1} \right) \\ &= \frac{\partial}{\partial \boldsymbol{z}_1} \left[\boldsymbol{r}(\boldsymbol{z}_1, \boldsymbol{y}(t_m; t_1, \boldsymbol{z}_1)) \right] \Big|_{z_1 = z_1^*} \\ &= \boldsymbol{E}^* \quad \text{regulär!} \end{aligned}$$

■

Der Beweis zu (24.4.28) liefert zugleich eine schnelle und sparsame Methode zur Berechnung der Newton–Korrekturen $\Delta \boldsymbol{z}_j$:

a) Löse $\quad \boldsymbol{E} \cdot \Delta \boldsymbol{z}_1 = \widetilde{\boldsymbol{F}}_{m-1}$

b) Berechne rekursiv: (24.4.29)

$$\Delta \boldsymbol{z}_{j+1} = \boldsymbol{Y}_j \Delta \boldsymbol{z}_j + \boldsymbol{F}_j \quad (j = 1, \dots, m-2) .$$

Der obige Algorithmus (manchmal auch „condensing algorithm“ genannt) ist jedoch nur dann numerisch brauchbar, falls das lineare Gleichungssystem (24.4.29a) nicht zu schlecht konditioniert ist. Andernfalls ist der Algorithmus instabil, und es empfiehlt sich, statt dessen die direkte Auflösung des „großen“ linearen Gleichungssystems $\boldsymbol{JF}(\boldsymbol{z}) = -\boldsymbol{F}(\boldsymbol{z})$ etwa mittels QR–Zerlegung (vgl. Abschnitt 6.2) vorzunehmen.

Aus dem Beweis zu (24.4.8) lässt sich auch umgekehrt folgern: Ist die Mehrzielmatrix $\boldsymbol{JF}(\boldsymbol{z})$ in Lösungspunkt $\boldsymbol{z}^*$ regulär, so ist auch die Matrix $\boldsymbol{E}^* = \boldsymbol{J\Psi}(\boldsymbol{z}_1^*)$ regulär.

Nach dem Umkehrsatz (18.2.14) existieren dann Umgebungen

$$\begin{aligned} U_y &\subset \mathbb{R}^n \quad \text{von} \quad \boldsymbol{z}_1^* \\ U_0 &\subset \mathbb{R}^n \quad \text{von} \quad \boldsymbol{0}\,, \end{aligned}$$

so dass $\boldsymbol{\Psi}\Big|_{U_y} : U_y \to U_0$ sogar bijektiv ist. Dies bedeutet, dass die Randwertaufgabe eine „isolierte" Lösung besitzt und sogar bei Störung der Randdaten immer noch (lokal) eindeutig lösbar ist.

Dies ist die wesentliche Aussage des folgenden Einbettungssatzes, der somit unmittelbar aus dem Beweis des Satzes (24.4.8) folgt.

Satz (24.4.30) (Einbettungssatz)

Das Randwertproblem besitze eine Lösung $\boldsymbol{y}^*(t)$. Zu einer gegebenen Intervallunterteilung (24.4.21) und $\boldsymbol{z}_j^* := \boldsymbol{y}^*(t_j),\ j = 1, \ldots, m-1$ sei die Mehrzielmatrix $\boldsymbol{JF}(\boldsymbol{z}^*)$ regulär.

Dann existieren Umgebungen $U_y \subset \mathbb{R}^n$ von $\boldsymbol{y}^*(a)$ und U_0 von $\boldsymbol{0} \in \mathbb{R}^n$, so dass für jeden Vektor $\boldsymbol{\epsilon} \in U_0$ das „gestörte" Randwertproblem:

$$\boldsymbol{y}' = \boldsymbol{f}(t, \boldsymbol{y}); \qquad \boldsymbol{r}(\boldsymbol{y}(a), \boldsymbol{y}(b)) = \boldsymbol{\epsilon}$$

genau eine Lösung $\boldsymbol{y}^*(t; \boldsymbol{\epsilon})$ mit $\boldsymbol{y}^*(a, \boldsymbol{\epsilon}) \in U_y$ besitzt.
Insbesondere ist die Lösung der ursprünglichen Randwertaufgabe lokal eindeutig.

Beispiel (24.4.31)

Wir betrachten nochmals die lineare Randwertaufgabe (24.4.19):

$$\begin{aligned} y'' &= 12y + y' \\ y(0) &= y(10) = 1\,. \end{aligned}$$

Akzeptiert man eine lokale Fehlerverstärkung von $\mathrm{e}^{L(t_{j+1}-t_j)} \approx 10^5$, so genügt es offenbar, die Intervallänge auf $|t_{j+1} - t_j| = 1$ zu reduzieren.

In der Tat liefert die Mehrzielmethode für dieses Beispiel mit $m = 11$ äquidistanten Mehrzielknoten, die in der folgenden Tabelle angegebenen Approximationen für $y(t_j)$ und $y'(t_j),\ j = 1, \ldots, 11,$ die auf etwa fünf Dezimalstellen mit der exakten Lösung übereinstimmen.

T(J)	Y(1,J)	Y(2,J)
0	0.1000 0000E+01	-0.3000 0000E+01
1	0.4978 7068E-01	-0.1493 6121E+00
2	0.2478 7522E-02	-0.7436 2565E-02
3	0.1234 0980E-03	-0.3702 2941E-03
4	0.6144 2501E-05	-0.1843 2486E-04
5	0.3079 6345E-06	-0.9094 6245E-06
6	0.1277 6450E-06	0.4044 4808E-06
7	0.6144 9072E-05	0.2457 4329E-04
8	0.3354 6162E-03	0.1341 8460E-02
9	0.1831 5503E-01	0.7326 2024E-01
10	0.9999 9267E+00	0.3999 9707E+01

Es sei abschließend bemerkt, dass für gewisse Probleme der optimalen Steuerung Randwertaufgaben auftreten, die nur eine stückweise stetige rechte Seite besitzen und bei denen gewisse Randbedingungen gerade diese (a priori unbekannten) Unstetigkeitsstellen (**Schaltpunkte**) festlegen.

Auch solche **Randwertaufgaben mit Schaltbedingungen** lassen sich mit einer Variante der Mehrzielmethode (Routine BNDSCO) für Mehrpunkt–Randwertaufgaben effizient numerisch lösen.

25 Partielle Differentialgleichungen

In den Natur- und Ingenieurwissenschaften (aber nicht nur dort) tritt immer wieder folgende Frage auf: In welcher Weise hängt eine Größe u (z.B. die elektrische Spannung) von einer anderen Größe t (z.B. der Zeit) ab?

Gesucht ist in einem solchen Fall mithin die Funktion $u(t)$ für gewisse Werte von t, etwa für $0 \leq t \leq T$.

Wie bereits anhand mehrerer Beispiele deutlich wurde, führt dies in der mathematischen Modellierung vielfach auf eine Differentialgleichung, also auf eine Gleichung, die einen Zusammenhang zwischen verschiedenen Ableitungen von u beschreibt, aus der u dann zu bestimmen ist (zumeist unter Berücksichtigung gewisser Zusatzbedingungen, etwa Anfangs- oder Randbedingungen). Dabei ging es bisher vor allem um **gewöhnliche** Differentialgleichungen (vgl. § 20), also um Probleme, bei denen die gesuchte Funktion wirklich nur von **einer** unabhängigen Veränderlichen abhing. Es konnten auch mehrere Funktionen derselben unabhängigen Veränderlichen simultan aus Systemen gewöhnlicher Differentialgleichungen zu bestimmen sein. Und es kommen auch Systeme von Gleichungen vor, in denen einige dieser Gleichungen Differentialgleichungen sind, andere Gleichungen nur die gesuchten Funktionen, nicht aber die Ableitungen dieser Funktionen, enthalten (**d**ifferential **a**lgebraic **e**quations: **DAE**s).

Häufiger aber hängen interessierende Größen von mehreren Variablen ab (z.B. von mehreren Ortsvariablen, der Zeit, der Temperatur usw.), so dass in den solche Vorgänge beschreibenden Modellgleichungen partielle Ableitungen nach verschiedenen Variablen auftreten. Man spricht deshalb in solchen Fällen von **partiellen Differentialgleichungen**. Hierauf war in Abschnitt 17.1 schon hingewiesen und es waren Beispiele angegeben worden.

Wir wollen zunächst diesen auf partielle Differentialgleichungen führenden Modellierungsprozess anhand ausgewählter Beispiele vertiefen.

25.1 Das Auftreten partieller Differentialgleichungen erster Ordnung

Die Gesetze der Physik werden weitgehend bestimmt durch Erhaltungsprinzipien, wie Erhaltung der Masse, Erhaltung des Impulses, Erhaltung der Energie usw.

Wir betrachten etwa ein strömendes Fluid (Flüssigkeit oder Gas), und es herrsche an der Stelle (x, y, z) zur Zeit t die Geschwindigkeit

$$\boldsymbol{u}(x,y,z,t) \quad = \quad \begin{pmatrix} u_1(x,y,z,t) \\ u_2(x,y,z,t) \\ u_3(x,y,z,t) \end{pmatrix}$$

und die Dichte $\rho = \rho(x,y,z,t)$.

Es sei W ein aus dem Fluid zur Zeit t beliebig herausgegriffenes Volumen mit der Oberfläche ∂W. Es ist also $W = W(t)$. Die das Volumen W formenden Fluidteilchen mögen zur Zeit $t+h$ das Volumen $W(t+h)$ bilden.

Ferner sei $\varphi = \varphi(x,y,z,t)$ eine zum Zeitpunkt t für jeden Punkt (x,y,z) des Fluids erklärte Funktion (z.B. Zustandsgröße, wie Impuls pro Volumeneinheit, innere Energie pro Volumeneinheit, Masse pro Volumeneinheit = Dichte, usw., so dass $\int\limits_W \varphi\, d(x,y,z)$ jeweils den Gesamtimpuls bzw. die Gesamtenergie bzw. die Gesamtmasse in dem Volumen W beschreibt).

Wir fragen nach der zeitlichen Änderung des Ausdrucks $\int\limits_W \varphi\, d(x,y,z)$, d.h. nach

$$\frac{d}{dt} \int\limits_{W(t)} \varphi\,(x,y,z,t)\, d(x,y,z)\,. \tag{25.1.1}$$

Für den Spezialfall $\varphi = \rho$ war diese Frage bereits in Abschnitt 18.2 behandelt worden. Bei völlig gleichartigem Vorgehen wie dort zeigt man

$$\frac{d}{dt} \int\limits_{W(t)} \varphi(x,y,z,t)\, d(x,y,z) \quad = \quad \int\limits_{W(t)} \{\varphi_t + \varphi \operatorname{div} \boldsymbol{u} + \langle\, \boldsymbol{u}, \boldsymbol{\nabla}\, \varphi \rangle\}\; d(x,y,z)\,. \tag{25.1.2}$$

Berücksichtigt man noch die Produktregel des Differenzierens und damit die Aussage

$$\varphi \operatorname{div} \boldsymbol{u} + \langle\, \boldsymbol{u}, \boldsymbol{\nabla}\, \varphi \,\rangle \quad = \quad \operatorname{div}\,(\varphi\ \ \boldsymbol{u})\,,$$

so folgt aus (25.1.2)

$$\frac{d}{dt} \int\limits_{W(t)} \varphi(x,y,z,t)\, d(x,y,z) \quad = \quad \int\limits_{W(t)} \{\varphi_t + \operatorname{div}(\varphi\, \boldsymbol{u})\}\; d(x,y,z)\,. \tag{25.1.3}$$

Die Fluiddynamik wird durch drei so genannte Erhaltungssätze bestimmt (wobei im Falle von Gasen noch eine geeignete Zustandsgleichung hinzutritt):

1. Erhaltung der Masse: Treten in der Strömung während der Fortbewegung keine Quellen oder Senken auf, so bleibt die Masse erhalten.

Folgerung: Da $W(t)$ und $W(t+h)$ von den gleichen Partikeln des Fluids gebildet werden, muss die Massenänderung verschwinden. Die in W enthaltene Masse ist $\int\limits_{W(t)} \rho(x,y,z,t)\,dx\,dy\,dz$.

Es muss also

$$\frac{d}{dt} \int\limits_{W(t)} \rho(x,y,z,t)\,d(x,y,z) \quad = \quad 0$$

gelten, wegen (25.1.3) (wenn man dort speziell $\varphi = \rho$ wählt) also

$$\int\limits_{W(t)} \{\rho_t + \operatorname{div}(\rho\,\boldsymbol{u})\}\;d(x,y,z) \quad = \quad 0\,.$$

Dies muss aber nun für **jedes** beliebige, zum Zeitpunkt t betrachtete Volumen $W(t)$ richtig sein, so dass der Integrand verschwinden muss:

$$\boxed{\rho_t + \operatorname{div}(\rho\,\boldsymbol{u}) \quad = \quad 0}\;. \tag{25.1.4}$$

Dies ist die **Kontinuitätsgleichung**, die uns schon in (18.2.17) begegnet war.

Ein weiterer Erhaltungssatz ist der Impulssatz:

2. Erhaltung des Impulses: Der Gesamtimpuls der in einem beliebigen Volumen $W(t)$ zur Zeit t enthaltenen Masse ist

$$\int\limits_{W(t)} \rho\,\boldsymbol{u}\,d(x,y,z)\,.$$

Wir setzen $\boldsymbol{q} = \begin{pmatrix} q_1 \\ q_2 \\ q_3 \end{pmatrix} = \rho\,\boldsymbol{u}$, so dass $\boldsymbol{q}$ die **Impulsdichte** darstellt. Dann sagt der Impulssatz oder das Newtonsche Grundgesetz (Kraft = Masse × Beschleunigung), dass die zeitliche Änderung des Impulses gleich der Summe der auf die in $W(t)$ eingeschlossene Masse wirkenden äußeren Kräfte ist.

Nun herrscht in dem Fluid an jeder Stelle ein gewisser Druck p. Ist $\boldsymbol{n}$ der nach außen weisende Normalen–Einheitsvektor der Oberfläche ∂W, so drückt das außerhalb W befindliche Fluid auf die in W eingeschlossene Masse mit der Kraft

$$-\int\limits_{\partial W} p\,\boldsymbol{n}\,do \qquad (do = \text{Oberflächenelement})\,.$$

In realen Fluiden gibt es neben den durch den Druck hervorgerufenen oberflächenproportionalen Normalkräften auch noch oberflächenproportionale Tangentialkräfte, die durch die **Viskosität** hervorgerufen werden. Vorerst vernachlässigen wir jedoch die Viskosität, betrachten also **ideale Fluide**, insbesondere **ideale Gase**.

In jedem Fall aber gibt es auch noch äußere Kräfte, die nicht den Oberflächenelementen, sondern den Volumenelementen proportional sind (z.B. Gewicht). $\boldsymbol{k}$ sei die Volumendichte dieser äußeren Kräfte. Es muss also gelten

$$\frac{d}{dt}\int\limits_{W(t)} \boldsymbol{q}\, dx\, dy\, dz \quad = \quad \int\limits_{W(t)} \boldsymbol{k}\,(x,y,z,t)\, dx\, dy\, dz \; - \int\limits_{\partial W(t)} p\cdot \boldsymbol{n}\, do\,.$$

Nach dem Gaußschen Satz (vgl. (19.3.17)) gilt

$$\int\limits_{\partial W} p\,\boldsymbol{n}\, do \quad = \quad \begin{pmatrix} \int\limits_{\partial W} p\, n_1\, do \\ \int\limits_{\partial W} p\, n_2\, do \\ \int\limits_{\partial W} p\, n_3\, do \end{pmatrix} \quad = \quad \begin{pmatrix} \int\limits_{W} \frac{\partial p}{\partial x}\, d(x,y,z) \\ \int\limits_{W} \frac{\partial p}{\partial y}\, d(x,y,z) \\ \int\limits_{W} \frac{\partial p}{\partial z}\, d(x,y,z) \end{pmatrix} \quad = \quad \int\limits_{W} \boldsymbol{\nabla}\, p\, d(x,y,z)\,.$$

Mit (25.1.3) folgt daher

$$\int\limits_{W(t)} \left\{ \boldsymbol{q}_t + \begin{pmatrix} \operatorname{div}(q_1\,\boldsymbol{u}) \\ \operatorname{div}(q_2\,\boldsymbol{u}) \\ \operatorname{div}(q_3\,\boldsymbol{u}) \end{pmatrix} - \boldsymbol{k} + \boldsymbol{\nabla}\, p \right\} dx\, dy\, dz \quad = \quad \boldsymbol{0}\,.$$

Dies muss wieder für jedes beliebige Volumen W gelten. Berücksichtigt man noch

$$\operatorname{div}(q_i\,\boldsymbol{u}) \quad = \quad \langle\, \boldsymbol{u}, \boldsymbol{\nabla}\, q_i \,\rangle \;+\; \operatorname{div}\boldsymbol{u}\cdot q_i\,,$$

so muss

$$\boldsymbol{q}_t \;+\; \langle\, \boldsymbol{u}, \boldsymbol{\nabla} \,\rangle\, \boldsymbol{q} \;+\; \operatorname{div}\boldsymbol{u}\cdot \boldsymbol{q} \;+\; \boldsymbol{\nabla}\, p \quad = \quad \boldsymbol{k}\,,$$

d.h.

$$\boxed{\boldsymbol{q}_t \;+\; \frac{1}{\rho}\,\langle\, \boldsymbol{q}, \boldsymbol{\nabla} \,\rangle\, \boldsymbol{q} \;+\; \operatorname{div}\left(\frac{1}{\rho}\boldsymbol{q}\right) \boldsymbol{q} \;+\; \boldsymbol{\nabla}\, p \quad = \quad \boldsymbol{k}}\;, \qquad (25.1.5)$$

erfüllt sein (dies sind drei Gleichungen, da drei Komponenten vorkommen).

Unter Berücksichtigung der Kontinuitätsgleichung kann (25.1.5) leicht umgeformt werden zu

$$\boldsymbol{u}_t \;+\; \langle\, \boldsymbol{u}, \boldsymbol{\nabla} \,\rangle\, \boldsymbol{u} \;+\; \frac{1}{\rho}\,\boldsymbol{\nabla}\, p \quad = \quad \frac{1}{\rho}\,\boldsymbol{k}\,,$$

wobei man in der Fluiddynamik häufig statt mit volumenproportionalen äußeren Kräften $\boldsymbol{k}$ mit massenproportionalen äußeren Kräften $\hat{\boldsymbol{k}}$ $(\Rightarrow \rho\,\hat{\boldsymbol{k}} = \boldsymbol{k})$ arbeitet:

$$\boxed{\boldsymbol{u}_t \;+\; \langle\, \boldsymbol{u}, \boldsymbol{\nabla} \,\rangle\, \boldsymbol{u} \;+\; \frac{1}{\rho}\,\boldsymbol{\nabla}\, p \quad = \quad \hat{\boldsymbol{k}}} \qquad (25.1.6)$$

(25.1.5) bzw. (25.1.6) heißen **Euler–Gleichungen**, und man bezeichnet

$\rho,\ E,\ q_1,\ q_2,\ q_3$ als **Erhaltungsgrößen** einer Strömung

im Gegensatz zu den **primitiven Variablen** $\rho,\ \varepsilon,\ u_1,\ u_2,\ u_3,$ wobei

$$E \;:=\; \rho\varepsilon + \frac{\rho}{2}\|\boldsymbol{u}\|^2 \;=\; \rho\varepsilon + \frac{\|\boldsymbol{q}\|^2}{2\rho}$$

die räumliche Dichte der **totalen Energie** und ε die **innere Energie** pro Masseneinheit (z.B. Wärmemenge / Masse), $\rho\varepsilon$ also die innere Energie pro Volumen, darstellen. $\langle\, \boldsymbol{u}, \boldsymbol{\nabla} \,\rangle\, \boldsymbol{u}$ heißt **Konvektionsterm** .

Dabei gilt nun der folgende weitere Erhaltungssatz:

3. Erhaltung der Energie (1. Hauptsatz der Thermodynamik): Die zeitliche Änderung der totalen Energie einer in einem (mit der Strömung wandernden) Volumen eingeschlossenen Masse ist gleich der gegen die einwirkenden äußeren Kräfte aufgebrachten Leistung (Arbeit / Zeit).

Bei Vernachlässigung der äußeren Kräfte $\hat{\boldsymbol{k}}$ (wenn es sich z.B. nur um das geringe Gas–Gewicht handelt) folgt also im Fall idealer Fluide

$$\frac{d}{dt}\int\limits_{W(t)} E(x,y,z,t)\,d(x,y,z) \;=\; -\int\limits_{\partial W} \langle\, p\boldsymbol{n}, \boldsymbol{u} \,\rangle\, do$$

(Arbeit = Kraft × Weg = Druck × Fläche × Weg ⇒ Leistung = Druck × Fläche × (Weg pro Zeit) = Druck × Geschwindigkeit × Fläche). Nach dem Gaußschen Satz gilt

$$\int\limits_{\partial W} \langle\, p\boldsymbol{n}, \boldsymbol{u} \,\rangle\, do \;=\; \int\limits_{\partial W} \langle\, p\boldsymbol{u}, \boldsymbol{n} \,\rangle\, do \;=\; \int\limits_{W} \operatorname{div}(p\boldsymbol{u})\, d(x,y,z)\,,$$

so dass mit (25.1.3) folgt:

$$\int\limits_{W(t)} \{E_t + \operatorname{div}(E\cdot\boldsymbol{u}) + \operatorname{div}(p\cdot\boldsymbol{u})\}\; d(x,y,z) \;=\; 0 \qquad \forall\, W(t)\,.$$

Mithin gilt

$$\boxed{E_t + \operatorname{div}\left(\frac{E+p}{\rho}\,\boldsymbol{q}\right) \;=\; 0}\;. \tag{25.1.7}$$

Schreibt man die fünf Gleichungen (25.1.4), (25.1.5), (25.1.7) noch einmal ausführlich auf, so erhält man

$$
\begin{aligned}
\frac{\partial \rho}{\partial t} + \frac{\partial q_1}{\partial x} \qquad\qquad + \frac{\partial q_2}{\partial y} \qquad\qquad + \frac{\partial q_3}{\partial z} \qquad\qquad &= 0 \\
\frac{\partial q_1}{\partial t} + \frac{\partial}{\partial x}\left(\frac{1}{\rho}\, q_1 q_1 + p\right) + \frac{\partial}{\partial y}\left(\frac{1}{\rho}\, q_1 q_2\right) + \frac{\partial}{\partial z}\left(\frac{1}{\rho}\, q_1 q_3\right) &= 0 \\
\frac{\partial q_2}{\partial t} + \frac{\partial}{\partial x}\left(\frac{1}{\rho}\, q_2 q_1\right) + \frac{\partial}{\partial y}\left(\frac{1}{\rho}\, q_2 q_2 + p\right) + \frac{\partial}{\partial z}\left(\frac{1}{\rho}\, q_2 q_3\right) &= 0 \\
\frac{\partial q_3}{\partial t} + \frac{\partial}{\partial x}\left(\frac{1}{\rho}\, q_3 q_1\right) + \frac{\partial}{\partial y}\left(\frac{1}{\rho}\, q_3 q_2\right) + \frac{\partial}{\partial z}\left(\frac{1}{\rho}\, q_3 q_3 + p\right) &= 0 \\
\frac{\partial E}{\partial t} + \frac{\partial}{\partial x}\left(\frac{E+p}{\rho}\, q_1\right) + \frac{\partial}{\partial y}\left(\frac{E+p}{\rho}\, q_2\right) + \frac{\partial}{\partial z}\left(\frac{E+p}{\rho}\, q_3\right) &= 0\,.
\end{aligned}
\qquad (25.1.8)
$$

Es handelt sich also um ein System mehrerer Gleichungen zur Bestimmung der gesuchten Funktionen ρ, q_1, q_2, q_3, E. Allerdings kommt auch noch der Druck p als weitere abhängige Variable vor. Im Fall konstanter Dichte (nicht unbedingt identisch mit dem **inkompressiblen** Fall $\operatorname{div} \boldsymbol{u} = 0$) brauchen nur vier Erhaltungsgrößen bestimmt zu werden, so dass die fünf Gleichungen ausreichen. Im anderen Fall (insbesondere bei Gasen) muss eine sechste Gleichung hinzutreten, nämlich eine Zustandsgleichung. **Zustandsgrößen** eines Gases sind

$$
\begin{gathered}
T = \text{Temperatur}, \quad p = \text{Druck}, \quad \rho = \text{Dichte}, \quad V = \text{Volumen}, \\
\varepsilon = \text{Energie/Masse}, \quad S = \text{Entropie/Masse}\,,
\end{gathered}
$$

und in der Thermodynamik gilt der Satz, dass sich jede der Zustandsgrößen berechnen lasst, sofern zwei der anderen Zustandsgroßen bekannt sind; solche Beziehungen zwischen Zustandsgrößen heißen **Zustandsgleichungen**. Beispielsweise lässt sich also p durch ρ und ε (und damit durch $\rho, E, \boldsymbol{q}$) ausdrücken. Für ideale Gase gilt

$$
p = (\gamma - 1)\,\rho\,\varepsilon = (\gamma - 1)\left(E - \frac{\|\boldsymbol{q}\|^2}{2\rho}\right) \qquad (25.1.9)
$$

mit $\gamma = \text{const} > 1$, so dass in der Tat nur die Funktionen ρ, $\boldsymbol{q}$, E gesucht sind (vgl. auch die Beispiele (17.1.3)).

In den Gleichungen (25.1.8) treten (sofern man die Differentiationen der in den einzelnen Gliedern auftretenden Produkte und Summen ausführt) partielle Ableitungen der gesuchten Funktionen nach verschiedenen Variablen auf; also handelt es sich um ein **System partieller Differentialgleichungen**. Die höchste vorkommende Ordnung jeder dieser

Ableitungen ist 1, so dass es sich um ein System partieller Differentialgleichungen **erster Ordnung** handelt. Die erste der auftretenden Differentialgleichungen in (25.1.8) enthält keine in den gesuchten Funktionen nichtlinearen Ausdrücke.

In einem solchen Fall spricht man von einer **linearen** Differentialgleichung; andernfalls heisst eine Differentialgleichung **nichtlinear**. Enthält ein System von Differentialgleichungen mindestens eine nichtlineare Differentialgleichung, so spricht man von einem **nichtlinearen System** partieller Differentialgleichungen, andernfalls von einem **linearen System**.

Besteht ein System nur aus einer partiellen Differentialgleichung, so hebt man dies gegebenenfalls durch den Begriff der **Einzel–Differentialgleichung** oder **skalaren Differentialgleichung** hervor.

Führt man vektorwertige Funktionen ein, so kann auch ein System von Differentialgleichungen formal als einzelne Differentialgleichung geschrieben werden. So geht (25.1.8) bei Berücksichtigung von (25.1.9) und bei Einführung der Abkürzungen

$$\boldsymbol{U} = \begin{pmatrix} \rho \\ q_1 \\ q_2 \\ q_3 \\ E \end{pmatrix}$$

sowie

$$\boldsymbol{f}_1(\boldsymbol{U}) = \begin{pmatrix} q_1 \\ \frac{1}{\rho}\, q_1 q_1 + p \\ \frac{1}{\rho}\, q_2 q_1 \\ \frac{1}{\rho}\, q_3 q_1 \\ \frac{E+p}{\rho}\, q_1 \end{pmatrix}, \quad \boldsymbol{f}_2(\boldsymbol{U}) = \begin{pmatrix} q_2 \\ \frac{1}{\rho}\, q_2 q_1 \\ \frac{1}{\rho}\, q_2 q_2 + p \\ \frac{1}{\rho}\, q_3 q_2 \\ \frac{E+p}{\rho}\, q_2 \end{pmatrix}, \quad \boldsymbol{f}_3(\boldsymbol{U}) = \begin{pmatrix} q_3 \\ \frac{1}{\rho}\, q_3 q_1 \\ \frac{1}{\rho}\, q_3 q_2 \\ \frac{1}{\rho}\, q_3 q_3 + p \\ \frac{E+p}{\rho}\, q_3 \end{pmatrix}$$

z.B. über in

$$\frac{\partial \boldsymbol{U}}{\partial t} + \frac{\partial}{\partial x}\, \boldsymbol{f}_1(\boldsymbol{U}) + \frac{\partial}{\partial y}\, \boldsymbol{f}_2(\boldsymbol{U}) + \frac{\partial}{\partial z}\, \boldsymbol{f}_3(\boldsymbol{U}) = \mathbf{0}. \qquad (25.1.10)$$

Sind $\boldsymbol{J\,f}_1$, $\boldsymbol{J\,f}_2$, $\boldsymbol{J\,f}_3$ die jeweiligen Jacobi-Matrizen (vgl. Definition (17.2.1)), so erhält (25.1.10) die Form

$$\frac{\partial \boldsymbol{U}}{\partial t} + \boldsymbol{J\,f}_1(\boldsymbol{U}) \cdot \frac{\partial \boldsymbol{U}}{\partial x} + \boldsymbol{J\,f}_2(\boldsymbol{U}) \cdot \frac{\partial \boldsymbol{U}}{\partial y} + \boldsymbol{J\,f}_3(\boldsymbol{U}) \cdot \frac{\partial \boldsymbol{U}}{\partial z} = \mathbf{0}. \qquad (25.1.11)$$

Hier zeigt es sich, dass die höchsten auftretenden Ableitungen (im vorliegenden Fall die Ableitungen erster Ordnung) nur linear vorkommen, in den Koeffizienten dieser Ableitungen aber Ableitungen der gesuchten Funktion $\boldsymbol{U}$ niedrigerer Ordnung (hier: nullter Ordnung, d.h. die Funktion selbst) enthalten sind.

Ist dies der Fall, so handelt es sich um eine **quasilineare** partielle Differentialgleichung, bzw. um eine quasilineares System. Im allgemeinen Fall hätte ein solches System bei n unabhängigen Variablen $x_1, \ldots, x_n$ die Form

$$\sum_{i=1}^{n} \boldsymbol{A}_i(\boldsymbol{U})\boldsymbol{U}_{x_i} = \boldsymbol{b}(\boldsymbol{U}) \qquad (25.1.12)$$

mit irgendwelchen Matrizen $\boldsymbol{A}_i$ und irgendeinem Vektor $\boldsymbol{b}$.

Gemäß seiner Entstehungsgeschichte nennen wir Differentialgleichungssysteme der speziellen Bauart (25.1.10) (auch im Fall anderer Funktionen $\boldsymbol{U}, \boldsymbol{f}_i$) **Systeme von Erhaltungsgleichungen**.

Das System (25.1.12) heißt **halblinear**, wenn die Matrizen $\boldsymbol{A}_i$ nicht von $\boldsymbol{U}$ abhängen ($i = 1, \ldots, n$), jedoch $\boldsymbol{b}$ von $\boldsymbol{U}$ abhängt, und es heißt **linear**, wenn auch $\boldsymbol{b}$ unabhängig von $\boldsymbol{U}$ ist. Ist $\boldsymbol{b}(\boldsymbol{U}) = \boldsymbol{0}$, so heißt das System **homogen**, andernfalls **inhomogen**. So ist z.B. (25.1.10) homogen, jedoch (25.1.6) im Fall $\hat{\boldsymbol{k}} \neq \boldsymbol{0}$ inhomogen.

Die Begriffe linear, halblinear, quasilinear, homogen, inhomogen usw. können sinngemäß auf Differentialgleichungen höherer Ordnung übertragen werden, also auf Differentialgleichungen, in denen partielle Ableitungen höherer Ordnung auftreten (vgl. z.B. Bemerkung (25.3.31)).

25.2 Das Auftreten partieller Differentialgleichungen höherer Ordnung

Geht man von dem in Abschnitt 25.1 behandelten Beispiel idealer Fluide zur Strömung realer Fluide über, so hat man beim Satz von der Erhaltung des Impulses die Anwesenheit von Reibung zusätzlich zu berücksichtigen. Es handelt sich hierbei stets um Reibung zwischen Fluidteilchen, da man davon ausgeht, dass im reibungsbehafteten Fall, d.h. im Fall **viskoser** Fluide, stets eine hauchdünne Fluidschicht an festen Wänden haftet:

$$\boldsymbol{u} = \boldsymbol{0} \quad \text{an fester Wand} \quad (\textbf{Haftbedingung}) \qquad (25.2.1)$$

im Gegensatz etwa zu

$$\langle \boldsymbol{u}, \boldsymbol{n} \rangle = 0 \quad \text{entlang der Wand}$$

(tangentiales Umströmen der Oberfläche fester Körper; $\boldsymbol{n}$ = Normalvektor der Fläche) im reibungsfreien Fall (vgl. (29.9.17)).

(25.1.5) hatte rechter Hand die volumenproportionalen äußeren Kräfte $\boldsymbol{k}$ enthalten (z.B. das Gewicht / Volumen), und ihr auf das Volumen $W(t)$ entfallender Anteil war

$$\int_{W(t)} \boldsymbol{k}\, d(x,y,z)\,.$$

Reibungskräfte, die von außen her, nämlich durch das umgebende Fluid, auf das in $W(t)$ eingeschlossene Fluid ausgeübt werden, hatten wir vernachlässigt. Diese Kräfte sind offenbar ebenso wie die in Normalenrichtung wirkenden Druckkräfte oberflächenproportional.

Sind $\boldsymbol{s} = (s_1, s_2, s_3)^{\mathrm{T}}$ die oberflächenproportionalen Kräfte, die von dem umgebenden Fluid auf die Oberfläche $\partial W(t)$ des herausgegriffenen Fluids ausgeübt werden, so gilt

$$\boldsymbol{s} \;=\; \boldsymbol{s}(t,x,y,z,\boldsymbol{n}) \quad ((x,y,z) \in \partial W(t))\,,$$

wobei $\boldsymbol{n}$ der im Punkte (x,y,z) angeheftete, nach außen weisende Normalen–Einheitsvektor auf $\partial W(t)$ ist.

Dabei hängt $\boldsymbol{s}$ linear von $\boldsymbol{n}$ ab

$$\boldsymbol{s} \;=\; (\sigma_{ij})\,\boldsymbol{n} \qquad \text{(Cauchy)}\,,$$

wobei $\sigma_{ij} = \sigma_{ij}(x,y,z,t)$.

Dies folgt aus dem Umstand, dass in dem nun in der Form

$$\int_{W(t)} \left\{\boldsymbol{q}_t + \left\langle \frac{1}{\rho}\boldsymbol{q}, \boldsymbol{\nabla} \right\rangle \boldsymbol{q} + \operatorname{div}\left(\frac{1}{\rho}\boldsymbol{q}\right)\boldsymbol{q}\right\} d(x,y,z) \;=\; \int_{W(t)} \boldsymbol{k}\, d(x,y,z) + \int_{\partial W(t)} \boldsymbol{s}\, do$$

zu schreibenden Impuls–Erhaltungssatz für gegen Null schrumpfende Volumina $W(t)$ die Volumenanteile stärker verschwinden als die Oberflächenanteile.

Den **Spannungstensor** (σ_{ij}) interpretieren wir hierbei also als eine $(3,3)$–Matrix.

Aus der Eulerschen Forderung des Verschwindens der Momente

$$\int_{W(t)} (\boldsymbol{r} \times \boldsymbol{k})\, d(x,y,z) + \int_{\partial W(t)} (\boldsymbol{r} \times \boldsymbol{s})\, do \;=\; \boldsymbol{0}$$

$(\boldsymbol{r} = (x,y,z)^{\mathrm{T}})$ folgt dann überdies die Symmetrie des Spannungstensors:

$$\sigma_{ij} \;=\; \sigma_{ji}\,.$$

Bei idealen Fluiden fordert man $\sigma_{ij} = 0$ für $i \neq j$, was

$$\sigma_{11} \;=\; \sigma_{22} \;=\; \sigma_{33} \;=:\; -p \qquad (\textbf{Druck})$$

zur Folge hat. Hier wird die Reibung also – wie gesagt – vernachlässigt, und man gelangt zu (25.1.5).

Bei realen Fluiden werden die σ_{ij} $(i \neq j)$ klein sein, und die σ_{ii} werden sich nur wenig von $-p$ unterscheiden. Wir setzen deshalb

$$(\sigma_{ij}) = -p(\delta_{ij}) + (\tilde{\sigma}_{ij})$$

mit dem Kronecker–Symbol δ_{ij} , also

$$\tilde{\sigma}_{ij} = \begin{cases} \sigma_{ii} + p & \text{für } i = j\,, \\ \sigma_{ij} & \text{für } i \neq j\,, \end{cases}$$

so dass alle $\tilde{\sigma}_{ij}$ klein sind.

Aufgrund der Symmetrie von (σ_{ij}) ist auch der Tensor $(\tilde{\sigma}_{ij})$ symmetrisch.

Ersetzen wir die volumenproportionale äußere Kraft $\boldsymbol{k}$ durch die massenproportionale äußere Kraft $\hat{\boldsymbol{k}}$, so folgt

$$\int\limits_{W(t)} \left\{ \boldsymbol{q}_t + \left\langle \frac{1}{\rho} \boldsymbol{q}, \boldsymbol{\nabla} \right\rangle \boldsymbol{q} + \operatorname{div} \left(\frac{1}{\rho} \boldsymbol{q} \right) \boldsymbol{q} - \rho \hat{\boldsymbol{k}} \right\} d(x, y, z)$$

$$= - \int\limits_{\partial W(t)} p\, \boldsymbol{n}\, do + \int\limits_{\partial W(t)} (\tilde{\sigma}_{ik})\, \boldsymbol{n}\, do\,.$$

Darüber hinaus tritt bei ruhenden Flüssigkeiten oder Gasen bzw. bei Fluiden, deren Teilchen sich räumlich nicht relativ zueinander bewegen, keine Reibung auf.

Wir fordern daher, dass die $\tilde{\sigma}_{ij}$ $(i, j = 1, 2, 3)$ lediglich von den Komponenten der Vektoren $\boldsymbol{\nabla}\, u_i$ $(i = 1, 2, 3)$ abhängen, und zwar in homogen–linearer Weise:

$$\tilde{\sigma}_{ij} = \sum_{\mu,\nu=1}^{3} \alpha_{\mu\,\nu}^{(i,j)} \frac{\partial u_\nu}{\partial x_\mu} \,.$$

Jedes $\tilde{\sigma}_{ij}$ ist also eine Funktion der Elemente der Jacobi-Matrix $\boldsymbol{Ju}(\boldsymbol{x})$ (kurz: $\boldsymbol{Ju}$):

$$\tilde{\sigma}_{ij} = \tilde{\sigma}_{ij}(\boldsymbol{Ju}) \,,$$

und die $\alpha_{\mu\,\nu}^{(i,j)}$ sind Konstanten. In Analogie zum Fall idealer Fluide, wo jede Achse Hauptspannungsachse ist, fordern wir auch hier, dass diese Beziehung von orthogonalen Transformationen unabhängig ist, d.h.

$$\boldsymbol{A}^{\mathrm{T}} (\tilde{\sigma}_{ij} (\boldsymbol{Ju}))\, \boldsymbol{A} = \left(\tilde{\sigma}_{ij} \left(\boldsymbol{A}^{\mathrm{T}} (\boldsymbol{Ju})\, \boldsymbol{A} \right) \right) \qquad \forall\ \boldsymbol{A} \in \mathbb{R}^{(3,3)} \text{ mit } \boldsymbol{A}^{\mathrm{T}} \boldsymbol{A} = \boldsymbol{I}\,.$$

Nun ist $\boldsymbol{B} := \operatorname{div}\boldsymbol{u}\cdot\boldsymbol{I}$ gewiss symmetrisch und besitzt als Diagonalmatrix mit einander gleichen Hauptdiagonalelementen die Eigenschaft

$$\boldsymbol{A}^{\mathrm{T}}\boldsymbol{B}\,\boldsymbol{A} \quad = \quad \boldsymbol{B}\,;$$

$\boldsymbol{B}$ hat offenbar die Form $\boldsymbol{B} = (b_{ij}(\boldsymbol{J}\boldsymbol{u}))$, wobei $b_{ij}(\boldsymbol{J}\boldsymbol{u})$ wie im Fall der $\tilde{\sigma}_{ij}$ bedeutet, dass die b_{ij} von der Matrix $\boldsymbol{J}\boldsymbol{u}$ abhängen. Wegen $\operatorname{div}\boldsymbol{u} = \operatorname{Spur}(\boldsymbol{J}\boldsymbol{u})$ und der Invarianz der Spur einer Matrix gegenüber orthogonalen Transformationen, folgt auch

$$\left(b_{ij}\left(\boldsymbol{A}^{\mathrm{T}}(\boldsymbol{J}\boldsymbol{u})\,\boldsymbol{A}\right)\right) \quad = \quad b_{ij}(\boldsymbol{J}\boldsymbol{u}) \quad = \quad \boldsymbol{B}\,.$$

Also erfüllt $\boldsymbol{B}$ alle an $(\tilde{\sigma}_{ij})$ gestellten Forderungen.

Aber auch

$$\boldsymbol{D} \quad := \quad \boldsymbol{J}\boldsymbol{u} + (\boldsymbol{J}\boldsymbol{u})^{\mathrm{T}} \quad =: \quad \boldsymbol{D}(\boldsymbol{J}\boldsymbol{u})$$

ist symmetrisch, hängt in homogen–linearer Weise von $\boldsymbol{J}\boldsymbol{u}$ ab, und es gilt

$$\begin{aligned} \boldsymbol{A}^{\mathrm{T}}\boldsymbol{D}\,\boldsymbol{A} &= \boldsymbol{A}^{\mathrm{T}}(\boldsymbol{J}\boldsymbol{u})\,\boldsymbol{A} + \boldsymbol{A}^{\mathrm{T}}(\boldsymbol{J}\boldsymbol{u})^{\mathrm{T}}\boldsymbol{A} \\ &= \boldsymbol{A}^{\mathrm{T}}(\boldsymbol{J}\boldsymbol{u})\,\boldsymbol{A} + \left(\boldsymbol{A}^{\mathrm{T}}(\boldsymbol{J}\boldsymbol{u})\,\boldsymbol{A}\right)^{\mathrm{T}}, \\ \text{also} \qquad \boldsymbol{A}^{\mathrm{T}}\boldsymbol{D}(\boldsymbol{J}\boldsymbol{u})\,\boldsymbol{A} &= \boldsymbol{D}\left(\boldsymbol{A}^{\mathrm{T}}(\boldsymbol{J}\boldsymbol{u})\,\boldsymbol{A}\right). \end{aligned}$$

Es erfüllt mithin auch $\boldsymbol{D}$ alle an $(\tilde{\sigma}_{ij})$ gestellten Forderungen. Daher erfüllt auch $\lambda\boldsymbol{B} + \eta\boldsymbol{D}$ mit beliebigen Konstanten λ, η die an $(\tilde{\sigma}_{ij})$ gestellten Forderungen. Man kann zeigen, dass dann auch bereits alle Matrizen dieser Art gefunden sind.

Man erhält daher

$$\int\limits_{W(t)} \left\{ \boldsymbol{q}_t + \left\langle \frac{1}{\rho}\boldsymbol{q}, \boldsymbol{\nabla} \right\rangle \boldsymbol{q} + \operatorname{div}\left(\frac{1}{\rho}\boldsymbol{q}\right)\boldsymbol{q} - \rho\hat{\boldsymbol{k}} \right\} d(x,y,z)$$

$$- \int\limits_{\partial W(t)} (-p\boldsymbol{I} + \lambda\boldsymbol{B} + \eta\boldsymbol{D})\,\boldsymbol{n}\,do \;=\; \boldsymbol{0}\,.$$

Mit dem Gaußschen Satz gilt

$$\int\limits_{\partial W(t)} p\,\boldsymbol{n}\,do \quad = \quad \int\limits_{W(t)} \boldsymbol{\nabla}p\,d(x,y,z)$$

$$\int\limits_{\partial W(t)} \boldsymbol{B}\,\boldsymbol{n}\,do \quad = \quad \int\limits_{W(t)} \begin{pmatrix} \operatorname{div}\boldsymbol{b}_1 \\ \operatorname{div}\boldsymbol{b}_2 \\ \operatorname{div}\boldsymbol{b}_3 \end{pmatrix} d(x,y,z)\,,$$

wobei die $\boldsymbol{b}_i$ die Zeilenvektoren von $\boldsymbol{B}$ darstellen. Es ist also

$$\int_{\partial W(t)} \boldsymbol{B}\,\boldsymbol{n}\,do = \int_{W(t)} \nabla(\operatorname{div}\boldsymbol{u})\,d(x,y,z)\,,$$

und ähnlich ergibt sich

$$\int_{\partial W(t)} \boldsymbol{D}\,\boldsymbol{n}\,do = \int_{W(t)} \begin{pmatrix} \operatorname{div}\boldsymbol{d}_1 \\ \operatorname{div}\boldsymbol{d}_2 \\ \operatorname{div}\boldsymbol{d}_3 \end{pmatrix} d(x,y,z)\,,$$

wobei

$$\begin{aligned} \operatorname{div}\boldsymbol{d}_1 &= 2\frac{\partial}{\partial x}\left(\frac{\partial u_1}{\partial x}\right) + \frac{\partial}{\partial y}\left(\frac{\partial u_1}{\partial y} + \frac{\partial u_2}{\partial x}\right) + \frac{\partial}{\partial z}\left(\frac{\partial u_1}{\partial z} + \frac{\partial u_3}{\partial x}\right) \\ &= \Delta u_1 + \frac{\partial^2 u_1}{\partial x^2} + \frac{\partial^2 u_2}{\partial x\,\partial y} + \frac{\partial^2 u_3}{\partial x\,\partial z} \\ &= \Delta u_1 + \frac{\partial}{\partial x}(\operatorname{div}\boldsymbol{u}) \end{aligned}$$

(analog $\operatorname{div}\boldsymbol{d}_2$, $\operatorname{div}\boldsymbol{d}_3$).

Wir erhalten daher

$$\int_{W(t)} \left\{ \boldsymbol{q}_t + \left\langle \frac{1}{\rho}\boldsymbol{q}, \nabla \right\rangle \boldsymbol{q} + \operatorname{div}\left(\frac{1}{\rho}\boldsymbol{q}\right)\boldsymbol{q} - \rho\hat{\boldsymbol{k}} \right.$$

$$\left. + \nabla p - \lambda\nabla(\operatorname{div}\boldsymbol{u}) - \eta\,\Delta\boldsymbol{u} - \eta\,\nabla(\operatorname{div}\boldsymbol{u}) \right\} d(x,y,z) = \boldsymbol{0}\,,$$

d.h.

$$(\rho\,\boldsymbol{u})_t + \langle \boldsymbol{u}, \nabla \rangle\,(\rho\,\boldsymbol{u}) + (\rho \operatorname{div}\boldsymbol{u})\,\boldsymbol{u} - \rho\hat{\boldsymbol{k}} + \nabla p - (\lambda+\eta)\,\nabla(\operatorname{div}\boldsymbol{u}) - \eta\,\Delta\boldsymbol{u} = \boldsymbol{0}$$

oder

$$\begin{aligned} \rho_t\,\boldsymbol{u} + \rho\,\boldsymbol{u}_t + \langle \boldsymbol{u}, \nabla\rho \rangle\,\boldsymbol{u} + \rho\langle \boldsymbol{u}, \nabla \rangle\,\boldsymbol{u} + (\rho \operatorname{div}\boldsymbol{u})\,\boldsymbol{u} - \rho\hat{\boldsymbol{k}} + \nabla p& \\ -(\lambda+\eta)\,\nabla(\operatorname{div}\boldsymbol{u}) - \eta\,\Delta\boldsymbol{u} = 0\,.& \end{aligned}$$

Unter Verwendung von $\rho \operatorname{div}\boldsymbol{u} + \langle \boldsymbol{u}, \nabla\rho \rangle = \operatorname{div}(\rho\,\boldsymbol{u})$ folgt hiermit

$$\{\rho_t + \operatorname{div}(\rho\,\boldsymbol{u})\}\,\boldsymbol{u} + \rho\,\boldsymbol{u}_t + \rho\langle \boldsymbol{u}, \nabla \rangle\,\boldsymbol{u} - \rho\hat{\boldsymbol{k}} + \nabla p - (\lambda+\eta)\,\nabla(\operatorname{div}\boldsymbol{u}) - \eta\,\Delta\boldsymbol{u} = \boldsymbol{0}$$

und schließlich unter Verwendung der Kontinuitätsgleichung und nach Division durch ρ:

$$\boxed{\boldsymbol{u}_t + \langle \boldsymbol{u}, \nabla \rangle\,\boldsymbol{u} - \frac{\lambda+\eta}{\rho}\nabla(\operatorname{div}\boldsymbol{u}) - \frac{\eta}{\rho}\Delta\boldsymbol{u} = -\frac{1}{\rho}\nabla p + \hat{\boldsymbol{k}}}\,. \qquad (25.2.2)$$

Dies sind die **Navier**[21]**– Stokes – Gleichungen**. Dabei bezeichnet man η auch als den **ersten Viskositätskoeffizienten** und $\xi := \lambda + 2\frac{\eta}{3}$ als den **zweiten Viskositätskoeffizienten**.

Im inkompressiblen Fall $(\operatorname{div} \boldsymbol{u} = 0)$ tritt λ gar nicht auf, und man erhält (bei Vernachlässigung von $\hat{\boldsymbol{k}}$)

$$\boldsymbol{u}_t + \langle \boldsymbol{u}, \boldsymbol{\nabla} \rangle \boldsymbol{u} - \nu \Delta \boldsymbol{u} + \frac{1}{\rho} \boldsymbol{\nabla} p = \mathbf{0},$$

wo $\nu = \frac{\eta}{\rho}$ die **kinematische Viskosität** darstellt.

Analog hat man die Energieerhaltungsgleichung im viskosen Fall in folgender Weise zu ergänzen:

$$\begin{aligned} E_t + \operatorname{div}((E+p)\boldsymbol{u}) - \lambda \cdot \operatorname{div}(\operatorname{div}\boldsymbol{u} \cdot \boldsymbol{u}) & \\ -\eta \cdot \operatorname{div}\Big(\big((\boldsymbol{J}\boldsymbol{u}) + (\boldsymbol{J}\boldsymbol{u})^{\mathrm{T}}\big)\boldsymbol{u}\Big) &= 0. \end{aligned}$$

Hierbei können nun die einzelnen Ausdrücke noch umgeformt werden, z.B.:

$$\operatorname{div}(\operatorname{div} \boldsymbol{u} \cdot \boldsymbol{u}) = \langle \boldsymbol{\nabla}(\operatorname{div} \boldsymbol{u}), \boldsymbol{u} \rangle + (\operatorname{div} \boldsymbol{u})^2 .$$

Das mathematische Modell der Navier–Stokes–Gleichungen ist durch Experimente hervorragend bestätigt.

Um im Versuch (z.B. Wind- oder Wellenkanal) die Realität in verändertem Maßstab (z.B. Schiffsmodell) und dennoch naturgetreu nachahmen zu können, empfiehlt es sich, die Navier–Stokes–Gleichungen dimensionslos zu schreiben.

Wir führen dies nur für den inkompressiblen Fall exemplarisch durch.

Sei etwa $\boldsymbol{u}_0 = \begin{pmatrix} u_0 \\ 0 \\ 0 \end{pmatrix}$ die Strömungsgeschwindigkeit in großer Entfernung vom betrachteten Körper, L eine charakteristische Länge des in das Fluid getauchten Körpers (z.B. Schiffslänge, Längsdurchmesser eines Profils etc.), T die Zeit, die das Fluid benötigt, um mit der Geschwindigkeit u_0 die Strecke L zu durchströmen, und $P = \frac{\rho}{2} u_0^2$ der **dynamische Druck** in großer Entfernung vom eingetauchten Körper.

Führt man dann die dimensionslosen Größen

$$\tilde{\boldsymbol{u}} = \frac{1}{u_0}\boldsymbol{u}, \quad \tilde{t} = \frac{t}{T}, \quad \tilde{p} = \frac{p}{2P}, \quad \tilde{x} = \frac{x}{L}, \quad \tilde{y} = \frac{y}{L}, \quad \tilde{z} = \frac{z}{L}$$

ein, so geht (etwa beim Fehlen volumenproportionaler äußerer Kräfte) die inkompressible Navier–Stokes–Gleichung über in

$$\tilde{\boldsymbol{u}}_t + \big\langle \tilde{\boldsymbol{u}}, \tilde{\boldsymbol{\nabla}} \big\rangle \tilde{\boldsymbol{u}} + \tilde{\boldsymbol{\nabla}} \tilde{p} - \frac{1}{\mathrm{Re}} \tilde{\Delta} \tilde{\boldsymbol{u}} = \mathbf{0},$$

[21] Claude Louis Marie Henri Navier (1785–1836); Dijon, Paris

wobei

$$\mathrm{Re} \quad := \quad \frac{\rho\, u_0\, L}{\eta} \quad = \quad \frac{u_0\, L}{\nu}$$

die **Reynolds-Zahl** ist und $\tilde{\boldsymbol{\nabla}} := \left(\frac{\partial}{\partial \tilde{x}}, \frac{\partial}{\partial \tilde{y}}, \frac{\partial}{\partial \tilde{z}}\right)^{\mathrm{T}}$, $\tilde{\Delta} = \frac{\partial^2}{\partial \tilde{x}^2} + \frac{\partial^2}{\partial \tilde{y}^2} + \frac{\partial^2}{\partial \tilde{z}^2}$.

Der Versuch entspricht also der Realität (**Ähnlichkeit**), sofern die Reynoldszahlen übereinstimmen. Dies setzt aber z.B. durchaus nicht gleiche Längen in Realität und Versuch voraus.

(25.2.2) enthält für $\eta \neq 0$ den Laplace–Operator und damit partielle Ableitungen zweiter Ordnung. Ableitungen höherer Ordnung kommen nicht vor, so dass es sich bei (25.2.2) um eine Differentialgleichung zweiter Ordnung handelt (genauer: um ein System partieller Differentialgleichungen zweiter Ordnung), zu der freilich noch die Kontinuitätsgleichung sowie im gasdynamischen Fall eine Zustandsgleichung hinzukommen.

Die Euler–Gleichungen wie die Navier–Stokes–Gleichungen sind nur in seltenen Fällen in dem Sinne exakt lösbar, dass man Lösungen explizit mittels elementarer Funktionen angeben könnte. In der Regel ist man auf numerische Näherungsmethoden angewiesen.

Als **weiteres Beispiel** betrachten wir die **Wärmeleitung** in festen Körpern. Aus einem gegebenen Körper schneiden wir einen beliebigen Teil mit Volumen V und Oberfläche F heraus. Der Körper — und damit auch der Teilkörper — möge durch Wärmezufuhr erwärmt werden. Die Oberfläche des Teilkörpers werde in kleine Flächenelemente ΔF_i zerlegt $(i = 1, \ldots, n)$.

Ist die Umgebung des Teilkörpers von höherer Temperatur als sein Inneres, so strömt durch jede Teilfläche ΔF_i Wärme in den Teilkörper hinein, wobei die Wärmemenge, die pro Sekunde durch ΔF_i hindurchströmt, dem Temperaturgefälle an dieser Oberfläche und der Größe von ΔF_i proportional ist. Das Temperaturgefälle wird durch die Ableitung der Temperatur T in Richtung der Flächennormalen, also durch die Normalableitung der Temperatur, beschrieben (vgl. Abschnitt 17.2).

Die gesamte dem Teilkörper pro Sekunde zuströmende Wärme Q ist also proportional zu $\sum\limits_{i=1}^{n} \frac{\partial T}{\partial \boldsymbol{n}_i} \Delta F_i = \sum\limits_{i=1}^{n} \langle\, \boldsymbol{\nabla} T, \boldsymbol{n}_i \,\rangle\, \Delta F_i$, sofern wir die ΔF_i approximativ zunächst als ebene Flächenstücke betrachten, zu denen jeweils der nach außen gerichtete Normalen-Einheitsvektor $\boldsymbol{n}_i$ gehört $(i = 1, \ldots, n)$.

Bei immer feiner werdender Zerlegung der Oberfläche des Teilkörpers folgt also

$$\frac{\partial Q}{\partial t} \quad = \quad \lambda \int\limits_F \langle\, \boldsymbol{\nabla} T, \boldsymbol{n} \,\rangle \, dF\,, \tag{25.2.3}$$

wobei das Integral im Sinne des Oberflächenintegrals 1. Art (vgl. Definition (19.3.14)) zu verstehen ist und t die Zeit bedeutet.

Der Proportionalitätsfaktor λ heißt **Wärmeleitfähigkeit** und hängt vom Material des betrachteten Körpers ab. Wir unterstellen, dass das Material bezüglich der Wärmeleitung homogen, λ also eine nicht von den Ortskoordinaten abhängende Größe ist.

Anwendung des Gaußschen Satzes auf die rechte Seite von (25.2.3) ergibt

$$\frac{\partial Q}{\partial t} = \lambda \int_V \operatorname{div}(\nabla T)\, d(x,y,z)\,, \tag{25.2.4}$$

wobei natürlich $Q = Q(x,y,z,t)$, $T = T(x,y,z,t)$.

Die in V [22] bei der dortigen Temperaturverteilung T enthaltene Wärmemenge ist

$$Q = \int_V c\,\rho\, T\, d(x,y,z) \tag{25.2.5}$$

($c =$ spezifische Wärme, $\rho =$ Dichte des Materials).

Wegen $\operatorname{div}(\nabla T) = \Delta T$ mit dem dreidimensionalen Laplace–Operator Δ liefern (25.2.4) und (25.2.5)

$$\frac{\partial}{\partial t}\int_V c\,\rho\, T\, d(x,y,z) = \lambda \int_V \Delta T\, d(x,y,z)\,. \tag{25.2.6}$$

Da die Ortsvariablen von der partiellen Differentiation nach der Zeit nicht berührt werden, folgt

$$\frac{\partial}{\partial t}\int_V c\,\rho\, T\, d(x,y,z) = \int_V \frac{\partial}{\partial t}(c\,\rho\, T)\, d(x,y,z) \quad .$$

Sind c und ρ zeitlich konstant, so erhalten wir mit (25.2.6)

$$\int_V \left[c\,\rho\,\frac{\partial T}{\partial t} - \lambda\,\Delta T\right] d(x,y,z) = 0\,. \tag{25.2.7}$$

Da das Teilvolumen V beliebig herausgegriffen war, kann (25.2.7) z.B. unter der Voraussetzung der Stetigkeit des Integranden nur dann immer richtig sein, wenn der Integrand identisch verschwindet:

$$\boxed{\frac{\partial T}{\partial t} = \frac{\lambda}{\rho\, c}\,\Delta T = \frac{\lambda}{\rho\, c}\left(\frac{\partial^2 T}{\partial x^2} + \frac{\partial^2 T}{\partial y^2} + \frac{\partial^2 T}{\partial z^2}\right)} \quad . \tag{25.2.8}$$

[22] Wir verwenden die Bezeichnungen $V, \Delta V, F, \Delta F$ sowohl in der Auffassung der Volumina und Flächen als Punktmengen wie auch als Bezeichnungen für deren Maßgrößen, da Verwechslungen nicht zu befürchten sind.

Definition (25.2.9)

(25.2.8) heißt **Wärmeleitungsgleichung** oder **Diffusionsgleichung** (da bei Diffusionsvorgängen analog zu argumentieren ist; $\frac{\lambda}{\rho\, c}$ ist dabei lediglich anders zu interpretieren, und T ist nicht die Temperatur sondern z.B. die Konzentration[23]). $\frac{\lambda}{\rho\, c}$ heißt **Temperaturleitfähigkeit**.

Auf die Wärmeleitungsgleichung war bereits in (17.1.17) hingewiesen worden, dort sogleich für den Fall des Auftretens von Wärmequellen im Inneren des betrachteten Festkörpers.

(25.2.8) stellt eine (skalare) partielle Differentialgleichung zweiter Ordnung dar, die im Fall einer zeitlich und örtlich konstanten Temperaturleitfähigkeit offenbar **linear** ist, denn sie enthält keine in den Ableitungen (einschließlich der Ableitung nullter Ordnung) der gesuchten Funktion T nichtlinearen Terme. Andererseits enthält sie auch keine von T oder den Ableitungen von T freien Glieder. Sie ist also homogen, was in der Schreibweise

$$\frac{\partial T}{\partial t} - \frac{\lambda}{\rho\, c}\Delta T = 0 \tag{25.2.10}$$

noch deutlicher zum Ausdruck kommt. Hingegen ist (17.1.17) inhomogen. In Abschnitt 17.1 waren weitere Beispiele linearer partieller Differentialgleichung zweiter Ordnung angegeben worden, deren Bezeichnungen (Potentialgleichung, Wellengleichung) bereits auf ihren Anwendungsbezug hinweisen.

Wegen ihrer besonderen Bedeutung wollen wir uns im Verlauf dieses Kapitels vornehmlich mit den partiellen Differentialgleichungen zweiter Ordnung befassen, merken jedoch an, dass z.B. auch Differentialgleichungen vierter Ordnung eine wichtige Rolle spielen (u.a. in der Elastomechanik). Auch wollen wir uns im Wesentlichen auf lineare Probleme beschränken, nicht ohne jedoch zuvor die allgemeine Definition einer partiellen Differentialgleichung bzw. eines Systems solcher Gleichungen angegeben zu haben.

Definition (25.2.11)

Sei $\boldsymbol{x} \in G \subset \mathbb{R}^n$. Wird dann eine Funktion $\boldsymbol{u} = (u_1, \ldots, u_m)^{\mathrm{T}}\colon\ G \to M \in \mathbb{R}^m$ gesucht, die einer Gleichung der Form

$$\boldsymbol{F}\left(\boldsymbol{x},\, \boldsymbol{u},\, \frac{\partial \boldsymbol{u}}{\partial x_1}, \frac{\partial \boldsymbol{u}}{\partial x_2}, \ldots, \frac{\partial \boldsymbol{u}}{\partial x_n}, \ldots, \frac{\partial^p \boldsymbol{u}}{\partial x_1^{p_1}\, \partial x_2^{p_2} \ldots \partial x_n^{p_n}}\right) = \boldsymbol{0} \tag{25.2.12}$$

mit $p_1 + p_2 + \ldots + p_n = p \geq 1$ genügt, wobei $\boldsymbol{F}$ eine aus q Komponenten bestehende

[23]Temperatur $\cong$ Wärmekonzentration

Vektorfunktion ist, so heißt (25.2.12) ein **System von q partiellen Differentialgleichungen p–ter Ordnung für die m gesuchten Funktionen** $u_1, \dots, u_m$.

Dabei wird unterstellt, dass tatsächlich eine Ableitung p–ter Ordnung in mindestens einer Gleichung vorkommt (anderenfalls wäre es ein System niedrigerer Ordnung), dass $n > 1$
und auch tatsächlich Ableitungen nach mindestens zwei verschiedenen unabhängigen Variablen auftreten (anderenfalls würde es sich um gewöhnliche Differentialgleichungen handeln). Im Fall $q = 1$ spricht man nicht von einem System, sondern von einer (skalaren) Differentialgleichung p–ter Ordnung.

Bemerkung (25.2.13)

In der Regel hat man es mit Problemen zu tun, bei denen $q = m$ gilt.

Eine Funktion $\boldsymbol{u}$, die (25.2.12) genügt, heißt **Lösung** dieser Differentialgleichung.

25.3 Die Normalformen (skalarer) linearer partieller Differentialgleichungen zweiter Ordnung

Wir beschränken uns zunächst auf zwei unabhängige Variable, die wir mit x, y bezeichnen. Die gesuchte Funktion $u = u(x, y)$ kann dann geometrisch als eine Fläche über dem Grundbereich G interpretiert werden.

Dann lautet die allgemeinste lineare partielle Differentialgleichung zweiter Ordnung:

$$\begin{aligned} & a_{11}(x,y)u_{xx} + 2a_{12}(x,y)u_{xy} + a_{22}(x,y)u_{yy} \\ & + b_1(x,y)u_x + b_2(x,y)u_y + f(x,y)u = g(x,y), \end{aligned} \tag{25.3.1}$$

wobei a_{ij}, b_i, f, g gegebene Funktionen sind, die $G \subset \mathbb{R}^2$ in $\mathbb{R}$ abbilden $(i, j = 1, 2)$.

Wir betrachten zunächst den Fall konstanter Koeffizienten des **Hauptteils**, d.h. die a_{ij} mögen nicht von x und y abhängen (hingegen dürfen zunächst die b_i sowie f und g weiterhin von x, y abhängig sein).

Mit dem Operator $\boldsymbol{\nabla} = \begin{pmatrix} \dfrac{\partial}{\partial x} \\ \dfrac{\partial}{\partial y} \end{pmatrix}$ (vgl. Definition (17.1.4)) kann (25.3.1) offenbar in der Form

$$\left(\boldsymbol{\nabla}^{\mathrm{T}} \boldsymbol{A}\, \boldsymbol{\nabla}\right) u + \left(\boldsymbol{b}^{\mathrm{T}} \boldsymbol{\nabla}\right) u + f\, u = g \tag{25.3.2}$$

geschrieben werden, wenn

$$\boldsymbol{A} = \begin{pmatrix} a_{11} & a_{12} \\ a_{12} & a_{22} \end{pmatrix} = \boldsymbol{A}^{\mathrm{T}}, \qquad \boldsymbol{b} = \begin{pmatrix} b_1 \\ b_2 \end{pmatrix},$$

und wenn unter einem Produkt, wie z.B. $\frac{\partial}{\partial x} \cdot \frac{\partial}{\partial y}$, die Operation $\frac{\partial^2}{\partial x\, \partial y} = \frac{\partial^2}{\partial y\, \partial x}$ [24] verstanden wird; die abschließende Multiplikation mit u bedeutet dann die Anwendung des Differentialoperators $\boldsymbol{\nabla}^{\mathrm{T}} \boldsymbol{A} \boldsymbol{\nabla}$ auf u (analog bei $(\boldsymbol{b}^{\mathrm{T}} \boldsymbol{\nabla})u$). Dabei wird berücksichtigt, dass bei konstanten a_{ij} z.B.

$$\left(\frac{\partial}{\partial x} a_{12} \frac{\partial}{\partial y}\right) u \;=\; \frac{\partial}{\partial x}\left(a_{12} \frac{\partial u}{\partial y}\right) \;=\; a_{12} \frac{\partial^2 u}{\partial x\, \partial y} \;=\; \left(a_{12} \frac{\partial^2}{\partial x\, \partial y}\right) u\,.$$

Wir vollführen nun eine Koordinatendrehung mittels einer orthogonalen Matrix $\boldsymbol{S} = \begin{pmatrix} s_{11} & s_{12} \\ s_{21} & s_{22} \end{pmatrix}$, $\boldsymbol{S}^{\mathrm{T}} \boldsymbol{S} = \boldsymbol{I}$ (vgl. Definition (4.1.12) sowie Abschnitt 5.1)

$$\begin{pmatrix} \xi \\ \eta \end{pmatrix} := \boldsymbol{S}^{\mathrm{T}} \begin{pmatrix} x \\ y \end{pmatrix}, \quad \text{d.h.} \quad \begin{pmatrix} x \\ y \end{pmatrix} = \boldsymbol{S} \begin{pmatrix} \xi \\ \eta \end{pmatrix}. \tag{25.3.3}$$

Wie $\boldsymbol{S}$ zu wählen ist (d.h. welcher Drehwinkel gewählt wird), lassen wir vorerst noch offen.

Wir setzen

$$u(x,y) \;=\; u\left(s_{11}\xi + s_{12}\eta,\; s_{21}\xi + s_{22}\eta\right) \;=:\; \tilde{u}(\xi,\eta)\,. \tag{25.3.4}$$

Dann folgt

$$\begin{pmatrix} \dfrac{\partial \tilde{u}}{\partial \xi} \\[2ex] \dfrac{\partial \tilde{u}}{\partial \eta} \end{pmatrix} = \begin{pmatrix} s_{11} \dfrac{\partial u}{\partial x} + s_{21} \dfrac{\partial u}{\partial y} \\[2ex] s_{12} \dfrac{\partial u}{\partial x} + s_{22} \dfrac{\partial u}{\partial y} \end{pmatrix} = \boldsymbol{S}^{\mathrm{T}} \begin{pmatrix} \dfrac{\partial u}{\partial x} \\[2ex] \dfrac{\partial u}{\partial y} \end{pmatrix} = \left(\boldsymbol{S}^{\mathrm{T}} \boldsymbol{\nabla}\right) u\,. \tag{25.3.5}$$

Sei nun

$$\tilde{\boldsymbol{\nabla}} := \begin{pmatrix} \dfrac{\partial}{\partial \xi} \\[2ex] \dfrac{\partial}{\partial \eta} \end{pmatrix}$$

Dann liefert (25.3.5)

$$\boldsymbol{S} \tilde{\boldsymbol{\nabla}} \tilde{u} \;=\; \boldsymbol{\nabla} u\,,$$

wegen (25.3.4) also $\boldsymbol{\nabla} = \boldsymbol{S} \tilde{\boldsymbol{\nabla}}$, so dass (25.3.2) zu

$$\left(\tilde{\boldsymbol{\nabla}}^{\mathrm{T}} \boldsymbol{S}^{\mathrm{T}} \boldsymbol{A} \boldsymbol{S} \tilde{\boldsymbol{\nabla}}\right) \tilde{u} + \left(\tilde{\boldsymbol{b}}^{\mathrm{T}} \boldsymbol{S} \tilde{\boldsymbol{\nabla}}\right) \tilde{u} + \tilde{f} \tilde{u} \;=\; \tilde{g} \tag{25.3.6}$$

führt, wobei $\tilde{\boldsymbol{b}}, \tilde{f}$ und $\tilde{g}$ aus $\boldsymbol{b}, f, g$ dadurch entstehen, dass man dort x und y vermöge (25.3.3) durch ξ, η ersetzt.

---

[24] Wir setzen also gemäß Satz (17.1.11) voraus, dass die gesuchte Lösung u stetige partielle Ableitungen zweiter Ordnung besitzt.

Matrizentransformationen $\boldsymbol{S}^{\mathrm{T}} \boldsymbol{A} \boldsymbol{S}$ mit einer orthogonalen Matrix $\boldsymbol{S}$ bei reellsymmetrischer Matrix $\boldsymbol{A}$ waren uns bereits in Abschnitt 7.2 im Zusammenhang mit der Hauptachsentransformation symmetrischer Matrizen und deren geometrischer Interpretation bei Kurven zweiter Ordnung begegnet. Dort waren die Spalten von $\boldsymbol{S}$ die orthonormalen (oder orthonormalisierten) Eigenvektoren der Matrix $\boldsymbol{A}$.

Wir hatten die Wahl der orthogonalen Matrix $\boldsymbol{S}$ noch freigelassen. Wir wählen sie nun gerade als jene Transformationsmatrix.

Dann geht (25.3.6) über in

$$\lambda_1 \frac{\partial^2 \tilde{u}}{\partial \xi^2} + \lambda_2 \frac{\partial^2 \tilde{u}}{\partial \eta^2} + \tilde{p}_1 \frac{\partial \tilde{u}}{\partial \xi} + \tilde{p}_2 \frac{\partial \tilde{u}}{\partial \eta} + \tilde{f} \tilde{u} = \tilde{g}, \tag{25.3.7}$$

wobei wir $\tilde{\boldsymbol{p}} := \boldsymbol{S}^{\mathrm{T}} \tilde{\boldsymbol{b}}$ gesetzt haben. Waren in (7.2.13) die Eigenwerte λ_1, λ_2 von Null verschieden und hatten sie einheitliches Vorzeichen, so lag gemäß (7.2.14) - abgesehen von Ausartungsfällen - eine Ellipse vor, bei verschiedenen Vorzeichen eine Hyperbel.

Definition (25.3.8)

Sind die a_{ij} in (25.3.1) Konstanten und genügen die Eigenwerte von $\boldsymbol{A}$ der Bedingung $\lambda_1 \cdot \lambda_2 > 0$, so heißt (25.3.1) eine **elliptische** Differentialgleichung, ist $\lambda_1 \cdot \lambda_2 < 0$, so heißt (25.3.1) eine **hyperbolische** Differentialgleichung.

Sei o.B.d.A. etwa $\lambda_1 > 0$ (anderenfalls multipliziert man (25.3.4) mit -1). Dann liefert eine erneute Koordinatentransformation, nämlich

$$\tilde{\xi} := \frac{1}{\sqrt{\lambda_1}} \xi, \qquad \tilde{\eta} := \frac{1}{\sqrt{|\lambda_2|}} \eta, \tag{25.3.9}$$

die Differentialgleichung

$$\frac{\partial^2 \tilde{u}}{\partial \tilde{\xi}^2} \pm \frac{\partial^2 \tilde{u}}{\partial \tilde{\eta}^2} + \frac{1}{\sqrt{\lambda_1}} \tilde{p}_1 \frac{\partial \tilde{u}}{\partial \tilde{\xi}} + \frac{1}{\sqrt{|\lambda_2|}} \tilde{p}_2 \frac{\partial \tilde{u}}{\partial \tilde{\eta}} + \tilde{f} \tilde{u} = \tilde{g}, \tag{25.3.10}$$

wobei in $\tilde{u}, \tilde{p}_1, \tilde{p}_2, \tilde{f}, \tilde{g}$ überall ξ und η gemäß (25.3.9) durch $\tilde{\xi}$ und $\tilde{\eta}$ zu ersetzen sind. Dabei gilt in (25.3.10) das positive Vorzeichen im elliptischen und das negative Vorzeichen im hyperbolischen Fall.

Schreiben wir (bei geänderter Bedeutung gegenüber den ursprünglichen Variablenbezeichnungen) wieder x statt $\tilde{\xi}$, y statt $\tilde{\eta}$, u statt $\tilde{u}$, f statt $\tilde{f}$, g statt $\tilde{g}$ und setzen wir

$$\frac{1}{\sqrt{\lambda_1}} \tilde{p}_1 =: a_1, \qquad \frac{1}{\sqrt{|\lambda_2|}} \tilde{p}_2 =: a_2,$$

so geht (25.3.10) über in

$$\boxed{u_{xx} \pm u_{yy} + a_1(x,y) u_x + a_2(x,y) u_y + f(x,y) u = g(x,y)} \,. \tag{25.3.11}$$

Definition (25.3.12)

(25.3.11) heißt **Normalform** der Gleichung (25.3.1) im elliptischen, bzw. im hyperbolischen Fall.

Definition (25.3.13)

Speziell für das positive Vorzeichen und für $a_1 \equiv a_2 \equiv f \equiv g \equiv 0$ entsteht die uns bereits aus (17.1.18) bekannte **Potentialgleichung**

$$\Delta u \quad = \quad u_{xx} + u_{yy} \quad = \quad 0 \tag{25.3.14}$$

(hier speziell für zwei unabhängige Variable), auf deren außerordentliche physikalisch–technische Bedeutung bereits hingewiesen worden war. Die entsprechende inhomogene elliptische Differentialgeichung

$$\Delta u \quad = \quad g(x, y) \tag{25.3.15}$$

heißt **Poissonsche** [25] **Gleichung**.

Das hyperbolische Analogon zur Potentialgleichung ist die Differentialgleichung

$$u_{xx} - u_{yy} \quad = \quad 0\,. \tag{25.3.16}$$

Schreiben wir t statt y (da in den Anwendungsgebieten von (25.3.16) in der Regel die Zeit als eine der unabhängigen Variablen auftritt) und lassen wir die Transformation (25.3.9) unausgeführt, so erhält man analog

$$u_{tt} - c^2\, u_{xx} \quad = \quad 0 \tag{25.3.17}$$

mit $c^2 := -\dfrac{\lambda_1}{\lambda_2} \quad (> 0)$.

Auch (25.3.17) war in (17.1.16) bereits vorgestellt und als **Wellengleichung** bezeichnet worden, und zwar sogleich auch für den Fall nicht nur einer **Ortsvariablen** x, also nicht nur für den **eindimensionalen** Fall wie in (25.3.17).

Der Name rührt aus folgendem Umstand her:

Seien $f_1(x)$ und $f_2(x)$ zwei beliebige, zweimal stetig differenzierbare Funktionen einer reellen Veränderlichen (etwa: $f_1, f_2 : \mathbb{R} \to \mathbb{R}$ oder $\mathbb{R} \to \mathbb{C}$).

Dann ist offenbar

$$u_1(x, t) \quad = \quad f_1(x - ct)$$

eine Lösung von (25.3.17), denn es ist

$$\frac{\partial u_1}{\partial t} \quad = \quad -f_1'(x - ct) \cdot c \qquad \text{und damit} \qquad \frac{\partial^2 u_1}{\partial t^2} \quad = \quad f_1''(x - ct) \cdot c^2$$

[25] Siméon Denis Poisson (1781–1840); Paris

sowie entsprechend $\dfrac{\partial^2 u_1}{\partial x^2} = f_1''(x - ct)$, so dass in der Tat gilt

$$\frac{\partial^2 u_1}{\partial t^2} - c^2 \frac{\partial^2 u_1}{\partial x^2} = c^2 \cdot f_1''(x - ct) - c^2 \cdot f_1''(x - ct) = 0\,.$$

Ebenso ist $u_2(x,t) = f_2(x + ct)$ eine Lösung, und da die Differentialgleichung linear und homogen ist, gilt das **Überlagerungs–** oder **Superpositionsprinzip**, d.h., jede Linearkombination von Lösungen stellt selbst eine Lösung dar.

Definition (25.3.18)

Die Lösung

$$u(x,t) = f_1(x - ct) + f_2(x + ct) \tag{25.3.19}$$

mit zwei beliebigen, zweimal stetig differenzierbaren Funktionen f_1 und f_2 heißt **allgemeine Lösung** [26] der Differentialgleichung (25.3.17).

Sind x_1 und x_2 zwei verschiedene Werte der Ortskoordinate und t_1 und t_2 zwei verschiedene Zeitpunkte, so ist offenbar gewiss

$$u_1(x_1,t_1) = u_1(x_2,t_2)\,, \qquad \text{sobald} \quad x_1 - ct_1 = x_2 - ct_2\,,$$

d.h. wenn $\dfrac{x_2 - x_1}{t_2 - t_1} = c.$

Misst z.B. u_1 in einem (x, u_1)–Koordinatensystem die Auslenkung eines Punktes an der Stelle x zum Zeitpunkt t, also $u_1(x_1,t_1)$ die Auslenkung bei x_1 zur Zeit t_1, so findet sich die gleiche Auslenkung zum späteren Zeitpunkt t_2 an der Stelle $x_2 (t_2 > t_1,\ c > 0 \Rightarrow x_2 > x_1)$.

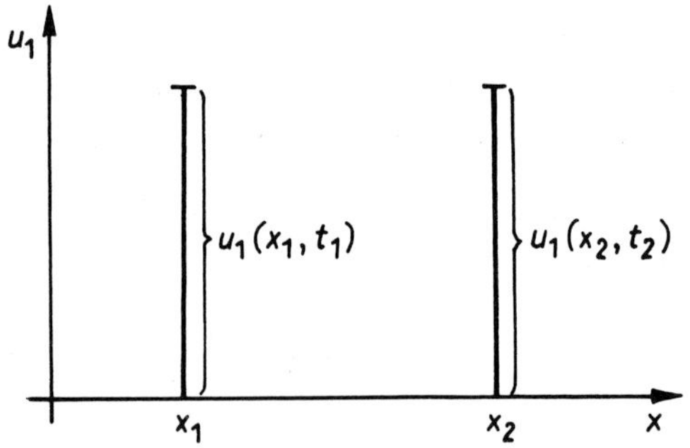

Abb. 25.1. Zum Begriff der Welle

Der Zustand an der Stelle t_1 hat sich also mit der **Ausbreitungsgeschwindigkeit** c zur Stelle $x_2 = x_1 + c(t_2 - t_1)$ fortgepflanzt.

$u_1(x,t) = f_1(x - ct)$ beschreibt mithin eine nach rechts fortschreitende **Welle**. Analog ist $u_2(x,t) = f_2(x + ct)$ eine nach links fortschreitende Welle, und $u = f_1(x - ct) + f_2(x + ct)$

[26] Der Grund für diese Bezeichnung wird aus den Überlegungen des Abschnitts 25.5 deutlich werden.

ist eine Überlagerung beider. Dabei kann natürlich der eine oder andere Teil identisch Null sein, die Teile können einander auch teilweise auslöschen (**Knoten** einer Welle) usw.

Damit ist die technisch–naturwissenschaftliche Bedeutung hyperbolischer Aufgaben offenkundig und die Bezeichnung Wellengleichung gerechtfertigt.

Wir kommen auf die Wellengleichung und ihre Anwendungen später ausführlich zurück, halten aber anhand dieses Beispiels fest, dass offensichtlich selbst die Menge der Lösungen einer nur linearen Differentialgleichung außerordentlich groß ist (f_1, f_2 beliebig!). Lösungen können mithin auch hier eindeutig nur dann beschrieben werden, wenn (in Analogie zu den Anfangs– oder Randbedingungen bei gewöhnlichen Differentialgleichungen) neben der Differentialgleichung noch weitere Zusatzbedingungen zu erfüllen sind.

Die Herstellung der Normalform (25.3.11), d.h. die Durchführbarkeit der Transformation (25.3.9), setzte $\lambda_1 \cdot \lambda_2 \neq 0$ voraus.

Sei nun aber z.B. $\lambda_1 \neq 0, \ \lambda_2 = 0$ [27]. Dann geht (25.3.7) über in

$$\lambda_1 \frac{\partial^2 \tilde{u}}{\partial \xi^2} + \tilde{p}_1 \frac{\partial \tilde{u}}{\partial \xi} + \tilde{p}_2 \frac{\partial \tilde{u}}{\partial \eta} + \tilde{f}\, \tilde{u} \quad = \quad \tilde{g}\,. \tag{25.3.20}$$

Der Fall, dass ein Eigenwert verschwindet, der andere jedoch nicht, lieferte in (7.2.14) bei der Betrachtung der Kegelschnitte u.a. eine Parabel. (25.3.1) heißt deshalb in diesem Falle eine **parabolische Differentialgleichung**.

Dabei können wir davon ausgehen, dass $\tilde{p}_2(\xi, \eta) \neq 0$, sofern $b_2(x, y)$ stetig ist. Wäre nämlich in einem gewissen Gebiet $\tilde{p}_2(\xi, \eta) \equiv 0$, so wäre (25.3.20) dort gar keine partielle, sondern eine gewöhnliche Differentialgleichung (die lediglich η als freien Parameter enthielte). Ist aber $\tilde{p}_2(\xi, \eta)$ an nur einer Stelle (ξ_0, η_0) von Null verschieden, so ist es das aufgrund seiner Stetigkeit auch in einer gewissen Umgebung dieser Stelle.

Wir beschränken uns also auf solche Umgebungen bzw. Gebiete, in denen $\tilde{p}_2(\xi, \eta)$ nicht verschwindet. Dann liefert (25.3.20).

$$\frac{\partial \tilde{u}}{\partial \eta} \quad = \quad -\frac{\lambda_1}{\tilde{p}_2(\xi,\eta)} \frac{\partial^2 \tilde{u}}{\partial \eta^2} - \frac{\tilde{p}_1(\xi,\eta)}{\tilde{p}_2(\xi,\eta)} \frac{\partial u}{\partial \xi} - \frac{\tilde{f}(\xi,\eta)}{\tilde{p}_2(\xi,\eta)}\, u + \frac{\tilde{g}(\xi,\eta)}{\tilde{p}_2(\xi,\eta)}\,.$$

Schreiben wir wieder t statt η, x statt ξ und u statt $\tilde{u}$ und setzen

$$-\frac{\lambda_1}{\tilde{p}_2} =: q_0, \quad -\frac{\tilde{p}_1}{\tilde{p}_2} =: q_1, \quad -\frac{\tilde{f}}{\tilde{p}_2} =: q_2, \quad -\frac{\tilde{g}}{\tilde{p}_2} =: q_3\,,$$

so erhalten wir die **Normalform**

$$\boxed{u_t \quad = \quad q_0\, u_{xx} + q_1\, u_x + q_2\, u + q_3}\,. \tag{25.3.21}$$

---

[27] Verschwänden beide Eigenwerte von $\boldsymbol{A}$, so würde es sich - wie (25.3.7) zeigt - nicht mehr um eine Differentialgleichung zweiter Ordnung handeln.

Die q_i $(i = 0, \ldots, 3)$ sind dabei Funktionen von x und t.

Bemerkung (25.3.22)

Durch eine weitere Transformation kann auch die Funktion $q_0(x)$ noch zu 1 normiert werden; wir begnügen uns jedoch mit der Normalform (25.3.21), vermerken aber, dass o.B.d.A. $q_0 > 0$ vorausgesetzt werden darf, denn anderenfalls substituiere man $t = -\tau$.

Bemerkung (25.3.23)

(25.3.21) enthält als Spezialfall die Wärmeleitungsgleichung (25.2.8), hier für den Fall einer Ortsvariablen. Diese **eindimensionale** Wärmeleitungsgleichung kann als Idealisierung im Fall eines dünnen zylindrischen Stabes betrachtet werden, dessen Mantelfläche wärmeundurchlässig ist und bei dem Wärme mithin nur durch die Deckflächen an den Stabenden ein- oder austreten kann. Dann verschwinden in (25.2.8) die Ableitungen nach y und z, so dass (25.3.21) entsteht mit $q_0 = \dfrac{\lambda}{\rho\, c}$, $q_1 = q_2 = q_3 = 0$.

Bisher hatten wir vorausgesetzt, dass nur zwei unabhängige Variable auftreten. Handelt es sich um mehr als zwei unabhängige Veränderliche (z.B. x, y, z, t), allgemein also $x_1, x_2, \ldots, x_n$, so kann natürlich dennoch (25.3.6) hergestellt werden, wobei nun $\boldsymbol{A}$ eine symmetrische (n, n)–Matrix ist (die folglich nur reelle Eigenwerte besitzt) und $\boldsymbol{S}$ jene Matrix, die die Hauptachsentransformation für diese Matrix $\boldsymbol{A}$ bewirkt.

Natürlich ist dann

$$\boldsymbol{\nabla}^{\mathrm{T}} = \left(\frac{\partial}{\partial x_1}, \frac{\partial}{\partial x_2}, \ldots, \frac{\partial}{\partial x_n} \right).$$

Sind sämtliche Eigenwerte von $\boldsymbol{A}$ von Null verschieden, und besitzen sie einheitliche Vorzeichen, so heißt die gegebene lineare Differentialgleichung zweiter Ordnung, nämlich

$$\left(\boldsymbol{\nabla}^{\mathrm{T}} \boldsymbol{A} \boldsymbol{\nabla}\right) u + \left(\boldsymbol{b}^{\mathrm{T}} \boldsymbol{\nabla}\right) u + f u = g$$

oder ausführlich

$$\begin{array}{rcccccccc} a_{11}\, u_{x_1 x_1} & + & 2a_{12}\, u_{x_1 x_2} & + & 2a_{13}\, u_{x_1 x_3} & + & \ldots & + & 2a_{1n}\, u_{x_1 x_n} \\ & + & a_{22}\, u_{x_2 x_2} & + & 2a_{23}\, u_{x_2 x_3} & + & \ldots & + & 2a_{2n}\, u_{x_2 x_n} \\ & + & & & & & & & \\ & & & & \ldots & & & & \\ & & & & & & & + & a_{nn}\, u_{x_n x_n} \end{array} \qquad (25.3.24)$$

$$+ b_1\, u_{x_1} + b_2\, u_{x_2} + \ldots + b_n\, u_{x_n} + f\, u = g(x_1, \ldots, x_n),$$

elliptisch, und die Normalform lautet

$$\Delta_n u + a_1\, u_{x_1} + a_2\, u_{x_2} + \ldots + a_n\, u_{x_n} + f\, u = g \qquad (25.3.25)$$

mit dem n–dimensionalen Laplace–Operator Δ_n und gewissen Funktionen a_i, f, g. Speziell für $a_1 \equiv a_2 \equiv \ldots \equiv a_n \equiv f \equiv 0$ spricht man im Fall $g \equiv 0$ wieder von der **Potentialgleichung**, für $g \not\equiv 0$ von der **Poissonschen Gleichung**.

Sind sämtliche Eigenwerte von $\boldsymbol{A}$ von Null verschieden, wobei ein Eigenwert ein anderes Vorzeichen besitzt als die übrigen $n-1$ Eigenwerte, so heißt (25.3.24) **hyperbolisch**, und die Normalform lautet:

$$-u_{tt} + \Delta_{n-1}u + a_1 u_{x_1} + \ldots + a_{n-1}u_{x_{n-1}} + a_n u_t + f\,u = g \qquad (25.3.26)$$

(Δ_{n-1} : $(n-1)$–dimensionaler Laplace–Operator, $x_n = t$).

Speziell für $a_1 \equiv a_2 \equiv \ldots \equiv a_n \equiv f \equiv g \equiv 0$ spricht man von der **Wellengleichung**

$$u_{tt} = \Delta_{n-1}\, u \qquad (25.3.27)$$

(z.B. $n = 4$, d.h. $x_1 = x,\ x_2 = y,\ x_3 = z,\ x_4 = t$).

Ist $f = \text{const} \neq 0$, $g \equiv 0$, $a_i = \text{const}$, liegt also z.B. der Fall $u_{tt} = \Delta_{n-1}\, u + f\, u$ vor, so spricht man von einer Wellengleichung **mit Dispersion** (Dispersion: Abhängigkeit der Ausbreitungsgeschwindigkeit von der Wellenlänge). Hier gibt es als Lösungen Überlagerungen von Wellen, die mit unterschiedlicher Geschwindigkeit fortschreiten. Zu diesem Typ gehört auch die **Telegraphengleichung**

$$u_{tt} - c^2 u_{xx} + (\alpha + \beta)\, u_t + \alpha\beta\, u = 0\,. \qquad (25.3.28)$$

Sind sämtliche Eigenwerte von Null verschieden, gibt es jedoch mehr als einen positiven und mehr als einen negativen Eigenwert, so spricht man von einer **ultrahyperbolischen** Gleichung.

Gibt es einen oder mehrere verschwindende Eigenwerte, so nennt man die Differentialgleichung (25.3.24) **parabolisch**.

Insbesondere ist also auch die mehrdimensionale Wärmeleitungsgleichung parabolisch.

Bemerkung (25.3.29)

Sind die Koeffizienten des Hauptteils in (25.3.1) bzw. in (25.3.24) Funktionen der unabhängigen Variablen, so kann dennoch die Form (25.3.2) hergestellt werden, wenn man bedenkt, dass z.B. im Fall $n = 2$ gilt:

$$\frac{\partial}{\partial x}\left(a_{12}(x,y)\frac{\partial}{\partial y}\right) u = a_{12}u_{xy} + [a_{12}(x,y)]_x\, u_y\,.$$

Es entstehen also im Hauptteil in der Tat die ursprünglichen Glieder; allerdings kommen Glieder erster Ordnung hinzu, die kompensiert werden müssen. So ist z.B. die Gleichung

$$a_{11}(x,y)u_{xx} + 2a_{12}(x,y)u_{xy} + a_{22}(x,y)u_{yy} + b_1(x,y)u_x + b_2(x,y)u_y + f(x,y)u = g(x,y)$$

identisch mit

$$(\nabla^{\mathrm{T}} \boldsymbol{A} \nabla)u + \left\{b_1(x,y) - [a_{11}(x,y)]_x - [a_{12}(x,y)]_y\right\} u_x$$
$$+ \left\{b_2(x,y) - [a_{12}(x,y)]_x - [a_{22}(x,y)]_y\right\} u_y + f(x,y)u \;=\; g(x,y)\,.$$

Man hat also lediglich Veränderungen in den Koeffizienten der ersten Ableitungen vorzunehmen, um auch im Fall nichtkonstanter Koeffizienten zu einer Form (25.3.2) zu gelangen.

Allerdings hängen die Elemente der Matrix $\boldsymbol{A}$ nun von den unabhängigen Variablen ab, mithin auch die Eigenwerte von $\boldsymbol{A}$. Eine Differentialgleichung kann dann also in gewissen Punkten oder Gebieten elliptisch, in anderen hyperbolisch, auf der Grenzlinie solcher Gebiete parabolisch sein, usw.

Differentialgleichungen mit wechselndem Typ spielen z.B. in der Technischen Strömungslehre eine wesentliche Rolle, etwa beim Übergang von Unterschallströmungen (elliptisch) zu Überschallströmungen (hyperbolisch).

Vom wechselnden Typ ist auch die **Tricomi–Gleichung**

$$k(y)u_{xx} - u_{yy} \;=\; g(x,y) \tag{25.3.30}$$

(elliptisch für $k(y) < 0$, hyperbolisch für $k(y) > 0$).

Bemerkung (25.3.31)

Hängen die Koeffizienten des Hauptteils nicht von der gesuchten Lösung u ab, kommen jedoch im übrigen u oder die ersten Ableitungen von u auch nichtlinear vor, hat man also statt (25.3.1) die Differentialgleichung

$$a_{11}(x,y)u_{xx} + 2a_{12}(x,y)u_{xy} + a_{22}(x,y)u_{yy} \;=\; g(x,y,u,u_x,u_y) \tag{25.3.32}$$

vor sich, so heißt diese **halblinear**. Hängen auch die a_{ik} noch von u oder ersten Ableitungen von u ab (nicht jedoch von zweiten Ableitungen), lautet die Differentialgleichung z.B. im Fall zweier unabhängiger Variablen mithin

$$\begin{aligned} a_{11}(x,y,u,u_x,u_y)u_{xx} &+ 2a_{12}(x,y,u,u_x,u_y)u_{xy} \\ &+ a_{22}(x,y,u,u_x,u_y)u_{yy} \;=\; g(x,y,u,u_x,u_y)\,, \end{aligned} \tag{25.3.33}$$

so spricht man von einer **quasilinearen** Differentialgleichung. Analog sind diese Begriffe natürlich auf den Fall von mehr als zwei unabhängigen Variablen zu übertragen.

Beispielsweise ist die Wärmeleitungsgleichung quasilinear, wenn man berücksichtigt, dass u.a. die Dichte temperaturabhängig ist (also von der gesuchten Lösung T abhängt); als linear kann die Wärmleitungsgleichung daher nur angesehen werden, wenn erwartet werden darf, dass die gesuchte Lösung keinen zu großen Schwankungen unterliegt.

25.4 Charakteristiken bei Differentialgleichungen zweiter Ordnung

Anhand der Wellengleichung war bereits deutlich geworden, dass eine partielle Differentialgleichung — sofern sie Lösungen besitzt — i.Allg. deren sehr viele aufweist, Eindeutigkeit einer solchen Problemlösung also der Ergänzung der Differentialgleichung durch Zusatzbedingungen bedarf.

Betrachten wir exemplarisch erneut (25.3.17), also den Fall der eindimensionalen Wellengleichung

$$u_{tt} - c^2 u_{xx} = 0$$

mit der allgemeinen Lösung

$$u(x,t) = f_1(x-ct) + f_2(x+ct) \qquad (25.4.1)$$

(vgl. (25.3.19)) mit zwei beliebigen, zweimal stetig differenzierbaren Funktionen f_1, f_2. Zu einem Zeitpunkt $t=0$ sei die Wellenform vorgegeben (Momentaufnahme), d.h., es gelte

$$u(x,0) = u_0(x) \qquad (25.4.2)$$

mit einer gegebenen Funktion u_0, wobei etwa $-a \leq x \leq a$.

Wir nennen (25.4.2) eine **Anfangsbedingung**, nämlich einen gegebenen Zustand, aus dem heraus sich für wachsende t künftige Zustände ergeben sollen.

(25.4.1) und (25.4.2) liefern für die gesuchten Funktionen f_1, f_2 die Bedingungsgleichung

$$f_1(x) + f_2(x) = u_0(x), \qquad (25.4.3)$$

die jedoch für sich allein noch nicht ausreicht, um f_1 und f_2 eindeutig festzulegen.

Kennt man jedoch zum Zeitpunkt $t=0$ auch noch an jeder Stelle x die Geschwindigkeit, mit der sich (z.B. im Fall mechanischer Wellen) das dort gerade befindliche Teilchen bewegt, ist also auch $u_t(x,0)$ vorgegeben, etwa

$$u_t(x,0) = v_0(x), \qquad -a \leq x \leq a, \qquad (25.4.4)$$

so liefert (25.4.1)

$$-f_1'(x) + f_2'(x) = \frac{1}{c}\, v_0(x),$$

d.h.

$$-f_1(x) + f_2(x) = \frac{1}{c} \int_b^x v_0(\xi)\, d\xi, \qquad (25.4.5)$$

wobei $b \in [-a,a]$ noch beliebig wählbar ist.

Addition von (25.4.3) und (25.4.5) ergibt

$$f_2(x) = \frac{1}{2}\left\{ u_0(x) + \frac{1}{c}\int_b^x v_0(\xi)\,d\xi \right\},$$

Subtraktion liefert

$$f_1(x) = \frac{1}{2}\left\{ u_0(x) - \frac{1}{c}\int_b^x v_0(\xi)\,d\xi \right\},$$

so dass

$$u(x,t) = \frac{1}{2}\{\, u_0(x-ct) + u_0(x+ct)\,\} + \frac{1}{2c}\left\{ \int_b^{x+ct} v_0(\xi)\,d\xi - \int_b^{x-ct} v_0(\xi)\,d\xi \right\},$$

d.h.

$$u(x,t) = \frac{1}{2}\{\, u_0(x-ct) + u_0(x+ct)\,\} + \frac{1}{2c}\int_{x-ct}^{x+ct} v_0(\xi)\,d\xi\,. \tag{25.4.6}$$

Auch (25.4.4) ist eine Anfangsbedingung, und beide Anfangsbedingungen zusammen vermögen daher im vorliegenden Fall die Lösung eindeutig zu bestimmen, sofern nicht noch Lösungen denkbar sind, die nicht die Form (25.4.1) haben (vgl. hierzu Abschnitt 25.5).

Da jedoch u_0 und v_0 nur auf dem Interval $[-a, a]$ erklärt waren, existiert die Lösung (25.4.6) bei jeweils festem $t \neq 0$ nur für $-a + c|t| \leq x \leq a - c|t|$, was insbesondere $|t| \leq \frac{a}{c}$ nach sich zieht.

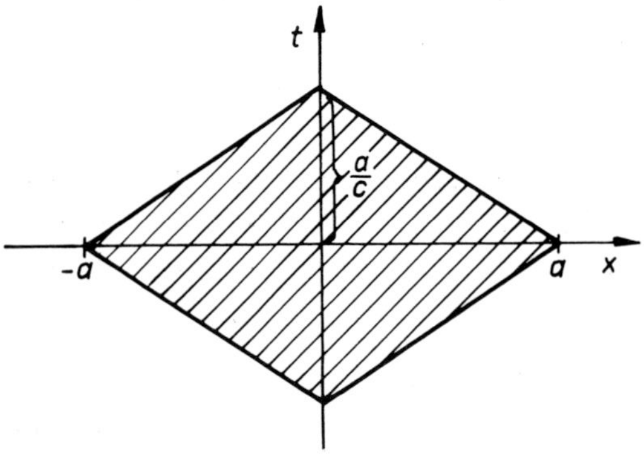

Abb. 25.2. Bestimmtheitsbereich

Sind also die Anfangswerte auf einem beschränkten Intervall vorgegeben, so existiert die Lösung der eindimensionalen Wellengleichung nur für einen beschränkten Zeitbereich. Der Bereich im Orts–Zeit–Raum (in Abb. 25.2 das schraffierte Gebiet), auf dem eine Lösung $u(x,t)$ existiert, heißt **Bestimmtheitsbereich** des durch die Wellengleichung samt ihren Anfangsbedingungen beschriebenen Problems.

Der Bestimmtheitsbereich umfasst offenbar den gesamten Orts–Zeit–Raum, wenn die Anfangsbedingungen auf dem gesamten Ortsraum (hier die x–Achse, also der $\mathbb{R}^1$) vorgeben werden.

Die Lösung existiert offensichtlich nicht nur für gewisse $t \geq 0$, sondern ebenso für entsprechende $t \leq 0$. Aus dem Anfangszustand kann also nicht nur eindeutig auf die Zukunft des Vorganges, sondern ebenso auf dessen Vergangenheit geschlossen werden. Er ist also reversibel.

Wählt man in dem schraffierten Gebiet einen Punkt (x_0, t_0) aus, so zeigt (25.4.6), dass der Wert $u(x_0, t_0)$ nur abhängt von den Werten der Anfangsfunktionen u_0, v_0 auf dem Intervall $[x_0 - ct_0, x_0 + ct_0]$. Diesen Bereich innerhalb des Ortsraumes nennt man den **Abhängigkeitsbereich** des Punktes (x_0, t_0). Dabei werden im eindimensionalen Fall die Werte von u_0 sogar nur an den Intervallendpunkten benötigt.

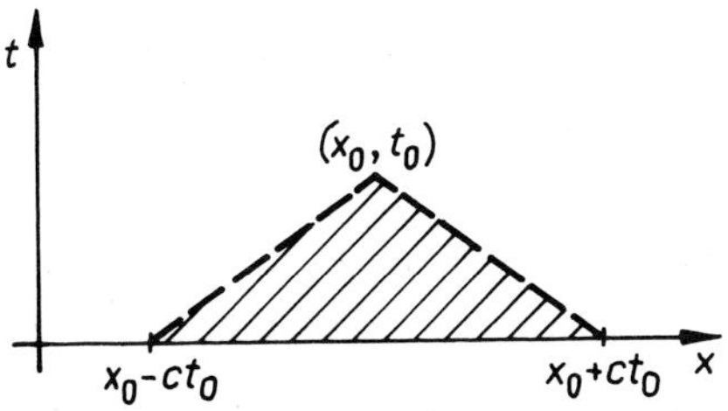

Abb. 25.3. Abhängigkeitsbereich

Abänderungen der Anfangsbedingungen in Punkten außerhalb des Abhängigkeitsbereichs haben mithin auf die Lösung u im Punkte (x_0, t_0) keinen Einfluss.

Offenbar spielen die Geraden

$$x \pm ct = \text{const} \tag{25.4.7}$$

als Begrenzungslinien der Bestimmtheits- und Abhängigkeitsbereiche eine Sonderrolle. Man nennt sie die **Charakteristiken** der Wellengleichung.

Bemerkung (25.4.8)

Hätte man bei der Wellengleichung die Anfangsbedingungen (25.4.2) und (25.4.4) nicht entlang eines Stückes der x-Achse vorgegeben (die nicht zu den Charakteristiken gehört), sondern entlang eines Stückes einer Charakteristik, etwa entlang $x - ct = d$ mit einer Konstanten d, d.h.

$$\begin{aligned} u\left(x, \frac{1}{c}(x-d)\right) &= u_0(x)\,, \\ u_t\left(x, \frac{1}{c}(x-d)\right) &= v_0(x)\,, \end{aligned} \tag{25.4.9}$$

so ergäbe Differentiation der ersten Gleichung in (25.4.9) nach x:

$$u_0'(x) = u_x\left(x, \frac{1}{c}(x-d)\right) + u_t\left(x, \frac{1}{c}(x-d)\right) \cdot \frac{1}{c}\,.$$

Die zweite Gleichung in (25.4.9) würde mithin

$$u_0'(x) \quad = \quad u_x\left(x, \frac{1}{c}(x-d)\right) + \frac{1}{c}\, v_0(x)$$

liefern. Nochmalige Differentiation dieser Gleichung nach x führt zu

$$u_0''(x) \quad = \quad u_{xx} + u_{xt} \cdot \frac{1}{c} + \frac{1}{c}\, v_0' \,.$$

Andererseits ergibt Differentiation der zweiten Gleichung in (25.4.9):

$$u_{tx} + u_{tt} \cdot \frac{1}{c} \quad = \quad v_0' \,.$$

Unter Berücksichtigung von $u_{xt} = u_{tx}$ erhält man daher

$$u_0'' \quad = \quad u_{xx} - \frac{1}{c^2}\, u_{tt} + \frac{2}{c}\, v_0' \,.$$

Da u auch entlang der Anfangskurve der Differentialgleichung genügen soll, folgt

$$u_0'' \quad = \quad \frac{2}{c}\, v_0' \,. \tag{25.4.10}$$

Die Anfangsbedingungen können also nicht mehr unabhängig voneinander vorgegeben werden, solange man Lösungen sucht, die auch entlang der Anfangskurve der Differentialgleichung genügen und zweimal stetig nach beiden Variablen differenzierbar sind (analog entlang $x + ct = d$). Gibt man aber u_0 und v_0 entlang des charakteristischen Anfangsstückes so vor, dass (25.4.10) erfüllt ist, so ist $u(x,t)$ nicht mehr eindeutig bestimmt, denn erfüllt u sowohl die Differentialgleichung als auch die Anfangsbedingungen (25.4.9), so tut dies auch die Funktion

$$\tilde{u}(x,t) \quad = \quad u(x,t) + \alpha(x - ct - d)^2$$

bei beliebiger Konstanten α.

In (25.4.2), (25.4.4) werden u und u_t entlang der x–Achse ($t = 0$) vorgegeben, wo u_t auch als Normalableitung von u bezüglich dieser speziellen Anfangskurve gedeutet werden kann. In (25.4.9) könnte aus den Werten von u und u_t entlang der Charakteristik ebenfalls sofort auch das Paar $\left(u, \dfrac{\partial u}{\partial \boldsymbol{n}}\right)$ berechnet werden (und umgekehrt), und das Ergebnis war, dass diese Vorgaben nicht zu einer eindeutigen Lösung führen.

Allgemein kann man sofort zeigen, dass auch dann eine eindeutige Lösung der Wellengleichung existiert, wenn man u und $\dfrac{\partial u}{\partial \boldsymbol{n}}$ nicht entlang der x–Achse, sondern entlang einer beliebigen, allerdings nirgends charakteristischen Kurve[28] vorgibt. Wir sprechen dann von einem **Cauchy–Problem** der Wellengleichung.

Die Charakteristiken spielen also eine Sonderrolle hinsichtlich derjenigen Anfangskurven, entlang denen u und $\frac{\partial u}{\partial \boldsymbol{n}}$ so vorgegeben werden können, dass eine eindeutige Lösung existiert.

Und in dieser Sichtweise übertragen wir nun den Begriff der Charakteristiken auf beliebige Dimension und beliebige Differentialgleichungen der Bauart (25.3.24).

Dazu transformieren wir (25.3.24) zunächst mittels einer umkehrbar eindeutigen Koordinatentransformation

$$\xi_i = \xi_i(x_1, \dots, x_n) \qquad (i = 1, \dots, n)$$

auf neue Koordinaten und erhalten die Differentialgleichung

$$\sum_{k,\ell=1}^{n} A_{k\ell} \frac{\partial^2 u}{\partial \xi_k \, \partial \xi_\ell} + \text{Terme niedriger Ordnung} = 0\,, \tag{25.4.11}$$

wobei

$$A_{k\ell} = \sum_{i,j=1}^{n} a_{ij} \frac{\partial \xi_k}{\partial x_i} \frac{\partial \xi_\ell}{\partial x_j} \;.$$

Speziell für $\ell = k$ mit irgendeinem $k \in \{1, 2, \dots, n\}$ folgt

$$A_{kk} = \sum_{i,j=1}^{n} a_{ij} \, \varphi_{x_i} \, \varphi_{x_j}$$

mit $\varphi(x_1, \dots, x_n) := \xi_k(x_1, \dots, x_n)$.

Besitzt nun die nichtlineare Differentialgleichung erster Ordnung

$$\sum_{i,j=1}^{n} a_{ij} \, \varphi_{x_i} \cdot \varphi_{x_j} = 0 \tag{25.4.12}$$

eine Lösung $\varphi(x_1, \dots, x_n)$ $\left(\text{wobei } \sum_{i=1}^{n} \varphi_{x_i}^2 > 0\right)$, und betrachtet man dann im $\mathbb{R}^n$ die Hyperfläche

$$\varphi(x_1, \dots, x_n) = \text{const} \tag{25.4.13}$$

(in Analogie zu (25.4.7)), so kommt in (25.4.11) die Ableitung $u_{\xi_k \xi_k}$ entlang dieser Hyperfläche nicht vor. Im neuen Koordinatensystem ist ξ_k = const eine Koordinatenhyperebene, u_{ξ_k} mithin Normalableitung von u entlang der Fläche (25.4.13), und alle sonst

[28] d.h., an keiner Stelle ist die Tangentialrichtung der Kurve identisch mit der einer Charakteristik

noch in (25.4.11) entlang dieser Fläche auftretenden Ableitungen von u oder von u_{ξ_k} sind Ableitungen bezüglich solcher Richtungen, die in die neue Koordinatenhyperebene fallen, d.h. in tangentiale Ableitungen der Fläche (25.4.13).

Gibt man also entlang einer aus (25.4.12), (25.4.13) bestimmten Fläche die Funktionen u und $\dfrac{\partial u}{\partial \boldsymbol{n}}$ (damit auch deren Ableitungen erster und höherer Ordnung in tangentiale Richtungen) vor, so müssen diese entlang der Fläche die Gleichung (25.4.11) erfüllen (analog zu (25.4.10)). u und $\dfrac{\partial u}{\partial \boldsymbol{n}}$ sind also entlang einer solchen Fläche nicht mehr unabhängig voneinander vorgebbar. Dies führt zu folgender Definition:

Definition (25.4.14)

Der linearen (oder halblinearen oder quasilinearen) Differentialgleichung (25.3.24) werde die nichtlineare Differentialgleichung erster Ordnung (25.4.12) zugeordnet. Wir suchen Lösungen $\varphi = \varphi(x_1, \ldots, x_n)$, die nach allen n Variablen einmal stetig differenzierbar sind. Durch

$$\varphi(x_1, x_2, \ldots, x_n) \;=\; 0, \qquad \sum_{i=1}^{n} (\varphi_{x_i})^2 \;>\; 0$$

werden gewisse $(n-1)$–dimensionale Punktmengen beschrieben, sofern solche Lösungen $\varphi(x_1, \ldots, x_n)$ der Gleichung (25.4.12) existieren. Durch Hinzunahme ihrer Häufungspunkte werde jede dieser Mengen abgeschlossen, und jede der auf diese Weise entstehenden Punktmengen heißt eine **charakteristische Mannigfaltigkeit** der Differentialgleichung (25.3.24).

Beispiel

Im Fall der hyperbolischen Gleichung mit konstanten Koeffizienten a_{ik} und $n = 2$ lautet (25.4.12) mithin nach Herstellung der Form (25.3.17):

$$\varphi_t^2 \,-\, c^2\,\varphi_x^2 \;=\; 0\,,$$

d.h.

$$\varphi_t \;=\; \pm\, c\,\varphi_x\,. \tag{25.4.15}$$

Bezeichnen wir die gesuchte einparametrige Punktschar (Kurve) mit $x = x(\tau)$, $t = t(\tau)$, d.h.

$$\varphi\,(x(\tau), t(\tau)) \;\equiv\; 0\,, \qquad \varphi_x^2\,(x(\tau), t(\tau)) \,+\, \varphi_t^2\,(x(\tau), t(\tau)) \;>\; 0\,,$$

so folgt

$$\frac{d}{d\tau}\,\varphi\,(x(\tau), t(\tau)) \;=\; \varphi_x\,\frac{dx}{d\tau} \,+\, \varphi_t\,\frac{dt}{d\tau}\,,$$

mit (25.4.15) also

$$\varphi_x\,(x(\tau), t(\tau)) \cdot \left\{ \frac{dx}{d\tau} \,\pm\, c\,\frac{dt}{d\tau} \right\} \;=\; 0\,.$$

Die Forderung $\varphi_x^2 + \varphi_t^2 > 0$ ergibt mit (25.4.15)

$$(1 + c^2)\,\varphi_x^2 \quad > \quad 0\,,$$

also $\varphi_x \neq 0$, d.h.

$$\frac{dx}{d\tau} \pm c\,\frac{dt}{d\tau} \quad \equiv \quad 0\,.$$

Integration liefert (25.4.7), so dass in der Tat die früher eingeführten Charakteristiken der Wellengleichung einen Spezialfall der Definition (25.4.14) darstellen.

Bemerkung (25.4.16)

Sind die Koeffizienten des Hauptteils einer hyperbolischen Gleichung nicht konstant, ist die Differentialgleichung aber linear oder halblinear, so ergeben sich als Charakteristikenscharen im Fall einer Orts- und einer Zeitvariablen keine Geraden, sondern gewisse Kurvenscharen. Es sind dann nämlich die Eigenwerte (und damit auch c) Funktionen von x und t, so dass (25.4.15) nun lautet:

$$\varphi_t \quad = \quad \pm\, c(x,t)\,\varphi_x\,.$$

Bei quasilinearen hyperbolischen Aufgaben hängen die Charakteristiken sogar von der gesuchten Lösung ab.

Bei elliptischen Gleichungen mit konstanten Koeffizienten des Hauptteils lautet (25.4.12) (sofern wir vorher auf die Normalform (25.3.25) transformiert haben):

$$\varphi_{x_i}^2 + \varphi_{x_2}^2 + \ldots + \varphi_{x_n}^2 \quad = \quad 0\,.$$

Dies ist aber mit der in (25.4.12) genannten Bedingung $\sum\limits_{i=1}^{n} \varphi_{x_i}^2 > 0$ nicht verträglich. Im elliptischen Fall existieren daher keine Charakteristiken, auch nicht im halblinearen oder quasilinearen Fall, denn dann kann (25.4.12) auf die Form

$$\lambda_1\,\varphi_{x_1}^2 + \lambda_2\,\varphi_{x_2}^2 + \ldots + \lambda_n\,\varphi_{x_n}^2 \quad = \quad 0$$

mit nur positiven λ_k $(k = 1,\ldots,n)$ gebracht werden. Es müsste also $\varphi_{x_1} \equiv \varphi_{x_2} \equiv \ldots \equiv \varphi_{x_n} \equiv 0$ sein, was wiederum der Bedingung $\sum\limits_{i=1}^{n} \varphi_{x_i}^2 > 0$ widerspricht.

Im parabolischen Fall reduziert sich (25.4.12) auf

$$\sum_{i=1}^{n-1} \lambda_i\,\varphi_{x_i}^2 \quad = \quad 0\,,$$

wenn man o.B.d.A. voraussetzt, dass $\lambda_n = 0$ (mindestens ein Eigenwert musste im parabolischen Fall verschwinden).

Speziell für $n = 2$ folgt (mit $x_1 = x$, $x_2 = y$)

$$\varphi_x = 0,$$

so dass φ nur von y abhinge, im übrigen aber beliebig ist bis auf den Umstand, dass $\varphi_y(y) = \varphi'(y) = 0$ ausgeschlossen sein muss. (25.4.13) liefert dann

$$\varphi(y) = \text{const}. \tag{25.4.17}$$

Dies ist eine Gleichung zur Bestimmung von y; Lösungen sind irgendwelche Zahlen. Da φ beliebig war, kann zu jeder Zahl $r \in \mathbb{R}$ eine Funktion φ derart konstruiert werden, dass r eine Lösung von (25.4.17) ist, z.B. $\varphi(y) = y$, $\text{const} = r$ $(\Rightarrow \varphi'(1) = 1 \neq 0)$.

Die Charakteristiken bei parabolischen Aufgaben bestehen also im Fall $n = 2$ aus einer Schar paralleler Geraden (bei dem hier betrachteten Fall handelt es sich um die Parallelen zur x–Achse).

Im Fall $n = 2$ haben wir mithin:

2 Charakteristikenscharen	im hyperbolischen Fall,
1 Charakteristikenschar	im parabolischen Fall,
keine Charakteristiken	im elliptischen Fall.

Aufgabe (25.4.18)
Man zeige, dass

$$u(x,t) = \frac{1}{2}\,(u_0(x+ct) + u_0(x-ct)) + \frac{1}{2c}\int_{x-ct}^{x+ct} v_0(\xi)\,d\xi$$

$$+\frac{1}{2c}\int_0^t \int_{x-c(t-\tau)}^{x+c(t-\tau)} f(\xi,\tau)\,d\xi\,d\tau$$

eine Lösung der inhomogenen Anfangswertaufgabe

$$u_{tt} - c^2\,u_{xx} = f(x,t)$$

$$u(x,0) = u_0(x), \qquad u_t(x,0) = v_0(x)$$

ist.

25.5 Anfangswertaufgaben, Randwertaufgaben, Anfangsrandwertaufgaben

Führt man im Zusammenhang mit der Wellengleichung (25.3.17) die Koordinatentransformation

$$\begin{aligned} \xi &= x + ct \\ \eta &= x - ct \end{aligned} \qquad \left(\Rightarrow \quad x = \frac{1}{2}(\xi + \eta), \quad t = \frac{\xi - \eta}{2c} \right)$$

durch, so folgt

$$\frac{\partial u}{\partial \xi} = \frac{\partial u}{\partial x} \cdot \frac{\partial x}{\partial \xi} + \frac{\partial u}{\partial t} \cdot \frac{\partial t}{\partial \xi} = \frac{1}{2}\left[u_x + \frac{1}{c} u_t\right]$$

und daher

$$\begin{aligned} \frac{\partial^2 u}{\partial \xi \partial \eta} &= \frac{1}{2}\left[u_{xx} \cdot \frac{\partial x}{\partial \eta} + u_{xt} \cdot \frac{\partial t}{\partial \eta} + \frac{1}{c}\left\{u_{tx} \frac{\partial x}{\partial \eta} + u_{tt} \frac{\partial t}{\partial \eta}\right\}\right] \\ &= \frac{1}{4}\left[u_{xx} - \frac{1}{c} u_{xt} + \frac{1}{c} u_{tx} - \frac{1}{c^2} u_{tt}\right]. \end{aligned}$$

Aufgrund der Differentialgleichung und wegen $u_{xt} = u_{tx}$ folgt

$$u_{\xi\eta} = 0. \tag{25.5.1}$$

(25.3.17) kann also auch in der Form (25.5.1) geschrieben werden.

Unbestimmte Integration bezüglich η liefert

$$u_\xi(\xi, \eta) = p(\xi)$$

mit einer beliebigen stetig differenzierbaren Funktion $p(\xi)$ (denn u soll nach allen Variablen zweimal stetig differenzierbar sein). Unbestimmte Integration bezüglich ξ ergibt

$$u(\xi, \eta) = \int p(\xi)\, d\xi + f_2(\eta)$$

mit irgendeiner zweimal stetig differenzierbaren Funktion $f_2(\eta)$.

Setzt man

$$f_1(\xi) := \int p(\xi)\, d\xi\,,$$

so ist $f_1(\xi)$ zweimal stetig differenzierbar und im übrigen beliebig (da p beliebig). Macht man die Koordinatentransformation rückgängig, so folgt, dass (25.3.19) in der Tat bereits alle denkbaren Lösungen der eindimensionalen Wellengleichung beschreibt, aus denen die Anfangsbedingungen (25.4.2), (25.4.4) genau eine Lösung aussondern.

Die aus (25.3.17), (25.4.2), (25.4.4) zusammengesetzte Aufgabe ist also eindeutig lösbar.

Eine aus einer Differentialgleichung und Anfangsbedingungen bestehende Aufgabe heißt **Anfangswertaufgabe**.

Löst man die Anfangswertaufgabe der Wellengleichung mit etwas geänderten Anfangsfunktionen $\tilde{u}_0, \tilde{v}_0$, und bezeichnet man die zugehörige Lösung mit $\tilde{u}(x,t)$, so liefert (25.4.6)

$$\begin{aligned}\tilde{u}(x,t) - u(x,t) &= \frac{1}{2}\{\tilde{u}_0(x-ct) - u_0(x-ct)\}\\ &+\frac{1}{2}\{\tilde{u}_0(x+ct) - u_0(x+ct)\}\\ &+\frac{1}{2c}\int\limits_{x-ct}^{x+ct}\{\tilde{v}_0(\xi) - v_0(\xi)\}\,d\xi\,.\end{aligned}$$

Bei Verwendung der Maximumnorm für $C[-a,a]$ (vgl. (8.1.2)) folgt in Verbindung mit Satz ((13.1.5), d))

$$\begin{aligned}|\tilde{u}(x,t) - u(x,t)| &\leq \frac{1}{2}\,\|\tilde{u}_0 - u_0\|_\infty + \frac{1}{2}\,\|\tilde{u}_0 - u_0\|_\infty\\ &+\frac{2a}{2c}\,\|\tilde{v}_0 - v_0\|_\infty\,,\end{aligned}$$

also

$$|\tilde{u}(x,t) - u(x,t)| \leq \|\tilde{u}_0 - u_0\|_\infty + \frac{a}{c}\,\|\tilde{v}_0 - v_0\|_\infty\,.$$

Kleine Änderungen der Anfangsfunktionen bewirken also auch nur kleine Änderungen der Lösung. Man sagt, die Lösung **hängt stetig von den Anfangsbedingungen ab** und bezeichnet eine solche stetige Abhängigkeit der Lösung eines Problems von den die Lösung bestimmenden Daten auch als **Stabilität**. Hingegen spricht man von **Instabilität**, wenn kleine Veränderungen außerordentliche Wirkungen herbeiführen.

Da in der Regel die Eingabedaten eines physikalisch–technischen Problems aus fehlerbehafteten Messungen stammen, sind häufig nur solche mathematischen Modelle physikalischer Vorgänge gefragt, die ein solches Stabilitätsverhalten aufweisen.[29]

Definition (25.5.2)

Besitzt ein gegebenes Problem eine eindeutige Lösung, die von den Eingabedaten stetig abhängt, so heißt das Problem **sachgemäß gestellt**; anderenfalls heißt es **unsachgemäß gestellt**.

[29] Freilich gibt es Naturvorgänge, denen instabiles Verhalten immanent ist (Knicken eines Stabes, instabile Gleichgewichtslage usw.). Dies muss gegebenenfalls dann auch dem mathematischen Modell eigentümlich sein.

In diesem Sinne ist also die Ergänzung der Wellengleichung (und allgemeiner auch anderer hyperbolischer Differentialgleichungen) durch Anfangsbedingungen sachgemäß.

Dies ist bei elliptischen Problemen völlig anders, wie sich sogleich zeigen wird.

Elliptische Probleme

Beispiel (25.5.3) (Hadamard [30])

Betrachten wir exemplarisch die zweidimensionale Potentialgleichung (25.3.14), also

$$\Delta u \quad = \quad u_{xx} + u_{yy} \quad = \quad 0$$

mit den zu (25.4.2), (25.4.4) analogen Anfangsbedingungen

$$u(x,0) \quad = \quad u_0(x), \qquad u_y(x,0) \quad = \quad v_0(x),$$

und wählen wir etwa $u_0(x) \equiv 0$, $v_0(x) \equiv 0$, so ist $u(x,y) \equiv 0$ gewiss eine Lösung der Anfangswertaufgabe.

Wählen wir stattdessen $\tilde{u}_0(x) \equiv 0$, $\tilde{v}_0(x) = \frac{1}{n} \sin(n\,x)$ mit irgendeinem $n \in \mathbb{N}$, so ist $\tilde{u}(x,y) = \frac{1}{n^2} \sin(n\,x) \cdot \sinh(n\,y)$ eine Lösung.

Es ist aber

$$\begin{aligned} |u(x,y) - \tilde{u}(x,y)| \quad &= \quad \frac{1}{n^2}\,|\sin(n\,x)| \cdot |\sinh(n\,y)| \\ &= \quad \frac{1}{n^2}\,|\sin(n\,x)| \cdot \frac{|e^{ny} - e^{-ny}|}{2} \,. \end{aligned}$$

Für positive y gilt $\lim\limits_{n\to\infty} e^{-ny} = 0$, doch wächst $\frac{1}{n^2} e^{ny}$ für $n \to \infty$ über alle Grenzen, und $\sin(n\,x)$ nimmt für gewisse Werte von x $\left(\text{z.B. } x = \frac{\pi}{2n}\right)$ den Wert 1 an. Die Lösungen unterscheiden sich mithin auch bei hinreichend großen n nicht in allen Punkten (x,y) beliebig wenig voneinander, obwohl dies bei den Anfangsfunktionen der Fall ist.

Die Anfangswertaufgabe ist im Fall der Potentialgleichung (und allgemeiner auch bei anderen elliptischen Differentialgleichungen) mithin keine sachgemäße Aufgabenstellung.

Wir fragen also nach einer sachgemäßen Ergänzung elliptischer Gleichungen durch geeignete Zusatzforderungen und betrachten hierzu in Analogie zur eindimensionalen Wellengleichung exemplarisch weiterhin die Potentialgleichung in der Ebene. Führt man Polarkoordinaten ein, so lautet (25.3.14)

$$r^2 u_{rr} + r u_r + u_{\varphi\varphi} \quad = \quad 0 \qquad (25.5.4)$$

[30] Jacques Salomon Hadamard (1865-1963); Bordeaux, Paris

(vgl. (17.2.26)).

Es sei G ein Gebiet, das den Nullpunkt enthält, und u irgendeine Funktion, die auf $\overline{G} := G \cup \partial G$ ($\partial G =$ Rand von G) stetig und in G zweimal stetig differenzierbar ist und dort (25.5.4) löst. Dabei sind zunächst Zusatzforderungen nicht vorgeschrieben.

Es sei R der Radius eines Kreises um den Nullpunkt, der noch ganz in $\overline{G}$ liegt. Dabei braucht G nicht beschränkt zu sein.

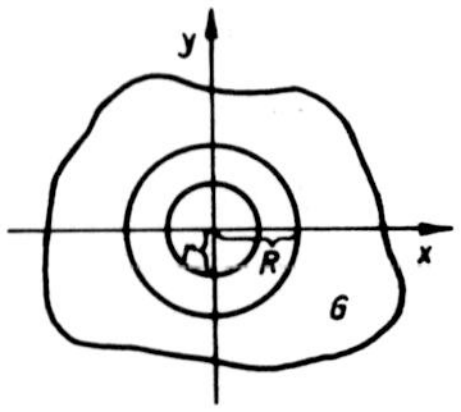

Abb. 25.4. Randwertaufgabe für den Kreis

Offenbar liegt dann jeder Kreis um $(0,0)$ mit einem Radius $r < R$ ganz im Inneren von G. Führen wir dort Polarkoordinaten ein $(0 \leq r \leq R\ , 0 \leq \varphi \leq 2\pi)$, so kann $u(r,\varphi)$ für jedes feste r als Funktion von φ über das Intervall $0 \leq \varphi \leq 2\pi$ hinaus nach links und rechts periodisch (mit der Periode 2π) fortgesetzt gedacht werden, wird also bei jeweils festem r zu einer bezüglich φ 2π–periodischen Funktion.

Wir unterstellen, dass $u(r,\varphi)$ für jedes feste $r \in [0,R]$ in eine gleichmäßig konvergierende Fourier–Reihe entwickelt werden kann[31]:

$$u(r,\varphi) \quad = \quad \frac{a_0(r)}{2} + \sum_{\nu=1}^{\infty} \{ a_\nu(r)\cos(\nu\varphi) + b_\nu(r)\sin(\nu\varphi) \} \ . \tag{25.5.5}$$

Dabei gilt (vgl. (16.1.13)):

$$\begin{aligned} a_\nu(r) \quad &= \quad \frac{1}{\pi}\int_0^{2\pi} u(r,\alpha)\cos(\nu\alpha)d\alpha \qquad (\nu = 0,1,2,\ldots) \\ b_\nu(r) \quad &= \quad \frac{1}{\pi}\int_0^{2\pi} u(r,\alpha)\sin(\nu\alpha)d\alpha \qquad (\nu = 1,2,\ldots)\,. \end{aligned} \tag{25.5.6}$$

Die zweimalige stetige Differenzierbarkeit von u impliziert mithin die zweimalige stetige Differenzierbarkeit der a_ν und b_ν nach r (für $0 \leq r < R$).

[31] Die Forderung der gleichmäßigen Konvergenz der Fourier–Reihe ist in G durch die zweimalige stetige Differenzierbarkeit von u gewährleistet; für $r = R$ ist die Forderung etwas stärker als die der Stetigkeit von u, sofern die Peripherie des Kreises vom Radius R ganz oder teilweise mit dem Rand ∂G zusammenfällt (vgl. Satz (16.2.7)).

Einsetzen von (25.5.5) in (25.5.4) ergibt für $r < R$ [32]

$$\frac{1}{2}\left\{r^2 a_0''(r) + r a_0'(r)\right\}$$

$$+ \sum_{\nu=1}^{\infty}\left\{r^2 a_\nu''(r) + r a_\nu'(r) - \nu^2 a_\nu(r)\right\}\cos(\nu\varphi)$$

$$+ \sum_{\nu=1}^{\infty}\left\{r^2 b_\nu''(r) + r b_\nu'(r) - \nu^2 b_\nu(r)\right\}\sin(\nu\varphi) \equiv 0\,.$$

Linkerhand steht also die Fourier–Reihe der Funktion $v(r,\varphi) \equiv 0$. Nach den zu (25.5.6) analogen Formeln verschwinden sämtliche Fourier–Koeffizienten dieser Funktion. Nun kann eine Funktion nicht zwei verschiedene Fourier–Entwicklungen besitzen. Deshalb muss gelten:

$$\begin{aligned} r^2 a_\nu''(r) + r a_\nu'(r) - \nu^2 a_\nu(r) &= 0 \qquad (\nu = 0,1,2,\ldots) \\ r^2 b_\nu''(r) + r b_\nu'(r) - \nu^2 b_\nu(r) &= 0 \qquad (\nu = 1,2,\ldots)\,. \end{aligned} \tag{25.5.7}$$

Da u — wie vorausgesetzt — Lösung von (25.5.4) ist, genügen ihre Fourier–Koeffizienten mithin den linearen gewöhnlichen Differentialgleichungen (25.5.7). Andererseits können die Lösungen von (25.5.7) auch direkt berechnet werden. Versucht man nämlich, die Differentialgleichung

$$r^2 f_\nu''(r) + r f_\nu'(r) - \nu^2 f_\nu(r) = 0 \tag{25.5.8}$$

durch den Ansatz $f_\nu(r) = r^{\gamma_\nu}$ zu lösen, so folgt

$$r^2\gamma_\nu(\gamma_\nu - 1)r^{\gamma_\nu - 2} + r\gamma_\nu r^{\gamma_\nu - 1} - \nu^2 r^{\gamma_\nu} = 0\,,$$

d.h. $\gamma_\nu^2 = \nu^2$ oder $\gamma_\nu = \pm\,\nu$; es besitzt also (25.5.8) die allgemeine Lösung

$$f_\nu(r) = A_\nu r^\nu + B_\nu r^{-\nu} \qquad \text{mit wählbaren } A_\nu,\ B_\nu\,. \tag{25.5.9}$$

Nun sind unsere Fourier–Koeffizienten $a_\nu(r)$, $b_\nu(r)$ für $r \to 0$ beschränkt, denn anderenfalls würde die Fourier–Reihe für $r = 0$ nicht mehr konvergieren (entgegen unseren Voraussetzungen über u). Andererseits sind sie gemäß (25.5.7) in der allgemeinen Lösung (25.5.9) für geeignete A_ν, B_ν enthalten. Will man sie herausfinden, so muss mithin $B_\nu = 0$ gewählt werden.

Für $r \to R$ müssen die $a_\nu(r)$, $b_\nu(r)$ überdies aufgrund der vorausgesetzten Stetigkeit von u (auf $\overline{G}$) stetig in $a_\nu(R)$ bzw. $b_\nu(R)$ übergehen.

[32] Dabei wird gliedweise Differenzierbarkeit der Fourier–Reihe unterstellt, was gleichmäßige Konvergenz der differenzierten Reihen erfordert.

Dies verlangt $A_\nu = \dfrac{a_\nu(R)}{R^\nu}$ bzw. $A_\nu = \dfrac{b_\nu(R)}{R^\nu}$.

Es gilt also

$$a_\nu(r) = \left(\frac{r}{R}\right)^\nu a_\nu(R), \qquad b_\nu(r) = \left(\frac{r}{R}\right)^\nu b_\nu(R)\,.$$

Damit liefert (25.5.5)

$$u(r,\varphi) = \frac{a_0(R)}{2} + \sum_{\nu=1}^{\infty} \{a_\nu(R)\cos(\nu\varphi) + b_\nu(R)\sin(\nu\varphi)\} \left(\frac{r}{R}\right)^\nu .$$ [33]

Mit (25.5.6) (niedergeschrieben für $r = R$) folgt

$$u(r,\varphi) = \frac{1}{\pi}\int_0^{2\pi} u(R,\alpha)\left\{\frac{1}{2} + \sum_{\nu=1}^{\infty}(\cos(\nu\alpha)\cos(\nu\varphi) + \sin(\nu\alpha)\sin(\nu\varphi))\left(\frac{r}{R}\right)^\nu\right\} d\alpha\,,$$

d.h.

$$u(r,\varphi) = \frac{1}{\pi}\int_0^{2\pi} u(R,\alpha)\left\{\frac{1}{2} + \sum_{\nu=1}^{\infty}\cos\left(\nu(\varphi-\alpha)\right)\left(\frac{r}{R}\right)^\nu\right\} d\alpha\,.$$

Nun ist $\cos(\nu(\varphi-\alpha)) = \mathrm{Re}\left\{\mathrm{e}^{i\nu(\varphi-\alpha)}\right\}$, so dass

$$u(r,\varphi) = \mathrm{Re}\left\{\frac{1}{\pi}\int_0^{2\pi} u(R,\alpha)\left[\frac{1}{2} + \sum_{\nu=1}^{\infty}\left(\frac{r\mathrm{e}^{i(\varphi-\alpha)}}{R}\right)^\nu\right] d\alpha\right\}.$$

Für $r < R$ gilt

$$\left|\frac{r\mathrm{e}^{i(\varphi-\alpha)}}{R}\right| = \frac{r}{R}\left|\mathrm{e}^{i(\varphi-\alpha)}\right| = \frac{r}{R} < 1\,.$$

Die mit $\nu = 1$ beginnende geometrische Reihe $\displaystyle\sum_{\nu=1}^{\infty}\left(\frac{r\mathrm{e}^{i(\varphi-\alpha)}}{R}\right)^\nu$ konvergiert daher gleichmäßig (für alle $r < R$) mit dem Grenzwert

$$\frac{1}{1-\frac{r}{R}\mathrm{e}^{i(\varphi-\alpha)}} - 1\,,$$

so dass

$$u(r,\varphi) = \mathrm{Re}\left\{\frac{1}{\pi}\int_0^{2\pi} u(R,\alpha)\left[\frac{1}{1-\dfrac{r}{R}\mathrm{e}^{i(\varphi-\alpha)}} - \frac{1}{2}\right] d\alpha\right\}. \tag{25.5.10}$$

[33] Hieraus folgt nachträglich für $r < R$ die gleichmäßige Konvergenz der gliedweise differenzierten Reihen.

Es ist

$$\frac{1}{1-\frac{r}{R}\mathrm{e}^{i(\varphi-\alpha)}} = \frac{1-\frac{r}{R}\mathrm{e}^{-i(\varphi-\alpha)}}{1+\frac{r^2}{R^2}-\frac{r}{R}\left(\mathrm{e}^{i(\varphi-\alpha)}+\mathrm{e}^{-i(\varphi-\alpha)}\right)}$$

$$= \frac{1-\frac{r}{R}\cos(\varphi-\alpha)+i\frac{r}{R}\sin(\varphi-\alpha)}{1+\frac{r^2}{R^2}-2\frac{r}{R}\cos(\varphi-\alpha)} .$$

(25.5.10) liefert daher

$$u(r,\varphi) = \frac{1}{\pi}\int_0^{2\pi} u(R,\alpha)\left[\frac{1-\frac{r}{R}\cos(\varphi-\alpha)}{1+\frac{r^2}{R^2}-2\frac{r}{R}\cos(\varphi-\alpha)}-\frac{1}{2}\right]d\alpha ,$$

d.h.

$$u(r,\varphi) = \frac{R^2-r^2}{2\pi}\int_0^{2\pi}\frac{u(R,\alpha)}{R^2+r^2-2rR\cos(\varphi-\alpha)}\,d\alpha . \qquad (25.5.11)$$

Bemerkung (25.5.12)

Bezeichnet $\boldsymbol{r}$ den Ortsvektor des Punktes (r,φ) und $\boldsymbol{R}$ die Ortsvektoren der auf der Kreisperipherie liegenden Punkte (R,α), berücksichtigt man ferner, dass $Rd\alpha$ das Bogenelement do des Kreises darstellt und dass nach dem Cosinussatz (vgl. Aufgaben (3.1.20), Nr. 4) die Beziehung

$$\|\boldsymbol{R}-\boldsymbol{r}\|^2 = R^2 + r^2 - 2r\,R\cos(\varphi-\alpha)$$

gilt, so kann (25.5.11) auch in der Form

$$\boxed{u(\boldsymbol{r}) = \frac{R^2-\|\boldsymbol{r}\|^2}{R\,\omega}\int_\Omega \frac{u(\boldsymbol{R})}{\|\boldsymbol{R}-\boldsymbol{r}\|^n}\,do} \qquad (25.5.13)$$

geschrieben werden, wo ω den Umfang des Einheitskreies, Ω die Menge der Punkte der Peripherie des Kreises vom Radius R und n die Dimension (hier also: $n=2$) bedeuten.

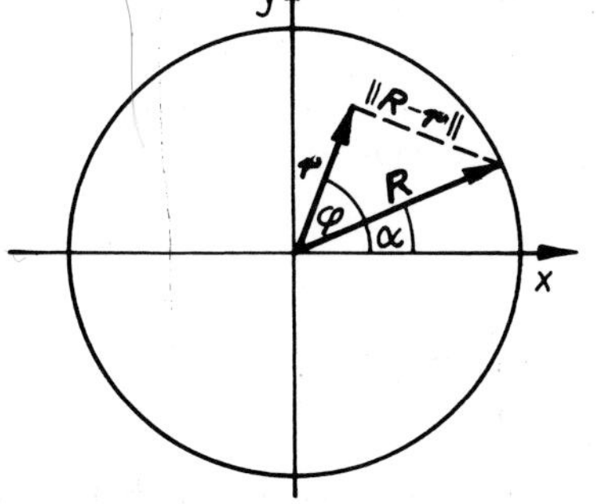

Abb. 25.5. Zum Poissonschen Integral

Bemerkung (25.5.14)

(25.5.13) gilt auch im Fall $n = 3$ [34], d.h. im Fall

$$\Delta u = u_{xx} + u_{yy} + u_{zz} = 0$$

mit vorgeschriebenen Werten von u entlang der Oberfläche einer Kugel vom Radius R, wobei dann ω der Inhalt der Oberfläche der Einheitskugel und do das Oberflächenelement der Kugel vom Radius R sind. Der Beweis verläuft völlig analog, wenn man den Laplace–Operator auf Kugelkoordinaten umschreibt (vgl. (17.2.28)) und $u(r, \varphi, \vartheta)$ simultan sowohl bezüglich φ wie bezüglich ϑ in eine Doppel–Fourier–Reihe entwickelt.

Definition (25.5.15)

Das Integral auf der rechten Seite von (25.5.11) bzw. von (25.5.13) heißt **Poissonsches Integral**.

Bemerkung (25.5.16)

(25.5.13) stellt eine grundlegende Aussage der **Potentialtheorie** dar; sie besagt, dass die Werte einer **harmonischen Funktion**, also einer Lösung der Potentialgleichung, im Inneren eines Kreises (bzw. einer Kugel) bereits eindeutig festgelegt sind, wenn man nur ihre Werte auf dem Rande des Kreises (der Kugel) kennt.

Bemerkung (25.5.17)

Für $\boldsymbol{r} = \mathbf{0}$, also im Mittelpunkt des Kreises (der Kugel), gilt gemäß (25.5.13)

$$u(\mathbf{0}) = \frac{1}{R^{n-1}\,\omega} \int_{\Omega} u(\boldsymbol{R})do\,. \qquad (25.5.18)$$

(25.5.18) bezeichnet man als die **Mittelwerteigenschaft** einer harmonischen Funktion.

Bemerkung (25.5.19)

Ist G das Innere einer Kugel (bzw. eines Kreises) vom Radius R im $\mathbb{R}^n$, ∂G dessen Rand, und ergänzt man die Potentialgleichung durch die Zusatzforderung, dass die gesuchte Lösung auf ∂G die vorgegebenen Werte

$$u(\boldsymbol{R}) = u_0(\boldsymbol{R}) \qquad (25.5.20)$$

annehmen soll (wobei u_0 stetig sei), so gilt für die in $\overline{G}$ stetige Lösung des Gesamtproblems (bestehend aus der Potentialgleichung und aus (25.5.20)) - sofern eine solche

[34] Sie gilt auch allgemeiner für beliebige $n \geq 2$; für $n \geq 3$ ist Ω die $(n-1)$–dimensionale Oberfläche der n–dimensionalen Kugel.

existiert - die Aussage

$$u(\boldsymbol{r}) \quad = \quad \frac{R^2 - r^2}{R\,\omega} \int\limits_{\Omega} \frac{u_0(\boldsymbol{R})}{\|\boldsymbol{R} - \boldsymbol{r}\|^n} \, do\,. \tag{25.5.21}$$

Diese Lösung ist eindeutig, wobei die Eindeutigkeit aus dem Umstand resultiert, dass uns die Annahme der Existenz einer Lösung (zumindest im Fall $n = 2$ und unter der gegenüber der Stetigkeit etwas stärkeren Forderung nach Entwickelbarkeit von $u(\boldsymbol{R})$ in eine gliedweise differenzierbare Fourier–Reihe) zwingend zu der Darstellung (25.5.13) geführt hat.

Der Vorbehalt „*sofern eine solche existiert*“ kann ausgeräumt werden, wenn man umgekehrt zeigt, dass die durch die rechte Seite von (25.5.21) definierte Funktion $u(\boldsymbol{r})$ für $r < R$ tatsächlich der Potentialgleichung genügt und für $r \to R$ in die Funktion u_0 übergeht. Dieser Beweis aber ist - wiederum zumindest im Fall $n = 2$ mit der erwähnten etwas stärkeren Voraussetzung an u_0 - durch die Art der Herleitung von (25.5.11) bereits erbracht, wenn man (25.5.5) als einen Lösungsansatz auffasst, bei dem die Werte $a_\nu(R)$, $b_\nu(R)$ durch die Fourier–Entwicklung der gegebenen Funktion u_0 vorgegeben sind und die Werte $a_\nu(0)$, $b_\nu(0)$ endlich zu bleiben haben.

Ergänzt man also im Fall des Kreises (der Kugel) die Potentialgleichung durch die Vorgabe der Werte der gesuchten Lösung entlang des Randes des betrachteten Gebietes, also durch **Randwerte**, so besitzt dieses aus Differentialgleichung und **Randbedingung** zusammengesetzte **Randwertproblem** eine eindeutige Lösung.

Überdies hängt die Lösung dieses Randwertproblems stetig von den vorgegebenen Daten, also den Randwerten ab, denn ist $\tilde{u}_0$ eine gegenüber u_0 gestörte Funktion und ist $\tilde{u}(\boldsymbol{r})$ die zugehörige Lösung, so ergibt (25.5.13) für $r < R$ die Abschätzung

$$\begin{aligned} |\tilde{u}(\boldsymbol{r}) - u(\boldsymbol{r})| \quad &\leq \quad \frac{R^2 - r^2}{R\,\omega} \int\limits_{\Omega} \frac{|\tilde{u}_0(\boldsymbol{R}) - u_0(\boldsymbol{R})|}{\|\boldsymbol{R} - \boldsymbol{r}\|^n} \, do \\ &\leq \quad \frac{R^2 - r^2}{R\,\omega} \int\limits_{\Omega} \frac{do}{\|\boldsymbol{R} - \boldsymbol{r}\|^n} \, \|\tilde{u}_0 - u_0\|_\infty \ ^{35}\,. \end{aligned}$$

Nun hat das spezielle Problem

$$\begin{aligned} \Delta\, u \quad &= \quad 0 \qquad \text{in} \quad G \subset \mathbb{R}^n\,, \\ u_0 \quad &= \quad 1 \qquad \text{auf} \quad \partial G \end{aligned}$$

gewiss die Lösung $u \equiv 1$ auf $\overline{G}$, und diese Lösung ist eindeutig, so dass (25.5.13) hier speziell zu

$$1 \quad = \quad \frac{R^2 - r^2}{R\,\omega} \int\limits_{\Omega} \frac{do}{\|\boldsymbol{R} - \boldsymbol{r}\|^n} \tag{25.5.22}$$

[35] $\|\tilde{u}_0 - u_0\|_\infty \; = \; \max\limits_{\overline{G}} \; |\tilde{u}_0(\boldsymbol{r}) - u_0(\boldsymbol{r})|$

führt. Mithin folgt

$$|\tilde{u}(\boldsymbol{r}) - u(\boldsymbol{r})| \quad \leq \quad \|\tilde{u}_0 - u_0\|_\infty \qquad \forall \boldsymbol{r}: \ r \leq R,$$

und damit in der Tat die stetige Abhängigkeit von den Randwerten.

Wie hier exemplarisch für den Fall, dass G ein Kreis (oder eine Kugel) ist, gezeigt wurde, ist mithin im Fall der Potentialgleichung nicht die Anfangswertaufgabe, sondern die Randwertaufgabe die sachgemäße Problemstellung. Dies gilt für elliptische Differentialgleichungen schlechthin.

Bemerkung (25.5.23)

Der bisher betrachtete Fall, dass die Werte der gesuchten Funktion auf dem Rande des betrachteten Gebietes vorgegeben werden, heißt **Erste Randwertaufgabe** (vgl. (19.3.20)). Hingegen spricht man von der **Zweiten Randwertaufgabe**, wenn nicht die Werte von u, sondern die Werte der Normalableitung $\dfrac{\partial u}{\partial \boldsymbol{n}}$ entlang des Randes ∂G vorgegeben sind (vgl. (19.3.22)). Sind nicht die Werte von u oder von $\dfrac{\partial u}{\partial \boldsymbol{n}}$ auf ∂G vorgeschrieben, sondern wird verlangt, dass u auf dem Rande einer linearen Bedingung der Form

$$A(\boldsymbol{x})\, u(\boldsymbol{x}) \ + \ B(\boldsymbol{x})\, \frac{\partial u}{\partial \boldsymbol{n}}(\boldsymbol{x}) \ = \ C(\boldsymbol{x}) \qquad \forall \boldsymbol{x} \in \partial G$$

mit gegebenen Funktionen A, B, C genügt, so spricht man von der **Dritten Randwertaufgabe**. Schließlich nennt man eine Randwertaufgabe **vom gemischten Typ**, wenn auf Teilen des Randes unterschiedliche Formen von Randbedingungen vorgegeben werden, und man nennt die Randbedingungen **homogen**, wenn $C(\boldsymbol{x}) \equiv 0$.

Bevor wir uns der Frage der sachgemäßen Problemstellung bei parabolischen Differentialgleichungen zuwenden, wollen wir noch zwei bemerkenswerte Eigenschaften harmonischer Funktionen aus dem Poissonschen Integral bzw. der Mittelwerteigenschaft herleiten.

Satz (25.5.24)

Ist u auf dem Gebiet $G \subset \mathbb{R}^n$ definiert und dort harmonisch, so ist u in G beliebig oft nach allen Variablen differenzierbar.

Beweis

Wir betrachten einen beliebigen Punkt $P_0 \in G$ mit dem Ortsvektor $\boldsymbol{r}_0$. Es sei $G_R \subset G$ eine (n–dimensionale) Kugel mit Radius $R > 0$ um P_0, die noch ganz in G liegt; ihr Rand sei ∂G_R. Eine solche Kugel existiert, da jeder Punkt eines Gebietes innerer Punkt ist. Mit (25.5.21) folgt dann (unter Berücksichtigung des Umstandes, dass P_0 jetzt die Rolle des Nullpunktes übernimmt) für jeden Punkt P aus dem Inneren von G_R mit

Ortsvektor $\boldsymbol{r}$

$$u(\boldsymbol{r}) \quad = \quad \frac{R^2 - \|\boldsymbol{r} - \boldsymbol{r}_0\|^2}{R\,\omega} \int\limits_{\partial G_R} \frac{u(\boldsymbol{r}_0 + \boldsymbol{R})}{\|\boldsymbol{r}_0 + \boldsymbol{R} - \boldsymbol{r}\|^n}\, do\,. \tag{25.5.25}$$

Dabei bezeichnet $\boldsymbol{R}$ die von P_0 zu den Punkten der Oberfläche ∂G_R weisenden Vektoren; die Komponenten von $\boldsymbol{R}$ stellen also in (25.5.25) die Integrationsvariablen dar.

Mit $\boldsymbol{r} = (x_1, x_2, \ldots, x_n)^{\mathrm{T}}$, wobei $\boldsymbol{r}$ vom Integrationsvorgang nicht berührt wird (so dass die Differentiationen nach $x_1, x_2, \ldots, x_n$ auch unter dem Integral vorgenommen werden können), ist offenbar

$$\frac{R^2 - \|\boldsymbol{r} - \boldsymbol{r}_0\|^2}{R\,\omega} \; \frac{1}{\|\boldsymbol{r}_0 + \boldsymbol{R} - \boldsymbol{r}\|^n}$$

eine nach allen x_j $(j = 1, \ldots, n)$ beliebig oft partiell differenzierbare Funktion. Bildet man diese Ableitungen und setzt dann $P = P_0$, so erweist sich u insbesondere in P_0 als beliebig oft differenzierbar. Da aber P_0 ein beliebig gewählter Punkt aus G war, folgt die Behauptung. ■

Satz (25.5.26) (Maximum–Minimum–Prinzip harmonischer Funktionen)
Ist u auf dem beschränkten Gebiet G harmonisch und auf $\overline{G}$ stetig, so liegen der Maximal- und der Minimalwert von u auf dem Rande ∂G.

Beweis
Da $\overline{G} \subset \mathrm{I\!R}^n$ abgeschlossen und u auf $\overline{G}$ stetig ist, nimmt u an mindestens einer Stelle $Q \in \overline{G}$ seinen Maximalwert an. Entweder ist nun u eine auf $\overline{G}$ konstante Funktion (und dann ist der Satz sicher richtig), oder es gibt unter den Maximalstellen gewiss auch (mindestens) eine Stelle $Q = Q_0$ mit der Eigenschaft, dass in $G \cap K_\delta(Q_0)$ [36] für jedes $\delta > 0$ mindestens ein Punkt P_0 mit $u(P_0) < u(Q_0)$ existiert. Angenommen, es wäre $Q_0 \in G$ $(\Rightarrow Q_0 \notin \partial G)$. Dann kann ein positives δ so gefunden werden, dass $K_\delta(Q_0) \subset G$, d.h. $K_\delta(Q_0) \cap G = K_\delta(Q_0)$. Der dort existierende Punkt P_0 habe von Q_0 den Abstand R $(\Rightarrow R > 0$ wegen $u(P_0) < u(Q_0))$.

[36] $K_\delta(Q_0)$ bezeichne die (kugelförmige) Umgebung des Punktes Q_0 vom Radius δ.

Nun betrachte man die n-dimensionale Kugel mit Radius R um Q_0. Diese liegt ganz in $K_\delta(Q_0)$, also in G, und Ω sei ihre Oberfläche des Inhalts $R^{n-1}\,\omega$. Mithin gilt $P_0 \in \Omega$. Die Mittelwerteigenschaft (25.5.17) (wobei Q_0 jetzt die Rolle des Nullpunktes spielt) liefert dann

$$u(Q_0) \quad = \quad \frac{1}{R^{n-1}\,\omega} \int\limits_{\Omega} u(P)do\,,$$

wo P bei der Integration die Punkte von Ω, u.a. auch den Punkt P_0, durchläuft. Mithin folgt wegen

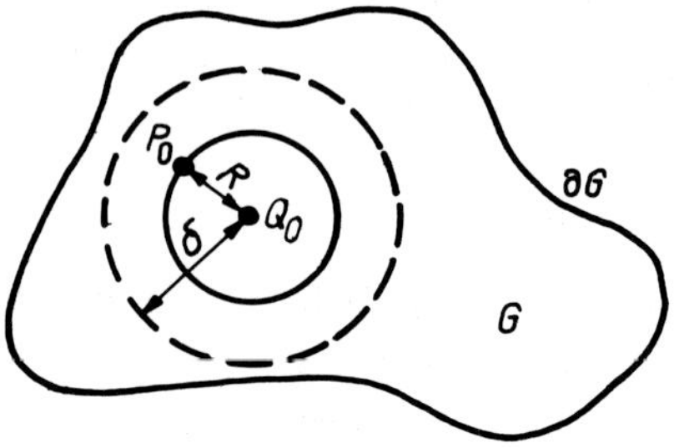

Abb. 25.6. Zum Beweis des Maximum–Minimum–Prinzips der Potentialgleichung

$\int\limits_{\Omega} do = R^{n-1}\,\omega$ die Aussage

$$\frac{1}{R^{n-1}\,\omega} \int\limits_{\Omega} \{u(P) - u(Q_0)\}\,do \quad = \quad 0\,.$$

Nun ist aber $u(P) - u(Q_0) \leq 0$, und wegen der Stetigkeit von u folgt in Verbindung mit $u(P_0) - u(Q_0) < 0$, dass der Integrand für alle Punkte $P \in \Omega$, die in einer gewissen Umgebung von P_0 liegen, echt negativ ist. Also müsste auch das Integral einen negativen Wert haben.

Die Annahme $Q_0 \notin \partial G$ führt daher auf einen Widerspruch.
Analog schließt man für das Minimum, womit der Beweis beendet ist. ∎

Mittels des Maximum–Minimum–Prinzips kann sofort ein neuer Eindeutigkeitsbeweis für die erste Randwertaufgabe geführt werden, und zwar nicht nur für die Potentialgleichung, sondern z.B. auch für die Poissonsche Gleichung, und überdies nicht nur für Kreis oder Kugel, sondern für beliebige Ränder (vgl. auch Abschnitt 19.3).

Satz (25.5.27) (Eindeutigkeit der Lösungen der 1. Randwertaufgabe der Poisson–Gleichung)

Die Aufgabe

$$\begin{aligned} \Delta u &= f(\boldsymbol{x}) &\quad \text{in} \quad & G \subset \mathbb{R}^n \\ u &= u_0 &\quad \text{auf} \quad & \partial G \end{aligned}$$

besitzt höchstens eine auf $\overline{G}$ stetige Lösung.

Beweis

Angenommen, es gäbe zwei Lösungen u_1, u_2. Dann wäre $w := u_1 - u_2$ eine Lösung der

Aufgabe $\Delta w = 0$ in G , $w = 0$ auf ∂G . Es wäre also w eine harmonische Funktion, deren Maximum und deren Minimum auf ∂G angenommen werden. Dort aber hat w überall den Wert Null. Also ist sowohl der Maximalwert als auch der Minimalwert von w gleich Null. Mithin ist $w \equiv 0$ auf $\overline{G}$, d.h. $u_1 \equiv u_2$ auf $\overline{G}$. ■

Parabolische Gleichungen

Wir fragen nun nach sachgemäßen Problemstellungen in Verbindung mit parabolischen Gleichungen und betrachten exemplarisch wieder die eindimensionale (d.h. neben der Zeitvariablen nur eine Ortsvariable enthaltende Wärmeleitungsgleichung

$$u_t = c\,u_{xx}$$

mit konstantem $c > 0$.
Offenbar nimmt die Wärmeleitungsgleichung in gewissem Sinne eine Stellung zwischen Wellengleichung und Potentialgleichung ein. Man wird deshalb erwarten dürfen, dass sie Eigenschaften besitzt, die z.T. denen der Wellengleichung und z.T. denen der Potentialgleichung ähneln.

So beschreiben sowohl die Wellengleichung wie die Wärmeleitungsgleichung **Ausbreitungsvorgänge** (Wellenausbreitung, Wärmeausbreitung); Ausbreitungsvorgänge beschreibende Differentialgleichungen (bei denen dann in physikalischer Deutung eine der unabhängigen Variablen immer die Zeit t ist) fasst man auch unter der Bezeichnung **Evolutionsgleichungen** zusammen. Die physikalische Deutung der Evolutionsgleichungen lässt vermuten, dass Anfangsbedingungen als Beschreibung des Zustandes, aus dem heraus sich mit wachsender Zeit (bei reversiblen Vorgängen auch mit fallender Zeit) Folgezustände determiniert entwickeln, auch bei parabolischen Problemen zumindest als Teil sachgemäßer Problembeschreibung eine Rolle spielen werden.

Andererseits gilt auch bei der Wärmeleitungsgleichung in Analogie zur Potentialgleichung ein Maximum–Minimum–Prinzip:

Satz (25.5.28) (Maximum–Minimum–Prinzip der Wärmeleitung)
Es sei G ein Gebiet wie in Abb. 25.7, wobei $\partial G = \partial G_1 \cup \partial G_2$.
∂G_1 wird durch Hinzunahme der Punkte A, B abgeschlossen, ∂G_2 wird als offen betrachtet (d.h. $A, B \notin \partial G_2$). Es sei $u = u(x,t)$ eine in $\overline{G} = G \cup \partial G$ stetige Funktion, die in $G \cup \partial G_2$ der Wärmeleitungsgleichung $u_t = c\,u_{xx}$ (mit $c > 0$) genügt mit stetiger Ableitung u_t. Dann nimmt u sein Maximum und sein Minimum auf dem Rand–Teil ∂G_1 an.

Beweis

Sei $\varepsilon > 0$ beliebig als Konstante vorgegeben. Betrachtet man dann die Funktion

$$v(x,t) \quad = \quad u(x,t) \;-\; \varepsilon \cdot t\,,$$

so ist auch diese auf dem abgeschlossenen Gebiet $\overline{G}$ stetig und nimmt daher dort an (mindestens) einer Stelle (x_0, t_0) ihr Maximum an.

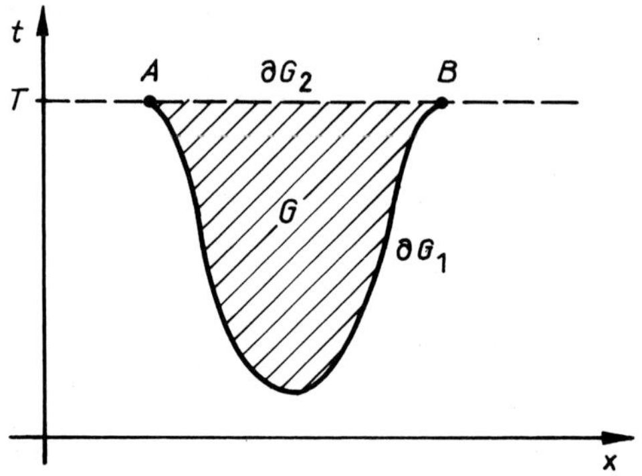

Abb. 25.7. Zum Beweis des Maximum–Minimum–Prinzips der Wärmeleitungsgleichung

Angenommen, es wäre $(x_0, t_0) \in G \cup \partial G_2$. Die Punktmenge

$$V \quad := \quad \{x \mid (x, t_0) \in G \cup \partial G_2\}$$

stellt (bei jeweils festem t_0) ein offenes Intervall im $\mathbb{R}^1$ dar; dies ergibt sich für $t_0 < T$ aus der Offenheit von G und im Fall $t_0 = T$ aus der Offenheit von ∂G_2. Betrachtet man daher die Funktion $f(x) := v(x, t_0)$, so besitzt diese bei $x = x_0$ ein absolutes Maximum, das aber zugleich ein lokales Maximum ist, d.h., es gilt

$$f'(x_0) \;=\; v_x(x_0, t_0) \;=\; 0, \qquad f''(x_0) \;=\; v_{xx}(x_0, t_0) \;\leq\; 0\,.$$

Wegen

$$v_t \;-\; c\,v_{xx} \quad = \quad u_t \;-\; \varepsilon \;-\; c\,u_{xx} \quad = \quad -\varepsilon$$

folgt daher mit $c > 0$:

$$v_t(x_0, t_0) \quad \leq \quad -\varepsilon\,.$$

Wegen der Stetigkeit von $v_t(x,t)$ in $G \cup \partial G_2$ ist auch $g(t) := v_t(x_0, t) + \dfrac{\varepsilon}{2}$ eine stetige Funktion von t für alle Werte von t, die die Eigenschaft $(x_0, t) \in G \cup \partial G_2$ besitzen. Da

$$g(t_0) \quad = \quad v_t(x_0, t_0) \;+\; \frac{\varepsilon}{2} \;\leq\; -\varepsilon \;+\; \frac{\varepsilon}{2} \quad = \quad -\frac{\varepsilon}{2} \;<\; 0\,,$$

ist $g(t)$ auch in einer gewissen Umgebung von t_0 noch negativ (dabei handelt es sich um eine einseitige Umgebung, also um ein Intervall $[t_0 - k, t_0]$ mit einem gewissen $k > 0$, sofern $t_0 = T$).

Es ist also gewiss

$$v_t(x_0, t) \leq -\frac{\varepsilon}{2} \qquad \text{für} \qquad t_0 - k \leq t \leq t_0$$

und daher

$$v(x_0, t_0) - v(x_0, t_0 - k) = \int_{t_0-k}^{t_0} v_t(x_0, t)\, dt \leq -k\,\frac{\varepsilon}{2} < 0\,,$$

d.h.

$$v(x_0, t_0 - k) > v(x_0, t_0)\,.$$

Dies aber steht zu der Maximumeigenschaft von $v(x_0, t_0)$ im Widerspruch. Die Annahme $(x_0, t_0) \in G \cup \partial G_2$ ist mithin falsch, d.h. $(x_0, t_0) \in \partial G_1$. Da $\varepsilon > 0$ beliebig klein gewählt werden darf, muss auch das Maximum der von ε unabhängigen Funktion u auf ∂G_1 liegen. Um dies einzusehen, betrachte man eine Nullfolge (ε_ν) positiver ε_ν mit zugehörigen Funktionen v_ν und deren Maximalpunkten $P_\nu \in \partial G_1$. Da ∂G_1 kompakt ist, gibt es eine gegen einen Punkt $P \in \partial G_1$ konvergierende Punkte–Teilfolge (P_{ν_μ}) von (P_ν).

Es sei Q Maximalpunkt von u auf $\overline{G}$, und wir nehmen an, es gelte

$$u(Q) > u(P)\,. \tag{25.5.29}$$

Dann folgt

$$v_{\nu_\mu}(Q) - u(Q) - \varepsilon_{\nu_\mu} t_Q \leq v_{\nu_\mu}(P_{\nu_\mu}) - u(P_{\nu_\mu}) - \varepsilon_{\nu_\mu} t_{P_{\nu_\mu}}\,,$$

so dass

$$u(Q) - u(P_{\nu_\mu}) \leq \varepsilon_{\nu_\mu}(t_Q - t_{P_{\nu_\mu}}) \leq 2T\,\varepsilon_{\nu_\mu}\,.$$

Da u auf ∂G_1 stetig ist, folgt für $\mu \to \infty$

$$u(Q) - u(P) \leq 0$$

im Widerspruch zu (25.5.29). Es ist also $u(Q) = u(P)$, d.h. der Maximalwert von u wird (auch) in P, also auf ∂G_1, angenommen, was zu zeigen war. Analog geht man im Fall des Minimums vor. ■

Mithin scheint folgende Aufgabenstellung sachgemäß zu sein:

Gesucht wird eine auf $\overline{G}$ stetige Funktion, die den Bedingungen

$$\begin{aligned} u_t &= c\,u_{xx} \ (c>0) \quad &&\text{auf} \quad G \cup \partial G_2 \\ u &= \Phi_0 &&\text{auf} \quad \partial G_1 \end{aligned} \qquad (25.5.30)$$

genügt, wobei Φ_0 eine auf ∂G_1 definierte stetige Funktion ist.

Denn in der Tat kann aufgrund des Maximum–Minimum–Prinzips die Aufgabe (25.5.30) - sofern sie überhaupt eine Lösung besitzt - nicht zwei verschiedene Lösungen haben; der Beweis erfolgt wörtlich wie zuvor bei der Poissonschen Gleichung. Eindeutigkeit ist also gewährleistet.

Überdies sichert das Maximum–Minimum–Prinzip auch die stetige Abhängigkeit einer eventuell existierenden Lösung von den gegebenen Daten Φ_0 . Wählt man nämlich eine gegenüber Φ_0 gestörte Anfangsfunktion $\tilde{\Phi}_0$ und ist $\tilde{u}(x,t)$ die zugehörige Lösung, so löst

$$\hat{u}(x,t) = \tilde{u}(x,t) - u(x,t)$$

die Aufgabe

$$\begin{aligned} \hat{u}_t &= c\,\hat{u}_{xx} \quad &&\text{auf} \quad G \cup \partial G_2 \\ u &= \tilde{\Phi}_0 - \Phi_0 &&\text{auf} \quad \partial G_1 \,. \end{aligned}$$

Da aber sowohl das Maximum als auch das Minimum von $\hat{u}$ auf ∂G_1 liegt, folgt

$$|\hat{u}(x,t)| = |\tilde{u}(x,t) - u(x,t)| \le \max_{(x,t)\in\partial G_1} \left|\tilde{\Phi}_0(x,t) - \Phi_0(x,t)\right| = \left\|\tilde{\Phi}_0 - \Phi_0\right\|_\infty .$$

Kleine Abweichungen in den Daten erzeugen also wiederum nur kleine Abweichungen bei den Lösungen.

Es bleibt folglich nur noch nachzuweisen, dass (25.5.30) wirklich eine Lösung besitzt, um sicherzustellen, dass (25.5.30) sachgemäß gestellt ist. Dabei wollen wir insbesondere den für die Anwendungen wichtigen Fall betrachten, dass der Rand–Teil ∂G_1 aus einem Intervall der x–Achse und zwei Parallelen zur t–Achse zusammengesetzt ist oder auf diesen Fall transformiert werden kann (vgl. Abb. 25.8).

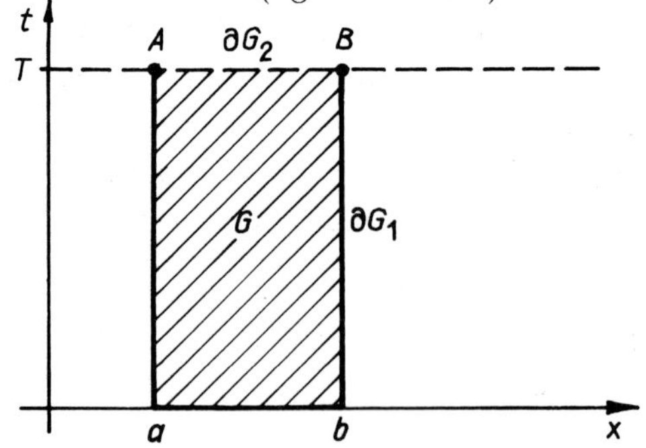

Abb. 25.8. Zur Anfangs–Randwertaufgabe der Wärmeleitungsgleichung

Dabei können wir uns die Parallelen zur Zeit–Achse auch bis in alle Zukunft (d.h. bis $t \to \infty$) fortgesetzt denken, suchen aber eine Lösung nur für alle $t \in [0, T]$ mit irgendeinem $T > 0$.

Die auf ∂G_1 vorgegebene stetige Funktion Φ_0 zerlegen wir entsprechend in drei Anteile und gelangen so zu dem Problem

$$\begin{array}{lcllr} u_t & = & c\,u_{xx} & \text{in} & G \cup \partial G_2 \\ u(x,0) & = & u_0(x) & \text{für} & a \le x \le b \\ u(a,t) & = & f(t) & \text{für} & 0 < t \le T \\ u(b,t) & = & g(t) & \text{für} & 0 < t \le T \end{array} \qquad (25.5.31)$$

mit stetigen Funktionen u_0, f, g. Damit Stetigkeit auch noch an den Eckpunkten $(a, 0)$ und $(b, 0)$ gewährleistet ist, verlangen wir der Einfachheit halber als **Verträglichkeitsbedingungen** die Gültigkeit der Beziehungen

$$\begin{array}{lcl} \lim\limits_{t \to +0} f(t) & = & u_0(a) \\ \lim\limits_{t \to +0} g(t) & = & u_0(b)\,. \end{array} \qquad (25.5.32)$$

Gesucht wird eine in $\overline{G}$ stetige Lösung.

Offenbar stellt $u(x, 0) = u_0(x)$ eine Beschreibung des Anfangszustandes zur Zeit $t = 0$ dar, ist also eine Anfangsbedingung, während die Bedingungen $u(a, t) = f(t)$, $u(b, t) = g(t)$ die Zustände an den Rändern des betrachteten Ortsvariablen–Bereichs (im hier behandelten Fall einer Ortsvariablen also an den Intervall–Endpunkten) für alle betrachtete Zukunft vorschreibt (Randbedingungen). In (25.5.31) ist mithin die Differentialgleichung sowohl durch Anfangs– wie durch Randbedingungen ergänzt. Wir sprechen deshalb von einem **Anfangs–Randwertproblem**.

Eine physikalische Anwendung der eindimensionalen (eine Ortsvariable) Aufgabe (25.5.31) ist wieder der schon früher erwähnte dünne zylindrische Stab mit wärmeundurchlässig isoliertem Mantel, der zur Zeit $t = 0$ eine örtliche Anfangs–Temperaturverteilung $u_0(x)$ besitzt und dessen bei $x = a$ und $x = b$ befindliche Deckflächen durch Temperatursteuerung von außen zwangsweise den zeitlichen Temperaturverläufen $f(t)$ bzw. $g(t)$ unterworfen werden. Gesucht ist dann die örtliche Temperaturverteilung im Stab zu den einzelnen Zeitpunkten $t \in \,]0, T]$ oder - was auf dasselbe hinausläuft - der zeitliche Temperaturverlauf in jedem einzelnen Querschnitt $x \in [a, b]$ des Stabes.

Wir betrachten den Fall, dass die Deckflächen auf gemeinsamer konstanter Temperatur gehalten werden, wofür durch Festsetzung des Nullpunktes der Temperaturskala o.B.d.A. der Wert 0 gewählt werden kann:

$$f(t) \equiv g(t) \equiv 0 \qquad \forall\, t \ge 0\,. \qquad (25.5.33)$$

Man wird erfahrungsgemäß erwarten, dass trotz einer Anfangstemperaturverteilung $u_0(x) \not\equiv 0$ für große Zeiten $(t \to \infty)$ überall im Stab die Temperatur 0 angenommen wird.

dass dies und wie dies in zeitlichem Ablauf im Rahmen unseres mathematischen Modells (25.5.31) geschieht, wollen wir anhand der Konstruktion (damit zugleich Nachweis der Existenz) einer Lösung zeigen, womit dann Sachgemäßheit der Problemstellung zumindest für dieses spezielle parabolische Problem bewiesen ist.

Wir transformieren zum Zweck der Bequemlichkeit zunächst unser Intervall $[a, b]$ auf das Intervall $[0, \pi]$ vermittels

$$\xi = \frac{\pi}{b-a}(x-b) + \pi ,$$

so dass

$$u_{\xi\xi} = \frac{(b-a)^2}{\pi^2} u_{xx} .$$

Schreiben wir anschließend wieder x statt ξ und c statt $\dfrac{\pi^2}{(b-a)^2}c$, so geht (25.5.31) über in

$$\begin{aligned} u_t &= c\,u_{xx} && \text{für} \quad 0 < x < \pi, \quad 0 < t \leq T \\ u(x,0) &= u_0(x) && \text{für} \quad 0 \leq x \leq \pi \\ u(0,t) &= u(\pi,t) = 0 && \text{für} \quad 0 < t \leq T . \end{aligned} \tag{25.5.34}$$

Wir setzen die Funktion $u_0(x)$ (die wegen (25.5.33) die Eigenschaft $u_0(0) = u_0(\pi) = 0$ besitzen möge) ungerade auf das Interall $[-\pi, 0]$ fort:

$$u_0(x) = -u_0(-x) \quad \text{für} \quad -\pi \leq x \leq 0 .$$

Außerhalb des Intervalls $[-\pi, \pi]$ sei $u_0(x)$ nachträglich durch die Forderung der Periodizität mit der Periode 2π erklärt.

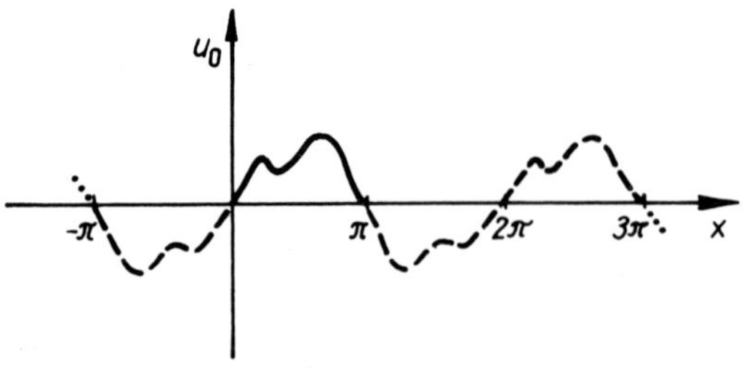

Abb. 25.9. Ungerade periodische Fortsetzung

Wir setzen voraus, dass die so für alle $x \in \mathbb{R}$ erklärte 2π–periodische stetige Funktion u_0 in eine Fourier–Reihe entwickelbar sei.

Wegen $u_0(-x) = -u_0(x)$ enthält diese nur Sinus–Glieder (vgl. Satz (16.2.3)), d.h.

$$u_0(x) \quad = \quad \sum_{\nu=1}^{\infty} b_\nu \sin(\nu x) \tag{25.5.35}$$

mit gewissen Fourier–Koeffizienten b_ν.

Wir versuchen nun, die Differentialgleichung in (25.5.34) durch einen **Produktansatz**[37]

$$u(x,t) \quad = \quad p(x)\, q(t) \tag{25.5.36}$$

zu lösen, $u(x,t)$ also als ein Produkt zweier Funktionen darzustellen, wobei die eine Funktion nur von der einen, die andere nur von der anderen unabhängigen Variablen abhängt. Und es sei $u(x,t) \neq 0$ für $0 < x < \pi$. Einsetzen von (25.5.36) in die Differentialgleichung ergibt

$$p(x)\, q'(t) \quad \equiv \quad c\, p''(x)\, q(t)\,,$$

d.h.

$$\frac{q'(t)}{q(t)} \quad \equiv \quad c\,\frac{p''(x)}{p(x)}\,.$$

Linkerhand steht eine Funktion von t, rechterhand eine Funktion von x, wobei aber t und x unabhängig voneinander sind. Gleichheit beider Seiten kann also nur existieren, wenn beide Seiten konstant sind:

$$\frac{q'(t)}{q(t)} \quad \equiv \quad c\,\frac{p''(x)}{p(x)} \quad \equiv \quad \text{const} \quad =: \quad -\delta\,. \tag{25.5.37}$$

Dabei ist δ noch wählbar, und es folgt

$$q'(t) + \delta\, q(t) \;=\; 0\,, \qquad p''(x) + \frac{\delta}{c}\, p(x) \;=\; 0\,.$$

Der Fall $\delta \leq 0$ führt zusammen mit den homogenen Randbedingungen auf $u(x,t) \equiv 0$. Es bleibt daher nur $\delta > 0$ und mithin:

$$q(t) \;=\; \tilde{A}\, \mathrm{e}^{-\delta t}\,, \qquad p(x) \;=\; \hat{A} \cos(\omega x) + \hat{B} \sin(\omega x)$$

mit $\omega = \sqrt{\dfrac{\delta}{c}}$.

Setz man $A = \tilde{A}\,\hat{A}$, $B = \tilde{A}\,\hat{B}$, so ergibt dann (25.5.36)

$$u(x,t) \quad = \quad \mathrm{e}^{-\delta t}\left(A \cos(\omega x) + B \sin(\omega x)\right)\,.$$

[37] auch **Separationsansatz** genannt

Das Erfüllen der Randbedingungen erfordert

$$u(0,t) = e^{-\delta t} A = 0, \quad \text{d.h.} \quad A = 0 \quad \text{und damit} \quad u(x,t) = e^{-\delta t} B \sin(\omega t)$$

sowie dann

$$u(\pi,t) = e^{-\delta t} B \sin(\omega \pi) = 0 .$$

$B = 0$ oder $\omega = 0$ ist nicht zulässig, da anderenfalls $u(x,t) \equiv 0$, so dass auch $u(x,0) = u_0(x) \equiv 0$ (diesen trivialen Fall schließen wir aus). Folglich muss $\sin(\omega \pi) = 0$ gelten, d.h.

$$\omega = \pm 1, \pm 2, \ldots \quad (\Rightarrow \delta = c,\ 4c,\ 9c,\ 16c,\ \ldots) .$$

Nun ist in (25.5.34) die Differentialgleichung linear und homogen, und dies gilt auch für die Randbedingungen. Also erfüllt auch jede Linearkombination von Lösungen der Differentialgleichung, die auch den Randbedingungen genügen, ebenfalls die Differentialgleichung und die Randbedingungen:

$$u(x,t) = \sum_{\nu=1}^{\infty} B_\nu e^{-\nu^2 c t} \sin(\nu x) + \sum_{\nu=-1}^{-\infty} \tilde{B}_\nu e^{-\nu^2 c t} \sin(\nu x) \quad .$$

Da $\sin(-\nu x) = -\sin(\nu x)$, kann dieser Ausdruck auch zusammengefasst werden zu

$$u(x,t) = \sum_{\nu=1}^{\infty} B_\nu^* e^{-\nu^2 c t} \sin(\nu x) \qquad \left(B_\nu^* = B_\nu - \tilde{B}_{-\nu}\right) . \tag{25.5.38}$$

(25.5.38) erfüllt also sowohl die Differentialgleichung wie die Randbedingungen; offenbar wird — wie der Vergleich von (25.5.38) für $t = 0$ mit (25.5.35) lehrt — auch die Anfangsbedingung erfüllt, wenn man

$$B_\nu^* = b_\nu \qquad (\nu = 1, 2, \ldots)$$

wählt.

Die Lösung von (25.5.34), von der wir bereits wissen, dass sie eindeutig ist und von den Anfangs- und Randwerten stetig abhängt, lautet also

$$u(x,t) = \sum_{\nu=1}^{\infty} b_\nu e^{-\nu^2 c t} \sin(\nu x) , \qquad 0 \le t \le T, \quad 0 \le x \le \pi \tag{25.5.39}$$

mit beliebigem $T > 0$.

Bemerkung (25.5.40)

Für $t \to \infty$ folgt offensichtlich — wie erwartet — $\lim\limits_{t\to\infty} u(x,t) = 0,\ \forall x$. Dabei ist allerdings $ct > 0$ wesentlich. Auch beim allgemeinen Eindeutigkeitsnachweis (Maximum–Minimum–Prinzip) hatten wir $c > 0$ verwendet. Ist $c > 0$, so können für negative t

— im Gegensatz zur Wellengleichung — keine entsprechenden Aussagen gewonnen werden; i.Allg. konvergiert wegen der dann mit ν stark anwachsenden Faktoren $e^{-\nu^2 c t}$ auch die Reihe (25.5.38) nicht mehr. Unser Wärmeleitungsproblem ist also im Fall $c > 0$ für $t < 0$ nicht mehr sachgemäß gestellt.

Bemerkung (25.5.41)

Gemäß (25.5.39) bleibt $u(x,t)$ auch für jedes feste $t > 0$ eine stetige periodische Funktion bezüglich x, sofern sie über das Intervall $[0,\pi]$ hinaus in gleicher Weise fortgesetzt wird, wie das bei $u_0(x)$ geschah. Randbedingungen, die solche Periodizität gewährleisten, heißen auch **Periodizitätsrandbedingungen**.

Bemerkung (25.5.42)

Betrachtet man die reine Anfangswertaufgabe

$$\begin{aligned} u_t - u_{xx} &= 0 \quad \text{für} \quad 0 < t \leq T, \quad x \in \mathbb{R} \\ u(x,0) &= u_0(x) \quad \text{auf} \quad \mathbb{R}, \end{aligned} \tag{25.5.43}$$

wobei aber nun u_0 auf der ganzen reellen Achse vorgegeben sein soll, so besitzt auch dieses Problem eine eindeutige und von u_0 stetig abhängende Lösung, wenn u_0 stetig ist und für $|x| \to \infty$ nicht stärker wächst als eine Funktion der Bauart $K\,e^{L x^2}$ mit $K, L \geq 0$, d.h.

$$|u_0(x)| \leq K\,e^{L x^2}, \tag{25.5.44}$$

und wenn man unter dem Begriff **Lösung** nur solche Funktionen $u(x,t)$ versteht, die in $\mathbb{R} \times [0,T]$ stetig sind, stetige Ableitungen u_t, u_{xx} in $\mathbb{R}\times]0,T]$ besitzen und ihrerseits für alle $t \in [0,T]$ einer Abschätzung

$$|u(x,t)| \leq K_1\,e^{L_1 x^2}$$

mit nichtnegativen K_1, L_1 genügen.

Die Lösung hat dann die Form

$$u(x,t) = \frac{1}{\sqrt{4\pi\,t}} \int_{-\infty}^{+\infty} e^{-\frac{(x-\xi)^2}{4t}}\, u_0(\xi)\, d\xi \quad \text{für} \quad 0 < t \leq T\,, \tag{25.5.45}$$

wobei der Zeitbereich, für den diese Lösung existiert, eingeschränkt ist durch $T < \dfrac{1}{4L}$; sie geht für $t \to 0$ stetig in $u_0(x)$ über.[38]

[38]Wir verzichten hier auf einen Beweis dieses **Satzes von Tychonoff**.

Bemerkung (25.5.46)

Bezeichnet man mit $\mathbb{B}$ den linearen Raum aller stetigen Funktionen $f = f(x)$, die einer **Wachstumsbeschränkung** (25.5.44) unterliegen und $\mathbb{R}$ in $\mathbb{R}$ abbilden, so ist für jedes feste $t > 0$ auch die durch (25.5.45) definierte Funktion $u(\cdot, t)$ ein Element von $\mathbb{B}$, falls $u_0 \in \mathbb{B}$, denn $u(\cdot, t)$ ist als Lösung von (25.5.43) nach x differenzierbar auf $\mathbb{R}$, also stetig, und es gilt mit (25.5.45)

$$|u(x,t)| \leq \frac{K}{\sqrt{4\pi t}} \int_{-\infty}^{+\infty} \mathrm{e}^{-\frac{(x-\xi)^2}{4t}} \mathrm{e}^{L\xi^2} \, d\xi .$$

Nun ist

$$\mathrm{e}^{A(x-\xi)^2} \mathrm{e}^{B\xi^2} = \mathrm{e}^{\frac{AB}{A+B} x^2} \mathrm{e}^{(A+B)\left(\xi - \frac{A}{A+B} x\right)^2} ,$$

so dass

$$|u(x,t)| \leq \frac{K}{\sqrt{4\pi t}} \mathrm{e}^{\frac{L}{1-4Lt} x^2} \int_{-\infty}^{+\infty} \mathrm{e}^{-\frac{1-4Lt}{4t}\left(\xi + \frac{L}{1-4Lt} x\right)^2} d\xi .$$

Wegen $t \leq T < \dfrac{1}{4L}$ folgt $1 - 4Lt > 0$, und die Substitution

$$\frac{\sqrt{1-4Lt}}{\sqrt{4t}} \left(\xi + \frac{L}{1-4Lt} x\right) = \eta \text{ (bei festen Werten } x \in \mathbb{R},\ t \in]0,T])$$

liefert

$$|u(x,t)| \leq \frac{K}{\sqrt{4\pi t}} \mathrm{e}^{\frac{L}{1-4Lt} x^2} \frac{\sqrt{4t}}{\sqrt{1-4Lt}} \int_{-\infty}^{+\infty} \mathrm{e}^{-\eta^2} d\eta .$$

Das rechts stehende Integral ist uns aus Überlegungen in Verbindung mit dem Fehlerintegral im Beispiel (19.1.32) bereits bekannt:

$$\int_{-\infty}^{+\infty} \mathrm{e}^{-\eta^2} d\eta = \sqrt{\pi} .$$

Mithin folgt

$$|u(x,t)| \leq \frac{K}{\sqrt{1-4Lt}} \mathrm{e}^{\frac{L}{1-4Lt} x^2} \leq \frac{K}{\sqrt{1-4LT}} \mathrm{e}^{\frac{L}{1-4LT} x^2} ,$$

also in der Tat eine Abschätzung mit einer Schranke von der Form der rechten Seite von (25.5.44). Demzufolge ist $u(\cdot, t) \in \mathbb{B}$.

Aufgrund der Eindeutigkeit der Lösung von (25.5.43) wird also jedem $u_0 \in \mathbb{B}$ bei gegebenem $t \in]0,T]$ ein $u(\cdot,t) \in \mathbb{B}$ eindeutig zugeordnet, so dass wir (25.5.45) in der Form

$$u(\cdot, t) = E_0(t)\, u_0 \qquad (0 < t \leq T) \tag{25.5.47}$$

schreiben können. Bringen wir die Anfangswerteigenschaft von u_0 noch durch die Festsetzung $E_0(0) = I$ (Identität auf $\mathbb{B}$) zum Ausdruck, so ist die Schar $\{E_0(t)\}$ für $0 \leq t \leq T$ definiert und stellt eine einparametrige Schar von Abbildung von $\mathbb{B}$ in $\mathbb{B}$ dar (genauer: von $\mathbb{B}$ in $C^2(-\infty, \infty) \cap \mathbb{B} \subset \mathbb{B}$).

Wir nennen $\{E_0(t)\}$ die Schar der **Lösungsoperatoren** der Aufgabe (25.5.43). Jeder dieser Operatoren ist linear, da aufgrund der Linearität und Homogenität der Wärmeleitungsgleichung die Beziehung $E_0(t)\,(\alpha\, u_0 + \beta\, v_0) = \alpha\, E_0(t)\, u_0 + \beta\, E_0(t)\, v_0$[39] gilt ($\alpha, \beta$ Konstanten), und jeder der Operatoren ist stetig, da auch die Lösung (25.5.45) stetig von den Anfangsdaten abhängt.[40]

Bemerkung (25.5.48)

Bezeichnet man bei der Aufgabe (25.5.34) mit $\mathbb{B}$ die Menge der stetigen, ungeraden 2π–periodischen Funktionen, die die homogenen Randbedingungen $f(0) = f(\pi) = 0$ erfüllen, so ist auch hier $\mathbb{B}$ ein linearer Raum im Sinne der üblichen Bildung von Linearkombinationen gegebener Funktionen aus $\mathbb{B}$. Bezeichnet dann $\mathbb{D}$ die Teilmenge aus $\mathbb{B}$, deren Elemente gleichmäßig konvergente Fourier–Entwicklungen besitzen, so ist $\mathbb{D}$ ein linearer Teilraum von $\mathbb{B}$. Jedes Element aus $\mathbb{D}$ ist dann durch seine Fourier–Koeffizienten umkehrbar eindeutig bestimmt, insbesondere also die Anfangsfunktion u_0 in (25.5.34). Der Zusammenhang zwischen der Lösung $u(\cdot, t)$ (bei festem t) und u_0 ist durch (25.5.38) (mit $B_\nu^* = b_\nu$) gegeben, und dieser Zusammenhang ist eindeutig (wegen der Eindeutigkeit der Lösung infolge Maximum–Minimum–Prinzip). Wir können mithin (25.5.38) wieder durch die Schreibweise

$$u(\cdot, t) \quad = \quad E_0(t)\, u_0$$

abkürzen, wobei nun die Lösungsoperatoren $E_0(t)$ durch

$$[E_0(t)\, f]\,(x) \quad = \quad \sum_{\nu=1}^{\infty} b_\nu(f)\, \mathrm{e}^{-\nu^2 c\, t} \sin(\nu\, x) \qquad \forall f \in \mathbb{D}$$

definiert sind und $\{b_\nu(f)\}$ die Folge der Fourier–Koeffizienten von f bedeutet.

Wiederum sind die Operatoren $E_0(t)$ zufolge der Linearität und Homogenität der Differentialgleichung und der Randbedingungen lineare Operatoren auf $\mathbb{D}$ (Superpositionsprinzip) und stetig, da auch (25.5.34) sachgemäß gestellt war.

Es ist nämlich wegen

$$|\tilde{u}(x,t) - u(x,t)| \quad \leq \quad \|\tilde{u}_0 - u_0\|_\infty$$

(vgl. Maximum–Minimum–Prinzip (25.5.28))

$$\|E_0(t)\, \tilde{u}_0 - E_0(t)\, u_0\|_\infty \quad \leq \quad \|\tilde{u}_0 - u_0\|_\infty\,,$$

[39] Die Linearität bringt die Superpositionseigenschaft zum Ausdruck

[40] Gemeint ist hier also nicht, dass die Operatoren $E_0(t)$ stetig sind in Abhängigkeit von t, sondern bei festem $t \in [0, T]$ stetig sind bezüglich der Anwendung auf u_0.

d.h. $\|E_0(t)\,\tilde{u}_0 - E_0(t)\,u_0\|_\infty < \varepsilon$, sofern nur $\tilde{u}_0$ die Eigenschaft $\|\tilde{u}_0 - u_0\| < \delta$ mit $\delta = \delta(\varepsilon) := \varepsilon$ besitzt.[41]

Bemerkung (25.5.49)

In Analogie zu gewöhnlichen Differentialgleichungen höherer Ordnung und deren Umformung in Systeme von Differentialgleichungen erster Ordnung können auch Evolutionsgleichungen, die höhere partielle Ableitungen nach der Variablen t enthalten, in Systeme von partiellen Differentialgleichungen übergeführt werden, in denen nur noch erste Ableitungen nach t auftreten. Einzige Voraussetzung ist, dass nach der höchsten Ableitung bezüglich t aufgelöst werden kann und dass in dieser Ableitung nicht auch noch Ableitungen nach anderen Variablen auftreten.

Bemerkung (25.5.50)

Die Wellengleichung

$$u_{tt} = c^2\, u_{xx}$$

geht mit $v = u_t$, $w = u$ über in das System

$$\left.\begin{aligned} v_t &= c^2\, w_{xx} \\ w_t &= v\,. \end{aligned}\right\} \tag{25.5.51}$$

Die Anfangsbedingungen (25.4.2), (25.4.4) lauten dann

$$\left.\begin{aligned} v(x,0) &= v_0(x) \\ w(x,0) &= u_0(x)\,. \end{aligned}\right\} \tag{25.5.52}$$

Führen wir die vektorwertigen Funktionen

$$\boldsymbol{f}(x,t) := \begin{pmatrix} v(x,t) \\ w(x,t) \end{pmatrix} \quad \text{und} \quad \boldsymbol{f}_0(x) = \begin{pmatrix} v_0(x) \\ u_0(x) \end{pmatrix}$$

ein, so kann die Anfangswertaufgabe (25.5.51), (25.5.52) auch in der Form

$$\boldsymbol{f}_t = \begin{pmatrix} 0 & c^2 \frac{\partial^2}{\partial x^2} \\ 1 & 0 \end{pmatrix} \boldsymbol{f} =: \boldsymbol{A}\,\boldsymbol{f} \tag{25.5.53}$$

mit

$$\boldsymbol{f}(x,0) = \boldsymbol{f}_0(x)$$

[41] Die Operatoren $E_0(t)$ sind also sogar gleichmäßig stetig hinsichtlich ihrer Anwendung auf die Elemente $u_0 \in \mathbb{D}$, da δ nicht von u_0 abhängt.

geschrieben werden, wobei $\boldsymbol{A}$ einen als formale Matrix geschriebenen Differentialoperator darstellt.[42]

Die Lösung (25.4.6) der Anfangswertaufgabe der Wellengleichung liefert in der neuen Schreibweise

$$w(x,t) = \frac{1}{2}\{u_0(x-ct)+u_0(x+ct)\} + \frac{1}{2c}\int_{x-ct}^{x+ct} v_0(\xi)\,d\xi\,,$$

so dass

$$v(x,t) = u_t(x,t) = w_t(x,t) = \frac{c}{2}\{-u_0'(x-ct)+u_0'(x+ct)\}+\frac{1}{2}\{v_0(x+ct)+v_0(x-ct)\}\,,$$

d.h.

$$\begin{aligned} \boldsymbol{f}(x,t) &= \frac{1}{2}\begin{pmatrix} c\,u_0'(x+ct) \\ u_0(x+ct) \end{pmatrix} + \frac{1}{2}\begin{pmatrix} u_0(x-ct) \\ -c\,u_0'(x-ct) \end{pmatrix} \\ &\quad + \frac{1}{2}\begin{pmatrix} c[v_0(x+ct)-v_0(x-ct)] \\ \int_{x-ct}^{x+ct} v_0(\xi)\,d\xi \end{pmatrix} =: [E_0(t)\,\boldsymbol{f}_0](x) \end{aligned} \tag{25.5.54}$$

oder

$$\boldsymbol{f}(\cdot,t) = E_0(t)\,\boldsymbol{f}_0\,. \tag{25.5.55}$$

Mit (25.5.54) konnte also wiederum (wie bei den Wärmeleitungsproblemen) eine Darstellung (25.5.55) mit gewissen Lösungsoperatoren $E_0(t)$ für das Problem (25.5.53) gewonnen werden.

Allerdings liegen hier die Dinge ein wenig komplizierter, sofern die Anfangsbedingungen nur auf einem kompakten Intervall vorgegeben sind, denn dann hat die Funktion $\boldsymbol{f}(x,t_1)$ bei festem t_1 zufolge der Form des Bestimmtheitsbereiches einen anderen Definitionsbereich als die Funktion $\boldsymbol{f}(x,t_2)$ bei festem $t_2 \neq t_1$:

---

[42] Analog kann man z.B. $u_t = c\,u_{xx}$ in der Form $u_t = A\,u$ mit dem Differentialoperator $A = c\,\dfrac{\partial^2}{\partial x^2}$ schreiben oder $u_t = c\,\Delta_3\,u = A\,u$ mit $A = c\,\Delta_3$, usw.

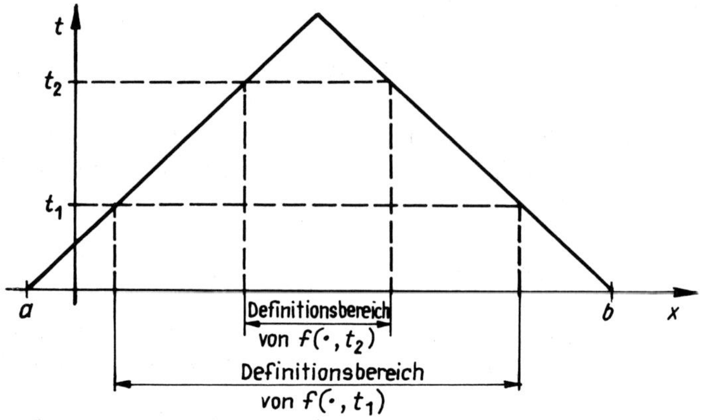

Abb. 25.10. Zeitabhängige Definitionsbereiche

Wir können jedoch folgendermaßen vorgehen: Sei

$$\mathcal{G}_t = C^0([a+ct, b-ct]) \times C^1([a+ct, b-ct]], \qquad 0 \le t \le \frac{b-a}{2c},$$

d.h. der Raum derjenigen vektorwertigen Funktion $\boldsymbol{h}(x) = \begin{pmatrix} p(x) \\ q(x) \end{pmatrix}$, die auf $[a+ct, b-ct]$ definiert sind, deren erste Komponente dort stetig und deren zweite Komponente dort stetig differenzierbar ist.

Auf $\mathcal{G}_t$ führen wir eine Norm ein, z.B.

$$\|\boldsymbol{h}\|_t := \alpha \|p\|_{t,\infty} + \|q\|_{t,\infty} + c\|q'\|_{t,\infty}$$

mit $\|g\|_{t,\infty} := \max\limits_{a+ct \le x \le b-ct} |g(x)|, \quad \alpha \ge \max\left(1, \frac{b-a}{2c}\right).$

Dann ist $\mathcal{G}_t$ ein normierter Raum, und es gilt

$$\begin{aligned} \|\boldsymbol{f}\|_t &\le \|u_0\|_{0,\infty} + t\|v_0\|_{0,\infty} + c\left\{\|u_0'\|_{0,\infty} + \frac{1}{c}\|v_0\|_{0,\infty}\right\} \\ &\qquad + \alpha\left\{c\|u_0'\|_{0,\infty} + \|v_0\|_{0,\infty}\right\} \\ &\le (1+\alpha)\left\{\|u_0\|_{0,\infty} + c\|u_0'\|_{0,\infty}\right\} + \frac{b-a}{2c}\|v_0\|_{0,\infty} + (1+\alpha)\|v_0\|_{0,\infty} \\ &\le 2\alpha\left\{\|u_0\|_{0,\infty} + c\|u_0'\|_{0,\infty}\right\} + 3\alpha\|v_0\|_{0,\infty} \\ &\le 3\alpha\left\{\|u_0\|_{0,\infty} + c\|u_0'\|_{0,\infty} + \alpha\|v_0\|_{0,\infty}\right\}. \end{aligned}$$

Mithin gewinnen wir die Aussage

$$\|\boldsymbol{f}\|_t \quad \leq \quad 3\alpha \, \|\boldsymbol{f}_0\|_0 \, ,$$

so dass kleine Änderungen der Anfangsdaten (im Sinne der hier verwendeten Norm!) nur kleine Änderungen der Lösung für $t > 0$ hervorrufen, denn aufgrund der Superposition folgt — wenn $\tilde{\boldsymbol{f}}$ die zu $\tilde{\boldsymbol{f}}_0$ gehörende Lösung bedeutet —

$$\left\|\tilde{\boldsymbol{f}} - \boldsymbol{f}\right\|_t \quad \leq \quad 3\alpha \left\|\tilde{\boldsymbol{f}}_0 - \boldsymbol{f}_0\right\|_0 .$$

Dies drückt wiederum die Sachgemäßheit der Problemstellung aus, freilich unter stärkeren Voraussetzungen, dann aber auch mit weitergehenden Folgerungen im Fall $x \in \mathbb{R}$.

Kleinheit von $\left\|\tilde{\boldsymbol{f}} - \boldsymbol{f}\right\|_0$ bedeutet jetzt nämlich nicht nur Kleinheit von $|\tilde{u}_0 - u_0|$ und $|\tilde{v}_0 - v_0|$ an jeder Stelle $x \in [a, b]$, sondern auch Kleinheit von $|\tilde{u}_0' - u_0'|$. Betrachtet man also nur Störungen, bei denen auch die Ableitungen der Störung klein sind, so folgt natürlich wie früher Kleinheit von $|\tilde{u}(x,t) - u(x,t)|$, zusätzlich aber auch von $|\tilde{u}_t - u_t|$ und von $|\tilde{u}_x - u_x|$.

Bemerkung (25.5.56)

Bei nichtlinearen Evolutionsgleichungen oder auch nur im Fall inhomogener zusätzlicher Randbedingungen bei Anfangsrandwertaufgaben sind die Lösungsoperatoren $E_0(t)$ nicht mehr linear (kein Superpositionsprinzip), doch ist Sachgemäßheit der Problemstellung auch dort mit Existenz und Stetigkeit der Operatoren $E_0(t)$ identisch (bei Wahl geeigneter Abstandsbegriffe auf den betrachteten Funkionenräumen).

Bei der später zu behandelnden Frage der numerischen Lösung von Evolutionsgleichungen werden wir stets voraussetzen, dass das Problem sachgemäß gestellt ist, mithin eine Schar $E_0(t)$ stetiger Lösungsoperatoren existiert, ohne jedoch vorauszusetzen, dass diese Schar (also die Lösungen) explizit angegeben werden kann (denn dies ist — wie bereits ausgeführt — in der überwiegenden Zahl der Anwendungsfälle nicht möglich).

Bevor wir uns jedoch numerischen Fragen zuwenden, die dann auch im Fall nicht-konstanter Koeffizienten Lösungsmöglichkeiten eröffnen, sollen im nächsten Abschnitt zunächst noch einige weitere Eigenschaften der Wellengleichung, der Potentialgleichung und der Wärmeleitungsgleichung behandelt werden.

Aufgaben (25.5.57)

1. Gegeben sei die Differentialgleichung

$$(2-x)\,u_{xx} + 8y\,u_{xy} + (1+4y)\,u_{yy} - 3x(u_x+u_y) + 5u - y \;=\; 0$$

$(u = u(x,y))$. Man untersuche, in welchen Punkten der x–y–Ebene sich die Gleichung elliptisch, parabolisch oder hyperbolisch verhält. Von welcher Art ist die Kurve, entlang der die Differentialgleichung parabolisch ist?

2. Durch Produktansatz löse man die Aufgabe

$$\begin{array}{lcll} u_{tt} & = & u_{xx} & \text{für} \quad 0 \le x \le 1, \quad t \ge 0 \\ u(0,t) & = & u(1,t) \;=\; 0 & \text{für} \quad t \ge 0 \\ u(x,0) & = & \frac{1}{2}\,x(1-x) & \text{für} \quad 0 \le x \le 1 \\ u_t(x,0) & = & 0 & \text{für} \quad 0 \le x \le 1 \end{array}$$

$(u = u(x,t))$.

Anleitung: Wenn man zu Beginn der Rechnung die Anfangsbedingungen außer acht lässt, verbleibt ein lineares homogenes Problem, für das mithin das Superpositionsprinzip gilt.

3. Man gewinne eine Lösung $u(x,t)$ der Anfangswertaufgabe $(u_x+u_y)\,u_{xy} = u_x^2+u_y^2$,

$$\left.\begin{array}{lcl} u(x,y) & = & 1 \\ u_x(x,y) & = & 2 \end{array}\right\} \quad \text{entlang der Geraden} \quad 2x - 3y \;=\; 0$$

vermittels des Ansatzes $u(x,y) = f(2x-3y)$.

4. Gegeben sei eine eindimensionale Strömung, d.h., der Geschwindigkeitsvektor $\boldsymbol{u}$ besitze nur eine Komponente u und es trete nur eine Ortsvariable x auf. Die Geschwindigkeit sei lediglich eine Funktion der Dichte ρ:

$$u \;=\; u(\rho)\,, \qquad u \in C^1(\mathbb{R}_0^+)\,.$$

Die Kontinuitätsgleichung (25.1.4) ergibt dann

$$\rho_t + \frac{\partial}{\partial x}\,q(\rho) \;=\; 0\,,$$

wobei $q(\rho) := \rho\,u(\rho)$ den **Fluss** darstellt.

Man zeige, dass eine stetig differenzierbare Lösung $\rho = \rho(x,t)$ dieser Differentialgleichung, die überdies noch der Anfangsbedingung $\rho(x,0) = \rho_0(x)$ (mit gegebener Funktion ρ_0) genügt, konstant ist entlang der Geraden

$$x - x_0 \;=\; t\, q'(\rho_0(x_0)) \qquad (\text{für jedes } x_0 \in \mathbb{R})$$

(Bemerkung: Diese Geraden heißen **Charakteristiken** der betrachteten Erhaltungsgleichung).

25.6 Weitere Anwendungen und Eigenschaften der Wellengleichung

Die eindimensionale Wellengleichung

Als Anwendungsfall der eindimensionalen Wellengleichung betrachten wir die Schwingungen einer gespannten Saite. Dabei wird die Saite mathematisch als Seil modelliert. Es sei q die (kleine) Querschnittsfläche der Saite, und durch die Einspannung herrsche an jeder Stelle x in diesem Querschnitt die Spannung σ (σ unabhängig von x).

Die Auslenkungskurve $w = w(x,t)$ zur Zeit t ist gesucht. Schreibt man sie in der Form einer Parameterdarstellung, nämlich als

$$\boldsymbol{r} \;=\; \begin{pmatrix} x \\ w(x,t) \end{pmatrix},$$

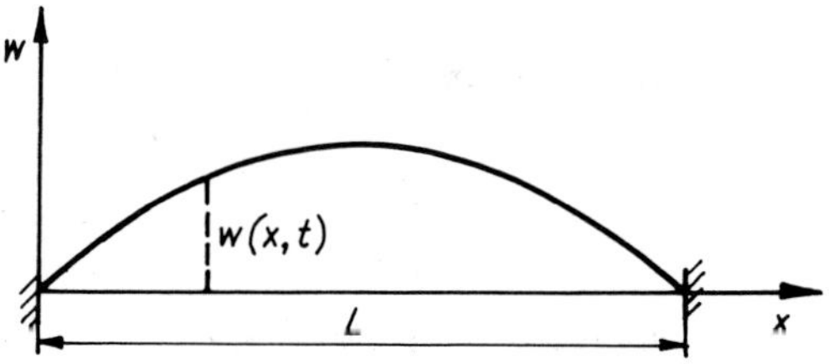

Abb. 25.11. Auslenkung der Saite

so ist

$$\frac{1}{\|\boldsymbol{r}_x\|}\,\boldsymbol{r}_x \;=\; \frac{1}{\sqrt{1 + w_x^2(x,t)}} \begin{pmatrix} 1 \\ w_x(x,t) \end{pmatrix}$$

ein Einheitsvektor in Richtung der Tangente. Die durch die (Zug–)Spannung an einer Stelle x an dem dortigen Querschnitt angreifende Kraft beträgt daher

$$\boldsymbol{p}(x) \;:=\; \frac{q\sigma}{\sqrt{1 + w_x^2(x,t)}} \begin{pmatrix} 1 \\ w_x(x,t) \end{pmatrix}.$$

Betrachtet man zwei dicht benachbarte Querschnitte der ausgelenkten Saite, so ergibt sich als resultierende Rückstellkraft (vgl. Abb. 25.12) bei Vernachlässigung des Gewichts

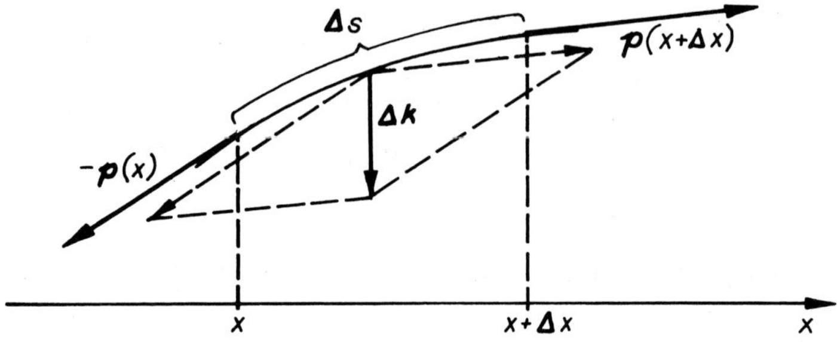

Abb. 25.12. Rückstellkraft bei der schwingenden Saite

$$\Delta \boldsymbol{k} \;=\; \boldsymbol{p}(x+\Delta x)-\boldsymbol{p}(x) \;=\; \frac{S}{\sqrt{1+w_x^2(x+\Delta x,t)}}\begin{pmatrix}1\\ w_x(x+\Delta x,t)\end{pmatrix} - \frac{S}{\sqrt{1+w_x^2(x,t)}}\begin{pmatrix}1\\ w_x^2(x,t)\end{pmatrix},$$

wobei $S := q\sigma$ den Betrag der Kraft darstellt, mit der die Saite gespannt ist.

Betrachtet man nur kleine Auslenkungen, bei denen w_x^2 klein ist gegenüber 1, so folgt

$$\Delta \boldsymbol{k} \;=\; \begin{pmatrix}0\\ S\left[w_x(x+\Delta x,t)-w_x(x,t)\right]\end{pmatrix}.$$

$\Delta \boldsymbol{k}$ besitzt also lediglich eine Komponente senkrecht zur Richtung der ruhenden Saite. Bezeichnen wir diese mit Δk, so folgt für die Rückstellkraft:

$$\frac{\Delta k}{\Delta x} \;=\; S\,\frac{w_x(x+\Delta x,t)-w_x(x,t)}{\Delta x}.$$

Ist ν die Masse der Saite je Längeneinheit, so gilt aufgrund des Newtonschen Grundgesetzes

$$\nu\,\Delta s\; w_{tt}(x,t) \;=\; \Delta k\,.$$

Da wir kleine Auslenkungen angenommen hatten, ist $\Delta s \approx \Delta x$, so dass für $\Delta x \to 0$ die Beziehung

$$\nu\, w_{tt}(x,t) \;=\; S\, w_{xx}(x,t)\,,$$

d.h.

$$w_{tt} - c^2 w_{xx} = 0 \qquad \text{mit} \qquad c = \sqrt{\frac{S}{\nu}} \tag{25.6.1}$$

resultiert. (25.6.1) aber ist wieder die eindimensionale Wellengleichung.

Vorgegeben sei eine Anfangsauslenkung

$$w(x,0) = g(x) \qquad \text{mit} \qquad g(0) = g(L) = 0\,, \tag{25.6.2}$$

und wir überlassen dann die Saite sich selbst, d.h.

$$w_t(x,0) = 0 \qquad \text{für} \qquad 0 \leq x \leq L \tag{25.6.3}$$

(keine zusätzliche Anfangsgeschwindigkeit).

Durch (25.6.2) und (25.6.3) ist die Lösung von (25.6.1) im Bestimmtheitsbereich bereits eindeutig festgelegt (vgl. Abschnitt 25.4); es treten jetzt jedoch infolge der Einspannung der Saite noch Randbedingungen hinzu, nämlich

$$w(0,t) = 0, \qquad w(L,t) = 0 \qquad \forall t \geq 0\,. \tag{25.6.4}$$

Dies ermöglicht die Bestimmung einer Lösung im Bereich $V := \{(x,t) \mid 0 \leq x \leq L,\; t \geq 0\}$, also über den Bestimmtheitsbereich hinaus.

Im Bestimmtheitsbereich liefert (25.4.6)

$$w(x,t) = \frac{1}{2}\,\{g(x-ct) + g(x+ct)\}\,. \tag{25.6.5}$$

Wir denken uns nun die Funktion $g(x)$ über das Intervall $[0,L]$ hinaus in noch zu präzisierender Weise nach links und rechts fortgesetzt, so dass sie überall (eventuell mit Ausname der Punkte $0,\ \pm L,\ \pm 2L,\ \ldots$) zweimal stetig differenzierbar sei. Dann löst (25.6.5) auch im ganzen Bereich V die Differentialgleichung (eventuell mit Ausnahme der Durchschnitte des Bereiches V mit den durch die Punkte $(0,0), (0,\pm L), (0,\pm 2L), \ldots$ gehenden Charakteristiken).

Die erste Randbedingung in (25.6.4) erfordert dann $g(-ct) = -g(ct)$. Dies bedingt, dass g über das Interval $[0,L]$ hinaus zu einer ungeraden Funktion fortgesetzt wird. Überdies erfordert die zweite Bedingung in (25.6.4) die Eigenschaft $g(L-ct) + g(L+ct) = 0$; zusammen mit der Eigenschaft der Ungeradheit bedeutet dies

$$g(L-ct) = -g(-L+ct) = -g(L+ct)\,,$$

also Periodizität von g mit der Periode $2L$.

Wir erfüllen die Forderungen an die vorzunehmende Fortsetzung von g und entwickeln dann die ungerade $2L$–periodische Funktion $g(x)$ in eine Fourier–Reihe (die nur Sinus–Glieder enthält):

$$g(x) = \sum_{\mu=1}^{\infty} b_\mu \sin\left(\frac{\pi}{L}\,\mu\,x\right) \qquad \text{mit} \qquad b_\mu = \frac{1}{L}\int_0^{2L} g(\xi)\,\sin\left(\frac{\pi}{L}\,\mu\,\xi\right)\,d\xi$$

(vgl. Satz (16.2.3)).

Dann liefert (25.6.5) als Lösung unserer Aufgabe der schwingenden Saite

$$w(x,t) \;=\; \frac{1}{2}\sum_{\mu=1}^{\infty} b_\mu \left\{ \sin\left(\frac{\mu\,\pi}{L}(x-ct)\right) + \sin\left(\frac{\mu\,\pi}{L}(x+ct)\right) \right\}.$$

Berücksichtigt man noch $\sin\alpha + \sin\beta = 2\sin\frac{\alpha+\beta}{2}\cdot\cos\frac{\alpha-\beta}{2}$, so folgt

$$w(x,t) \;=\; \sum_{\mu=1}^{\infty} b_\mu \sin\left(\frac{\mu\,\pi}{L}x\right)\cos\left(\frac{\mu\,\pi}{L}ct\right). \tag{25.6.6}$$

Definition (25.6.7)

Punkte, die bei einem Schwingungsvorgang beständig (d.h. für alle t) in Ruhe bleiben, heißen **Schwingungsknoten**.

Offenbar hat das erste Glied der Reihe (25.6.6) Schingungsknoten nur in den Endpunkten:

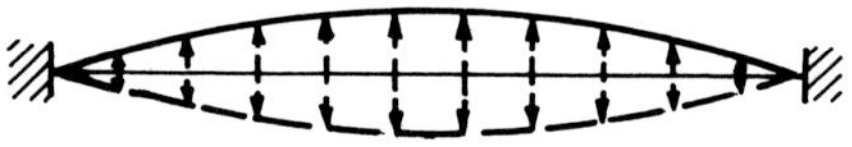

Abb. 25.13. Grundschwingung, Frequenz: $\frac{c}{2L}$.

Das zweite Glied hat überdies einen Knoten bei $x = \frac{L}{2}$:

Abb. 25.14. 1. Oberschwingung, Frequenz: $\frac{2c}{2L}$.

Das dritte Glied besitzt Knoten bei $0, \frac{L}{3}, \frac{2L}{3}, L$:

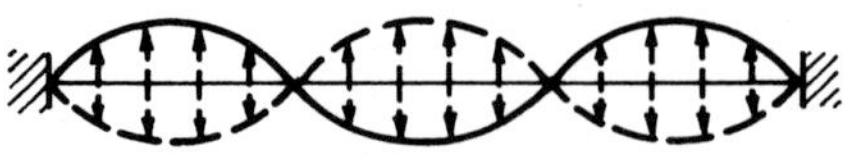

Abb. 25.15. 2. Oberschwingung, Frequenz: $\frac{3c}{2L}$

und dies setzt sich analog fort.

Bemerkungen (25.6.8)

a) Das Zusammenwirken der Grundschwingung und der Oberschwingungen, d.h. der Datensatz $(b_1, b_2, b_3, \ldots)$, bestimmt die **Klangfarbe**.

b) Wellen, bei denen durch Überlagerung einer nach rechts fortschreitenden und einer mit gleicher Amplitude und Ausbreitungsgeschwindigkeit nach links fortschreitenden Welle Wellenbewegungen mit festen Knoten entstehen, heißen **stehende Wellen**.

c) Das Beispiel der schwingenden Saite zeigt, dass neben reinen Anfangswertaufgaben auch Anfangsrandwertaufgaben sinnvolle Aufgabenstellungen bei hyperbolischen Differentialgleichungen darstellen (vgl. die analoge Situation bei der Wärmeleitungsgleichung).

Das zweidimensionale Analogon zur eingespannten Saite ist die eingespannte Membran. Dort ergibt sich demgemäß die zweidimensionale Wellengleichung

$$w_{tt} = c^2 \Delta_2 w = c^2 (w_{xx} + w_{yy}) . \tag{25.6.9}$$

Gesucht ist mithin $w = w(x, y, t)$ (vgl. auch (25.10.3)).

Die dreidimensionale Wellengleichung

Wir betrachten jedoch zunächst das dreidimensionale Problem und dort wieder die reine Anfangswertaufgabe, d.h.

$$u_{tt} = c^2 \Delta_3 u , \tag{25.6.10}$$

wobei die gesuchte Lösung $u = u(x, y, z, t)$ die Anfangsbedingungen

$$\begin{aligned} u(x, y, z, 0) &= u_0(x, y, z) \\ u_t(x, y, z, 0) &= v_0(x, y, z) \end{aligned} \tag{25.6.11}$$

erfüllen soll; wir lassen

$$-\infty < x, y, z, t < +\infty$$

zu, und die Lösung werde gesucht in $C^2(\mathbb{R}^4)$, d.h. in der Menge der nach allen Variablen zweimal stetig differenzierbaren Funktionen.

Wir gehen so vor, dass wir zunächst die Existenz einer solchen Lösung voraussetzen und zu zeigen versuchen, wie eine solche Lösung notwendig auszusehen hat. Hinterher wäre dann zu beweisen, dass die so gefundene Funktion die Anfangswertaufgabe wirklich löst (damit wären die Fragen nach Existenz, Eindeutigkeit und Darstellung der Lösung positiv beantwortet).

Es sei $\boldsymbol{r} = \begin{pmatrix} x \\ y \\ z \end{pmatrix}$ der Ortsvektor des Punktes $P = (x, y, z)$, und wir integrieren (25.6.10) über das Volumen einer Kugel um den Punkt P_0 (Ortsvektor: $\boldsymbol{r}_0 = \begin{pmatrix} x_0 \\ y_0 \\ z_0 \end{pmatrix}$) mit Radius ρ:

$$\int\limits_{\|\boldsymbol{r}-\boldsymbol{r}_0\|\le\rho} u_{tt}(\boldsymbol{r}, t)\, d(x, y, z) \quad = \quad c^2 \int\limits_{\|\boldsymbol{r}-\boldsymbol{r}_0\|\le\rho} \Delta_3\, u\, d(x, y, z)\,.$$

Mit $f \equiv 1$, $g = u$ liefern die Greenschen Formeln (vgl. Satz (19.3.18))

$$\begin{aligned} \int\limits_{\|\boldsymbol{r}-\boldsymbol{r}_0\|\le\rho} u_{tt}(\boldsymbol{r}, t)\, d(x, y, z) &= c^2 \int\limits_{\|\boldsymbol{r}-\boldsymbol{r}_0\|=\rho} \frac{\partial u}{\partial \boldsymbol{n}}\, do \\ &= c^2 \int\limits_{\|\boldsymbol{r}-\boldsymbol{r}_0\|=\rho} \langle \boldsymbol{\nabla} u, \boldsymbol{n} \rangle\, do\,, \end{aligned} \tag{25.6.12}$$

wo $\boldsymbol{n}$ den nach außen weisenden Normaleneinheitsvektor der Kugeloberfläche darstellt. Dann gehe man folgendermaßen vor:

– Verwandele das Oberflächenintegral in (25.6.12) - getrennt nach oberer und unterer Halbkugeloberfläche - gemäß (19.3.14) in Bereichsintegrale über Kreisflächen vom Radius ρ und gehe dann durch Substitution zum Einheitskreis über;
– setze die so entstehenden Bereichsintegrale wieder zu einem Oberflächenintegral zusammen, das dann offenbar über die Oberfläche der Einheitskugel zu erstrecken ist.

Wir kürzen dies ab durch die auch anschaulich einleuchtende Tatsache, dass dabei das Oberflächenelement $d\omega$ der Einheitskugel mit dem Oberflächenelement do der in (25.6.12) auftretenden Kugel durch die Beziehung

$$do \quad = \quad \rho^2\, d\omega$$

verbunden wird, die Normaleneinheitsvektoren der Oberfläche der Einheitskugel die gleichen sind wie die der Kugel mit Radius ρ und wegen

$$\boldsymbol{r} \quad = \quad \boldsymbol{r}_0 + \rho\, \boldsymbol{n}$$

die Aussage $\dfrac{\partial u}{\partial \boldsymbol{n}} = \dfrac{\partial u}{\partial \rho}$ folgt. Damit liefert (25.6.12):

$$\int\limits_{\|\boldsymbol{r}-\boldsymbol{r}_0\|\le\rho} u_{tt}(\boldsymbol{r}, t)\, d(x, y, z) \quad = \quad c^2 \rho^2 \int\limits_{\Omega} \frac{\partial}{\partial \rho} u(r_0 + \rho\, \boldsymbol{n}, t)\, d\omega \tag{25.6.13}$$

(Ω: Menge der Punkte der Oberfläche der Einheitskugel).

Hält man sich ferner vor Augen, dass das Kugelvolumen als Summe der Schichten konzentrischer Kugelschalen der Dicke $\Delta\,\sigma$ aufgefasst werden kann, so sieht man unmittelbar ein, dass

$$\int\limits_{\|\boldsymbol{r}-\boldsymbol{r}_0\|\le\rho} f(\boldsymbol{r},t)\,d(x,y,z) = \int\limits_0^{\rho} \int\limits_{\|\boldsymbol{r}-\boldsymbol{r}_0\|=\sigma} f(r,t)\,d(x,y,z)\,d\sigma$$

und daher, wie soeben,

$$\int\limits_{\|\boldsymbol{r}-\boldsymbol{r}_0\|\le\rho} f(\boldsymbol{r},t)\,d(x,y,z) = \int\limits_0^{\rho} \sigma^2 \int\limits_{\Omega} f(\boldsymbol{r}_0+\sigma\,\boldsymbol{n},t)\,d\omega\,d\sigma\,.$$

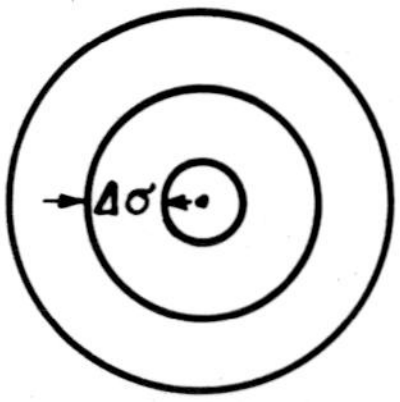

Abb. 25.16. Zur Integration über ein Kugelvolumen

(25.6.13) ergibt daher unter Berücksichtigung des Umstandes, dass die Integrationen die Zeitvariable nicht betreffen:

$$\begin{aligned}\int\limits_{\|\boldsymbol{r}-\boldsymbol{r}_0\|\le\rho} f(\boldsymbol{r},t)\,d(x,y,z) &= \frac{\partial^2}{\partial t^2}\int\limits_{\|\boldsymbol{r}-\boldsymbol{r}_0\|\le\rho} u(\boldsymbol{r},t)\,d(x,y,z)\\ &= \frac{\partial^2}{\partial t^2}\int\limits_0^{\rho}\sigma^2\int\limits_{\Omega} u(\boldsymbol{r}_0+\sigma\,\boldsymbol{n},t)\,d\omega\,d\sigma\\ &= c^2\rho^2\int\limits_{\Omega}\frac{\partial}{\partial\rho}u(\boldsymbol{r}_0+\rho\,\boldsymbol{n},t)\,d\omega\,.\end{aligned}$$

Wir setzen abkürzend

$$\frac{1}{4\pi}\int\limits_{\Omega} u(\boldsymbol{r}_0+\sigma\,\boldsymbol{n},t)\,d\omega = [Mu](\sigma,t) \quad ^{43}\,. \tag{25.6.14}$$

Dann folgt

$$\frac{\partial^2}{\partial t^2}\int\limits_0^{\rho}\sigma^2\,[Mu](\sigma,t)\,d\sigma = c^2\rho^2\frac{\partial}{\partial\rho}[Mu](\rho,t)\,.$$

Differentiation nach ρ liefert

$$\frac{\partial^2}{\partial t^2}\Big(\rho^2[Mu](\rho,t)\Big) = c^2\,2\rho\,\frac{\partial}{\partial\rho}[Mu](\rho,t) + c^2\rho^2\frac{\partial^2}{\partial\rho^2}[Mu](\rho,t)\,,$$

[43] Mu heißt **sphärisches Mittel** von u.

d.h. (nach Division durch ρ)

$$\frac{\partial^2}{\partial t^2}\{\rho[Mu](\rho,t)\} = c^2\frac{\partial^2}{\partial \rho^2}\{\rho[Mu](\rho,t)\}\,.$$

$\rho[Mu](\sigma\,\rho)$ erfüllt also die eindimensionale Wellengleichung und besitzt daher eine Darstellung der Form

$$\rho[Mu](\rho,t) = w_1(\rho+ct) + w_2(\rho-ct)\,. \tag{25.6.15}$$

Da $u\in C^2(\mathbb{R}^4)$, ist u auf der abgeschlossenen Kugel beschränkt; mithin ist auch Mu beschränkt, so dass (25.6.15) für $\rho\to 0$ die Aussage

$$w_1(ct) + w_2(-ct) = 0 \qquad \forall t\in(-\infty,\infty)$$

nach sich zieht.

Für beliebiges α folgt also $w_2(\alpha)=-w_1(-\alpha)$, so dass

$$\rho[Mu](\rho,t) = w_1(\rho+ct) - w_1(ct-\rho)\,. \tag{25.6.16}$$

Differentiation nach ρ liefert

$$\rho(Mu)_\rho + Mu = w_1'(\rho+ct) + w_1'(ct-\rho)\,.$$

Grenzübergang $\rho\to 0$ ergibt

$$\lim_{\rho\to 0}[Mu](\rho,t) = 2w_1'(ct)\,.$$

Mit (25.6.14) gilt aber

$$\begin{aligned}\lim_{\rho\to 0} Mu(\rho,t) &= \lim_{\rho\to 0}\frac{1}{4\pi}\int_\Omega u(\boldsymbol{r}_0+\rho\,\boldsymbol{n},t)\,d\omega\\ &= \frac{1}{4\pi}\int_\Omega u(\boldsymbol{r}_0,t)\,d\omega = u(\boldsymbol{r}_0,t)\frac{1}{4\pi}\int_\Omega d\omega\,.\end{aligned}$$

Die Oberfläche der Einheitskugel hat den Flächeninhalt 4π. Wir gewinnen daher

$$u(\boldsymbol{r}_0,t) = 2w_1'(ct)\,. \tag{25.6.17}$$

Differentiation von (25.6.16) nach ρ und nach t mit anschließender Bildung von $(\rho\,Mu)_\rho+\frac{1}{c}(\rho\,Mu)_t$ führt zu

$$\begin{aligned}(\rho\,Mu)_\rho+\frac{1}{c}(\rho\,Mu)_t &= w_1'(\rho+ct) + w_1'(ct-\rho) + w_1'(\rho+ct) - w_1'(ct-\rho)\\ &= 2w_1'(\rho+ct)\quad .\end{aligned}$$

Für $t \to 0$ folgt mit (25.6.17)

$$\lim_{t\to 0}\left[(\rho\, Mu)_\rho + \frac{1}{c}(\rho\, Mu)_t\right] = 2w_1'(\rho) = u\left(\boldsymbol{r}_0, \frac{\rho}{c}\right),$$

andererseits mit (25.6.14)

$$\lim_{t\to 0}\left[(\rho\, Mu)_\rho + \frac{1}{c}(\rho\, Mu)_t\right] = \lim_{t\to 0}\left[[Mu](\rho,t) + \rho(Mu)_\rho + \frac{1}{c}\rho(Mu)_t\right]$$

$$= \frac{1}{4\pi}\left[\int\limits_\Omega u(\boldsymbol{r}_0 + \rho\,\boldsymbol{n}, 0)\,d\omega + \rho\int\limits_\Omega \langle(\boldsymbol{\nabla} u)(\boldsymbol{r}_0 + \rho\,\boldsymbol{n}, 0), \boldsymbol{n}\rangle\,d\omega \right.$$

$$\left. + \frac{1}{c}\rho\int\limits_\Omega u_t(\boldsymbol{r}_0 + \rho\,\boldsymbol{n}, 0)\,d\omega\right]$$

$$= \frac{1}{4\pi}\int\limits_\Omega \left\{u_0(\boldsymbol{r}_0 + \rho\,\boldsymbol{n}) + \rho\langle(\boldsymbol{\nabla} u_0)(\boldsymbol{r}_0 + \rho\,\boldsymbol{n}), \boldsymbol{n}\rangle + \frac{\rho}{c}v_0(\boldsymbol{r}_0 + \rho\,\boldsymbol{n})\right\}d\omega\,.$$

Mit $\rho := ct$ folgt (da $\boldsymbol{r}_0$ beliebig war):

$$u(\boldsymbol{r},t) = \frac{1}{4\pi}\int\limits_\Omega \{u_0(\boldsymbol{r} + ct\boldsymbol{n}) + \langle(\boldsymbol{\nabla} u_0)(\boldsymbol{r} + ct\boldsymbol{n}), ct\boldsymbol{n}\rangle + tv_0(\boldsymbol{r} + ct\boldsymbol{n})\}\,d\omega\,.$$

Dies kann auch in der Form

$$\boxed{u(\boldsymbol{r},t) = \frac{t}{4\pi}\int\limits_\Omega v_0(\boldsymbol{r} + ct\boldsymbol{n})\,d\omega + \frac{\partial}{\partial t}\left(\frac{t}{4\pi}\int\limits_\Omega u_0(\boldsymbol{r} + ct\boldsymbol{n})\,d\omega\right)} \qquad (25.6.18)$$

geschrieben werden.

Eine Lösung der Wellengleichung im $\mathbb{R}^3$ unter den beschriebenen Anfangsbedingungen muss also — sofern sie existiert — die Form der rechten Seite von (25.6.18) besitzen, d.h. in der durch (25.6.18) beschriebenen Weise von den gegebenen Anfangsfunktionen u_0 und v_0 abhängen.

Tatsächlich lässt sich auch umgekehrt zeigen, dass die durch (25.6.18) beschriebene Funktion $u(\boldsymbol{r},t)$ die Aufgabe (25.6.10), (25.6.11) löst.

Folgerung (25.6.19)

Im Fall $\mathbb{R}^1$ hing der Wert $u(x_0,t_0)$ ab von den Werten der Anfangsfunktion $v_0(x)$

auf dem Intervall $|x - x_0| \leq c\,t_0$ und von den Werten der Anfangsfunktion u_0 in den Randpunkten $x_0 - c\,t_0$, $x_0 + c\,t_0$ dieses Intervalls (vgl. (25.4.6) und den Begriff des Abhängigkeitsbereiches im Fall $\mathbb{R}^1$).

Im Fall $\mathbb{R}^3$ hängt $u(x_0, y_0, z_0, t_0)$ gemäß (25.6.18) ausschließlich (und zwar sowohl hinsichtlich v_0 wie hinsichtlich u_0) ab von den Werten der Anfangsfunktionen in den Punkten (x, y, z) mit

$$\left\| \begin{pmatrix} x \\ y \\ z \end{pmatrix} - \begin{pmatrix} x_0 \\ y_0 \\ z_0 \end{pmatrix} \right\| = c\,t_0 \qquad (\text{nicht: } \text{“}\leq\text{”}),$$

also nur von den Randpunkten der Kugel um $\boldsymbol{r}_0$ mit Radius $c\,t_0$ (wobei diese Kugel das Analogon zu dem o.g. Intervall darstellt).

Die zweidimensionale Wellengleichung

Im Fall des $\mathbb{R}^2$ lautet die Aufgabe in Analogie zu (25.6.10) (vgl. auch (25.6.9))

$$u_{tt} = c^2\,\Delta_2\,u \qquad (-\infty < x, y, t < \infty), \tag{25.6.20}$$

wobei die gesuchte Lösung u neben t nur von x, y abhängt $(u = u(x, y, t))$, und die Anfangsbedingungen heißen

$$\begin{aligned} u(x, y, 0) &= u_0(x, y) \\ u_t(x, y, 0) &= v_0(x, y)\,. \end{aligned} \tag{25.6.21}$$

Offenbar kann (25.6.21) als Spezialfall von (25.6.10) angesehen werden,[44] d.h. als ein Fall, bei dem u_0, v_0 nicht wirklich von z abhängen. Gemäß (25.6.18) hängt dann aber auch die Lösung u des dreidimensionalen Falles in diesem Spezialfall nicht von z ab, erfüllt also auch (25.6.20). Ungewöhnlich bleibt dann lediglich, dass die Darstellung (25.6.18) der Lösung des zweidimensionalen Problems Oberflächenintegrale über Flächen im $\mathbb{R}^3$ (Kugeloberfläche) enthält statt Bereichsintegrale über gewisse Gebiete im $\mathbb{R}^2$. Natürlich kann dies sofort durch Umformung mittels (19.3.14) bereinigt werden. Wir führen dies nicht im Detail durch (Aufgabe), jedoch ist klar, dass nach Zerlegung der Kugeloberfläche in eine obere und eine untere Halbkugel jedes der auftretenden Oberflächenintegrale übergeht in Bereichsintegrale, die über die Fläche des Schnittkreises der Kugel mit der x–y–Ebene (Äquatorfläche) zu erstrecken sind.

---

[44]Dieses Vorgehen wird **Abstiegsmethode** genannt.

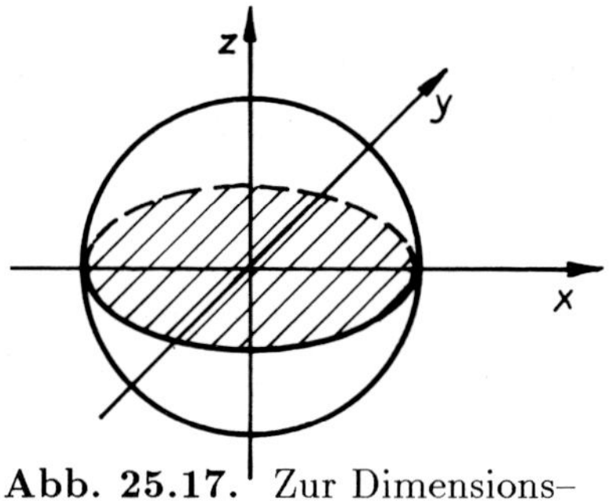

Abb. 25.17. Zur Dimensionsabhängigkeit der Wellengleichung

Die Lösung im Punkt (x_0, y_0, t_0) hängt dann sowohl hinsichtlich u_0 wie hinsichtlich v_0 ab von **allen** Werten der Anfangswertfunktionen in den Punkten der Kreisfläche

$$\left\| \begin{pmatrix} x \\ y \end{pmatrix} - \begin{pmatrix} x_0 \\ y_0 \end{pmatrix} \right\| \leq c\,t_0 \quad \text{(nicht nur: “=”)},$$

also nicht nur von den Randpunkten.

Abgesehen vom $\mathbb{R}^1$, wo eine Misch–Situation vorliegt, findet man in allen Räumen ungerader Dimension eine Abhängigkeit der Lösung im Punkte $(\boldsymbol{r}_0, t_0)$ nur von den Anfangswerten in den Randpunkten $\|\boldsymbol{r} - \boldsymbol{r}_0\| = c\,t_0$, hingegen bei gerader Dimension auch von den Anfangswerten in den inneren Punkten des Gebietes $\|\boldsymbol{r} - \boldsymbol{r}_0\| \leq c\,t_0$. Man sagt, die Lösung der Anfangswertaufgabe verhalte sich bei ungerader Dimension **huygenssch**, im Fall gerader Dimension nicht.

Diese **Dimensionsabhängigkeit** der Wellengleichung hat physikalisch bedeutsame Folgen: Stört man die Anfangsfunktionen in einem räumlich begrenzten Gebiet durch Überlagerung mit Funktionen, die außerhalb eines beschränkten Gebietes identisch Null sind, so macht sich diese Störung in einem Punkt P_0 mit Ortsvektor $\boldsymbol{r}_0$ ab einem gewissen Zeitpunkt $t_0 \geq 0$ bemerkbar und setzt im huygensschen Fall ab einem Zeitpunkt t_1 mit $t_0 < t_1 < \infty$ wieder aus, während sie im nicht–huygensschen Fall für alle $t \geq t_0$ Einfluss ausübt.

Bemerkung (25.6.22)

Als Beispiel einer dreidimensionalen Wellengleichung sei auf den Zusammenhang zwischen zeitlich veränderlichen elektrischen Feldern und Magnetfeldern verwiesen. Dieser wird durch die Maxwellschen Gleichungen beschrieben (vgl. (19.3.25)), die sich für Isolatoren (z.B. Vakuum) in der Form

$$\frac{\varepsilon}{c}\frac{\partial \boldsymbol{E}}{\partial t} = \text{rot}\ \boldsymbol{H}, \qquad -\frac{\mu}{c}\frac{\partial \boldsymbol{H}}{\partial t} = \text{rot}\ \boldsymbol{E} \tag{25.6.23}$$

darstellen und zu denen beim Fehlen von Raumladungen noch die Gleichungen

$$\text{div}\,\boldsymbol{E} = 0, \qquad \text{div}\,\boldsymbol{H} = 0 \tag{25.6.24}$$

hinzukommen. Diese beiden Gleichungen beinhalten die Abwesenheit elektrischer oder magnetischer Quellen oder Senken.

Differenziert man in (25.6.23) die erste Gleichung partiell nach t und vertauscht räumliche und zeitliche Ableitungen, so entsteht

$$\frac{\varepsilon}{c}\frac{\partial^2 \boldsymbol{E}}{\partial t^2} = \operatorname{rot}\left(\frac{\partial \boldsymbol{H}}{\partial t}\right).$$

Mit der zweiten Gleichung aus (25.6.23) erhält man

$$\frac{\partial^2 \boldsymbol{E}}{\partial t^2} = -\frac{c^2}{\varepsilon\,\mu}\operatorname{rot}\operatorname{rot}\boldsymbol{E} = -\frac{c^2}{\varepsilon\,\mu}\left\{\boldsymbol{\nabla}(\operatorname{div}\boldsymbol{E}) - \Delta_3\boldsymbol{E}\right\},$$

was wegen (25.6.24) in der Tat zu der dreidimensionalen Wellengleichung

$$\frac{\partial^2 \boldsymbol{E}}{\partial t^2} = \frac{c^2}{\varepsilon\,\mu}\Delta_3\boldsymbol{E} \tag{25.6.25}$$

und analog zu

$$\frac{\partial^2 \boldsymbol{H}}{\partial t^2} = \frac{c^2}{\varepsilon\,\mu}\Delta_3\boldsymbol{H} \tag{25.6.26}$$

führt. Im Vakuum gilt $\varepsilon = \mu = 1$, so dass dort die Ausbreitungsgeschwindigkeit aller elektromagnetischen Wellen (Radiowellen, Wärmestrahlung, sichtbares Licht, Röntgenstrahlen usw.) gleich der Lichtgeschwindigkeit ist.

Es ist bemerkenswert, dass Maxwell im Rahmen seiner hier kurz erwähnten Theorie die Existenz elektromagnetischer Wellen bereits 1865 voraussagte, während sie durch Hertz[45] erst 1888 experimentell nachgewiesen werden konnten.

25.7 Wellenformen

Häufig möchte man im $\mathbb{R}^3$ ganz bestimmte Wellenformen studieren, nämlich solche, die ein vorgegebenes Ausbreitungsverhalten zeigen und überdies **harmonisch** sind, d.h. an jeder Stelle $\boldsymbol{r} = (x, y, z)^{\mathrm{T}}$ im zeitlichen Verlauf cosinus- oder sinusförmiges Schwingen mit der Frequenz ω aufweisen. Aufgrund der Beziehung $\mathrm{e}^{i\omega t} = \cos\omega t + i\sin\omega t$ (vgl. (11.3.15)) betrachtet man also Lösungen, die sich bei komplexer Beschreibung in der Form

$$u(\boldsymbol{r}, t) = A\,\mathrm{e}^{i\omega t}\,g(\boldsymbol{r}) \tag{25.7.1}$$

mit einer noch zu bestimmenden Funktion g darstellen lassen.

Die Wellengleichung

$$u_{tt} = c^2\,\Delta_3\,u,$$

der die Funktion u ja genügen soll, liefert dann für g die Bedingung

$$-\frac{\omega^2}{c^2}\,g = \Delta_3\,g. \tag{25.7.2}$$

[45]Heinrich Rudolf Hertz (1857–1894); Berlin, Kiel, Karlsruhe, Bonn

Nun sollen z.B. **ebene Wellen** studiert werden, d.h. solche, bei denen g nur von den Koordinaten der Punkte entlang einer festen Richtung (Normalenrichtung der betrachteten Schar paralleler Ebenen) abhängt.

Die Fortpflanzungsrichtung beschreiben wir durch die Parameterdarstellung einer Geraden, wofür wir o.B.d.A. eine Gerade durch den Nullpunkt nehmen: $\boldsymbol{r} = \tau\,\boldsymbol{d} + \boldsymbol{b}$. Dabei kann, wiederum ohne Beschränkung der Allgemeinheit, $\boldsymbol{d} = (d_1, d_2, d_3)^{\mathrm{T}}$ als Einheitsvektor angesehen werden:

$$\langle\,\boldsymbol{d}, \boldsymbol{d}\,\rangle \;=\; 1\,.$$

Mithin folgt

$$\tau \;=\; \langle\,\boldsymbol{r}, \boldsymbol{d}\,\rangle\,,$$

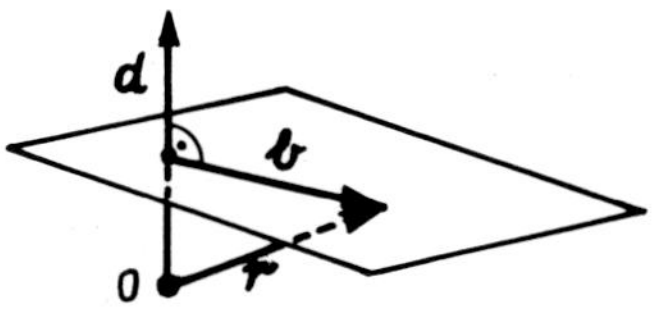

Abb. 25.18. Zur Ausbreitung ebener Wellen

und τ spielt die Rolle der Koordinate auf der durch $\boldsymbol{d}$ beschriebenen Geraden. Wellen, die sich in Richtung von $\boldsymbol{d}$ mit der Geschwindigkeit c ausbreiten, haben nach unseren früheren Überlegungen unter Berücksichtigung der Orientierung von $\boldsymbol{d}$ die Form

$$u \;=\; f(\tau - ct)\,. \tag{25.7.3}$$

Mit (25.7.1) und (25.7.3) folgt daher, dass $g(\boldsymbol{r})$ die Form

$$g(\boldsymbol{r}) \;=\; \frac{f(0)}{A}\,\mathrm{e}^{-i\omega\frac{\tau}{c}} \;=\; \frac{f(0)}{A}\,\mathrm{e}^{-i\frac{\omega}{c}\langle\boldsymbol{r},\boldsymbol{d}\rangle}$$

besitzen muss. Wir finden also

$$u(\boldsymbol{r}, t) \;=\; f(0)\,\mathrm{e}^{i\omega\left(t - \frac{\langle\boldsymbol{r},\boldsymbol{d}\rangle}{c}\right)}\,, \tag{25.7.4}$$

wobei $f(0)$ irgendeine die Amplitude beschreibende Konstante ist.

(25.7.4) nennt man genauer eine **ungedämpfte** harmonische ebene Welle. Tatsächlich genügt das gefundene g der Gleichung (25.7.2), denn es ist

$$\frac{\partial^2 g}{\partial x^2} \;=\; \frac{f(0)}{A}\,\mathrm{e}^{-i\frac{\omega}{c}\langle\boldsymbol{r},\boldsymbol{d}\rangle}\left(-\frac{\omega^2}{c^2}\,d_1^2\right)$$

$\left(\text{analog } \dfrac{\partial^2 g}{\partial y^2}, \dfrac{\partial^2 g}{\partial z^2}\right)$, so dass

$$\Delta_3 g \;=\; -\frac{f(0)}{A}\,\frac{\omega^2}{c^2}\,\mathrm{e}^{-i\frac{\omega}{c}\langle\boldsymbol{r},\boldsymbol{d}\rangle}\left(d_1^2 + d_2^2 + d_3^3\right) \;=\; -\frac{\omega^2}{c^2}\,g\,.$$

Unter ungedämpften harmonischen **Kugelwellen** versteht man solche Wellen, die sich -ausgehend von einem Zentrum, als das wir o.B.d.A. den Nullpunkt ansehen- kugelförmig ausbreiten, bei denen also $g(x, y, z)$ nur vom Abstand r des Punktes (x, y, z) vom Nullpunkt abhängt.

Natürlich führen wir Kugelkoordinaten ein (vgl. (17.2.27)), und mit (17.2.29) sowie mit (25.7.2) muss dann $g(r)$ der Gleichung

$$-\frac{\omega^2}{c^2}\, g \;=\; g'' + \frac{2}{r}\, g',$$

d.h.

$$g'' + \frac{2}{r}\, g' + \frac{\omega^2}{c^2}\, g \;=\; 0 \qquad (r > 0) \tag{25.7.5}$$

genügen. Die allgemeine Lösung von

$$u_{tt} \;=\; c^2 \left(u_{rr} + \frac{2}{r}\, u_r \right)$$

lautet

$$u(r, t) \;=\; \frac{1}{r} \left\{ f_1\left(t - \frac{r}{c}\right) + f_2\left(t + \frac{r}{c}\right) \right\}$$

mit irgendwelchen zweimal stetig differenzierbaren Funktionen f_1 und f_2. Dabei repräsentiert f_1 eine von Null weglaufende und f_2 eine in Null hineinlaufende Welle.

Betrachten wir nur die von Null weglaufende ungedämpfte harmonische Welle (harmonisch bedeutet, dass es sich hinsichtlich t wieder nur um cosinus- oder sinusförmige Schwingungen mit einer gewissen Frequenz ω handelt), so folgt

$$\frac{1}{r}\, f_1\left(t - \frac{r}{c}\right) \;=\; A\, e^{i\,\omega\, t}\, g(r),$$

woraus

$$g(r) \;=\; \frac{f(0)}{A}\, \frac{1}{r}\, e^{-i\,\frac{\omega}{c}\, r}$$

resultiert. Wir gewinnen also

$$u(r, t) \;=\; \frac{f(0)}{r}\, e^{i\,\omega\, \left(t - \frac{r}{c}\right)} \tag{25.7.6}$$

als Lösung mit irgendeiner Konstanten $f(0)$. Im Gegensatz zur ebenen Welle nehmen hier also die Amplituden entsprechend der Vergrößerung der Wellenfläche mit wachsendem r ab. In der Tat genügt das gefundene g der Gleichung (25.7.5), die eine lineare homogene gewöhnliche Differentialgleichung zweiter Ordnung (mit nichtkonstanten Koeffizienten) darstellt und mithin — wie wir wissen — zwei linear unabhängige Lösungen besitzt. Eine davon wird durch die oben gefundene Funktion

$$\frac{1}{r}\, e^{-i\,\frac{\omega}{c}\, r}$$

geliefert, die zweite ist z.B. $\frac{1}{r} e^{i \frac{\omega}{c} r}$ (entsprechend den zwei möglichen Orientierungen der Ausbreitung einer Kugelwelle).

Schließlich spricht man von ungedämpften harmonischen **Zylinderwellen**, wenn g nach Einführung von **Zylinderkoordinaten**

$$\boldsymbol{x} = \begin{pmatrix} r \cos \varphi \\ r \sin \varphi \\ z \end{pmatrix} \tag{25.7.7}$$

nur von r abhängt. (25.7.7) liefert dann zusammen mit (17.2.26) unmittelbar

$$\Delta = \frac{\partial^2}{\partial r^2} + \frac{1}{r^2} \frac{\partial^2}{\partial \varphi^2} + \frac{1}{r} \frac{\partial}{\partial r} + \frac{\partial^2}{\partial z^2}, \tag{25.7.8}$$

so dass g in Verbindung mit (25.7.2) der Differentialgleichung

$$g'' + \frac{1}{r} g' + \frac{\omega^2}{c^2} g = 0 \qquad (r > 0) \tag{25.7.9}$$

genügen muss. Obwohl sich diese Differentialgleichung nur unwesentlich von der Differentialgleichung (25.7.5) zu unterscheiden scheint, ist sie nicht mehr durch elementare Funktionen lösbar, wenn man von der trivialen Lösung $g \equiv 0$ einmal absieht.

Eine Lösung ist

$$g(r) = \frac{1}{\pi} \int_0^\pi \cos\left(\frac{\omega}{c} r \sin \xi\right) d\xi . \tag{25.7.10}$$

Aufgaben (25.7.11)

1. Man suche ebene Wellen als Lösungen der Differentialgleichung

$$u_{tt} = \Delta_3 u + c u \quad \text{im } \mathbb{R}^3 \qquad (c \in \mathbb{R}) .$$

2. Am Anfangsort $x = 0$ eines Übertragungskabels werde ein Signal der periodischen Spannung $U_0 \cos \omega t$ eingespeist. Gesucht wird die Signalspannung $U(x,t)$ des Ausgangssignals am Ort $x > 0$ zur Zeit $t \geq 0$. Das Kabel sei sehr lang. Man hat dann die Telegraphengleichung (vgl. (25.3.28))

$$U_{tt} - c^2 U_{xx} + (\alpha + \beta) U_t + \alpha \beta U = 0$$

mit den Randbedingungen

$$\begin{aligned} U(0,t) &= U_0 \cos \omega t , \qquad t \geq 0 \\ U(x,t) & \text{ beschränkt für } x \to \infty \end{aligned}$$

zu lösen. Dabei sind die Werte c, α, β konstruktionsbedingte Kenngrößen des Kabels. Insbesondere sind $\alpha > 0$, $\beta > 0$.

Ein zeitlich periodisches Eingangssignal lässt an jedem Ort $x > 0$ nach Abklingen der Einschwingphase ein zeitlich periodisches Ausgangssignal erwarten.

a) Kann eine solche Lösung mittels eines Produktansatzes

$$U(x,t) \quad = \quad f(x)\, g(t)$$

gefunden werden?

b) Man versuche einen Lösungsansatz, der eine örtliche Dämpfung mit einem zeitlich periodischen Verlauf bei Zulassung einer linear ortsabhängigen Phasenverschiebung verbindet.

25.8 Einige spezielle Funktionen der Mathematischen Physik

Zylinderfunktionen

In Verallgemeinerung der Zylinderwellen des letzten Abschnitts betrachten wir nun Wellen, die zwar zylindrisch sind, bei denen also g nicht von z abhängt,[46] wohl aber auch von φ:

$$g \quad = \quad g(r,\varphi)\,.$$

Statt (25.7.9) haben wir dann mit (25.7.2) und (25.7.8) die partielle Differentialgleichung

$$g_{rr} + \frac{1}{r^2}\, g_{\varphi\varphi} + \frac{1}{r}\, g_r + \frac{\omega^2}{c^2}\, g \quad = \quad 0 \qquad (25.8.1)$$

zu betrachten.

Wir versuchen wieder, Lösungen mittels eines Produktansatzes

$$g(r,\varphi) \quad = \quad p(r)\, q(\varphi)$$

zu finden. Dann muss gelten

$$r^2\,\frac{p''}{p} + r\,\frac{p'}{p} + r^2\,\frac{\omega^2}{c^2} \quad = \quad -\frac{q''}{q}\,, \qquad (25.8.2)$$

wo linkerhand eine Funktion von r, rechterhand eine Funktion von φ steht. Beide Seiten müssen also konstant sein, etwa gleich λ^2 mit irgendeinem λ. Man erhält im wesentlichen

$$q(\varphi) \quad = \quad \mathrm{e}^{\pm i\lambda\varphi}\,. \qquad (25.8.3)$$

Für p erhält man

[46] Dabei haben wir die z–Achse zur Zylinderachse gemacht.

$$p'' + \frac{1}{r}p' + \left(\frac{\omega^2}{c^2} - \frac{\lambda^2}{r^2}\right) p = 0 \text{ [47]},$$

und führt man abkürzend noch $\rho := \frac{\omega}{c} r$ ein, so folgt

$$\frac{d^2p}{d\rho^2} + \frac{1}{\rho}\frac{dp}{d\rho} + \left(1 - \frac{\lambda^2}{\rho^2}\right) p = 0. \tag{25.8.4}$$

(25.8.4) heißt **Besselsche Differentialgleichung**[48]. Als lineare gewöhnliche Differentialgleichung zweiter Ordnung (mit nichtkonstanten Koeffizienten) muss sie zu jedem festen λ zwei linear unabhängige Lösungen besitzen. Diese sind - wie schon im Fall $\lambda = 0$ - nicht durch elementare Funktionen darstellbar. Vielmehr definiert (25.8.4) eine neue Klasse von Funktionen, die wir **Zylinderfunktionen** nennen. Natürlich sind alle diese Funktionen noch normierbar (d.h., sie behalten ihre Eigenschaft, linear unabhängige Lösungen von (25.8.4) zu sein, wenn man sie mit gewissen konstanten Faktoren multipliziert, wobei man diese Faktoren so wählt, dass gewisse Konventionen erfüllt sind).

Durch den Ansatz

$$p(\rho) = \rho^\lambda P(\rho), \tag{25.8.5}$$

wobei das Vorzeichen von λ noch offen ist, lässt sich (25.8.4) zu

$$P'' + (2\lambda+1)\frac{1}{\rho}P' + P = 0 \tag{25.8.6}$$

vereinfachen. Wir suchen nun zunächst Lösungen von (25.8.6), die sich als eine Potenzreihe (um den Punkt $\rho_0 = 0$) darstellen lassen, d.h., wir versuchen einen Potenzreihenansatz

$$P(\rho) = \sum_{\nu=0}^{\infty} a_\nu \rho^\nu . \tag{25.8.7}$$

Einsetzen in (25.8.6) liefert

$$(2\lambda+1)a_1 + a_0\rho + \sum_{\nu=2}^{\infty}\left[\{\nu(\nu-1)a_\nu + (2\lambda+1)\nu a_\nu\}\rho^{\nu-1} + a_\nu\rho^{\nu+1}\right] \equiv 0 .$$

Die linke Seite kann nur dann identisch für alle ρ verschwinden, wenn die Koeffizienten der auftretenden Potenzen von ρ einzeln verschwinden.

Dies erfordert $\left(\text{für } \lambda \neq -\frac{1}{2}, -\frac{3}{2}, -\frac{5}{2}, \ldots\right)$

$$\begin{aligned} a_1 = a_3 = a_5 = a_7 = a_9 = \ldots &= 0, \\ a_{2k} + 4(k+1)(\lambda+k+1)\,a_{2(k+1)} &= 0 \qquad (k = 0,1,2,\ldots). \end{aligned} \tag{25.8.8}$$

[47] Für $\lambda = 0$ gewinnt man wieder (25.7.9).
[48] Vgl. auch (13.6.6) für den Fall $\lambda = n \in \mathbb{Z}$.

a_0 ist offenbar noch frei wählbar. Man normiert $a_0 = \dfrac{1}{2^\lambda \Gamma(\lambda+1)}$ mit der Gamma–Funktion $\Gamma(x)$ aus (13.5.8). Vollständige Induktion und die aus der Aufgabe zu Beispiel (13.5.8) bekannte Eigenschaft

$$\Gamma(x+1) \quad = \quad x\,\Gamma(x) \tag{25.8.9}$$

liefert dann die in nachstehender Entwicklung der Funktion $P(\rho)$ auftretenden Koeffizienten:

$$P(\rho) \quad = \quad \sum_{\nu=0}^{\infty} \frac{(-1)^\nu}{\Gamma(\nu+1)\,\Gamma(\lambda+\nu+1)} \left(\frac{\rho}{2}\right)^{2\nu} \frac{1}{2^\lambda}\,.$$

Die mit (25.8.5) entstehenden Funktionen $p(\rho)$ nennt man **Zylinderfunktionen erster Art** oder **Bessel–Funktionen** und bezeichnet sie mit $J_\lambda(\rho)$. Schreibt man x statt ρ, so folgt

$$J_\lambda(x) \quad = \quad \sum_{\nu=0}^{\infty} \frac{(-1)^\nu}{\Gamma(\nu+1)\,\Gamma(\lambda+\nu+1)} \left(\frac{x}{2}\right)^{\lambda+2\nu}\,. \tag{25.8.10}$$

(25.8.9) zieht

$$\Gamma(\nu+1) \;=\; \nu!\,, \qquad \Gamma(\lambda+\nu+1) \;=\; \prod_{\mu=0}^{\nu} (\lambda+\mu)\,\Gamma(\lambda) \tag{25.8.11}$$

nach sich, so dass die Koeffizienten der in (25.8.10) auftretenden Reihe sehr schnell sehr klein werden.

Grafische Darstellungen der Funktionen $J_\lambda(x)$ für $\lambda = 0,1,2,4$ finden sich in Abschnitt 13.6, denn - wie wir alsbald sehen werden - sind die hier gewonnenen Bessel–Funktionen im Fall $\lambda \in \mathbb{Z}$ natürlich mit den in Abschnitt 13.6 mittels parameterabhängiger Integrale eingeführten Funktionen gleichen Namens identisch.

Wie man (25.8.10) entnimmt, ist offenbar J_0 eine gerade und J_1 eine ungerade Funktion, usw.

Bemerkungen (25.8.12)

a) An keiner Stelle ist bisher vorausgesetzt worden, dass λ ganzzahlig zu sein hat (insbesondere durch Verwendung der Gamma–Funktion anstelle der Fakultäten in dem Ausdruck $\Gamma(\lambda+\nu+1)$). Tatsächlich können wir in (25.8.10) für λ beliebige Werte aus $\mathbb{R}$ zulassen.

   Für $\lambda < 0$ erfordert dies allerdings eine Ausdehnung des Definitionsbereichs der Γ–Funktion auch auf Werte $x < 0$.

Nun gilt für $x > 0$ nach Gauß

$$\Gamma(x) = \int_0^\infty t^{x-1}\,\mathrm{e}^{-t}\,dt = \lim_{n\to\infty} \frac{n^{x-1}\,n!}{x(x+1)(x+2)\dots(x+n-1)}. \qquad (25.8.13)$$

Während jedoch die auf Euler zurückgehende Integraldarstellung von $\Gamma(x)$ nicht für alle x galt (Existenz des uneigentlichen Integrals), existiert der Grenzwert des rechts stehenden Produkts für alle x mit Ausnahme der ganzzahligen Stellen $x = 0, -1, -2, -3, \dots$. Die Gaußsche **Produktdarstellung** liefert also eine **Fortsetzung** der Γ–Funktion in den Bereich $x < 0$ hinein. Insbesondere gilt auch dort $\Gamma(x+1) = x\,\Gamma(x)$, denn

$$\frac{n^x\,n!}{(x+1)\dots(x+n)} = \frac{1}{1+\frac{x}{n}}\,x\,\frac{n^{x-1}\,n!}{x(x+1)\dots(x+n-1)},$$

und $\dfrac{1}{1+\frac{x}{n}}$ konvergiert für $n \to \infty$ gegen 1. Für $x = 0, -1, -2, \dots$ besitzt $\Gamma(x)$ offenbar Singularitäten. Für den reziproken Wert $\dfrac{1}{\Gamma(x)}$ (wie er in den Koeffizienten von (25.8.10) auftritt) bedeuten diese Stellen jedoch nur hebbare Unstetigkeiten, die beseitigt werden, indem

$$\frac{1}{\Gamma(-k)} = 0 \qquad (k = 0, 1, 2, \dots) \qquad (25.8.14)$$

gesetzt wird.

b) Tatsächlich kann die Gaußsche Darstellung der Gamma–Funktion auch zur Definition von $\Gamma(z)$ mit $z \in \mathbb{C}$ verwendet werden, was wiederum ermöglicht, die Funktionen $J_\lambda(x)$ mittels (25.8.10) für komplexe λ zu definieren. Schließlich konvergiert die Reihe (25.8.10) auch für komplexe Werte von x, so dass die Bessel–Funktionen $J_\lambda(z)$ sowohl für $\lambda \in \mathbb{C}$ wie für $z \in \mathbb{C}$ erklärt sind.

Ist λ reell, aber nicht ganzzahlig, so sind — wie man zeigen kann — $J_\lambda(x)$ und $J_{-\lambda}(x)$ zwei linear unabhängige Funktionen, so dass man in ihnen für diesen Fall zwei linear unabhängige Lösungen von (25.8.4) gefunden hat, aus denen alle weiteren Lösungen linear kombiniert werden können.

Für ganzzahlige $\lambda \geq 0$ folgt jedoch mit (25.8.14)

$$\begin{aligned} J_{-\lambda}(x) &= \sum_{\nu=0}^{\infty} \frac{(-1)^{\nu}}{\Gamma(\nu+1)\,\Gamma(-\lambda+\nu+1)} \left(\frac{x}{2}\right)^{-\lambda} \cdot \left(\frac{x}{2}\right)^{2\nu} \\ &= \sum_{\nu=\lambda}^{\infty} \frac{(-1)^{\nu}}{\Gamma(\nu+1)\,\Gamma(-\lambda+\nu+1)} \left(\frac{x}{2}\right)^{-\lambda} \left(\frac{x}{2}\right)^{2\nu} \\ &= \sum_{\nu=0}^{\infty} \frac{(-1)^{\nu+\lambda}}{\Gamma(\nu+\lambda+1)\,\Gamma(-\lambda+\nu+\lambda+1)} \left(\frac{x}{2}\right)^{-\lambda} \left(\frac{x}{2}\right)^{2(\nu+\lambda)} \\ &= (-1)^{\lambda} \sum_{\nu=0}^{\infty} \frac{(-1)^{\nu}}{\Gamma(\nu+\lambda+1)\,\Gamma(\nu+1)} \left(\frac{x}{2}\right)^{\lambda+2\nu}, \end{aligned}$$

d.h.

$$J_{-\lambda}(x) = (-1)^{\lambda}\, J_{\lambda}(x) \qquad (\lambda \in \mathbb{N}_0), \tag{25.8.15}$$

d.h. J_{λ} und $J_{-\lambda}$ sind linear abhängig.

Wir bilden deshalb — zunächst für nichtganzzahlige λ — die Funktion

$$N_{\lambda}(x) := \frac{J_{\lambda}(x) \cdot \cos(\lambda\,\pi) - J_{-\lambda}(x)}{\sin(\lambda\,\pi)}, \qquad \lambda \notin \mathbb{Z}, \tag{25.8.16}$$

die als Linearkombination von J_{λ} und $J_{-\lambda}$ gewiss ebenfalls eine Lösung der Besselschen Differentialgleichung (wenn man in (25.8.4) x statt ρ schreibt) darstellt.

Die Funktionen $N_{\lambda}(x)$ heißen **Zylinderfunktionen zweiter Art** oder **Neumannsche Funktionen**.

Für $\lambda \to k \in \mathbb{Z}$ verschwinden in (25.8.16) allerdings Zähler und Nenner. Dies legt die Anwendung der Regel von de l'Hospital nahe (vgl. (10.2.1)).

Wir definieren daher für $k \in \mathbb{Z}$ (bei jeweils festem x)

$$N_k(x) := \lim_{\lambda\to k} \frac{\dfrac{\partial}{\partial\lambda}\,[J_{\lambda}(x)\cos(\lambda\,\pi) - J_{-\lambda}(x)]}{\dfrac{\partial}{\partial\lambda}\,\sin(\lambda\,\pi)},$$

d.h. (mit (25.8.14))

$$N_k(x) = \frac{(-1)^k}{\pi}\left[(-1)^k\,\frac{\partial J_{\lambda}(x)}{\partial\lambda} - \frac{\partial J_{-\lambda}(x)}{\partial\lambda}\right]_{\lambda=k}, \qquad k \in \mathbb{Z}. \tag{25.8.17}$$

Führt man unter Verwendung von (25.8.10) die Differentiationen nach λ durch, so entstehen offenbar wiederum Potenzreihen. Diese konvergieren und lösen in der Tat die Besselsche Differentialgleichung im Fall $\lambda = k$. Überdies sind $J_k(x)$ und $N_k(x)$

voneinander linear unabhängig, so dass man aus ihnen auch im Fall $\lambda = k \in \mathbb{Z}$ die allgemeine Lösung der Besselschen Differentialgleichung aufbauen kann.

Für $k \in \mathbb{N}_0$ haben die Neumannschen Funktionen im Gegensatz zu den Bessel-Funktionen für $x \to 0$ eine Singularität. So ergeben sich z.B. für $k = 0$ und $k = 1$ folgende Verläufe der Neumannschen Funktionen:

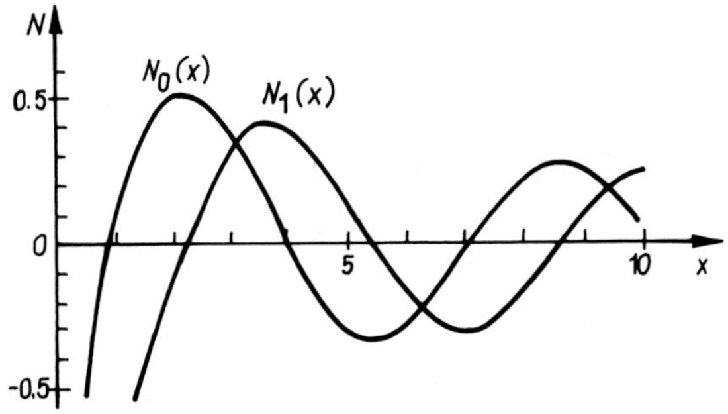

Abb. 25.19. Verlauf der Funktionen $N_0(x)$ und $N_1(x)$

Abgesehen von der Singularität weisen die Neumannschen Funktionen — wie vorher schon die Bessel-Funktionen — gewisse Ähnlichkeiten mit den trigonometrischen Funktionen $\sin x$, $\cos x$ auf. Diese Ähnlichkeiten reichen noch weiter, denn zunächst gilt mit (25.8.9) und (25.8.10) bei beliebigem λ:

$$\begin{aligned}
J'_\lambda(x) &= \frac{d}{dx} \sum_{\nu=0}^{\infty} \frac{(-1)^\nu}{\Gamma(\nu+1)\,\Gamma(\lambda+\nu+1)} \left(\frac{x}{2}\right)^{\lambda+2\nu} \\
&= \sum_{\nu=0}^{\infty} \frac{(-1)^\nu\,(\lambda+2\nu)}{\Gamma(\nu+1)\,\Gamma(\lambda+\nu+1)}\,\frac{1}{2} \left(\frac{x}{2}\right)^{\lambda-1+2\nu} \\
&= \frac{1}{2} \sum_{\nu=0}^{\infty} \frac{(-1)^\nu\,(\lambda+\nu+\nu)}{\Gamma(\nu+1)\,(\lambda+\nu)\,\Gamma(\lambda+\nu)} \left(\frac{x}{2}\right)^{\lambda-1+2\nu} \\
&= \frac{1}{2}\,J_{\lambda-1}(x) + \frac{1}{2} \sum_{\nu=1}^{\infty} \frac{(-1)^\nu\,\nu}{\Gamma(\nu+1)\,\Gamma(\lambda+\nu+1)} \left(\frac{x}{2}\right)^{\lambda-1+2\nu} \\
&= \frac{1}{2}\,J_{\lambda-1}(x) + \frac{1}{2} \sum_{\nu=1}^{\infty} \frac{(-1)^\nu}{\Gamma(\nu)\,\Gamma(\lambda+\nu+1)} \left(\frac{x}{2}\right)^{\lambda-1+2\nu} .
\end{aligned}$$

Es ist also

$$\begin{aligned}
J'_\lambda(x) &= \frac{1}{2}\,J_{\lambda-1}(x) + \frac{1}{2} \sum_{\nu=0}^{\infty} \frac{(-1)^{\nu+1}}{\Gamma(\nu+1)\,\Gamma(\lambda+1+\nu+1)} \left(\frac{x}{2}\right)^{\lambda-1+2(\nu+1)} \\
&= \frac{1}{2}\,J_{\lambda-1}(x) - \frac{1}{2} \sum_{\nu=0}^{\infty} \frac{(-1)^{\nu}}{\Gamma(\nu+1)\,\Gamma(\lambda+1+\nu+1)} \left(\frac{x}{2}\right)^{\lambda+1+2\nu} ,
\end{aligned}$$

d.h.

$$J'_\lambda(x) = \frac{1}{2}\left(J_{\lambda-1}(x) - J_{\lambda+1}(x)\right). \tag{25.8.18}$$

Speziell für $\lambda = 0$ folgt mit (25.8.15)

$$J'_0(x) = -J_1(x) \tag{25.8.19}$$

(vergleiche $(\cos x)' = -\sin x$).

Aufgaben (25.8.20)

1. Man zeige: Es gilt auch

$$J'_\lambda(x) = -\frac{\lambda}{x} J_\lambda(x) + J_{\lambda-1}(x) \qquad (x \neq 0) \tag{25.8.21}$$

(zum Beweis verwende man (25.8.10)).

2. Man zeige $J_{\frac{1}{2}}(x) = \sqrt{\frac{2}{\pi x}} \sin x, \quad J_{-\frac{1}{2}}(x) = \sqrt{\frac{2}{\pi x}} \cos x$

$\left(\text{beachte: } \Gamma\left(\frac{1}{2}\right) = \sqrt{\pi}\right)$.

(25.8.18) und (25.8.21) ergeben zusammen die Rekursionsformel

$$J_{\lambda+1}(x) = \frac{2\lambda}{x} J_\lambda(x) - J_{\lambda-1}(x) \tag{25.8.22}$$

Bemerkung (25.8.23)

Für $\lambda = k \in \mathbb{Z}$ gilt (vgl. auch (13.6.5))

$$J_k(x) = \frac{1}{\pi} \int_0^\pi \cos(x \sin \xi - k\,\xi)\, d\xi \tag{25.8.24}$$

(womit für $k = 0$ insbesondere (25.7.10) gezeigt ist).

Beweis

Man bezeichne vorübergehend das rechts stehende Integral mit $f_k(x)$ (von dem ja erst zu zeigen ist, dass es mit $J_k(x)$ übereinstimmt). Gemäß Abschnitt 13.6 erfüllt auch f_k in der Tat die Besselsche Differentialgleichung (ebenso wie $J_k(x)$). Überdies genügt $f_k(x)$ folgenden Anfangsbedingungen:

$$f_k(0) = \frac{1}{\pi} \int_0^\pi \cos(k\xi)\, d\xi = \begin{cases} 1 & \text{für } k = 0 \\ \frac{1}{\pi k} \left[\sin(k\xi)\right]_0^\pi = 0 & \text{für } k \neq 0 \end{cases},$$

sowie

$$f_k'(0) \quad = \quad \frac{1}{\pi}\int\limits_0^{\pi} \sin(k\xi)\cdot\sin\xi\,d\xi \quad = \quad \begin{cases} \pm\dfrac{1}{2} & \text{für} \quad k = \pm 1 \\ 0 & \text{für} \quad k \neq \pm 1 \end{cases} .$$

Man rechnet sofort nach, dass auch die durch (25.8.10) dargestellten Bessel–Funktionen für $k \in \mathbb{Z}$ dieselben Anfangsbedingungen erfüllen (beachte (25.8.14) und die früher erwähnte Normierung). Da die Lösung der aus den Anfangsbedingungen und der Besselschen Differentialgleichung zusammengesetzten Anfangswertaufgabe jedoch eindeutig ist, ergibt sich in der Tat die Übereinstimmung von $f_k(x)$ mit $J_k(x)$. ■

Bemerkung (25.8.25)

Es sei noch erwähnt, dass aus den Besselschen und den Neumannschen Funktionen durch Linearkombination die folgenden Funktionen gebildet und als **Zylinderfunktionen dritter Art** oder **Hankel–Funktionen** bezeichnet werden:

$$\begin{aligned} H_\lambda^{(1)}(x) &:= J_\lambda(x) + i\,N_\lambda(x) \\ H_\lambda^{(2)}(x) &:= J_\lambda(x) - i\,N_\lambda(x)\,. \end{aligned} \qquad (25.8.26)$$

•

Die Wellengleichung führte uns also im Fall zylindrischer Wellen auf neue, für die Anwendungen wichtige Funktionen, nämlich $J_\lambda(x)$, $N_\lambda(x)$, $H_\lambda^{(1)}(x)$, $H_\lambda^{(2)}(x)$, die zu den sogenannten **Speziellen Funktionen der Mathematischen Physik** gehören. Hier handelte es sich um Zylinderfunktionen.

Kugelfunktionen

Auf weitere spezielle Funktionen stößt man u.a. im Zusammenhang mit der Potentialgleichung. Schreibt man diese im Fall dreier Ortsvariablen in Kugelkoordinaten, d.h.

$$\Delta u \quad = \quad u_{rr} + \frac{2}{r}\,u_r + \frac{1}{r^2\cos^2\theta}\,u_{\varphi\varphi} + \frac{1}{r^2}\,u_{\theta\theta} - \frac{\tan\theta}{r^2}\,u_\theta \quad = \quad 0 \qquad (25.8.27)$$

(vgl. (17.2.29)), und sucht man speziell nach Lösungen, die sich mittels Produktansatzes in der Form

$$u(r,\varphi,\theta) \quad = \quad f(r)\cdot p(\varphi)\cdot q(\theta)$$

schreiben lassen, so folgt

$$f''pq + \frac{2}{r}\,f'pq + \frac{1}{r^2\cos^2\theta}\,fp''q + \frac{1}{r^2}\,fpq'' - \frac{\tan\theta}{r^2}\,fpq' \quad = \quad 0 \qquad (25.8.28)$$

und daher nach Divsion durch u und Multiplikation mit r^2:

$$r^2\left[\frac{f''}{f} + \frac{2}{r}\,\frac{f'}{f}\right] + \frac{1}{\cos^2\theta}\,\frac{p''}{p} + \frac{q''}{q} - \tan\theta\,\frac{q'}{q} \quad = \quad 0\,. \qquad (25.8.29)$$

Es muss also $r^2 \left[\frac{f''}{f} + \frac{2}{r}\frac{f'}{f}\right] =: \alpha$ eine Konstante sein; eine Lösung von (25.8.27) der Form (25.8.28) erfordert daher zunächst

$$f''(r) + \frac{2}{r} f'(r) - \frac{\alpha}{r^2} f(r) = 0 . \tag{25.8.30}$$

(25.8.30) besitzt die beiden Lösungen

$$f_1(r) = r^{k_1} , \qquad f_2(r) = r^{k_2} , \qquad k_{1,2} = \pm\sqrt{\alpha + \frac{1}{4}} - \frac{1}{2} , \tag{25.8.31}$$

und diese sind für $\alpha \neq -\frac{1}{4}$ auch linear unabhängig. Für $\alpha = -\frac{1}{4}$ hat man die beiden linear unabhängigen Lösungen

$$f_1(r) = r^{-\frac{1}{2}} , \qquad f_2(r) = r^{-\frac{1}{2}} \ln r . \tag{25.8.32}$$

Es verbleibt die Aufgabe, die Gleichung

$$\frac{1}{\cos^2\theta}\frac{p''(\varphi)}{p(\varphi)} + \frac{q''(\theta)}{q(\theta)} - \tan\theta \frac{q'(\theta)}{q(\theta)} = -\alpha$$

zu lösen, d.h.

$$-\frac{p''(\varphi)}{p(\varphi)} = \cos^2\theta \frac{q''(\theta)}{q(\theta)} - \sin\theta \cos\theta \frac{q'(\theta)}{q(\theta)} + \alpha \cos^2\theta .$$

Wiederum müssen beide Seiten konstant sein, etwa

$$-\frac{p''}{p} = \omega^2 = \text{const} , \qquad \cos^2\theta \frac{q''}{q} - \sin\theta \cos\theta \frac{q'}{q} + \alpha \cos^2\theta = \omega^2 .$$

Offenbar liefert $p_1 = e^{i\omega\varphi}$, $p_2 = e^{-i\omega\varphi}$ zwei linear unabhängige Lösungen für p, so dass

$$\cos^2\theta \cdot q'' - \sin\theta \cos\theta \, q' + \left(\alpha \cos^2\theta - \omega^2\right) q = 0 \tag{25.8.33}$$

verbleibt. Setzt man

$$\sin\theta =: \xi , \qquad (\Rightarrow -1 \leq \xi \leq +1) , \tag{25.8.34}$$

so folgt $q(\theta) = q(\text{arc sin}\,\xi)$, wofür wir $\eta(\xi)$ schreiben:

$$q(\theta) = \eta(\xi) . \tag{25.8.35}$$

Dann folgt

$$q'(\theta) = \frac{dq}{d\theta} = \frac{d\eta}{d\xi}\cdot\frac{d\xi}{d\theta} = \cos\theta \cdot \eta'$$

und daher

$$q''(\theta) \quad = \quad -\sin\theta \cdot \eta' + \cos^2\theta \cdot \eta'' .$$

(25.8.33) liefert somit unter Berücksichtigung von $\cos^2\theta = 1 - \sin^2\theta = 1 - \xi^2$:

$$(1-\xi^2)\left[-\xi\,\eta' + (1-\xi^2)\,\eta''\right] - \xi(1-\xi^2)\,\eta' + \left(\alpha(1-\xi^2) - \omega^2\right)\eta \quad = \quad 0 .$$

Division durch $1 - \xi^2$ ergibt

$$(1-\xi^2)\,\eta'' - 2\xi\,\eta' + \left(\alpha - \frac{\omega^2}{1-\xi^2}\right)\eta \quad = \quad 0 . \tag{25.8.36}$$

Setzt man noch zur Vereinfachung

$$u_\omega(\xi) \quad = \quad (1-\xi^2)^{-\frac{\omega}{2}}\,\eta(\xi) , \tag{25.8.37}$$

so erhält man

$$\eta' \quad = \quad -\omega(1-\xi^2)^{\frac{\omega}{2}-1} \cdot \xi\,u_\omega + (1-\xi^2)^{\frac{\omega}{2}}\,u'_\omega ,$$

$$\begin{aligned}\eta'' \quad = \quad & \omega\left(\frac{\omega}{2} - 1\right)(1-\xi^2)^{\frac{\omega}{2}-2} \cdot 2\xi^2\,u_\omega - \omega(1-\xi^2)^{\frac{\omega}{2}-1}\,u_\omega \\ & -\omega(1-\xi^2)^{\frac{\omega}{2}-1}\,\xi\,u'_\omega - \omega(1-\xi^2)^{\frac{\omega}{2}-1} \cdot \xi\,u'_\omega + (1-\xi^2)^{\frac{\omega}{2}}\,u''_\omega ,\end{aligned}$$

so dass (25.8.36) nach Division durch $(1-\xi^2)^{\frac{\omega}{2}}$ übergeht in

$$(1-\xi^2)\,u''_\omega - 2(\omega+1)\,\xi\,u'_\omega + [\alpha - \omega(\omega+1)]\,u_\omega \quad = \quad 0 . \tag{25.8.38}$$

Differenziert man (25.8.38) erneut nach ξ, schreibt das Resultat in der Form

$$\begin{aligned}&(1-\xi^2)\,(u'_\omega)'' - 2\left((\omega+1)+1\right)\,\xi(u'_\omega)' \\ &\qquad + [\alpha - (\omega+1)\,((\omega+1)+1)]\,u'_\omega \;=\; 0\end{aligned} \tag{25.8.39}$$

und normiert die Lösungen von (25.8.38) bzw. (25.8.39) geeignet, so folgt offenbar

$$u_{\omega+1}(\xi) \quad = \quad u'_\omega(\xi) . \tag{25.8.40}$$

Mithin erhält man

$$u_{\omega+m}(\xi) \quad = \quad u_\omega^{(m)}(\xi) ,$$

woraus speziell für $\omega = 0$ die Beziehung

$$u_m(\xi) \;=\; u_0^{(m)}(\xi) \qquad (m = 0, 1, 2, \ldots) \tag{25.8.41}$$

resultiert, wo $u_0(\xi) = \eta(\xi)$ die Lösung von (25.8.36) für $\omega = 0$, d.h. von

$$(1-\xi^2)\,u_0'' - 2\xi\,u_0' + \alpha\,u_0 = 0 \tag{25.8.42}$$

darstellt.

Ein Potenzreihenansatz $u_0(\xi) = \sum\limits_{\nu=0}^{\infty} a_\nu\,\xi^\nu$ liefert nach Einsetzen in (25.8.42) die Beziehung

$$\sum_{\nu=0}^{\infty} \left[(\nu+2)(\nu+1)\,a_{\nu+2} + \alpha\,a_\nu\right]\xi^\nu = 2a_1\,\xi + \sum_{\nu=2}^{\infty} \nu(\nu+1)\,a_\nu\,\xi^\nu\,.$$

Koeffizientenvergleich ergibt

$$\begin{array}{llcl}
2a_2 & +\ \alpha\,a_0 & = & 0\\
6a_3 & +\ (\alpha-2)\,a_1 & = & 0\\
12a_4 & +\ (\alpha-6)\,a_2 & = & 0\\
 & \quad\vdots & & \\
(n+1)\,n\,a_{n+1} & +\ (\alpha-n(n-1))\,a_{n-1} & = & 0\\
(n+2)\,(n+1)\,a_{n+2} & +\ (\alpha-(n+1)n)\,a_n & = & 0\\
 & \quad\vdots & &
\end{array} \tag{25.8.43}$$

Als lineare gewöhnliche Differentialgleichung zweiter Ordnung besitzt (25.8.42) zwei linear unabhängige Lösungen (die dann jeweils noch normiert werden können).

Besonders übersichtliche Verhältnisse liegen vor, wenn α den Wert

$$\alpha = n(n+1) \qquad (n \in \mathbb{N}_0)$$

besitzt ($\Rightarrow\ a_{n+2} = 0,\ \Rightarrow\ a_{n+4} = 0,\ \ldots,\ \Rightarrow\ a_{n+2k} = 0\ (k = 1,2,\ldots)$), und man dann überdies eine der beiden linear unabhängigen Lösungen durch die Forderung $a_{n+1} = 0$ herausgreift ($\Rightarrow\ a_{n+3} = 0,\ \Rightarrow\ a_{n+5} = 0,\ \ldots,\ \Rightarrow\ a_{n+2k+1} = 0$ $(k = 0,1,2,\ldots)$). (25.8.42) lautet dann

$$(1-\xi^2)\,u_0'' - 2\xi\,u_0' + n(n+1)\,u_0 = 0\,, \tag{25.8.44}$$

und die herausgegriffene Lösung ist wegen $a_{n+1} = a_{n+2} = \ldots = 0$ ein Polynom n–ten Grades, das wir mit $P_n(\xi)$ bezeichnen, nachdem wir es noch durch die Übereinkunft

$$a_n > 0, \qquad \int_{-1}^{1} P_n^2(\xi)d\xi = \frac{2}{2n+1} \qquad (n = 0,1,2,\ldots) \tag{25.8.45}$$

normiert haben.

Definition (25.8.46)

Die Polynome $P_n(\xi)$ $(n = 0, 1, 2, \ldots)$ heißen **Legendre–Polynome**. Die sich für die einzelnen Werte von $n \in \mathbb{N}_0$ mittels (25.8.41) und (25.8.37) ergebenden $\eta(\xi)$ bezeichnen wir mit $P_{n,m}(\xi)$ und nennen sie **zugeordnete Kugelfunktionen**:

$$P_{n,m}(\xi) = (1-\xi^2)^{\frac{m}{2}} \frac{d^m}{d\xi^m} P_n(\xi) \qquad (\Rightarrow P_{n,m} \equiv 0 \quad \text{für} \quad m > n)\,. \qquad (25.8.47)$$

(25.8.44) heißt **Legendresche Differentialgleichung**.

Bemerkungen (25.8.48)

a) Natürlich sind die Legendre–Polynome nicht nur für $-1 \le \xi \le +1$ erklärt, sondern können nachträglich für alle $\xi \in \mathbb{R}$ als definiert betrachtet werden, ohne den Charakter reellwertiger Polynome zu verlieren. Die zugeordneten Kugelfunktionen werden allerdings wegen des Faktors $(1-\xi^2)^{\frac{m}{2}}$ i.Allg. für $|\xi| > 1$ komplexwertig.

b) (25.8.43) ergibt mit (25.8.45)

$$P_0(\xi) = 1, \quad P_1(\xi) = \xi, \quad P_2(\xi) = \frac{3}{2}\xi^2 - \frac{1}{2}, \quad P_3(\xi) = \frac{5}{2}\xi^3 - \frac{3}{2}\xi,$$

$$P_4(\xi) = \frac{35}{8}\xi^4 - \frac{15}{4}\xi^2 + \frac{3}{8}, \quad P_5(\xi) = \frac{63}{8}\xi^5 - \frac{35}{4}\xi^3 + \frac{15}{8}\xi, \quad \ldots$$

c) $a_{n+1} = 0$ zieht wegen (25.8.43) auch $a_{n-1} = 0$, $a_{n-3} = 0$, ... nach sich, so dass die Polynome P_n gerade Funktionen sind für gerades n und ungerade Funktionen für ungerades n.

Folgerung (25.8.49)

$$u(r,\varphi,\theta) = P_{n,m}(\sin\theta)\, e^{\pm i m \varphi}\, r^{\pm\sqrt{n(n+1)+\frac{1}{4}} - \frac{1}{2}} \qquad (25.8.50)$$

sind also für alle $m, n \in \mathbb{N}_0$ Lösungen der Potentialgleichung in Kugelkoordinaten, die insbesondere in Physik und Geophysik (Quantenmechanik, Magnetfeld der Erde usw.), in der Hochfrequenztechnik usw. bedeutsam sind. Freilich sind diese Lösungen oder ihre

Linearkombinationen nicht beliebigen Randbedingungen anpassbar.

Satz (25.8.51)
Es gilt

$$\int_{-1}^{1} P_n(\xi)\, P_k(\xi)\, d\xi \quad = \quad \begin{cases} 0 & \text{für} \quad k \neq n \\ \dfrac{2}{2n+1} & \text{für} \quad k = n\,, \end{cases}$$

so dass die Legendre–Polynome auf dem Intervall $[-1, 1]$ ein orthogonales System von Polynomen bezüglich des Skalarproduktes $\langle u, v\rangle = \int_{-1}^{1} u(x)v(x)\, dx$ darstellen.

Beweis

Für $k = n$ folgt die Behauptung unmittelbar aus der Normierung (25.8.45). Für $k \neq n$ gilt mit (25.8.44)

$$\begin{aligned} n(n+1) \int_{-1}^{1} P_n(\xi)\, P_k(\xi)\, d\xi \quad &= \quad \int_{-1}^{1} \left\{2\xi\, P_n'(\xi) \; - \; (1-\xi^2)\, P_n''(\xi)\right\}\, P_k(\xi)\, d\xi \\ &= \quad \int_{-1}^{1} 2\xi\, P_n'(\xi)\, P_k(\xi)\, d\xi \; - \; \int_{-1}^{1} P_n''(\xi)\, \left[(1-\xi^2)\, P_k(\xi)\right]\, d\xi\,. \end{aligned}$$

Partielle Integration beim zweiten Integral der rechten Seite ergibt

$$\begin{aligned} n(n+1) \int_{-1}^{1} P_n(\xi)\, P_k(\xi)\, d\xi \quad &= \quad \int_{-1}^{1} 2\xi\, P_n'(\xi)\, P_k(\xi)\, d\xi \; - \; \left[P_n'(\xi)\,(1-\xi^2)\, P_k(\xi)\right]_{-1}^{1} \\ &\quad + \int_{-1}^{1} P_n'(\xi)\, \left\{-2\xi\, P_k(\xi) \; + \; (1-\xi^2)\, P_k'(\xi)\right\}\, d\xi\,, \end{aligned}$$

mithin

$$n(n+1) \int_{-1}^{1} P_n(\xi)\, P_k(\xi)\, d\xi \quad = \quad \int_{-1}^{1} (1-\xi^2)\, P_n'(\xi)\, P_k'(\xi)\, d\xi\,.$$

Vertauschung von n und k führt analog zu

$$k(k+1) \int_{-1}^{1} P_k(\xi)\, P_n(\xi)\, d\xi \quad = \quad \int_{-1}^{1} (1-\xi^2)\, P_k'(\xi)\, P_n'(\xi)\, d\xi\,,$$

so dass

$$(n(n+1) - k(k+1)) \int_{-1}^{1} P_n(\xi)\, P_k(\xi)\, d\xi \quad = \quad 0\,.$$

Wegen $n \neq k$ folgt die Behauptung. ■

Bemerkungen (25.8.52)

a) Kennt man P_0 und P_1, so können alle anderen Legendre–Polynome rekursiv aus der Bonnetschen Rekursionsformel[49]

$$P_{n+1}(x) \;=\; \frac{2n+1}{n+1}\, x\, P_n(x) \;-\; \frac{n}{n+1}\, P_{n-1}(x) \qquad (n = 1, 2, \ldots) \qquad (25.8.53)$$

bestimmt werden (siehe (25.8.55)).

b) Die Normierung (25.8.45) bewirkt

$$P_n(1) \;=\; 1, \qquad P_n(-1) \;=\; (-1)^n, \qquad \forall n \in \mathbb{N}_0 \,. \qquad (25.8.54)$$

Zum Beweis nutze man die Kenntnis der Werte $P_0(1) = P_1(1) = P_0(-1) = 1$, $P_1(-1) = -1$ und zeige (25.8.54) dann unter Verwendung von (25.8.53) mittels vollständiger Induktion.

c) Die n Wurzeln des Polynoms P_n sind sämtlich reell, einfach und liegen im offenen Intervall $]-1, 1[$. So liefern z.B. die in (25.8.48) angegebenen Darstellungen von $P_1, \ldots, P_5$ folgende Wurzeln:

$$P_1 \;:\; x_1 \;=\; 0$$

$$P_2 \;:\; x_{1,2} \;=\; \pm \tfrac{1}{\sqrt{3}}\,,$$

$$P_3 \;:\; x_1 \;=\; 0, \qquad x_{2,3} \;=\; \pm \sqrt{\tfrac{3}{5}}$$

$$P_4 \;:\; x_{1,2} \;=\; \pm \sqrt{\tfrac{15+2\sqrt{30}}{35}}\,, \qquad x_{3,4} \;=\; \pm \sqrt{\tfrac{15-2\sqrt{30}}{35}}$$

$$P_5 \;:\; x_1 \;=\; 0, \qquad x_{2,3} \;=\; \pm \sqrt{\tfrac{35+2\sqrt{70}}{63}}\,, \qquad x_{4,5} \;=\; \pm \sqrt{\tfrac{35-2\sqrt{70}}{63}}\,.$$

Abb. 25.20 zeigt den Verlauf von $P_0, \ldots, P_4$ im Intervall $[-1, 1]$:

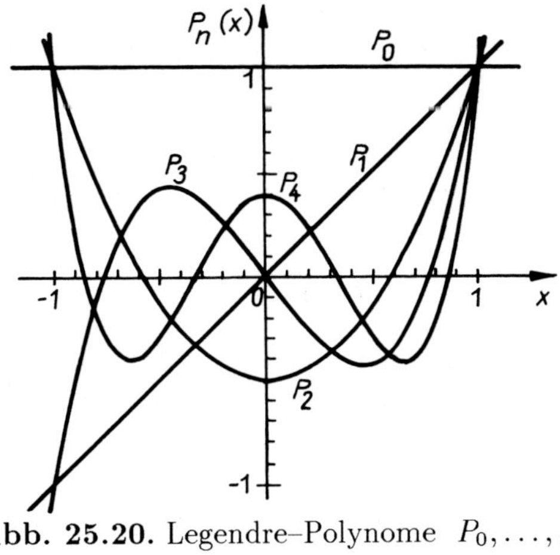

Abb. 25.20. Legendre–Polynome $P_0, \ldots, P_4$

[49]Pierre Ossian Bonnet (1819–1892); Paris

Aufgaben (25.8.55)

1. Man beweise (25.8.53).

2. Man zeige

$$P_n(x) = \sum_{\mu=0}^{m} (-1)^{\mu} \frac{(2(n-\mu))!}{2^n \mu!(n-\mu)!\,(n-2\mu)!}\, x^{n-2\mu}, \qquad (25.8.56)$$

wobei $m = \frac{n}{2}$ für gerade n, $m = \frac{n-1}{2}$ für ungerade n.

3. Man zeige die Gültigkeit der Formel von Rodrigues[50]

$$P_n(x) = \frac{1}{2^n n!} \frac{d^n}{d\,x^n} \left[(x^2-1)^n\right]. \qquad (25.8.57)$$

Zum Beweise entwickle man $(x^2-1)^n$ nach dem binomischen Satz, differenziere n–mal und vergleiche mit (25.8.56).

25.9 Anwendung der Legendre–Polynome zur Gewinnung der Gauß–Quadraturformeln [51]

Innerhalb dieses Kapitels fällt dieser Abschnitt etwas aus dem Rahmen, denn wir verlassen hier vorübergehend die aus der Behandlung partieller Differentialgleichungen herrührenden Fragen und kehren noch einmal zu der Aufgabe des 15. Kapitels, nämlich der numerischen Behandlung bestimmter Integrale, zurück.

Die dort in Abschnitt 15.1 hergeleiteten Newton–Cotes–Formeln zur Berechnung von

$$I(f) = \int_a^b f(x)\,dx$$

waren dadurch entstanden, dass man das Intervall $[a,b]$ zunächst äquidistant in n Teile mit den Teilpunkten oder Knoten

$$x_\nu = a + \nu\,\frac{b-a}{n} \qquad (\nu = 0, 1, \ldots, n)$$

zerlegt und dann anstelle der Funktion f das durch die Punkte $(x_\nu, f(x_\nu))$ $(\nu = 0, \ldots, n)$ verlaufende Lagrangesche Interpolationspolynom n–ten Grades über $[a,b]$ integriert hatte. In Satz (15.1.2) wurde gezeigt, dass der so entstandene Näherungswert $I_n(f)$ sogar den exakten Wert $I(f)$ liefert, sofern f selbst ein Polynom vom Höchstgrade n ist.

[50] Olinde Rodrigues (1794–1851)
[51] vgl. Abschnitt 15.1

Dieser Satz gilt bei gleicher Begründung natürlich auch dann, wenn die Zerlegung des Intervalls nicht äquidistant erfolgt, sondern die $n+1$ Knoten x_ν lediglich die Bedingung erfüllen, paarweise verschieden zu sein. Dabei schließt diese Begründung nicht aus, dass möglicherweise bei geschickter Knotenwahl auch Polynome höheren als n–ten Grades noch exakt integriert werden können. Berücksichtigt man den Umstand, dass bei hinreichend glattem Integranden f das Restglied

$$R_k(x;x_0) \quad = \quad \frac{f^{(k+1)}(\xi)}{(k+1)!}\,(x-x_0)^{k+1}$$

$(\xi = x_0 + \theta(x-x_0),\ 0<\theta<1)$ (vgl. Satz (10.1.12)) in der Taylor–Formel

$$f \quad = \quad T_k(x;x_0) + R_k(x;x_0)$$

mit wachsendem k oftmals schnell abnimmt und T_k ein Polynom vom Höchstgrad k ist, so zeigt die aus der Taylor–Formel hervorgehende Beziehung

$$I(f) \quad = \quad \int_a^b T_k(x;x_0)\,dx + \int_a^b R_k(x,x_0)\,dx$$

die Bedeutung, die einer Quadraturformel zukommt, die für möglichst große k die Eigenschaft

$$I_n(T_k) \quad = \quad \int_a^b T_k\,dx$$

besitzt, mithin das jeweilige Polynom T_k bei möglichst großen k noch exakt integriert.

Nun weist eine Quadraturformel der Bauart

$$I_n(f) \quad = \quad \sum_{\nu=0}^{n} g_\nu\, f(x_\nu)$$

(vgl. Kapitel 15) im Grunde $2n+2$ freie Parameter auf, nämlich die jeweils $n+1$ Gewichte g_ν und Knoten x_ν. Es erscheint daher nicht ausgeschlossen, dass bei geschickter Wahl dieser Parameter Formeln erzeugt werden können, die sogar Polynome vom Höchstgrad $k=2n+1$ noch exakt integrieren, denn diese enthalten $2n+2$ Koeffizienten, von denen die g_ν und x_ν unabhängig sein müssten.

Im Fall der Newton–Cotes–Formeln war die Freiheit in der Wahl der Gewichte und Knoten durch die Forderung der Äquidistanz der Knoten eingeschränkt sowie durch das Konstruktionsprinzip[52], wonach die Gewichte bei festgelegten Knoten aus der Integration des Lagrangeschen Interpolationspolynoms zu bestimmen waren.

Letzteres behalten wir bei, so dass auch bei andersartiger Wahl der $n+1$ paarweise verschiedenen Knoten x_ν die Gewichte durch die Knoten festgelegt sind und zumindest

[52]nach diesem Prinzip konstruierte Formeln heißen **Interpolationsquadraturformeln**

Polynome vom Höchstgrad n exakt integriert werden. O.B.d.A. gehen wir überdies davon aus, dass es sich bei dem Integrationsintervall $[a, b]$ um das Intervall $[-1, 1]$ handelt, denn anderenfalls bilde man das eine auf das andere mittels der Substitution

$$\xi \quad = \quad \frac{2x - b - a}{b - a},$$

ab, wobei

$$\int_a^b f(x)\,dx \;=\; \frac{b-a}{2} \int_{-1}^{1} \varphi(\xi)\,d\xi \qquad \text{mit} \qquad \varphi(\xi) \;:=\; f\left(\frac{(b-a)\xi + b + a}{2}\right)$$

entsteht.

Sei also nun von vornherein das Integral von der Form

$$I(f) \quad = \quad \int_{-1}^{1} f(x)\,dx\,.$$

Dann gilt folgender Satz

Satz (25.9.1)
Wählt man als Knoten die Nullstellen x_ν $(\nu = 0, 1, \ldots, n)$ des Legendre–Polynoms P_{n+1}, so gilt für die zugehörige Interpolationsquadraturformel I_n die Aussage

$$I_n(f_{2n+1}) \;=\; I(f_{2n+1}) \qquad \forall\, f_{2n+1} \in \Pi_{2n+1}([-1,1])\,.$$

Beweis

Für jedes feste $m \in \mathbb{N}_0$ ist $\Pi_m([-1,1])$ ein Vektorraum der Dimension $m + 1$, in dem die Legrende–Polynome $P_0, P_1, \ldots, P_m$ aufgrund der Orthogonalitätseigenschaft (25.8.51) eine Basis bilden.

Gemäß dem Divisionsalgorithmus (2.3.34) gibt es zu dem Polynompaar $\{ f_{2n+1}, P_{n+1} \}$ eindeutig bestimmte Polynome $s_n \in \Pi_n([-1,1])$ und $r_q \in \Pi_q([-1,1])$ mit $q < n + 1$, so dass

$$f_{2n+1}(x) \quad = \quad s_n(x)\,P_{n+1}(x) \;+\; r_q(x)\,. \tag{25.9.2}$$

Aufgrund der angegebenen Knotenwahl folgt hieraus insbesondere

$$f_{2n+1}(x_\nu) \quad = \quad r_q(x_\nu) \qquad (\nu = 0, 1, \ldots, n)\,. \tag{25.9.3}$$

Stellt man s_n als Linearkombination der Basiselemente $P_0, P_1, \ldots, P_n$ dar, d.h. in der Form

$$s_n(x) \quad = \quad \sum_{\mu=0}^{n} \alpha_\mu\, P_\mu(x)$$

mit gewissen $\alpha_\mu \in \mathbb{R}$, so ergibt (25.9.2) in Verbindung mit (25.8.51) die Aussage

$$\int_{-1}^{1} f_{2n+1}(x)\,dx \;=\; \sum_{\mu=0}^{n} \alpha_\mu \int_{-1}^{1} P_\mu(x)\,P_{n+1}(x)\,dx + \int_{-1}^{1} r_q(x)\,dx \;=\; \int_{-1}^{1} r_q(x)\,dx\,. \quad (25.9.4)$$

Hat die Integration des mit den angegebenen Knoten x_ν $(\nu = 0,\ldots,n)$ gebildeten Interpolationspolynoms die Interpolationsquadraturformel

$$I_n(f) \;=\; \sum_{\nu=0}^{n} \gamma_\nu\, f(x_\nu) \quad (25.9.5)$$

geliefert, so werden zunächst zumindest Polynome vom Höchstgrad n exakt integriert; insbesondere gilt mithin

$$I(r_q) \;=\; I_n(r_q) \;=\; \sum_{\nu=0}^{n} \gamma_\nu\, r_q(x_\nu)\,,$$

woraus mit (25.9.3) und (25.9.4) in der Tat

$$I(f_{2n+1}) \;=\; I(r_q) \;=\; \sum_{\nu=0}^{n} \gamma_\nu\, r_q(x_\nu) \;=\; \sum_{\nu=0}^{n} \gamma_\nu\, f_{2n+1}(x_\nu) \;=\; I_n(f_{2n+1})$$

resultiert. ■

Bemerkungen (25.9.6):

a) Natürlich werden die Polynome s_n, r_q sowie die Koeffizienten α_μ $(\mu = 0,\ldots,n)$ zur Berechnung der Gewichte γ_ν nicht benötigt.

b) Die durch die linearen Operatoren (Punktfunktionale) I_n in (25.9.5) definierten Quadraturformeln heißen **Gaußsche Quadraturformeln** $(n = 1,2,3,4,\ldots)$.

Satz (25.9.7)
Die Gewichte γ_ν der Gaußschen Quadraturformeln sind sämtlich positiv und erfüllen damit die in der Einleitung zu Kapitel 15 erwähnte Brauchbarkeitsforderung.

Beweis

Gemäß dem Konstruktionsprinzip der Interpolationquadraturformeln ergeben sich die Gewichte γ_ν aus

$$\gamma_\nu \;=\; \int_{-1}^{1} L_\nu(x)\,dx \quad (25.9.8)$$

mit den Lagrange–Polynomen

$$L_\nu(x) \quad = \quad \prod_{\substack{k=0\\k\neq\nu}}^{n} \frac{x - x_k}{x_\nu - x_k} \qquad (\nu = 0, \ldots, n) \tag{25.9.9}$$

(vgl. (12.1.7)). Wegen $L_\nu^2 \in \Pi_{2n}([-1,1])$ wird L_ν^2 durch den Operator I_n der Gaußschen Quadraturformel exakt integriert:

$$\int_{-1}^{1} L_\nu^2(x)\,dx \quad = \quad \sum_{\mu=0}^{n} \gamma_\mu\, L_\nu^2(x_\mu)\,.$$

Mit (12.1.8) gilt daher neben (25.9.8) auch

$$\int_{-1}^{1} L_\nu^2(x)\,dx \quad = \quad \gamma_\nu\,,$$

woraus wegen $L_\nu \not\equiv 0$ die Behauptung des Satzes unmittelbar folgt. ■

Zu den in den Bemerkungen (25.8.52) angegebenen Nullstellen der Legendre–Polynome $P_1, \ldots, P_5$, gedeutet als Knoten der Gaußschen Quadraturformeln, gehören folgende Gewichte:

n	Gewichte
1	$\gamma_1 = 2$
2	$\gamma_1 = \gamma_2 = 1$
3	$\gamma_1 = \gamma_3 = 5/9, \quad \gamma_2 = 8/9$
4	$\gamma_1 = \gamma_4 = 0.34785\,48451\ldots,$
	$\gamma_2 = \gamma_3 = 0.65214\,51549\ldots$
5	$\gamma_1 = \gamma_5 = 0.23692\,68851\ldots,$
	$\gamma_2 = \gamma_4 = 0.47862\,86705\ldots,$
	$\gamma_3 = 128/225\,.$

Bemerkung (25.9.10)

Bereits in Abschnitt 15.1 war im Zusammenhang mit den Newton–Cotes–Formeln erwähnt worden, dass es bei größeren Intervallen $[a,b]$ zweckmäßig ist, diese in kleinere Teile zu zerlegen, die Quadraturformel auf jedes Teilintervall anzuwenden und die Einzelresultate aufzuaddieren. Dieser Hinweis auf die Bildung summierter Quadraturformeln gilt natürlich uneingeschränkt auch im Fall Gaußscher Formeln.

Aufgaben (25.9.11)

1. Mit Hilfe des Umstandes, dass auch $x\, L_\nu^2(x)$ durch die Gaußsche Quadraturformel I_n noch exakt integriert wird, sofern die $L_\nu(\nu = 0, 1, \ldots, n)$ die mit den Nullstellen x_μ $(\mu = 0, \ldots, n)$ des Legendre–Polynoms P_{n+1} gebildeten Lagrange–Polynome sind, bestätige man die früher gemachte Aussage
$$|x_\mu| \;<\; 1 \qquad (\mu = 0, \ldots, n)\,.$$

2. Zeigen Sie die Richtigkeit der folgenden Aussage:
Zerlegt man das Intervall $[a, b]$ in 2^n Teile der Länge $h = \dfrac{b-a}{2^n}$ mit den Teilpunkten $x_j = a + jh(j = 0, 1, \ldots, 2^n)$ (Achtung: die x_j sind hier **nicht** die Knoten einer Gauß–Formel), und wendet man auf jedes Doppelintervall $[x_{2j-1}, x_{2j+1}]$ die mit drei Knoten arbeitende Gaußsche Quadraturformel an, so entsteht die summierte Gaußsche Quadraturformel
$$\int_a^b f(x)\,dx \quad\sim\quad \frac{h}{9}\sum_{j=1}^{2^{n-1}} \left\{5f(x_{2j-1} - \hat{h}) \,+\, 8f(x_{2j-1}) \,+\, 5f(x_{2j-1} + \hat{h})\right\}\,,$$
wobei $\hat{h} = \dfrac{\sqrt{15}}{5}\,h.$

25.10 Der Begriff des adjungierten Differentialoperators und der selbstadjungierten Eigenwertaufgabe

Die mehrdimensionale Wellengleichung
$$u_{tt} \;=\; c^2\,\Delta\, u \tag{25.10.1}$$
führt bei der Suche nach harmonischen Wellen, d.h. bei der Suche nach Lösungen der Form
$$u(\boldsymbol{r}, t) \;=\; A\,\mathrm{e}^{i\,\omega\,t}\,g(\boldsymbol{r}) \qquad \left(\boldsymbol{r} = \begin{pmatrix} x \\ y \\ z \end{pmatrix} \quad \text{oder} \quad \boldsymbol{r} = \begin{pmatrix} x \\ y \end{pmatrix}\right),$$
zu
$$-\omega^2\, g \;=\; c^2\,\Delta\, g\,,$$
d.h.
$$-\Delta\, g \;=\; \frac{\omega^2}{c^2}\, g\,. \tag{25.10.2}$$
(25.10.2) war uns bereits in (25.7.2) begegnet.

Bezeichnet man $\dfrac{\omega^2}{c^2}$ mit λ, berücksichtigt man, dass $-\Delta$ ein linearer (Differential–) Operator ist und vergleicht dies mit dem Eigenwertproblem $\boldsymbol{A}\,\boldsymbol{v} \;=\; \lambda\,\boldsymbol{v}$ der linearen

Algebra (vgl. (7.1.5)), so liegt es nahe, ebenso wie beim entsprechenden Fall gewöhnlicher Differentialgleichungen (vgl. Abschnitt 24.4) von einer **Eigenwertaufgabe** zu sprechen, wobei diejenigen **Eigenwerte** λ gesucht sind, für die die Aufgabe

$$-\Delta g = \lambda g$$

zusammen mit gewissen, auf disjunkten Randteilen $\Gamma_1, \ldots, \Gamma_m$ $(\Gamma_1 \cup \ldots \cup \Gamma_m = \Gamma)$ gegebenen linearen homogenen Randbedingungen

$$U_\mu[g] = 0 \qquad (\mu = 1, 2, \ldots, m)$$

nichttriviale Lösungen (d.h. $g \not\equiv 0$) besitzt.

Bemerkung (25.10.3)

Solche Randbedingungen treten z.B. im Fall der eingespannten Membran auf, die das zweidimensionale Analogon zur eingespannten Saite ist. Die Geometrie der (sehr dünnen) Membran wird mathematisch modelliert durch ein beschränktes abgeschlossenes Gebiet $\overline{G} \subset \mathbb{R}^2$ mit Rand Γ. Ist $(x, y) \in G$ und $u(x, y, t)$ die Auslenkung dieses Membranpunktes zur Zeit t in Richtung der auf G senkrecht stehenden z–Achse, so gilt für kleine u in der Tat die Wellengleichung (25.10.1) mit $c = \sqrt{\frac{S}{M}}$, wobei S die Spannkraft pro Längeneinheit des Randes Γ ist, die am Rand angreift und für alle Punkte des Randes den gleichen Betrag S besitze und jeweils die Richtung der nach außen weisenden Kurvennormalen von Γ aufweise. M ist die Masse der Membran je Flächeneinheit; sie sei räumlich konstant, die Massenbelegung also homogen.

Die Einspannung am Rand liefert $[u]_\Gamma = 0$, und es treten noch Anfangsbedingungen hinzu, d.h. Aussagen über $u(x, y, 0)$ und über $u_t(x, y, 0)$.

$[u]_\Gamma = 0$ aber liefert für die Funktion g die lineare homogene Randbedingung

$$U[g] \equiv g(P) = 0 \qquad \text{für} \quad P \in \Gamma\,.$$

Bei anderen Problemstellungen der Form (25.10.2) treten noch weitere Bedingungen auf, z.B.

$$\left.\begin{aligned} U_1[g] &\equiv g = 0 && \text{für} \quad P \in \Gamma_1 \\ U_2[g] &\equiv \frac{\partial g}{\partial \boldsymbol{n}} = 0 && \text{für} \quad P \in \Gamma_2 \end{aligned}\right\} \quad \Gamma_1 \cup \Gamma_2 = \Gamma\,, \tag{25.10.4}$$

usw.

Wir betrachten nun allgemeiner die folgende Aufgabe:

Gegeben sei ein Gebiet $G \subset \mathbb{R}^n$ $(n \geq 2)$ mit Rand Γ. Es sei L ein linearer partieller

Differentialoperator der Ordnung p (z.B. $L = -\Delta$, $p = 2$). Sein Definitionsbereich D sei eine Teilmenge der auf G p–mal stetig differenzierbaren Funktionen:

$$D \subset C^p(G)\,.$$

Gesucht werden Funktionen $v \in D \cap C^{p-1}(\overline{G})$, die auf gewissen disjunkten Randteilen Γ_μ $(\mu = 1, 2, \ldots, m)$ mit $\Gamma_1 \cup \Gamma_2 \cup \ldots \cup \Gamma_m = \Gamma$ jeweils n_μ vorgeschriebene Bedingungen

$$U_{\mu\nu}[v] = 0 \quad \text{auf} \quad \Gamma_\mu \quad (\nu = 1, \ldots, n_\mu)\;, \quad (\mu = 1, \ldots, m) \tag{25.10.5}$$

mit gegebenen linearen Abbildungen $U_{\mu\nu} : D \cap C^{p-1}(\overline{G}) \to C^0(\Gamma_\mu)$ erfüllen.

Definition (25.10.6)

Funktionen $v \in D \cap C^{p-1}(\overline{G})$, die (25.10.5) genügen, heißen **Vergleichsfunktionen** zum Operator L und den Randbedingungen (25.10.5). Die Menge dieser Vergleichsfunktionen bezeichnen wir mit $C_0^p(\overline{G})$.

$C_0^p(\overline{G})$ ist offenbar ein linearer Raum. Führt man auf $C(\overline{G})$ das Skalarprodukt

$$\langle u, v \rangle = \int_G \overline{u}(\boldsymbol{x})\, v(\boldsymbol{x})\, d\boldsymbol{x} \tag{25.10.7}$$

ein, so wird $C_0^p(\overline{G})$ zu einem Vektorraum mit Skalarprodukt, der allerdings in der dadurch implizierten Norm $\|u\|_2 := \sqrt{\langle u, u \rangle}$ nicht vollständig, also kein Hilbert–Raum[53], ist.

Gesucht werde nun $g \in C_0^p(\overline{G})$ mit $\|g\|_2 > 0$ und $\lambda \in \mathbb{C}$, so dass

$$L[g] = \lambda g\,. \tag{25.10.8}$$

Definition (25.10.9)

Gibt es ein Paar (λ, g) der in (25.10.8) geforderten Art, so heißt λ ein **Eigenwert** und g eine zu λ gehörende **Eigenfunktion** oder **Eigenlösung** der durch den Operator L und die Randbedingungen (25.10.5) beschriebenen **Eigenwertaufgabe** (25.10.8).

Dabei sind in den Anwendungen insbesondere solche Eigenwertaufgaben von Interesse, bei denen der Differentialoperator L in Verbindung mit den Randbedingungen selbstadjungiert ist:

[53] vgl. Abschnitt 8.1

Definition (25.10.10)

Gibt es einen Differentialoperator L^*, so dass

$$\langle L[u], v \rangle = \langle u, L^*[v] \rangle, \qquad \forall u, v \in C_0^p(\overline{G}), \tag{25.10.11}$$

so heißt L^* der zu L auf $C_0^p(\overline{G})$ **adjungierte** Operator. Ist $L^* = L$, so heißt L (und damit auch die Aufgabe (25.10.8)) **selbstadjungiert** auf $C_0^p(\overline{G})$.

Bemerkung (25.10.12)

Mit dem Skalarprodukt (3.3.16) im $\mathbb{C}^n$ gilt

$$\langle \boldsymbol{A}\,\boldsymbol{u}, \boldsymbol{v} \rangle = \langle \boldsymbol{u}, \boldsymbol{A}^*\,\boldsymbol{v} \rangle,$$

wenn $\boldsymbol{A}^*$ die zu $\boldsymbol{A}$ adjungierte Matrix ist: $\boldsymbol{A}^* = \overline{\boldsymbol{A}}^{\mathrm{T}}$ (vgl. (4.1.12)). Mithin ist der selbstadjungierte Operator das Analogon zur Hermiteschen Matrix (vgl. (4.1.14)) bzw. im reellen Fall zur symmetrischen Matrix.

Beispiel (25.10.13)

Sei $L = -\Delta$ und z.B. $n = 3$. Dann liefern die Greenschen Formeln gemäß Satz (19.3.19)[54]

$$\int_G \overline{u}\,\Delta v\,d\boldsymbol{x} = \int_G v\,\Delta \overline{u}\,d\boldsymbol{x} + \oint_\Gamma \left(\overline{u}\,\frac{\partial v}{\partial \boldsymbol{n}} - v\,\frac{\partial \overline{u}}{\partial \boldsymbol{n}} \right) do,$$

d.h.

$$\langle u, Lv \rangle = \langle Lu, v \rangle + \int_\Gamma \left(v\,\frac{\partial \overline{u}}{\partial \boldsymbol{n}} - \overline{u}\,\frac{\partial v}{\partial \boldsymbol{n}} \right) do.$$

Als Randbedingungen seien die Bedingungen (25.10.4) (nunmehr für $G \subset \mathbb{R}^3$) vorgeschrieben und $C_0^p(\overline{G})$ entsprechend definiert. Dabei seien Γ_1 und Γ_2 zwei glatte Oberflächenstücke[55].

Da das rechts stehende Oberflächenintegral offenbar für $u, v \in C_0^p(\overline{G})$ sowohl auf seinem Teil Γ_1 wie auf dem Teil Γ_2 verschwindet, folgt

$$\langle L[u], v \rangle = \langle u, L[v] \rangle.$$

[54] Man überzeugt sich leicht, dass dieser Satz in der dortigen Formulierung auch im Fall komplexwertiger Funktionen richtig bleibt.

[55] Dies schließt nicht aus, dass Γ_1 oder Γ_2 leer ist.

Also ist $L = -\Delta$ auf $C_0^2(\overline{G})$ selbstadjungiert.

Satz (25.10.14)
Die Eigenwerte einer selbstadjungierten Eigenwertaufgabe der Form (25.10.8) sind reell, und die zu zwei verschiedenen Eigenwerten gehörenden Eigenfunktionen sind im Sinne des Skalarprodukts (25.10.7) orthogonal.[56]

Beweis

Der Beweis ist identisch mit dem Beweis des entsprechenden Satzes (7.2.3), wenn man die dort in der Form $\boldsymbol{u}^* \boldsymbol{v}$ geschriebenen Skalarprodukte mit den Skalarprodukten (25.10.7) identifiziert und $\boldsymbol{A}$ durch L ersetzt. ■

Neben dem hier im Zusammenhang mit einem Skalarprodukt, mit linearen homogenen Randbedingungen und mit einem linearen Differentialoperator eingeführten Begriff des adjungierten bzw. selbstadjungierten Problems spielt in vielen Zusammenhängen der Begriff des formal adjungierten bzw. formal selbstadjungierten Differentialoperators eine wichtige Rolle. Hierbei wird weder auf ein Skalarprodukt noch auf Randbedingungen Bezug genommen:

Definition (25.10.15)

Sei $G \subset \mathbb{R}^n$ und L ein linearer Differentialoperator, dessen Definitionsbereich D aus Funktionen besteht, die G in $\mathbb{R}/\mathbb{C}$ abbilden.

Dann heißt L^* ein zu L **formal adjungierter** Operator, wenn

$$M(u,v) \quad := \quad v\,L[u] \; - \; u\,L^*[v]$$

einen **Divergenzausdruck** darstellt, d.h., wenn es einen Vektor $\boldsymbol{m} = (m_1(u,v), m_2(u,v), \ldots, m_n(u,v))^T$ gibt, so dass

$$M(u,v) \quad = \quad \sum_{i=1}^{n} \frac{\partial}{\partial x_i} m_i(u(\boldsymbol{x}), v(\boldsymbol{x}))\,. \tag{25.10.16}$$

Ist $L = L^*$, so heißt L **formal selbstadjungiert**.

Beispiel (25.10.17)

Für den k–dimensionalen **Wellenoperator**

$$\Box\, u \quad := \quad u_{tt} \; - \; \Delta_k\, u \quad = \quad u_{tt} \; - \; \sum_{\nu=1}^{k} u_{x_\nu x_\nu}$$

[56]Womit freilich über die Existenz von Eigenwerten noch nichts ausgesagt ist.

gilt offenbar

$$v \,\Box\, u \;-\; u \,\Box\, v \;=\; \sum_{\nu=1}^{k+1} \frac{\partial}{\partial x_\nu} \, m_\nu \,,$$

wenn man

$$\begin{aligned} x_{k+1} &:= t \\ m_\nu(u,v) &:= u\, v_{x_\nu} - u_{x_\nu}\, v \qquad (\nu = 1,\ldots,k) \\ m_{k+1}(u,v) &:= u_{x_{k+1}}\, v - u\, v_{x_{k+1}} \end{aligned}$$

setzt. Also ist der Wellenoperator formal selbstadjungiert.

Aufgaben (25.10.18)

1. Man betrachte die am Rande eingespannte kreisförmige Membran mit Radius 1. Dies führte gemäß Bemerkung (25.10.3) bei Verwendung von Polarkoordinaten auf das Eigenwertproblem

$$\begin{aligned} -\Delta\, g &= \lambda\, g && \text{für } 0 \le r < 1 \\ U[g] &= g(1,\varphi) = 0 && \text{für } 0 \le \varphi < 2\pi \\ |g(0,\varphi)| &< \infty && \text{für } 0 \le \varphi < 2\pi\,. \end{aligned}$$

Man konstruiere mit Hilfe eines Separationsansatzes $g(r,\varphi) = u(r)\, v(\varphi)$ Eigenfunktionen mit nicht–konstantem $v(\varphi)$. Insbesondere gebe man eine Eigenfunktion an, die genau 7 rationale und 3 im Inneren der Kreisscheibe gelegene kreisförmige Knotenlinien hat.

2. Sei

$$L[u] \;=\; \sum_{i,j=1}^{n} a_{ij}(\boldsymbol{x}) \frac{\partial^2 u}{\partial x_i\, \partial x_j}(\boldsymbol{x}) + \sum_{i=1}^{n} b_i(\boldsymbol{x}) \frac{\partial u}{\partial x_i}(\boldsymbol{x}) + f(\boldsymbol{x})\, u(\boldsymbol{x})$$

ein Differentialoperator zweiter Ordnung in n Variablen mit beliebig oft nach allen Variablen partiell differenzierbaren Koeffizienten. Man berechne den formal adjungierten Operator L^*.

3. Man zeige, dass durch

$$L[u] \;=\; \sum_{i,j=1}^{n} \frac{\partial}{\partial x_i} \left(a_{ij}(\boldsymbol{x}) \frac{\partial u}{\partial x_j} \right)$$

ein formal selbstadjungierter Operator gegeben ist.

4. Mit dem linearen elliptischen Differentialoperator

$$L[u] = -\sum_{i,j=1}^{3} a_{ij} \frac{\partial^2 u}{\partial x_i \partial x_j}, \qquad \boldsymbol{A} = \boldsymbol{A}^T = (a_{ij}) \text{ positiv definit und konstant,}$$

betrachte man die Eigenwertaufgabe

$$\begin{aligned} L[u] &= \lambda u && \text{für} \quad G \subset \mathbb{R}^3 \\ u(\boldsymbol{x}) &= 0 && \text{für} \quad \boldsymbol{x} \in \Gamma_1 \\ \frac{\partial u}{\partial \sigma}(\boldsymbol{x}) &= 0 && \text{für} \quad \boldsymbol{x} \in \Gamma_2 \end{aligned}$$

mit disjunkten glatten Randteilen Γ_1 und Γ_2 , wobei $\Gamma = \Gamma_1 \cup \Gamma_2$ den Rand von G darstellt und Γ_1 nicht leer sei. $C_0^p(\overline{G})$ sei dann gemäß Definition (25.10.6) beschrieben.

Für welche Richtung σ ist die Aufgabe selbstadjungiert? Man zeige, dass für diese Richtung die Eigenwerte positiv sind.

25.11 Systeme erster Ordnung

In gebotener Kürze wenden wir uns zum Abschluss dieses Kapitels noch den Systemen partieller Differentialgleichungen erster Ordnung zu, und zwar den quasilinearen Systemen der Bauart

$$\boldsymbol{A}(x,t,\boldsymbol{U})\boldsymbol{U}_t + \boldsymbol{B}(x,t,\boldsymbol{U})\boldsymbol{U}_x = \boldsymbol{b}(x,t,\boldsymbol{U}). \qquad (25.11.1)$$

Dabei handele es sich bei $\boldsymbol{A}$ und $\boldsymbol{B}$ um (m,m)–Matrizen, bei $\boldsymbol{U}$ und $\boldsymbol{b}$ um m–Vektoren.

(25.11.1) stellt mithin ein System von m Gleichungen für die m gesuchten Komponenten $u_\mu = u_\mu(x,t)$ $(\mu = 1,\ldots,m)$ des Vektors $\boldsymbol{U} = \boldsymbol{U}(x,t)$ dar, wobei wir uns auf die zwei unabhängigen Variablen x,t beschränken.

$\boldsymbol{A}$ sei auf $\mathbb{R} \times \mathbb{R} \times \mathbb{R}^m$ regulär, so dass es keine große Beschränkung der Allgemeinheit bedeutet, wenn wir lediglich den Fall $\boldsymbol{A} = \boldsymbol{I}$ ($\boldsymbol{I}$: Identität auf $\mathbb{R}^m$) studieren:[57]

$$\boldsymbol{U}_t + \boldsymbol{B}\boldsymbol{U}_x = \boldsymbol{b}. \qquad (25.11.2)$$

Definition (25.11.3)

Das System (25.11.2) heißt (an einer Stelle $(x,t,\boldsymbol{U})$) **hyperbolisch**, wenn die Matrix $\boldsymbol{B} = \boldsymbol{B}(x,t,\boldsymbol{U})$ nur reelle Eigenwerte λ_i $(i = 1,\cdots m)$ besitzt und diagonalisierbar ist,

[57] Offenbar stellen die gasdynamischen Gleichungen (25.1.10) im eindimensionalen Fall ein solches System dar.

und es heißt **strikt hyperbolisch**, wenn die λ_i reell und paarweise verschieden sind. Es heißt dort **elliptisch**, wenn kein λ_i reell ist, und es heißt dort **parabolisch**, wenn es genau ν paarweise verschiedene reelle Eigenwerte gibt mit $1 \le \nu \le m-1$.

Definition (25.11.4)

Ist $\boldsymbol{U}(x,t)$ eine Lösung von (25.11.2), so bezeichnet man die reelle Kurvenschar

$$x_i = x_i(t,\chi) \quad (\chi \in \mathbb{R} : \text{Scharparameter})\ ,$$

die sich bei jeweils festem $i \in (1,\ldots,m)$ im hyperbolischen Fall aus der gewöhnlichen Differentialgleichung

$$\dot{x}_i \;=\; \lambda_i(x_i,\, t, \boldsymbol{U}(x_i\,,t)) \tag{25.11.5}$$

ergibt, als die ***i*–Charakteristiken** des Systems (25.11.2) . Entsprechendes gilt im parabolischen Fall [58].

Folgerungen (25.11.6)

1. Im allgemeinen können Systeme in gewissen Gebieten und für gewisse Lösungen $\boldsymbol{U}$ hyperbolisch, in anderen elliptisch oder parabolisch sein. Nur im linearen oder halblinearen Fall mit konstanter Matrix $\boldsymbol{B}$ ist der Typus mit Sicherheit überall einheitlich.

2. Der skalare Fall $(m = 1)$ ist im Sinne der Definition (25.11.3) stets hyperbolisch (im quasilinearen Fall zumindest bei reeller Lösung u).

3. Im Fall von Erhaltungsgleichungen der Form

$$\boldsymbol{U}_t + \frac{\partial}{\partial x}\boldsymbol{f}(\boldsymbol{U}) \;=\; \boldsymbol{0}\,, \tag{25.11.7}$$

gilt

$$\boldsymbol{B} \;=\; \boldsymbol{B}(\boldsymbol{U}) \;=\; \boldsymbol{J}\,\boldsymbol{f}(\boldsymbol{U}) \tag{25.11.8}$$

mit der Jacobi–Matrix $\boldsymbol{J}$ der Funktion $\boldsymbol{f}$ (vgl. Abschnitt 17.2):

$$\boldsymbol{J}\,\boldsymbol{f}(\boldsymbol{U}) \;=\; \begin{pmatrix} \dfrac{\partial f_1}{\partial u_1} & \cdots & \dfrac{\partial f_1}{\partial u_m} \\ \vdots & & \\ \dfrac{\partial f_m}{\partial u_1} & \cdots & \dfrac{\partial f_m}{\partial u_m} \end{pmatrix}, \tag{25.11.9}$$

und $\boldsymbol{J}\,\boldsymbol{f}(\boldsymbol{U})$ hängt nicht explizit von x und t ab.

Im skalaren Fall gibt es nur eine Schar von Charakteristiken, und $\boldsymbol{U} = u$ ist entlang

[58] Führt man lineare oder halblineare oder quasilineare Differentialgleichungen zweiter Ordnung in Systeme erster Ordnung über, so zeigt es sich, dass die Charakteristikenbegriffe übereinstimmen.

dieser Charakteristiken wegen

$$\frac{d}{dt}\, u(x(t), t) = 0$$

konstant. Wegen $\lambda = f'(u)$ ist mithin auch λ entlang der jeweiligen Charakteristik konstant. Die Charakteristiken werden daher zu den Geraden

$$x(t) = f'(c)\,(t - t_0) + x(t_0)\,;$$

c ist hierbei der konstante Wert von u entlang der betrachteten Charakteristik, und wir unterstellen, dass $f'(u)$ existiert und stetig von u abhängt.

Insbesondere ist also stets $f'(c) \neq \infty$, so dass die Charakteristiken im x–t–Koordinatensystem die x–Achse schneiden. Wir können deshalb $t_0 = 0$ wählen, und die Konstanz entlang der Charakteristik ergibt $c = u_0(x_0)$, wenn x_0 den Schnittpunkt der Charakteristik mit der x–Achse und $u_0(x)$ eine Anfangsfunktion bezeichnen. Wir erhalten dann die Gleichung der Charakteristik in der Form

$$x - x_0 = t \cdot f'(u_0(x_0))\,. \qquad (25.11.10)$$

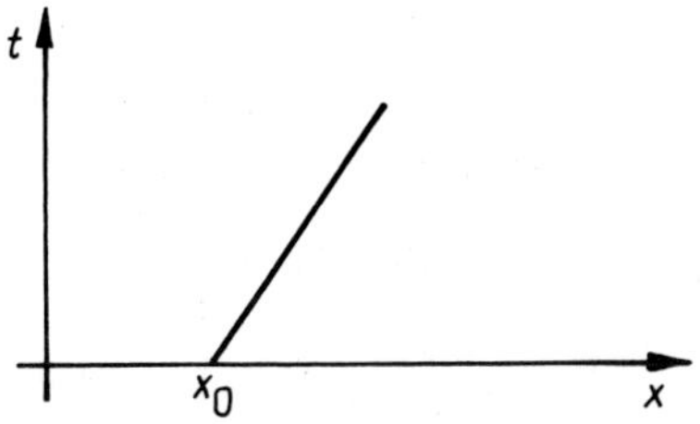

Abb. 25.21. Charakteristik bei skalaren Erhaltungsgleichungen

Übrigens interesssiert man sich im Zusammenhang mit Erhaltungsgleichungen fast immer nur für die Frage, was aus einem gegenwärtigen Zustand $(t = 0)$ für die Zukunft $(t > 0)$ resultiert, d.h. man betrachtet als (wünschenswerten) Definitionsbereich der gesuchten Lösungen vornehmlich die obere Halbebene Ω der x–t–Ebene (unter Einschluss der x–Achse):

$$G = \Omega := \{(x,t)\,|\,x \in \mathbb{R}\ \ t \geq 0\}\,.$$

Allerdings zeigt bereits der einfache skalare Fall, dass die Existenz glatter Lösungen auf Ω, also für alle $t \geq 0$, in der Regel nicht erwartet werden kann: Ist nämlich $x_1 > x_0$, aber z.B. $0 < f'(u_0(x_1)) < f'(u_0(x_0))$ (und damit auch $u_0(x_0) \neq u_0(x_1)$), so schneiden sich die durch x_0 und x_1 verlaufenden Charakteristiken, und die Lösung $u(x,t)$ müsste im Schnittpunkt sowohl den Wert $u_0(x_0)$ wie den Wert $u_0(x_1)$ besitzen.

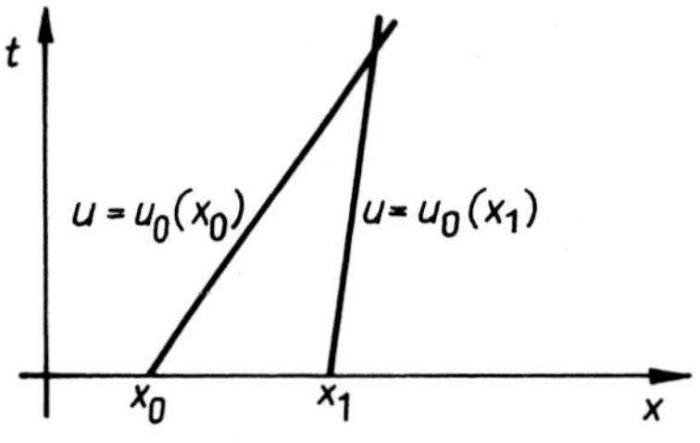

Abb. 25.22. Entstehung von Unstetigkeiten

Es kann also, auch bei glatter Anfangsfunktion u_0, zu Unstetigkeiten kommen, sofern man sich für global existierende Lösungen interessiert (wie dies in den Anwendungen die Regel ist). Da unstetige Funktionen aber nicht überall differenzierbar sind, also an entsprechenden Stellen auch die Differentialgleichung nicht im klassischen Sinne erfüllen können, wird man sich, natürlich erst recht auch bei Systemen, auf eine Erweiterung des Lösungsbegriffes einzulassen haben, die hier jedoch nicht weiter diskutiert werden soll.

Beispiel (25.11.11)

Im Hinblick auf die eingangs erwähnten gasdynamischen Anwendungen wollen wir uns noch davon überzeugen, dass das dortige System von Erhaltungsgleichungen auch im Fall $m > 1$ hyperbolisch ist. Dabei beschränken wir uns der Einfachheit halber auf den Fall eindimensionaler Strömungen, d.h., neben nur einer Ortsvariablen soll es auch nur eine Geschwindigkeitskomponente $v = u_1$ und damit auch nur eine Impulskomponente $q = q_1$ geben. Damit folgt

$$\boldsymbol{U} = \begin{pmatrix} \rho \\ q \\ E \end{pmatrix}, \qquad \boldsymbol{f}(\boldsymbol{U}) = \begin{pmatrix} q \\ \frac{1}{\rho} q^2 + p \\ \dfrac{E+p}{\rho} q \end{pmatrix},$$

wobei gemäß (25.1.9) für den Druck p der Wert

$$p = (\gamma - 1)\left(E - \frac{q^2}{2\rho}\right)$$

einzusetzen ist. Damit resultiert

$$\boldsymbol{J}\,\boldsymbol{f}(\boldsymbol{U}) = \begin{pmatrix} 0 & 1 & 0 \\ -\dfrac{3-\gamma}{2}\dfrac{q^2}{\rho^2} & (3-\gamma)\dfrac{q}{\rho} & \gamma - 1 \\ (\gamma-1)\dfrac{q^3}{\rho^3} - \gamma\dfrac{E\,q}{\rho^2} & \gamma\dfrac{E}{\rho} - \dfrac{3(\gamma-1)}{2}\dfrac{q^2}{\rho^2} & \gamma\dfrac{q}{\rho} \end{pmatrix}.$$

Die zugehörige charakteristische Gleichung lautet

$$-\lambda^3+3\frac{q}{\rho}\lambda^2-\left\{(\gamma^2-\gamma+6)\frac{q^2}{2\rho^2}-\gamma(\gamma-1)\frac{E}{\rho}\right\}\lambda+\left(\frac{\gamma^2}{2}-\frac{\gamma}{2}+1\right)\frac{q^3}{\rho^3}-\gamma(\gamma-1)\frac{E\,q}{\rho^2} = 0$$

und hat — wie man sofort nachprüft — die Lösung $\lambda_1 = \frac{q}{\rho}$. Damit ergeben sich die beiden anderen Eigenwerte aus

$$\lambda^2 - \frac{2q}{\rho}\lambda + (\gamma^2-\gamma+2)\frac{q^2}{2\rho^2} - \gamma(\gamma-1)\frac{E}{\rho} = 0$$

zu

$$\begin{aligned}\lambda_{2,3} &= \frac{q}{\rho} \pm \sqrt{\frac{q^2}{\rho^2} + \gamma(\gamma-1)\frac{E}{\rho} - (\gamma^2-\gamma+2)\frac{q^2}{2\rho^2}} \\ &= \frac{q}{\rho} \pm \sqrt{\gamma(\gamma-1)\frac{E}{\rho} - \gamma(\gamma-1)\frac{q^2}{2\rho^2}} \\ &= \frac{q}{\rho} \pm \sqrt{\frac{\gamma(\gamma-1)}{\rho}\left[E-\frac{q^2}{2\rho}\right]} = \frac{q}{\rho} \pm \sqrt{\gamma\frac{p}{\rho}}\,.\end{aligned}$$

In der Tat sind also alle drei Eigenwerte reell und voneinander verschieden $(p \neq 0)$; das System ist mithin strikt hyperbolisch.

Übrigens war $\frac{q}{\rho} = v$ die Strömungsgeschwindigkeit, und man kann zeigen, dass $\sqrt{\frac{\gamma p}{\rho}}$ die örtliche Schallgeschwindigkeit $\hat{c}$ darstellt. Die Eigenwerte sind also

$$\lambda_1 = v, \qquad \lambda_2 = v+\hat{c}, \qquad \lambda_3 = v-\hat{c},$$

so dass alle drei Werte bei Überschallströmungen das gleiche Vorzeichen besitzen, während bei Unterschallströmungen einer der Eigenwerte ein anderes Vorzeichen besitzt als die beiden anderen.

Wir verdeutlichen uns die Aussagen dieses Abschnitts noch einmal anhand des linearen Falls

$$\boldsymbol{U}_t + \boldsymbol{B}\boldsymbol{U}_x = \boldsymbol{0}, \tag{25.11.12}$$

wobei $\boldsymbol{B} = \boldsymbol{J}\,\boldsymbol{f}(\boldsymbol{U})$ eine konstante (m,m)–Matrix darstellt.

$\boldsymbol{B}$ besitze m paarweise verschiedene reelle Eigenwerte λ_i $(i = 1,\ldots,m)$ mit zugehörigen Eigenvektoren $\boldsymbol{s}_i$, die linear unabhängig seien. Das System sei also strikt hyperbolisch.

Die Charakteristikenscharen ergeben sich gemäß (25.11.5) zu den Geradenscharen

$$x_i(t) = \lambda_i\,t + x_i(0)$$

(unabhängig von $\boldsymbol{U}$). Bei gegebenem i sind die Charakteristiken daher parallel.

Ist $\boldsymbol{S} = (\boldsymbol{s}_1 \ \boldsymbol{s}_2 \ \ldots \ \boldsymbol{s}_m)$ die Matrix, die aus den Eigenvektoren (als Spaltenvektoren) besteht

und $\boldsymbol{\Lambda} = \begin{pmatrix} \lambda_1 & & 0 \\ & \ddots & \\ 0 & & \lambda_m \end{pmatrix}$ die Matrix, deren Diagonale sämtliche Eigenwerte enthält, so folgt (vgl. Abschnitt 7.1)

$$\boldsymbol{B} = \boldsymbol{S}\,\boldsymbol{\Lambda}\,\boldsymbol{S}^{-1}. \tag{25.11.13}$$

Führt man

$$\hat{\boldsymbol{U}} = \boldsymbol{S}^{-1}\boldsymbol{U} \tag{25.11.14}$$

als neue Veränderliche ein, so folgt wegen der Konstanz der Matrizen:

$$\boldsymbol{S}\,\hat{\boldsymbol{U}}_t + \boldsymbol{S}\,\boldsymbol{\Lambda}\,\boldsymbol{S}^{-1}\hat{\boldsymbol{U}}_x = \boldsymbol{0},$$

$$\text{d.h.} \quad \boldsymbol{S}\left(\hat{\boldsymbol{U}}_t + \boldsymbol{\Lambda}\,\hat{\boldsymbol{U}}_x\right) = \boldsymbol{0},$$

also wegen der Existenz von $\boldsymbol{S}^{-1}$:

$$\hat{\boldsymbol{U}}_t + \boldsymbol{\Lambda}\,\hat{\boldsymbol{U}}_x = \boldsymbol{0}, \qquad \hat{\boldsymbol{U}}_0 = \boldsymbol{S}^{-1}\boldsymbol{U}_0. \tag{25.11.15}$$

Dies ist ein entkoppeltes System:

$$\frac{\partial \hat{u}_i}{\partial t} + \lambda_i \frac{\partial \hat{u}_i}{\partial x} = 0, \qquad \hat{u}_i(x,0) = \left[\boldsymbol{S}^{-1}\boldsymbol{U}_0(x)\right]_i =: \hat{u}_{i_0}(x), \qquad (i = 1,\ldots,m).$$

Gleichungen dieser Bauart, die im skalaren linearen Fall ohnehin vorliegt, heißen **Transportgleichungen**. Ihre Lösung lautet

$$\hat{u}_i(x,t) = \hat{u}_{i_0}(x - \lambda_i\, t) \qquad (i = 1,\ldots,m). \tag{25.11.16}$$

Der Zustand zur Zeit $t = 0$ wird also mit der Geschwindigkeit λ_i in positive bzw. negative x–Richtung transportiert (je nachdem, ob λ_i positiv oder negativ ist). Es liegt somit eine Wellenausbreitung mit der Fortpflanzungsgeschwindigkeit λ_i vor.

Offenbar gilt nun

$$\boldsymbol{U} = (\boldsymbol{s}_1 \ \ldots \ \boldsymbol{s}_m)\begin{pmatrix} \hat{u}_1 \\ \vdots \\ \hat{u}_m \end{pmatrix} = \hat{u}_1 \cdot \boldsymbol{s}_1 + \hat{u}_2\,\boldsymbol{s}_2 + \ldots + \hat{u}_m\,\boldsymbol{s}_m.$$

Jede der vektorwertigen Funktionen

$$\boldsymbol{U}_{(i)}(x,t) := \hat{u}_i(x,t) \cdot \boldsymbol{s}_i$$

ist Lösung des Differentialgleichungssystems, denn

$$\begin{aligned}\frac{\partial \boldsymbol{U}_{(i)}}{\partial t} + \boldsymbol{B}\,\frac{\partial \boldsymbol{U}_{(i)}}{\partial x} &= \frac{\partial \hat{u}_i}{\partial t}\,\boldsymbol{s}_i + \boldsymbol{B}\,\frac{\partial \hat{u}_i}{\partial x}\,\boldsymbol{s}_i \\ &= \frac{\partial \hat{u}_i}{\partial t}\,\boldsymbol{s}_i + \frac{\partial \hat{u}_i}{\partial x}\,\lambda_i\,\boldsymbol{s}_i \\ &= \left(\frac{\partial \hat{u}_i}{\partial t} + \lambda_i\,\frac{\partial \hat{u}_i}{\partial x}\right)\boldsymbol{s}_i = \mathbf{0}\,.\end{aligned}$$

Man spricht dann auch von der zur i–ten Charakteristikenschar gehörenden Lösung (bei gegebenem $\hat{u}_{i_0}(x)$).

Bemerkung (25.11.17)

Bei der skalaren linearen Gleichung $u_t + a\,u_x = 0$, d.h. $u_t + \frac{\partial}{\partial x}(a\,u) = 0$ bezeichnet u in der Regel eine Konzentration, und $f(u) = a\,u$ ist dann der Fluss.

In physikalischen Prozessen tritt häufig ein weiterer Fluss auf, der dem Konzentrationsgefälle proportional ist: $g = -\varepsilon\,u_x$ $(\varepsilon > 0)$. Das Transportphänomen wird dann durch

$$u_t + \frac{\partial}{\partial x}(a\,u - \varepsilon\,u_x) = 0, \qquad \text{d.h.} \quad u_t + a\,u_x = \varepsilon\,u_{xx}$$

modelliert. Hier liegt eine parabolische Gleichung vor zufolge des rechts stehenden **Diffusionsterms**. Diffusion glättet Unstetigkeiten, z.B. solche des Anfangszustandes.

Aufgabe (25.11.18)

Man zeige, dass die Lösung der Burgers-Gleichung

$$u_t + \frac{\partial}{\partial x}\left(\frac{1}{2}\,u^2\right) = 0$$

im Fall der Anfangswerte

$$u_0(x) = 1 - \frac{x}{2}$$

bei $(x,\,t) = (2,\,2)$ nicht mehr (im klassischen Sinne) definiert ist.

Wie lauten die Gleichungen der Charakteristiken ?

26 Numerische Behandlung linearer Evolutionsgleichungen

26.1 Einführende Beispiele

Wir gehen exemplarisch aus von der eindimensionalen Wärmeleitungsgleichung

$$u_t \;=\; u_{xx}\,^{59} \qquad (0 \le t \le T,\; 0 \le x \le 1) \tag{26.1.1}$$

mit homogenen Periodizitätsrandbedingungen

$$u(0,t) \;=\; u(1,t) \;=\; 0 \qquad (0 \le t \le T) \tag{26.1.2}$$

und der Anfangsbedingung

$$u(x,0) \;=\; u_0(x) \qquad (0 \le x \le 1)\,, \tag{26.1.3}$$

wo u_0 eine gegebene Funktion ist, die z.B. zweimal stetig differenzierbar sei und den Verträglichkeitsbedingungen

$$u_0(0) \;=\; u_0(1) \;=\; 0 \tag{26.1.4}$$

genügen möge.[60]

Das Intervall $[0,1]$ der Ortsvariablen x unterteilen wir in M (z.B. äquidistante) Teile der Länge $\Delta\, x := \frac{1}{M}$, und es sei $x_m = m \cdot \Delta\, x$ $(m = 0, 1, \ldots, M)$.

Da die Taylor–Formel (13.3.11) für Funktionen $u = u(x,t)$, die auf $[0,1] \times [0,T]$ hinreichend glatt sind, bei jeweils festem $t \in [0,T]$ das Resultat

$$u_{xx}(x_m,t) \;=\; \frac{1}{(\Delta\, x)^2}\,\{u(x_{m-1},t) - 2u(x_m,t) + u(x_{m+1},t)\} \;+\; O\left((\Delta\, x)^2\right) \tag{26.1.5}$$

zeitigt, gilt für die gesuchte Lösung des Wärmeleitungsproblems bei kleinen **Ortsschrittweiten** $\Delta\, x$ angenähert

$$u_t(x_m,t) \;\approx\; \frac{1}{(\Delta\, x)^2}\,\{u(x_{m-1},t) - 2u(x_m,t) + u(x_{m+1},t)\}\;. \tag{26.1.6}$$

Führt man Funktionen $y_m(t)$ als Approximationen für die Funktionen $u(x_m,t)$ dadurch ein, dass man die Gültigkeit von

$$y_m'(t) \;=\; \frac{1}{(\Delta\, x)^2}\,\{y_{m-1}(t) - 2y_m(t) + y_{m+1}(t)\} \quad (m = 1, 2, \ldots, M-1), \quad 0 \le t \le T \tag{26.1.7}$$

[59]Der Einfachheit halber wählen wir den Fall $c = 1$, auf den der Fall $u_t = c^2 u_{xx}$ vermittels der Transformation $\xi := cx$ stets zurückgeführt werden kann.

[60]Diese Voraussetzungen können abgeschwächt werden.

mit der Festlegung $y_0(t) \equiv y_M(t) \equiv 0$ [61] und den Anfangsvorgaben

$$y_m(0) \;=\; u_0(x_m) \qquad (m = 1, \ldots, M-1) \tag{26.1.8}$$

verlangt, so steht der Aufgabe (26.1.1) bis (26.1.4) nun eine Anfangswertaufgabe für ein System gewöhnlicher Differentialgleichungen gegenüber. Dieses System ist im vorliegenden Fall linear, weil auch die rechte Seite von (26.1.1) ein linearer Differentialausdruck (bezüglich der Ortsvariablen) ist.

Bemerkung (26.1.9)

Dieses Vorgehen, bei dem zunächst nur im Bereich der Ortsvariablen diskretisiert wird, die Zeitvariable jedoch vorerst weiterhin als kontinuierliche Variable betrachtet wird, bezeichnet man auch als **Linienmethode**.[62]

Würde man die Aufgabe (26.1.7), (26.1.8) exakt lösen, so hätte man entlang der **Linien**, nämlich entlang den Parallelen $x = x_m \quad (m = 0, \ldots, M)$ zur t–Achse, Näherungswerte für die gesuchte Lösung u gefunden, wobei wir zunächst die Frage des Fehlers noch offen lassen.

Will man das entstandene System gewöhnlicher Differentialgleichungen seinerseits numerisch näherungsweise lösen, so können wir die Methoden von Kapitel 24 benutzen, z.B. das Intervall $[0, T]$ ebenfalls äquidistant unterteilen (N Teile, Schrittweite $\Delta t = \frac{T}{N}$) und $y'_m(t)$ an der Stelle $t_n := n\,\Delta t \quad (n = 0, 1, \ldots, N-1)$ durch den vorderen Differenzenquotienten $\dfrac{y_m(t_{n+1}) - y_m(t_n)}{\Delta t}$ approximieren. Wir erhalten dann anstelle von (26.1.7), (26.1.8)

$$\begin{aligned} y_m(t_{n+1}) \;&\approx\; y_m(t_n) + \frac{\Delta t}{(\Delta x)^2}\,\{y_{m-1}(t_n) - 2y_m(t_n) + y_{m-1}(t_n)\}\,, \\ y_m(t_0) \;&=\; u_0(x_m) \qquad (t_0 = 0)\,. \end{aligned} \tag{26.1.10}$$

$y_m(t_n)$ approximiert also $u(x_m, t_n)$. Gemäß (26.1.10) definieren wir nun Näherungen $u_n(x_m)$ für die exakte Lösung $u(x_m, t_n)$ an der Stelle (x_m, t_n) durch die Forderung

$$u_{n+1}(x_m) \;=\; u_n(x_m) + \sigma\,\{u_n(x_{m-1}) - 2u_n(x_m) + u_n(x_{m+1})\}\,. \tag{26.1.11}$$

Dabei haben wir für $n = 0$ natürlich die Werte $u_0(x_m)$ aus der gegebenen Anfangsfunktion $u_0(x)$ entnommen, die Abkürzung

$$\sigma \;=\; \frac{\Delta t}{(\Delta x)^2} \tag{26.1.12}$$

---

[61] entsprechend den Randbedingungen (26.1.2)

[62] Das umgekehrte Vorgehen, bei dem zunächst nur in Zeitrichtung diskretisiert wird, so dass auf den einzelnen Zeitschichten Randwertaufgaben im Bereich der Ortsvariablen entstehen, heißt **Rothe–Verfahren**. Dabei handelt es sich im Fall einer Ortsvariablen um gewöhnliche Randwertaufgaben, anderenfalls um partielle Randwertaufgaben.

eingeführt $(n = 0, 1, \ldots, N-1;\ m = 1, 2, \ldots, M-1)$ und in Übereinstimmung mit (26.1.2) natürlich

$$u_n(0) \;=\; u_n(1) \;=\; 0 \qquad (n = 0, 1, \ldots, N) \tag{26.1.13}$$

gewählt.

Den zur t–Achse parallelen Linien stehen durch die Zerlegung des Intervalles $[0, T]$ die Parallelen zur x–Achse gegenüber, die wir — sogleich im Hinblick auf den Fall mehrerer Ortsvariablen — als **Zeitschichten** bezeichnen.

Mittels der Schnittpunkte von Zeitschichten und Linien haben wir ein Punktgitter über den Bereich $[0, 1] \times [0, T]$ gelegt, in dem die Lösung der Ausgangsaufgabe gesucht wird. Mittels (26.1.2), (26.1.11), (26.1.13) versuchen wir, in den Gitterpunkten Näherungswerte für die gesuchte exakte Lösung zu bestimmen, so dass gleichsam eine zweidimensionale Tafel der Funktionswerte der exakten Lösung approximiert wird.

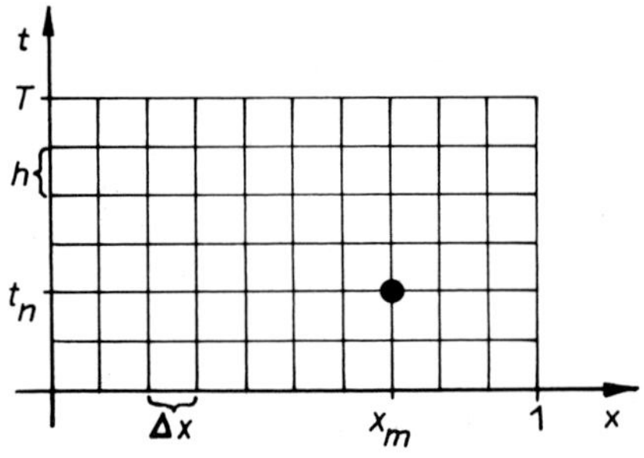

Abb. 26.1. Punktgitter

Das Gitter muss natürlich in der Regel hinreichend feinmaschig sein, um ausreichende Information über die gesuchte Lösung gewinnen zu können. Überdies lässt auch das Ersetzen der Ableitungen in Verbindung mit der Restglieddarstellung im Taylorschen Satz sofort einleuchtend erscheinen, dass i.Allg. mit kleinen Schrittweiten gearbeitet werden muss und dass man in Bereichen, in denen die gesuchte Lösung voraussichtlich weniger glatt ist, diese Schrittweiten u.U. weiter verkleinern, also z.B. von der Äquidistanz Abstand nehmen muss. Die (möglichst vom Verfahren automatisch vorzunehmende) Anpassung der Schrittweiten an die Regularität des Problems bezeichnet man als **Schrittweitensteuerung**.

Wegen des Ersetzens der Ableitungen durch finite Differenzen spricht man bei unserem Beispiel (wie allgemein bei entsprechendem Vorgehen in anderen Fällen) von **Finiten Differenzen–Methoden (FDM)**.

Rechentechnisch bestimmt man bei unserem Wärmeleitungsbeispiel zunächst aus der gegebenen Anfangsfunktion u_0 die Werte $u_0(x_m)$ $(m = 1, \ldots, M-1)$ und ergänzt sie um die Werte $u_0(0) = u_0(1) = 0$. Dann wählt man in (26.1.11) $n = 0$ und berechnet für $m = 1, \ldots, M-1$ die Werte $u_1(x_m)$, ergänzt auch diese um die Werte $u_1(0) = u_1(1) = 0$ und ersetzt dann in (26.1.11) $n = 0$ durch $n = 1$. Man berechnet so die Werte $u_2(x_m)$ $(m = 1, \ldots, M-1)$, die wiederum durch $u_2(0) = u_2(1) = 0$ ergänzt werden, ersetzt dann $n = 1$ durch $n = 2$, usw. Wir schreiten also bei der Berechnung der Näherungswerte in Zeitrichtung schichtweise voran.

Zur Berechnung der Werte auf der Schicht t_{n+1} benötigen wir ausschließlich die Kenntnis der Werte auf der vorangehenden Schicht t_n (nicht etwa noch zusätzlich Werte auf früheren Schichten), so dass wir bei (26.1.11) in Analogie zur Behandlung gewöhnlicher Anfangswertaufgaben in Abschnitt 24.1 wieder von einem **Einschrittverfahren** sprechen. Überdies sprechen wir bei (26.1.11) von einem **expliziten Verfahren**, da die Werte u_{n+1} auf der *neuen* Zeitschicht t_{n+1} nur linkerhand vorkommen und unmittelbar aus den Werten auf der *alten* Zeitschicht t_n berechnet werden können. Kämen in der Gleichung (26.1.11) die Werte u_{n+1} an mehr als einer Stelle x_m vor, so spräche man von einem **impliziten** Verfahren (vgl. spätere Beispiele)[63].

Beispiel (26.1.14)

$$\begin{aligned} u_t &= u_{xx} && \left(0 \le x \le 1,\ 0 < t \le \tfrac{1}{10}\right) \\ u(x,0) &= u_0(x) = \sin(\pi\, x) && \\ u(0,t) &= u(1,t) = 0 && \left(0 \le t \le \tfrac{1}{10}\right) . \end{aligned}$$

Die Lösung kann zwar exakt angegeben werden und lautet $u(x,t) = \mathrm{e}^{-\pi^2 t}\,\sin(\pi\, x)$; doch soll dieses Beispiel dazu dienen, die durch das Verfahren (26.1.11) erzeugten Näherungswerte unmittelbar mit den Werten der exakten Lösung vergleichen zu können. Dabei wählen wir zunächst

$$\Delta x = \frac{1}{5}\ (\Rightarrow\ M = 5), \quad \Delta t = \frac{1}{50}\ (\Rightarrow\ N = 5), \quad \text{so dass} \quad \sigma = \frac{1}{2}.$$

Das Verfahren liefert dann folgende Tabelle:

n	m	0	1	2	3	4	5
0	Näherung = exakt	0	0.587 785	0.951 057	0.951 057	0.587 785	
1	Näherung	0	0.475 528	0.769 421	0.769 421	0.475 528	0
	exakt	0	0.482 495	0.780 693	0.780 693	0.482 495	0
2	Näherung	0	0.384 710	0.622 476	0.622 476	0.384 710	0
	exakt	0	0.396 065	0.640 846	0.640 846	0.396 065	0
3	Näherung	0	0.311 237	0.503 593	0.503 593	0.311 237	0
	exakt	0	0.325 117	0.526 051	0.526 051	0.325 117	0
4	Näherung	0	0.251 796	0.407 415	0.407 415	0.251 796	0
	exakt	0	0.266 878	0.431 818	0.431 818	0.266 878	0
5	Näherung	0	0.203 707	0.329 606	0.329 606	0.203 707	0
	exakt	0	0.219 072	0.354 466	0.354 466	0.219 072	0

Tabelle 1

[63] Vgl. die entsprechenden Begriffe im Fall gewöhnlicher Differentialgleichungen, Abschnitt 24.1.

Wir gehen nun zu einer feineren Schrittweite $\Delta x = \frac{1}{10}$ über, verlangen weiterhin $\sigma = \frac{1}{2}$, wählen also $\Delta t = \frac{1}{200}$ $(\Rightarrow M = 10, N = 20)$, und erwarten dann natürlich genauere Werte. Dies wird durch die nachfolgende Tabelle 2 auch bestätigt (wobei die Näherungswerte nur an den auch der Tabelle 1 zugrundeliegenden Stellen ausgedruckt wurden):

n \ m	0	2	4	6	8	10
0	0	0.587 785	0.951 057	0.951 057	0.587 785	0
4	0	0.480 888	0.778 093	0.788 093	0.480 888	0
8	0	0.393 432	0.636 586	0.636 586	0.393 432	0
12	0	0.321 880	0.520 813	0.520 813	0.321 880	0
16	0	0.263 342	0.426 096	0.426 096	0.263 342	0
20	0	0.215 449	0.348 604	0.348 604	0.215 449	0

Tabelle 2

Vergleicht man die Fehler gegenüber der exakten Lösung (vgl. Tabelle 1) in beiden Fällen, so erkennt man, dass die Fehler der Werte der Tabelle 2 etwa 25% der Fehler der Tabellel 1 betragen. Dies entspricht dem Verhältnis $1 : 4$ der beiden Zeitschrittweiten. Mithin scheinen die Fehler zur Schrittweite Δt proportional zu sein, sofern $\sigma = \frac{1}{2}$ festgehalten wird. Dass dies tatsächlich auch erwartet werden muss, wird alsbald begründet werden.

Wir berechnen jedoch zuvor noch einmal bei gleicher Zeitschrittweite $\Delta t = \frac{1}{200}$ Näherungswerte im Fall $\sigma = 2$, d.h. $\Delta x = \frac{1}{20}$, also auf einem noch feineren Gitter als in Tabelle 2, so dass man erneut einen Genauigkeitsgewinn erwartet. Tatsächlich aber zeigt Tabelle 3 (wiederum ausgedruckt an den Gitterpunkten der Tabelle 1) wesentlich schlechtere Werte als Tabelle 2, ja sogar als Tabelle 1, und zwar Werte, die sich bei wachsendem n alsbald exorbitant von der exakten Lösung entfernen:

n \ m	0	4	8	12	16	20
0	0	0.587 785	0.951 057	0.951 057	0.587 785	0
4	0	0.480 275	0.777 102	0.777 102	0.480 275	0
8	0	0.392 506	0.634 969	0.634 969	0.392 506	0
12	0	0.478 790	0.543 450	0.543 450	0.478 790	0
16	0	322. ···	87. ···	87. ···	322. ···	0
20	0	659 621 . ··	259 118 . ··	259 118 . ··	659 621 . ··	0

Tabelle 3

Mithin hat offenbar auch das **Schrittweitenverhältnis** $\sigma = \dfrac{\Delta t}{(\Delta x)^2}$ in unserem parabolischen Beispiel wesentlichen Einfluss auf die Genauigkeit. Eine derart plötzlich stark ansteigende Abweichung der Näherungswerte von der exakten Lösung trotz vermeintlich zu erwartender guter Werte (infolge kleiner Schrittweiten) wird auch bei der numerischen Lösung gewöhnlicher Anfangswertaufgaben mittels Differenzenverfahren beobachtet, wenn gewisse Vorsichtsmaßnahmen außer acht gelassen werden. Man spricht dann von **numerischer Instabilität**, denn es sind geringste Rechenstörungen (z.B. Rundungsfehler), die diese erheblichen Folgen zeitigen. Im Fall konsistenter Mehrschrittverfahren bei gewöhnlichen Differentialgleichungen besteht die erwähnte Vorsichtsmaßnahme im Einhalten der Wurzelbedingung des Satzes (24.3.14). Wie der Satz von Dahlquist (Satz (24.3.19)) zeigt, besteht dort zwischen der Bedingung zur Erzielung numerischer Stabilität einerseits und der Konvergenz der Näherungslösungen (bei kleiner werdenden Schrittweiten) gegen die gesuchte Lösung des Ausgangsproblems andererseits ein enger Zusammenhang.

Die Erscheinungen der Tabelle 3 belegen, dass dem Problem der numerischen Stabilität auch bei der numerischen Behandlung partieller Anfangswertaufgaben aus rein anwendungsbezogenen Gesichtspunkten stets höchste Aufmerksamkeit zu widmen ist !

26.2 Allgemeine Formulierung der Evolutionsgleichungen und der approximierenden Differenzengleichungen

Wir werden nachfolgend die Aspekte des vorigen Abschnitts allgemeiner zu untersuchen haben, um zu praktisch verwertbaren Entscheidungshilfen bei der Konstruktion oder Auswahl eines numerischen Verfahrens für eine konkret gegebene Aufgabenstellung zu gelangen.

Dieser erwünschten Allgemeinheit wegen greifen wir auf eine möglichst allgemeine Beschreibung der gegebenen Anfangswertaufgabe und ihrer als existent und eindeutig vorausgesetzten Lösung zurück, eine Form der Beschreibung, wie sie uns in Bemerkung (25.5.50) und der dortigen Fußnote 23 für gewisse Differentialgleichungen (auch für Systeme) und z.B. in (25.5.47) oder (25.5.55) für Lösungen solcher Differentialgleichungen begegnet war:

Sei $G \subset \mathbb{R}^d$ ein Gebiet, und $x \in G$ seien die Ortsvariablen.

Sei $\mathbb{B} = \{v = v(x) \,|\, x \in G\}$ ein linearer Raum von auf G definierten Funktionen. Im Hinblick auf Systeme von Differentialgleichungen dürfen die Funktionen auch vektorwertig oder komplexwertig sein.

Bemerkung (26.2.1)

Es sei G beschränkt mit Rand Γ, die gesuchte Lösung des noch zu definierenden Differentialgleichungsproblems soll neben einer Anfangsbedingung auch noch Randbedingungen auf Γ erfüllen, diese Randbedingungen seien linear und homogen (so dass eine Linearkombination von Funktionen, die die Randbedingungen erfüllen, ebenfalls die Randbedingungen erfüllt). Dann können wir unter der Menge $\mathbb{B}$ eine Menge von Vergleichsfunktionen[64] verstehen, ohne dass $\mathbb{B}$ dadurch seine lineare Struktur einbüßt.

Sei nun A ein auf einem Funktionenraum $\mathbb{D} \subset \mathbb{B}$ definierter linearer Differentialoperator (was hinreichende Glattheit der Elemente von $\mathbb{D}$ voraussetzt). A bilde $\mathbb{D}$ in $\mathbb{B}$ ab.

Die Zeitvariable t $(0 \leq t \leq T)$ interpretieren wir als einen Parameter und suchen eine einparametrige Schar $\{u(\cdot, t)\} \subset \mathbb{D}$ (für jedes feste $t \in]0, T]$ soll also $u(x, t)$ eine Funktion aus der Funktionenmenge $\mathbb{D}$ sein) derart, dass diese Schar der Anfangswertaufgabe

$$\left.\begin{array}{rcl} u_t & = & A\,u \;^{65} \\ u(x,0) & = & u_0(x) \end{array}\right\} \quad x \in G \quad 0 < t \leq T \tag{26.2.2}$$

genügt. (26.2.2) besitze eine eindeutige Lösung für jedes $u_0 \in \mathbb{H} \subset \mathbb{B}$, wobei $\mathbb{H}$ ein linearer Teilraum von $\mathbb{B}$ sei.

Statt $u(\cdot, t)$ schreiben wir auch abkürzend $u(t)$ und drücken den Zusammenhang zwischen den Werten der Lösung auf der Zeitschicht $t > 0$ und den gegebenen Anfangswerten in Analogie zu (25.5.46) oder (25.5.54) durch

$$u(t) \;=\; E_0(t)\,u_0 \qquad (0 < t \leq T) \tag{26.2.3}$$

aus. Für jedes feste $t \in]0, T]$ bildet also der **Lösungsoperator** $E_0(t)$ den linearen Raum $\mathbb{H}$ in $\mathbb{D}$ ab.

Setzt man

$$E_0(0) \;:=\; I \qquad (\text{Identitität auf } \mathbb{H})\,, \tag{26.2.4}$$

so bedeutet dies, dass die Anfangsbedingung erfüllt und die Operatorenschar $\{E_0(t)\}$ nun für alle $t \in [0, T]$ definiert ist.

[64] vgl. Definition (25.10.6)

[65] Die Ortsvariablen lassen wir häufig weg, indem wir die Funktionen u bei jeweils festem t gleichsam als Elemente eines abstrakten linearen Raumes $\mathbb{B}$ auffassen. Für $A = \Delta$ (Laplace-Operator) hätte man in (26.2.2) die Wärmeleitungsgleichung vor sich. Hierbei wäre z.B. $\mathbb{B}$ die Menge der auf $0 \leq x \leq 1$ (Dimension $d = 1$) definierten stetigen Funktionen $v(x)$, die den Randbedingungen $v(0) = v(1) = 0$ genügen, und $\mathbb{D}$ wäre die Menge der in $\mathbb{B}$ enthaltenen zweimal stetig differenzierbaren Funktionen. Im Fall des Operators $\boldsymbol{A}$ aus (25.5.53) hätte man die als System zweier Gleichungen geschriebene Wellengleichung vor sich.

Da A ein linearer Differentialoperator sein sollte und auch die (eventuell gegebenen) Randbedingungen linear und homogen sein sollten, sind auch die Operatoren $E_0(t)$ linear (bei jeweils festem t), d.h., es gilt das Superpositionsprinzip.

Wir wollen überdies voraussetzen, dass die Aufgabe (26.2.2) sachgemäß gestellt ist, mithin die eindeutigen Lösungen, die zu den verschiedenen $u_0 \in \mathbb{H}$ gehören, von diesen Anfangswerten stetig abhängen: Es sei auf $\mathbb{B}$ eine Norm $\|\,.\,\|$ definiert, und bei gegebenem $\varepsilon > 0$ und $u_0 \in \mathbb{H}$ soll es ein $\delta(\varepsilon, t, u_0) > 0$ geben, so dass

$$\|E_0(t)v_0 - E_0(t)u_0\| < \varepsilon \quad \forall v_0 \in \mathbb{H}: \quad \|v_0 - u_0\| < \delta(\varepsilon, t, u_0)\,. \tag{26.2.5}$$

Da $E_0(t)$ linear war, kann (26.2.5) auch in der Form

$$\|E_0(t)\,(v_0 - u_0)\| < \varepsilon \quad \forall v_0 \in \mathbb{H}: \quad \|v_0 - u_0\| < \delta(\varepsilon, t, u_0)$$

geschrieben werden.

Da $\mathbb{H}$ ein linearer Raum sein sollte, ist auch $w_0 := v_0 - u_0 \in \mathbb{H}$, und die Sachgemäßheit der Problemstellung wird durch die zu (26.2.5) äquivalente Eigenschaft

$$\|E_0(t)w_0\| < \varepsilon \quad \forall w_0 \in \mathbb{H}: \quad \|w_0\| < \tilde{\delta}(\varepsilon, t) \tag{26.2.6}$$

mit einem $\tilde{\delta}(\varepsilon, t) > 0$ beschrieben.

Dieser allgemeinen Beschreibung von Anfangs-(Randwert-)Aufgaben und ihren Lösungen stellen wir nun eine ähnliche Beschreibung der Differenzenverfahren gegenüber, wobei wir uns auf Einschrittverfahren beschränken.

Die Diskretisierung hinsichtlich der Ortsvariablen liefert ein über G gelegtes Gitter mit abzählbar vielen (in der Regel endlich vielen) Gitterpunkten $P_\nu \in G$. Zugehörige Ortsvektoren der Punkte P_ν seien die Vektoren $\boldsymbol{x}^\nu$.

Sind $x_1, \ldots, x_d$ die einzelnen Ortsvariablen, so seien $\Delta x_1, \Delta x_2, \ldots, \Delta x_d$ die Schrittweiten in Richtung der entsprechenden Ortsvariablen, wobei wir etwa unterstellen, dass diese in ihrer jeweiligen Koordinatenrichtung äquidistant seien.

Sei Δt wieder die (etwa äquidistante) Schrittweite in t-Richtung, und es werde vereinbart, dass Veränderungen der Ortsschrittweiten einerseits und der Zeitschrittweite andererseits nur koordiniert stattfinden, d.h., es gelte eine Beziehung

$$\max_{\mu=1,\ldots,d} \Delta x_\mu = g(\Delta t)\,, \tag{26.2.7}$$

wobei

$$\lim_{\Delta t \to 0} g(\Delta t) = 0\,. \tag{26.2.8}$$

Im Fall der Wärmeleitungsgleichung bei einer Ortsvariablen liefert z.B. (26.1.12)

$$\Delta x \quad = \quad \sqrt{\frac{\Delta t}{\sigma}} \quad =: \quad g(\Delta t)\,, \tag{26.2.9}$$

wenn wir fordern, dass σ bei Veränderungen von Δt konstant bleibe.

Mittels (26.2.7) liefert also bereits der eine Parameter Δt eine das Raum–Zeit–Gitter charakterisierende Größe. Mithin ist auch die Punktmenge $\{P_\nu\}$ durch Δt charakterisiert, und wir schreiben deshalb mit der Abkürzung

$$\begin{aligned} k \quad &:= \quad \Delta t \\ \{P_\nu\} \quad &= \quad G_k \subset G\,. \end{aligned}$$

Wir setzen wieder $t_n := nk \;\; (n = 0, 1, 2, \ldots)$, und von den durch das numerische Verfahren auf G_k berechneten (und deshalb **diskreten**) Funktionen $u_n^k(\boldsymbol{x}^\nu)$ wird erwartet, dass sie die exakten, in allen Punkten von G definierten Lösungsfunktionen $u(\boldsymbol{x}, t_n)$ $(n = 0, 1, 2, \ldots)$ approximieren.

Natürlich bilden die Funktionen u_n^k ebenfalls einen linearen Raum, den wir mit $\mathbb{B}_k$ bezeichnen. Wegen der unterschiedlichen Definitionsbereiche (G_k für die diskreten Funktionen, G für die Funktionen $u(x, t_n)$) ist $\mathbb{B}_k \not\subset \mathbb{B}$, so dass beim Wunsch nach einem Vergleich zwischen u_n^k und $u(t_n)$ die Schwierigkeit auftaucht, dass $u_n^k - u(t_n)$ zunächst gar nicht definiert ist.

Es gibt prinzipiell zwei Möglichkeiten, dieser Schwierigkeit Herr zu werden:

1. Man betrachtet auch die Werte der Funktionen $u(t_n)$ (bei jeweils festem n und k) nur auf G_k und vergleicht dann mittels

   $$u_n^k\,(\boldsymbol{x}^\nu) \;-\; u\,(\boldsymbol{x}^\nu, t_n) \qquad (\nu = 1, 2, \ldots)\,.$$

   Man restringiert also die Funktionen $u(t_n)$ vom Definitionsbereich G auf den Definitionsbereich $G_k \subset G$. Bezeichnen wir diese restringierte Funktion mit $r_k u(t_n)$[65], so ist

   $$[r_k\, u(t_n)]\;(\boldsymbol{x}^\nu) \quad = \quad u\,(\boldsymbol{x}^\nu, t_n)\;, \qquad \boldsymbol{x}^\nu \in G_k\,,$$

   und wir können einen Vergleich zwischen Näherung und exakter Lösung dadurch vornehmen, dass wir eine Abschätzung für den Ausdruck

   $$\max_n \left\| u_n^k - r_k u(t_n) \right\|_k$$

   herzuleiten suchen, wobei $\|\,.\,\|_k$ eine auf $\mathbb{B}_k$ geeignet definierte Norm sei (bei endlich vielen Punkten $\boldsymbol{x}^\nu$ etwa $\|v^k\|_k := \max_\nu \left| v^k\,(\boldsymbol{x}^\nu) \right|$, $v^k \in \mathbb{B}_k$).

[65] r_k ist also eine Abbildung von $\mathbb{B}$ in $\mathbb{B}_k$.

Will man aber nun Konvergenzfragen untersuchen (man erhofft ja, dass bei feiner werdendem Gitter, also für $k \to 0$, die Näherungswerte in die exakten Werte übergehen), so tritt die etwas hinderliche Schwierigkeit auf, dass man prinzipiell für jedes k einen anderen Raum $\mathbb{B}_k$ mit anderer Norm $\|\ldots\|_k$ vor sich hat.

2. Die letztgenannte Schwierigkeit tritt nicht auf, wenn es — gleichsam in Umkehrung des Restringierens von $u(t_n)$ — gelingt, den Definitionsbereich G_k der Funktionen u_n^k auf den Bereich G dadurch zu erweitern, dass man den Funktionen u_n^k in den Punkten $x \in G$, $x \notin G_k$, geeignete Werte derart zuweist, dass $u_n \in \mathbb{B}$.[66]

   Handelt es sich z.B. bei $\mathbb{B}$ um den Raum der auf $\overline{G}$ stetigen Funktionen einer Ortsvariablen (z.B. mit der Norm $\|v\|_\infty = \max_{x\in\overline{G}} |v(x)|$, $v \in \mathbb{B}$, G beschränkt), so kann man $v^k \in \mathbb{B}_k$ etwa mittels linearer Interpolation zu einer Funktion $v^k \in \mathbb{B}$ machen.[67]

   Eine solche Ausdehnung auf die Zwischengitterpunkte bietet nun den Vorteil, dass u_n^k und $u(t_n)$ in der von k unabhängigen Norm des Raumes $\mathbb{B}$ verglichen werden können.

Bemerkung (26.2.10)

Ist in obigem Beispiel der Raum $\mathbb{B}$ durch die Norm $\|v\| = \max_{x\in G} |v(x)|$ und $\mathbb{B}_k$ durch die Norm $\left\|v^k\right\|_k = \max_{x\in G_k} \left|v^k(x)\right|$ normiert, so liefert z.B. lineare Interpolation offenbar

$$\left\|v^k\right\|_k = \left\|v^k\right\|, \qquad \forall k > 0 .$$

Wir wählen für unsere Darstellung und Untersuchung des Einschrittverfahrens den zweiten Weg.

Die Näherungswerte auf der n–ten Zeitschicht t_n (und damit auch die durch die gedachte Ausdehnung auf die Zwischengitterpunkte gewonnenen Werte), d.h. die Werte der Funktion u_n[68], werden aus den Werten der Funktion u_{n-1} berechnet (Einschrittverfahren). Wir bringen dies durch die Schreibweise

$$u_n = C(k)\, u_{n-1} \qquad (n = 1, 2, \ldots) \tag{26.2.11}$$

zum Ausdruck, nennen $C(k)$ den **Differenzenoperator**, der $\mathbb{B}$ in $\mathbb{B}$ abbildet, in der Regel von den benutzten Schrittweiten - wegen (26.2.9) also nur von k - abhängt,

[66] Wir sprechen dann von einer **Ausdehnung der Funktionen auf die Zwischengitterpunkte** oder von **Rekonstruktion**.

[67] Man beachte jedoch, dass dies für die tatsächlichen numerischen Rechnungen nicht durchgeführt zu werden braucht, sondern lediglich der theoretischen Untersuchung der Eigenschaften eines Verfahrens dient.

[68] Den oberen Schrittweitenindex k lassen wir der Übersichtlichkeit wegen fortan weg.

wegen der Linearität der gegebenen Anfangs–(Randwert–)Aufgabe ebenfalls (für jedes feste $k > 0$) linear sein möge und natürlich für $k = 0$ die Identität I ($\mathbb{B} \to \mathbb{B}$) ergeben soll:

$$C(0) \quad = \quad I\,. \tag{26.2.12}$$

Beispiel (26.2.13)

Für unsere eindimensionale Wärmeleitungsgleichung (26.1.1) mit den Randbedingungen (26.1.2), den Verträglichkeitsbedingungen (26.1.4), den mit der Maximumnorm $\|\ldots\|_\infty$ versehenen Raum $\mathbb{B}$ der auf dem (Orts–)Intervall $[0,1]$ stetigen Funktionen ist $C(k)$ mittels (26.1.11), (26.1.12), (26.1.13) und mittels linearer Interpolation folgendermaßen definiert (beachte: $\Delta\, x = \sqrt{\frac{k}{\sigma}}$):

$$[C(k)\,v]\,(x) \;:=\; v(x) + \sigma\left\{ v\left(x - \sqrt{\frac{k}{\sigma}}\right) - 2v(x) + v\left(x + \sqrt{\frac{k}{\sigma}}\right)\right\}$$

$$\text{für } \sqrt{\frac{k}{\sigma}} \le x \le 1 - \sqrt{\frac{k}{\sigma}}\,,$$

und sodann

$$[C(k)\,v]\,(x) \quad = \quad \begin{cases} \dfrac{x}{\sqrt{\frac{k}{\sigma}}}\;[C(k)\,v]\left(\sqrt{\frac{k}{\sigma}}\right) & \text{für} \quad 0 \le x \le \sqrt{\dfrac{k}{\sigma}} \\[2ex] \dfrac{1-x}{\sqrt{\frac{k}{\sigma}}}\;[C(k)\,v]\left(1 - \sqrt{\frac{k}{\sigma}}\right) & \text{für} \quad 1 - \sqrt{\dfrac{k}{\sigma}} \le x \le 1 \end{cases}$$

sowie $C(0) = I$.

Offenbar ist $C(k)$ wirklich ein linearer, von k abhängiger Operator, der eine auf $[0,1]$ stetige Funktion v in eine ebenfalls auf $[0,1]$ stetige Funktion $C(k)\,v$ (also $\mathbb{B}$ in $\mathbb{B}$) überführt und dabei die Randbedingungen berücksichtigt ($v(0) = v(1) = 0$, $[C(k)\,v]\,(0) = [C(k)\,v]\,(1) = 0$).

Wir kehren zu der allgemeinen Formulierung (26.2.11), (26.2.12) des Einschritt–Differenzenverfahrens für unsere allgemeine lineare Anfangswertaufgabe (26.2.2) zurück.

Offenbar liefert (26.2.11) bei n–facher Wiederholung unter Berücksichtigung von (26.2.12)

$$u_n \;=\; C^n(k)\,u_0\,, \qquad nk \le T\,. \tag{26.2.14}$$

Die Operatoren $C^n(k)$ werden auch **iterierte Differenzenoperatoren** genannt.

Damit (26.2.14) auch für $n = 0$ richtig bleibt, definiert man

$$C^0(k) \;=\; I\,, \qquad \forall k \ge 0\,. \tag{26.2.15}$$

Da der lineare Operator A in (26.2.2) nicht explizit von t abhängt,[69] kann bei zahlreichen Evolutionsgleichungen im Ingenieurbereich die exakte Lösung auf der Zeitschicht $t = t_1 + t_2$ entstanden gedacht werden als diejenige Lösung auf der Zeitschicht t_2, die nicht aus den Anfangswerten u_0, sondern aus den Werten $u(t_1)$ (betrachtet als neue Anfangswerte zur Zeit $t = 0$) hervorgegangen ist. Für die Lösungsoperatoren $E_0(t)$ bedeutet dies:

$$E_0(t_1 + t_2) \quad = \quad E_0(t_1)\, E_0(t_2)\,, \qquad \forall t_1, t_2 \geq 0, \quad t_1 + t_2 \leq T\,. \tag{26.2.16}$$

Definition (26.2.17)

Erfüllen die Lösungsoperatoren $E_0(t)$ der sachgemäß gestellten Anfangswertaufgabe (26.2.2) die Bedingungen (26.2.4) und (26.2.16), so sagt man, die Menge $\{E_0(t) \,|\, 0 \leq t \leq T\}$ der Lösungsoperatoren bilde ein **Halbgruppe**, und die Anfangsbedingung in (26.2.2) sei **fortsetzbar**.

Bemerkungen (26.2.18)

a) (26.2.16) zieht

$$E_0(t_1)\, E_0(t_2) \quad = \quad E_0(t_2)\, E_0(t_1)$$

(Vertauschbarkeit der Lösungsoperatoren) nach sich.

b) Hinreichend für die Gültigkeit von (26.2.6), also für die Sachgemäßheit der Problemstellung, ist offenbar die Existenz einer Zahl κ_0, durch die die Normen der Lösungsoperatoren gleichmäßig (bezüglich t) beschränkt sind:

$$\|E_0(t)\| \quad := \quad \sup_{\substack{v \in \mathbb{H} \\ v \notin 0}} \frac{\|E_0(t)\, v\|}{\|v\|} \quad \leq \quad \kappa_0\,. \tag{26.2.19}$$

Um sicherzustellen, dass das Ausgangsproblem durch das Näherungsverfahren hinreichend gut approximiert wird, setzen wir wie im Fall gewöhnlicher Differentialgleichungen (vgl. Definition (23.2.4)) voraus, dass das Näherungsverfahren mit dem Ausgangsproblem konsistent sei:

Definition (26.2.20)

a) Sei $u(x,t) = [u(t)]\,(x)$ die exakte Lösung der Anfangswertaufgabe auf der Zeitschicht t $(0 \leq t \leq T)$. Führt man dann einen Schritt mit dem Differenzenverfahren aus, bildet also $C(k)\, u(t)$, so bezeichnet man den Ausdruck

[69] Es werden dort exemplarisch also nur **autonome Probleme** erfasst.

$$\varepsilon(k,t,u_0) \;:=\; \frac{1}{k}\,(u(t+k)-C(k)\,u(t)) \;=\; \frac{1}{k}\,(E_0(k)-C(k))\,E_0(t)\,u_0$$ [70,71]

als den **lokalen Fehler** des Verfahrens auf der Zeitschicht t.

b) Das Verfahren (26.2.11) heißt **konsistent mit der gegebenen Anfangswertaufgabe** (26.2.2) **auf** $\tilde{\mathbb{H}} \subset \mathbb{H}$, wenn es ein $k_0 > 0$ und ein von $t \in [0,T]$ wie von $x \in G$ unabhängiges Funktional $\hat{\varepsilon}(k,u_0)$ auf $[0,k_0] \times \tilde{\mathbb{H}}$ gibt, so dass

$$\|\varepsilon(k,t,u_0)\| \;\leq\; \hat{\varepsilon}(k,u_0) \quad \text{mit} \quad \lim_{k\to 0} \hat{\varepsilon}(k,u_0) \;=\; 0 \tag{26.2.21}$$

gilt.

c) Ist $\hat{\varepsilon}(k,u_0)$ von der Ordnung $O(k^p)$ $(p>0)$ (vgl. Definition (9.2.5)), so heißt (26.2.11) ein **Verfahren p–ter Ordnung auf** $\tilde{\mathbb{H}}$ [72].

Bemerkungen (26.2.22)

a) Der Umstand, dass das Näherungsverfahren das Ausgangsproblem im Sinne einer Konsistenzbedingung hinreichend gut approximiert, sichert für sich allein noch nicht, dass auch die Näherungslösung eine gute Approximation für die Lösung des Ausgangsproblems darstellt (vgl. Satz (26.2.24)).

b) Die in (26.2.20) gegebene Definition des lokalen Fehlers weicht von der entsprechenden Definition (24.2.4) bei gewöhnlichen Differentialgleichungen durch den Umstand ab, dass dort gleichsam die Differentialgleichung auf die Näherungswerte (als Anfangswerte) angewandt wird, während hier umgekehrt die Differenzengleichung auf die exakte Lösung des Ausgangsproblems angewandt wird. Die analoge Definition würde hier (wo es sich nur um lineare Probleme handelt)

$$\tau(t_j,u_j,k) \quad := \quad \frac{1}{k}\,(E_0(k)-C(k))\,C^j(k)\,u_0$$

lauten, jedoch voraussetzen, dass nach Ausdehnung auf die Zwischengitterpunkte die Funktion $C^j(k)\,u_0$ für alle $k \in [0,k_0]$ im Definitionsbereich des jeweiligen Lösungsoperators $E_0(k)$ liegt, was nicht ohne umfangreiche Zusatzbetrachtungen zu gewährleisten ist.[73] Hingegen ist der Nachweis, dass bei Anwendung auf gewöhnliche Differentialgleichungen Konsistenz im Sinne von Definition (26.2.20) auch Konsistenz im Sinne von (24.2.4) unter Erhalt der Ordnung nach sich zieht, vergleichsweise einfach (vgl. Aufgaben (26.3.22)).

[70] also den Unterschied zwischen den Differenzenquotienten $(C(k)\,u(t)-u(t))\,/k$ und $(u(t+k)-u(t))\,/k$

[71] Beachte, dass $\varepsilon(k,t,u_0)$ bei festen Werten von k,t eine Funktion der Ortsvariablen ist.

[72] Ein Verfahren der Ordnung $p>0$ ist mithin auch konsistent.

[73] Tatsächlich wird in der weiterführenden Spezialliteratur im Fall gewöhnlicher Differentialgleichungen oft auf Konsistenz im Sinne von (24.2.4) zurückgegriffen, während bei partiellen Differentialgleichungen eher die Definition (26.2.20) im Vordergrund steht. Deshalb soll auch hier so verfahren werden.

26.3 Der Zusammenhang von numerischer Stabilität und Konvergenz

Bei der Einführung des Begriffs der Sachgemäßheit des gegebenen Differentialgleichungsproblems war darauf hingewiesen worden, dass die Lösung u.a. stetig von den gegebenen Daten abhängen soll, insbesondere also kleine Störungen der Daten auch nur kleine Störungen der Lösung implizieren sollen. Diese Stabilitätseigenschaft muss natürlich auch für die Näherungslösung gefordert werden, zumal hier auch durch Rundungsfehler usw. numerische Störungen unvermeidlich sind und zu den Störungen der Daten des Originalproblems (z.B. Messfehler bei der Ermittelung dieser Daten) hinzutreten.

Außerdem soll sich der Einfluss von Störungen der Daten nicht wesentlich verschlechtern, wenn die Schrittweite k verkleinert (also die Zahl n der Schritte erhöht) wird, denn man erhofft sich ja von einer Schrittweitenverkleinerung genauere Werte infolge Verkleinerung des durch die Diskretisierung bedingten Verfahrensfehlers; diese Verringerung des Verfahrensfehlers soll natürlich nicht durch ein Anwachsen der Einflüsse von Rechenstörungen zunichte gemacht werden.

Wir betrachten speziell die Auswirkungen einer Störung der Anfangsdaten, aus denen sich bei Störungen auf jeder Zeitschicht die Gesamtstörung angesichts der Linearität der Differenzenoperatoren durch Überlagerung ergeben würde:

Ist u_0 die exakte und $\tilde{u}_0$ eine gestörte Anfangsfunktion, so liefert der Ausdruck $\|C^n(k)\tilde{u}_0 - C^n(k)\, u_0\|$ den Einfluss dieser Datenstörung nach n Schritten.

Der relative Störungseinfluss beträgt mithin

$$\frac{\|C^n(k)\,\{\tilde{u}_0 - u_0\}\|}{\|\tilde{u}_0 - u_0\|}$$

und soll beschränkt sein. Setzt man $\tilde{u}_0 - u_0 =: w_0$, so wird man mithin von einem brauchbaren Verfahren als Mindesteigenschaft die Existenz einer Konstanten κ_1 verlangen, so dass für alle Kombinationen von n und k mit $nk \leq T$ die Ungleichung

$$\sup_{w_0 \neq 0} \frac{\|C^n(k)\, w_0\|}{\|w_0\|} \quad \leq \quad \kappa_1$$

erfüllt ist. In Analogie zu (26.2.19) bezeichnen wir auch hier die linke Seite als die Norm des linearen Operators $C^n(k)$. Unsere Forderung lautet hier mithin:

$$\|C^n(k)\| \leq \kappa_1 \qquad \forall n \in \mathbb{N}_0, \quad \forall k \in [0, k_0] \tag{26.3.1}$$

mit einem $k_0 > 0$ und mit $nk \leq T$.

Definition (26.3.2)

Gibt es ein $\kappa_1 \in \mathbb{R}$ derart, dass das (Einschritt–)Differenzenverfahren

$$u_n = C(k)\, u_{n-1}$$

zur Lösung der sachgemäß gestellen linearen autonomen Anfangswertaufgabe

$$u_t = A\,u, \qquad u(0) = u_0, \quad 0 \le t \le T$$

die Eigenschaft (26.3.1) besitzt, so heißt das Verfahren **numerisch stabil**.

Bemerkung (26.3.3)

Der Begriff der numerischen Stabilität kann u.a. auch auf halblineare Probleme der Form

$$u_t = A\,u + G(t)\,u\,, \qquad u(0) = u_0$$

mit einer Lipschitz-beschränkten Schar $\{G(t)\,|\,0 \le t \le T\}$ nichtlinearer Operatoren übertragen werden, so dass für den Spezialfall $A = 0$ (Nulloperator) insbesondere auch gewöhnliche Anfangswertaufgaben enthalten sind. Der Stabilitätsbegriff erweist sich dann bei Ausdehnung auf Mehrschrittverfahren als identisch mit der Wurzelbedingung (24.3.14).

Zwischen der numerischen Stabilität und der Konvergenz des Verfahrens (d.h. der Konvergenz der Näherungslösungen gegen die Lösung des Ausgangsproblems bei verschwindenden Schrittweiten) besteht nun wie bei den gewöhnlichen Anfangswertaufgaben (vgl. Satz (23.3.19)) ein enger Zusammenhang:

Satz (26.3.4) (Satz von Lax und Richtmyer)

Das Verfahren

$$u_n = C(k)\, u_{n-1} \qquad (n = 1, 2, \ldots)$$

sei mit der linearen autonomen Anfangswertaufgabe $u_t = A\,u$, $u(0) = u_0$, $0 \le t \le T$, konsistent auf $\tilde{\mathbb{H}} \subset \mathbb{B}$ im Sinne von (26.2.21). Es sei überdies numerisch stabil im Sinne von (26.3.1). Dann konvergiert das Verfahren auf $\tilde{\mathbb{H}}$, d.h., es gilt für jedes $t \in [0, T]$

$$\lim_{\substack{k \to 0\\ n \to \infty\\ nk = t}} u_n = u(t) = E_0(t)\, u_0 \qquad \forall\, u_0 \in \tilde{\mathbb{H}}\,. \tag{26.3.5}$$

Beweis

Wegen $u(0) = u_0$ gilt

$$u_n - u(t) = \sum_{\nu=1}^{n} C^{\nu-1}(k)\, \{\, C(k)\, u\,(t_{n-\nu}) - u\,(t_{n-\nu+1})\,\} + u(t_n) - u(t)\,.$$

Mit (26.3.1) folgt

$$\begin{aligned} \|u_n - u(t)\| &\leq \sum_{\nu=1}^{n} \left\|C^{\nu-1}(k)\right\| \cdot \|C(k)\, u\,(t_{n-\nu}) - u\,(t_{n-\nu+1})\| \\ &\quad + \|u(t_n) - u(t)\| \\ &\leq \kappa_1 \sum_{\nu=1}^{n} \|C(k)\, E_0\,(t_{n-\nu})\; u_0 - E_0\,(t_{n-\nu} + k)\; u_0\| \\ &\quad + \|u(t_n) - u(t)\| \,. \end{aligned}$$

Die **Konsistenzbedingung** (26.2.21) ergibt dann

$$\|u_n - u(t)\| \quad \leq \quad \kappa_1\, n\, k \cdot \hat{\varepsilon}(k, u_0) \,+\, \|u(t_n) - u(t)\| \,.$$

Berücksichtigt man $n\,k \leq T$, so folgt

$$\|u_n - u(t)\| \quad \leq \quad \kappa_1\, T\, \hat{\varepsilon}(k, u_0) \,+\, \|u(n\,k) - u(t)\| \,.$$

Wegen $n\,k = t$ erhält man für den **globalen Verfahrensfehler** $\|u_n - u(t)\|$ die Abschätzung

$$\|u_n - u(t)\| \quad \leq \quad \kappa_1\, T\, \hat{\varepsilon}(k, u_0)\,, \tag{26.3.6}$$

woraus mit (26.2.21) die Behauptung resultiert. ■

Bemerkungen (26.3.7)

a) Unter gewissen Bedingungen ist die numerische Stabilität für die Konvergenz eines Verfahrens auch notwendig, wie ebenfalls von Lax und Richtmyer bewiesen wurde.

b) Gemäß (26.3.6) überträgt sich die Ordnung p eines Verfahrens auf die Ordnung des globalen Verfahrensfehlers.

c) (26.3.6) ergibt

$$\|u(t)\| \quad \leq \quad \|u_n\| \,+\, \kappa_1\, T\, \hat{\varepsilon}(k, u_0)$$

d.h.

$$\begin{aligned} \|E_0(t)\, u_0\| &\leq \|C^n(k)\, u_0\| \,+\, \kappa_1\, T\, \hat{\varepsilon}(k, u_0) \\ &\leq \kappa_1\, \|u_0\| \,+\, \kappa_1\, T\, \hat{\varepsilon}(k, u_0) \qquad \forall\, u_0 \in \tilde{\mathbb{H}}\,. \end{aligned}$$

Mit (26.2.21) folgt

$$\frac{\|E_0(t)\,u_0\|}{\|u_0\|} \;\leq\; \kappa_1 \qquad \forall\, u_0 \,\in\, \tilde{\mathbb{H}}\,.$$

so dass auch

$$\|E_0(t)\| \;=\; \sup_{\substack{u_0 \in \tilde{\mathbb{H}} \\ u_0 \neq 0}} \frac{\|E_0(t)\,u_0\|}{\|u_0\|} \;\leq\; \kappa_1\,. \tag{26.3.8}$$

In (26.3.19) ist deshalb $\kappa_0 = \kappa_1$ wählbar.

d) Hinreichend für die numerische Stabilität (in der jeweils benutzten Norm) ist die Existenz einer Konstanten γ, so dass

$$\|C(k)\| \;\leq\; 1 + \gamma\, k\,, \tag{26.3.9}$$

denn offenbar gilt zunächst

$$\begin{aligned} \|C^2(k)\,v\| \;&\leq\; \|C(k)\| \cdot \|C(k)\,v\| \\ &\leq\; \|C(k)\|^2\,\|v\| \qquad \forall\, v \,\in\, \mathbb{B}\,, \end{aligned}$$

also

$$\frac{\|C^2(k)\,v\|}{\|v\|} \;\leq\; \|C(k)\|^2\,, \qquad \text{d.h.} \quad \left\|C^2(k)\right\| \;\leq\; \|C(k)\|^2\,;$$

so fortfahrend, liefert vollständige Induktion die Aussage

$$\|C^n(k)\| \;\leq\; \|C(k)\|^n\,, \qquad \text{so dass} \quad \|C^n(k)\| \;\leq\; (1+\gamma\,k)^n\,,$$

mithin

$$\|C^n(k)\| \;\leq\; \left(1+\gamma\,\frac{n\,k}{n}\right)^n \;\leq\; \left(1+\frac{\gamma\,T}{n}\right)^n.$$

Da die Folge $\left(\left(1+\frac{\gamma T}{n}\right)^n\right)$ bei wachsenden n monoton wächst und gegen $\mathrm{e}^{\gamma T}$ konvergiert (vgl. Beispiel (8.2.10)), zieht (26.3.9) in der Tat die Existenz einer Zahl κ_1 mit

$$\|C^n(k)\| \;\leq\; \kappa_1 \qquad \forall\, n \,\in\, \mathbb{N}_0\,, \quad k \,\in\, [0,k_0]\,, \quad n\,k \,\leq\, T$$

nach sich, nämlich $\kappa_1 = \mathrm{e}^{\gamma T}$.

Beispiele (26.3.10)

a) Die reine Anfangswertaufgabe der eindimensionalen Wärmeleitungsgleichung

$$\begin{aligned} u_t &= u_{xx}, & x \in \mathbb{R}, \quad & 0 \le t \le T \\ u(0,x) &= u_0(x), & \lim_{|x|\to\infty} u_0(x) &= 0, \end{aligned} \tag{26.3.11}$$

$\mathbb{B} = \left\{ v : \mathbb{R} \to \mathbb{R}, \; v \text{ stetig}, \; \lim_{|x|\to\infty} v(x) = 0 \right\}$, versehen mit der Norm $\|v\|_\infty = \max_{x\in\mathbb{R}} |v(x)|$, werde vermittels

$$\frac{u_{n+1}(x) - u_n(x)}{k} = \frac{u_n(x - \Delta x) - 2u_n(x) + u_n(x + \Delta x)}{(\Delta x)^2}$$

approximiert, so dass $C(k)$ definiert ist durch

$$[C(k)\,v]\,(x) = (1-2\sigma)\,v(x) + \sigma\left[v\left(x - \sqrt{\frac{k}{\sigma}}\right) + v\left(x + \sqrt{\frac{k}{\sigma}}\right)\right] \quad \forall v \in \mathbb{B}, \tag{26.3.12}$$

wobei wiederum

$$\sigma := \frac{k}{(\Delta x)^2} = \text{const} > 0$$

verfügt werde.[74]

Definition (26.2.20) ergibt an der Stelle $x \in \mathbb{R}$ für die Lösung $[u(t)]\,(x) = u(x,t) = [E_0(t)\,u_0]\,(x)$ der Aufgabe (26.3.11):

$$\begin{aligned} [\varepsilon(k,t,u_0)]\,(x) = \frac{1}{k}\Bigg\{ & u(x,t+k) - (1-2\sigma)\,u(x,t) \\ & - \sigma\left[u\left(x - \sqrt{\frac{k}{\sigma}}, t\right) + u\left(x + \sqrt{\frac{k}{\sigma}}, t\right)\right]\Bigg\}. \end{aligned}$$

Taylor–Entwicklung um die Stelle (x,t) liefert unter Berücksichtigung der Differentialgleichung in (26.3.11)

[74]Die Ausdehnung auf die Zwischengitterpunkte erfolgt hier also einfach durch den Umstand, dass $[C(k)\,v]\,(x)$ nicht nur für die diskreten Stellen $x = x_\nu$ betrachtet wird, sondern für beliebige $x \in \mathbb{R}$.

$$
\begin{aligned}
[\varepsilon(k,t,u_0)]\,(x) \;=\; & \frac{k}{2}\left[u_{tt}(x,t+\vartheta\,k) - \frac{1}{12\,\sigma}\,u_{xxxx}\left(x-\tilde{\vartheta}\sqrt{\frac{k}{\sigma}},t\right)\right. \\
& \left. - \frac{1}{12\,\sigma}\,u_{xxxx}\left(x+\tilde{\vartheta}\sqrt{\frac{k}{\sigma}},t\right)\right]
\end{aligned}
\tag{26.3.13}
$$

$\left(0<\vartheta,\ \tilde{\vartheta}<1\right)$, sofern u hinreichend glatt ist, dergestalt, dass die in (26.3.13) rechterhand auftretenden Ableitungen der Lösung u existieren. Dies ist für alle Punkte $\{(x,t),\ x\in\mathbb{R},\ t\geq 0\}$ der Fall, wenn die Anfangsfunktion u_0, aus der die Lösung u hervorgeht, sogar viermal stetig differenzierbar ist. Da wir in (26.3.11) die Gültigkeit der Differentialgleichung auch für $t=0$ gefordert haben,[75] resultiert

$$
\begin{aligned}
\mathbb{H} \;&=\; \{\,v\in\mathbb{B}\mid v \text{ zweimal stetig differenzierbar}\,\} \\
\tilde{\mathbb{H}} \;&=\; \{\,v\in\mathbb{B}\mid v \text{ viermal stetig differenzierbar}\,\} \;\subset\; \mathbb{H}\,.
\end{aligned}
$$

Auf $\tilde{\mathbb{H}}$ liefert (26.3.13) in Verbindung mit $u_{tt}=u_{xxxx}$

$$
\begin{aligned}
\|\varepsilon(k,t,u_0)\|_\infty \;&\leq\; \frac{k}{2}\left(1+\frac{1}{6\sigma}\right)\|u_{tt}(\cdot,t)\| \\
&\leq\; \frac{k}{2}\left(1+\frac{1}{6\sigma}\right)\sup_{0\leq t\leq T}\left\|\frac{\partial^2}{\partial t^2}\,E_0(t)\,u_0\right\| \\
&=:\; \hat{\varepsilon}(k,u_0) \;=\; O(k)\,.
\end{aligned}
$$

Es handelt sich also um ein Verfahren der Ordnung $p=1$.[76]

Das Verfahren ist auf $\mathbb{B}$ bei der Wahl

$$
\sigma \;\leq\; \frac{1}{2} \tag{26.3.14}
$$

auch numerisch stabil, denn für solche Werte des Schrittweitenverhältnisses ergibt (26.3.12) für $v\in\mathbb{B}$:

[75] Wir lassen hier außer Betracht, dass im Fall der Wärmeleitungsgleichung eine Lösung im Bereich $t>0$ auch dann beliebig glatt ist, wenn u_0 z.B. nur stetig ist und das Erfülltsein der Differentialgleichung nur für $t>0$ gefordert wird.

[76] Dass Ordnungen nicht ganzzahlig zu sein brauchen, zeigt das Wärmeleitungsbeispiel (26.1.14) mit den zwecks Ausdehnung auf die Zwischengitterpunkte eingeführten Randapproximationen (26.2.13). Dort liefert Taylor–Entwicklung nur die Ordnung $p=1/2$ (vgl. Aufgaben (26.3.22)).

$$\begin{aligned} |[C(k)\,v]\,(x)| &\leq (1-2\sigma)\;|v(x)| + \sigma\;|v\,(x-\Delta\,x)| \\ &\qquad + \sigma\;|v\,(x+\Delta\,x)| \\ &\leq (1-2\sigma)\;\|v\|_\infty + 2\sigma\;\|v\|_\infty \;=\; \|v\|_\infty\,. \end{aligned}$$

Dies gilt für alle $x \in \mathbb{R}$, insbesondere auch für jenes x, für das die linke Seite ihren Maximalwert annimmt, so dass $\|C(k)\,v\|_\infty \leq \|v\|_\infty$ gilt, d.h. $\|C(k)\| \leq 1$. (26.3.9) ist mithin erfüllt, das Verfahren also im vorliegenden Fall numerisch stabil mit $\kappa_1 = 1$.

Man kann anhand spezieller Anfangsfunktionen u_0 leicht zeigen, dass das Verfahren für $\sigma > \frac{1}{2}$ instabil ist (vgl. Aufgaben (26.3.22)).[77]

Verfahren, bei denen numerische Stabilität nur dann gewährleistet ist, wenn der Zusammenhang der Schrittweiten (vgl. (26.2.7)) gewisse Bedingungen efüllt, heißen **bedingt stabil**.

b) Wir betrachten erneut die Aufgabe (26.3.11) und verwenden das implizite **Laasonen–Verfahren**

$$u_{n+1}(x) \;=\; u_n(x) + \sigma\;[u_{n+1}\,(x-\Delta\,x) - 2u_{n+1}(x) + u_{n+1}\,(x+\Delta\,x)]\;, \tag{26.3.15}$$

d.h.

$$(1+2\sigma)\,u_{n+1}(x) \;=\; u_n(x) + \sigma\;[u_{n+1}\,(x-\Delta\,x) + u_{n+1}\,(x+\Delta\,x)]\;.$$

Offenbar folgt dann

$$(1+2\sigma)\;\|u_{n+1}\|_\infty \;\leq\; \|u_n\|_\infty + 2\sigma\;\|u_{n+1}\|_\infty\;,$$

d.h.

$$\|u_{n+1}\|_\infty \;\leq\; \|u_n\|_\infty$$

oder

$$\|C(k)\,u_n\|_\infty \;\leq\; \|u_n\|_\infty\,.$$

Da über u_n keine weiteren Voraussetzungen gemacht wurden, folgt

$$\sup_{\substack{v\in\mathbb{B}\\ v\neq 0}} \frac{\|C(k)\,v\|_\infty}{\|v\|_\infty} \leq 1, \qquad \text{d.h.}\quad \|C(k)\| \leq 1\,.$$

[77] Vgl. auch das Beispiel (26.1.14), das sich vom vorliegenden nur durch die homogenen Periodizitätsrandbedingungen und einen entsprechend geänderten Raum $\mathbb{B}$ unterscheidet.

Stabilität ist hier also ohne Bedingungen an σ gewährleistet. Nicht einmal die Konstanz von σ ist erforderlich. Wir sprechen deshalb von **unbedingter Stabilität**.

c) Wir betrachten als exemplarischen Spezialfall eines Systems von m partiellen Differentialgleichungen erster Ordnung die Aufgabe (25.1.13), d.h.

$$\begin{aligned} \boldsymbol{u}_t + \boldsymbol{B}\,\boldsymbol{u}_x &= \boldsymbol{0} \quad , \quad x \in \mathbb{R}, \quad 0 \leq t \leq T \\ \boldsymbol{u}(x,0) &= \boldsymbol{u}_0(x) \quad , \quad x \in \mathbb{R}, \\ \boldsymbol{u} = \boldsymbol{u}(x,t) &= (u^1(x,t), \ldots, u^m(x,t))^{\mathrm{T}} \ , \end{aligned} \tag{26.3.16}$$

mit konstanter Matrix $\boldsymbol{B}$. Das System sei **hyperbolisch** im Sinne der Definition (25.11.5), besitze also nur reelle Eigenwerte $\lambda_i (i = 1, \ldots, m)$, die zudem paarweise verschieden seien, so dass $\boldsymbol{B}$ mittels einer regulären (konstanten) Matrix $\boldsymbol{S}$ diagonalisiert werden kann (vgl. Abschnitt 7.1):

$$\boldsymbol{S}^{-1}\boldsymbol{B}\,\boldsymbol{S} = \begin{pmatrix} \lambda_1 & & \mathbf{O} \\ & \ddots & \\ \mathbf{O} & & \lambda_m \end{pmatrix} = \boldsymbol{\Lambda} \ .$$

Führt man mittels (25.1.15), (25.1.16) die vektorwertigen Funktionen $\hat{\boldsymbol{U}} = \hat{\boldsymbol{U}}(x,t)$ und $\hat{\boldsymbol{U}}_0 = \hat{\boldsymbol{U}}_0(x)$ ein, so geht (26.3.16) in das entkoppelte System (25.11.16) über, dessen Lösung man mittels (25.11.17) sofort exakt angeben und dann rücktransformieren kann. Doch behandeln wir dieses Beispiel als Testfall für entsprechende quasilineare Systeme (25.1.12) und beschäftigen uns deshalb weiterhin numerisch mit dieser Aufgabe, als kennten wir die Lösung nicht. Wegen der Entkoppelung (25.11.16) betrachten wir das skalare Problem

$$u_t + a\,u_x = 0, \qquad u(x,0) = u_0(x) \tag{26.3.17}$$

mit konstantem $a \in \mathbb{R}$ (Transportgleichung), das wir z.B. vermittels

$$\frac{u_{n+1}(x) - u_n(x)}{k} + a\,\frac{u_n\,(x + \Delta\,x) - u_n\,(x - \Delta\,x)}{2\Delta\,x} = 0 \tag{26.3.18}$$

diskretisieren (vorderer Differenzenquotient bezüglich t, zentraler Differenzenquotient bezüglich x). Man beweist leicht mittels Taylor–Entwicklung, dass das Verfahren konsistent von erster Ordnung ist, wenn man das Schrittweitenverhältnis, das hier durch $\tau := \dfrac{k}{\Delta\,x}$ beschrieben wird, konstant hält. Schreibt man (26.3.18) in der Form (26.2.11), so folgt

$$[C(k)\,v]\,(x) \quad = \quad v(x) - \frac{a\,\sigma}{2}\,[v\,(x+\Delta\,x) \;-\; v\,(x-\Delta\,x)] \tag{26.3.19}$$

für $v \in \mathbb{B}$, wobei $\mathbb{B}$ im vorliegenden Fall etwa der Raum der 2π–periodischen Funktionen, versehen mit irgendeiner Norm[78], sei.

Wählt man z.B. $v(x) = \cos(\omega\,x)$ oder $v(x) = \sin(\omega\,x)$ oder, der einfacheren Rechnung wegen komplex zusammengefasst, $v(x) = \mathrm{e}^{i\,\omega\,x}$ mit noch wählbarem $\omega \in \mathbb{N}$ $(i^2 = -1)$, so liefert (26.3.19)

$$\begin{aligned}[C(k)\,v]\,(x) \quad &= \quad \mathrm{e}^{i\,\omega\,x} \;-\; \frac{a\sigma}{2}\,\mathrm{e}^{i\,\omega\,x}\left[\mathrm{e}^{i\,\omega\,\Delta\,x} \;-\; \mathrm{e}^{-i\,\omega\,\Delta\,x}\right]\\ &= \quad \mathrm{e}^{i\,\omega\,x}\,(\,1 - i\,a\,\sigma\,\sin\,(\omega\,\Delta\,x)\,) \quad = \quad v(x)\,\,(\,1 - i\,a\,\sigma\,\sin\,(\omega\,\Delta\,x)\,)\;.\end{aligned}$$

Die Linearität des Differenzenoperators $C(k)$ ergibt daher (vollständige Induktion)

$$[C^n(k)\,v]\,(x) \quad = \quad (\,1 - i\,a\,\sigma\,\sin\,(\omega\,\Delta\,x)\,)^n\;v(x)\,,$$

so dass man in jedweder Norm das Resultat

$$\|C^n(k)\,v\| \quad = \quad |\,1 - i\,a\,\sigma\,\sin\,(\omega\,\Delta\,x)\,|^n\;\|v(x)\|$$

erhält. Da wir ein spezielles v gewählt hatten, folgt

$$\begin{aligned}\|C^n(k)\| \quad &= \quad \sup_{\substack{w\in\mathbb{B}\\ w\neq 0}}\frac{\|C^n(k)\,w\|}{\|w\|} \;\geq\; \frac{\|C^n(k)\,v\|}{\|v\|} \;=\; |\,1 - i\,a\,\sigma\,\sin\,(\omega\,\Delta\,x)\,|^n\\ &= \quad \left(\sqrt{1 + a^2\,\sigma^2\,\sin^2(\omega\,\Delta\,x)}\right)^n\,.\end{aligned}$$

$\omega \in \mathbb{N}$ war noch wählbar. Verfügen wir über ω dergestalt, dass für $0 < k \leq k_0$ mit hinreichend kleinem k_0 bei gegebenem σ (also bei gegebenem k auch mit gegebenem $\Delta\,x$) die Einschließung $\frac{\pi}{4} \leq \omega\,\Delta\,x \leq \frac{\pi}{2}$ besteht, so resultiert

$$\|C^n(k)\| \quad \geq \quad \left(\sqrt{1 + \frac{a^2\,\sigma^2}{2}}\right)^n\,, \tag{26.3.20}$$

also Instabilität.

---

[78] z.B. $\|v\| \;=\; \frac{1}{2\pi}\int\limits_0^{2\pi}|v(x)|\,dx, \qquad \|v\| \;=\; \max\limits_{0\leq x\leq 2\pi}|v(x)|$, usw.

Hingegen erhält man (bedingte) Stabilität, wenn man u_x im Fall $a < 0$ durch den vorderen, im Fall $a \geq 0$ durch den rückwärtigen Differenzenquotienten ersetzt und σ so wählt, dass die **Courant–Zahl**[79]

$$\gamma \quad := \quad |a| \; \sigma$$

die **Courant–Friedrichs–Lewy–Bedingung (C.F.L.–Bedingung)**

$$\gamma \quad \leq \quad 1 \tag{26.3.21}$$

erfüllt.[80] Die genannte Wahl der Approximation in Abhängigkeit von der Ausbreitungsrichtung (beachte: $u(x,t) = u_0(x - at)$) stellt sicher, dass zur Approximation der Lösung an der Stelle x keine Informationen über den gegenwärtigen Zustand an solchen Orten herangezogen werden, zu denen hin sich der gegenwärtige Zustand an der Stellt x erst in Zukunft ausbreiten wird. Verfahren dieser Art heißen **upwind schemes** oder **upwind differencing**.

Aufgaben (26.3.22)

1. Man zeige, dass ein Differenzenverfahren, das im Fall gewöhnlicher Anfangswertaufgaben bei Zugrundelegung des lokalen Fehlers im Sinne der Definition (26.2.19) die Ordnung p besitzt, diese Ordnung auch bei Verwendung der Definition (23.2.4) besitzt.

2. Man zeige, dass das im Beispiel (26.2.13) angegebene Verfahren, das auch die dort angegebenen Rand–Approximationen einschließt, die Ordnung $p = \frac{1}{2}$ besitzt.

3. Man beweise, dass das Verfahren (26.3.12) im Fall $\sigma > \frac{1}{2}$ numerisch instabil ist.

4. Durch Rückführung skalarer linearer partieller Differentialgleichungen zweiter Ordnung mit konstanten Koeffizienten bei zwei unabhängigen Variablen auf Systeme von Differentialgleichungen erster Ordnung zeige man, dass elliptische Gleichungen zweiter Ordnung in elliptische Systeme übergehen und dass dies analog auch im hyperbolischen und parabolischen Fall gilt.

5. Man zeige, dass das in Beispiel (26.3.10) c) benutzte upwind differencing zur Lösung der Transportgleichung bei Einhaltung der C.F.L.–Bedingung numerisch stabile Verfahren ergibt.

---

[79] Richard Courant (1888–1972); Göttingen, Cambridge, New York

[80] vgl. Aufgaben (26.3.22)

27 Numerische Behandlung linearer Randwertaufgaben

27.1 Differenzenverfahren

Während man bei der Diskretisierung von Anfangs- oder Anfangsrandwertaufgaben die Näherungswerte auf den einzelnen Zeitschichten – ausgehend von den Anfangswerten – in Zeitrichtung fortschreitend sukzessive berechnen konnte (denn alle wichtigen Informationen wurden bereits zu Beginn der Rechnungen einbezogen, und die Werte müssen mithin nicht auf einer letzten Zeitschicht bei dort vorgegebenen Werten anlangen), können bei Randwertaufgaben die Rechnungen erst dann gestartet werden, wenn alle Randwerte in die Gleichungen des Differenzenverfahrens Eingang gefunden haben. Mit anderen Worten: Die Näherungswerte müssen simultan aus einem System von Gleichungen errechnet werden.[81]

Da man aus Genauigkeitsgründen natürlich in der Regel fein diskretisiert, hat man sehr viele Näherungswerte zu berechnen, d.h., die Gleichungssysteme (die bei der Diskretisierung nichtlinearer Probleme nichtlinear sind) werden oft sehr groß. Mithin stellen sich hier nicht nur die Fragen nach numerischer Stabilität, Konsistenz, Konvergenz usw., sondern es erhebt sich zusätzlich die Frage nach der eindeutigen Auflösbarkeit der Gleichungssysteme und der praktischen Realisierung der Auflösung.

In diesem Zusammenhang betrachten wir exemplarisch zunächst die erste Randwertaufgabe für die Potentialgleichung im $\mathbb{R}^2$, wobei das Gebiet G ein achsenparalleles Rechteck sei, etwa $a \leq x \leq b, \ c \leq y \leq d$.

Gesucht ist also die Lösung von

$$\begin{aligned} \Delta_2 u &= 0 \quad \text{in} \quad G, \\ u(P) &= u_0(P) \quad \text{für} \quad P \in \Gamma = \text{Rechteckrand} \end{aligned} \tag{27.1.1}$$

mit gegebener Funktion u_0.

Zur numerischen Lösung wollen wir wiederum ein Differenzenverfahren verwenden.

Da keine der beiden Variablen x, y in irgendeiner Weise ausgezeichnet ist, benutzen wir in beiden Richtungen die gleiche Schrittweite h, wobei wir zunächst davon ausgehen, dass sich sowohl $b-a$ als auch $d-c$ als ganzzahlige Vielfache von h darstellen lassen.

---

[81] Dem widerspricht nicht, dass man sich dabei gelegentlich, iterativ vorgehend, gewisser Anfangswertaufgaben-Techniken bedient, wie dies in Abschnitt 24.4 im Fall gewöhnlicher Differentialgleichungen beschrieben wurde.

Es sei dann

$$x_\nu = a + \nu h \qquad \left(\nu = 0, 1, \ldots, N = \frac{b-a}{h}\right)$$

$$y_\mu = c + \mu h \qquad \left(\mu = 0, 1, \ldots, M = \frac{d-c}{h}\right).$$

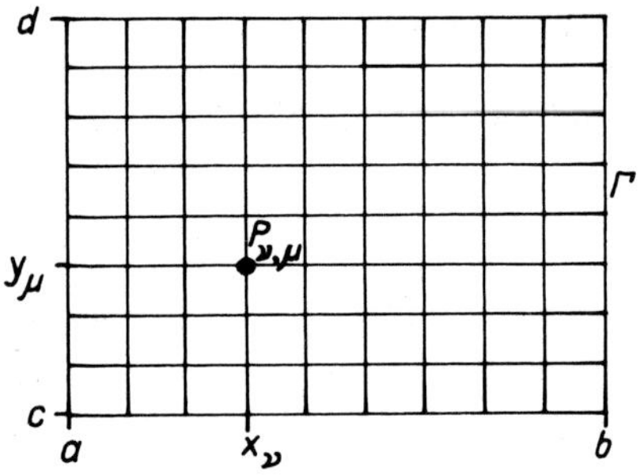

Abb. 27.1. Diskretisierungsgitter

Sei $P_{\nu,\mu}$ der Punkt (x_ν, y_μ).

Wir approximieren die zweite Ableitung u_{xx} an der Stelle $P_{\nu,\mu}$ wieder durch

$$u_{xx}(P_{\nu,\mu}) \sim \frac{u(P_{\nu-1,\mu}) - 2u(P_{\nu,\mu}) + u(P_{\nu+1,\mu})}{h^2}$$

und analog

$$u_{yy}(P_{\nu,\mu}) \sim \frac{u(P_{\nu,\mu-1}) - 2u(P_{\nu,\mu}) + u(P_{\nu,\mu+1})}{h^2}$$

$(\nu = 1, \ldots, N-1; \quad \mu = 1, \ldots, M-1)$, so dass

$$(\Delta_2 u)(P_{\nu,\mu}) \sim \frac{1}{h^2}\left\{u(P_{\nu-1,\mu}) + u(P_{\nu+1,\mu}) + u(P_{\nu,\mu-1}) + u(P_{\nu,\mu+1}) - 4u(P_{\nu,\mu})\right\}.$$

Bezeichnen wir die gesuchte Näherung für $u(P_{\nu,\mu})$ mit $u_{\nu,\mu}$, so sollen die $(N-1)\cdot(M-1)$ Werte $u_{\nu,\mu}$ gemäß (27.1.1) aus

$$u_{\nu-1,\mu} + u_{\nu+1,\mu} + u_{\nu,\mu-1} + u_{\nu,\mu+1} - 4u_{\nu,\mu} = 0 \tag{27.1.2}$$

$(\nu = 1, \ldots, N-1; \quad \mu = 1, \ldots, M-1)$ bestimmt werden. Natürlich wählt man

$$u_{0,\mu} = u_0(P_{0,\mu}), \quad u_{N,\mu} = u_0(P_{N,\mu}), \quad u_{\nu,0} = u_0(P_{\nu,0}), \quad u_{\nu,M} = u_0(P_{\nu,M}). \tag{27.1.3}$$

Schreibt man die Gleichungen (27.1.2) für alle vorkommenden Paare (ν, μ) auf, schafft die für $\nu = 1$, $\nu = N-1$, $\mu = 1$, $\mu = M-1$ linkerhand vorkommenden Randwerte aus (27.1.3) auf die rechte Seite, so entsteht ein inhomogenes lineares Gleichungssystem zur

Bestimmung der in den Punkten $P_{\nu,\mu}$ $(\nu = 1,\ldots,N-1;\ \mu = 1,\ldots,M-1)$ gesuchten Näherungen. Die Matrix $\boldsymbol{A}$ dieses Systems hat offenbar **Band–Block–Struktur**

$$\boldsymbol{A} = \begin{pmatrix} \boldsymbol{A}_{MM} & \boldsymbol{I}_{MM} & & & \mathbf{O} \\ \boldsymbol{I}_{MM} & \boldsymbol{A}_{MM} & \boldsymbol{I}_{MM} & & \\ & \boldsymbol{I}_{MM} & \boldsymbol{A}_{MM} & \boldsymbol{I}_{MM} & \\ & & \ddots & \ddots & \ddots \\ \mathbf{O} & & & \boldsymbol{I}_{MM} & \boldsymbol{A}_{MM} \end{pmatrix}, \tag{27.1.4}$$

wobei $\boldsymbol{I}_{MM}$ die $(M-1)\times(M-1)$-Einheitsmatrix und $\boldsymbol{A}_{MM}$ die $(M-1)\times(M-1)$-Matrix der Gestalt

$$\boldsymbol{A}_{MM} = \begin{pmatrix} -4 & 1 & & & \mathbf{O} \\ 1 & -4 & 1 & & \\ & 1 & -4 & \ddots & \\ & & \ddots & \ddots & 1 \\ \mathbf{O} & & & 1 & -4 \end{pmatrix} \tag{27.1.5}$$

ist. $\boldsymbol{A}$ ist insgesamt eine $((M-1)\cdot(N-1))\times((M-1)\cdot(N-1))$-Matrix.

Ist z.B. $b-a=d-c=1$, und wählt man für h den nicht zu kleinen Wert 10^{-2}, so folgt $M=N=100$; mithin liegt dann bereits ein Gleichungssystem von fast zehntausend Gleichungen mit ebenso vielen Unbekannten vor. Die Frage nach der eindeutigen Auflösbarkeit bei so großen Gleichungssystemen kann natürlich in der Regel nicht über die Berechnung von $\det \boldsymbol{A}$ beantwortet werden.

Wir werden dieser Frage deshalb auf andere Weise nachgehen:

Zunächst stellen wir fest, dass zur Approximation des Differentialoperators Δ_2 an der Stelle $P_{\nu,\mu}$ Näherungswerte offenbar nur an den Punkten des in Abb. 27.2 dargestellten **5–Punkte–Sterns** herangezogen werden. Dabei gilt für unser Beispiel gemäß (27.1.2)

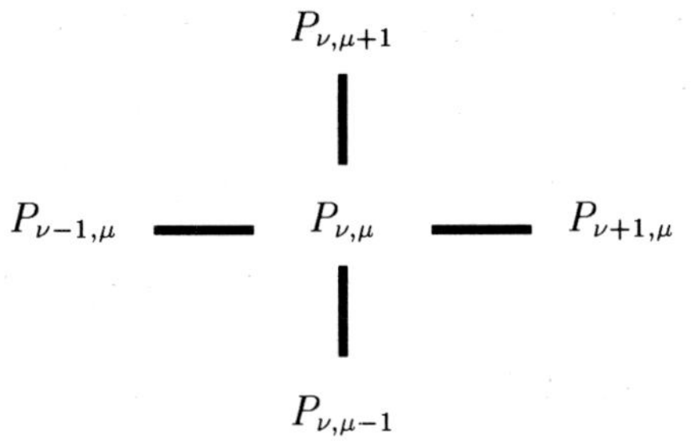

Abb. 27.2. 5–Punkte–Stern

$$u_{\nu,\mu} \quad = \quad \frac{u_{\nu-1,\mu} + u_{\nu+1,\mu} + u_{\nu,\mu-1} + u_{\nu,\mu+1}}{4}\,; \qquad (27.1.6)$$

der Näherungswert an der Stelle $P_{\nu,\mu}$ stellt sich also als arithmetisches Mittel der Näherungswerte an den vier Nachbarstellen des Sterns heraus.

Deshalb gilt folgender Satz, der zeigt, dass das Maximum–Minimum–Prinzip, das wir für die gegebene Potentialgleichung bewiesen hatten (vgl. Satz (25.5.25)), auch für die Lösung des diskreten Problems gilt:

Satz (27.1.7) (Diskretes Maximum–Minimum–Prinzip)
Sofern das System (27.1.2) in Verbindung mit (27.1.3) eine Lösung, d.h. einen aus sämtlichen $u_{\nu,\mu}$ $(\nu = 1, \ldots; N-1;\ \mu = 1, \ldots, M-1)$ als Komponenten gebildeten Lösungsvektor besitzt, liegen der größte und der kleinste Wert $u_{\nu,\mu}$ auf dem Rand Γ des achsenparallelen Recktecks G.

Beweis
Wir beweisen den Satz nur für das Maximum; der Schluss im Fall des Minimums verläuft völlig analog.

Angenommen, der Punkt $P_{\nu,\mu}$, an dem der Maximalwert angenommen wird, liegt nicht auf Γ. Dann genügt der Maximalwert $u_{\nu,\mu}$ der Beziehung (27.1.6). Nun kann nicht jeder der auf der rechten Seite von (27.1.6) auftretenden Nachbarwerte kleiner sein als $u_{\nu,\mu}$ (sonst wäre auch das arithmetische Mittel kleiner als $u_{\nu,\mu}$). Andererseits kann keiner dieser Werte größer sein als $u_{\nu,\mu}$ (da $u_{\nu,\mu}$ maximal ist). Dies aber müsste der Fall sein, wenn nur einer der Nachbarwerte echt kleiner wäre als $u_{\nu,\mu}$. Also haben alle Nachbarwerte von $u_{\nu,\mu}$ ebenfalls den Maximalwert:

$$u_{\nu-1,\mu} \quad = \quad u_{\nu+1,\mu} \quad = \quad u_{\nu,\mu-1} \quad = \quad u_{\nu,\mu+1} \quad = \quad u_{\nu,\mu}\,.$$

Entweder ist einer der Punkte $P_{\nu-1,\mu}$, $P_{\nu+1,\mu}$, $P_{\nu,\mu-1}$, $P_{\nu,\mu+1}$ nun bereits ein Randpunkt (womit der Satz bewiesen wäre), oder wir wählen einen dieser Punkte, z.B. $P_{\nu-1,\mu}$, aus und wiederholen die Betrachtung: Dann wird der Maximalwert auch in $P_{\nu-2,\mu}$, $P_{\nu,\mu}$, $P_{\nu-1,\mu-1}$, $P_{\nu-1,\mu+1}$ angenommen. Entweder ist einer dieser Punkte bereits ein Randpunkt, oder wir wählen einen (von $P_{\nu-1,\mu}$ verschiedenen) dieser Punkte aus und schließen wie soeben.

Da es nur endlich viele Gitterpunkte gibt, stoßen wir nach endlich vielen Wiederholungen auf einen Randpunkt, womit der Satz bewiesen ist. ■

Bemerkungen (27.1.8)

a) Von der Rechteckgestalt des Gebietes G wurde beim Beweis des diskreten Maximum–Minimum–Prinzips kein Gebrauch gemacht. Offenbar gilt der Satz auch dann, wenn der Rand einen geschlossenen Polygonzug aus achsenparallelen Gitterteilen darstellt. Die Matrix $\boldsymbol{A}$ hat dann freilich eine etwas andere Struktur.

b) Offenbar gilt das diskrete Maximum–Minimum–Prinzip auch bei solchen Differentialoperatoren und solchen Diskretisierungen, bei denen sich der Wert $u_{\nu,\mu}$ als gewichtetes Mittel von Nachbarwerten mit nichtnegativen Gewichten darstellt:

$$u_{\nu,\mu} = \sum_{\rho=-r}^{r} \sum_{\sigma=-s}^{s} \alpha_{\rho,\sigma}\, u_{\nu+\rho,\mu+\sigma}\,, \qquad \alpha_{\rho,\sigma} \geq 0, \quad \sum_{\rho,\sigma} \alpha_{\rho,\sigma} = 1\,.$$

Beispiel:

$$\Delta_2 u + c u_x = 0, \qquad c \neq 0,$$

$$\frac{u_{\nu-1,\mu} + u_{\nu+1,\mu} + u_{\nu,\mu-1} + u_{\nu,\mu+1} - 4u_{\nu,\mu}}{h^2} + c\,\frac{u_{\nu+1,\mu} - u_{\nu-1,\mu}}{2h} = 0$$

d.h.

$$u_{\nu,\mu} = \frac{\left(1 - \frac{hc}{2}\right) u_{\nu-1,\mu} + \left(1 + \frac{hc}{2}\right) u_{\nu+1,\mu} + u_{\nu,\mu-1} + u_{\nu,\mu+1}}{4}\,.$$

Hier gilt das Maximum–Minimum–Prinzip, sofern $h < \dfrac{2}{|c|}$ gewählt wird.

Wie im kontinuierlichen Fall folgt nun auch im diskreten Fall aus dem Maximum–Minimum–Prinzip sofort die Eindeutigkeit der Lösung des in Rede stehenden Gleichungssystems (sofern Lösungen existieren). Die Differenz zweier Lösungen wäre nämlich auch eine Lösung des linearen Gleichungssystems, und zwar eine solche, bei der die Werte in den Randgitterpunkten verschwinden. Also haben Maximal– und Minimalwert der Differenz den Wert Null, so dass beide Lösungen identisch sind.

Im Gegensatz zum kontinuierlichen (unendlichdimensionalen) Fall folgt aber im diskreten (also endlichdimensionalen) Fall aus der Eindeutigkeit auch die Existenz einer Lösung: Betrachtet man nämlich den Spezialfall $u_0 \equiv 0$, so ist das lineare Gleichungssystem homogen, hat also gewiss die triviale Lösung. Aufgrund der Eindeutigkeitsaussage ist dies im homogenen Fall dann auch die einzige Lösung. Gemäß Folgerung (4.2.13) ist aber die Matrix des Gleichungssystems in einem solchen Fall regulär, was - wiederum wegen (4.2.13) - auch für das inhomogene System die Existenz einer eindeutigen Lösung gewährleistet.

Die bislang zugelassene spezielle Form des Randes kann offenbar noch weitgehend verallgemeinert werden.

Bemerkung (27.1.9)

Die Existenz- und Eindeutigkeitsaussage gilt auch, wenn statt der Potentialgleichung die Poissonsche Gleichung $\Delta_2 u = f$ (oder ein allgemeines inhomogenes elliptisches Problem) gelöst werden soll; in diesem Fall treten auf den rechten Seiten des linearen Gleichungssystems zu den dort stehenden Werten der Funktion u_0 noch die Werte $f_{\nu,\mu} := f(x_\nu, y_\mu)$ hinzu, was jedoch die Matrix des Systems und damit die Frage der Existenz und Eindeutigkeit einer Lösung nicht berührt.

Besteht der Rand Γ nicht oder nicht nur aus achsenparallelen Stücken des Gitters, so wird die Situation etwas komplizierter. Dann braucht bei einem Rechteckgitter überhaupt kein Randpunkt, also keiner der Punkte, in denen die Lösung vorgegeben ist, zugleich Gitterpunkt zu sein.

Zur Verdeutlichung der Situation und der einzuschlagenden Vorgehensweise betrachten wir exemplarisch wieder die Poisson–Gleichung und den 5–Punkte–Stern:

$$\frac{u_{\nu-1,\mu} + u_{\nu+1,\mu} + u_{\nu,\mu-1} + u_{\nu,\mu+1} - 4u_{\nu,\mu}}{h^2} - f_{\nu,\mu} = 0 . \qquad (27.1.10)$$

Dann unterscheidet man folgende Typen von Gitterpunkten:

1. $G_\Gamma = \{P = (x,y) \mid P \in \{\text{Gitter}\} \cap \Gamma\}$:

   die Punkte dieser Menge bezeichnen wir als **Randgitterpunkte** (in Abb. 27.3 sind dies die mit $\bigcirc$ gekennzeichneten Punkte).

2. $G_i = \left\{P = (x,y) \mid P \in \{\text{Gitter}\} \cap G, \quad Q \text{ Nachbargitterpunkt von } P \Rightarrow Q \in \overline{G}\right\}$:

   die Punkte dieser Menge bezeichnen wir (bezüglich des 5–Punkte–Sterns) als **innere Gitterpunkte**. Sie haben die Eigenschaft, dass die bei der Diskretisierung von $(\Delta u)(P)$ auftretenden Nachbar–Gitterpunkte von P ebenfalls noch in G oder auf dem Rand von G liegen (in Abb. 27.3 sind dies die mit $\otimes$ gekennzeichneten Punkte).

3. $G_r = \{P = (x,y) \mid P \in \{\text{Gitter}\} \cap G, \quad P \notin G_i\}$:

   die Punkte dieser Menge bezeichnen wir (bezüglich des benutzten Sterns) als **randnahe Gitterpunkte**; in Abb. 27.3 sind dies die mit $\odot$ gekennzeichneten Punkte.

Wir schreiben $G_h = G_\Gamma \cup G_i \cup G_r$, wobei h den Schrittweitenparameter andeutet.

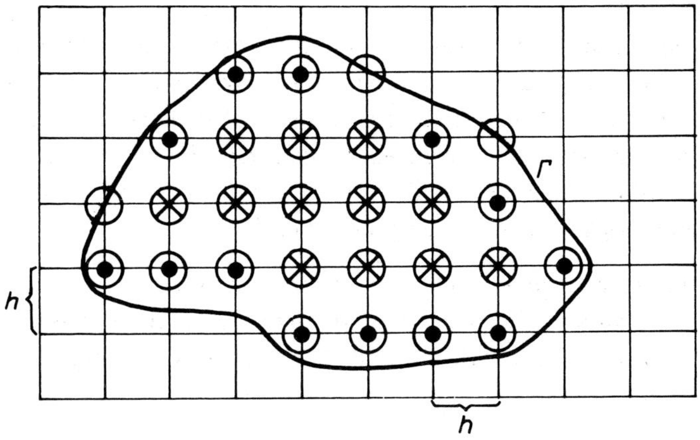

Abb. 27.3. Typen von Gitterpunkten

Gesucht sind die Näherungswere $u_{\nu,\mu}$ in den Punkten $P_{\nu,\mu} \in G_i \cup G_r$, wenn wir von der ersten Randwertaufgabe ausgehen, also unterstellen, dass die Werte in den Randgitterpunkten gegeben sind. Das System der Differenzengleichungen (27.1.10) kann jedoch nur für die Punkte $P_{\nu,\mu} \in G_i$ niedergeschrieben werden, da im Fall $P_{\nu,\mu} \in G_r$ beispielsweise auch $u_{\nu-1,\mu}$ in (27.1.10) auftaucht, jedoch $P_{\nu-1,\mu}$ (oder einer der drei anderen Nachbarn von $P_{\nu,\mu}$) nicht in $\overline{G}$ liegt, dort also Näherungen der Lösung gar nicht gesucht sind. Überdies werden die Randvorgaben kaum ausgenutzt, da G_Γ in der Regel nur aus sehr wenigen Punkten bestehen wird (evtuell ist G_Γ sogar leer).

In den randnahen Gitterpunkten gehen wir deshalb anders vor. Wir verschaffen uns für jeden randnahen Gitterpunkt eine zusätzliche Gleichung zur Ergänzung des Systems (27.1.10) vermittels Interpolation oder Extrapolation. Exemplarisch sei dies durch die in Abb. 27.4 dargestellte Situation verdeutlicht: Mittels Extrapolation in x–Richtung verschaffen wir uns einen fiktiven Wert $u_{\nu-1,\mu}$:

$$u_{\nu-1,\mu} = \frac{1-\alpha}{1+\alpha}\,u_{\nu+1,\mu} - 2\,\frac{1-\alpha}{\alpha}\,u_{\nu,\mu} + \frac{2}{\alpha(1+\alpha)}\,u(Q) \qquad (0 < \alpha < 1)\,.$$

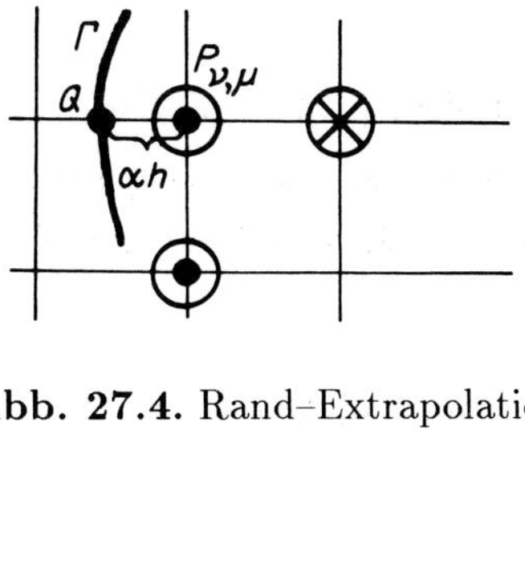

Abb. 27.4. Rand–Extrapolation

Diesen setzen wir in (27.1.10) ein und erhalten

$$\frac{1}{h^2}\,\frac{1}{\alpha(1+\alpha)}\left\{2\alpha\, u_{\nu+1,\mu} + \alpha(1+\alpha)\, u_{\nu,\mu+1} + \alpha(1+\alpha)\, u_{\nu,\mu-1} \right. \\ \left. +2u(Q) - 2(1+\alpha)^2\, u_{\nu,\mu}\right\} - f_{\nu,\mu} \;=\; 0\,, \tag{27.1.11}$$

wobei $u(Q)$ gegeben ist, also auf die rechte Seite der so gewonnenen zusätzlichen Gleichung gebracht werden kann.

Ergänzt man das Gitter G_h um die so hinzutretenden Punkte $Q \in \Gamma$ zu einem (nun nicht mehr überall äquidistanten) Gitter G_h^* [82], so gilt für $f \equiv 0$ auch auf G_h^* wieder das diskrete Maximum–Minimum–Prinzip, sofern – wie z.B. im Fall der Approximation (27.1.11) – in den hinzutretenden Gleichungen die Werte $u_{\nu,\mu}$ ebenfalls als gewichtete Mittel von Nachbarwerten mit nichtnegativen Gewichten aufgefasst werden können. Die Existenz- und Eindeutigkeitsaussage gilt dann auch wieder für $f \not\equiv 0$.

Der Konsistenz- und Ordnungsbegriff wird in völliger Analogie zu den entsprechenden Begriffen bei Anfangswertaufgaben eingeführt. Es mag auch hier genügen, dies am Beispiel der ersten Randwertaufgabe für die Poisson–Gleichung im $\mathbb{R}^2$ zu demonstrieren:

Man ersetze in (27.1.10) linkerhand die Näherungswerte $u_{\nu,\mu}$ durch die entsprechenden Werte $u\,(x_\nu, y_\mu)$. Den dann entstehenden Wert bezeichnen wir als **lokalen Fehler** $\varepsilon_{\nu,\mu}$ an der Stelle $P_{\nu,\mu} \in G_h$.

Gilt dann (bei hinreichend glattem u)

$$\varepsilon_h \;:=\; \sup_{P_{\nu,\mu} \in G_i \cup G_r} |\varepsilon_{\nu,\mu}| \;=\; O(h^p), \qquad p > 0, \tag{27.1.12}$$

so spricht man von einem **Verfahren der Ordnung *p*** .

Gilt

$$\lim_{h\to 0} \varepsilon_h \;=\; 0\,,$$

so heißt das Verfahren **konsistent** mit der gegebenen Randwertaufgabe. Insbesondere ist das Verfahren also konsistent mit der gegebenen Randwertaufgabe, sofern es eine positive Ordnung p besitzt.

(27.1.10) liefert zunächst für $P_{\nu,\mu} \in G_i$ unter Berücksichtigung der Differentialgleichung $\Delta_2\, u = f$ vermittels Taylor–Entwicklung des Ausdrucks $u\,(x_{\nu-1}, y_\mu) = u\,(x_\nu - h, y_\mu)$ um die Stelle (x_ν, y_μ) und analog der Ausdrücke $u\,(x_{\nu+1}, y_\mu)$, $u\,(x_\nu, y_{\mu-1})$, $u\,(x_\nu, y_{\mu+1})$

[82] Auch bei der Diskretisierung von Randwertaufgaben wird man natürlich nahe solcher Stellen, an denen starke Änderungen der Lösung des Ausgangsproblems zu erwarten sind, zu Gitterverfeinerungen übergehen.

bei hinreichend glattem u nach kurzer Zwischenrechnung bei geeigneten Zwischenstellen $\tilde{P}_{\nu,\mu}$, $P^*_{\nu,\mu}$:

$$\varepsilon_{\nu,\mu} = \frac{h^2}{12}\left\{u_{xxxx}\left(\tilde{P}_{\nu,\mu}\right) + u_{yyyy}\left(P^*_{\nu,\mu}\right)\right\}. \qquad (27.1.13)$$

Für $P_{\nu,\mu} \in G_r$ liefert (27.1.11) bei Ersetzen der Näherungswerte durch die Werte der gesuchten Lösung des Ausgangsproblems den lokalen Fehler

$$\varepsilon_{\nu,\mu} = \frac{h}{3}(1-\alpha)\,u_{xxx}\left(P_{\nu,\mu}\right) + O(h^2),$$

so dass infolge der (nicht sehr guten) Randapproximation (27.1.11) die im Sinne von (27.1.12) definierte Ordnung auf $p = 1$ abfällt, obschon (27.1.13) zunächst $p = 2$ erhoffen lässt.

Auf gute Randapproximationen ist mithin besonders zu achten.

Bemerkung (27.1.14)

Gelegentlich verwendet man zur Erzielung höherer Ordnungen auch größere Sterne, also im Fall der Poisson–Gleichung z.B. mehr als die erwähnten 5 Punkte.

Wir verlassen damit diese exemplarischen Hinweise zur numerischen Behandlung von Randwertaufgaben bei Verwendung der Methode der finiten Differenzen (Finite Difference Method; FDM) und wenden uns einer anderen Methode für den gleichen Aufgabentyp zu.

27.2 Das Verfahren der finiten Elemente (FEM) [83]

Das Verfahren der finiten Elemente ist in seiner einfachsten Form 1943 von Courant und später in den Ingenieurwissenschaften aus den Bedürfnissen der Elastomechnik und Strukturmechanik heraus entwickelt worden. Erst in den 60er Jahren wurde es von den Mathematikern als ein äußerst interessanter, effektiver und sehr universell anwendbarer Spezialfall des Ritz–Galerkin–Verfahrens[84] erneut aufgegriffen.

Beim **Ritz–Galerkin–Verfahren** versucht man, die unbekannte Lösung u der Randwertaufgabe

$$\begin{aligned} Lu &= f \quad \text{in } G \subset \mathbb{R}^d \\ U_\kappa[u] &= 0\,^{85} \quad \text{auf } \partial G \quad (\text{Rand von } G) \quad (\kappa = 1,\ldots,k), \end{aligned} \qquad (27.2.1)$$

mit linearem Differentialoperator L und mit k linearen homogenen Randbedingungen durch eine endliche Linearkombination geeigneter **Ansatzfunktionen** zu approximieren.

[83] Finite Element Method
[84] Walter Ritz (1878–1909); Leyden, Tübingen, Göttingen
Boris Grigorewitsch Galerkin (1871–1945); St. Petersburg
[85] Für den inhomogenen Fall vgl. Aufgaben (27.2.36).

Dabei verwendet die FEM speziell solche Ansatzfunktionen, die — restringiert auf einfache Teilgebiete von $\overline{G}$ — sehr einfache Struktur besitzen und an den aneinanderstoßenden Rändern dieser Teilgebiete gewisse Regularitäts–Übergangsbedingungen erfüllen. Es handelt sich insoweit bei den durch die FEM benutzten Ansatzfunktionen um eine völlige Analogie zu den früher über einem Intervall (statt nun über einem mehrdimensionalen Gebiet) eingeführten Splines (vgl. Abschnitt 12.3).

Wir haben also zunächst die Ideen von Ritz und Galerkin zu studieren, wobei wir uns auf den Fall $d = 2$ (zwei unabhängige Variable) beschränken.

Gegeben sei die Aufgabe (27.2.1), und es seien das innere Produkt $\langle v_1, v_2 \rangle$, der Raum C_0^p der Vergleichsfunktionen, die Selbstadjungiertheit usw. ebenso definiert, wie dies im Zusammenhang mit Eigenwertaufgaben in Abschnitt 25.10 der Fall war. Dabei sei p die Ordnung des Differentialoperators, und f sei stetig.

Ferner sei L auf C_0^p selbstadjungiert[86] und auf C_0^p **positiv definit**, d.h.

$$\langle Lv, v \rangle > 0 \qquad \forall v \in C_0^p \backslash \{0\}\ ^{87}. \tag{27.2.2}$$

Beispiel (27.2.3)

$L = -\Delta$ ist auf C_0^2 mit den Randbedingungen (25.10.4) nicht nur selbstadjungiert sondern auch positiv definit, sofern in (25.10.4) $\Gamma_1 \neq \emptyset$, denn (19.2.21) liefert $\left(\text{mit } K := \overline{G},\ \boldsymbol{f} = v\, \boldsymbol{\nabla}\, v\right)$ die Aussage

$$\int_G \operatorname{div}(v\, \boldsymbol{\nabla}\, v)\, d\boldsymbol{x} = \int_{\partial G} \langle v\, \boldsymbol{\nabla}\, v, \boldsymbol{n} \rangle\, ds\ ^{88} = \int_{\partial G} v \frac{\partial v}{\partial \boldsymbol{n}}\, ds$$

$\left(\boldsymbol{x}^{\mathrm{T}} = (x, y)\right)$, d.h.

$$\int_G \left(v_x^2 + v_y^2\right) d\boldsymbol{x} + \int_G v\, \Delta\, v\, d\boldsymbol{x} = \int_{\partial G} v \frac{\partial v}{\partial \boldsymbol{n}}\, ds\,.$$

Mithin folgt

$$\int_G v\,(-\Delta\, v)\, d\boldsymbol{x} = \int_G \left(v_x^2 + v_y^2\right) d\boldsymbol{x} - \int_{\partial G} v \frac{\partial v}{\partial \boldsymbol{n}}\, ds\,.$$

Aufgrund der Randbedingungen verschwindet rechterhand das zweite Integral, und der Integrand des ersten Integrals der rechten Seite ist nichtnegativ, so dass

---

[86] vgl. Beispiel (25.10.13)

[87] 0 meint hier die Nullfunktion.

[88] Im Integranden steht das übliche Skalarprodukt im $\mathbb{R}^2$.

$$\int_G v(-\Delta v)\, d\boldsymbol{x} = \langle Lv, v \rangle \geq 0 \text{ [89]}.$$

Dabei kann rechterhand Gleichheit nur im Fall $v_x \equiv v_y \equiv 0$ eintreten. v müsste also auf G und damit auch auf $\overline{G}$ konstant sein. Wegen $\Gamma_1 \neq \emptyset$ müsste diese Konstante den Wert Null haben, so dass $v \equiv 0$, was aber in (27.2.2) ausgeschlossen war. [90]

Ebenso ist z.B. der durch $Lv := -\Delta v + qv$ mit auf $\overline{G}$ stetiger und nicht–negativer Funktion q unter sonst gleichen Bedingungen wie zuvor positiv definit.

Wir kehren zum allgemeinen Fall (27.2.1) bei einem auf C_0^p selbstadjungierten positiv definiten Operator L zurück und betrachten das **Funktional**[91]

$$J(v) \quad := \quad \frac{1}{2}\langle Lv, v \rangle - \langle f, v \rangle \tag{27.2.4}$$

auf C_0^p.

Sei nun u Lösung von (27.2.2) unter den angegebenen Bedingungen an L.[92] Trivialerweise ist $u \in C_0^p$, und da C_0^p ein linearer Raum ist, gilt für beliebiges $v \in C_0^p$ und beliebiges $t \in \mathbb{R}$ auch

$$u + tv \in C_0^p.$$

$u + tv$ liegt also im Definitionsbereich des Funktionals J, und man erhält

$$\begin{aligned} J(u+tv) &= \frac{1}{2}\langle L(u+tv), u+tv \rangle - \langle f, u+tv \rangle \\ &= \frac{1}{2}\langle Lu, u \rangle + \frac{t}{2}\langle Lu, v \rangle + \frac{t}{2}\langle Lv, u \rangle \\ &\quad + \frac{t^2}{2}\langle Lv, v \rangle - \langle f, u \rangle - t\langle f, v \rangle . \end{aligned}$$

Unter Ausnutzung der Selbstadjungiertheit folgt

$$J(u+tv) \quad = \quad \frac{1}{2}\langle Lu, u \rangle - \langle f, u \rangle + t\langle Lu - f, v \rangle + \frac{t^2}{2}\langle Lv, v \rangle ,$$

d.h.

$$J(u+tv) = J(u) + t\langle Lu - f, v \rangle + \frac{t^2}{2}\langle Lv, v \rangle \quad \forall t \in \mathbb{R},\ \forall v \in C_0^p . \tag{27.2.5}$$

[89]Wir betrachten hier nur reelle v.

[90]Wird $\Gamma_1 = \emptyset$ zugelassen, so kann hier nur ausgesagt werden, dass $-\Delta$ mit den gegebenen Randbedingungen positiv **semidefinit** ist, d.h. $\langle Lv, v \rangle \geq 0$.

[91]Unter einem Funktional versteht man eine Abbildung, die eine gewisse Menge in den Raum $\mathbb{R}$ abbildet.

[92]Über die Existenz einer solchen Lösung ist hier nichts ausgesagt.

Da u eine klassische Lösung[93] unserer Randwertaufgabe sein sollte, folgt

$$J(u + t\,v) \quad = \quad J(u) + \frac{t^2}{2}\,\langle\, L\,v, v\,\rangle\;.$$

Wegen der positiven Definitheit folgt

$$J(u + t\,v) \;>\; J(u) \qquad \forall v \in C_0^p \quad \text{mit} \quad v \not\equiv 0, \quad \forall t \neq 0\,.$$

Also liefert u das Minimum des Funktionals J auf C_0^p, sofern eine klassische Lösung existiert, denn es lässt sich jedes $w \in C_0^p\left(\overline{G}\right)$ in der Form $u + t\,v$ mit $v = w - u$, $t = 1$, schreiben.

Bemerkung (27.2.6)

Die Aufgabe, ein Funktional $J(w)$ durch Veränderung von w zum Minimum zu machen, bezeichnet man als **Variationsproblem** (vgl. auch Abschnitt 23.2).

Ist nun umgekehrt u ein Element aus C_0^p, das J dort minimiert, so ist insbesondere $J(u + t\,v) \geq J(u)$ $\forall t \in \mathbb{R}$, $\forall v \in C_0^p$. (27.2.5) liefert daher

$$t\,\langle\, L\,u - f, v\,\rangle + \frac{t^2}{2}\,\langle\, L\,v, v\,\rangle \;\geq\; 0 \qquad \forall t \in \mathbb{R}, \quad \forall v \in C_0^p\,. \tag{27.2.7}$$

Angenommen, es wäre $\langle\, L\,u - f, v\,\rangle \neq 0$. Dann ist insbesondere auch $v \not\equiv 0$, so dass aufgrund der positiven Definitheit auch $\langle\, L\,v, v\,\rangle > 0$. Man wähle dann

$$t \quad = \quad -\,\frac{\langle\, L\,u - f, v\,\rangle}{\langle\, L\,v, v\,\rangle}\;.$$

Für dieses spezielle t ergibt (27.2.7)

$$-\frac{1}{2}\,\frac{\langle\, L\,u - f, v\,\rangle^2}{\langle\, L\,v, v\,\rangle} \quad \geq \quad 0\,,$$

und dies steht zu der Annahme $\langle\, L\,u - f, v\,\rangle \neq 0$ im Widerspruch. Also gilt

$$\langle\, L\,u - f, v\,\rangle \;=\; 0 \qquad \forall v \in C_0^p\,. \tag{27.2.8}$$

Nun ist der Ausdruck $\langle\, L\,u - f, v\,\rangle$ aufgrund der mit der Bildung des Skalarprodukts verbundenen Integration nach Anwendung partieller Integration in der Regel ein Ausdruck, der auch für Funktionen u, v definiert ist, die schwächere Regulartitätseigenschaften aufweisen als die Funktionen aus dem Funktionenraum C_0^p. Beispiel (27.2.3) mag dies verdeutlichen:

[93]d.h. $u \in C_0^p\,(\overline{G})$

Dort erhält man zunächst für $u, v \in C_0^2\left(\overline{G}\right)$ bei Anwendung von (19.2.21) (mit $K := \overline{G}$, $\boldsymbol{f} = v\,\boldsymbol{\nabla}\,u$)

$$\int\limits_G \operatorname{div}\,(v\,\boldsymbol{\nabla}\,u)\,d\boldsymbol{x} \quad = \quad \int\limits_{\partial G} \langle\, v\,\boldsymbol{\nabla}\,u, \boldsymbol{n}\,\rangle\; ds \;^{94} \quad = \quad \int\limits_{\partial G} v\frac{\partial v}{\partial \boldsymbol{n}}\,ds\,, \tag{27.2.9}$$

unter Berücksichtigung der Randbedingungen, denen u und v genügen, also

$$\int\limits_G \langle\, \boldsymbol{\nabla}\,u, \boldsymbol{\nabla}\,v\,\rangle\; d\boldsymbol{x} + \int\limits_G v\,\Delta\,u\,d\boldsymbol{x} \quad = \quad 0\;^{95}\,, \tag{27.2.10}$$

d.h.

$$\langle\, L\,u, v\,\rangle \quad = \quad \int\limits_G v\,(-\Delta\,u)\;d\boldsymbol{x} \quad = \quad \int\limits_G \langle\, \boldsymbol{\nabla}\,u, \boldsymbol{\nabla}\,v\,\rangle\; d\boldsymbol{x}\quad . \tag{27.2.11}$$

Rechterhand steht nun ein Ausdruck, der auch dann Sinn macht, wenn u und v beispielsweise auf $\overline{G}$ lediglich stetig und auf G *einmal* stetig differenzierbar sind. Zerlegt man G in Teilgebiete, so würde es sogar ausreichen, wenn u und v auf $\overline{G}$ beschränkt und lediglich auf diesen Teilgebieten einmal stetig differenzierbar wären; an den Grenzen dieser Teilgebiete dürften auch gewisse Unstetigkeiten auftreten.

Es sei deshalb nun allgemein V ein linearer Funktionenraum, dessen Elemente auf $\overline{G}$ definiert seien, der die Eigenschaft

$$C_0^p\left(\overline{G}\right) \quad \subset \quad V \tag{27.2.12}$$

besitzt, und für den der Ausdruck $\langle\, L\,u, v\,\rangle$ — gegebenenfalls nach partieller Integration — sinnvoll ist. Mithin ist auch das Funktional J bei entsprechender Lesart der rechten Seite von (27.2.4) auf V ausdehnbar, und minimiert man nun J über V (und nicht nur über $C_0^p\left(\overline{G}\right)$), wobei das Minimum für ein $\hat{u} \in V$ angenommen werde, so erhält man in Analogie zu (27.2.8) bei entsprechender Lesart von $\langle\, L\,\hat{u} - f, \hat{v}\,\rangle$ die Aussage

$$\langle\, L\,\hat{u} - f, \hat{v}\,\rangle \quad = \quad 0 \qquad \forall \hat{v} \in V\,. \tag{27.2.13}$$

(27.2.13) zieht jedoch nicht notwendig $L\,\hat{u} - f = 0$ nach sich, zumal $L\,\hat{u}$ nicht definiert zu sein braucht. Wir nennen $\hat{u}$ deshalb eine **schwache Lösung** von (27.2.1) **auf** V.

Überdies gilt wegen (27.2.12)

$$J\,(\hat{u}) \quad \leq \quad J\,(u)\;, \tag{27.2.14}$$

sofern die schwache Lösung $\hat{u} \in V$ und die klassische Lösung $u \in C_0^p\left(\overline{G}\right)$ existieren.

---

[94]Das Skalarprodukt im Integranden ist das übliche Skalarprodukt im $\mathbb{R}^2$.

[95]Schließt man rückwärts von (27.2.10) auf (27.2.9), so entspricht dies einer partiellen Integration.

Bemerkung (27.2.15)

Es sei erwähnt, dass das Funktional J auch (**verallgemeinertes**) **Energiefunktional** genannt wird. Diese Bezeichnung wird verständlich, wenn man etwa $u \in C_0^2$ als das Potential einer Strömungsgeschwindigkeit $\boldsymbol{w}$ interpretiert und den Fall $L = -\Delta$, $f \equiv 0$ mit den Randbedingungen (25.10.4) betrachtet. Dann ergibt (27.2.11)

$$J(u) = \frac{1}{2} \langle L u, u \rangle = \frac{1}{2} \int\limits_G (\nabla u)^2 \, d\boldsymbol{x} = \frac{1}{2} \int\limits_G \|\boldsymbol{w}\|^2 \, d\boldsymbol{x} ,$$

also für den Fall der Dichte $\rho = 1$ die kinetische Energie des sich im Volumen G soeben bewegenden Fluids.

Der erste Schritt der Ritz–Galerkin–Idee besteht nun darin, die Aufgabe (27.2.1) durch die Suche nach einer schwachen Lösung im Sinne der Lösung der Aufgabe (27.2.13) mit einem vernünftigen V zu ersetzen.

Bemerkung (27.2.16)

Für irgendwelche $v, \tilde{v} \in C_0^p$ besitzt übrigens das durch

$$a(v, \tilde{v}) := \langle L v, \tilde{v} \rangle$$

auf $C_0^p \times C_0^p$ definierte Funktional a folgende Eigenschaften:

a) $a(v, \tilde{v}) = a(\tilde{v}, v)$ (Symmetrie)

b) $a(\lambda_1 v_1 + \lambda_2 v_2, \tilde{v}) = \lambda_1 a(v_1, \tilde{v}) + \lambda_2 a(v_2, \tilde{v})$

$a(v, \lambda_1 \tilde{v}_1 + \lambda_2 \tilde{v}_2) = \lambda_1 a(v, \tilde{v}_1) + \lambda_2 a(v, \tilde{v}_2)$ (Bilinearität)

c) $a(v, v) > 0$ für $v \neq 0$ (positive Definitheit) ,

d.h., $a(.\,, .)$ ist ein Skalarprodukt in C_0^p .

a) folgt aus der Selbstadjungiertheit von L unter den betrachteten Randbedingungen, b) ergibt sich aus der Linearität von L, und c) ist Folge der positiven Definitheit von L.

Diese Eigenschaften übertragen sich z.B. im Fall (27.2.11) auch bei Ausdehnung der Lesart von $\langle L v, \tilde{v} \rangle$, d.h. bei der Ausdehnung des Definitionsbereichs des Funktionals a auf $V \times V$.

Wir wollen deshalb unsere Aufgabe (27.2.13) in folgende allgemeinere Aufgabe einbetten:

Gegeben seien ein linearer Raum V sowie ein auf $V \times V$ definiertes symmetrisches, bilineares, positiv definites Funktional a.

Gesucht sei eine Lösung $u \in V$ der Aufgabe

$$a(u, v) = F(v) \qquad \forall v \in V \tag{27.2.17}$$

mit einem linearen Funktional $F : V \to \mathbb{R}$ [96].

Führt man das Energiefunktional

$$J(v) \quad = \quad \frac{1}{2}\, a(v,v) \; - \; F(v) \qquad (27.2.18)$$

ein, so zeigt man in völliger Analogie zum oben behandelten Spezialfall, dass die Aufgabe (27.2.17) gleichbedeutend ist mit der Aufgabe, ein $u \in V$ mit der Eigenschaft

$$J(u) \quad = \quad \min_{v \in V} J(v) \qquad (27.2.19)$$

zu bestimmen. [97]

Der zweite Schritt der Ritz–Galerkin–Idee besteht jetzt darin, die Aufgabe (27.2.19) zu diskretisieren, d.h. zu einem endlich–dimensionalen, etwa n–dimensionalen Teilraum

$$W_n \quad = \quad \text{Spann}\,(w_1, w_2, \ldots, w_n) \quad \subset \quad V$$

überzugehen und dort die Aufgabe

$$J\,(\tilde{w}) \quad = \quad \min_{w \in W_n} J(w) \qquad (27.2.20)$$

zu lösen. $\tilde{w}$ wird dann als Approximation an die gesuchte Lösung $u \in V$ der Aufgabe (27.2.17), im Spezialfall (27.2.1) also als Approximation an eine schwache Lösung, aufgefasst. [98]

Da sich $\tilde{w} \in W_n$ in der Form

$$\tilde{w} \quad = \quad \sum_{\nu=1}^{n} \alpha_\nu \, w_\nu$$ [99]

mit geeigneten $\alpha_\nu \in \mathbb{R}\,(\nu = 1, \ldots, n)$ darstellen lässt, bedeutet die Lösung von (27.2.20) die Minimierung der auf $\mathbb{R}^n$ definierten Funktion

$$g\,(\alpha_1, \ldots, \alpha_n) \quad := \quad J\left(\sum_{\nu=1}^{n} \alpha_\nu \, w_\nu\right) .$$

Wir versuchen, die dafür notwendigen Bedingungen

$$\frac{\partial g}{\partial \alpha_j} \;=\; 0 \qquad (j = 1, 2, \ldots, n) \qquad (27.2.21)$$

[96] Im Spezialfall (27.2.13) gilt $F(v) = \langle f, v \rangle = \int_G f\, v\, d\boldsymbol{x}$.

[97] Über die Existenz eines solchen $u \in V$ ist nichts ausgesagt. Ist V allerdings z.B. ein Hilbert-Raum (vgl. Abschnitt 8.1), ist das bilineare Funktional a **stetig** (d.h. $\exists\, M \geq 0 : |a(v_1, v_2)| \leq M \, \|v_1\| \cdot \|v_2\| \; \forall v_1, v_2 \in V$), so besitzt (27.2.17) genau eine Lösung (**Satz von Lax und Milgram**).

[98] Im Gegensatz zur FDM wird hier eine Näherungslösung also nicht nur in diskreten Gitterpunkten bestimmt, sondern eine überall auf $\overline{G}$ definierte Näherungsfunktion.

[99] Dies bezeichnet man häufig (auch in der englischsprachigen Literatur) als einen **Ansatz** zur Bestimmung von $\tilde{w}$. Entsprechend heißen die w_ν $(\nu = 1, \ldots, n)$ dann **Ansatzfunktionen**.

zu erfüllen.

Mit (27.2.18) erhält man unter Ausnutzung der Bilinearität und Symmetrie von a sowie der Linearität von F

$$\begin{aligned}\frac{\partial g}{\partial \alpha_j} &= \frac{\partial}{\partial \alpha_j}\left(\frac{1}{2}a\left(\sum_{\nu=1}^{n}\alpha_\nu w_\nu \sum_{\mu=1}^{n}\alpha_\mu w_\mu\right) - F\left(\sum_{\nu=1}^{n}\alpha_\nu w_\nu\right)\right)\\ &= \frac{\partial}{\partial \alpha_j}\left(\frac{1}{2}\sum_{\nu,\mu=1}^{n}\alpha_\nu \alpha_\mu a(w_\nu, w_\mu) - \sum_{\nu=1}^{n}\alpha_\nu F(w_\nu)\right)\\ &= \sum_{\nu=1}^{n}\alpha_\nu a(w_\nu, w_j) - F(w_j)\ .\end{aligned}$$

(27.2.21) führt mithin auf die Aufgabe, die gesuchten $\alpha_\nu\,(\nu = 1,\ldots,n)$ aus dem linearen Gleichungssystem

$$\boldsymbol{K}\boldsymbol{\alpha} = \boldsymbol{F}, \qquad \boldsymbol{\alpha}^{\mathrm{T}} = (\alpha_1,\ldots,\alpha_n) \tag{27.2.22}$$

mit der $(n\times n)$–Matrix $\boldsymbol{K} = (a(w_i, w_j))$ und dem gegebenen Vektor $\boldsymbol{F} = (F(w_i)) \in \mathbb{R}^n$ zu bestimmen.

Die Symmetrie des bilinearen Funktionals a bewirkt offenbar die Symmetrie der Matrix $\boldsymbol{K}$. Überdies ist $\boldsymbol{K}$ im Sinne der Aussage

$$\boldsymbol{x}^{\mathrm{T}}\boldsymbol{K}\boldsymbol{x} > 0 \qquad \forall \boldsymbol{x} \in \mathbb{R}^n, \qquad \boldsymbol{x} = (x_1,\ldots,x_n)^{\mathrm{T}} \neq \boldsymbol{0}$$

(vgl. Satz (7.2.17)) positiv definit, denn aufgrund der Bilinearität von a folgt

$$\boldsymbol{x}^{\mathrm{T}}\boldsymbol{K}\boldsymbol{x} = \sum_{\nu=1}^{n}\sum_{\mu=1}^{n} x_\nu x_\mu a(w_\nu w_\mu) = a(\hat{w}, \hat{w})$$

mit $\hat{w} = \sum_{\nu=1}^{n} x_\nu w_\nu$. Dabei ist $\hat{w} \not\equiv 0$ wegen $\boldsymbol{x} \neq \boldsymbol{0}$ sowie wegen der linearen Unabhängigkeit der Basiselemente w_ν $(\nu = 1,\ldots,n)$ des Raumes W_n. Die positive Definitheit von a zieht mithin die von $\boldsymbol{K}$ nach sich und damit $\det \boldsymbol{K} > 0$ (vgl. Satz (7.2.17)).

Damit besitzt (27.2.22) eine eindeutige Lösung. Das Lösen von (27.2.22) kann auch aufgefasst werden als das Lösen der Aufgabe (27.2.17) auf dem Raum W_n:

Bestimme $\tilde{w} \in W_n$ derart, dass

$$a(\tilde{w}, w) = F(w), \qquad \forall w \in W_n\,. \tag{27.2.23}$$

Die als Approximation der Aufgabe (27.2.17) verstandene diskretisierte Aufgabe (27.2.23) ist also eindeutig lösbar.

Bemerkung (27.2.24)

Während Ritz im wesentlichen den Spezialfall $a(u,v) = \langle L u, v \rangle$ (übrigens auch für Randwertaufgaben bei gewöhnlichen Differentialgleichungen) betrachtete und sich auf Ansatzfunktionen beschränkte, die zumindest einige der k Randbedingungen in (27.2.1) erfüllen $\left(\text{z.B. } V_n \subset C_0^p\left(\overline{G}\right)\right)$, geht die allgemeine Formulierung auf Galerkin zurück. Das Bestimmen hinreichend vieler Ansatzfunktionen, die bei vorgegebenem Gebiet G und vorgegebenen Randbedingungen gewisse der k Randbedingungen erfüllen, erfordert in der Regel ein erhebliches Maß individuellen mathematischen Spürsinns und mathematischer Erfahrung des Anwenders, ist also schwerlich auf Rechnern implementierbar, insbesondere dann, wenn von $\tilde{w}$ überdies höhere Glattheitseigenschaften auf $\overline{G}$ erwartet werden. Hier bietet die allgemeine Aufgabe einen Ausweg, der in der FEM konsequent aufgegriffen wird.

Die FEM ist eine besondere Vorgehensweise zur Gewinnung eines Raumes W_n im Fall zweier unabhängiger Veränderlicher.

Das Gebiet $\overline{G}$ wird zunächst in **Elemente** zerlegt, etwa in i_0 Gebiete:

$$\overline{G} = \bigcup_{i=1}^{i_0} \overline{G}_i \quad \text{mit} \quad G_i \cap G_j = \emptyset \quad \text{für} \quad i \neq j\,. \tag{27.2.25}$$

W_n besteht dann z.B. — in Analogie zu den Splines — aus Funktionen, deren Restriktionen auf G_i Polynome (in beiden Veränderlichen) vorgegebenen Höchstgrades darstellen und in gewissen Punkten von $\overline{G}_i$, den so genannten **Knoten**, im Einzelfall näher zu beschreibende Interpolationseigenschaften und damit — bei gemeinsamen Knoten benachbarter Elemente — gewisse Regularitätseigenschaften besitzen.

Wir betrachten exemplarisch den in den Anwendungen besonders häufig bevorzugten Fall der Zerlegung in Dreiecke (**Triangulierung**), die so erfolge, dass benachbarte Dreiecke genau eine Ecke oder genau eine Seite gemeinsam haben (vgl. Abb. 27.5). Dabei wird unterstellt, dass der Rand ∂G polygonal sei oder durch ein Polygon approximiert worden sei.

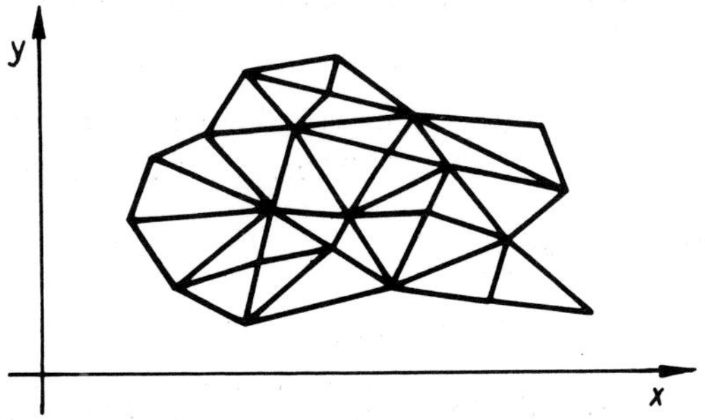

Abb. 27.5. Triangulierung

Wir behandeln speziell die erste Randwertaufgabe mit homogener Randbedingung, d.h.

$$\begin{aligned} Lg &= f \quad \text{in } G \\ [g]_\Gamma &= 0 \quad . \end{aligned} \tag{27.2.26}$$

Sind $P_{i_1}, P_{i_2}, P_{i_3}$ die Ecken eines herausgegriffenen Dreiecks G_i mit den Koordinaten (x_{i_j}, y_{i_j}) $(j = 1,2,3)$ und ist $P = (x,y)$ ein beliebiger Punkt des Dreiecks, so ist offenbar

$$\begin{aligned} [w]_{\overline{G}_i}(x,y) = {} & \frac{\begin{vmatrix} x - x_{i_2} & x - x_{i_3} \\ y - y_{i_2} & y - y_{i_3} \end{vmatrix}}{\begin{vmatrix} x_{i_1} - x_{i_2} & x_{i_1} - x_{i_3} \\ y_{i_1} - y_{i_2} & y_{i_1} - y_{i_3} \end{vmatrix}} \alpha_{i_1} + \frac{\begin{vmatrix} x - x_{i_3} & x - x_{i_1} \\ y - y_{i_3} & y - y_{i_1} \end{vmatrix}}{\begin{vmatrix} x_{i_2} - x_{i_3} & x_{i_2} - x_{i_1} \\ y_{i_2} - y_{i_3} & y_{i_2} - y_{i_1} \end{vmatrix}} \alpha_{i_2} \\ & + \frac{\begin{vmatrix} x - x_{i_1} & x - x_{i_2} \\ y - y_{i_1} & y - y_{i_2} \end{vmatrix}}{\begin{vmatrix} x_{i_3} - x_{i_1} & x_{i_3} - x_{i_2} \\ y_{i_3} - y_{i_1} & y_{i_3} - y_{i_2} \end{vmatrix}} \alpha_{i_3} \end{aligned} \tag{27.2.27}$$

eine auf dem abgeschlossenen Dreieck $P_{i_1}, P_{i_2}, P_{i_3}$ definierte lineare Funktion, die in P_{i_j} den Wert α_{i_j} annimmt $(j = 1,2,3)$.

Die Nenner der rechten Seite haben alle den gleichen Wert, nämlich den Flächeninhalt des von den Vektoren $\overrightarrow{P_{i_1} P_{i_3}}, \overrightarrow{P_{i_1} P_{i_2}}$ aufgespannten Parallelogramms[100] (vgl. Abschnitt 3.1). Erweitert man jeden der drei Brüche mit dem Faktor $\frac{1}{2}$, und bezeichnet man mit $\overline{\Delta}(P,Q,R)$ den Flächeninhalt eines Dreiecks PQR, so kann (27.2.27) auch in der Form

$$[w]_{\overline{G}_i}(x,y) \quad = \quad w^1_{G_i}(P)\,\alpha_{i_1} + w^2_{G_i}(P)\,\alpha_{i_2} + w^3_{G_i}(P)\,\alpha_{i_3} \tag{27.2.28}$$

mit den **baryzentrischen Koordinaten**

$$\begin{aligned} w^1_{G_i}(P) &:= \frac{\overline{\Delta}\left(P, P_{i_2}, P_{i_3}\right)}{\overline{\Delta}\left(P_{i_1}, P_{i_2}, P_{i_3}\right)}, \\ w^2_{G_i}(P) &:= \frac{\overline{\Delta}\left(P, P_{i_3}, P_{i_1}\right)}{\overline{\Delta}\left(P_{i_1}, P_{i_2}, P_{i_3}\right)}, \\ w^3_{G_i}(P) &:= \frac{\overline{\Delta}\left(P, P_{i_1}, P_{i_2}\right)}{\overline{\Delta}\left(P_{i_1}, P_{i_2}, P_{i_3}\right)} \end{aligned} \tag{27.2.29}$$

[100] Dies gilt auch für das Vorzeichen, wenn – was wir unterstellen – die Knoten P_{i_j} $(j = 1,2,3)$ so durchnummeriert wurden, dass man das Dreieck mathematisch positiv umläuft, wenn man von P_{i_1} über P_{i_2} nach P_{i_3} fortschreitet.

des Punktes P geschrieben werden.

Diejenige Funktion w, die auf $\overline{G}$ gerade dadurch definiert ist, dass ihre Restriktion auf $\overline{G}_i$ die lineare Funktion (27.2.27) ergibt, wobei jedem Knoten P_k genau ein Wert α_k zugeordnet werde, ist stetig; stimmen nämlich zwei in x und y lineare Funktionen in zwei Punkten überein (etwa in den Endpunkten P_ρ und P_σ einer zwei benachbarten Elementen gemeinsamen Dreiecksseite, wo beide Funktionen die Werte α_ρ bzw. α_σ annehmen), so stimmen sie auch entlang der Verbindungsstrecke überein.

N sei die Anzahl der Knoten, so dass es N Werte α_ρ gibt $(\rho = 1, \ldots, N)$. Liegen r Knoten auf ∂G, so setzen wir dort $\alpha_k = 0$, so dass die zu bestimmende Funktion w zumindest in diesen Randknoten die Randbedingung in (27.2.26) erfüllt. w hängt mithin von den verbleibenden $n := N - r$ Werten α_k als Parameter ab und stellt einen zweidimensionalen linearen Spline dar. Der aus diesen Splines bestehende Raum W_n hat mithin die Dimension n, und als Basisfunktionen $w_\nu(P)$ $(\nu = 1, \ldots, n)$ können diejenigen Splines verwendet werden, die die Eigenschaft

$$w_\nu\left(P_{i_j}\right) = \delta_{\nu i_j} = \begin{cases} 1 & \text{für} \quad \nu = i_j \\ 0 & \text{für} \quad \nu \neq i_j \end{cases} \qquad \text{(Kronecker-Symbol)} \qquad (27.2.30)$$

besitzen.

$w_\nu(P)$ ist also bei gegebenem ν eine Funktion, die überall auf $\overline{G}$ verschwindet mit Ausnahme derjenigen benachbarten Dreiecke, denen der Knoten P_ν zugehört; über diesen Dreiecken bildet w_ν gleichsam einen sich über der x–y–Ebene erhebenden Keil mit Spitze bei P_ν (vgl. Abb. 27.6).[101]

Offenbar ist dann das aus den Anteilen (27.2.28) zusammengesetzte w bei geeigneter Nummerierung der Knoten und Koeffizienten darstellbar als

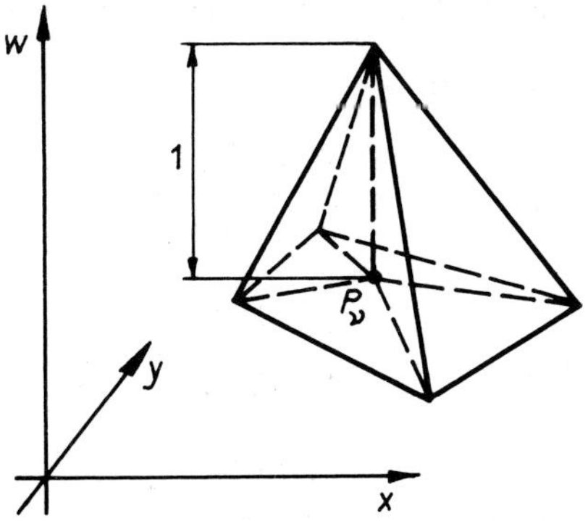

Abb. 27.6. Basisfunktion im Fall linearer Elemente

[101]Restringiert man w_ν $(\nu = 1, \ldots, n)$ jeweils auf eines der beteiligten abgeschlossenen Dreiecke, auf denen w_ν nicht identisch verschwindet, so entstehen dort die so genannten **Formfunktionen**.

$$w(P) = \sum_{\nu=1}^{n} \alpha_\nu \, w_\nu(P), \qquad P \in \overline{G}, \tag{27.2.31}$$

wobei die α_ν nun — wie beschrieben — aus dem Ritz–Galerkin–Verfahren zu bestimmen sind und die Werte der gesuchten Näherungsfunktion $\tilde{w}$ in den inneren Knotenpunkten darstellen.

Bemerkungen (27.2.32)

1. Die Matrix $\boldsymbol{K}$ des Ritz–Galerkin–Verfahren (vgl. (27.2.22)) wird im Spezialfall der FEM aufgrund der physikalischen Deutung, die die Elemente von $\boldsymbol{K}$ bei baustatischen Problemen besitzen, auch **Steifigkeitsmatrix** genannt.

2. Die hier betrachteten linearen Splines (in zwei unabhängigen Variablen) sind zwar stetige Funktionen auf $\overline{G}$, in den Punkten gemeinsamer Kanten zweier Dreiecke aber nicht notwendig differenzierbar. Jedoch war dies selbst bei Herrühren der Aufgabe (27.2.17) aus (27.2.1) angesichts des Übergangs zur Frage der Approximation **schwacher** Lösungen gar nicht gefordert worden.

3. Die Triangulierung von $\overline{G}$ kann natürlich auf außerordentlich mannigfache Weise geschehen. Analog zu dem Umstand, dass bei der FDM ausreichende Genauigkeit nur dann erwartet werden kann, wenn die Schrittweiten klein sind, kann auch bei der FEM ausreichende Genauigkeit nur bei einer Zerlegung von $\overline{G}$ in viele kleine Dreiecke erwartet werden. Und ähnlich wie man bei Differenzenverfahren in Bereichen, in denen ein glatter Lösungsverlauf erwartet wird, mit größeren Schrittweiten arbeiten kann als z.B. in der Nachbarschaft von Singularitäten, wird man auch bei der FEM in der Nähe von Singularitäten feiner triangulieren als anderswo (in elastomechanischen Anwendungen z.B. in der Nähe von Krafteinleitungsstellen). Viele kleine Dreiecke bewirken natürlich großes n, so dass das lineare Gleichungssystem (27.2.22), also die $n \times n$–Steifigkeitsmatrix, von hoher Ordnung ist.

4. Allerdings ist die Steifigkeitsmatrix nur **schwach besetzt**, enthält also viele Nullen (ähnlich wie die Matrix (27.1.4) im Fall der FDM), und dies kann numerisch zur Reduzierung des Rechenaufwandes genutzt werden. Der Grund liegt darin, dass eine Basisfunktion w_μ unserer Wahl (27.2.30) — wie erwähnt — die Eigenschaft

$$w_\mu \equiv 0 \quad \text{auf} \quad \overline{G}_i, \quad \text{sofern} \quad P_\mu \notin \overline{G}_i \tag{27.2.33}$$

besitzt. Mithin verschwinden z.B. im Fall (27.2.16) wegen (27.2.11) nur diejenigen Matrixelemente $a\,(w_\mu, w_\nu)$ nicht, deren Indizes μ und ν so beschaffen sind, dass P_μ und P_ν demselben Element angehören.

5. Fehlerabschätzungen, die insbesondere wegen der schwachen Regularität der dem Raum V angehörenden Funktionen relativ kompliziert sind, lassen wir außer Betracht.

6. Neben dem oben behandelten Fall der auf dem triangulierten Gebeit $\overline{G}$ stückweise linearen Funktionen versucht man natürlich (etwa in Analogie zu den quadratischen oder kubischen Interpolationssplines bei einer Variablen; vgl. Abschnitt 12.3), auch stückweise quadratische oder stückweise kubische Funktionen zu verwenden oder statt einer Triangulierung andere Zerlegungen des Gebiets vorzunehmen. Wir gehen im Rahmen dieser Einführung nicht weiter darauf ein.

7. Auch den Fall von mehr als zwei unabhängigen Veränderlichen lassen wir hier außer Betracht.

Beispiel (27.2.34)

Die statische Durchbiegung u einer am Rande eingespannten Membran ergibt sich aus

$$\begin{aligned} -\Delta_2 u &= f \quad \text{in} \quad G \\ u &= 0 \quad \text{auf} \quad \partial G, \end{aligned}$$

wo $-f$ (bis auf einen Faktor) den Druck darstellt, mit dem die Membran durch senkrecht zur Membranebene wirkende Kräfte belastet wird.

Wir betrachten der Einfachheit halber eine quadratische Membran der Kantenlänge 1, und es sei $f = -0.1$.

Die Membran werde in der in Abb. 27.7 skizzierten Weise in (nur) 16 Bereiche zerlegt[102], und es werde mit stückweise linearen Funktionen gearbeitet.

Die Flächeninhalte der Dreiecke betragen jeweils $\frac{1}{16}$. (27.2.27) liefert daher

$$[w]_{\overline{G}_1}(x,y) = 8\left\{ \begin{vmatrix} x-\frac{1}{2} & x-\frac{1}{4} \\ y-\frac{1}{2} & y-\frac{1}{4} \end{vmatrix} \alpha_6 + \begin{vmatrix} x-\frac{1}{4} & x-\frac{1}{2} \\ y-\frac{1}{4} & y-0 \end{vmatrix} \alpha_7 + \begin{vmatrix} x-\frac{1}{2} & x-\frac{1}{2} \\ y-0 & y-\frac{1}{2} \end{vmatrix} \alpha_1 \right\}$$

$$= 2(\alpha_6+\alpha_7-2\alpha_1)\,x \;-\; 2(\alpha_6-\alpha_7)\,y \;-\; \alpha_7+2\alpha_1 .$$

Analoge Ausdrücke erhält man für $[w]_{\overline{G}_2}, \ldots, [w]_{\overline{G}_{16}}$, wobei dann aufgrund der Randbedingung vereinbarungsgemäß bei der hier gewählten Nummerierung der Knoten und der Dreiecke noch $\alpha_6 = \alpha_7 = \ldots = \alpha_{13} = 0$ zu setzen ist.

[102] Wir benutzen also auch nur 13 Knoten und dabei nur 5 Knoten im Inneren des Gebiets.

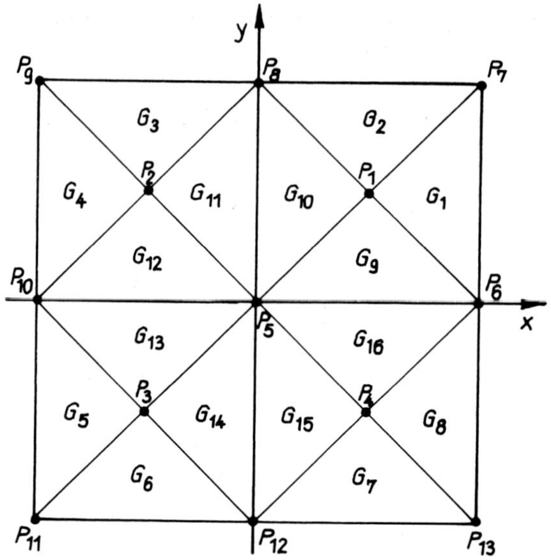

Abb. 27.7. Triangulierung einer Membran

Die Basis–Splines, die bei der gewählten Nummerierung den Raum W_5 $(N = 13, r = 8)$ aufspannen, sind $w_1, \ldots, w_5$. Man erhält sie gemäß (27.2.30) folgendermaßen:

Zur Gewinnung von w_1 setze man in der mittels $[w]_{\overline{G}_1}, \ldots, [w]_{\overline{G}_{16}}$ gefundenen Darstellung von w speziell $\alpha_1 = 1$, $\alpha_2 = \alpha_3 = \alpha_4 = \alpha_5 = 0$. Man erhält

$$w_1(P) = \begin{cases} -4x + 2 & \text{auf} \quad G_1 \\ -4y + 2 & \text{auf} \quad G_2 \\ 0 & \text{auf} \quad G_3, G_4, G_5, G_6, G_7, G_8, G_{11}, \\ & \qquad G_{12}, G_{13}, G_{14}, G_{15}, G_{16} \\ 4y & \text{auf} \quad G_9 \\ 4x & \text{auf} \quad G_{10}\ . \end{cases} \tag{27.2.35}$$

Zur Gewinnung von w_2 hat man $\alpha_1 = 0$, $\alpha_2 = 1$, $\alpha_3 = \alpha_4 = \alpha_5 = 0$ zu setzen und erhält aus der allgemeinen Darstellung von w

$$w_2(P) = \begin{cases} -4y + 2 & \text{auf} \quad G_3 \\ 4x + 2 & \text{auf} \quad G_4 \\ 0 & \text{auf} \quad G_1, G_2, G_5, G_6, G_7, G_8, G_9, \\ & \qquad G_{10}, G_{13}, G_{14}, G_{15}, G_{16} \\ -4x & \text{auf} \quad G_{11} \\ 4y & \text{auf} \quad G_{12} \end{cases}$$

usw.

Zur Aufstellung der Steifigkeitsmatrix hat man gemäß Bemerkung (27.2.16) in Verbindung mit (27.2.11) die Ausdrücke

$$a\,(w_\nu, w_\mu) \quad = \quad \int_G \langle\, \nabla\, w_\nu,\ \nabla\, w_\mu \,\rangle\; dG$$

zu berechnen. Nun ist offenbar gemäß (27.2.35)

$$\nabla\, w_1 \quad = \quad \begin{cases} \begin{pmatrix} -4 \\ 0 \end{pmatrix} & \text{auf } G_1 \\[1em] \begin{pmatrix} 0 \\ -4 \end{pmatrix} & \text{auf } G_2 \\[1em] \begin{pmatrix} 0 \\ 4 \end{pmatrix} & \text{auf } G_9 \\[1em] \begin{pmatrix} 4 \\ 0 \end{pmatrix} & \text{auf } G_{10} \\[1em] \begin{pmatrix} 0 \\ 0 \end{pmatrix} & \text{sonst} \end{cases} ,$$

so dass

$$\begin{aligned} a(w_1, w_1) \quad &= \quad \int_{G_1} 16\, d\boldsymbol{x} \;+\; \int_{G_2} 16\, d\boldsymbol{x} \;+\; \int_{G_9} 16\, d\boldsymbol{x} \;+\; \int_{G_{10}} 16\, d\boldsymbol{x} \\ &= \quad 4 \cdot 16 \cdot \frac{1}{16} \quad = \quad 4\,. \end{aligned}$$

Entsprechend einfach berechnen sich die Gradienten der anderen Basisfunktionen und die Werte $a\,(w_\nu, w_\mu)$. Man erhält folgende (schwach besetzte) Steifigkeitsmatrix:

$$\boldsymbol{K} \quad = \quad \begin{pmatrix} 4 & 0 & 0 & 0 & -1 \\ 0 & 4 & 0 & 0 & -1 \\ 0 & 0 & 4 & 0 & -1 \\ 0 & 0 & 0 & 4 & -1 \\ -1 & -1 & -1 & -1 & 4 \end{pmatrix}.$$

Die rechten Seiten des linearen Gleichungssystems (27.2.22) ergeben sich wegen

$$F\,(w_\nu) = \int_G f \cdot w_\nu\, d\boldsymbol{x} \quad = \quad -0.1 \int_G w_\nu\, d\boldsymbol{x} \qquad (\nu = 1, \ldots, 5)$$ [103]

zunächst im Fall $\nu = 1$ zu

[103]Der Vektor $(F(w_1), \ldots, F(w_n))^{\mathrm{T}}$ heißt **Elementvektor**.

$$F(w_1) = -0.1 \left[\int\limits_{G_1} (-4x+2)\, d\boldsymbol{x} + \int\limits_{G_2} (-4y+2)\, d\boldsymbol{x} + \int\limits_{G_9} 4y\, d\boldsymbol{x} + \int\limits_{G_{10}} 4x\, d\boldsymbol{x} \right]$$

$$= -0.1 \cdot 4 \left[-\int\limits_{G_1} x\, d\boldsymbol{x} - \int\limits_{G_2} y\, d\boldsymbol{x} + \int\limits_{G_9} y\, d\boldsymbol{x} + \int\limits_{G_{10}} x\, d\boldsymbol{x} \right] - 2 \cdot 0.1 \int\limits_{G_1 \cup G_2} d\boldsymbol{x} .$$

Dabei ist z.B.

$$\int\limits_{G_1} x\, d\boldsymbol{x} = \int\limits_{\frac{1}{4}}^{\frac{1}{2}} x \int\limits_{-x+\frac{1}{2}}^{x} dy\, dx = \int\limits_{\frac{1}{4}}^{\frac{1}{2}} x \left(2x - \frac{1}{2}\right) dx = \frac{5}{192} ,$$

und entsprechend einfach berechnen sich alle anderen Integrale, so dass $F(w_1) = -\frac{1}{120}$. Wegen des in diesem Beispiel konstanten f folgt aus Symmetriegründen natürlich analog

$$F(w_2) = F(w_3) = F(w_4) = -\frac{1}{120} ,$$

und für $\nu = 5$ erhält man $F(w_5) = -\frac{1}{60}$. Zu lösen ist daher das lineare Gleichungssystem

$$\begin{pmatrix} 4 & 0 & 0 & 0 & -1 \\ 0 & 4 & 0 & 0 & -1 \\ 0 & 0 & 4 & 0 & -1 \\ 0 & 0 & 0 & 4 & -1 \\ -1 & -1 & -1 & -1 & 4 \end{pmatrix} \begin{pmatrix} \alpha_1 \\ \alpha_2 \\ \alpha_3 \\ \alpha_4 \\ \alpha_5 \end{pmatrix} = -\frac{1}{120} \begin{pmatrix} 1 \\ 1 \\ 1 \\ 1 \\ 2 \end{pmatrix} .$$

Man erhält sofort

$$\alpha_1 = \alpha_2 = \alpha_3 = \alpha_4 = -\frac{1}{240} , \qquad \alpha_5 = -\frac{1}{120}$$

und daraus die Näherungslösung

$$\tilde{w}(x,y) = -\frac{1}{240} \left\{ w_1(x,y) + w_2(x,y) + w_3(x,y) + w_4(x,y) + 2w_5(x,y) \right\} .$$

Insbesondere liefert α_5 die maximale Durchbiegung der Membran, nämlich die Durchbiegung im Nullpunkt

$$\tilde{w}(0,0) = \alpha_5 = -\frac{1}{120} = -0.00833\ldots .$$

Die exakte Lösung ist $-0.00736\ldots$ (Fehler also ca. 13%), der man bei feineren Triangulierungen oder Verwendung quadratischer oder kubischer Elemente[104] natürlich näher gekommen wäre.

[104] Unter einem **Element p–ter Ordnung** mit $p > 1$ versteht man ein Teilgebiet G_i der Zerlegung von G, auf dem statt linearer Funktionen $[w]_{\overline{G_i}}$ Polynome des Grades p Verwendung finden.

Aufgaben(27.2.36)

1. Man verfeinere in Beispiel (27.2.34) die Zerlegung der Membranfläche dadurch, dass man durch P_1 und P_2 Parallelen zur y–Achse sowie durch P_2 und P_3 Parallelen zur x–Achse hinzufügt (so dass 32 Dreiecke entstehen). Welche Näherung ergibt sich nunmehr für die maximale Durchbiegung bei Verwendung linearer Elemente ?

2. Wie gestaltet sich das Ritz–Galerkin–Verfahren im Fall der Aufgabe (27.2.1), wenn man dort die homogenen Randbedingungen durch lineare inhomogene Randbedingungen

$$U_\kappa[u] = u_\kappa \qquad (\kappa = 1, \ldots, k)$$

ersetzt und den Ansatz $\tilde{w} = \sum_{\nu=1}^{n} \alpha_\nu w_\nu$ um eine Funktion w_0 erweitert, die die inhomogenen Randbedingungen erfüllt, d.h.

$$\tilde{w} = w_0 + \sum_{\nu=1}^{n} \alpha_\nu w_\nu \ ?$$

28 Integraltransformationen

28.1 Fourier–Transformation

In Kapitel 16 waren T–periodische Funktionen $f_T(t)$ untersucht worden, und es stellte sich heraus, dass solche Funktionen unter gewissen Bedingungen in Fourier–Reihen entwickelt werden können, die in komplexer Schreibweise die Form

$$f_T(t) \quad = \quad \sum_{k=-\infty}^{\infty} \gamma_k \, \mathrm{e}^{\frac{2\pi i k t}{T}} \qquad (28.1.1)$$

annehmen (vgl. (16.1.7)). Dabei ist

$$\gamma_k \quad = \quad \frac{1}{T} \int_0^T f_T(\tau) \, \mathrm{e}^{\frac{-2\pi i k \tau}{T}} \, d\tau$$ [105]

(vgl. (16.1.11)). Wegen der T–Periodizität des Integranden kann das Integral auch über das Intervall $\left[-\frac{T}{2}, \frac{T}{2}\right]$ erstreckt werden:

$$\gamma_k \quad = \quad \frac{1}{T} \int_{-\frac{T}{2}}^{\frac{T}{2}} f_T(\tau) \, \mathrm{e}^{-\frac{2\pi i k \tau}{T}} \, d\tau \qquad (k = 0, \pm 1, \pm 2, \ldots) \, . \qquad (28.1.2)$$

Interpretieren wir f_T etwa als ein zeitkontinuierliches, hier T–periodisches, Signal, so stellt der Koeffizient γ_k ein Maß für die Stärke dar, mit der an diesem Signal eine Schwingung der Frequenz

$$\omega_k \quad = \quad k \, \frac{2\pi}{T} \qquad (k = 0, \pm 1, \pm 2, \ldots) \qquad (28.1.3)$$ [106]

beteiligt ist. Im Wesentlichen beschreiben die γ_k die Amplituden der beteiligten Schwingungen, und die Folge $(\gamma_k)_{k \in \mathbb{Z}}$ bezeichnet man als das **Spektrum** von f_T.

Als Zahlenfolge ist das Spektrum hier eine diskrete Menge von Werten, und ist die Folge endlich, so bedeutet dies, dass die Frequenzen der beteiligten Schwingungen beschränkt sind (und umgekehrt).

Fassen wir formal die Frequenz

$$\frac{2\pi}{T} \quad = \quad \omega_{k+1} \; - \; \omega_k \quad =: \quad \Delta\,\omega \qquad (28.1.4)$$

[105] Es ist klar, dass zum Verständnis dieses Ausdrucks nicht wirklich bereits die Theorie der Integrale komplexwertiger Funktionen einer komplexen Veränderlichen benötigt wird, und dies gilt für das gesamte vorliegende Kapitel.

[106] Wir lassen hier der komplexen Schreibweise wegen auch negative Frequenzen zu.

der Grundschwingung als Schrittweite in Richtung einer neuen Variablen ω auf und setzen (28.1.2) in (28.1.1) ein, so folgt

$$f_T(t) = \sum_{k=-\infty}^{\infty} \frac{1}{2\pi} \int_{-\frac{T}{2}}^{\frac{T}{2}} f_T(\tau)\, e^{i\,\omega_k (t-\tau)}\, d\tau \cdot \Delta\,\omega\,. \tag{28.1.5}$$

Man kann die Frage stellen, ob — oder unter welchen Bedingungen — auch ein nicht–periodisches Signal $f(t)$ als eine aus periodischen Schwingungen aufgebaute Funktion aufgefasst werden kann, wie gegebenenfalls das Spektrum aussieht, und in welchem Maße und in welcher Weise hier von einer Beteiligung der Einzelschwingungen die Rede sein kann.

Wir gehen –zunächst unter Verzicht auf mathematische Strenge– heuristisch vor und fassen das nicht–periodische Signal $f : \mathbb{R} \to \mathbb{R}$ als ein Signal mit unendlich großer Periode auf:

$$f(t) = \lim_{T\to\infty} f_T(t) \tag{28.1.6}$$

mit einer T–periodischen Funktion f_T.

Setzt man vorübergehend

$$\int_{-\frac{T}{2}}^{\frac{T}{2}} f_T(\tau)\, e^{-i\,\omega\,\tau}\, d\tau =: g_T(\omega)\,, \tag{28.1.7}$$

so ergibt (28.1.5)

$$f_T(t) = \frac{1}{2\pi} \sum_{k=-\infty}^{\infty} g_T(\omega_k)\, e^{i\,\omega_k\,t}\, (\omega_{k+1} - \omega_k)\,. \tag{28.1.8}$$

Die in (28.1.8) auftretende Reihe erinnert an eine Riemannsche Summe (vgl. Definition (13.1.1)), wobei $\omega_{k+1} - \omega_k = \Delta\,\omega$ wegen (28.1.4) für große T beliebig klein wird, die Summenbildung in (28.1.8) von $k = -\infty$ bis $k = \infty$ auf eine Riemannsche Summe für ein uneigentliches Integral über die gesamte ω–Achse hindeutet und (28.1.7) in Verbindung mit (28.1.6) erwarten lässt, dass g_T für große T in

$$g(\omega) := \int_{-\infty}^{\infty} f(\tau)\, e^{-i\,\omega\,\tau}\, d\tau \tag{28.1.9}$$

übergeht.

Definition (28.1.10)

Existiert das in (28.1.9) auftretende Integral für alle $\omega \in \mathbb{R}$, so heißt g die **Fourier–Transformierte** der Funktion f.

Offenbar ist die **Fourier–Transformation** (28.1.9) eine lineare Transformation.

(28.1.8) legt dann für $T \to \infty$ die Vermutung

$$f(t) \quad = \quad \frac{1}{2\pi} \int\limits_{-\infty}^{\infty} g(\omega)\, e^{i\,\omega\, t}\, d\omega \tag{28.1.11}$$

nahe, und (28.1.11) ergäbe mit (28.1.9) das **Fourier–Integral**

$$f(t) \quad = \quad \frac{1}{2\pi} \int\limits_{-\infty}^{\infty} \int\limits_{-\infty}^{\infty} f(\tau)\, e^{i\,\omega\,(t\,-\,\tau)}\, d\tau\, d\omega\,. \tag{28.1.12}$$

Gilt (28.1.12), so stellt (28.1.11) offenbar die Rücktransformation der Fourier–Transformation (28.1.9) dar.

Die Frage der Gültigkeit von (28.1.12) wird durch folgenden Satz beantwortet, der hier ohne Beweis wiedergegeben werde:

Satz (28.1.13)
Ist $f(t)$ auf jedem endlichen Intervall stückweise stetig, besitzt f in jedem Punkt eine linksseitige und eine rechtsseitige Ableitung und existiert $\int\limits_{-\infty}^{\infty} |f(t)|\, dt$, so kann f durch das Fourier–Integral dargestellt werden. Ist f an einer Stelle t_0 unstetig, so liefert die rechte Seite von (28.1.12) für $t = t_0$ den Mittelwert des links- und des rechtsseitigen Grenzwertes von f für $t \to t_0$.

Im folgenden gehen wir davon aus, dass die Voraussetzungen des Satzes (28.1.13) erfüllt seien.

Dann lehrt der Vergleich von (28.1.11) mit (28.1.8), dass an die Stelle der in (28.1.8) auftretenden Summe ein Integral getreten ist, und dass dem diskreten Spektrum

$$(\gamma_k)_{k\in\mathbb{Z}} \quad = \quad \frac{1}{T}\,(g_T\,(\omega_k))_{k\in\mathbb{Z}}$$

der periodischen Funktion f_T nun (in Form der Fourier–Transformierten) ein **kontinuierliches Spektrum** $\frac{1}{T}g(\omega)$, $\omega \in \mathbb{R}$, der Funktion f entspricht.

Verschwindet $g(\omega)$ für $|\omega| > \omega_0$, so deuten wir dies auch hier in Analogie zur Endlichkeit des diskreten Spektrums im periodischen Fall in der Weise, dass an f keine Frequenzen beteiligt sind, die (dem Betrag nach) größer als ω_0 sind.

Bemerkungen (28.1.14)

1. Zerlegt man in (28.1.12) den Integranden in Real– und Imaginärteil und beachtet, dass $f(t)$ als reell vorausgesetzt wurde, so folgt neben der Aussage

$$\int_{-\infty}^{\infty}\int_{-\infty}^{\infty} f(\tau)\,\sin\,[\omega(t-\tau)]\,d\tau\,d\omega \quad = \quad 0$$

die trigonometrische Darstellung

$$f(t) \quad = \quad \frac{1}{2\pi}\int_{-\infty}^{\infty}\int_{-\infty}^{\infty} f(\tau)\,\cos\,[\omega(t-\tau)]\,d\tau\,d\omega\,. \tag{28.1.15}$$

2. Mittels (28.1.15) zeigt man ohne Schwierigkeiten, dass

$$f(t) \quad = \quad \frac{2}{\pi}\int_{0}^{\infty}\int_{0}^{\infty} f(\tau)\left\{\begin{array}{c}\cos(\omega\,t)\cdot\cos(\omega\,\tau)\\ \sin(\omega\,t)\cdot\sin(\omega\,\tau)\end{array}\right\}\,d\tau\,d\omega\,, \tag{28.1.16}$$

$$\text{falls}\quad f\left\{\begin{array}{l}\text{gerade Funktion}\\ \text{ungerade Funktion}\end{array}\right.\,.$$

Die Integraltransformationen und insbesondere auch die Fourier–Transformationen gestatten es häufig, gewisse Probleme auf einfachere Aufgaben zurückzuführen und nach deren Lösung das ursprüngliche Problem durch Rücktransformation zu lösen.

Beispiel (28.1.17)

Gegeben sei die gewöhnliche Randwertaufgabe

$$y''(t) + a\,y'(t) + b\,y(t) \quad = \quad c(t)\,,$$

$$\lim_{|t|\to\infty} y(t) \quad = \quad 0\,, \qquad \lim_{|t|\to\infty} y'(t) \quad = \quad 0$$

mit konstanten Koeffizienten a, b und nicht notwendig stetiger rechter Seite $c(t)$ [107].

Ist $g_p(\omega)$ die Fourier–Transformierte von p, so liefert (28.1.9)

$$g_{y'}(\omega) \quad = \quad \int_{-\infty}^{\infty} y'(\tau)\,e^{-i\,\omega\,\tau}\,d\tau\,,$$

und partielle Integration ergibt unter Berücksichtigung der Randbedingungen:

$$\begin{aligned} g_{y'}(\omega) \quad &= \quad \Big[y(\tau)\,e^{-i\,\omega\,\tau}\Big]_{-\infty}^{\infty} + i\,\omega\int_{-\infty}^{\infty} y(\tau)\,e^{-i\,\omega\,\tau}\,d\tau \\ &= \quad i\,\omega\int_{-\infty}^{\infty} y(\tau)\,e^{-i\,\omega\,\tau}\,d\tau \quad = \quad i\,\omega\,g_y(\omega)\,. \end{aligned}$$

---

[107] Es handelt sich also für $a > 0,\ b > 0$ um eine erzwungene Schwingung mit Dämpfungsterm bei nicht notwendig harmonischer Anregung.

Analog gilt

$$g_{y''}(\omega) \quad = \quad i\,\omega\, g_{y'}(\omega) \quad = \quad -\omega^2\, g_y(\omega)\,.$$

Mithin folgt aus der Linearität der Fourier–Transformation

$$g_c(\omega) \quad = \quad \left(-\omega^2 + i\,\omega\, a + b\right)\, g_y(\omega)\,,$$

d.h.

$$g_y(\omega) \quad = \quad \frac{g_c(\omega)}{-\omega^2 + i\,\omega\, a + b}\,.$$

Die Rücktransformation (28.1.11) führt zu der Lösung

$$y(t) \quad = \quad \frac{1}{2\pi} \int_{-\infty}^{\infty} \frac{g_c(\omega)}{-\omega^2 + i\,\omega\, a + b}\, \mathrm{e}^{i\,\omega\, t}\, d\omega\,,$$

d.h.

$$y(t) \quad = \quad \frac{1}{2\pi} \int_{-\infty}^{\infty} \int_{-\infty}^{\infty} \frac{c(\tau)}{-\omega^2 + i\,\omega\, a + b}\, \mathrm{e}^{i\,\omega\,(t-\tau)}\, d\tau\, d\omega\,.$$

Voraussetzung ist natürlich die Existenz der jeweiligen Fourier-Transformierten. Die Auswertung der Integraldarstellung der Lösung kann hier wie in anderen Fällen in der Regel nur mit numerischen Näherungsverfahren erfolgen.

Eine weitere wichtige Anwendung der Fourier–Transformation ergibt sich bei der Beantwortung der Frage, inwieweit ein in ein Übertragungssystem eingespeistes zeit– und wertkontinuierliches Signal (**Analogsignal**)[108], das am Ausgang nur zu diskreten Zeitpunkten aufgenommen (abgetastet) wird, wieder zeitkontinuierlich und wertkontinuierlich vollständig rekonstruiert werden kann[109].

Ist dem abtastenden Empfänger bekannt, dass es sich beim Primärsignal um ein periodisches Signal handelt, an dem ein nur beschränkter Frequenzbereich beteiligt ist, so ist wegen des bereits erwähnten Umstandes, dass dann nur endlich viele Fourier–Koeffizienten von Null verschieden sein können, also auch nur endlich viele Frequenzen auftreten und f durch ein trigonometrisches Polynom dargestellt wird, einleuchtend, dass bei Kenntnis hinreichend vieler diskreter Abtastwerte eine vollständige Rekonstruktion (die hier zu einer Interpolationsaufgabe gerät) möglich sein sollte.

Wie gestaltet sich die Antwort im nichtperiodischen Fall ?

---

[108] Dies bedeutet, dass sowohl der Definitionsbereich wie der Wertebereich des Signals $f(t)$ ein Kontinuum darstellt.

[109] Diskretisiert man auch den Wertebereich und ersetzt die zu diskreten Zeitpunkten aufgenommenen Werte des Signals z.B. durch den jeweils nächstgelegenen Wert im diskreten Bereich, so spricht man von einem **Digitalsignal**.

Hierzu gilt folgender Satz:

Satz (28.1.18) (Abtasttheorem)[110]
Es sei $f(t)$ ein bei $t = 0$ einsetzendes, für alle $t \geq 0$ definiertes reelles Signal. Durch die Forderung $f(-t) = f(t)$ werde f zu einer auf $\mathbb{R}$ definierten geraden Funktion fortgesetzt und genüge den Voraussetzungen des Satzes (28.1.13).
Das Spektrum von f sei beschränkt:

$$g(\omega) \;=\; 0 \quad \text{für} \quad |\omega| > \omega_0 > 0\,. \tag{28.1.19}$$

Tastet man dann f zu den Zeitpunkten

$$t_k \;=\; \frac{k\pi}{\omega_0} \qquad (k = 0, 1, 2, \ldots)\ ^{111} \tag{28.1.20}$$

ab, so kann f aus diesen Informationen für alle t rekonstruiert werden.

Beweis
(28.1.19) ergibt mit (28.1.11)

$$f(t) \;=\; \frac{1}{2\pi} \int_{-\omega_0}^{\omega_0} g(\omega)\, e^{i\,\omega\, t}\, d\omega\,. \tag{28.1.21}$$

$g(\omega)$ werde nunmehr zu einer für alle $\omega \in \mathbb{R}$ definierten $2\omega_0$–periodischen Funktion fortgesetzt, indem man setzt:

$$g\,(\omega \pm 2\omega_0) \;=\; g(\omega)\,.$$

Die Fourier–Reihe

$$g(\omega) \;=\; \sum_{k=-\infty}^{\infty} c_k\, e^{ik \frac{\pi}{\omega_0}\omega} \tag{28.1.22}$$

dieser Funktion[112] besitzt die Fourier–Koeffizienten

$$c_k \;=\; \frac{1}{2\omega_0} \int_{-\omega_0}^{\omega_0} g(\omega)\, e^{ik \frac{\pi}{\omega_0}\omega}\, d\omega\,, \tag{28.1.23}$$

---

[110]C.E. Shannon 1948

[111]Da in (28.1.19) die Zahl ω_0 offenbar durch jede größere positive Zahl ersetzt werden kann, ohne dadurch die Voraussetzungen des Satzes zu verschärfen, kann der Abtast–Zeitabstand $t_{k+1} - t_k = \pi/\omega_0$ beliebig verkleinert werden, muss aber äquidistant bleiben.

[112]Der Frage, ob die Voraussetzungen zur Darstellbarkeit von g durch die von g erzeugte Fourier–Reihe erfüllt sind, gehen wir hier ebensowenig nach wie der Frage der Zulässigkeit der in (28.1.25) vorgenommenen Vertauschung von Summation und Integration.

was mit (28.1.21) auch in der Form

$$c_k = \frac{\pi}{\omega_0} f\left(-k\,\frac{\pi}{\omega_0}\right)$$

geschrieben werden kann. Da f eine gerade Funktion ist, folgt mit (28.1.20)

$$c_k = \frac{\pi}{\omega_0} f(t_k)\ . \tag{28.1.24}$$

Einsetzen von (28.1.22) in (28.1.21) ergibt

$$\begin{aligned} f(t) &= \frac{1}{2\pi} \int\limits_{-\omega_0}^{\omega_0} \sum_{k=-\infty}^{\infty} c_k\, \mathrm{e}^{i\,\omega\left(t+\frac{k\pi}{\omega_0}\right)}\, d\omega \\ &= \frac{1}{2\pi} \sum_{k=-\infty}^{\infty} c_k \int\limits_{-\omega_0}^{\omega_0} \mathrm{e}^{i\,\omega\left(t+\frac{k\pi}{\omega_0}\right)}\, d\omega\ , \end{aligned} \tag{28.1.25}$$

so dass

$$f(t) = \frac{1}{2\pi} \sum_{k=-\infty}^{\infty} c_k \frac{1}{i\left(t+k\,\dfrac{\pi}{\omega_0}\right)} \left[\mathrm{e}^{i\,\omega\left(t+\frac{k\pi}{\omega_0}\right)}\right]_{\omega=-\omega_0}^{\omega=\omega_0}\ ,$$

d.h.

$$f(t) = \frac{1}{2\pi} \sum_{k=-\infty}^{\infty} 2\omega_0\, c_k \frac{1}{\omega_0 t + k\pi} \sin\left(\omega_0\, t + k\,\pi\right)\ .$$

Einsetzen von (28.1.24) liefert schließlich

$$f(t) = \sum_{k=-\infty}^{\infty} f(t_k) \frac{\sin\left(\omega_0\, t + k\,\pi\right)}{\omega_0\, t + k\,\pi}\ ,$$

unter Berücksichtigung der Fortsetzung von f zu einer geraden Funktion mithin

$$f(t) = f(0)\,\frac{\sin(\omega_0\, t)}{\omega_0\, t} + 2\omega_0\, t\, \sin(\omega_0\, t) \sum_{k=1}^{\infty} \frac{(-1)^k f(t_k)}{\omega_0^2\, t^2 - k^2\, \pi^2}\ . \tag{28.1.26}$$

f lässt sich also in der Tat für alle $t \geq 0$ [113] allein aus der Kenntnis der Abtastwerte $f(t_k)$ $(k = 0, 1, 2, \ldots)$ rückgewinnen. ∎

[113] Für $t = 0$ ist dies im Sinne der Anwendung der Regel von de l'Hospital gemeint.

Bemerkung (28.1.27)

Zunächst mag es frappieren, dass eine scheinbar weitgehend willkürliche Funktion f aus der Kenntnis lediglich diskreter Werte rekonstruiert werden kann. Andererseits muss berücksichtigt werden, dass die Forderung nach dem Erfülltsein der Voraussetzungen des Satzes (28.1.13) ebenso wie die Voraussetzung (28.1.19) [114] stark einschneidende Bedingungen darstellen. So folgt z.B. aus (28.1.21), dass f beliebig oft differenzierbar sein muss.

Aufgaben (28.1.28)

1. Wie sehen die Fourier–Transformation und die Rücktransformation in reeller Schreibweise aus, wenn f eine gerade bzw. eine ungerade reellwertige Funktion ist ?

2. Man bestimme die Fourier–Transformierte des isolierten Pulses
$$f(t) \quad = \quad \begin{cases} 1 & \text{für} \quad |t| \leq 1 \\ 0 & \text{für} \quad |t| > 1 \quad . \end{cases}$$

3. Man bestimme die Fourier–Transformierte von
$$f(t) \quad = \quad \begin{cases} \cos t & \text{für} \quad |t| \leq \frac{\pi}{2} \\ 0 & \text{für} \quad |t| > \frac{\pi}{2} \quad . \end{cases}$$

4. Man zeige: Sind $g_1(\omega)$ und $g_2(\omega)$ die Fourier–Transformierten von $f_1(t)$, bzw. $f_2(t)$ und ist $g(\omega)$ die Fourier–Transformierte der nachstehend beschriebenen Funktionen $f(t)$, so gilt

a) $g(\omega) \; = \; \dfrac{1}{i\,\omega}\, g_1(\omega) \quad \text{für} \quad f(t) \; = \; \displaystyle\int\limits_{-\infty}^{t} f_1(\tau)\, d\tau \; ,$

b) $g(\omega) \; = \; \displaystyle\int\limits_{-\infty}^{\infty} g_1(\rho)\, g_2(\omega - \rho)\, d\rho \quad \text{für} \quad f(t) \; = \; f_1(t) \cdot f_2(t) \; ,$

c) $g(\omega) \; = \; g_1(\omega + \omega_0) \quad \text{für} \quad f(t) \; = \; \mathrm{e}^{i\,\omega_0\, t}\, f_1(t) \; .$

28.2 Laplace-Transformation

Viele für die Anwendungen bedeutsame Funktionen besitzen keine Fourier-Transformierte. Dies gilt z.B. für die **Heaviside-Funktion**

$$u(t) \quad = \quad \begin{cases} 0 & \text{für} \quad t < 0 \\ 1 & \text{für} \quad t \geq 0 \; . \end{cases} \qquad (28.2.1)$$
[115]

[114] Im periodischen Fall wird (28.1.19) bereits durch die Voraussetzungen des Satzes (28.1.13) erzwungen.

[115] Die Heaviside-Funktion repräsentiert also einen Zustand, der für $t < 0$ ausgeschaltet und für $t \geq 0$ eingeschaltet ist.

Hier würde (28.1.9) zu

$$g(\omega) = \int_0^\infty e^{-i\,\omega\,\tau}\,d\tau = \frac{1}{i\,\omega}\left[1 - \lim_{\tau\to\infty}\,(\cos(\omega\,\tau) - i\,\sin(\omega\,\tau))\right]$$

führen, wobei der rechts stehende Ausdruck (für $\omega \neq 0$) offenbar nicht existiert. Das auftretende uneigentliche Integral konvergiert also nicht.

Wir beschänken uns im Folgenden stets auf den Fall, dass die Funktion f (wie im Beispiel $f = u$ aus (28.2.1)) für $t < 0$ verschwindet[116], so dass (28.1.9) zu

$$g(\omega) = \int_0^\infty f(\tau)\,e^{-i\,\omega\,\tau}\,d\tau \tag{28.2.2}$$

führen würde.

Nun ist die Funktion $e^{-a\,t}$ mit $a > 0$ eine für wachsende t relativ schnell abfallende Funktion, so dass man hoffen kann, dass zumindest in gewissen Situationen auch bei Divergenz des in (28.2.2) auftretenden uneigentlichen Integrals das Integral

$$G(\omega) = \int_0^\infty F(\tau)\,e^{-i\,\omega\,\tau}\,d\tau, \qquad F(\tau) = e^{-a\,\tau}\,f(\tau), \qquad a > 0 \tag{28.2.3}$$

doch noch existiert, und zwar umso eher, je größer a ist. $e^{-a\,\tau}$ heißt dann **konvergenzerzeugender Faktor**.

(28.2.3) ergibt bei Erfülltsein der benötigten Voraussetzungen

$$G(\omega) = \int_0^\infty f(\tau)\,e^{-(a\,+\,i\,\omega)\,\tau}\,d\tau\,, \tag{28.2.4}$$

und (28.1.11) liefert in Verbindung mit (28.2.3)

$$F(t) = \frac{1}{2\pi}\int_{-\infty}^{\infty} G(\omega)\,e^{i\,\omega\,t}\,d\omega\,,$$

d.h.

$$f(t) = \frac{1}{2\pi}\int_{-\infty}^{\infty} G(\omega)\,e^{(a\,+\,i\,\omega)\,t}\,d\omega\,. \tag{28.2.5}$$

---

[116] bzw. als Nullfunktion fortgesetzt wird

Mit

$$s \;=\; a + i\,\omega \;\in\; \mathbb{C} \tag{28.2.6}$$

erhält man bei Einführung des Symbols

$$[\mathcal{L}(f)]\,(s) \;:=\; G\left(\frac{s-a}{i}\right) \;=\; G(\omega)$$

aus (28.2.4) und (28.2.5) folgende Transformationsformeln:

$$[\mathcal{L}\,(f(t))]\,(s) \;=\; \int\limits_0^{\infty} f(\tau)\,\mathrm{e}^{-s\,\tau}\,d\tau \;=:\; \phi(s)\;, \tag{28.2.7}$$

$$f(t) \;=\; \frac{1}{2\pi\,i}\int\limits_{a-i\,\infty}^{a+i\,\infty} \phi(s)\,\mathrm{e}^{s\,t}\,ds \;=:\; \left[\mathcal{L}^{-1}\,(\phi(s))\right](t)\,. \tag{28.2.8}$$

Definition (28.2.9)

Konvergiert das Integral (28.2.7), so bezeichnet man die durch den linearen Operator $\mathcal{L}$ vermittelte Abbildung als **Laplace–Transformation**, ϕ heißt **Laplace–Transformierte** von f, und $\mathcal{L}^{-1}$ heißt **inverse Laplace–Transformation**, sofern das Integral in (28.2.8), das als (uneigentliches) Kurvenintegral entlang der in der Gaußschen Zahlenebene parallel zur imaginären Achse verlaufenden Geraden $\operatorname{Re} s = a > 0$ zu verstehen ist, konvergiert.

Bemerkung (28.2.10)

Ist f bei t unstetig, so ist $f(t)$ in (28.2.8) durch $\dfrac{f(t+0)+f(t-0)}{2}$ zu ersetzen.

Über die Existenz der Laplace-Transformierten einer Funktion f gilt folgende Aussage:

Satz (28.2.11)

Ist f auf $[0,\infty[$ lokal integrierbar (vgl. Definition (13.5.1)) und erfüllt f eine Ungleichung der Form

$$|f(t)| \;\le\; M\,\mathrm{e}^{\gamma\,t}, \qquad \forall\, t \ge 0 \tag{28.2.12}$$

mit irgendwelchen Konstanten M und γ, so existiert die Laplace-Transformierte für alle $s \in \mathbb{C}$ mit

$$\operatorname{Re} s \;>\; \gamma\,. \tag{28.2.13}$$

Beweis

Da f auf $[0,\infty[$ lokal integrierbar ist, gilt dies auch für $e^{-st} f(t)$. Wegen

$$\left|e^{-st} f(t)\right| = e^{-\mathrm{Re}\, s \cdot t} |f(t)|$$

und der durch (28.2.13) gewährleisteten Konvergenz des Integrals

$$\int_0^\infty M\, e^{-(\mathrm{Re}\, s - \gamma)\,\tau}\, d\tau = \frac{M}{\mathrm{Re}\, s - \gamma}$$

konvergiert auch das Integral (28.2.7) (Majorantenkriterium; vgl. Satz (13.5.4)), und zwar konvergiert es absolut. ■

Definition (28.2.14)

Ist γ_0 das Infimum aller $\gamma \in \mathbb{R}$, für die bei gegebenem f eine Abschätzung der Form (28.2.12) existiert, so heißt γ_0 die **Konvergenzabszisse** von f.

Im Folgenden werden wir uns auf Funktionen f beschränken, die –wie bereits vereinbart– für $t < 0$ als Nullfunktion definiert sind und für $t \geq 0$ die Voraussetzungen von Satz (28.2.11) erfüllen.

In (28.2.8) kann dann jedes $a > \gamma_0$ verwendet werden. Jedoch wird von (28.2.8) kaum Gebrauch gemacht. Vielmehr legt man umfangreiche Tabellenwerke an, in denen die Laplace-Transformierten möglichst vieler Funktionen, die von den Anwendungen her bedeutsam sind, aufgelistet werden. Diese Tabellen liefern dann – gleichsam rückwärts gelesen – eine Fülle von Rücktransformationen. Der Grund für diese Bemühungen liegt natürlich wiederum darin, dass sich im Bildraum gewisse Probleme übersichtlicher lösen lassen als im Originalraum, wonach dann die Rücktransformation die Lösung des Ausgangsproblems liefert.

Beispiele (28.2.15) [117]

1. Betrachtet man erneut die Heaviside-Funktion u (vgl. (28.2.1)), so folgt

$$\mathcal{L}(u(t)) = \int_0^\infty e^{-s\,\tau}\, d\tau = -\frac{1}{s}\left[e^{-s\,\tau}\right]_{\tau=0}^{\tau=\infty} = \frac{1}{s}$$

   für $\mathrm{Re}\, s > 0$.

   Hier ist also $\gamma_0 = 0$ die Konvergenzabszisse.

[117] Dabei schreiben wir für den an der Stelle s betrachteten Ausdruck $[\mathcal{L}(f(t))]\,(s)$ abkürzend nur $\mathcal{L}(f(t))$, sofern Missverständnisse nicht zu befürchten sind.

2. Für $\operatorname{Re} s > -\operatorname{Re}\beta$ $(\Rightarrow \gamma_0 = -\operatorname{Re}\beta)$ gilt

$$\mathcal{L}\left(\mathrm{e}^{-\beta t}\right) = \int_0^\infty \mathrm{e}^{-(\beta+s)\tau}\, d\tau = \frac{1}{s+\beta} .$$

3. Für $\operatorname{Re} s > 0$ gilt

$$\begin{aligned}\mathcal{L}(\sin(\beta t)) &= \int_0^\infty \sin(\beta\tau)\, \mathrm{e}^{-s\tau}\, d\tau \\ &= -\frac{1}{\beta}\left[\cos(\beta\tau)\, \mathrm{e}^{-s\tau}\right]_{\tau=0}^{\tau=\infty} - \frac{s}{\beta}\int_0^\infty \cos(\beta\tau)\, \mathrm{e}^{-s\tau}\, d\tau \\ &= \frac{1}{\beta} - \frac{s}{\beta}\left\{\frac{1}{\beta}\left[\sin(\beta\tau)\, \mathrm{e}^{-s\tau}\right]_{\tau=0}^{\tau=\infty} + \frac{s}{\beta}\int_0^\infty \sin(\beta\tau)\, \mathrm{e}^{-s\tau}\, d\tau\right\}\end{aligned}$$

Mithin folgt

$$\left(1+\frac{s^2}{\beta^2}\right)\mathcal{L}(\sin(\beta t)) = \frac{1}{\beta}$$

d.h.

$$\mathcal{L}(\sin(\beta t)) = \frac{\beta}{s^2+\beta^2} \quad \text{für} \quad \operatorname{Re} s > 0$$

$(\Rightarrow \gamma_0 = 0)$.

Analog gilt:

$$\mathcal{L}(\cos(\beta t)) = \frac{s}{s^2+\beta^2} \quad \text{für} \quad \operatorname{Re} s > 0 .$$

4. Beschränkt man sich bei

$$\mathcal{L}(t^n) = \int_0^\infty \tau^n\, \mathrm{e}^{-s\tau}\, d\tau$$

auf reelle positive s, so folgt mit der Substitution $s\tau =: \xi$ für $n \in \mathbb{N}_0$ offenbar (vgl. Beispiel (13.5.8))

$$\mathcal{L}(t^n) = \frac{1}{s^{n+1}}\int_0^\infty \xi^n\, \mathrm{e}^{-\xi}\, d\xi = \frac{\Gamma(n+1)}{s^{n+1}} ,$$

mithin

$$\mathcal{L}(t^n) = \frac{n!}{s^{n+1}} , \qquad s \in \mathbb{R}^+ .$$

5. Erfüllt f' die Voraussetzungen des Satzes (28.2.11), und gilt dies auch für die auf der Halbachse $t \geq 0$ stetige Funktion f [118], so liefert die Gleichung

$$\mathcal{L}(f'(t)) = \int_0^\infty f'(\tau)\, \mathrm{e}^{-s\,\tau}\, d\tau$$

für stetiges f' [119] bei Anwendung partieller Integration:

$$\mathcal{L}(f'(t)) = \Big[f(\tau)\, \mathrm{e}^{-s\,\tau}\Big]_0^\infty + s \int_0^\infty f(\tau)\, \mathrm{e}^{-s\,\tau}\, d\tau\,.$$

Ist $\operatorname{Re} s > \gamma_0$, wo γ_0 die Konvergenzabszisse von f darstellt, so ergibt sich aus (28.2.12) die Aussage

$$\lim_{\tau \to \infty} f(\tau)\, \mathrm{e}^{-s\,\tau} = 0\,,$$

so dass

$$\mathcal{L}(f'(t)) = s\,\mathcal{L}(f(t)) - f(0)\,.$$

Bei entsprechenden Voraussetzungen über die höheren Ableitungen von f erhält man mittels vollständiger Induktion das Resultat

$$\mathcal{L}\left(f^{(n)}(t)\right) = s^n\,\mathcal{L}(f(t)) - \sum_{\nu=0}^{n-1} s^\nu\, f^{(n-1-\nu)}(0)\,.$$

6. Mit der Substitution $k\,\tau = \xi$ führt

$$[\mathcal{L}(f(kt))]\,(s) = \int_0^\infty f(k\,\tau)\, \mathrm{e}^{-s\,\tau}\, d\tau\,, \qquad k > 0$$ [120]

zu dem Resultat

$$[\mathcal{L}(f(kt))]\,(s) = \frac{1}{k}\int_0^\infty f(\xi)\, \mathrm{e}^{-\frac{s}{k}\,\xi}\, d\xi = \frac{1}{k}\,[\mathcal{L}(f(t))]\left(\frac{s}{k}\right).$$

7. Es gilt

$$\mathcal{L}(t\,f(t)) = \int_0^\infty \tau\, f(\tau)\, \mathrm{e}^{-s\,\tau}\, d\tau = -\frac{d}{ds}\int_0^\infty f(\tau)\, \mathrm{e}^{-s\,\tau}\, d\tau\,,$$

so dass man die Implikation

$$\phi(s) = \mathcal{L}(f(t)) \implies \phi'(s) = -\mathcal{L}(t\,f(t))$$

erhält.

[118] Da f in $t \geq 0$ überall differenzierbar sein soll, ist f dort auch stetig.
[119] Für den unstetigen Fall vgl. die Aufgaben (28.2.22).
[120] Wegen des Verschwindens von f entlang der negativen τ–Halbachse macht $k < 0$ keinen Sinn.

8. Offenbar gilt folgende Beziehung, die man als den **ersten Verschiebungssatz** bezeichnet:

$$\left[\mathcal{L}\left(e^{-kt} f(t)\right)\right](s) = \int_0^\infty f(\tau)\, e^{-(s+k)\tau}\, d\tau = [\mathcal{L}(f(t))](s+k)\,,$$

sofern $\operatorname{Re} s > \max(\gamma_0, \gamma_0 - k)$.

Für die Rücktransformation (28.2.8) führt dieses Verschiebungsresultat zu der wichtigen Aussage

$$\mathcal{L}^{-1}(\phi(s)) = e^{-kt}\, \mathcal{L}^{-1}(\phi(s-k))\,.$$

9. Als **zweiten Verschiebungssatz** bezeichnet man die Relation

$$[\mathcal{L}(f(t-k))](s) = e^{-sk}\, [\mathcal{L}(f(t))](s)\,.$$

Eine Vielzahl weiterer Beziehungen[121], die in dieser Einführung nicht alle wiedergegeben werden können, macht die Laplace-Tranformation zu einem für zahlreiche Anwendungen nützlichen Instrument. Wir demonstrieren dies an folgendem Beispiel:

Beispiel (28.2.16)

Gesucht sei die Lösung $\begin{pmatrix} y(t) \\ z(t) \end{pmatrix}$ des Systems gewöhnlicher Differentialgleichungen

$$\begin{aligned} y'' + y' + 4z &= \sin \omega t \\ y' + z' + z &= 0 \end{aligned}$$

mit den Anfangsbedingungen

$$y(0) = -\frac{1}{3}, \qquad y'(0) = 0, \qquad z(0) = 0\,.$$

Unterwirft man jede der beiden Differentialgleichungen der Laplace-Transformation, so erhält man aufgrund der Linearität der Transformation und unter Verwendung der Beispiele 3 und 5 in (28.2.15) die Gleichungen

$$\begin{aligned} s^2\,\mathcal{L}(y(t)) - s\,y(0) - y'(0) + s\,\mathcal{L}(y(t)) - y(0) + 4\,\mathcal{L}(z(t)) &= \frac{\omega}{s^2+\omega^2} \\ s\,\mathcal{L}(y(t)) - y(0) + s\,\mathcal{L}(z(t)) - z(0) + \mathcal{L}(z(t)) &= 0\,, \end{aligned}$$

in Verbindung mit den Anfangsbedingungen also

$$\begin{aligned} s(s+1)\,\mathcal{L}(y(t)) + 4\,\mathcal{L}(z(t)) &= \frac{\omega}{s^2+\omega^2} - \frac{s+1}{3} \\ s\,\mathcal{L}(y(t)) + (s+1)\,\mathcal{L}(z(t)) &= -\frac{1}{3}\,. \end{aligned}$$

[121] vgl. auch die Aufgaben (28.2.22)

Dies ist ein lineares Gleichungssystem zur Bestimmung von $\mathcal{L}(y(t))$ und $\mathcal{L}(z(t))$. Man erhält die gebrochen rationalen Funktionen

$$\begin{aligned}\mathcal{L}(y(t)) &= \frac{3\omega(s+1) - [(s+1)^2 - 4]\,(s^2+\omega^2)}{3\,(s^2+\omega^2)\,s\,[(s+1)^2-4]}\\ \mathcal{L}(z(t)) &= \frac{\omega}{(s^2+\omega^2)\,[(s+1)^2-4]}\,.\end{aligned}$$

Nullstellen der Nenner sind $s_1 = 1$, $s_2 = -3$, $s_3 = i\,\omega$, $s_4 = -i\,\omega$ sowie im Fall von $\mathcal{L}(y(t))$ auch noch $s_5 = 0$.

Partialbruchzerlegung (vgl. (13.4.11)) ergibt

$$\begin{aligned}\mathcal{L}(y(t)) &= -\frac{1}{\omega\,(\omega^2+9)\,(\omega^2+1)}\,\frac{(\omega^2-3)\,s + \omega^2\,(\omega^2+5)}{s^2+\omega^2}\\ &\quad -\frac{\omega+1}{3\omega\,s} + \frac{\omega}{2\,(\omega^2+1)}\,\frac{1}{s-1} - \frac{\omega}{6\,(\omega^2+9)}\,\frac{1}{s+3}\end{aligned}$$

sowie

$$\mathcal{L}(z(t)) = \frac{\omega}{(\omega^2+9)\,(\omega^2+1)}\,\frac{2s+\omega^2+3}{s^2+\omega^2} - \frac{\omega}{4\,(\omega^2+1)}\,\frac{1}{s-1} + \frac{\omega}{4\,(\omega^2+9)}\,\frac{1}{s+3}\,.$$

Rücktransformation durch Rückwärtslesen der Beispiele 1, 2, 3 in (28.2.15) führt zu der Lösung

$$\begin{aligned}y(t) &= -\frac{\omega^2-3}{\omega\,(\omega^2+9)\,(\omega^2+1)}\,\cos(\omega\,t) - \frac{\omega^2+5}{(\omega^2+9)\,(\omega^2+1)}\,\sin(\omega\,t)\\ &\quad + \frac{\omega}{2\,(\omega^2+1)}\,\mathrm{e}^{t} - \frac{\omega}{6\,(\omega^2+9)}\,\mathrm{e}^{-3t} - \frac{\omega+1}{3\omega}\\ z(t) &= \frac{2\omega}{(\omega^2+9)\,(\omega^2+1)}\,\cos(\omega\,t) + \frac{\omega^2+3}{(\omega^2+9)\,(\omega^2+1)}\,\sin(\omega\,t)\\ &\quad - \frac{\omega}{4\,(\omega^2+1)}\,\mathrm{e}^{t} + \frac{\omega}{4\,(\omega^2+9)}\,\mathrm{e}^{-3t}\,.\end{aligned}$$

In der Praxis der Laplace-Transformation ist auch der folgende Begriff von erheblicher Bedeutung:

Definition (28.2.17)

Seien f und g zwei auf $\mathbb{R}$ definierte Funktionen und $f(t) = g(t) = 0$ für $t < 0$.

Dann heißt die Funktion

$$h(t) := \int_0^t f(\tau)\, g(t-\tau)\, d\tau \qquad (t \geq 0)$$

eine **Faltung** oder **Konvolution** der Funktion f mit der Funktion g, und man schreibt auch

$$h = f * g .$$

Folgerungen (28.2.18)

1. $f * g = g * f$ (man substituiere $t - \tau = \rho$ bei jeweils festem $t \geq 0$) .
2. $f * (\lambda_1 g_1 + \lambda_2 g_2) = \lambda_1 (f * g_1) + \lambda_2 (f * g_2)$ für beliebige Konstanten $\lambda_1, \lambda_2 \in \mathbb{C}$.
3. $f * 0 = 0$ ($0 =$ Nullfunktion) .
4. $(f * g) * p = f * (g * p)$.

Bemerkung (28.2.19)

Obwohl (22.2.18) zu suggerieren scheint, dass für Faltungen formal weitgehend die Produktrechenregeln gelten, bestehen doch erhebliche Unterschiede; so gilt i.Allg. **nicht**

$$1 * f = f ,$$

wenn unter 1 die Funktion $g(t) = u(t)$ (Heaviside-Funktion) verstanden wird.

Die Bedeutung der Faltung für die Laplace-Transformation liegt in folgendem Satz:

Satz (28.2.20) (Faltungssatz)

Genügen die Funktionen f und g den Voraussetzungen des Satzes (28.2.11), so gilt

$$\mathcal{L}(f * g) = \mathcal{L}(f) \cdot \mathcal{L}(g) .$$

Beweis

In der Gleichung

$$\mathcal{L}(f * g) = \mathcal{L}(h(t)) = \int_0^\infty h(\alpha)\, \mathrm{e}^{-s\alpha}\, d\alpha$$

$$= \int_0^\infty \int_0^\alpha f(\tau)\, g(\alpha - \tau)\, d\tau\, \mathrm{e}^{-s\alpha}\, d\alpha .$$

kann die Reihenfolge der Integration unter den genannten Voraussetzungen vertauscht werden, und da sich das Doppelintegral über den unterhalb der Geraden $\tau = \alpha$ liegenden Bereich des ersten Quadranten der α–τ–Ebene erstreckt, folgt

$$\begin{aligned}\mathcal{L}(f * g) &= \int_0^\infty \int_\tau^\infty f(\tau)\, g(\alpha - \tau)\, \mathrm{e}^{-s\,\alpha}\, d\alpha\, d\tau \\ &= \int_0^\infty f(\tau)\, \mathrm{e}^{-s\,\tau} \int_\tau^\infty g(\alpha - \tau)\, \mathrm{e}^{-s\,(\alpha - \tau)}\, d\alpha\, d\tau\,.\end{aligned}$$

Substituiert man im inneren Integral bei jeweils festem τ die Integrationsvariable α durch $\rho := \alpha - \tau$, so folgt

$$\begin{aligned}\mathcal{L}\,(f * g) &= \int_0^\infty f(\tau)\, \mathrm{e}^{-s\,\tau} \int_0^\infty g(\rho)\, \mathrm{e}^{-s\,\rho}\, d\rho\, d\tau \\ &= \int_0^\infty f(\tau)\, \mathrm{e}^{-s\,\tau}\, d\tau \cdot \int_0^\infty g(\rho)\, \mathrm{e}^{-s\,\rho}\, d\rho \\ &= \mathcal{L}(f) \cdot \mathcal{L}(g)\,.\end{aligned}$$

■

Der Faltungssatz kann häufig zur Vereinfachung von Rücktransformationen genutzt werden, indem man zunächst die rückzutransformierende Funktion $H(s)$ in ein Produkt

$$H(s) = F(s) \cdot G(s)$$

aufzuspalten sucht, für deren Faktoren F und G man die Rücktransformierten f bzw. g kennt. Dann liefert die Faltung von f mit g die Rücktransformation von H.

Beispiel (28.2.21)

$$H(s) = \frac{1}{s^3\,(s^2 + \omega^2)}\,;$$

wähle $F(s) = \frac{1}{s^3}$, $G(s) = \frac{1}{s^2 + \omega^2}$. Mit Beispiel 4 aus (28.2.15) folgt $f(t) = \frac{1}{2}\,t^2$, und das dortige Beispiel 3 ergibt $g(t) = \frac{1}{\omega}\,\sin(\omega\, t)$.

Mithin liefert der Faltungssatz

$$h(t) = \frac{1}{2\omega} \int_0^t \tau^2 \sin\left(\omega(t - \tau)\right)\, d\tau\,,$$

d.h. nach zweimaliger partieller Integration

$$h(t) = \frac{t^2}{2\omega^2} - \frac{1 - \cos(\omega\, t)}{\omega^4}.$$

Aufgaben (28.2.22)

1. Man zeige, dass die Aussage

$$\mathcal{L}(f'(t)) = s\,\mathcal{L}(f(t)) - f(0)$$

aus Beispiel 5 in (28.2.15) auch dann richtig ist, wenn f' auf jedem kompakten Intervall nur stückweise stetig ist.

2. Man berechne die Laplace-Transformierten der Funktionen:

a) $f(t) = \mathrm{e}^{2t}\, u(t-2)$ mit der Heaviside-Funktion u

b) $f(t) = t \cdot \begin{cases} \sin t & \text{für} \quad 0 \le t < \pi \\ 0 & \text{für} \quad t > \pi \end{cases}$

c) $f(t) = \sinh t$.

3. Man beweise den als Beispiel 9 in (28.2.15) erwähnten zweiten Verschiebungssatz.

4. Man bestimme die inversen Laplace-Transformierten folgender Funktionen:

a) $F(s) = \dfrac{1}{(s^2+\beta^2)^2}$ b) $F(s) = \dfrac{\mathrm{e}^{-2s}}{s^2+4}$

c) $F(s) = \dfrac{3s+4}{6\,(s^4-16)}$ d) $F(s) = \dfrac{s\,\sin\varphi + \omega\,\cos\varphi}{s^2+\omega^2}$

5. Man gebe ein Beispiel an, für das $1 * f \neq f$.

29 Funktionen einer komplexen Variablen

29.1 Grundlegende Begriffe

In der komplexen Zahlenebene $\mathbb{C}$ sei D eine gegebene Menge, und vermöge einer Rechenvorschrift f werde jeder Zahl $z = x + iy \in D$ auf eindeutige Weise eine andere komplexe Zahl $w = u + iv$ zugeordnet. Wir schreiben dann

$$w = f(z) = u(x,y) + iv(x,y) \tag{29.1.1}$$

und nennen f eine auf D definierte **Funktion einer komplexen Veränderlichen**. D heißt der **Definitionsbereich** [122] der Funktion $f(z)$.

Die Menge $W := \{w = f(z) \mid z \in D\}$ heißt, wie im Fall reellwertiger Funktionen, der **Bildbereich** oder **Wertebereich** der Funktion f, und f ist eine Abbildung von D auf W.

Beispiele (29.1.2)

1.
$$w = \tfrac{1}{z} =: f(z) \ .$$

Wegen $w = \dfrac{\overline{z}}{z \cdot \overline{z}} = \dfrac{x - iy}{|z|^2}$, d.h. $w = \dfrac{x}{x^2+y^2} - i\,\dfrac{y}{x^2+y^2}$, folgt

$$u(x,y) = \frac{x}{x^2+y^2}\,, \qquad v(x,y) = -\frac{y}{x^2+y^2}\,,$$

und es ist $D = W = \mathbb{C}\backslash\{0\}$.

2.
$$f(z) = \mathrm{e}^z = \mathrm{e}^{x+iy} = \mathrm{e}^x\,\mathrm{e}^{iy} = \mathrm{e}^x\,(\cos y + i \sin y)$$

(vgl. (11.3.15)). Mithin gilt

$$u(x,y) = \mathrm{e}^x \cos y\,, \qquad v(x,y) = \mathrm{e}^x \sin y\,,$$

und es ist $D = \mathbb{C}$, $W = \mathbb{C}\backslash\{0\}$.

3.
$$f(z) = \sum_{\nu=0}^{\infty} a_\nu\, z^\nu\,, \qquad a_\nu \in \mathbb{C} \quad (\nu = 0,1,2,\ldots)$$

(vgl. Abschnitt 11.1).
Ist r der Konvergenzradius dieser Potenzreihe, so gilt

$$\{\, z \in \mathbb{C} \mid |z| < r \,\} \subset D \subset \{\, z \in \mathbb{C} \mid |z| \le r \,\}\ .$$

---

[122] Vgl. auch Abschnitte 1.3 und 9.1.

Häufig veranschaulicht man sich den Wertebereich gerne in einer zweiten komplexen Zahlenebene. Man nennt dann die erste Ebene die **z–Ebene**, und die zweite Ebene heißt **w–Ebene**:

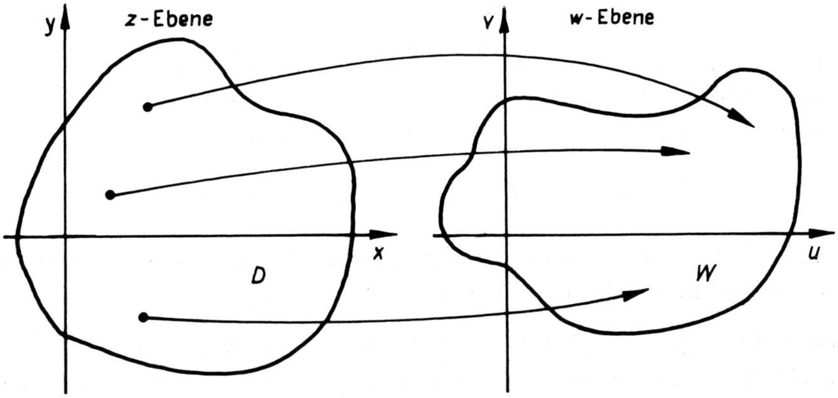

Abb. 29.1. Abbildung von der z– in die w–Ebene

Insbesondere beim Aufsuchen der Umkehrfunktion einer reellwertigen Funktion $f(x)$ einer reellen Variablen x begegnete uns gelegentlich das Phänomen, dass einem Urbild x verschiedene Bildpunkte $f^{-1}(x)$ entsprechen konnten, und man hatte dann ausdrücklich hinzuzufügen, welcher Wert jeweils gemeint war. Eine solche Situation lag z.B. bei

$$f(x) \;=\; x^2, \qquad f^{-1}(x) \;=\; \sqrt{x}$$

vor (Festlegung des Vorzeichens der Wurzel) oder bei den Umkehrfunktionen der trigonometrischen Funktionen, den Arkusfunktionen

$$\operatorname{arc\,sin} x\,, \qquad \operatorname{arc\,cos} x\,, \qquad \operatorname{arc\,tan} x$$

(vgl. auch (2.3.11)), bei denen die Mehrdeutigkeit durch die Periodizität der trigonometrischen Funktionen hervorgerufen und Eindeutigkeit z.B. durch Beschränkung auf die so genannten **Hauptwerte** erreicht wurde (etwa für $\operatorname{arc\,tan} x$ durch Beschränkung auf $W = \left\{y = \operatorname{arc\,tan} x \mid -\frac{\pi}{2} < y < \frac{\pi}{2}\right\}$). Natürlich findet sich dieselbe Erscheinung auch bei komplexwertigen Funktionen einer komplexen Veränderlichen.

Beispiel (29.1.3)

Schreibt man $z = x + iy \in \mathbb{C}$ in Polarkoordinaten, d.h. $z = r\,e^{i\varphi}$, so ist (für $z \neq 0$) der Winkel φ zufolge der Periodizität von

$$e^{i\varphi} \;=\; \cos\varphi + i\,\sin\varphi$$

(mit der Periode 2π) durch Vorgabe von x und y nur bis auf Vielfache von 2π bestimmt. Führt man dann mittels formaler Übertragung der von der reellen Funktion

$y = \ln x$ (vgl. Abschnitt 1.3) her bekannten Rechenregeln auf die komplexe Veränderliche z eine Funktion

$$\begin{aligned} \ln z &= \ln\left(r\,\mathrm{e}^{i\varphi}\right) := \ln r + i\varphi \\ &= \ln\left(\sqrt{x^2+y^2}\right) + i\arctan\frac{y}{x} = u(x,y) + i\,v(x,y) \end{aligned} \tag{29.1.4}$$

auf $D = \mathbb{C}\backslash\{0\}$ ein,[123] so wird auch diese Funktion mehrdeutig.

Eindeutigkeit verschafft man sich wiederum z.B. durch Beschränkung auf die Hauptwerte des Imaginärteils $v(x,y) = \arctan\dfrac{y}{x}$.

Eindeutigkeit kann auch auf andere Weise hergestellt werden. Betrachtet man z.B. der Einfachheit halber zunächst die Funktion $w = z^2$, so wird jeder Wert $w_1 \neq 0$ in der w–Ebene an zwei verschiedenen Stellen der z–Ebene angenommen. Ist nämlich $z_1^2 = w_1$, so wird dieser Wert auch bei $-z_1$ angenommen. Lässt man also einen bei $z = 0$ angehefteten, zunächst mit der positiven reellen Achse der z–Ebene zusammengehefteten Halbstrahl im mathematisch positiven Sinne um den Ursprung in der z–Ebene kreisen, so hat der aus den Punkten dieses Halbstrahls entstehende Bild–Halbstrahl die w–Ebene bereits einmal vollständig überstrichen, wenn in der z–Ebene erst die obere Halbebene überstrichen wurde. Überstreicht der Strahl in der z–Ebene auch die untere Halbebene, so wird die w–Ebene ein zweites Mal überstrichen. Dieses doppelte Überstreichen vermeiden wir nun dadurch, dass wir uns zwei w–Ebenen übereinandergelegt denken, die beide entlang der positiven reellen Halbachse aufgeschnitten seien, wobei jeweils ein nördliches und ein südliches Ufer entstehen; nun klebe man das südliche Ufer der unteren Ebene an das nördliche der oberen Ebene. Beginnt man dann, in der z–Ebene mit dem Fahrstrahl die unter Halbebene zu überstreichen, so gelangt der Bildstrahl in der w–Ebene nach einem vollen Umlauf von dem unteren **Blatt** auf das obere. Hat man in der z–Ebene dann die untere Halbebene überstrichen, so hat man in dem neuen w–Gebiet auch das obere Blatt völlig überdeckt. Bei noch weitergehendem Überstreichen der z–Ebene kehrt man dort in die obere Halbebene zurück, deren Bilder dem unteren Blatt des w–Gebildes zugehörten. Ein solches w–Gebiet heißt **Riemannsche Fläche**. Man gelangt im w–Bereich also vom oberen Blatt wieder auf das untere, was man sich veranschaulicht denken kann als eine (durch die frühere Klebelinie hindurchgreifende) Verklebung des südlichen Ufers des oberen Blatts mit dem nördlichen des unteren Blatts. Man spricht dann von einer **zweiblättrigen** Riemannschen Fläche, die sich um den **Windungspunkt** $w = 0$ herumwindet.

Eindeutigkeit der Umkehrfunktion $w = \sqrt{z}$, bei der w und z vertauscht werden, erzielen wir mittels Ersetzen der z–Ebene durch die sich um $z = 0$ herumwindende zweiblättrige Riemannsche Fläche und durch die Angabe, welchem der Blätter der jeweils gerade in Rede stehenden Wert z zugeordnet wird.

[123] Damit ist übrigens der Logarithmus speziell auch für negative reelle Zahlenwerte erklärt.

Zu $w = z^3$ gehört entsprechend als Wertebereich eine dreiblättrige Riemannsche Fläche, die den Definitionsbereich von $\sqrt[3]{z}$ darstellt.

Zu $w = e^z$ gehört aufgrund der Periodizität mit der Periode $2\pi i$ als Wertebereich eine unendlichblättrige Fläche mit den Windungspunkten $z = 0$ und $z = \infty$. Vertauscht man wieder w mit z, so wird die Funktion $w = \log z$ auf dieser Riemannschen Fläche (der die Windungspunkte nicht mit zugerechnet werden) zu einer eindeutigen Funktion.

Häufig werden wir Kurven in der z–Ebene zu betrachten haben. Jeder Punkt einer solchen Kurve erzeugt unter einer Abbildung $w = f(z)$ nunmehr eine Kurve in der w–Ebene. Ist die Kurve in der z–Ebene z.B. durch die Parameterdarstellung $x = x(t)$, $y = y(t)$, d.h. also durch $z = z(t)$, gegeben und betrachtet man die Werte von f entlang dieser Kurve, d.h. die Werte $w(t) = f(z(t)) = u(x(t), y(t)) + i\,v(x(t), y(t))$, so entsteht in der w–Ebene die Kurve

$$\begin{aligned} w(t) &= \tilde{u}(t) + i\tilde{v}(t) \quad \text{mit der Parameterdarstellung} \\ \tilde{u}(t) &= u\,(x(t), y(t)) \\ \tilde{v}(t) &= v\,(x(t), y(t))\,. \end{aligned} \tag{29.1.5}$$

Beispiel (29.1.6)

Der Kreis $|z| = R$ mit festem Radius $R > 0$ kann auch in der Form

$$z = R\,e^{i\,t} = z(t) \qquad (0 \le t < 2\pi)$$

geschrieben werden.

Unter der Abbildung (29.1.4) (Hauptwerte) geht dieser Kreis über in

$$w(t) = \ln z(t) = \ln R + i\,t\,,$$

also in eine Gerade der w–Ebene (nämlich eine Parallele zur v–Achse).

Vom Begriff der **Stetigkeit** einer Funktion $f(z)$ war bereits in Abschnitt 11.3 Gebrauch gemacht worden (dort im Zusammenhang mit den so genannten elementaren Funktionen), und es sei hinsichlich der Definition der Stetigkeit auf Satz (9.1.7) verwiesen, in welchem auch $D \subset \mathbb{C}$ und $W \subset \mathbb{C}$ zugelassen sind. Verwendet man dort den Stetigkeitsbegriff in der Form $\lim\limits_{z \to z_0} f(z) = f(z_0)$, so ist im Unterschied zu einer reellen unabhängigen Veränderlichen zu beachten, dass hier der Grenzwert unabhängig sein muss von dem Weg $z = z(t)$, entlang dem $z \in D$ in einer Umgebung

$$K_\delta(z_0) := \{\, z \in \mathbb{C} \mid |z - z_0| < \delta \,\} \qquad (\delta > 0)$$

gegen z_0 rückt.

Auch der Begriff der **gleichmäßigen Stetigkeit** (vgl. Definition (9.1.16)) überträgt sich unmittelbar auf den Fall der Funktionen einer komplexen Veränderlichen, und dies gilt auch für Satz (9.1.17), wonach Funktionen, die auf einem Kompaktum stetig sind, dort sogar gleichmäßig stetig sind.

Ferner gilt folgende Beschränktheitsaussage:

Satz (29.1.7)
Ist $f(z)$ auf einem Kompaktum $K \subset \mathbb{C}$ stetig, so ist f dort beschränkt.

Beweis

Da f auf K stetig ist, sind auch u und v als Funktionen zweier Veränderlicher auf K stetig.[124] Nach Satz (9.1.13) besitzen sie dort ein Maximum und ein Minimum, sind also insbesondere beschränkt. Mithin gilt dies auch für die Funktion

$$|f(z)| = +\sqrt{u^2(x,y) + v^2(x,y)} \ .$$

■

Aufgaben (29.1.8)

1. Bestimme Real– und Imaginärteil der Funktion

$$\cosh z =: \frac{e^z + e^{-z}}{2} \ .$$

2. Wie lauten die Lösungen von

$$\sin z = 8 \ ?$$

3. Man zeige, dass $f(z) = \dfrac{1}{z}$ eine auf $\mathbb{C}\backslash\{0\}$ stetige Funktion ist.

4. Man zeige, dass der Definitionsbereich der Funktion

$$f(z) = \sqrt{(z-a)(z-b)}, \qquad (a,b) \in \mathbb{R}^2, \qquad a \neq b$$

eine zweiblättrige Riemannsche Fläche mit den zwei Windungspunkten $z = a$ und $z = b$ darstellt, deren Blätter zwischen a und b entlang der reellen Achse aufgeschnitten und dort kreuzweise einander durchdringend verklebt wurden.

[124]Hierbei wird jetzt K als Kompaktum im $\mathbb{R}^2$ aufgefasst.

29.2 Der Begriff der holomorphen Funktion

Auch die Differenzierbarkeit einer Funktion $f(z)$ in einem inneren Punkt z_0 ihres Definitionsbereichs wird formal wie im Fall einer reellen Veränderlichen definiert:

Definition (29.2.1)

f heißt in z_0 **(komplex) differenzierbar**, wenn es einen Wert $a \in \mathbb{C}$ gibt, so dass für jedes $\varepsilon > 0$ ein $\delta(\varepsilon, z_0) > 0$ mit der Eigenschaft

$$\left| \frac{f(z) - f(z_0)}{z - z_0} - a \right| < \varepsilon \qquad \forall\, z \neq z_0 \, : \, |z - z_0| < \delta\,(\varepsilon, z_0)$$

existiert.

Man schreibt dann $a =: f'(z_0)$ und

$$\lim_{z \to z_0} \frac{f(z) - f(z_0)}{z - z_0} = f'(z_0) =: \left(\frac{d\,f(z)}{dz} \right)_{z = z_0} .$$

Bemerkung (29.2.2)

Man beachte jedoch, dass, wie beim Stetigkeitsbegriff, auch hier der Grenzwert $f'(z_0)$ unabhängig vom Weg sein muss (innerhalb einer Umgebung $K_\delta(z_0)$), auf dem z gegen z_0 rückt.

Definition (29.2.3)

Ist f in allen Punkten eines Gebietes $G \subset \mathbb{C}$ differenzierbar, so heißt f auf G **holomorph** oder auf G **regulär**.

Satz (29.2.4)

Notwendig dafür, dass $f(z) = u(x,y) + i\,v(x,y)$ in $z_0 = x_0 + i\,y_0$ differenzierbar ist, ist die Gültigkeit der beiden Beziehungen

$$\begin{aligned} u_x(x_0, y_0) &= v_y(x_0, y_0) \\ u_y(x_0, y_0) &= -v_x(x_0, y_0) \,. \end{aligned}$$

Beweis

$f'(z_0)$ muss unabhängig vom Weg der Annäherung von z an z_0 existieren. Wählt man einen Weg parallel zur x–Achse, d.h. $z = x_0 + \Delta\, x + i\, y_0 = z_0 + \Delta\, x$, so hat man den

Grenzwert

$$\lim_{\Delta x \to 0} \frac{f(z_0 + \Delta x) - f(z_0)}{\Delta x} = \lim_{\Delta x \to 0} \left(\frac{u(x_0 + \Delta x, y_0) - u(x_0, y_0)}{\Delta x} + i \, \frac{v(x_0 + \Delta x, y_0) - v(x_0, y_0)}{\Delta x} \right)$$

zu untersuchen. Dieser muss existieren, und zwar sowohl hinsichtlich des Realteils wie hinsichtlich des Imaginärteils. Mithin muss $u_x(x_0, y_0)$ wie $v_x(x_0, y_0)$ existieren, und der Grenzwert lautet $u_x(y_0, y_0) + i\, v_x(x_0, y_0)$.

Wählt man eine Annäherung parallel zur y–Achse, also $z = x_0 + i\,(y_0 + \Delta y)$, d.h. $z = z_0 + i\,\Delta y$, so hat man den Grenzwert

$$\lim_{\Delta y \to 0} \left(\frac{u(x_0, y_0 + \Delta y) - u(x_0, y_0)}{i\,\Delta y} + i \, \frac{v(x_0, y_0 + \Delta y) - v(x_0, y_0)}{i\,\Delta y} \right)$$

zu untersuchen. Es müssen also auch $u_y(x_0, y_0)$, $v_y(x_0, y_0)$ existieren, und der Grenzwert lautet $v_y(x_0, y_0) - i\, u_y(x_0, y_0)$.

Da der Grenzwert in beiden Fällen den Wert $f'(z_0)$ ergeben soll, müssen in der Tat die im Satz genannten beiden Gleichungen erfüllt sein. ■

Bemerkung (29.2.5)

Falls $f'(z_0)$ existiert, ergibt der Beweis von Satz (29.2.4) zugleich eine Berechnungsmöglichkeit für diesen Wert:

$$f'(z_0) = u_x(x_0, y_0) + i\, v_x(x_0, y_0)\,.$$

Beispiele (29.2.6) [125]

1. Für $f(z) = \mathrm{e}^z = \mathrm{e}^x \cos y + i\,\mathrm{e}^x \sin y = u(x, y) + i\, v(x, y)$ ergibt (29.2.5) wegen

   $$u_x = u, \qquad v_x = v\,,$$

   die Aussage

   $$f'(z_0) = f(z_0), \qquad \forall\, z_0 \in \mathbb{C}\,,$$

   d.h.

   $$(\mathrm{e}^z)' = \mathrm{e}^z \quad \text{auf } \mathbb{C}\,.$$

[125] Dabei bleibt die Frage nach der Existenz der Ableitungen noch offen, wird jedoch sogleich geschlossen werden.

2.
$$\begin{aligned}\ln z &= \ln\left(\sqrt{x^2+y^2}\right) + i\arctan\frac{y}{x} \\ &= \frac{1}{2}\ln\left(x^2+y^2\right) + i\arctan\frac{y}{x} = u + i\,v\,.\end{aligned}$$

Mithin folgt

$$\begin{aligned}(\ln z)' &= \frac{1}{2}\,\frac{2x}{x^2+y^2} + i\,\frac{1}{1+\frac{y^2}{x^2}}\,\frac{-y}{x^2} \\ &= \frac{x-i\,y}{x^2+y^2} = \frac{1}{x+i\,y} = \frac{1}{z}\,, \qquad z \neq 0\,.\end{aligned}$$

Bemerkung (29.2.7)

Ist $f(z)$ in z_0 differenzierbar, so ist f dort auch stetig. Der Beweis für die entsprechende Aussage im reellen Fall (vgl. Satz (9.2.8), Teil a) kann wörtlich auf den hier vorliegenden komplexen Fall übertragen werden.

Bemerkung (29.2.8)

Ist f auf einem Gebiet G holomorph, so kann man $f'(z)$ für jedes $z \in G$ bilden, so dass $f'(z)$ zu einer Funktion auf G wird. Natürlich muss dann für jedes $z = x+i\,y \in G$ auch Satz (29.2.4) gelten, d.h.

$$\begin{aligned}u_x(x,y) &= v_y(x,y) \\ u_y(x,y) &= -v_x(x,y)\end{aligned} \qquad \forall z = x+i\,y \in G\,.$$

Es handelt sich offenbar um ein System von zwei partiellen Differentialgleichungen erster Ordnung für die reellen Funktionen u, v. Diese äußerst wichtigen Gleichungen heißen **Cauchy–Riemannsche–Differentialgleichungen**.

Bemerkung (29.2.9)

Ist f auf G holomorph, besitzen u und v sogar zweite partielle Ableitungen und sind diese stetig[126], so liefern die Cauchy–Riemannschen Gleichungen bei Differentiation der ersten Gleichung nach x, der zweiten nach y und Addition beider Ausdrücke unter Verwendung des Laplace–Operators Δ das Resultat

$$\Delta\,u = u_{xx} + u_{yy} = v_{yx} - v_{xy}\,.$$

Wegen der vorausgesetzten Stetigkeit der zweiten Ableitungen ist $v_{yx} = v_{xy}$, und daher ist $\Delta\,u = 0$. Differenziert man die erste Gleichung nach y, die zweite nach x und subtrahiert die zweite Gleichung von der ersten, so folgt analog $\Delta\,v = 0$.

[126]Der Zusatz *sofern die zweiten Ableitungen existieren und stetig sind* kann entfallen, da - wie wir noch sehen werden - auf G holomorphe Funktionen dort beliebig oft differenzierbar und mithin auch alle zweiten Ableitungen der Real– und Imaginärteile stetig sind.

Real– und Imaginärteil einer holomorphen Funktion sind also Lösungen der (zweidimensionalen) Potentialgleichung.

Hinreichend für die Differenzierbarkeit einer Funktion f auf einem Gebiet $G \subset \mathbb{C}$ ist nun der folgende Satz:

Satz (29.2.10)

Genügen u und v auf G den Cauchy–Riemannschen Gleichungen, besitzen sie auch zweite Ableitungen und sind diese stetig, so ist $f = u + i\,v$ holomorph auf G.

Beweis

Sei $z_0 = x_0 + i\,y_0$ ein Punkt aus G. Da G ein Gebiet ist, ist z_0 innerer Punkt von G. Es gehört also eine ganze kreisförmige Umgebung von z_0 noch zu G. Kreise sind konvex, so dass – wenn $z \neq z_0$ ebenfalls zu dieser Umgebung gehört – auch die Verbindungsstrecke von z_0 nach z zu G gehört. Also erfüllen u und v entlang dieser Strecke die Voraussetzungen des Taylorschen Satzes für mehrere Veränderliche (hier: zwei), wenn man die Taylor–Entwicklung nach dem Glied mit den ersten Ableitungen durch das Restglied abbricht (vgl. Satz (17.3.7)):

$$\begin{aligned} f(z) - f(z_0) &= u(x,y) - u(x_0,y_0) + i\,[v(x,y) - v(x_0,y_0)] \\ &= u_x(x_0,y_0) \cdot (x - x_0) + u_y(x_0,y_0)\,(y - y_0) \\ &\quad + i\,v_x(x_0,y_0)\,(x - x_0) + i\,v_y(x_0,y_0)\,(y - y_0) + R_2 \end{aligned}$$

mit

$$\begin{aligned} R_2 &= \frac{1}{2!} \left\{ (x - x_0)\frac{\partial}{\partial x} + (y - y_0)\frac{\partial}{\partial y} \right\}^2 \left[u\left(x_0 + \tilde{\theta}(x - x_0), y_0 + \tilde{\theta}(y - y_0)\right) \right. \\ &\quad \left. + i\,v\left(x_0 + \theta^*(x - x_0), y_0 + \theta^*(y - y_0)\right) \right] \end{aligned}$$

$(\tilde{\theta}, \theta^* \in \,]0,1[\,)$.

Aufgrund der Cauchy–Riemannschen Gleichungen folgt

$$f(z) - f(z_0) = [(x - x_0) + i(y - y_0)]\,[u_x(x_0,y_0) + i\,v_x(x_0,y_0)] + R_2\,,$$

d.h.

$$\frac{f(z) - f(z_0)}{z - z_0} = u_x(x_0,y_0) + i\,v_x(x_0,y_0) + \frac{R_2}{z - z_0}\,.$$

Das Restglied kann in folgender Weise abgeschätzt werden:

$$\begin{aligned}|R_2| \;\leq\; & \frac{1}{2}(x-x_0)^2\left(\left|u_{xx}\left(\tilde{P}\right)\right| + |v_{xx}(P^*)|\right)\\ & +\frac{1}{2}(y-y_0)^2\left(\left|u_{yy}\left(\tilde{P}\right)\right| + |v_{yy}(P^*)|\right)\\ & +|x-x_0|\,|y-y_0|\left(\left|u_{xy}\left(\tilde{P}\right)\right| + |v_{xy}(P^*)|\right)\end{aligned}$$

mit den Punkten

$$\tilde{P} = \left(x_0+\tilde{\theta}(x-x_0),\; y_0+\tilde{\theta}(y-y_0)\right), \quad P^* = (x_0+\theta^*(x-x_0),\; y_0+\theta^*(y-y_0))\;.$$

Da die zweiten Ableitungen von u und v stetig sein sollten, sind sie in einer hinreichend kleinen abgeschlossenen Umgebung von z_0 auch beschränkt (vgl. Satz (9.1.13)). Ist K eine gemeinsame Schranke dieser Ableitungen, so folgt

$$\begin{aligned}|R_2| \;&\leq\; K\,\{(x-x_0)^2 + 2|x-x_0|\,|y-y_0| + (y-y_0)^2\} \;=\; K\,(|x-x_0|+|y-y_0|)^2\\ &\leq\; 3K\,|z-z_0|^2\end{aligned}$$

und daher

$$\left|\frac{f(z)-f(z_0)}{(z-z_0)} - [u_x(x_0,y_0)+i\,v_x(x_0,y_0)]\right| \;\leq\; \left|\frac{R_2}{z-z_0}\right| \;\leq\; 3K|z-z_0|\,.$$

Hieraus aber erkennt man unmittelbar die Differenzierbarkeit von f im Punkt z_0, und da z_0 ein beliebig herausgegriffener Punkt aus G war, folgt die Aussage des Satzes (sowie erneut der Wert dieser Ableitung). ■

Aufgaben (29.2.11)

1. Man zeige, dass die für den reellen Fall im Satz (9.2.8) formulierten Differentiationsregeln a) – e) auch bei Funktionen einer komplexen Veränderlichen gültig sind.

2. Man zeige, dass die Definitionen

   $$\sin z := \frac{e^{iz}-e^{-iz}}{2i}, \qquad \cos z := \frac{e^{iz}+e^{-iz}}{2}, \qquad \tan z := \frac{\sin z}{\cos z}$$

   für die Umkehrfunktion von $\tan z$ die Aussage

   $$\arctan z \;=\; \frac{i}{2}\ln\frac{i+z}{i-z}$$

   nach sich ziehen.

   Man bestimme $(\arctan z)'$.

3. Gibt es zu $u(x,y) = 2xy - e^x \sin y$ eine Funktion $v(x,y)$ derart, dass $f(z) = u + i\,v$ zu einer auf $\mathbb{C}$ holomorphen Funktion wird ?

   Wie lauten gegebenenfalls $v(x,y)$ und $f'(z)$?

29.3 Die konforme Abbildung

Die durch holomorphe Funktionen vermittelten Abbildungen ihrer Regularitätsgebiete in der z–Ebene auf die w–Ebene zeichnen sich durch bemerkenswerte geometrische Eigenschaften aus, denen wir uns in diesem Abschnitt zuwenden wollen.

Sei $f = u + i\,v$ auf dem Gebiet $G \subset \mathbb{C}$ holomorph und $z = z(t) = x(t) + i\,y(t)$ eine in G verlaufende glatte Kurve[127].

Für die Bildkurve $w = w(t) = f(z(t))$ gilt dann

$$\begin{aligned}\frac{dw}{dt} &:= \frac{d\,u(x(t), y(t))}{dt} + i\,\frac{d\,v(x(t), y(t))}{dt} =: \dot{u} + i\,\dot{v}\\ &= u_x \cdot \dot{x} + u_y\,\dot{y} + i\,\{v_x \cdot \dot{x} + v_y\,\dot{y}\}\,. \qquad (29.3.1)\\ &= (u_x + i\,v_x)\,\dot{x} + (u_y + i\,v_y)\,\dot{y}\,.\\ &= (u_x + i\,v_x)\,\dot{x} + i\,(v_y - i\,u_y)\,\dot{y}\,.\end{aligned}$$

Mit dem Cauchy–Riemannschen Gleichungen aus Bemerkung (29.2.8), angewandt auf die zweite Klammer der rechten Seite, folgt

$$\dot{w} = \frac{dw}{dt} = \frac{d}{dt}\,f(z(t)) = (u_x + i\,v_x)\,(\dot{x} + i\,\dot{y})$$

und damit das (natürlich zu erwartende) Resultat

$$\frac{d\,f(z(t))}{dt} = f'(z(t)) \cdot \dot{z}(t)\,, \qquad (29.3.2)$$

wobei $\dot{z}(t) := \dot{x}(t) + i\,\dot{y}(t)$.

(29.3.2) ergibt

$$\left|\frac{d\,f(z(t))}{dt}\right| = |\dot{u} + i\,\dot{v}| = |f'(z(t))|\,|\dot{x} + i\,\dot{y}|\,,$$

d.h.

$$\sqrt{\dot{u}^2 + \dot{v}^2} = |f'(z(t))|\,\sqrt{\dot{x}^2 + \dot{y}^2}\,. \qquad (29.3.3)$$

Sei nun z_0 ein Punkt in G und $K_\delta(z_0)$ eine in G gelegene Umgebung von z_0 und $f'(z_0) \neq 0$. $\{x(t), y(t)\}$ sei eine durch den Punkt $z_0 = x_0 + i\,y_0 := x(t_0) + i\,y(t_0)$ verlaufende Kurve, und $(x(t_0 + dt), y(t_0 + dt))$ ein Nachbarpunkt von z_0 im Abstand ds.

[127] *glatt* soll hier bedeuten, dass $x(t)$ und $y(t)$ stetige Ableitungen $\dot{x}(t), \dot{y}(t)$ besitzen, es sich also um eine C^1–Kurve handelt.

Bekanntlich ist $\frac{ds}{dt} = \sqrt{\dot{x}^2 + \dot{y}^2}$ (vgl. Abschnitt 14.2). Ist dann $\widetilde{ds}$ die (infinitesimale) Länge des dem Stück ds der Originalkurve entsprechenden Stücks der Bildkurve, so ergibt (29.3.3) in Verbindung mit Abschnitt 14.2 die Beziehung

$$\widetilde{ds} \quad = \quad |f'(z_0)| \; ds \, . \tag{29.3.4}$$

Das Verhältnis der Längen von Kurvenstücken der Bild- und der Originalkurve ist im Fall einer holomorphen Abbildung also **im Kleinen** oder **lokal** konstant (und gleich $|f'(z_0)|$), d.h. unabhängig davon, welche Richtung, welche Krümmung usw. die Originalkurve besitzt, und ist mithin für alle diese Kurven gleich.

Wir betrachten nun zwei Kurven durch z_0, die sich dort unter einem gewissen Winkel schneiden mögen und die in parametrisierter Form $z = z_1(t)$, $z = z_2(\tilde{t})$ vorliegen mögen. O.B.d.A. seien die Parametrisierungen so gewählt, dass in z_0 sowohl $\dot{z}_1 \neq 0$ wie $\dot{z}_2 \neq 0$.

Dann gilt mit (29.3.2)

$$\frac{d\, f(z_1(t))}{dt} \quad = \quad f'(z_1(t))\, z_1'(t) \quad = \quad f'(z_1(t))\, (\dot{x}_1(t) + i\, \dot{y}_1(t)) \; ,$$

wobei Real- und Imaginärteil der linken Seite die Komponenten eines Tangentialvektors an die Bildkurve $w_1(t) = f(z_1(t))$ in dem zu $z_1(t)$ gehörenden Bildpunkt $w_1(t)$ darstellen. Speziell für $t = t_0$ folgt

$$\dot{w}_1(t_0) \quad = \quad f'(z_0)\, (\dot{x}_1(t_0) + i\, \dot{y}_1(t_0)) \quad = \quad f'(z_0)\, \dot{z}_1(t_0) \; . \tag{29.3.5}$$

$\begin{pmatrix} \dot{x}_1(t_0) \\ \dot{y}_1(t_0) \end{pmatrix}$ ist aber ein Tangentialvektor an die Originalkurve im Punkt z_0.

Würde man sowohl $f'(z_0)$ wie $\dot{z}_1(t_0)$ in Polarkoordinaten darstellen, so folgte aus (29.3.5) gemäß (2.3.12), dass das Argument von $\dot{z}(t_0)$ um das Argument von $f'(z_0)$ (das wegen $f'(z_0) \neq 0$ im Bereich $0 \leq \varphi < 2\pi$ eindeutig bestimmt ist) vermehrt wird, die Tangentenrichtung der Originalkurve $z_1(t)$ in z_0 also bei Drehung um $\arg f'(z_0)$ in die Tangentenrichtung der Bildkurve $w_1(t)$ im Punkte $w_1(t_0)$ übergeht.

Gleiches gilt für die Kurve $z_2(\tilde{t})$ und ihr Bild $w_2(\tilde{t})$, und da $f'(z_0)$ von den Kurvenverläufen unabhängig ist, bedeutet dies, dass der Schnittwinkel der Bildkurven mit dem der Originalkurven identisch ist (auch dem Drehsinne nach).

Bleiben bei einer Abbildung Winkel und Längenverhältnisse erhalten, so spricht man bekanntlich von einer **Ähnlichkeitstransformation**.
Bei unserer Abbildung des Gebietes G mittels der holomorphen Funktion f bleiben Winkel erhalten, Längenverhältnisse allerdings nur im Kleinen. Wir könnten also von

einer **im Kleinen ähnlichen** Abbildung sprechen. Hierfür benutzt man den Namen **konform**:

Definition (29.3.6)

Eine Abbildung, bei der Winkel erhalten bleiben und bei der Längenverhältnisse im Kleinen erhalten bleiben, heißt **konforme Abbildung**.

Damit erhalten wir folgenden Satz:

Satz (29.3.7)

Ist f eine auf dem Gebiet G holomorphe Funktion, so gehört zu jedem Punkt $z_0 \in G$, in welchem f' nicht verschwindet, eine Umgebung $K_\delta(x_0) \subset G$ mit einem gewissen $\delta = \delta(z_0) > 0$, auf der die von f vermittelte Abbildung konform ist.

Bemerkung (29.3.8)

Wegen des Zusammenhangs zwischen Holomorphie und Potentialgleichung (vgl. Bemerkung (29.2.9)) gibt es bedeutsame Anwendungen der konformen Abbildungen zur Lösung von Randwertproblemen der Strömungslehre, der Elektrostatik usw., wobei die Differentialgleichung allerdings u.U. komplizierter, jedoch der Rand einfacher wird (z.B. Berechnung einer ebenen stationären laminaren Strömung um ein gegebenes Profil bei Kenntnis des Strömungsverlaufs um ein einfaches Profil, etwa um einen quer zur Zylinderachse angeströmten Kreiszylinder großer Länge, also Kreisprofil). Sind die Ränder vorgegeben und ist eine das gegebene Profil auf das einfachere abbildende holomorphe Funktion gesucht, so ist die Konstruktion der Abbildungsfunktion häufig nur näherungsweise mittels numerischer Verfahren möglich.

Beispiel (29.3.9)

Die Abbildung

$$w = f(z) = z + \frac{1}{z} = u + iv \qquad (29.3.10)$$

besitzt die Ableitung $f'(z) = 1 - \frac{1}{z^2}$, ist also konform in $\mathbb{C}$ mit Ausnahme der Stellen $z_1 = 1$ und $z_2 = -1$.

Mit $z = r\,e^{i\varphi}$ (Polarkoordinaten) folgt

$$\begin{aligned} w &= re^{i\varphi} + \frac{1}{r}e^{-i\varphi} = r(\cos\varphi + i\sin\varphi) + \frac{1}{r}(\cos\varphi - i\sin\varphi) \\ &= \left(1 + \frac{1}{r}\right)\cos\varphi + i\left(r - \frac{1}{r}\right)\sin\varphi\,. \end{aligned}$$

Nun ist

$$u = a \cos\varphi$$
$$v = b \sin\varphi$$

die Parameterdarstellung einer Ellipse mit den Halbachsen a und b in der w–Ebene. Die Kreise $r = \text{const}$ um den Nullpunkt der z–Ebene gehen also konform in Ellipsen mit den Halbachsen

$$a = r + \frac{1}{r}, \qquad b = \left| r - \frac{1}{r} \right|$$

über, sofern $r \neq 1$.

Bildet man hingegen mittels (29.3.10) Kreise ab, deren Mittelpunkte nicht auf der imaginären Achse liegen und die durch $z_2 = -1$ hindurchgehen sowie $z_1 = 1$ im Inneren enthalten, so entstehen die so genannten **Joukowski**[128]–(Tragflügel–)**Profile** (vgl. Abb. 29.2.).

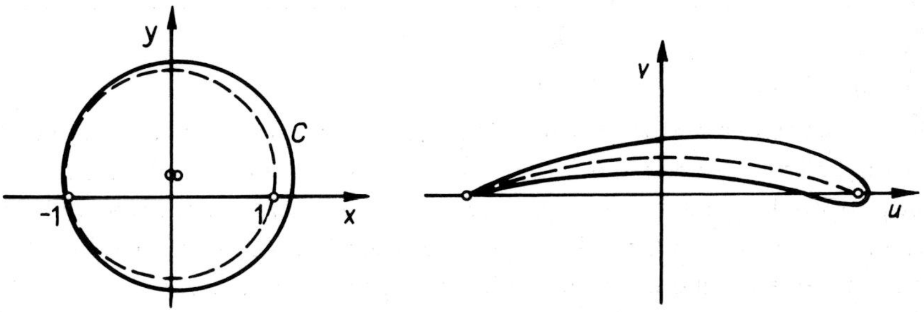

Abb. 29.2. Gewinnung der Joukowski–Profile

Dabei wird die Spitze an der Hinterkante, die das Bild von z_2 ist, durch den Umstand möglich, dass die Abbildung im Punkt z_2 wegen $f'(z_2) = 0$ nicht konform ist.

Aufgaben (29.3.11)

1. Man zeige, dass eine **gebrochen lineare Funktion**

$$w = f(z) = \frac{az+b}{cz+d}, \qquad \begin{vmatrix} a & b \\ c & d \end{vmatrix} \neq 0, \qquad c \neq 0$$

eine konforme Abbildung von $\mathbb{C} \setminus \left\{ -\frac{d}{c} \right\}$ in die w–Ebene vermittelt, die zusammengesetzt gedacht werden kann aus Parallelverschiebungen, Drehungen, Streckungen (bzw. Stauchungen) und einer Inversion (d.h. Übergang zum jeweils reziproken Wert).

[128]Nikolai Jegorowitsch Joukowski (1847–1921); Moskau

2. In welche Kurven der w–Ebene gehen die Koordinatenachsen der z–Ebene unter der Abbildung $w = \mathrm{e}^z$ über ?

3. Man liefere eine Darstellung des unter der Abbildung

$$w \quad = \quad z + \frac{1}{z}$$

aus dem Kreis $|z - \alpha| = 1.3$ $(\alpha = 0.2 + 0.5i)$ hervorgehenden Joukowski–Profils und fertige eine Skizze an.

29.4 Der Integralbegriff im Komplexen

In der z–Ebene sei eine Kurve mit Anfangspunkt P_0 und Endpunkt Q gegeben, etwa vermittels $z = z(t) = x(t) + i\,y(t)$, $0 \le t \le T$, wobei $x(t)$ und $y(t)$ stetige Funktionen sind und C überdies rektifizierbar sei (vgl. Definition (14.2.4))). Eine solche Kurve heißt ein **Wegstück**, und eine aus Wegstücken zusammengesetzte Kurve C heißt ein **Weg**.

Ferner sei $f(z)$ eine Funktion, die zumindest für alle $z \in C$ erklärt sei, wo C einen solchen Weg darstellt.

Wir unterteilen nun den Weg C durch Teilpunkte $P_1, P_2, \ldots, P_{N-1}$ (wobei $P_N = Q$) in N Teilstücke $P_n\,P_{n+1}$, und es sei $\zeta_n = \xi_n + i\,\eta_n$ ein (beliebiger) Punkt auf dem abgeschlossenen Teilstück $P_n\,P_{n+1}$.

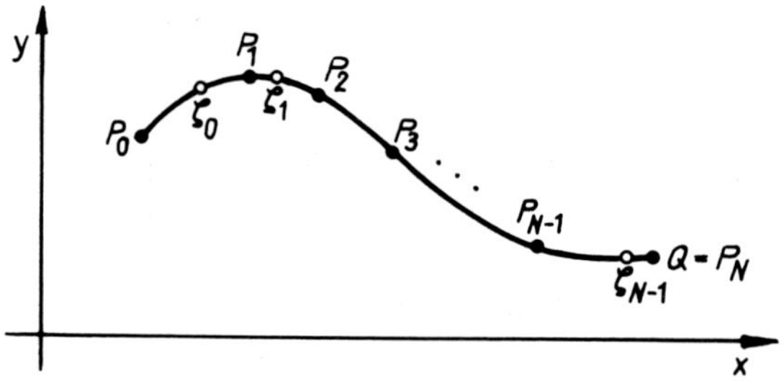

Abb. 29.3. Zur Definition einer Riemannschen Summe im Komplexen

Wir bilden dann in Analogie zum Reellen die **Riemannsche Summe**

$$S_N \;=\; \sum_{n=0}^{N-1} f(\zeta_n)\,(z_{n+1} - z_n) \quad (\text{wobei } P_n \;=\; (x_n, y_n);\; z_n \;=\; x_n + i\,y_n)\,. \qquad (29.4.1)$$

Wählt man nun immer feiner werdende Einteilungen des Wegstückes $P_0\,Q\,(N \to \infty)$ und strebt dabei S_N unabhängig von der Art der gewählten Einteilungen und unabhängig von den jeweils gewählten Zwischenwerten ζ_n immer gegen den gleichen Grenzwert I, so heißt I das **Integral der Funktion f über den Weg C**, und man schreibt

$$I = \int_C f(z)\,dz\,. \tag{29.4.2}$$

Wie im Reellen und nahezu wörtlich wie dort beweist man auch hier, dass I z.B. dann existiert, wenn f entlang des Weges C stetig ist (vgl. Satz (13.2.2)).

Beispiel (29.4.3)

$f(z) = \frac{1}{z}$ ist überall stetig außer im Nullpunkt; insbesondere ist $f(z)$ also auf dem Einheitskreis $|z| = 1$ stetig. Wir unterteilen den Einheitskreis in N gleiche Teile $(P_0 = (1,0) = Q)$:

$$z_n = \mathrm{e}^{\frac{2\pi i n}{N}} \qquad (n = 0, 1, \ldots, N)\,.$$

Wählt man $\zeta_n = z_n$, so erhält man

$$\begin{aligned} S_N &= \sum_{n=0}^{N-1} \frac{z_{n+1} - z_n}{z_n} = \sum_{n=0}^{N-1} \left(\frac{\mathrm{e}^{\frac{2\pi i (n+1)}{N}}}{\mathrm{e}^{\frac{2\pi i n}{N}}} - 1 \right) \\ &= N \left(\mathrm{e}^{\frac{2\pi i}{N}} - 1 \right). \end{aligned}$$

Wählt man $\zeta_n = z_{n+1}$, so erhält man entsprechend eine Riemannsche Summe

$$\tilde{S}_N = N \left(1 - \mathrm{e}^{-\frac{2\pi i}{N}} \right).$$

Beide Summen konvergieren für $N \to \infty$ jeweils gegen $\displaystyle\int_{|z|=1} \frac{dz}{z}$, so dass

$$S_N + \tilde{S}_N \to 2 \int_{|z|=1} \frac{dz}{z}\,,$$

also

$$\begin{aligned} 2 \int_{|z|=1} \frac{dz}{z} &= \lim_{N\to\infty} \left(N \left(\mathrm{e}^{\frac{2\pi i}{N}} - 1 \right) + N \left(1 - \mathrm{e}^{-\frac{2\pi i}{N}} \right) \right) \\ &= \lim_{N\to\infty} \left(N \cdot 2i\, \frac{\mathrm{e}^{\frac{2\pi i}{N}} - \mathrm{e}^{-\frac{2\pi i}{N}}}{2i} \right). \end{aligned}$$

Mithin folgt

$$\int_{|z|=1} \frac{dz}{z} = i \lim_{N\to\infty} \left(N \sin \frac{2\pi}{N} \right).$$

Setzt man $\dfrac{2\pi}{N} = m$, so folgt

$$\oint\limits_{|z|=1} \frac{dz}{z} = 2\pi i \lim_{m \to 0} \frac{\sin m}{m} \, .$$ [129]

Mit (10.2.4) ergibt sich daraus die außerordentlich wichtige Formel

$$\oint\limits_{|z|=1} \frac{dz}{z} = 2\pi i \, . \tag{29.4.4}$$

Der Grund für die Bedeutung dieser Formel wird alsbald einleuchten, und natürlich erhält man völlig analog

$$\oint\limits_{|z-z_0|=1} \frac{dz}{z - z_0} = 2\pi i \, . \tag{29.4.5}$$

Die Berechnung komplexer Integrale erfolgt für differenzierbare Kurven jedoch im Gegensatz zu dem soeben benutzten Vorgehen in der Regel durch Rückführung auf reelle Kurvenintegrale (vgl. Abschnitt 19.2). Ist der Weg C wiederum in parametrisierter Form durch $z = z(t) = x(t) + i\,y(t)$ $(0 \leq t \leq T)$ gegeben, und sind $x(t)$, $y(t)$ differenzierbar, so liefert (29.4.1) offenbar

$$S_N = \sum_{n=0}^{N-1} \{u\,(x(\tau_n), y(\tau_n)) + i\,v\,(x(\tau_n), y(\tau_n))\} \; \{(x(t_{n+1}) - x(t_n)) + i\;(y(t_{n+1}) - y(t_n))\}$$

$$(x(\tau_n) = \xi_n, \quad y(\tau_n) = \eta_n) \, .$$

Kürzt man wiederum ab durch die Schreibweise

$$u\;(x(\tau_n), y(\tau_n)) = u(\tau_n) \qquad (\text{analog für } v),$$

so folgt mit dem Mittelwertsatz

$$S_N = \sum_{n=0}^{N-1} \{\, u(\tau_n) + i\,v(\tau_n)\,\} \;\; (\dot{x}\,(\tilde{\tau}_n) + i\,\dot{y}\,(\tau_n^*)) \; (t_{n+1} - t_n) \quad ,$$

[129]Bei Integralen über geschlossene Wege benutzen wir - wie früher schon im Reellen - gelegentlich das Symbol $\oint$ statt $\int$, wobei dann stets positiver Umlaufsinn gemeint ist.

wo $\tau_n, \tilde{\tau}_n, \tau_n^* \in \,]t_n, t_{n+1}[$ gewisse Zwischenstellen sind. Wir gewinnen also

$$\begin{aligned} S_N = & \sum_{n=0}^{N-1} u(\tau_n)\, \dot{x}(\tilde{\tau}_n)\, (t_{n+1} - t_n) \\ & - \sum_{n=0}^{N-1} v(\tau_n)\, \dot{y}(\tau_n^*)\, (t_{n+1} - t_n) \\ & + i \sum_{n=0}^{N-1} v(\tau_n)\, \dot{x}(\tilde{\tau}_n)\, (t_{n+1} - t_n) \\ & + i \sum_{n=0}^{N-1} u(\tau_n)\, \dot{y}(\tau_n^*)\, (t_{n+1} - t_n)\,. \end{aligned} \tag{29.4.6}$$

Ist f stetig entlang C, so ist auch $u(x(t), y(t)) = u(t)$ eine stetige Funktion auf dem abgeschlossenen Intervall $[0, T]$, also dort sogar gleichmäßig stetig (vgl. Satz (9.1.17)).

Dann folgt aber

$$\begin{aligned} & \left| \sum_{n=0}^{N-1} u(\tau_n)\, \dot{x}(\tilde{\tau}_n)\, (t_{n+1} - t_n) - \sum_{n=0}^{N-1} u(\tilde{\tau}_n)\, \dot{x}(\tilde{\tau}_n)\, (t_{n+1} - t_n) \right| \\ \leq & \sum_{n=0}^{N-1} |u(\tau_n) - u(\tilde{\tau}_n)| \cdot M\, (t_{n+1} - t_n) < MT\varepsilon\,, \end{aligned}$$

wenn M eine Schranke für $|\dot{x}(t)|$ ist (wobei wir voraussetzen, dass $\dot{x}$ und $\dot{y}$ auf $[0, T]$ stetig — oder zumindest stückweise stetig —, also auch beschränkt sind) und die Einteilung so fein gewählt wird, dass bei gegebenem $\varepsilon > 0$ und dem von der gleichmäßigen Stetigkeit der Funktion u her existierenden zugehörigen $\delta = \delta(\varepsilon) > 0$ stets $(t_{n+1} - t_n) < \delta(\varepsilon)$, also auch $|\tau_n - \tilde{\tau}_n| < \delta(\varepsilon)$. Mithin unterscheidet sich für hinreichend feine Einteilungen die in (29.4.6) auftretende Summe $\sum\limits_{n=0}^{N-1} u(\tau_n)\, \dot{x}(\tilde{\tau}_n)\, (t_{n+1} - t_n)$ beliebig wenig von $\sum\limits_{n=0}^{N-1} u(\tilde{\tau}_n)\, \dot{x}(\tilde{\tau}_n)\, (t_{n+1} - t_n)$, die ihrerseits aber gegen $\int\limits_0^T u(t)\, \dot{x}(t)\, dt$ $= \int\limits_0^T u(x(t), y(t))\, \dot{x}(t)\, dt$ konvergiert. Ebenso verhält es sich mit den anderen Summen in (29.4.6), so dass sich für $N \to \infty$ das Resultat

$$\begin{aligned} \int_C f(z)\, dz = & \int_0^T u(t)\, \dot{x}(t)\, dt - \int_0^T v(t)\, \dot{y}(t)\, dt \\ & + i \int_0^T v(t)\, \dot{x}(t)\, dt + i \int_0^T u(t)\, \dot{y}(t)\, dt \end{aligned} \tag{29.4.7}$$

ergibt, das zusammenfassend auch durch die einleuchtende Formel

$$\int_C f(z)\,dz = \int_0^T (u + i\,v)\,(\dot{x} + i\,\dot{y})\,dt = \int_0^T f(z(t))\,\dot{z}(t)\,dt \tag{29.4.8}$$

beschrieben werden kann.

Beispiel (29.4.9)

$f(z) = (z - z_0)^m$; C: Kreis vom Radius $r > 0$ um z_0; $m \in \mathbb{Z}$.

Setzt man $z - z_0 = r\,e^{it}$, so liefert (29.4.8)

$$\oint_{|z-z_0|=r} (z - z_0)^m\,dz = \int_0^{2\pi} r^m\,e^{imt}\,r\,i\,e^{it}\,dt = \int_0^{2\pi} i\,r^{m+1}\,e^{i(m+1)t}\,dt\,. \tag{29.4.10}$$

Im Fall $m = -1$ erhalten wir

$$\oint_{|z-z_0|=r} \frac{dz}{z - z_0} = i \int_0^{2\pi} dt = 2\pi\,i\,, \tag{29.4.11}$$

also erneut das Resultat (29.4.5), nun sogar unabhängig vom Raduis r, während für $m \neq -1$ aus (29.4.10) das Ergebnis

$$\oint_{|z-z_0|=r} (z - z_0)^m\,dz = i\,r^{m+1}\,\frac{1}{m+1}\,\left[\sin\left((m+1)t\right) - i\,\cos((m+1)t)\right]_0^{2\pi}\,,$$

also

$$\oint_{|z-z_0|=r} (z - z_0)^m\,dz = 0 \quad \text{für} \quad m \neq -1 \tag{29.4.12}$$

folgt.

Bemerkung (29.4.13)

Sowohl unmittelbar aus der Definition des Integrals als auch aus (29.4.7) kann man, wie im Reellen, ablesen, dass folgende Gesetze gelten:

1.
$$\int_C [f(z) + g(z)]\,dz = \int_C f(z)\,dz + \int_C g(z)\,dz\,, \tag{29.4.14}$$

2.
$$\int_C \gamma\,f(z)\,dz = \gamma \int_C f(z)\,dz\,, \qquad \gamma = \text{const} \in \mathbb{C}\,, \tag{29.4.15}$$

3. $C = C_1 + C_2$ bezeichne den durch Aneinandersetzen von C_1 und C_2 entstehenden Weg (Endpunkt von C_1 gleich Anfangspunkt von C_2) [130]. Dann gilt

$$\int_C f(z)\,dz = \int_{C_1} f(z)\,dz + \int_{C_2} f(z)\,dz \tag{29.4.16}$$

4.
$$\int_C f(z)\,dz = -\int_{-C} f(z)\,dz, \tag{29.4.17}$$

wenn $-C$ den in umgekehrter Richtung, also von Q nach P_0, durchlaufenen Weg bedeutet.

Den Sachverhalt (29.4.17) drückt man häufig auch folgendermaßen aus: Wird eine Funktion f über einen Weg C **hin und her integriert**, so erhält man den Wert Null $\left(\int_C f(z)\,dz + \int_{-C} f(z)\,dz = 0\right)$.

5. Ist L die Länge des Weges C, und ist f integrierbar entlang C und dort beschränkt mit einer Konstanten M (d.h. $|f(z)| \leq M \;\; \forall z \in C$), so gilt

$$\left|\int_C f(z)\,dz\right| \leq M \cdot L\,. \tag{29.4.18}$$

Hinsichtlich der Integration von Funktionen, die durch unendliche Reihen dargestellt sind, gilt folgender Satz:

Satz (29.4.19) (gliedweise Integrierbarkeit)

Ist $f(z) = \sum\limits_{\nu=0}^{\infty} f_\nu(z)$ eine Reihe stetiger Funktionen, die entlang eines Weges C gleichmäßig konvergiert, so existiert das Integral $\int_C f(z)\,dz$, und es gilt

$$\int_C f(z)\,dz = \sum_{\nu=0}^{\infty} \int_C f_\nu(z)\,dz\,.$$

Beweis

Zunächst ist $f(z)$ gemäß Satz (11.1.3) stetig auf C und daher auch entlang C integrierbar. Bezeichnet man mit $R_n(z)$ das Restglied der Reihe $\sum\limits_{\nu=0}^{\infty} f_\nu(z)$ bei Abbruch nach dem Glied f_n, so existiert wegen (24.4.14) auch das Integral

$$\int_C \sum_{\nu=0}^{n} f_\nu(z)\,dz = \sum_{\nu=0}^{n} \int_C f_\nu(z)\,dz$$

[130] vgl. (19.2.3).

und damit auch das Integral

$$\int_C R_n(z)\,dz = \int_C f(z)\,dz - \sum_{\nu=0}^{n} \int_C f_\nu(z)\,dz\,. \qquad (29.4.20)$$

Aufgrund der gleichmäßigen Konvergenz gibt es ein von $z \in C$ bei gegebenem beliebigen $\varepsilon > 0$ unabhängiges $N_0(\varepsilon)$, so dass

$$|R_n(z)| \leq \varepsilon \qquad \forall z \in C \qquad \forall n > N_0(\varepsilon)\,.$$

(29.4.20) ergibt daher mit (29.4.18) für solche n

$$\left| \int_C f(z)\,dz - \sum_{\nu=0}^{n} \int_C f_\nu(z)\,dz \right| < \varepsilon \cdot L, \qquad (29.4.21)$$

wenn L die Länge des Weges C bedeutet. (29.4.21) aber bedeutet, dass die Reihe $\sum_{\nu=0}^{\infty} \int_C f_\nu(z)\,dz$ konvergiert, und zwar gegen $\int_C f(z)\,dz$. ■

Bemerkungen (29.4.22)

1. Insbesondere gilt Satz (29.4.19) dann, wenn $\sum_{\nu=0}^{\infty} f_\nu(z)$ in einem Gebiet G gleichmäßig konvergiert und C ein in G verlaufender Weg ist.
2. Potenzreihen konvergieren im Inneren ihres Konvergenzkreises gleichmäßig (vgl. Satz (11.2.3)), sind also auch entlang jedes dort verlaufenden Weges gliedweise integrierbar.

Beispiel (29.4.23)

Sei C der Einheitskreis um den Nullpunkt und z_0 ein Punkt **außerhalb** dieses Kreises, mithin $\left|\frac{z}{z_0}\right| < 1$ für $z \in C$.

Dann folgt mit den Rechenregeln (29.4.13)

$$\oint_{|z|=1} \frac{dz}{z - z_0} = -\frac{1}{z_0} \oint_{|z|=1} \frac{dz}{1 - \frac{z}{z_0}} = -\frac{1}{z_0} \oint_{|z|=1} \sum_{\nu=0}^{\infty} \left(\frac{z}{z_0}\right)^\nu dz\,.$$

Die geometrische Reihe konvergiert wegen $\left|\frac{z}{z_0}\right| < 1$ gleichmäßig, so dass

$$\oint_{|z|=1} \frac{dz}{z - z_0} = -\frac{1}{z_0} \sum_{\nu=0}^{\infty} \frac{1}{z_0^\nu} \oint_{|z|=1} z^\nu\,dz\,.$$

Mit (29.4.12) folgt daher

$$\oint\limits_{|z|=1} \frac{dz}{z-z_0} = 0 \qquad \text{für} \qquad |z_0| > 1\,.$$

Wie bei reellen Kurvenintegralen können also Integrale über geschlossene Wege verschwinden (wie im Fall (29.4.12)) oder auch nicht (wie im Fall (29.4.11)). Gleichbedeutend mit dem Verschwinden des Integrals über **beliebige** geschlossene Wege im Definitionsbereich des Integranden ist natürlich, wie im Reellen, die Unabhängigkeit der Integrale über nichtgeschlossene Wege von diesen Wegen, d.h. deren Abhängigkeit ausschließlich von Anfangs– und Endpunkt der Kurve C. Es erhebt sich also die Frage, wann Integrale über geschlossene Wege verschwinden.

Aufgaben (29.4.24)

1. Man berechne $\int\limits_C \operatorname{Re} z\, dz$ einmal entlang des geradlinigen Weges von $z_0 = 0$ bis $z_1 = 1+i$ sowie einmal entlang eines Weges von z_0 nach z_1, der zunächst entlang der reellen Achse von z_0 nach $\tilde{z} = \sqrt{2}$ und dann von dort entlang des Kreises mit Radius $\sqrt{2}$ um z_0 nach z_1 verläuft.
2. Man berechne $\oint\limits_C \overline{z}\, dz$, wo C die durch $z(t) = \cos t + 3i \sin t$ $(0 \le t \le 2\pi)$ gegebene Ellipse sei.
3. Man berechne $\oint\limits_C \frac{|z^2|}{\overline{z}\, z^2}\, dz$, wobei C den Einheitskreis um den Ursprung darstelle.

29.5 Der Cauchysche Hauptsatz

Satz (29.5.1) (Cauchyscher Haupt– oder Integralsatz)
f sei auf einem einfach zusammenhängenden Gebiet[131] $G \subset \mathbb{C}$ holomorph, und es sei C ein geschlossener Weg in G.
Dann gilt

$$\oint\limits_C f(z)\, dz = 0\,.$$

Beweis

Wir beschränken und beim Beweis auf den Fall, dass C eine (stückweise) glatte C^1–Kurve ist[132].

[134]vgl. Definition (19.2.23)

[132]Die C^1–Eigenschaft kann bei einem etwas längeren, anders gearteten Beweis abgeschwächt werden.

Dann ergibt (29.4.7) bei geeigneter Parametrisierung von C

$$\int_C f(z)\,dz = \int_0^T (u(t)\,\dot{x}(t) - v(t)\,\dot{y}(t))\,dt + i\int_0^T (v(t)\,\dot{x}(t) + u(t)\,\dot{y}(t))\,dt\,.$$

Schreibt man die rechts stehenden Integrale in der Form der Kurvenintegrale 2. Art (vgl. Definition (19.2.2)), so folgt

$$\oint_C f(z)\,dz = \oint_C \begin{pmatrix} u \\ -v \end{pmatrix} d\boldsymbol{x} + i\oint_C \begin{pmatrix} v \\ u \end{pmatrix} d\boldsymbol{x} \tag{29.5.2}$$

$\left(\boldsymbol{x} = (x,y)^{\mathrm{T}}\right)$.

Da f holomorph ist, sind u und v nach beiden Variablen x, y differenzierbar. Sie seien sogar stetig differenzierbar[133], so dass $\begin{pmatrix} u(x,y) \\ -v(x,y) \end{pmatrix}$ und $\begin{pmatrix} v(x,y) \\ u(x,y) \end{pmatrix}$ C^1–Vektorfelder darstellen.

Gemäß Satz (19.2.24) besitzen beide Vektorfelder genau dann ein Potential auf G, wenn sie der Bedingung

$$\operatorname{rot}\begin{pmatrix} u \\ -v \end{pmatrix} = 0 \quad \text{bzw.} \quad \operatorname{rot}\begin{pmatrix} v \\ u \end{pmatrix} = 0 \tag{29.5.3}$$

genügen (vgl. (19.2.17) und Bemerkung (19.2.25)).

Es ist aber

$$\operatorname{rot}\begin{pmatrix} u \\ -v \end{pmatrix} = -v_x - u_y\,, \qquad \operatorname{rot}\begin{pmatrix} v \\ u \end{pmatrix} = u_x - v_y\,.$$

Da f holomorph ist, gelten die Cauchy–Riemannschen Gleichungen (vgl. Bemerkung (29.2.8)), so dass (29.5.3) in der Tat erfüllt ist. Sind die Vektorfelder aber aus einem Potential herleitbar, so verschwinden in (29.5.2) rechterhand beide Kurvenintegrale gemäß (19.2.14). ■

Beispiele (29.5.4)

1. $f(z) = (z - z_0)^m$ (bei festem $m \in \mathbb{N}_0$) ist überall auf $\mathbb{C}$ holomorph, so dass für **jeden** geschlossenen Weg C in $\mathbb{C}$ gilt

$$\oint_C (z - z_0)^m\,dz = 0\,. \tag{29.5.5}$$

[133] Bei anders gearteten Beweisen des Hauptsatzes kann auf diesen Zusatz verzichtet werden, der sich dort nachträglich als Folgerung ergibt.

Dies verallgemeinert — jedenfalls für $m \in \mathbb{N}_0$ — das Resultat (29.4.12), das nur für einen Kreis um z_0 bewiesen worden war.

2. Ist C ein beliebiger geschlossener Weg und $z_0 \notin C$ ein Punkt, der nicht von C umschlossen wird, so gibt es offenbar ein einfach zusammenhängendes Gebiet $G \subset \mathbb{C}$, das C und den von C umschlossenen Bereich D enthält, jedoch nicht den Punkt z_0. Auf diesem Gebiet G ist $f(z) = \dfrac{1}{z-z_0}$ holomorph, so dass

$$\oint_C \frac{dz}{z-z_0} = 0, \qquad z_0 \notin \overline{D}. \tag{29.5.6}$$

Dies verallgemeinert das Beispiel (29.4.23).
Natürlich ist $f(z) = \dfrac{1}{z-z_0}$ im Punkt z_0 nicht definiert, also auch nicht differenzierbar. Umschließt die Kurve C den Punkt z_0, so gehört nicht das ganze von C umschlossene Gebiet zum Holomorphiebereich von f, ist somit nicht einfach zusammenhängend. Es braucht daher $\displaystyle\oint_C \frac{dz}{z-z_0}$ in diesem Fall nicht gleich Null zu sein. In der Tat erhält man ja z.B. gemäß (29.4.11) den Wert $2\pi i \neq 0$, sofern C ein Kreis um den Mittelpunkt z_0 ist.
Es gilt $\displaystyle\oint_C \frac{dz}{z-z_0} = 2\pi i$ sogar für **jeden** geschlossenen doppelpunktfreien Weg C, der z_0 umschließt, denn zunächst wähle man einen so kleinen Kreis K_r um z_0 (etwa mit Radius r), dass dieser ebenfalls noch von C umschlossen wird, verbinde dann den Kreis durch zwei Kurvenstücke mit C und bilde die Wege C_1 und C_2 (vgl. Abb. 29.4.). Offenbar gilt dann

$$\oint_{C_1} \frac{dz}{z-z_0} + \oint_{C_2} \frac{dz}{z-z_0} = \oint_C \frac{dz}{z-z_0} + \oint_{-K_r} \frac{dz}{z-z_0}, \tag{29.5.7}$$

da über die Verbindungswege hin- und her integriert wird, während K_r im mathematisch negativen Sinne umlaufen wird. Sowohl auf dem von C_1 wie auf dem von C_2 umschlossenen Gebiet ist $\dfrac{1}{z-z_0}$ holomorph, so dass in (29.5.7) linkerhand beide Integrale verschwinden (siehe Abb. 29.5.).
Mithin folgt unter Berücksichtigung von (29.4.17) die Aussage $\displaystyle\oint_C \frac{dz}{z-z_0} = \oint_{K_r} \frac{dz}{z-z_0}$, also mit (29.4.11) in der Tat

$$\oint_C \frac{dz}{z-z_0} = 2\pi i. \tag{29.5.8}$$

Speziell für $z_0 = 0$ gilt für **jeden** den Nullpunkt umschlingenden doppelpunktfreien Weg C

$$\oint_C \frac{dz}{z} = 2\pi i. \tag{29.5.9}$$

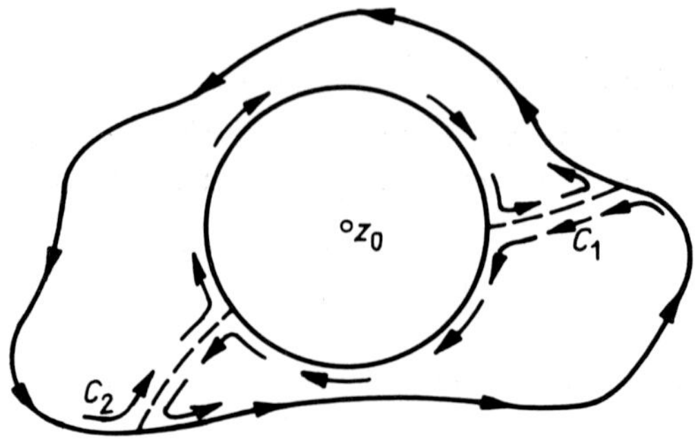

Abb. 29.4. Erhaltung des Integrals bei Schrumpfung oder Aufblähung des von einem geschlossenen Integrationsweg berandeten Gebiets

3. Ist C geschlossen, aber nicht doppelpunktfrei, so kann man etwa $\oint \frac{dz}{z} = 4\pi i$ erhalten, wenn der Weg z.B. wie in Abb. 29.5 verläuft, man diesen in den ausgezogenen Weg C_1 und den gestrichelt dargestellten Weg C_2 zerlegt und dadurch die Summe zweier Integrale erhält, von denen jedes den Wert $2\pi i$ besitzt.

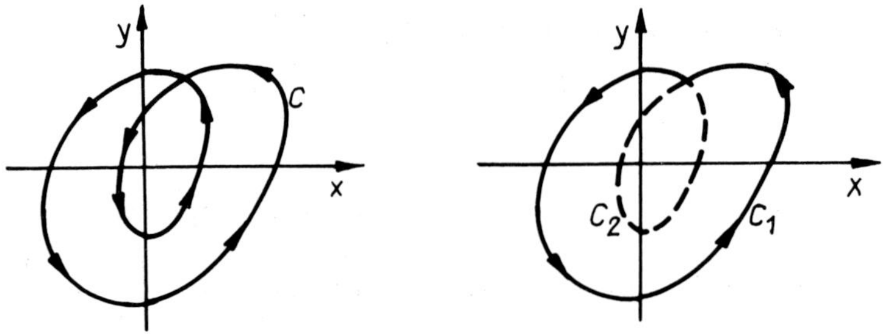

Abb. 29.5. Zerlegung eines nicht doppelpunktfreien geschlossenen Weges

Bemerkung (29.5.10)

Nach dem Hauptsatz ist klar, dass $f(z)$ nicht überall im Inneren des von einem geschlossenen Weg berandeten Bereichs holomorph sein kann, wenn $\oint f(z)\,dz \neq 0$. Umgekehrt aber kann durchaus $\oint f(z)\,dz = 0$ sein, obschon $f(z)$ nicht überall im Inneren des vom Integrationsweg umschlossenen Gebietes holomorph ist. Dies verdeutlicht das Beispiel (29.4.12), wenn dort $m \leq -2$ gewählt wird.

29.6 Cauchysche Formel und Taylor–Entwicklung holomorpher Funktionen

Satz (29.6.1) (Cauchysche Formel)

Sei f auf dem einfach zusammenhängenden Gebiet G holomorph, und es sei C ein geschlossener doppelpunktfreier[134] Weg in G, der den Punkt z umschließt. Dann gilt

$$f(z) \quad = \quad \frac{1}{2\pi i} \oint_C \frac{f(\zeta)}{\zeta - z}\, d\zeta \;^{135}.$$

Beweis

Das von C umschlossene Gebiet ist offen, und es ist z ein Punkt dieses Gebietes. Also kann man einen kleinen Kreis K_r mit Radius $r > 0$ um z schlagen, der ganz im Inneren dieses Gebietes liegt. Durch die schon verwendete Technik, den Kreis K_r mit C durch zwei Kurvenstücke so zu verbinden, dass zwei Gebiete umschlossen werden, auf denen der Integrand jeweils holomorph ist, folgt auch hier

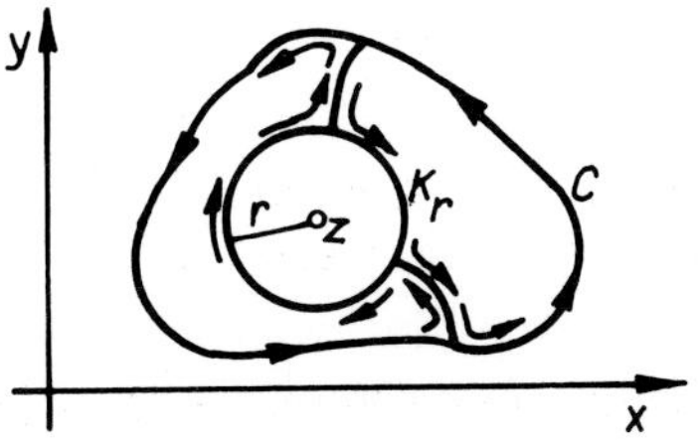

Abb. 29.6. Reduzierung des Integrationsweges auf einen kleinen Kreis

$$\oint\limits_C \frac{f(\zeta)}{\zeta - z}\, d\zeta \quad = \quad \oint\limits_{K_r} \frac{f(\zeta)}{\zeta - z}\, d\zeta \;^{136}, \tag{29.6.2}$$

denn als Funktion von ζ ist $\dfrac{f(\zeta)}{\zeta - z}$ überall dort holomorph, wo auch f holomorph ist mit Ausnahme des Punktes $\zeta = z$. Mit (29.4.5) folgt $\dfrac{1}{2\pi i} \oint\limits_{K_r} \dfrac{d\zeta}{\zeta - z} = 1$, und Multiplikation mit der (bezüglich der Integration konstanten) Zahl $f(z)$ ergibt

$$f(z) \quad = \quad \frac{1}{2\pi i} \oint\limits_{K_r} \frac{f(z)\, d\zeta}{\zeta - z}.$$

Daher folgt

$$\frac{1}{2\pi i} \oint\limits_{K_r} \frac{f(\zeta)}{\zeta - z}\, d\zeta \;-\; f(z) \quad = \quad \frac{1}{2\pi i} \oint\limits_{K_r} \frac{f(\zeta) - f(z)}{\zeta - z}\, d\zeta.$$

---

[134] Zum Begriff des Doppelpunktes vgl. Abschnitt 8.2.

[135] z wird hier als fest bezüglich der Integration angesehen, während ζ die Integrationsvariable darstellt.

[136] Nur an dieser Stelle wird die Holomorphie von f benötigt.

Für $\zeta \in K_r$ ist $|\zeta - z| = r$, so dass gemäß (29.4.18) die Abschätzung

$$\left| \frac{1}{2\pi i} \oint_{K_r} \frac{f(\zeta)}{\zeta - z} d\zeta - f(z) \right| \leq \frac{1}{2\pi} \max_{\zeta \in K_r} |f(\zeta) - f(z)| \frac{1}{r} \cdot 2\pi r$$

resultiert, d.h. (mit (29.6.2))

$$\left| \frac{1}{2\pi i} \oint_C \frac{f(\zeta)}{\zeta - z} d\zeta - f(z) \right| \leq \max_{\zeta \in K_r} |f(\zeta) - f(z)| . \qquad (29.6.3)$$

Nun ist f stetig (da holomorph), und daher ist $|f(\zeta) - f(z)| < \varepsilon$, sofern nur $|\zeta - z|$ hinreichend klein ist, sofern also r klein genug gewählt wird. Die linke Seite in (29.6.3) hängt nicht von ε und r ab und ist nicht negativ, ε aber lässt sich beliebig klein wählen. Mithin folgt in der Tat die Behauptung des Satzes. ■

Bemerkung (29.6.4)

Die Bedeutung der Cauchyschen Formel liegt u.a. in dem Nachweis, dass bei komplexen, auf einem Gebiet differenzierbaren Funktionen die Funktionswerte im Inneren eines einfach zusammenhängenden abgeschlossenen Teilgebiets bereits vollständig durch die Werte auf dem Rande dieses Teilgebiets bestimmt sind (sofern dieser Rand ein Weg ist). Bei reellen Funktionen folgt dies aus der Existenz der ersten Ableitungen keineswegs, selbst dann nicht, wenn diese stetig sind.

Allerdings war ein analoges Verhalten bei reellen Funktionen aufgefallen, die der Potentialgleichung im Innengebiet eines Kreises (einer Kugel) vom Radius R genügen. Dort war der Zusammenhang zwischen den Werten im Inneren und den Randwerten durch das Poissonsche Integral hergestellt worden. Natürlich besteht hier ein enger Zusammenhang mit der Cauchyschen Formel, denn der Realteil u und der Imaginärteil v einer holomorphen Funktion sind ja — wie bereits in Bemerkung (29.2.9) festgestellt — Lösungen der Potentialgleichung, so dass in Polarkoordinaten mit (25.5.11) gilt:

$$f(z) = u(r, \varphi) + i\, v(r, \varphi) = \frac{R^2 - r^2}{2\pi} \int_0^{2\pi} \frac{u(R, \alpha) + i\, v(R, \alpha)}{R^2 + r^2 - 2rR \cos(\varphi - \alpha)} d\alpha .$$

Nach dem Cosinussatz ist $R^2 + r^2 - 2rR \cos(\varphi - \alpha) = |\zeta - z|^2$, so dass das Poissonsche Integral zu

$$\begin{aligned} f(z) &= \frac{R^2 - r^2}{2\pi} \int_0^{2\pi} \frac{f(\zeta(\alpha))}{|\zeta(\alpha) - z|^2} d\alpha \\ &= \frac{R^2 - r^2}{2\pi} \int_0^{2\pi} \frac{f(\zeta(\alpha))}{|\zeta(\alpha) - z|^2} \frac{1}{\dot\zeta(\alpha)} \dot\zeta(\alpha)\, d\alpha \end{aligned}$$

führt.

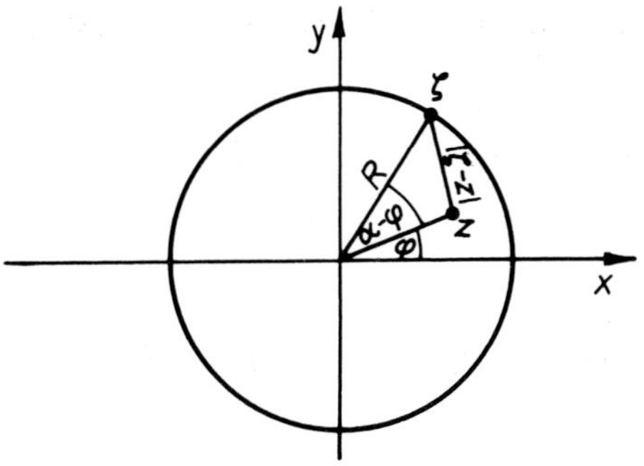

Abb. 29.7. Zur funktionentheoretischen Interpretation des Poissonschen Integrals

Nun ist $\zeta(\alpha) = R\,e^{i\alpha}$, also $\dot{\zeta}(\alpha) = i\,R\,e^{i\alpha} = i\,\zeta(\alpha)$, so dass

$$
\begin{aligned}
f(z) &= \frac{R^2 - r^2}{2\pi\,i} \int_0^{2\pi} \frac{f(\zeta(\alpha))}{|\zeta(\alpha) - z|^2\,\zeta(\alpha)}\,\dot{\zeta}(\alpha)\,d\alpha \\
&= \frac{1}{2\pi\,i} \oint_{K_R} \frac{(R^2 - r^2)\,f(\zeta)}{|\zeta - z|^2\,\zeta}\,d\zeta \\
&= \frac{1}{2\pi\,i} \oint_{K_R} \frac{f(\zeta)}{\zeta - z}\,\frac{\zeta\,\overline{\zeta} - z\,\overline{z}}{\left(\overline{\zeta} - \overline{z}\right)\,\zeta}\,d\zeta \\
&= \frac{1}{2\pi\,i} \oint_{K_R} \frac{f(\zeta)}{\zeta - z}\,d\zeta + \frac{\overline{z}}{2\pi\,i} \int_{K_r} \frac{f(\zeta)}{R^2 - \zeta\,\overline{z}}\,d\zeta\,.
\end{aligned}
$$

Die Funktion $\dfrac{f(\zeta)}{R^2 - \zeta\,\overline{z}}$ (betrachtet als Funktion von ζ auf G) ist jedoch auf $\tilde{G}$ holomorph, wenn $\tilde{G}$ das Innere des Kreises mit dem Radius $R := \dfrac{R}{|z|}R$ ist. Wegen $|z| < R$) enthält dieser Kreis den Kreis K_R in seinem Inneren. Nach dem Hauptsatz aber verschwindet dann das Integral

$$
\oint_{K_R} \frac{f(\zeta)}{R^2 - \zeta\,\overline{z}}\,d\zeta\ ,
$$

so dass in der Tat in Verbindung mit (29.6.2) wieder (29.6.1) resultiert.[137]

[137] Man beachte, dass dies kein erneuter Beweis der Cauchyschen Formel ist, da die mehrfache Differenzierbarkeit von f benutzt wurde, die jetzt erst mittels (29.6.1) gezeigt werden soll (vgl. Satz (29.6.5)).

Satz (29.6.5) (Cauchy–Formel für die Ableitungen einer holomorphen Funktion)

Ist f in z und auf einer Umgebung von z differenzierbar, so ist f dort beliebig oft differenzierbar[138], und es gilt

$$f^{(n)}(z) = \frac{n!}{2\pi i} \oint_C \frac{f(\zeta)}{(\zeta - z)^{n+1}}\, d\zeta\,, \qquad n \in \mathbb{N}_0\,,$$

wenn C ein den Punkt z in der genannten Umgebung umschließender doppelpunktfreier Weg ist.

Beweis

Wir führen den Beweis mittels vollständiger Induktion.

Wegen (29.6.1) ist der Satz offenbar für $n = 0$ richtig. Es existiere nun also die n–te Ableitung im Punkt z, und für dieses n sei die Formel im Satz (29.6.5) bereits als richtig erkannt. Wir bilden den Differenzenquotienten der Funktion $f^{(n)}(z)$ und erhalten

$$\frac{f^{(n)}(z+h) - f^{(n)}(z)}{h} = \frac{n!}{2\pi i} \oint_C \frac{f(\zeta)}{h} \left\{ \frac{1}{(\zeta - z - h)^{n+1}} - \frac{1}{(\zeta - z)^{n+1}} \right\} d\zeta\,,$$

wenn $h \in \mathbb{C}$, $h \neq 0$ dem Betrage nach so klein (im übrigen aber beliebig) gewählt wird, dass auch noch $z + h$ in dem von C umschlossenen Gebiet liegt.

Nun gilt

$$\frac{1}{h} \left\{ \frac{1}{(\zeta - z - h)^{n+1}} - \frac{1}{(\zeta - z)^{n+1}} \right\} = \frac{(\zeta - z)^{n+1} - (\zeta - z - h)^{n+1}}{h(\zeta - z - h)^{n+1}\,(\zeta - z)^{n+1}}$$

$$= \frac{1 - \left(1 - \dfrac{h}{\zeta - z}\right)^{n+1}}{h(\zeta - z - h)^{n+1}} = \frac{1 - \displaystyle\sum_{\nu=0}^{n+1} \binom{n+1}{\nu} \frac{(-h)^\nu}{(\zeta - z)^\nu}}{h(\zeta - z - h)^{n+1}}$$

$$= \frac{\dfrac{n+1}{\zeta - z} - h \displaystyle\sum_{\nu=2}^{n+1} \binom{n+1}{\nu} \frac{(-h)^{\nu-2}}{(\zeta - z)^\nu}}{(\zeta - z - h)^{n+1}}\,.$$

Es erhebt sich also die Frage, ob

$$\lim_{h \to 0} \frac{f^{(n)}(z+h) - f^{(n)}(z)}{h} = \lim_{h \to 0} \frac{n!}{2\pi i} \oint_C f(\zeta)\, \frac{\dfrac{n+1}{\zeta - z} - h \displaystyle\sum_{\nu=2}^{n+1} \binom{n+1}{\nu} \frac{(-h)^{\nu-2}}{(\zeta - z)^\nu}}{(\zeta - z - h)^{n+1}}\, d\zeta$$

[138] Auch dieser Satz hat keine Entsprechung im Reellen.

existiert. Heuristisch erkennt man rechterhand sofort (nämlich, wenn die Limes–Bildung und die Integration vertauscht werden dürfen), dass dort wohl der Grenzwert

$$\frac{n!}{2\pi i}\oint_C f(\zeta)\,\frac{n+1}{(\zeta-z)^{n+2}}\,d\zeta \;=\; \frac{(n+1)!}{2\pi i}\oint_C \frac{f(\zeta)}{(\zeta-z)^{n+2}}\,d\zeta$$

entsteht, womit auch links der Grenzwert existieren würde und zugleich der Induktionsbeweis zum Nachweis der Formel in Satz (29.6.5) beendet wäre.

Setzt man vorübergehend bei festem z abkürzend

$$g(\zeta,h) \;:=\; f(\zeta)\,\frac{\dfrac{n+1}{\zeta-z} - h\displaystyle\sum_{\nu=2}^{n+1}\binom{n+1}{\nu}\frac{(-h)^{\nu-2}}{(\zeta-z)^{\nu}}}{(\zeta-z-h)^{n+1}}\,,$$

so ist die Frage der Vertauschbarkeit von Limesbildung und Integration offenbar gleichbedeutend mit der Frage, ob zu gegebenem $\varepsilon > 0$ ein $\delta(\varepsilon) > 0$ gefunden werden kann, so dass

$$\left|\oint_C \{g(\zeta,h) - g(\zeta,0)\}\,d\zeta\right| \;<\; \varepsilon\cdot\text{const}$$

für alle h gilt, die der Bedingung

$$0 \;<\; |h| \;<\; \delta(\varepsilon)$$

genügen. Wegen (29.4.18) ist dies wiederum erfüllt, wenn

$$\max_{\zeta\in C}|g(\zeta,h)-g(\zeta,0)| \;<\; \varepsilon \quad \text{für} \quad |h| \;<\; \delta(\varepsilon)\,.$$

Dass aber diese Beziehung mit einem positiven $\delta(\varepsilon)$ richtig ist, weist man mit elementaren Rechnungen unter Berücksichtigung des Umstandes nach, dass der Weg C eine abgeschlossene Punktmenge repräsentiert, auf der f stetig, also auch beschränkt ist, und dass $\min_{\zeta\in C}|\zeta - z| > 0.$ [139] ■

Eine wichtige Abschätzung liefert der folgende Satz:

Satz (29.6.6)
Ist $f(z)$ auf einem Gebiet G holomorph, ist $z_0 \in G$, und ist r Radius eines Kreises K_r um z_0, der nebst seinem Inneren noch ganz zu G gehört, so gilt

$$\left|f^{(n)}(z_0)\right| \;\le\; \frac{n!\,M}{r^n} \qquad (n = 0,1,2,\ldots)\,,$$

wobei M das Maximum von $|f|$ entlang der Kreisperipherie darstellt, d.h. $M = \max_{\zeta\in K_r}|f(\zeta)|$.

---

[139] Auf der noch zutagetretenden Bedeutung der Sätze (29.6.1) und (29.6.5) beruht die früher erwähnte Wichtigkeit der beim Beweis von (29.6.1) benutzten Formel (29.4.5).

Beweis

Zunächst ist die Kreisperipherie eine abgeschlossene Punktmenge, auf der $|f(\zeta)|$ stetig ist, also ein Maximum M besitzt.

Wegen $|\zeta - z_0| = r$ für $\zeta \in K_r$ folgt mit (29.4.18) aus Satz (29.6.5) sofort $(C = K_r)$:

$$|f^{(n)}(z_0)| \leq \frac{n!}{2\pi} \frac{M}{r^{n+1}} 2\pi r \ . \qquad \blacksquare$$

Satz (29.6.7) (Maximumprinzip für holomorphe Funktionen)
Ist $f(z)$ auf einem Gebiet G holomorph, so kann $|f(z)|$ in keinem Punkt $z_0 \in G$ ein Maximum annehmen, es sei denn, $|f(z)|$ wäre auf G konstant.

Beweis

Angenommen, $|f|$ nähme auf G einen Maximalwert M an. Ist $|f|$ nicht konstant auf G, so gibt es mindestens einen Punkt $z_0 \in G$ mit $|f(z_0)| = M$, der zugleich die Eigenschaft besitzt, dass es in einer noch ganz zu G gehörenden (kreisförmigen) Umgebung von z_0 einen Punkt z_1 mit $|f(z_1)| < M$ gibt. Sei K_r der Kreis um z_0 mit Radius $r = |z_1 - z_0|$. Wegen der Stetigkeit von $|f|$ gibt es dann auf diesem Kreis ein Bogenstück k_r mit einer Länge φr $(0 < \varphi \leq 2\pi)$, dem z_1 angehört und auf dem $|f(z)| \leq \frac{1}{2}\,(|f(z_1)| + M)$ gilt. Dann folgt aus Satz (29.6.6) für $n = 0$ die Aussage

$$\begin{aligned} M = |f(z_0)| &= \frac{1}{2\pi}\left|\oint_{K_r} \frac{f(\zeta)}{\zeta - z}\,d\zeta\right| \\ &\leq \frac{1}{2\pi}\left|\oint_{K_r\setminus k_r} \frac{f(\zeta)}{\zeta - z}\,d\zeta\right| + \frac{1}{2\pi}\left|\int_{k_r} \frac{f(\zeta)}{\zeta - z}\,d\zeta\right| \\ &\leq \frac{1}{2\pi}\,\frac{M}{r}\,(2\pi - \varphi)\,r + \frac{1}{2\pi}\,\frac{\frac{|f(z_1)| + M}{2}}{r}\,\varphi r \\ &= M - \frac{\varphi}{4\pi}\,(M - |f(z_1)|) < M\,, \end{aligned}$$

also $M < M$. Unsere Annahme führt folglich auf einen Widerspruch; $|f(z)|$ nimmt mithin auf G kein Maximum an. $\blacksquare$

Eine weitere wichtige Folgerung aus Satz (29.6.5) ist die Möglichkeit, holomorphe Funktionen in Potenzreihen zu entwickeln:

Satz (29.6.8) (Taylor–Entwicklung holomorpher Funktionen)
Ist $f(z)$ in z_0 und auf einer kreisförmigen Umgebung von z_0 holomorph, so ist $f(z)$ auf dieser Umgebung in eine Potenzreihe um den Punkt z_0 entwickelbar, und zwar gilt in Analogie zur Taylor–Entwicklung beliebig oft differenzierbarer reeller Funktionen:

$$f(z) \;=\; \sum_{n=0}^{\infty} \frac{f^{(n)}(z_0)}{n!}\,(z-z_0)^n\,.$$

Beweis
Da z in einer (kreisförmigen) Umgebung U von z_0 liegt, gibt es einen ganz in U liegenden Kreis K_r um z_0, der auch z umschließt. Aufgrund der Cauchyschen Formel gilt daher

$$\begin{aligned} f(z) &= \frac{1}{2\pi i}\int\limits_{K_r} \frac{f(\zeta)}{\zeta - z}\,d\zeta \;=\; \frac{1}{2\pi i}\int\limits_{K_r} \frac{f(\zeta)}{\zeta - z_0 - (z - z_0)}\,d\zeta \\ &= \frac{1}{2\pi i}\int\limits_{K_r} \frac{f(\zeta)}{\zeta - z_0}\,\frac{1}{1 - \dfrac{z-z_0}{\zeta - z_0}}\,d\zeta\,. \end{aligned}$$

Dabei ist $|z - z_0| < r = |\zeta - z_0|$, d.h. $\left|\dfrac{z-z_0}{\zeta-z_0}\right| = \dfrac{|z-z_0|}{r} < 1$, so dass

$$\frac{1}{1 - \dfrac{z-z_0}{\zeta-z_0}} \;=\; \sum_{n=0}^{\infty}\left(\frac{z-z_0}{\zeta-z_0}\right)^n .$$

Diese geometrische Reihe konvergiert gleichmäßig (bezüglich ζ bei festem z und festem z_0) und kann daher entlang des Kreises K_r gliedweise integriert werden (vgl. Satz (29.4.19)).

Mithin folgt

$$\begin{aligned} f(z) &= \sum_{n=0}^{\infty} \frac{1}{2\pi i}\int\limits_{K_r} \frac{f(\zeta)}{\zeta - z_0}\,\frac{(z-z_0)^n}{(\zeta - z_0)^n}\,d\zeta \\ &= \sum_{n=0}^{\infty} \frac{1}{n!}\,\frac{n!}{2\pi i}\int\limits_{K_r} \frac{f(\zeta)}{(\zeta - z_0)^{n+1}}\,d\zeta \cdot (z-z_0)^n\,. \end{aligned}$$

Dies liefert mit Satz (29.6.5) die Behauptung, denn $z \in U$ war beliebig ausgewählt worden. ∎

Sei nun umgekehrt eine Funktion $f(z)$ durch eine in einem Kreis um z_0 vom Konvergenzradius R konvergierende Potenzreihe definiert:

$$f(z) \quad := \quad \sum_{n=0}^{\infty} a_n(z-z_0)^n \,.$$

Potenzreihen konvergierten im Inneren des Konvergenzkreises bekanntlich absolut und gleichmäßig (vgl. Satz (11.2.3)).

$f(\zeta)$ konvergiert also insbesondere gleichmäßig für alle $\zeta \in K_r$, wenn K_r ein Kreis um z_0 mit Radius $r < R$ ist, und dies gilt wegen $|\zeta - z_0| = r = \text{const}$ auch noch für $\dfrac{f(\zeta)}{(\zeta - z_0)^{\mu+1}}$ bei beliebigem $\mu \in \mathbb{N}_0$.

Also ist $\dfrac{f(\zeta)}{(\zeta - z_0)^{\mu+1}} = \sum\limits_{n=0}^{\infty} a_n(\zeta - z_0)^{n-\mu-1}$ entlang jedes im Konvergenzkreis verlaufenden Weges, also z.B. entlang K_r , gliedweise integrierbar:

$$\oint\limits_{K_r} \frac{f(\zeta)}{(\zeta - z_0)^{\mu+1}}\,d\zeta \quad = \quad \sum_{n=0}^{\infty} a_n \oint\limits_{K_r} (\zeta - z_0)^{n-\mu-1}\,d\zeta\,. \tag{29.6.9}$$

Gemäß dem Cauchschen Hauptsatz (29.5.1) sowie gemäß (29.4.12) verschwinden rechterhand alle Integrale mit Ausnahme desjenigen, bei dem $n = \mu$ ist; dieses hat gemäß (29.4.11) den Wert $2\pi i$. Mithin folgt

$$a_\mu \quad = \quad \frac{1}{2\pi i} \oint\limits_{K_r} \frac{f(\zeta)}{(\zeta - z_0)^{\mu+1}}\,d\zeta \qquad (\mu = 0, 1, 2, \ldots)\,. \tag{29.6.10}$$

Nun ist jede durch eine Potenzreihe dargestellte Funktion im Inneren ihres Konvergenzkreises auch differenzierbar (also holomorph), und zwar gliedweise, wie wir sogleich noch sehen werden. Also ist gemäß Satz (29.6.5) der Koeffizient a_μ identisch mit $\dfrac{f^{(\mu)}(z_0)}{\mu!}$.

Es kann also eine Funktion, die in z_0 und auf einer Umgebung von z_0 holomorph ist, nicht zwei verschiedene Potenzreihendarstellungen um den Punkt z_0 besitzen. Sie besitzt dort jedoch stets eine solche Entwicklung, und diese ist die Taylor–Entwicklung (29.6.8). ■

Bemerkung (29.6.11)

Ist $\sum\limits_{\nu=0}^{\infty} a_\nu(z-z_0)^\nu$ eine Potenzreihe um die *reelle* Zahl z_0 mit reellen Koeffizienten a_ν, die speziell für reelle $z = x$ eine im Reellen bereits wohlbekannte Funktion $f(x)$ liefert $\left(\text{z.B. } \sum\limits_{\nu=0}^{\infty} \dfrac{1}{\nu!}x^\nu = e^x\right)$, so verwendet man in der Regel das gleiche Symbol f auch für die Reihe mit komplexen Werten z und schreibt mithin $f(z)$, also z.B. $\sum_{\nu=0}^{\infty} \frac{1}{\nu!} z^\nu = e^z$ (vgl. auch (11.3.1)). Ebenso schreibt man z.B.

$$\begin{aligned} \sin z &:= z - \frac{z^3}{3!} + \frac{z^5}{5!} - \frac{z^7}{7!} + - \dots , \\ \cos z &:= 1 - \frac{z^2}{2!} + \frac{z^4}{4!} - \frac{z^6}{6!} + - \dots \end{aligned} \tag{29.6.12}$$

(vgl. (11.3.14)) usw.

Man sagt auch, man habe die entsprechende reelle Funktion **ins Komplexe hinein analytisch fortgesetzt**. So kann man neben den elementaren Funktionen z.B. auch die Γ–Funktion und die Bessel-Funktionen (vgl. auch die Bemerkung (25.8.12), b)) ins Komplexe hinein analytisch fortsetzen, ebenso die Zylinderfunktionen, usw.

Wir beschließen dieses Kapitel mit dem noch ausstehenden Nachweis, dass Potenzreihen Funktionen darstellen, die im Inneren des Konvergenzkreises holomorph sind und gliedweise differenziert werden dürfen. Wir beweisen hierfür zunächst den folgenden Satz:

Satz (29.6.13) (Satz von Morera[140])
Ist $f(z)$ auf einem Gebiet G stetig, und ist für **jeden** dort geschlossenen Weg

$$\oint_C f(z)\, dz = 0,$$

so ist f auf G holomorph.

Beweis
Das Verschwinden der Integrale $\oint_C f(z)\, dz$ über jeden beliebigen geschlossenen Weg ist gleichbedeutend mit der Unabhängigkeit des Integrals $\int_{z_0}^{z} f(\zeta)\, d\zeta$ von dem in G verlaufenden Weg von z_0 nach z. Also ist $\int_{z_0}^{z} f(\zeta)\, d\zeta$ bei festem z_0 lediglich abhängig von z:

$$F(z) := \int_{z_0}^{z} f(\zeta)\, d\zeta .$$

Ist aber f stetig, so ist F sogar differenzierbar. Der Beweis hierfür ergibt sich, wie beim Hauptsatz der Differential- und Integralrechnung (vgl. Kapitel 13), aus

$$F(z+h) - F(z) = \int_{z}^{z+h} f(\zeta)\, d\zeta$$

[140] Giacinto Morera (1856–1909); Genua, Turin

(vgl. (29.4.16)), sofern $h \in \mathbb{C}$ so gewählt wird, dass $|h|$ hinreichend klein ist (nämlich so klein, dass mit $z \in G$ auch noch $z+h \in G$), und wenn irgendein in G verlaufender Weg von z nach $z+h$ benutzt wird.

Denn es ist offenbar $\int_z^{z+h} f(z)\,d\zeta = f(z) \int_z^{z+h} d\zeta = h\,f(z)$, so dass

$$F(z+h) - F(z) - h\,f(z) = \int_z^{z+h} \{f(\zeta) - f(z)\}\,d\zeta\,.$$

Dabei kann überdies o.B.d.A. davon ausgegangen werden, dass die geradlinige Verbindung von z nach $z+h$ ganz in G liegt [141] und als Integrationsweg verwendet wird. Dann liefert (29.4.18) aber

$$\left|\frac{F(z+h)-F(z)}{h} - f(z)\right| \leq \max_{\zeta \in C} |f(\zeta) - f(z)|\,.$$

Aufgrund der Stetigkeit von f ist $|f(\zeta) - f(z)| < \varepsilon\ \forall \zeta : |\zeta - z| < \delta(\varepsilon)$ mit geeignetem δ. Ist aber $|h| < \delta(\varepsilon)$, so ist gewiss $|\zeta - z| < \delta(\varepsilon)$ für alle $\zeta \in C$, wo C die genannte geradlinige Verbindung darstellt. Mithin:

$$\left|\frac{F(z+h)-F(z)}{h} - f(z)\right| < \varepsilon \qquad \forall h : \ |h| < \delta(\varepsilon)\,.$$

Nach Definition der Ableitung existiert also $F'(z)$, und überdies gilt wie im Reellen

$$F'(z) = f(z)\,. \tag{29.6.14}$$

Also ist F holomorph. Damit ist F sogar beliebig oft differenzierbar, also z.B. zweimal. Mithin ist f differenzierbar, also holomorph auf G, da $z \in G$ beliebig gewählt war. ■

Bemerkung (29.6.15)

Der Satz von Morera verlangt nicht, dass G einfach zusammenhängend ist, liefert aber andererseits auch nur ein hinreichendes Kriterium für Holomorphie: So ist z.B. gewiss die Funktion $f(z) = \frac{1}{z^2}$ auf $G := \mathbb{C}\backslash\{0\}$ differenzierbar, und in der Tat ist $\int_C \frac{dz}{z^2} = 0$ für jeden in G verlaufenden geschlossenen Weg (umschließt dieser Weg den Nullpunkt nicht, so verschwindet das Integral gemäß dem Cauchyschen Hauptsatz; umschließt C den Nullpunkt, so verschwindet das Integral gemäß (29.4.12)).

[141] $z \in G \Rightarrow z$ ist innerer Punkt von $G \Rightarrow K_\delta(z) \subset G$, wobei K_δ eine kreisförmige Umgebung ihres Mittelpunktes z mit einem Radius $\delta > 0$ ist. Ist auch $z+h \in K_\delta$, so liegt auch die geradlinige Verbindung von z nach $z+h$ in K_δ, also in G.

Aber $f(z) = \frac{1}{z}$ ist ebenfalls auf dem gleichen Gebiet $G = \mathbb{C}\backslash\{0\}$ holomorph, jedoch verschwindet nicht jedes Integral entlang eines in G verlaufenden geschlossenen Weges C (nämlich dann nicht, wenn C den Nullpunkt umschließt; vgl. (29.4.4)).

Wir kommen nun zum angekündigten Nachweis der Holomorphie von Potenzreihen und deren gliedweiser Differenzierbarkeit. Wir beweisen ohne zusätzliche Mühe sogleich allgemeiner folgenden Satz:

Satz (29.6.16) (gliedweise Differenzierbarkeit)

$$f(z) \quad := \quad \sum_{\nu=0}^{\infty} f_\nu(z)$$

konvergiere gleichmäßig auf einem Gebiet G , und jedes f_ν sei dort holomorph. Dann ist auch f holomorph auf G, und es gilt

$$f'(z) \quad = \quad \sum_{\nu=0}^{\infty} f'_\nu(z)\,.$$

Beweis

Es sei $z_0 \in G$ (also dort innerer Punkt). Es gibt mithin eine Umgebung $\tilde{G} := K_\delta(z_0)$ vom Radius $\delta > 0$, die ganz in G enthalten ist. Die Reihe $f(z)$ konvergiert also insbesondere gleichmäßig auf $\tilde{G}$ und kann dort daher gliedweise integriert werden. Wählen wir dabei irgendeinen geschlossenen Weg in $\tilde{G}$, so folgt

$$\oint_C f(z)\,dz \quad = \quad \sum_{\nu=0}^{\infty} \oint_C f_\nu(z)\,dz\,.$$

Da die f_ν auf G (also auch auf G) holomorph sind und G einfach zusammenhängend ist, verschwindet jedes der Integrale $\int\limits_C f_\nu(z)\,dz$ gemäß dem Cauchyschen Hauptsatz. Also folgt $\int\limits_C f(z)\,dz = 0$ für jeden in $\tilde{G}$ verlaufenden geschlossenen Weg. Nach dem Satz von Morera ist f daher auf $\tilde{G}$ holomorph, also insbesondere auch in z_0 differenzierbar. Da aber $z_0 \in G$ beliebig in G gewählt war, ist f holomorph auf G.

dass die Differentiation gliedweise erfolgen kann, ergibt sich aus Satz (29.6.5), denn ist C ein in $\tilde{G}$ verlaufender doppelpunktfreier geschlossener Weg, der z_0 umschließt, so liefert dieser Satz für unsere Reihe $f(z)$ die Aussage

$$f'(z_0) = \frac{1}{2\pi i} \oint_C \frac{f(z)}{(z-z_0)^2}\,dz = \frac{1}{2\pi i} \oint_C \frac{\sum\limits_{\nu=0}^{\infty} f_\nu(z)}{(z-z_0)^2}\,dz$$

$$= \frac{1}{2\pi i} \oint_C \sum_{\nu=0}^{\infty} \frac{f_\nu(z)}{(z-z_0)^2}\,dz \,.$$

Die gleichmäßige Konvergenz von $\sum\limits_{\nu=0}^{\infty} f_\nu(z)$ zieht jedoch entlang des Weges C auch die gleichmäßige Konvergenz der Reihe $\sum\limits_{\nu=0}^{\infty} \frac{f_\nu(z)}{(z-z_0)^2}$ nach sich, so dass nach Satz (29.4.19) gliedweise Integrierbarkeit vorliegt:

$$f'(z_0) = \sum_{\nu=0}^{\infty} \frac{1}{2\pi i} \oint_C \frac{f_\nu(z)}{(z-z_0)^2}\,dz \,.$$

Die Anwendung des Satzes (29.6.5) auf jedes der rechts stehenden Integrale ergibt dann aber

$$f'(z_0) = \sum_{\nu=0}^{\infty} f'_\nu(z_0) \,.$$

Da $z_0 \in G$ beliebig war, gilt überall in G die Behauptung. ∎

Beispiele (29.6.17)

1.
$$(\sin z)' = \left(z - \frac{z^3}{3!} + \frac{z^5}{5!} - \frac{z^7}{7!} + - \ldots\right)'$$
$$= 1 - \frac{z^2}{2!} + \frac{z^4}{4!} - \frac{z^6}{6!} + - \ldots = \cos z \,.$$

Analog: $(\cos z)' = -\sin z$.

2.
$$(e^z)' = \left(1 + z + \frac{z^2}{2!} + \frac{z^3}{3!} + \ldots\right)'$$
$$= 0 + 1 + \frac{z}{1!} + \frac{z^2}{2!} + \ldots = e^z \,.$$

Aufgaben (29.6.18)

1. $f(z) = \frac{1}{z}$ ist auf $\mathbb{C}\setminus\{0\}$ holomorph, insbesondere also in $z_0 = i$. Man entwickle $f(z)$ um z_0 in eine Taylor-Reihe. Wie groß ist deren Konvergenzradius? Warum kann der Konvergenzradius nicht größer sein?

2. $f(z) = \frac{2z+1}{z^2-1}$ ist auf $\mathbb{C}\setminus\{-1,1\}$ holomorph. Man entwickle $f(z)$ in eine Potenzreihe um $z_0 = 0$.

29.7 Ganze Funktionen

Definition (29.7.1)

Ist der Konvergenzradius einer holomorphen Funktion unendlich groß, d.h., ist $f(z)$ auf der ganzen Ebene $\mathbb{C}$ holomorph, so heißt f eine **ganze** Funktion. Besitzt dabei die Taylor-Entwicklung von f (um irgendeinen Punkt z_0) nur endlich viele Glieder, so heißt f (wie im entsprechenden reellen Fall) eine **ganze rationale Funktion** oder ein **Polynom**, und zwar **vom Grad** n, wenn die höchste vorkommende Potenz von z die Potenz z^n [bzw. $(z - z_0)^n$] ist (vgl. auch (2.3.20)).

Enthält die Taylor-Entwicklung hingegen unendlich viele Glieder, so heißt f eine **ganze transzendente Funktion**.

Bemerkung (29.7.2)

Die Eigenschaft einer ganzen Funktion, rational vom Grad n oder transzendent zu sein, hängt offensichtlich nicht vom Punkt z_0 ab, um den entwickelt wird (vgl. Satz (2.3.26)).

Eine wichtige Eigenschaft ganzer Funktionen offenbart der nachfolgende Satz.

Satz (29.7.3) (Satz von Liouville[142])
Eine ganze Funktion ist außerhalb eines jeden Kreises (um 0) dem Betrag nach beliebig großer Werte fähig, oder sie ist konstant[143].

Beweis

Sei R der Radius irgendeines Kreises und K irgendeine beliebig große vorgegebene Konstante. Die Behauptung besagt dann, dass es mindestens ein $z \in \mathbb{C}$ mit $|z| > R$ und der Eigenschaft $|f(z)| > K$ gibt.

Angenommen, diese Behauptung wäre falsch, d.h.

$$|f(z)| \leq K \qquad \forall z : \quad |z| > R .$$

Es sei

$$f(z) = \sum_{\nu=0}^{\infty} a_\nu z^\nu$$

die Entwicklung der ganzen Funktion f um 0.

---

[142] Joseph Liouville (1809–1892); Paris

[143] Jede beschränkte ganze Funktion ist also konstant; auch hierfür gibt es keine Entsprechung im Reellen.

Dabei gilt gemäß (29.6.10)

$$|a_\mu| = \left|\frac{1}{2\pi i}\int_{K_{\tilde{R}}} \frac{f(\xi)}{\xi^{\mu+1}}\,d\xi\right| \le \frac{1}{2\pi}\,2\pi\,\tilde{R}\,K\,\frac{1}{\tilde{R}^{\mu+1}} = \frac{K}{\tilde{R}^\mu}$$

für jeden Kreis $K_{\tilde{R}}$ (um 0) mit Radius $\tilde{R} > R$.

Für jedes feste $\mu \ge 1$ steht linkerhand eine feste reelle nichtnegative Zahl. Hingegen kann rechterhand $K/\tilde{R}^\mu$ für hinreichend große $\tilde{R}$ beliebig kleine (positive) Werte annehmen. Mithin gilt $|a_\mu| = 0$ für $\mu \ge 1$, d.h. $a_\mu = 0$ für $\mu \ge 1$, also

$$f(z) = a_0 = \text{const}\,. \qquad \blacksquare$$

Satz (29.7.4)

Ist $f(z)$ speziell eine ganze **rationale** Funktion vom Grad n, so kann Satz (29.7.3) zu folgender Aussage verschärft werden: Zu jeder Schranke K existiert ein R derart, dass

$$|f(z)| > K \quad \text{für } \textbf{alle} \quad z \in \mathbb{C} \quad \text{mit} \quad |z| > R\,.$$ [144]

Beweis

$$\begin{aligned} |f(z)| &= \left|a_n z^n + a_{n-1} z^{n-1} + \ldots + a_1 z + a_0\right| \\ &= |z|^n \left|a_n + \frac{a_{n-1}}{z} + \frac{a_{n-2}}{z^2} + \ldots + \frac{a_0}{z^n}\right| \quad (z \ne 0)\,. \end{aligned}$$

Da f den Grad n haben sollte, ist $a_n \ne 0$. Mithin gilt gewiss für alle hinreichend betragsgroßen z, etwa für $|z| > r$,

$$\left|\frac{a_{n-1}}{z} + \frac{a_{n-2}}{z^2} + \ldots + \frac{a_0}{z^n}\right| < \frac{1}{2}\,|a_n|\,.$$

Für solche z folgt dann:

$$\begin{aligned} |f(z)| &\ge |z|^n \left\{|a_n| - \left|\frac{a_{n-1}}{z} + \frac{a_{n-2}}{z^2} + \ldots + \frac{a_0}{z^n}\right|\right\} \\ &> |z|^n\,\frac{|a_n|}{2}\,. \end{aligned}$$

Daher gilt in der Tat

$$|f(z)| > K \quad \text{für } \textbf{alle} \quad z \in \mathbb{C} \quad \text{mit} \quad |z| > \max\left\{r,\ \sqrt[n]{\frac{2K}{|a_n|}}\right\} =: R = R(K)\,. \qquad \blacksquare$$

[144] Das **Relief** von f, d.h. die Fläche $w = w(x,y) := |f(z)| = \sqrt{u^2(x,y) + v^2(x,y)}$, besitzt also die Eigenschaft, dass zu jedem $K > 0$ ein $R = R(K)$ gefunden werden kann, so dass das Relief in allen Punkten (x,y) außerhalb des Kreises vom Radius R größer ist als das vorgegebene K.

Damit ergibt sich nun auch ein sehr einfacher Beweis des Fundamentalsatzes der Algebra, der bereits in Abschnitt 2.3 als Satz (2.3.23) ohne Beweis zitiert und z.B. in Folgerung (2.3.24) ausgenutzt wurde.

Satz (29.7.9) (Fundamentalsatz der Algebra)
Jedes Polynom vom Grad $n \geq 1$ (auch für den Fall, dass die Koeffizienten a_ν komplex sind) besitzt mindestens eine Nullstelle in $\mathbb{C}$.

Beweis
Sei $f_n(z)$ ein Polynom vom Grad n. Angenommen, $f_n(z)$ besäße keine Nullstelle in $\mathbb{C}$. Dann wäre auch $\frac{1}{f_n(z)} =: h(z)$ eine überall auf $\mathbb{C}$ existierende und überall auf $\mathbb{C}$ differenzierbare Funktion, d.h., $h(z)$ wäre eine ganze Funktion. Nach Satz (29.7.4) gibt es z.B. zu dem vorgegebenen Wert $K = 1$ einen Radius R, so dass $|f_n(z)| > 1$ für **alle** z mit $|z| > R$. Es wäre also

$$|h(z)| < 1 \quad \forall z \quad \text{mit} \quad |z| > R.$$

Dies jedoch bedeutet nach Satz (29.7.3), dass $h(z)$ und damit auch $f_n(z)$ konstant wäre. Dies steht aber zu der Voraussetzung $n \geq 1$ im Widerspruch. ∎

29.8 Singularitäten

Beim Cauchyschen Hauptsatz und seinen Folgerungen hatten wir vorausgesetzt, dass die Funktion f auf einem einfach zusammenhängenden Gebiet G holomorph sei, bzw. dass der für die jeweilige Betrachtung relevante Teil von G einfach zusammenhängend sei.

Diese Voraussetzung geben wir jetzt auf.

G sei weiterhin ein Gebiet, auf dem f holomorph sei, aber G ist nicht mehr notwendig einfach zusammenhängend. In G gebe es einen Kreis K_r mit Radius r um z_0, in dessen Innengebiet nun aber f nicht mehr notwendig überall holomorph ist (also Stellen — einschließlich z_0 — existieren können, in denen f nicht differenzierbar oder gar nicht definiert ist). Da G ein Gebiet ist, gibt es einen Kreis K_R (um z_0 mit Radius $R > r$) derart, dass auch das Ringgebiet zwischen K_r und K_R ganz zu G gehört, f dort also (einschließlich der Kreisperipherien) holomorph ist.

Sei nun z irgendein beliebiger festgehaltener Punkt des Ringgebiets. Wir verbinden beide Kreise durch Wegstücke miteinander, die nicht durch z gehen. Dann entstehen zwei in G verlaufende geschlossene Wege C_1 und C_2, die nur Punkte umschließen, in denen f differenzierbar ist und wobei C_1 den Punkt z umschließt, C_2 jedoch nicht (vgl. Abb. 29.8.).

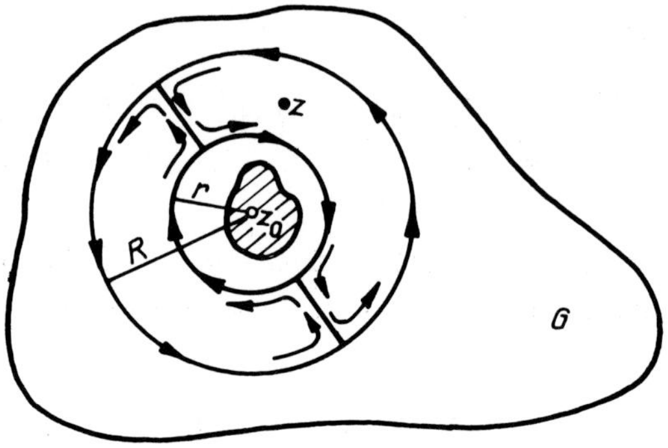

Abb. 29.8. Ringgebietszerlegung

Also gilt

$$f(z) = \frac{1}{2\pi i} \oint_{C_1} \frac{f(\zeta)}{\zeta - z}\, d\zeta$$

sowie

$$0 = \frac{1}{2\pi i} \oint_{C_2} \frac{f(\zeta)}{\zeta - z}\, d\zeta$$

(letzteres, weil $\frac{f(\zeta)}{\zeta - z}$ als Funktion von ζ im Inneren von C_2 überall holomorph ist).

Subtraktion beider Gleichungen ergibt unter Berücksichtigung des Umlaufsinns von C_2 und des Hin–und–her–Integrierens über die eingefügten Verbindungsstücke:

$$f(z) = \frac{1}{2\pi i} \oint_{K_R} \frac{f(\zeta)}{\zeta - z}\, d\zeta - \frac{1}{2\pi i} \oint_{K_r} \frac{f(\zeta)}{\zeta - z}\, d\zeta .$$

Mithin:

$$\begin{aligned} f(z) &= \frac{1}{2\pi i} \oint_{K_R} \frac{f(\zeta)}{\zeta - z_0 - (z - z_0)}\, d\zeta - \oint_{K_r} \frac{f(\zeta)}{\zeta - z_0 - (z - z_0)}\, d\zeta \\ &= \frac{1}{2\pi i} \oint_{K_R} \frac{f(\zeta)}{(\zeta - z_0)\left[1 - \frac{z - z_0}{\zeta - z_0}\right]}\, d\zeta + \frac{1}{2\pi i} \oint_{K_r} \frac{f(\zeta)}{(z - z_0)\left[1 - \frac{\zeta - z_0}{z - z_0}\right]}\, d\zeta . \end{aligned} \qquad (29.8.1)$$

Im ersten Integral ist $\zeta \in K_R$, so dass $\frac{|z - z_0|}{|\zeta - z_0|} < 1$, im zweiten Integral ist $\zeta \in K_r$, so dass dort $\frac{|\zeta - z_0|}{|z - z_0|} < 1$.

Fasst man deshalb die Werte $\dfrac{1}{1-\dfrac{z-z_0}{\zeta-z_0}}$ bzw. $\dfrac{1}{1-\dfrac{\zeta-z_0}{z-z_0}}$ als Grenzwerte geometrischer Reihen auf, so folgt

$$f(z) = \frac{1}{2\pi i} \oint_{K_R} \frac{f(\zeta)}{\zeta - z_0} \sum_{\nu=0}^{\infty} \frac{(z-z_0)^\nu}{(\zeta-z_0)^\nu} \, d\zeta + \frac{1}{2\pi i} \oint_{K_r} \frac{f(\zeta)}{z - z_0} \sum_{\mu=0}^{\infty} \frac{(\zeta-z_0)^\mu}{(z-z_0)^\mu} \, d\zeta \, .$$

Berücksichtigt man wiederum gleichmäßige Konvergenz (gleichmäßig bezüglich ζ bei festen z und z_0) entlang der Integrationswege, also gliedweise Integrierbarkeit, so folgt

$$\begin{aligned} f(z) = & \sum_{\nu=0}^{\infty} \left(\frac{1}{2\pi i} \oint_{K_R} \frac{f(\zeta)}{(\zeta-z_0)^{\nu+1}} \, d\zeta \right) (z-z_0)^\nu \\ & + \sum_{\mu=0}^{\infty} \left(\frac{1}{2\pi i} \oint_{K_r} \frac{f(\zeta)}{(\zeta-z_0)^{-\mu}} \, d\zeta \right) (z-z_0)^{-(\mu+1)} \, . \end{aligned}$$

Ersetzt man in der zweiten Summe μ durch $-(\nu+1)$, so folgt

$$f(z) = \sum_{\nu=-\infty}^{+\infty} a_\nu \, (z-z_0)^\nu \, , \tag{29.8.2}$$

wobei

$$a_\nu = \begin{cases} \dfrac{1}{2\pi i} \displaystyle\oint_{K_R} \frac{f(\zeta)}{(\zeta-z_0)^{\nu+1}} \, d\zeta & \text{für} \quad \nu = 0, 1, 2, \ldots \\ \dfrac{1}{2\pi i} \displaystyle\oint_{K_r} \frac{f(\zeta)}{(\zeta-z_0)^{\nu+1}} \, d\zeta & \text{für} \quad \nu = -1, -2, -3, \ldots \end{cases} \tag{29.8.3}$$

Da z ein beliebiger Punkt des Ringgebietes war, stellt (29.8.2) eine Entwicklung von $f(z)$ im Ringgebiet dar; sie besteht aus einer Potenzreihe um z_0 mit ansteigenden Potenzen und einer solchen mit absteigenden Potenzen.

Definition (29.8.4)

Eine Entwicklung einer auf einem Ringgebiet holomorphen Funktion f in eine Reihe der Form (29.8.2) heißt **Laurent–Entwicklung** [145] von f (um z_0) für das Ringgebiet.

---

[145] Pierre Alphonse Laurent (1813–1854); Le Havre

Bemerkungen (29.8.5)

a) Setzt man $f(z) = f_1(z) + f_2(z)$ mit

$$f_1(z) = \sum_{\nu=0}^{\infty} a_\nu(z - z_0), \qquad f_2(z) = \sum_{\nu=-\infty}^{-1} a_\nu(z - z_0)^\nu,$$

so ist $f_1(z)$ offenbar eine auf dem *ganzen* Innengebiet von K_R holomorphe Funktion (denn die Potenzreihe konvergiert ja in allen Punkten von K_R, also auch in *allen* Punkten z mit $|z - z_0| < R$). Setzt man in der Darstellung von f_2

$$\zeta := \frac{1}{z - z_0},$$

so folgt

$$f_2(z) = \sum_{\mu=1}^{\infty} a_{-\mu}\, \zeta^\mu =: g(\zeta),$$

und diese Entwicklung, die eine Potenzreihe in ζ ist, konvergiert für $|\zeta| = \frac{1}{r}$, also auch für alle ζ mit $|\zeta| < \frac{1}{r}$, d.h. für alle z mit $|z - z_0| \geq r$. Mithin ist f_2 eine außerhalb des kleinen Kreises und auf ihm holomorphe Funktion.

Auf dem Ringgebiet sind daher beide Funktionen holomorph.

b) Ist C eine im Ringgebiet verlaufende, den kleinen Kreis umschließende doppelpunktfreie Kurve, so ist (wenn wir Verbindungsstücke ziehen und über diese hin–und–her–integrieren) sowohl

$$\oint_{K_R} \frac{f(\zeta)}{(\zeta - z_0)^{\nu+1}}\, d\zeta = \oint_C \frac{f(\zeta)}{(\zeta - z_0)^{\nu+1}}\, d\zeta$$

als auch

$$\oint_{K_r} \frac{f(\zeta)}{(\zeta - z_0)^{\nu+1}}\, d\zeta = \oint_C \frac{f(\zeta)}{(\zeta - z_0)^{\nu+1}}\, d\zeta$$

(und zwar für positive wie für nichtpositive ν), so dass (29.8.3) auch ersetzt werden kann durch

$$a_\nu = \frac{1}{2\pi i} \oint_C \frac{f(\zeta)}{(\zeta - z_0)^{\nu+1}}\, d\zeta \qquad (\nu = 0, \pm 1, \pm 2, \ldots). \tag{29.8.6}$$

c) Die Laurent–Entwicklung einer Funktion f für ein gegebenes Ringgebiet ist eindeutig, denn gilt in diesem Ring

$$\sum_{\nu=-\infty}^{+\infty} a_\nu(z - z_0)^\nu = \sum_{\nu=-\infty}^{+\infty} c_\nu(z - z_0)^\nu,$$

so folgt nach Multiplikation mit $(z - z_0)^{-k-1}$ und gliedweiser Integration über einen ganz im Ring liegenden Kreis um z_0 wegen (29.4.11) und (29.4.12):

$$2\pi\, i\, a_k \;=\; 2\pi\, i\, c_k \qquad (k = 0,\, \pm 1,\, \pm 2,\, \ldots),$$

d.h.

$$a_k \;=\; c_k \qquad (k = 0,\, \pm 1,\, \pm 2,\, \ldots).$$

In verschiedenen Ringen (auch wenn sie konzentrisch sind) können die Entwicklungen jedoch unterschiedlich sein.

Beispiel (29.8.7)

$f(z) = \dfrac{1}{(z+1)(z-2)}$ ist holomorph sowohl auf dem Gebiet $|z| < 1$, dem offenen Ring $1 < |z| < 2$ [146] und auf dem „Ring“ $2 < |z| < \infty$.

Man erhält folgende Laurent–Entwicklungen[147]:

$$f(z) \;=\; \sum_{\nu=0}^{\infty} \frac{(-1)^{\nu+1} - \frac{1}{2^{\nu+1}}}{3}\, z^{\nu} \qquad \text{für} \quad |z| < 1,$$

$$f(z) \;=\; \sum_{\nu=-\infty}^{-1} \frac{(-1)^{\nu}}{3}\, z^{\nu} + \sum_{\nu=0}^{\infty} \frac{-1}{3 \cdot 2^{\nu+1}}\, z^{\nu} \qquad \text{für} \quad 1 < |z| < 2,$$

$$f(z) \;=\; \sum_{\nu=-\infty}^{-2} \frac{2^{-\nu-1} + (-1)^{\nu}}{3}\, z^{\nu} \qquad \text{für} \quad |z| > 2\,.$$

Man gewinnt dabei die Koeffizienten sinnvollerweise nicht durch Auswertung der Integrale (29.8.6), sondern z.B. für $|z| < 1$ aus

$$\begin{aligned} f(z) \;&=\; -\frac{1}{3}\,\frac{1}{1+z} - \frac{1}{6}\,\frac{1}{1-\frac{z}{2}} \\ &=\; -\frac{1}{3}\sum_{\nu=0}^{\infty} (-z)^{\nu} - \frac{1}{6}\sum_{\nu=0}^{\infty} \left(\frac{z}{2}\right)^{\nu}. \end{aligned}$$

Auf diese Weise ergeben sich umgekehrt aus der gefundenen Entwicklung die Integrale (29.8.6). Dabei erhält man insbesondere für $\nu = -1$ das Integral

$$\oint_C f(\zeta)\, d\zeta \;=\; 2\pi\, i\, a_{-1}\,.$$

Wir betrachten nun den Fall, dass im Inneren von K_R der Mittelpunkt z_0 selbst eine Stelle ist, an der die Holomorphie von f gestört ist. Für hinreichend kleine $R > 0$ sei es die einzige Stelle dieser Art.[148]

---

[146] Die Kreise K_R und K_r sind also z.B. im Ring $1 < |z| < 2$ Kreise um $z_0 = 0$ mit $1 < r < R < 2$.

[147] Im Gebiet $|z| < 1$ ist die Laurent-Reihe natürlich die Taylor-Reihe.

[148] Mithin ist $r > 0$ beliebig klein wählbar.

z_0 heißt in dieser Situation eine **isolierte singuläre Stelle** von $f(z)$.

Hat dabei der mit negativen Exponenten versehene Teil der Laurent–Entwicklung von $f(z)$ um z_0 auf dem Ring $0 < |z - z_0| \leq R$ nur endlich viele Glieder, so heißt z_0 ein **Pol** der Funktion $f(z)$, und zwar ein **Pol der Ordnung *k***, falls

$$f(z) \quad = \quad \sum_{\nu=-k}^{\infty} a_\nu (z - z_0)^\nu \quad \text{mit} \quad a_{-k} \neq 0$$ [149];

andernfalls heißt z_0 eine **wesentliche Singularität** von f.

Wie bereits im Anschluss an unser Beispiel bemerkt, gilt für eine Funktion $f(z)$, die in z_0 eine isolierte Singularität besitzt, jedoch auf einer Umgebung von z_0 im übrigen holomorph ist, die Beziehung

$$\frac{1}{2\pi i} \oint_C f(\zeta)\, d\zeta \quad = \quad a_{-1}\,, \tag{29.8.8}$$

wenn C irgendein den Punkt z_0 umschließender, in der genannten Umgebung verlaufender doppelpunktfreier Weg ist und a_{-1} den Koeffizienten von $(z - z_0)^{-1}$ in der Laurent–Entwicklung von f in einem zur Umgebung gehörenden, in z_0 punktierten Kreis um z_0 bedeutet.

Definition (29.8.9)

Der Koeffizient a_{-1} in der Laurent–Entwicklung von f um eine isolierte Singularität z_0 heißt das **Residuum** von f in z_0.

Satz (29.8.10) (Residuensatz)

Es sei f auf dem (beliebigen) Gebiet G holomorph, und es sei C ein in G verlaufender geschlossener doppelpunktfreier Weg. C umschließe endlich viele isolierte Singularitäten $z_1, z_2, \ldots, z_m$. Die zugehörigen Residuen seien $a_{-1}(z_\mu)$ $(\mu = 1, \ldots, m)$. Dann gilt

$$\oint_C f(z)\, dz \quad = \quad 2\pi i \sum_{\mu=1}^{m} a_{-1}(z_\mu)\,. \tag{29.8.11}$$

Beweis

Um jede der Singularitäten schlage man einen (kleinen) Kreis, der keine weitere Singularität auf seinem Rande oder in seinem Inneren enthält und noch ganz im Innengebiet von C liegt. Jeder der so gewonnenen Kreise K_μ um z_μ $(\mu = 1, \ldots, m)$ befinde sich im Außengebiet der anderen. Wir verbinden nun (wie in Abb. 29.9. angedeutet) die Kreise

[149] Mithin kann man auch sagen, f besäße bei z_0 einen Pol k–ter Ordnung, wenn $(z - z_0)^k f(z)$ bei z_0 holomorph ist, dies jedoch für $(z - z_0)^m f(z)$ mit $0 \leq m < k$ nicht der Fall ist.

untereinander und mit C. Wir erhalten dann zwei geschlossene doppelpunktfreie Wege C_1 und C_2, in deren Innengebiet keine Singularitäten liegen, f also holomorph ist:

$$\oint_{C_1} f(\zeta)\, d\zeta = \oint_{C_2} f(\zeta)\, d\zeta = 0 .$$

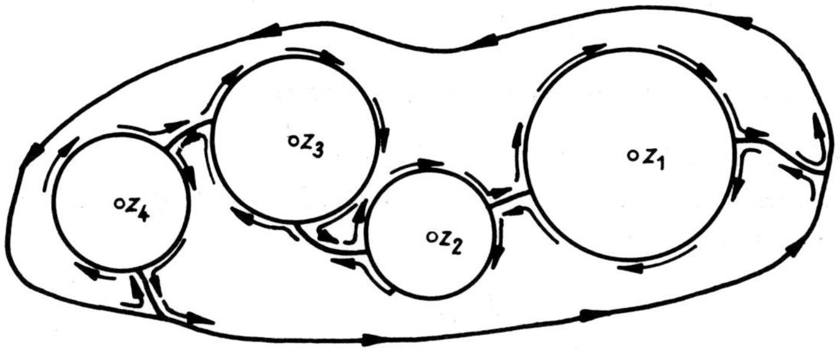

Abb. 29.9. Zum Beweis des Residuensatzes

Dabei ist jedoch

$$0 = \oint_{C_1} f(\zeta)\, d\zeta + \oint_{C_2} f(\zeta)\, d\zeta = \oint_{C} f(\zeta)\, d\zeta - \sum_{\mu=1}^{m} \oint_{K_\mu} f(\zeta)\, d\zeta .$$

$\frac{1}{2\pi i} \oint_{K_\mu} f(\zeta)\, d\zeta$ ist aber gemäß (29.8.8) das Residuum von f in z_μ, denn K_μ ist ein Weg der in (29.8.8) genannten Art. Damit aber folgt unmittelbar die Behauptung. ■

Bemerkung (29.8.12)

Die Bedeutung des Residuensatzes beruht u.a. darauf, dass - wie schon im oben behandelten Beispiel erwähnt - die Koeffizienten (und damit u.a. auch a_{-1}) der Laurent-Entwicklung um z_ν oft sehr leicht direkt bestimmt werden können, so dass auf diese Weise das Integral $\oint_C f(\zeta)\, d\zeta$ leicht berechnet werden kann.

Existiert insbesondere $\lim_{z \to z_\nu} (z - z_\nu) f(z) \neq 0$, so ist z_ν ein Pol erster Ordnung[150], und der Grenzwert ergibt wegen

$$(z - z_\nu) f(z) = a_{-1} + a_0(z - z_\nu) + a_1(z - z_\nu)^2 + \ldots$$

unmittelbar das Residuum in z_ν.

[150]folglich $a_{-2} = a_{-3} = \ldots = 0$

Beispiel (29.8.13)

Für die in Beispiel (29.8.7) behandelte Funktion

$$f(z) = \frac{1}{(z+1)(z-2)}$$

sind offenbar $z_1 = -1$ und $z_2 = 2$ die einzigen singulären Stellen.

Es ist

$$\lim_{z \to z_1} (z - z_1) f(z) = \lim_{z \to -1} (z+1) f(z) = \lim_{z \to -1} \frac{1}{z-2} = -\frac{1}{3}$$

und

$$\lim_{z \to z_2} (z - z_2) f(z) = \lim_{z \to 2} (z-2) f(z) = \lim_{z \to 2} \frac{1}{z+1} = \frac{1}{3} .$$

Beide singulären Stellen sind also Pole erster Ordnung, und die zugehörigen Residuen sind $-\frac{1}{3}$ bzw. $\frac{1}{3}$.

Man erhält mithin in diesem Beispiel bei einer doppelpunktfreien geschlossenen Kurve C

$$\oint_C f(z)\,dz = \begin{cases} 0 & \text{wenn } z_1 \text{ und } z_2 \text{ beide im Außen- oder beide im Innengebiet von } C \text{ liegen} \\ -\dfrac{2\pi}{3} i & \text{wenn } C \text{ den Wert } z_1 \text{ im Inneren und } z_2 \text{ im Äußeren enthält} \\ \dfrac{2\pi}{3} i & \text{wenn } C \text{ den Wert } z_1 \text{ im Äußeren und } z_2 \text{ im Inneren enthält} \end{cases} .$$

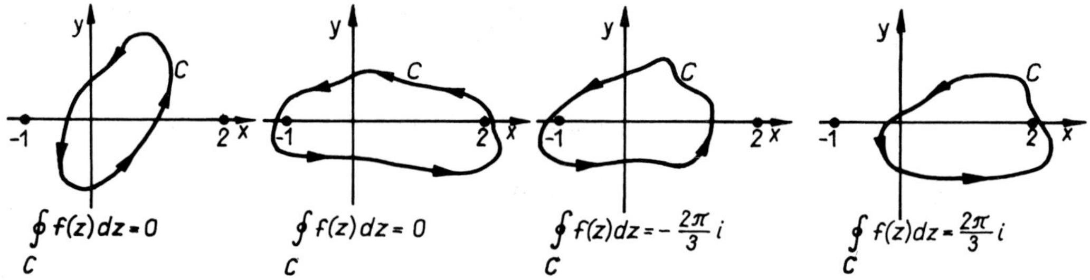

Abb. 29.10. Beispiele zur Anwendung des Residuensatzes

Bemerkung (29.8.14)

In gewissen Fällen kann der Residuensatz vorteilhaft zur Berechnung uneigentlicher reeller Integrale benutzt werden.

Wir verdeutlichen dies an einem Beispiel:

Gesucht sei

$$\int_{-\infty}^{+\infty} \frac{x^2}{1+x^4}\, dx .$$

Wir betrachten zunächst das Integral

$$J(R) \quad = \quad \oint_C \frac{z^2}{1+z^4}\, dz ,$$

wo C aus dem Stück der x–Achse von $-R$ bis R sowie aus dem in der oberen Halbebene gelegenen Halbkreis mit dem Radius R um 0 besteht (vgl. Abb. 29.11.).

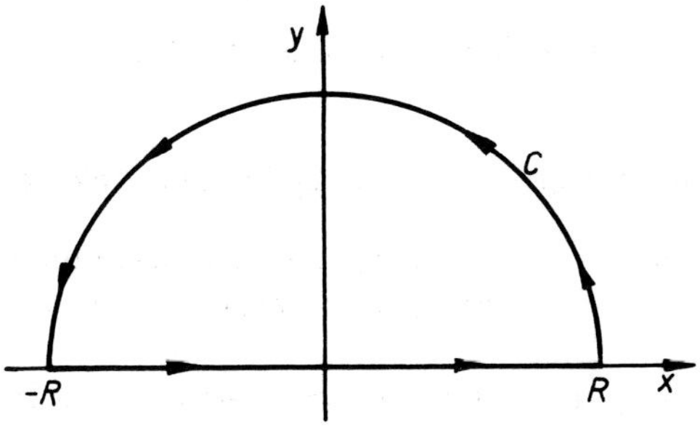

Abb. 29.11. Zur Berechnung uneigentlicher reeller Integrale mittels des Residuensatzes

Nun ist

$$1+z^4 \;=\; \left(z-\frac{\sqrt{2}}{2}(1+i)\right)\cdot\left(z+\frac{\sqrt{2}}{2}(1+i)\right)\left(z-\frac{\sqrt{2}}{2}(1-i)\right)\left(z+\frac{\sqrt{2}}{2}(1-i)\right) .$$

$f(z) \;=\; \dfrac{z^2}{1+z^4}$ hat also Singularitäten bei den Nenner–Nullstellen $z_1 \;=\; \dfrac{\sqrt{2}}{2}(1+i)$, $z_2 \;=\; -\dfrac{\sqrt{2}}{2}(1+i)$, $z_3 \;=\; \dfrac{\sqrt{2}}{2}(1-i)$, $z_4 \;=\; -\dfrac{\sqrt{2}}{2}(1-i)$.

Dabei liegen z_2 und z_3 sicher nicht in dem von C umschlossenen Gebiet. Wohl aber umschließt unser Weg die Stellen z_1 und z_4, wenn $R > 1$.

Offenbar gilt aber

$$\lim_{z\to z_1}(z-z_1)\,f(z) \;=\; \frac{z_1^2}{(z_1-z_2)\,(z_1-z_3)\,(z_1-z_4)} \;=\; \frac{\sqrt{2}}{8}(1-i) ,$$

$$\lim_{z\to z_4}(z-z_4)\,f(z) \;=\; \frac{z_4^2}{(z_4-z_1)\,(z_4-z_2)\,(z_4-z_3)} \;=\; -\frac{\sqrt{2}}{8}(1+i) .$$

z_1 und z_4 sind also Pole erster Ordnung, und der Residuensatz ergibt für $R > 1$

$$J(R) = 2\pi i \left\{ \frac{\sqrt{2}}{8}(1-i) - \frac{\sqrt{2}}{8}(1+i) \right\} = \frac{\pi}{2}\sqrt{2}$$

$$= \int_{-R}^{R} \frac{x^2}{1+x^4}\,dx + \int_{H_R} \frac{z^2}{1+z^4}\,dz\,,$$

wobei H_R den von $+R$ nach $-R$ durchlaufenen Halbkreis darstellt.

Nun folgt mit (29.4.18) für $R > 1$

$$\left| \int_{H_R} \frac{z^2}{1+z^4}\,dz \right| \leq \frac{R^2}{R^4-1}\,\pi R = \frac{\pi R^3}{R^4-1}\,,$$

so dass

$$\lim_{R\to\infty} \int_{H_R} \frac{z^2}{1+z^4}\,dz = 0\,.$$

Mithin folgt

$$\lim_{R\to\infty} J(R) = \int_{-\infty}^{+\infty} \frac{x^2}{1+x^4}\,dx = \frac{\pi}{2}\sqrt{2}\,.$$ [151]

Aufgaben (29.8.15)

1. Zur Funktion $f(z) = \dfrac{1}{z^2 - iz}$ gebe man diejenige Laurent–Entwicklung um den Punkt $z_0 = -i$ an, die für $z = \dfrac{1}{2}$ konvergiert.

2. Die Funktion f bilde $G \subset \mathbb{C}$ in $\mathbb{C}$ ab und sei holomorph auf einer Umgebung einer Nullstelle $z_0 \in G$. Dann heißt

$$m := \min\left\{k \mid f^{(k)}(z_0) \neq 0\right\}$$

die **Vielfachheit** der Nullstelle z_0 von $f(z)$.

[151] Offenbar kann man auf gleichem Wege immer dann zum Ziel gelangen, wenn der Integrand eine rationale Funktion ist, der Nennergrad mindestens um 2 größer ist als der Grad des Zählers und der Nenner keine reelle Nullstelle besitzt.

Man zeige: Ist z_0 m–fache Nullstelle von $f(z)$, so besitzt die Funktion $g(z) := \dfrac{1}{f(z)}$ in z_0 einen Pol der Ordnung m.

3. Für die Funktionen

$$f_1(z) = \frac{z}{z^4-1}, \qquad f_2(z) = \frac{\cos z - 1}{z}$$

$$f_3(z) = \cos\frac{1}{z}, \qquad f_4(z) = \frac{z^4+18z^2+9}{4z(z^2+9)}$$

bestimme man Lage und Art der Singularitäten (soweit diese im Endlichen liegen) sowie die zugehörigen Residuen.

4. In Analogie zum Vorgehen in Bemerkung (29.8.13) ermittle man den Wert des Integrals

$$\int_{-\infty}^{\infty} \frac{x \sin x}{x^4+1}\, dx .$$

29.9 Ebene Potentialströmungen und Auftrieb

Als exemplarische Anwendung funktionentheoretischer Methoden auf technische Fragestellungen betrachten wir das Studium der Kraftwirkungen, die von einem strömenden idealen Fluid auf einen in diese Strömung hineingetauchten festen Körper, etwa einen Tragflügel, ausgeübt werden.

Dabei beschränken wir uns auf den Fall einer **stationären Strömung**[152], die überdies im Rahmen der auftretenden Geschwindigkeiten als inkompressibel (im Sinne konstanter Dichte) betrachtet werden kann (vgl. Abschnitt 25.1). Mithin fallen in (25.1.8) die partiellen Ableitungen nach der Zeit t weg, und die erste Gleichung in (25.1.8), geschrieben in primitiven Variablen, d.h. die Kontinuitätsgleichung (25.1.4), reduziert sich auf

$$\operatorname{div} \boldsymbol{u} = 0, \tag{29.9.1}$$

wobei $\boldsymbol{u} = (u_1(x,y,z),\, u_2(x,y,z),\, u_3(x,y,z))^{\mathrm{T}}$ [153] wiederum den Geschwindigkeitsvektor der Strömung an der Stelle (x,y,z) darstellt.

Die zweite bis vierte Gleichung in (25.1.8) schrieben sich in primitiven Variablen in zusammengefasster Form als Euler–Gleichung (25.1.6), im stationären Fall mithin als

$$\langle \boldsymbol{u}, \boldsymbol{\nabla} \rangle\, \boldsymbol{u} + \frac{1}{\rho}\boldsymbol{\nabla} p = \hat{\boldsymbol{k}} . \tag{29.9.2}$$

[152] $\boldsymbol{u}, \rho, p, \hat{\boldsymbol{k}}$ hängen also nicht explizit von der Zeit t ab.

[153] z bedeutet hier die dritte Ortsvariable, später die komplexe Variable $x + iy$. Verwechslungen sind jedoch nicht zu befürchten.

Wir setzen überdies voraus, dass die Strömung **wirbelfrei** sei; dies bedeutet, dass die Zirkulation

$$Z \quad := \quad \oint_C \boldsymbol{u}(\boldsymbol{x})\, d\boldsymbol{x} \qquad (29.9.3)$$

(vgl. Abschnitt 19.2) entlang jeder in einem einfach zusammenhängenden Teilgebiet des Strömungsfeldes verlaufenden geschlossenen Kurve C verschwindet. $\boldsymbol{u}$ ist dort also aus einem Potential ϕ herleitbar, d.h.

$$\boldsymbol{u} \quad = \quad \boldsymbol{\nabla}\, \phi\,, \qquad (29.9.4)$$

und es gilt dort

$$\text{rot } \boldsymbol{u} \quad = \quad \boldsymbol{0}\,. \qquad (29.9.5)$$

(29.9.4) gibt Veranlassung, von einer **Potentialströmung** zu sprechen. ϕ heißt **Geschwindigkeitspotential.**

Die fünfte Gleichung in (25.1.8) ist entbehrlich.

Wegen $\langle \boldsymbol{u}\,, \boldsymbol{\nabla} \rangle\, \boldsymbol{u} = \frac{1}{2}\boldsymbol{\nabla}\,(\|\boldsymbol{u}\|^2) - \boldsymbol{u} \times \text{rot } \boldsymbol{u}$ liefert (29.9.5) in Verbindung mit (29.9.2)

$$\boldsymbol{\nabla} \left(\frac{1}{2}\,\|\boldsymbol{u}\|^2 + \frac{1}{\rho}\,p\right) \quad = \quad \hat{\boldsymbol{k}}\,. \qquad (29.9.6)$$

Der hier betrachtete Fall einer stationären, reibungsfreien, inkompressiblen, wirbelfreien Strömung kann (angenähert) also nur dann vorliegen, wenn die äußeren Kräfte aus einem Potential herleitbar, also konservativ sind. Bezeichnen wir dieses Potential mit U $\big($d.h. $\hat{\boldsymbol{k}} = -\boldsymbol{\nabla}\, U\big)$, so ergibt (29.9.6)

$$\boldsymbol{\nabla} \left(\frac{1}{2}\,\|\boldsymbol{u}\|^2 + \frac{1}{\rho}\,p + U\right) \quad = \quad \boldsymbol{0}\,.$$

d.h.

$$\frac{1}{2}\,\|\boldsymbol{u}\|^2 + \frac{1}{\rho}\,p + U \quad = \quad \text{const}\,. \qquad (29.9.7)$$

(29.9.7) heißt **Bernoullische Gleichung** (Energiesatz für den hier betrachteten Strömungstyp), p heißt auch **statischer Druck**, und $\frac{\rho}{2}\,\|\boldsymbol{u}\|^2$ ist wiederum der dynamische Druck (vgl. Abschnitt 25.2).

Wir spezialisiern unsere Strömung noch weiter durch die Annahme, dass es sich um eine **ebene Strömung** handelt, die Geschwindigkeit $\boldsymbol{u}$ also an keiner Stelle eine Komponente in Richtung von (z.B.) z besitzt:

$$u_3 \quad = \quad 0\,. \qquad (29.9.8)$$

(29.9.5) führt dann zu

$$\operatorname{rot}\,\boldsymbol{u} \;=\; \begin{pmatrix} -\dfrac{\partial u_2}{\partial z} \\ \dfrac{\partial u_1}{\partial z} \\ \dfrac{\partial u_2}{\partial x} - \dfrac{\partial u_1}{\partial y} \end{pmatrix} \;=\; \boldsymbol{0}\,.$$

Es hängen also u_1 und u_2 nicht von der dritten Ortsvariablen z ab:

$$\boldsymbol{u} \;=\; \begin{pmatrix} u_1(x,y) \\ u_2(x,y) \\ 0 \end{pmatrix}$$

mit

$$\frac{\partial u_2}{\partial x} - \frac{\partial u_1}{\partial y} \;=\; 0\,. \tag{29.9.9}$$

Wir führen nun den Vektor

$$\boldsymbol{v} \;:=\; \begin{pmatrix} -u_2(x,y) \\ u_1(x,y) \\ 0 \end{pmatrix} \tag{29.9.10}$$

ein. Dann folgt in Verbindung mit der Kontinuitätsgleichung (29.9.1) offenbar

$$\operatorname{rot}\,\boldsymbol{v} \;=\; \begin{pmatrix} 0 \\ 0 \\ \dfrac{\partial u_1}{\partial x} + \dfrac{\partial u_2}{\partial y} \end{pmatrix} \;=\; \begin{pmatrix} 0 \\ 0 \\ \operatorname{div}\boldsymbol{u} \end{pmatrix} \;=\; \boldsymbol{0}\,,$$

so dass in einfach zusammenhängenden Teilen des Strömungsgebiets auch $\boldsymbol{v}$ aus einem Potential herleitbar ist. Es existiert also eine Funktion $\psi = \psi(x,y)$ mit

$$-u_2 \;=\; \frac{\partial \psi}{\partial x}\,, \qquad u_1 \;=\; \frac{\partial \psi}{\partial y}\,. \tag{29.9.11}$$

ψ heißt **Stromfunktion**.

Mit (29.9.4) folgt

$$\frac{\partial \phi}{\partial x} \;=\; \frac{\partial \psi}{\partial y}\,, \qquad \frac{\partial \phi}{\partial y} \;=\; -\frac{\partial \psi}{\partial x}\,. \tag{29.9.12}$$

(29.9.12) kann offenbar aufgefasst werden als System Cauchy–Riemannscher Differentialgleichungen (vgl. Bemerkung (29.2.8)) der Funktion

$$\Omega(z) \;=\; \phi(x,y) + i\,\psi(x,y) \tag{29.9.13}$$

der komplexen Variablen $z = x + i\,y$.

Ω heißt **komplexes Geschwindigkeitspotential** der betrachteten ebenen Potentialströmung.

Wir setzen voraus, dass ϕ und ψ auch stetige partielle zweite Ableitungen nach x und y besitzen, so dass Ω nach Satz (29.2.10) eine holomorphe Funktion ist.

Wir wollen nun bei ebenen Potentialströmungen die Kraftwirkung auf einen in die Strömung getauchten festen Gegenstand untersuchen. Da wir uns auf ebene Strömungen beschränken, sind die Gegenstände als in Richtung der dritten Koordinate sehr lang (im mathematischen Modell: unendlich lang) anzusehen, wobei dann die Querschnitte in der x–y–Ebene (**Profile**) betrachtet werden (z.B. Profile langer Tragflügel).

Für die Zirkulation Z galt $Z = \oint\limits_C \boldsymbol{u}\,d\boldsymbol{x} = 0$, solange der geschlossene Weg C, der jetzt aufgrund des ebenen Strömungsmodells ein Weg in der reellen x–y–Ebene, also im $\mathbb{R}^2$, ist, ein einfach zusammenhängendes Gebiet der Strömung umschließt und im Gebiet der Strömung verläuft. Es befinde sich nun jedoch im Innengebiet der Kurve C ein Profil mit Rand Γ, so dass dieses Innengebiet nicht mehr ein einfach zusammenhängendes Teilgebiet der Strömung und mithin i.Allg. $Z \neq 0$ ist.

Offenbar ist dann

$$\oint\limits_C \boldsymbol{u}\,d\boldsymbol{x} = \oint\limits_\Gamma \boldsymbol{u}\,d\boldsymbol{x},$$

denn mit der gleichen Technik, die wir mehrfach bei der Integration komplexer Funktionen benutzt hatten, kann man Γ und C durch zwei Wegstücke miteinander verbinden, dadurch zwei einfach zusammenhängende Gebiete G_1, G_2 der Strömung mit Rändern C_1, C_2 erzeugen, so dass wegen rot $\boldsymbol{u} = \boldsymbol{0}$ in G_1 und G_2 sowohl

$$\oint\limits_{C_1} \boldsymbol{u}\,d\boldsymbol{x} = 0 \qquad \text{als auch} \qquad \oint\limits_{C_2} \boldsymbol{u}\,d\boldsymbol{x} = \mathbf{0}$$

gilt, mithin

$$\oint\limits_{C_1} \boldsymbol{u}\,d\boldsymbol{x} + \oint\limits_{C_2} \boldsymbol{u}\,d\boldsymbol{x} = \mathbf{0}.$$

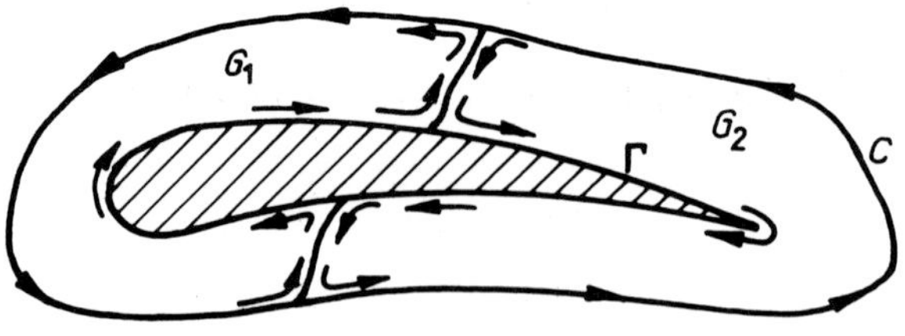

Abb. 29.12. Zur Berechnung des Auftriebs eines Profils in einer ebener Potentialströmung

Natürlich hebt sich das Hin–und–her–Integrieren auch bei reellen Kurvenintegralen gegenseitig auf, so dass

$$\oint_{C_1} \boldsymbol{u}\, d\boldsymbol{x} + \oint_{C_2} \boldsymbol{u}\, d\boldsymbol{x} = \oint_{C} \boldsymbol{u}\, d\boldsymbol{x} + \oint_{-\Gamma} \boldsymbol{u}\, d\boldsymbol{x}$$

(wenn $-\Gamma$ der im mathematisch negativen Sinn durchlaufene Weg Γ ist).

Deshalb folgt in der Tat

$$\oint_{C} \boldsymbol{u}\, d\boldsymbol{x} = \oint_{\Gamma} \boldsymbol{u}\, d\boldsymbol{x}\,.$$

Bemerkung (29.9.14)

Kritisch wäre bei der hier vorgestellten Überlegung einzuwenden, dass entgegen den bisherigen Betrachtungen Γ nicht ein im Inneren des Gebiets verlaufender Weg ist. Tatsächlich hat man — grob gesprochen — zunächst einen im Strömungsgebiet im Abstand ε von Γ verlaufenden Weg Γ_ε zu betrachten und dann $\varepsilon \to 0$ zu untersuchen.

Sei nun $\boldsymbol{r} = \boldsymbol{r}(\tau)$ eine Parameterdarstellung von Γ $(0 \le \tau \le T)$. Dann folgt

$$Z = \int_0^T \langle\, \boldsymbol{u}(\boldsymbol{r}(\tau)), \dot{\boldsymbol{r}}(\tau)\,\rangle\, d\tau = \int_0^T \{u_1\,\dot{x} + u_2\,\dot{y}\}\, d\tau\,. \tag{29.9.15}$$

Es ist $\dot{\boldsymbol{r}} = \begin{pmatrix} \dot{x}(\tau) \\ \dot{y}(\tau) \end{pmatrix}$ ein Tangentialvektor an die Kurve Γ im Punkt $(x(\tau), y(\tau))$ und daher

$$\boldsymbol{n} := \frac{1}{\sqrt{\dot{x}^2 + \dot{y}^2}} \begin{pmatrix} \dot{y} \\ -\dot{x} \end{pmatrix} \tag{29.9.16}$$

ein Normaleneinheitsvektor der Kurve Γ im gleichen Punkt.

Wir setzen weiter voraus, dass die Strömungsgeschwindigkeit an der Oberfläche des eingetauchten Körpers einen Tangentialvektor dieser Oberfläche bildet:

$$\langle\, \boldsymbol{u}, \boldsymbol{n}\,\rangle = 0 \quad \text{entlang} \quad \Gamma, \tag{29.9.17}$$

d.h. $u_1\,\dot{y} = u_2\,\dot{x}$. Damit liefert (29.9.15) für die Zirkulation den Wert

$$Z = \int_0^T (u_1 - i\,u_2)\,(\dot{x} + i\,\dot{y})\, d\tau\,,$$

d.h.

$$Z = \int_{\Gamma} w(z)\, dz\,, \tag{29.9.18}$$

wobei

$$w(z) \quad := \quad u_1(x,y) \; - \; i\,u_2(x,y) \tag{29.9.19}$$

auf dem Außengebiet des Profils holomorph ist, denn mit (29.9.11) gilt

$$\frac{\partial u_1}{\partial x} \quad = \quad \frac{\partial^2 \psi}{\partial x \, \partial y} \quad = \quad \frac{\partial^2 \psi}{\partial y \, \partial x} \quad = \quad \frac{\partial(-u_2)}{\partial y} \,,$$

und (29.9.4) ergibt

$$\frac{\partial u_1}{\partial y} \quad = \quad \frac{\partial^2 \phi}{\partial x \, \partial y} \quad = \quad \frac{\partial^2 \phi}{\partial y \, \partial x} \quad = \quad -\frac{\partial(-u_2)}{\partial x} \,;$$

die Cauchy–Riemannschen Gleichungen sind also in der Tat für die Funktion $w(z)$ erfüllt.

Wir können deshalb auch bei der Berechnung der Zirkulation wieder zur Kurve C zurückkehren:

$$Z \quad = \quad \int_C w(z)\, dz \,.$$

Wir wählen dabei C so, dass dieser Weg ganz im Innengebiet eines Kreisringes verläuft, dessen innerer Kreis K_r das gegebene Profil umschließt; der Radius R des äußeren Kreises K_R darf offenbar beliebig groß sein, da $w(z)$ auf dem *gesamten* Außengebiet des Profils holomorph ist.

Ohne Einschränkung der Allgemeinheit sei der Mittelpunkt der Kreise mit dem Koordinatenursprung der nun zur z–Ebene gewordenen x–y–Ebene identisch.

$w(z)$ kann in diesem Kreisring, insbesondere also in jedem $z \in C$, in eine Laurent-Reihe (29.8.2) um $z_0 = 0$ mit Koeffizienten gemäß (29.8.3) entwickelt werden (vgl. Abb. 29.13.):

$$w(z) \quad = \quad \sum_{\nu=-\infty}^{+\infty} a_\nu \, z^\nu \,.$$

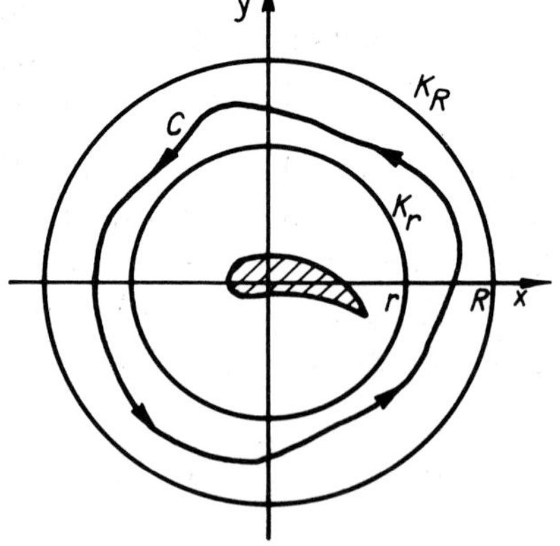

Abb. 29.13. Kreisring um ein Profil

Wir setzen nun weiter voraus, dass $\boldsymbol{u} = \boldsymbol{u}(x,y)$ hinsichtlich beider Komponenten in großer Entfernung vom Profil konstant ist[154] mit der ortsunabhängigen Geschwindigkeit $\boldsymbol{u}_\infty$. Dann folgt

$$\lim_{|z|\to\infty} \boldsymbol{u}(x,y) = \begin{pmatrix} u_{1,\infty} \\ u_{2,\infty} \end{pmatrix}, \qquad (29.9.20)$$

so dass

$$\lim_{|z|\to\infty} w(z) = u_{1,\infty} - i\,u_{2,\infty}\,.$$

Da die Koeffizienten a_ν $(\nu = 0,\ \pm 1,\ \pm 2,\ \ldots)$ feste Zahlen sind, die a_ν also nicht von R abhängen, R andererseits beliebig groß sein darf, folgt für große Werte von $|z|$, dass alle a_ν mit positivem Index verschwinden müssen.
Es gilt also

$$\lim_{|z|\to\infty} w(z) = a_0 = u_{1,\infty} - i\,u_{2,\infty}\,. \qquad (29.9.21)$$

Zugleich ergibt (29.8.8)

$$a_{-1} = \frac{1}{2\pi\,i} \oint_C w(\zeta)\,d\zeta\,,$$

d.h.

$$Z = 2\pi\,i\,a_{-1}\,. \qquad (29.9.22)$$

Es sei nun K die (auf die Längeneinheit in Richtung der dritten Ortsvariablen bezogene) Kraft, die von der Strömung auf den eingetauchten Körper ausgeübt wird und die wir berechnen wollen:

$$\boldsymbol{K} = \begin{pmatrix} K_1 \\ K_2 \end{pmatrix} = -\int_0^L p\,\boldsymbol{n}\,ds \qquad \left([\boldsymbol{K}] = \frac{[\text{Kraft}]}{[\text{Länge}]}\right) \qquad (29.9.23)$$

mit dem Normalenvektor $\boldsymbol{n}$ aus (29.9.17), dem von dem Fluid auf die Oberfläche des Gegenstandes ausgeübten Druck p, der von einem Punkt der Kurve Γ aus gezählten Bogenlänge s und der Gesamtlänge L des Weges Γ. Verschwindet die Summe der auf das Fluid wirkenden äußeren Kräfte, ist also das Potential U in der Bernoullischen Gleichung (29.9.7) konstant und daher der **Gesamtdruck**

$$p_0 := \frac{\rho}{2}\,\|\boldsymbol{u}\|^2 + p$$

[154] z.B. mit konstanter Geschwindigkeit gegen ruhendes Wasser fahrendes Gefährt

konstant, so folgt wegen $\int_0^L \boldsymbol{n}\,ds = \boldsymbol{0}$ (geschlossene Kurve ! [155])

$$\boldsymbol{K} = -\int_0^L \left\{p_0 - \frac{\rho}{2}\,\|\boldsymbol{u}\|^2\right\} \boldsymbol{n}\,ds = \frac{\rho}{2}\int_0^L \|\boldsymbol{u}\|^2\,\boldsymbol{n}\,ds\,,$$

d.h.

$$K_1 = \frac{\rho}{2}\int_0^T \frac{1}{\sqrt{\dot{x}^2+\dot{y}^2}}\,\|\boldsymbol{u}\|^2\,\dot{y}\,\frac{ds}{d\tau}\,d\tau\,,$$

$$K_2 = -\frac{\rho}{2}\int_0^T \frac{1}{\sqrt{\dot{x}^2+\dot{y}^2}}\,\|\boldsymbol{u}\|^2\,\dot{x}\,\frac{ds}{d\tau}\,d\tau\,.$$

Führt man vorübergehend abkürzend die komplexe Zahl

$$k = K_2 + i\,K_1 \tag{29.9.24}$$

ein, so folgt

$$k = -\frac{\rho}{2}\int_0^T \frac{1}{\sqrt{\dot{x}^2+\dot{y}^2}}\,\|\boldsymbol{u}\|^2\,(\dot{x}-i\,\dot{y})\,\frac{ds}{d\tau}\,d\tau = -\frac{\rho}{2}\int_0^T \|\boldsymbol{u}\|^2\,(\dot{x}-i\,\dot{y})\,d\tau\,.$$

Nun ist

$$\begin{aligned}\|\boldsymbol{u}\|^2(\dot{x}-i\,\dot{y}) &= (u_1^2+u_2^2)\,(\dot{x}-i\,\dot{y}) = (u_1-i\,u_2)\,(u_1+i\,u_2)\,(\dot{x}-i\,\dot{y})\\ &= w(z)\,\left(u_1\,\dot{x}+u_2\,\dot{y}+i\,u_2\,\dot{x}-i\,u_1\,\dot{y}\right)\,.\end{aligned}$$

Wegen (29.9.17) verschwindet rechterhand in der Klammer der Imaginärteil, so dass man die dort stehende Zahl trivialerweise durch ihre konjugiertkomplexe Zahl ersetzen kann:

$$\begin{aligned}\|\boldsymbol{u}\|^2(\dot{x}+i\,\dot{y}) &= w(z)\,\left(u_1\,\dot{x}+u_2\,\dot{y}-i\,u_2\,\dot{x}+i\,u_1\,\dot{y}\right)\\ &= w(z)\,(u_1-i\,u_2)\,(\dot{x}+i\,\dot{y}) = w^2(z)\,\dot{z}\,.\end{aligned}$$

Wir erhalten daher

$$k = -\frac{\rho}{2}\int_0^T w^2(z)\,\dot{z}\,d\tau = -\frac{\rho}{2}\int_\Gamma w^2(z)\,dz\,.$$

---

[155] Es ist $\dfrac{ds}{d\tau} = \sqrt{\dot{x}^2+\dot{y}^2}$ und daher

$$\int_0^L \boldsymbol{n}\,ds = \int_0^T \frac{1}{\sqrt{\dot{x}^2+\dot{y}^2}}\begin{pmatrix}\dot{y}\\ -\dot{x}\end{pmatrix}\frac{ds}{d\tau}\,d\tau = \begin{pmatrix}y(T)-y(0)\\ -x(T)+x(0)\end{pmatrix} = \begin{pmatrix}0\\ 0\end{pmatrix}.$$

Mit w ist aber auch w^2 holomorph, so dass

$$k \;=\; -\frac{\rho}{2}\int\limits_C w^2(z)\,dz\,. \tag{29.9.25}$$

Im Kreisring gilt aber (vgl. (8.4.15))

$$\begin{aligned} w^2(z) &= \left(a_0 + \frac{a_{-1}}{z} + \frac{a_{-2}}{z^2} + \ldots\right)\left(a_0 + \frac{a_{-1}}{z} + \frac{a_{-2}}{z^2} + \ldots\right) \\ &= a_0^2 + 2\,\frac{a_0\,a_{-1}}{z} + \frac{A_{-2}}{z^2} + \frac{A_{-3}}{z^3} + \ldots \end{aligned}$$

mit gewissen Koeffizienten A_ν $(\nu = -2, -3, \ldots)$.

Mithin liefern (29.9.25) und (29.9.8)

$$k \;=\; -\frac{\rho}{2}\,2a_0\,a_{-1}\cdot 2\pi\,i\,.$$

Zusammen mit (29.9.21) und (29.9.22) folgt daraus

$$k \;=\; -\rho\,(u_{1,\infty} - i\,u_{2,\infty})\,Z\,,$$

und da die Zirkulation Z reell ist (vgl. (29.9.3)), folgt durch Vergleich von Real- und Imaginärteil aus (29.9.24)

$$\begin{aligned} K_1 &= \rho\,u_{2,\infty}\,Z \\ K_2 &= -\rho\,u_{1,\infty}\,Z\,. \end{aligned} \tag{29.9.26}$$

Ist insbesondere $u_{2,\infty} = 0$, aber $u_{1,\infty} \neq 0$, handelt es sich bei der ungestörten Strömung also um eine zur x-Achse parallele Strömung, und ist $Z \neq 0$, so ist $K_2 \neq 0$, d.h. der Körper erfährt eine Kraftwirkung senkrecht zur Strömungsrichtung, wobei z.B. durch geeignete Profilgebung $Z < 0$ erreicht werden kann (startendes Flugzeug hebt vom Boden ab, Tragflügelboot hebt sich aus dem Wasser, usw.), wobei zu $\boldsymbol{K}$ natürlich noch die statischen Auftriebskräfte (Archimedessches Prinzip) und gegebenenfalls äußere Kräfte (neben dem Gewicht) hinzutreten.

Bemerkungen (29.9.27)

a) Die Formeln (29.9.26) heißen **Kutta–Joukowskische Auftriebsformeln**.

b) Während bei dem zuletzt betrachteten Strömungsfall der tatsächlich stattfindende Auftrieb zumindest qualitativ richtig beschrieben wird, steht das Ergebnis $K_1 = 0$ im Widerspruch zur Erfahrung. $K_1 = 0$ würde bedeuten, dass bei wirbelfreien inkompressiblen stationären Strömungen (wie sie etwa bei ruhig dahinfließenden Flüssen realisiert sind) keinerlei Kraftwirkungen auf eingetauchte Körper (z.B. Brückenpfeiler) in Strömungsrichtung auftreten. Der Widerspruch liegt natürlich in der vorausgesetzten Reibungsfreiheit.

Sollen auch solche Kraftwirkungen erfasst werden, so muss das mathematische Modell verfeinert werden, d.h., man muss von idealen zu realen Fluiden und damit von der Euler–Gleichung (25.1.6) zu den Navier–Stokes–Gleichungen (25.2.2) und von (29.9.17) zur Haftbedingung (25.2.1) übergehen.

Literatur

Lehrbücher zur Ingenieur-Mathematik

[1] AUMANN, G.: Höhere Mathematik. Bände 1–3. Bibliographisches Institut, Mannheim 1970–71.

[2] BURG, K., H. HAF UND F. WILLE : Höhere Mathematik für Ingenieure. Bände 1–5. B.G. Teubner Verlag, Stuttgart 1992–97.

[3] LAUGWITZ, D.: Ingenieur-Mathematik. Bände 1–5. BI–Hochschul–Taschenbücher. Bibliographisches Institut, Mannheim 1964–83.

[4] MARSDEN, J., UND A. WEINSTEIN : Calculus. Bände 1–3. Springer Verlag, Berlin, Heidelberg, New York 1986–91.

[5] MEYBERG, K., UND P. VACHENAUER : Höhere Mathematik. Bände 1–2. Springer Verlag, Berlin, Heidelberg 1999.

[6] NEUNZERT, H. (Hg.): Mathematik für Physiker und Ingenieure. Bände 1–2. Springer Verlag, Berlin, Heidelberg, Göttingen 1993.

[7] SAUER, R., UND I. SZABÓ (Hg.): Mathematische Hilfsmittel des Ingenieurs. Bände 1–4. Springer Verlag, Berlin, Heidelberg, New York 1967–70.

[8] SEYDEL, R., UND R. BULIRSCH : Vom Regenbogen zum Farbfernsehen – Höhere Mathematik in Fallstudien aus Natur und Technik. Springer Verlag, Berlin, Heidelberg, New York 1986.

[9] SPIEGEL, M.: Einführung in die höhere Mathematik. Theorie und Anwendung. (Schaum Outlines). McGraw-Hill, New York 1990.

[10] SPIEGEL, M.: Höhere Mathematik für Ingenieure und Naturwissenschaftler. Theorie und Anwendung. (Schaum Outlines). McGraw-Hill, New York 1978.

Lehrbücher zur Analysis

[11] AYRES, F.: Differential- und Integralrechnung. (Schaum Outlines) McGraw–Hill, New York 1991.

[12] ERWE, F.: Differential- und Integralrechnung. Bände 1–2. B.I.–Hochschultaschenbücher 30–31. Bibliographisches Institut, Mannheim, Wien, Zürich 1973.

[13] FORSTER, O.: Analysis. Bände 1–3. Vieweg Studium: Grundkurs Mathematik. Verlag Friedr. Vieweg und Sohn, Braunschweig, Wiesbaden 1981–89.

[14] HEUSER, H.: Lehrbuch der Analysis. Bände 1–2. B.G. Teubner Verlag, Stuttgart 1993–94.

[15] JÄNICH, K.: Analysis für Physiker und Ingenieure. Springer Verlag, Berlin, Heidelberg, New York 1990.

[16] KÖNIGSBERGER, K.: Analysis. Bände 1–3. Springer Verlag, Berlin, Heidelberg, New York 1985–99.

[17] LANG S.: Analysis I/II. Addison–Wesley Publishing Company. Reading, Menlo Park, London 1969.

[18] MARTENSEN, E.: Analysis I–V. Bibliographisches Institut Wissenschaftsverlag Mannheim, Wien, Zürich 1972–95.

[19] NIEDERDRENK, K., UND H. YSERENTANT : Funktionen einer Veränderlichen. Verlag Friedr. Vieweg und Sohn, Braunschweig, Wiesbaden 1987.

[20] WALTER, W.: Analysis. Grundwissen Mathematik, Band 3. Springer Verlag, Berlin, Heidelberg, New York 1985.

Lehrbücher zu Gewöhnlichen Differentialgleichungen und deren Numerik

[21] ASCHER, U.M., R.M.M. MATTHEIJ UND R.D. RUSSELL : Numerical solution of boundary value problems for ordinary differential equations. Prentice–Hall, Englewood Cliffs, New Jersey, 1995.

[22] BRAUN, M.: Differentialgleichungen und ihre Anwendungen. Springer Verlag, Berlin, Heidelberg, New York 1994.

[23] BUTCHER, J.C.: The numerical analysis of ordinary differential equations. John Wiley & Sons, New York, London, Sydney 1987.

[24] CODDINGTON, E.A., UND N.A. LEVINSON : Theory of ordinary differential equations. Mc Graw Hill, New York, San Francisco, Toronto 1955.

[25] COLLATZ, L.: Differentialgleichungen. B.G. Teubner, Stuttgart 1990.

[26] GEAR, C.W.: Numerical initial value problems in ordinary differential equations. Prentice–Hall, Englewood Cliffs, New Jersey, 1971.

[27] GRIGORIEFF, R.D.: Numerik gewöhnlicher Differentialgleichungen. Bände 1–2. B.G. Teubner, Stuttgart 1977.

[28] HALE, J.: Ordinary differential equations. John Wiley & Sons, New York, London, Sydney 1980.

[29] HEUSER, H.: Gewöhnlicher Differentialgleichungen. B.G. Teubner, Stuttgart 1995.

[30] LUTHER, W., K. NIEDERDRENK, F. REUTTER UND H. YSERENTANT : Gewöhnliche Differentialgleichungen. Friedr. Vieweg & Sohn, Braunschweig, Wiesbaden 1987.

[31] SHAMPINE, L.F., UND M.K. GORDON : Computer solutions of ordinary differential equations. Freeman and Company, San Francisco 1975.

[32] WALTER,W.: Gewöhnliche Differentialgleichungen. Heidelberger Taschenbücher. Springer Verlag, Berlin, Heidelberg, New York 1996.

Lehrbücher zu Partiellen Differentialgleichungen und deren Numerik

[33] ANSORGE, R.: Differenzenapproximationen partieller Anfangswertaufgaben. B.G. Teubner, Stuttgart 1978.

[34] COLLATZ, L.: The numerical treatment of differential equations. Springer Verlag, Berlin, Göttingen, Heidelberg 1996.

[35] GARABEDIAN, P.R.: Partial differential equations. John Wiley & Sons, New York, London, Sydney 1964.

[36] GOERING, H., H.-G. ROOS UND L. TOBISKA : Finite–Element–Methode. Akademie Verlag, Berlin 1993.

[37] GROSSMANN, CH., UND H.-G. ROOS : Numerik partieller Differentialgleichungen. B.G. Teubner, Stuttgart 1994.

[38] HACKBUSCH, W.: Theorie und Numerik elliptischer Differentialgleichungen. B.G. Teubner, Stuttgart 1986.

[39] HELLWIG, G.: Partial differential equations. Blaisdell Publishing Company, New York, Toronto, London 1977.

[40] JOHN, F.: Partial differential equations. Springer Verlag, New York, Heidelberg, Berlin 1982.

[41] LEVEQUE, R.J.: Numerical methods for conservation laws. Birkhäuser Verlag, Basel, Boston, Berlin 1992.

[42] MEIS, TH., UND U. MARKOWITZ : Numerische Behandlung partieller Differentialgleichungen. Springer Verlag, Berlin, Heidelberg, New York 1978.

[43] MICHLIN, S.G.: Partielle Differentialgleichungen in der mathematischen Physik. Akademie Verlag, Berlin / Harri Deutsch Verlag, Thun, Frankfurt/M. 1978.

[44] MIRANDA, C.: Partial differential equations of elliptic type. Springer Verlag, Berlin, Heidelberg, New York 1970.

[45] RICHTMYER, R.D., UND K.W. MORTON : Difference methods for initial-value problems. Interscience Publishers, New York, London, Sydney 1967.

[46] SCHWARZ, H.R.: Methode der finiten Elemente. B.G. Teubner, Stuttgart 1991.

[47] SMOLLER, J.: Shock waves and reaction-diffusion equations. Springer Verlag, New York, Heidelberg, Berlin 1994.

[48] STRANG, G., UND G.J. FIX : An analysis of the finite element method. Prentice-Hall, Englewood Cliffs, New Jersey, 1997.

Lehrbücher zu Integraltransformationen

[49] AMELING, W.: Laplace-Transformation. Friedr. Vieweg & Sohn, Braunschweig, Wiesbaden 1984.

[50] DAVIES, B.: Integral transforms and their application. Springer Verlag, New York, Heidelberg, Berlin 1978.

[51] DOETSCH, G.: Einführung in die Theorie und Anwendung der Laplace-Transformation. Birkhäuser Verlag, Basel, Stuttgart 1976.

[52] STOPP, F.: Operatorenrechnung. B.G. Teubner, Leipzig 1992.

[53] WOLF, K.B.: Integral transforms in science and engineering. Plenum Press, New York, London 1979.

Lehrbücher zur Funktionentheorie

[54] FISCHER, W., UND I. LIEB : Funktionentheorie. Friedr. Vieweg & Sohn, Braunschweig, Wiesbaden 1994.

[55] GAIER, D.: Konstruktive Methoden der konformen Abbildung. Springer Verlag, Berlin, Göttingen, Heidelberg 1964.

[56] HEINS, M.: Complex function theory. Academic Press, New York, London 1969.

[57] HENRICI, P., UND R. JELTSCH : Komplexe Analysis für Ingenieure, 2 Bände. Birkhäuser Verlag, Basel, Boston, Stuttgart 1987.

[58] NEHARI, Z.: Conformal mapping. Mc Graw-Hill, New York, San Francisco, Toronto 1975.

Lehrbücher zur Numerischen Mathematik

[59] BRENT, R.P.: Algorithms for minimizations without derivatives. Prentice–Hall, Inc., Englewood Cliffs, N. J., 1973.

[60] DEUFLHARD, P., UND A. HOHMANN : Numerische Mathematik. Verlag de Gruyter, Berlin, New York 1993.

[61] FORSYTHE, G.E., M.A. MALCOLM, UND C.B. MOLER : Computer Methods for Mathematical Computations. Prentice–Hall, Inc., Englewood Cliffs, N. J., 1977.

[62] GOLUB, G.H., UND C. VAN LOAN : Matrix Computations. John Hopkins University Press, Baltimore, London 1996.

[63] HÄMMERLIN, G., UND K.-H. HOFFMANN : Numerische Mathematik. Grundwissen Mathematik, Band 7. Springer Verlag, Berlin, Heidelberg, New York 1994.

[64] KAHANER, D., C. MOLER UND S. NASH : Numerical Methods and Software. Prentice–Hall, Inc., Englewood Cliffs, N. J., 1989.

[65] KIELBASINSKI, A., UND H. SCHWETLICK : Numerische lineare Algebra. VEB Deutscher Verlag der Wissenschaften, Berlin 1988.

[66] MAESS, G.: Vorlesungen über numerische Mathematik. Bände 1–2. Akademie–Verlag, Berlin / Birkhäuser Verlag, Basel 1985–88.

[67] OPFER, G.: Numerische Mathematik für Anfänger. Verlag Friedr. Vieweg und Sohn, Braunschweig, Wiesbaden 1994.

[68] PRESS, W.H., B.P. FLANNERY, S.A. TEUKOLSKY, UND W.T. VETTERLING : Numerical Recipes. The Art of Scientific Computing. Cambridge University Press, Cambridge 1992.

[69] RUTISHAUSER, H.: Vorlesungen über numerische Mathematik. Bände 1 – 2. Birkhäuser Verlag, Basel 1990.

[70] SCHABACK, R., UND H. WERNER : Numerische Mathematik. Springer Verlag, Berlin, Heidelberg, New York 1992.

[71] SCHMEISSER, G., UND H. SCHIRMEIER : Praktische Mathematik. Verlag de Gruyter, Berlin, New York 1976.

[72] SCHWARZ, H.R.: Numerische Mathematik. Teubner Verlag, Stuttgart 1997.

[73] STOER, J.: Numerische Mathematik I. Springer Verlag, Berlin, Heidelberg, New York 1999.

[74] STOER, J., UND R. BULIRSCH : Numerische Mathematik II. Springer Verlag, Berlin, Heidelberg, New York 1990.

[75] TÖRNIG, W., UND P. SPELLUCCI : Numerische Mathematik für Ingenieure und Physiker. Bände 1–2. Springer Verlag, Berlin, Heidelberg, New York 1988–90.

[76] WERNER, J.: Numerische Mathematik. Bände 1 – 2. Vieweg Studium: Aufbaukurs Mathematik. Verlag Friedr. Vieweg und Sohn, Braunschweig, Wiesbaden 1992.

[77] WILKINSON, J.H., UND C. REINSCH : Linear Algebra. Handbook for Automatic Computation, Vol.II. Springer Verlag, Berlin, Heidelberg, New York 1971.

Formelsammlungen und Handbücher

[78] ABRAMOWITZ, M., UND I.A. STEGUN : Handbook of Mathematical Functions. Dover Publications, Inc., New York 1972.

[79] BARTSCH, H.J.: Mathematische Formeln. VEB Fachbuchverlag, Leipzig / Buch u. Zeit–Verlagsges., Köln 1982.

[80] BOSCH, K.: Mathematisches Taschenbuch. R. Oldenbourg Verlag, München, Wien 1989.

[81] BRONSTEIN, I.N., UND K.A. SEMENDJAJEW : Taschenbuch der Mathematik. B.G. Teubner Verlagsges., Leipzig / Verlag Harri Deutsch, Thun, Frankfurt 1999.

[82] DRESZER, J. (Hg.): Mathematik–Handbuch für Technik und Naturwissenschaften. Verlag Harri Deutsch, Zürich, Frankfurt, Thun 1975.

[83] HART, J.F. et al. (Hg.): Computer Approximations. John Wiley & Sons, Inc., New York, London, Sydney 1968.

[84] STÖCKER, H.: Taschenbuch mathematischer Formeln und moderner Verfahren. Verlag Harri Deutsch, Zürich, Frankfurt, Thun 1999.

Aufgabensammlungen

[85] GÜNTER, N.M., UND R.O. KUSMIN : Aufgabensammlung zur Höheren Mathematik. Bände 1 und 2. VEB Deutscher Verlag der Wissenschaften, Berlin 1975–86.

[86] MINORSKI, W.P.: Aufgabensammlung zur höheren Mathematik. Verlag Friedr. Vieweg und Sohn, Braunschweig, Wiesbaden 1984.

[87] WENZEL, H., UND G. HEINRICH : Übungsaufgaben zur Analysis 1. B.G. Teubner Verlag, Leipzig 1990.

[88] OBERLE, H.J., K. ROTHE, UND TH. SONAR: Mathematik für Ingenieure, Band 3. Wiley-VCH, Berlin, Weinheim, New York, Chichester, Brisbane, Singapore, Toronto 2000

Stichwortverzeichnis

T

U

V

W

Z